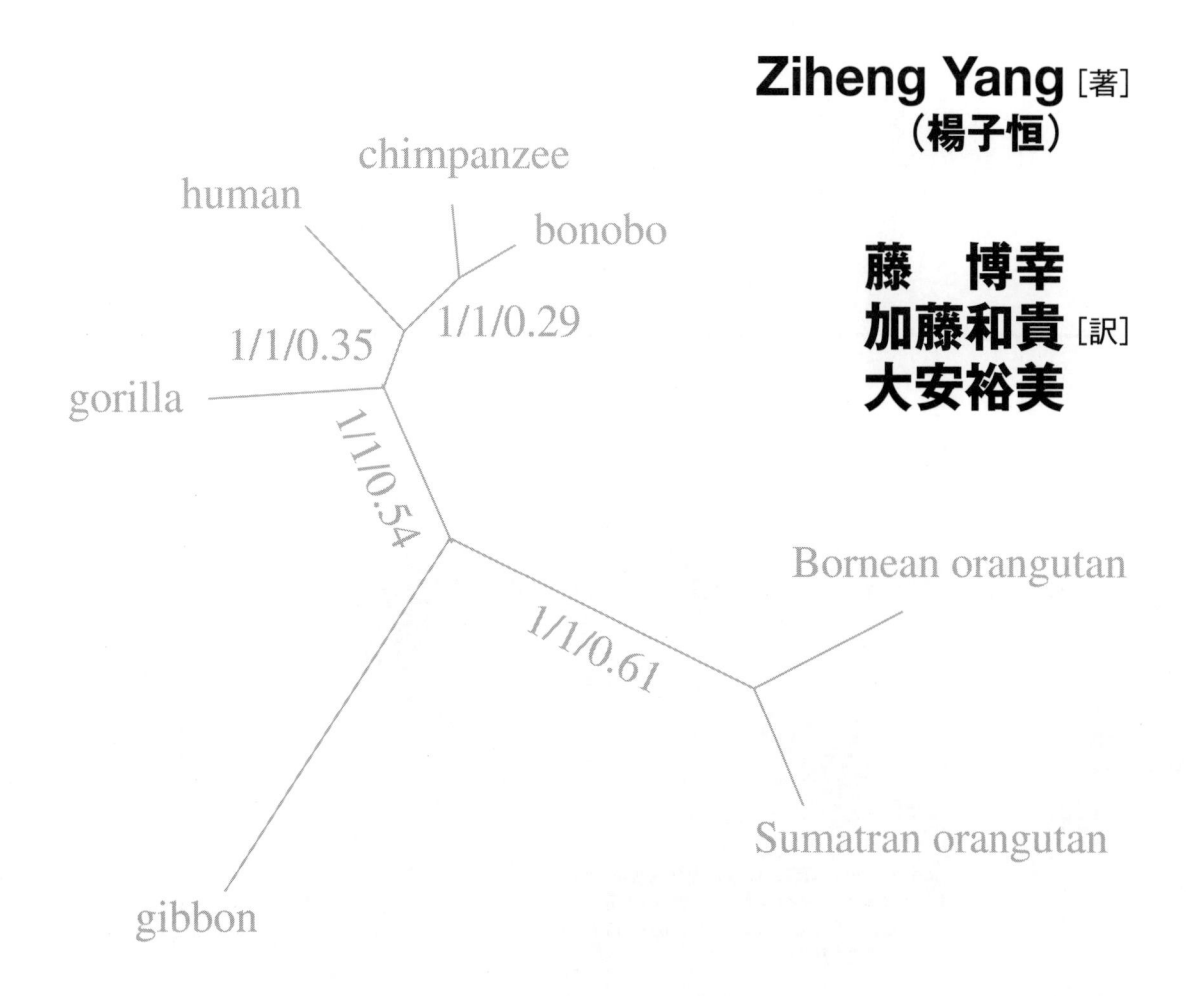

Computational Molecular Evolution

分子系統学への統計的アプローチ
計算分子進化学

Ziheng Yang [著]
(楊子恒)

藤　博幸
加藤和貴 [訳]
大安裕美

chimpanzee
human
bonobo
1/1/0.35   1/1/0.29
gorilla
1/1/0.54
Bornean orangutan
1/1/0.61
Sumatran orangutan
gibbon

共立出版

Computational Molecular Evolution
by Ziheng Yang

© Oxford University Press 2006

Computational Molecular Evolution was originally published in English in 2006. This translation is published by arrangement with Oxford University Press.

JCOPY <(社)出版者著作権管理機構委託出版物>

本書の無断複写は著作権法上での例外を除き禁じられています．複写される場合は，そのつど事前に，(社)出版者著作権管理機構（電話 03-3513-6969，FAX 03-3513-6979，e-mail: info@jcopy.or.jp）の許諾を得てください．

序　文

　分子レベルでの進化の研究は，2つの重要な問題を扱うことを目的としている．ひとつは種間の進化的な関係の再構築であり，もうひとつは進化過程の原動力や機構についての研究である．前者は分類学の領域であり，伝統的には形態的な形質や化石を用いて研究されている．しかし，分子データの有用性の高さと利用の容易さから，分子は，多くの生物種の系統の再構築に最も一般的に使われるデータのタイプになってきた．後者の，分子進化の機構に関わる問題は，塩基やアミノ酸の置換速度の推定や，配列データを使った突然変異や選択のモデルの検定によって研究されている．

　急激な遺伝子配列データの蓄積，コンピュータのハードウェアとソフトウェアの性能の向上，興味深い生物学的な問題を扱うのにふさわしい精密な統計的手法の開発により，上記のどちらの分野の研究もこの数十年で急激に進展してきた．あらゆる兆候は，とりわけデータ生成の場において，この発展が今後も続くであろうことを示唆している．系統解析はゲノム時代に突入し，何百もの生物種や配列からなる大規模なデータセットが日常的に解析されている．"形態"対"分子"について論争はほぼ終わっている；大部分の研究者は，どちらのデータの価値も十分に認識している．最節約法と最尤法に関する哲学的な論争は続いているが，以前ほどのとげとげしさはない．はるかに刺激的な進展が，強力な統計的方法やモデルの開発や実装においてなされ，いまや実際のデータセットの解析に日常的に使用されている．

　この分野における方法論的な進歩をまとめるのにふさわしい時期がきていると思われ，本書ではそれを試みている．しかし，本書では，分子進化研究の全体像をとらえようとはしていない．それについては，最近出版されたJoseph Felsenstein（2004）の本で系統学に関するほぼすべての事柄が議論されているので，現時点ではそのような必要はほとんどないからだ．その代わりに，系統関係の再構築や進化過程の推定を含む分子進化解析は，統計的な推定の問題である（Cavalli-Sforza and Edwards, 1967）という視点から本書をまとめる．そのため，最尤法やベイズ法といった確立した統計手法を標準的なものとして取り扱う．発見的方法や近似法については統計的観点から記述し，またその単純さと直観的なわかりやすさから，より厳密な方法を説明する前に，中心となる概念を紹介するためにしばしば使用する．また，データ解析の方法を開発する研究者にとっても参考となりうるように，本書では実装の問題についても議論する．

　本書は，上級の学部生，研究生，また進化生物学，分子分類学，集団遺伝学の研究者を対象としている．これまで自身のデータを解析するのにプログラム・ソフトウェアを使ってきた生物学

者が，その方法のはたらきを理解する上で本書が一助となることを期待する．この本では基本的な概念に力を入れているが，数学的な導出も詳しく解説しているので，この刺激的な計算生物学の分野をめざす統計学者，数学者，情報科学者が読んでもよいだろう．

本書は，たとえば Graur & Li（2000）の第 1 章にあるような基礎的な遺伝学の知識を読者がもちあわせていることを想定している．基本的な統計学あるいは生物統計学の知識も前提としており，微積分や線形代数もいくつかの章で必要となる．最尤法やベイズ統計は，簡単な例を使って導入し，その後でより複雑な解析に用いる．これらの手法について体系的に幅広く知りたい読者は，多くの確率論や数理統計学のすぐれた参考書を参照していただきたい．たとえば，初級者レベルには DeGroot and Schervish（2002）が，上級者レベルには Davison（2003），Stuart *et al.*（1999），Leonard & Hsu（1999）がある．

本書の構成は次のようになっている．第 I 部は 2 つの章からなり，配列進化のマルコフ過程モデルを紹介する．第 1 章では塩基置換のモデルや 2 つの配列間の距離の計算について議論する．これはおそらく最も簡単な系統解析である．また，本書の後半でひんぱんに使うマルコフ連鎖の理論と最尤法について，ここで紹介する．そのため，この章は生物学者には最も努力を必要とする章かもしれない．第 2 章では，アミノ酸置換とコドン置換についてのマルコフ過程モデルと，2 つのタンパク質配列間の距離計算や，タンパク質をコードする 2 つの DNA 配列の同義置換率や非同義置換率の推定へのそれらのモデルの利用について述べる．第 II 部では系統関係の再構築の手法を取り扱う．最節約法や距離行列法については簡単に議論するが（第 3 章），最尤法やベイズ法については深く掘り下げる（第 4 章，第 5 章）．第 5 章は，Olivier Gascuel によって編集された *Mathematics in Phylogeny and Evolution*（Oxford University Press, 2005）中で執筆した章の内容を拡張したものである．第 6 章は，いろいろな系統関係の再構築手法を比較した研究の総説となっており，系統樹の検定も含まれる．第 III 部では，進化過程を研究するための系統学的方法の応用のいくつかについて議論される．第 7 章では分子時計の検定や種分岐年代の推定のための分子時計の使用を，また第 8 章ではタンパク質の進化に影響を及ぼす自然選択を検出するためのコドン置換モデルの応用を議論する．第 9 章ではコンピュータ・シミュレーションの基本的な技法について議論する．第 10 章では，この分野における近年の動向や将来の展望が議論される．補遺 C では，系統解析の主要なソフトウェア・パッケージについて簡単に解説する．星印（*）のついた項目は専門的であるので，読み飛ばしてもかまわない．

本書で使われた例題のデータセットや，本書で議論されているアルゴリズムを実装した C 言語による小さなプログラムは，本書に関するウェブサイトにおかれている：http://abacus.gene.ucl.ac.uk/CME/．そのサイトには，本書の出版後に見つかった誤りの一覧もある．誤りを見つけた場合には，E-mail: z.yang@ucl.ac.uk まで連絡していただきたい．

本書の各章の初期の原稿を読み，建設的なコメントや批評をいただいた多くの同僚に深く感謝したい；Hiroshi Akashi（第 2 章，第 8 章），Adam Eyre-Walker（第 2 章），Jim Mallet（第 4 章，第 5 章），Konrad Scheffler（第 1 章，第 5 章，第 8 章），Elliott Sober（第 6 章），Mike Steel（第 6 章），Jeff Thorne（第 6 章），Simon Whelan（第 1 章），Anne Yoder（第 6 章）．本書

全体にわたって目を通し，詳細な指摘をしてくれた Karen Cranston, Ligia Mateiu, Fengrong Ren にはとくに感謝したい．Jessica Vamathevan と Richard Emes は，表現のむずかしいくだりを検討しているときに，その検討につきあってもらった．いうまでもなく，すべての誤りは私に帰する．Oxford University Press の Ian Sherman と Stefanie Gehrig には，本書の企画からはじまり，執筆中を通しての的確な支援と忍耐力に感謝する．

Ziheng Yang（楊子恒）
London にて
2006年3月

目 次

序　文 i

Part I　分子進化のモデル構築

第1章　塩基置換のモデル　2
1.1　イントロダクション 2
1.2　塩基置換のマルコフ・モデルと距離の推定 3
　　1.2.1　JC69 モデル 3
　　1.2.2　K80 モデル 7
　　1.2.3　HKY85, F84, TN93, およびその他のモデル 10
　　1.2.4　トランジション/トランスバージョンの速度比 14
1.3　サイト間での置換速度の変動 16
1.4　最尤推定 19
　　1.4.1　JC69 モデル 19
　　1.4.2　K80 モデル 23
　　*1.4.3　プロファイル尤度法と積分尤度法 25
1.5　マルコフ連鎖と一般モデルのもとでの距離の推定 27
　　1.5.1　一般理論 27
　　1.5.2　一般時間可逆モデル（GTR） 30
1.6　議論 33
　　1.6.1　異なる置換モデルのもとでの距離の推定 33
　　1.6.2　2本の配列比較の限界 34
1.7　練習問題 35

第2章　アミノ酸とコドンの置換モデル　37
2.1　イントロダクション 37
2.2　アミノ酸置換のモデル 37
　　2.2.1　経験的モデル 37

		2.2.2 機構的モデル	40

- 2.2.2 機構的モデル …………………………………………… 40
- 2.2.3 サイト間の不均質性 …………………………………… 41
- 2.3 2本のタンパク質の配列間距離の推定 …………………………… 42
  - 2.3.1 ポアソン・モデル ……………………………………… 42
  - 2.3.2 経験的モデル …………………………………………… 43
  - 2.3.3 ガンマ距離 ……………………………………………… 44
  - 2.3.4 例：ネコとウサギの $p53$ 遺伝子の距離 …………… 44
- 2.4 コドン置換のモデル …………………………………………………… 44
- 2.5 同義および非同義置換速度の推定 ………………………………… 46
  - 2.5.1 カウント法 ……………………………………………… 46
  - 2.5.2 最尤法 …………………………………………………… 54
  - 2.5.3 推定方法の比較 ………………………………………… 56
  - *2.5.4 解釈と多くの距離 ……………………………………… 58
- *2.6 遷移確率行列の数値計算 ……………………………………………… 64
- 2.7 練習問題 ………………………………………………………………… 65

Part II 系統樹の再構築

第3章 系統樹の再構築：概観　　　　　　　　　　　　　　　　68

- 3.1 系統樹について ………………………………………………………… 68
  - 3.1.1 用語 ……………………………………………………… 68
  - 3.1.2 系統樹間の樹形距離 …………………………………… 72
  - 3.1.3 コンセンサス系統樹 …………………………………… 74
  - 3.1.4 遺伝子系統樹と種系統樹 ……………………………… 75
  - 3.1.5 系統樹作成法の分類 …………………………………… 76
- 3.2 網羅的系統樹探索と発見的系統樹探索 …………………………… 77
  - 3.2.1 網羅的系統樹探索 ……………………………………… 77
  - 3.2.2 発見的系統樹探索 ……………………………………… 77
  - 3.2.3 分枝交換 ………………………………………………… 79
  - 3.2.4 系統樹空間の局所的最適解 …………………………… 81
  - 3.2.5 確率的系統樹探索 ……………………………………… 82
- 3.3 距離行列法 ……………………………………………………………… 83
  - 3.3.1 最小2乗法 ……………………………………………… 84
  - 3.3.2 近隣結合法 ……………………………………………… 86
- 3.4 最節約法 ………………………………………………………………… 87
  - 3.4.1 小史 ……………………………………………………… 87
  - 3.4.2 与えられた系統樹についての最小変化数の計算 …… 87

  3.4.3 加重節約法とトランスバージョン節約法 ································ 89
  3.4.4 長枝誘引 ··· 92
  3.4.5 最節約法の仮定 ··· 92

第4章　最尤法　94

 4.1 イントロダクション ·· 94
 4.2 系統樹上での尤度計算 ··· 94
  4.2.1 データ，モデル，系統樹，尤度 ································· 94
  4.2.2 枝刈りアルゴリズム ·· 95
  4.2.3 時間の可逆性，系統樹の樹根，分子時計 ······················ 99
  4.2.4 欠損データとアラインメントのギャップ ····················· 101
  4.2.5 例：類人猿の系統解析 ·· 102
 4.3 より複雑なモデルのもとでの尤度の計算 ·· 104
  4.3.1 サイト間で変動する速度のモデル ······························ 104
  4.3.2 複数のデータセットを統合して解析するためのモデル ····· 110
  4.3.3 非一様，非定常モデル ·· 112
  4.3.4 アミノ酸モデルとコドン・モデル ······························ 113
 4.4 祖先の状態の復元 ··· 113
  4.4.1 概観 ·· 113
  4.4.2 経験的ベイズ法と階層的ベイズ法による復元 ················ 115
  *4.4.3 離散的な形態的形質 ·· 117
  4.4.4 祖先復元における体系的バイアス ······························ 119
 *4.5 最尤推定のための数値アルゴリズム ·· 121
  4.5.1 1変数についての最適化 ·· 122
  4.5.2 多変数についての最適化 ··· 124
  4.5.3 固定された系統樹上での最適化 ································ 127
  4.5.4 固定された系統樹の尤度表面における多数の局所的ピーク ···· 128
  4.5.5 最尤系統樹の探索 ·· 128
 4.6 尤度に対する近似 ··· 130
 4.7 モデル選択と頑健性 ·· 130
  4.7.1 LRT, AIC, BIC ·· 130
  4.7.2 モデルの妥当性と頑健性 ··· 135
 4.8 練習問題 ··· 137

第5章　ベイズ法　138

 5.1 ベイズ法のパラダイム ··· 138
  5.1.1 概要 ·· 138
  5.1.2 ベイズの定理 ··· 139

		5.1.3 古典的統計学 vs. ベイズ統計学 143
5.2	事前分布 150	
5.3	マルコフ連鎖モンテカルロ法 152	
		5.3.1 モンテカルロ積分 152
		5.3.2 Metropolis-Hastings アルゴリズム 153
		5.3.3 1要素 Metropolis-Hastings アルゴリズム 156
		5.3.4 Gibbs サンプラー 158
		5.3.5 Metropolis 共役 MCMC（MCMCMC あるいは MC^3）... 158
5.4	単純な移動とその提案比 159	
		5.4.1 一様提案分布を用いた移動窓 159
		5.4.2 正規提案分布を用いた移動窓 160
		5.4.3 多変量正規提案分布を用いた移動窓 161
		5.4.4 比例縮小・拡大法 162
5.5	マルコフ連鎖の監視と出力の処理 163	
		5.5.1 MCMC アルゴリズムの確認と診断 163
		5.5.2 潜在的スケール減少統計量 165
		5.5.3 出力の処理 166
5.6	ベイズ系統学 166	
		5.6.1 小史 166
		5.6.2 一般的な枠組み 167
		5.6.3 MCMC の出力の要約 167
		5.6.4 ベイズ法 vs. 最尤法 169
		5.6.5 数値例：類人猿の系統関係 171
5.7	合祖モデルのもとでの MCMC アルゴリズム 172	
		5.7.1 概要 172
		5.7.2 θ の推定 173
5.8	練習問題 175	

第6章 系統樹についての方法および検定の比較 177

6.1	系統樹再構築法の統計的性能 178	
		6.1.1 基準 178
		6.1.2 性能 180
6.2	最尤法 182	
		6.2.1 従来のパラメータ推定との対比 182
		6.2.2 一致性 183
		6.2.3 有効性 184
		6.2.4 頑健性 188
6.3	最節約法 190	

6.3.1 良好でない挙動を示す尤度モデルとの等価性 ………………………… 190
   6.3.2 良好な挙動を示す尤度モデルとの等価性 ……………………………… 193
   6.3.3 仮定と正当化 …………………………………………………………… 196
  6.4 系統樹に関する仮説検定 ……………………………………………………… 198
   6.4.1 ブートストラップ ……………………………………………………… 199
   6.4.2 内部枝検定 ……………………………………………………………… 202
   6.4.3 Kishino-Hasegawa 検定とその改変 …………………………………… 203
   6.4.4 最節約法による解析で用いられる指標 ………………………………… 205
   6.4.5 例：類人猿の系統関係 ………………………………………………… 206
  *6.5 補遺：Tuffley and Steel の1形質についての最尤法 ……………………… 207

Part III 先端的なトピックス

第7章 分子時計と種の分岐年代の推定　214
  7.1 概要 …………………………………………………………………………… 214
  7.2 分子時計の検定 ………………………………………………………………… 216
   7.2.1 相対速度検定 …………………………………………………………… 216
   7.2.2 尤度比検定 ……………………………………………………………… 217
   7.2.3 時計性の検定の限界 …………………………………………………… 218
   7.2.4 分散指数 ………………………………………………………………… 219
  7.3 分岐時間の最尤推定 …………………………………………………………… 219
   7.3.1 大域的時計モデル（Global-clock model）…………………………… 219
   7.3.2 局所的時計モデル（Local-clock models）…………………………… 221
   7.3.3 発見的速度平滑化法 …………………………………………………… 222
   7.3.4 霊長類の分岐年代推定 ………………………………………………… 224
   *7.3.5 化石の不確実性 ………………………………………………………… 225
  7.4 分岐年代のベイズ推定 ………………………………………………………… 235
   7.4.1 一般的な枠組み ………………………………………………………… 235
   7.4.2 尤度の計算 ……………………………………………………………… 236
   7.4.3 速度に関する事前分布 ………………………………………………… 237
   7.4.4 化石年代の不確実性と分岐年代に関する事前分布 …………………… 237
   7.4.5 霊長類の分岐および哺乳類の分岐への応用 …………………………… 240
  7.5 展望 …………………………………………………………………………… 245

第8章 タンパク質の中立進化と適応進化　248
  8.1 イントロダクション …………………………………………………………… 248
  8.2 中立説と中立性の検定 ………………………………………………………… 249

  8.2.1 中立説とほぼ中立説 ……………………………………………… 249
  8.2.2 Tajima の D 統計量 …………………………………………… 251
  8.2.3 Fu and Li の D 統計量と Fay and Wu の H 統計量 ………… 253
  8.2.4 McDonald-Kreitman の検定と選択強度の推定 ………………… 254
  8.2.5 Hudson-Kreitman-Aquade 検定 …………………………… 256
 8.3 適応進化を受けている系統 ……………………………………………… 257
  8.3.1 発見的方法 ……………………………………………………… 257
  8.3.2 最尤法 …………………………………………………………… 257
 8.4 適応進化を受けているアミノ酸サイト ………………………………… 259
  8.4.1 3つの方法 ……………………………………………………… 259
  8.4.2 ランダムサイト・モデルのもとでの正の選択の尤度比検定 …… 261
  8.4.3 正の選択を受けているサイトの同定 ………………………… 264
  8.4.4 ヒト主要組織適合遺伝子複合体（MHC）の遺伝子座における正の選択 …… 264
 8.5 特定のサイトや系統に影響を及ぼす適応進化 ………………………… 267
  8.5.1 正の選択の枝-サイト検定 ……………………………………… 267
  8.5.2 その他の同様なモデル ………………………………………… 269
  8.5.3 被子植物フィトクロムにおける適応進化 …………………… 270
 8.6 仮定，限界，比較 ……………………………………………………… 271
  8.6.1 現在の方法の限界 ……………………………………………… 271
  8.6.2 中立性検定と d_N, d_S に基づいた検定の比較 ………………… 274
 8.7 適応的に進化している遺伝子 …………………………………………… 274

第9章　分子進化のシミュレーション   280

 9.1 イントロダクション …………………………………………………… 280
 9.2 乱数生成 ………………………………………………………………… 281
 9.3 連続的確率変数の生成 ………………………………………………… 282
 9.4 離散的確率変数の生成 ………………………………………………… 283
  9.4.1 離散一様分布 …………………………………………………… 283
  9.4.2 二項分布 ………………………………………………………… 284
  9.4.3 一般の離散分布 ………………………………………………… 284
  9.4.4 多項分布 ………………………………………………………… 285
  9.4.5 混合分布のための混成法 ……………………………………… 285
  *9.4.6 離散分布からの標本抽出のためのエイリアス法 …………… 286
 9.5 分子進化のシミュレーション ………………………………………… 289
  9.5.1 固定された系統樹上での配列のシミュレーション ………… 289
  9.5.2 ランダム系統樹生成 …………………………………………… 292
 9.6 練習問題 ………………………………………………………………… 292

第10章　展望　295

10.1　系統樹再構築における理論的な問題 …… 295
10.2　巨大で異質なデータセットの解析に関する計算上の問題 …… 296
10.3　ゲノムの再編成データ …… 296
10.4　比較ゲノム …… 297

補遺　298

補遺 A：確率変数の関数 …… 298
補遺 B：デルタ法 …… 300
補遺 C：系統解析関連のソフトウェア …… 303

引用文献 …… 305
訳者あとがき …… 339
索　引 …… 341

Part I
分子進化のモデル構築

Chapter 1

塩基置換のモデル

1.1 イントロダクション

　2つの配列の間の距離を計算することは，おそらく最も簡単な系統解析であるが，それは2つの理由から重要である．第1に，2配列間の距離の計算は，距離行列法による系統関係の再構築の最初のステップである．この方法ではクラスタ解析アルゴリズムにより距離行列が系統樹に変換される．第2に，距離の計算に使われる塩基置換のマルコフ過程モデルは，複数本の配列の系統関係に関する尤度解析やベイズ解析の基礎となるからである．実際，同じモデルに基づく複数本の配列の解析は，2配列間の距離計算の自然な拡張と見なすことができる．このため，この章では，距離の推定についての議論に加え，DNA配列の塩基置換のモデル構築に使用されるマルコフ連鎖の理論を説明する．また，最尤法の導入もこの章で行う．ベイズ法による距離の推定や系統解析は，第5章で説明する．

　2つの配列間の距離は，サイトあたりの塩基置換数の期待値として定義される．もし，進化速度が時間によらず一定であれば，距離は分岐後の時間に線形に比例して増加する．最も簡単な距離の尺度は，2つの配列間で差異のあるサイトの割合であり，これはp距離（p distance）とよばれることがある．もし，それぞれ100ヌクレオチドの長さの2配列間で，10サイトに差異があれば，$p = 10\% = 0.1$である．きわめて近縁な配列間では，このような手を加えていない割合であっても距離として十分使用にたえうるが，遠い関係の配列の間では，この値は実際に生じた置換の数を過小に評価してしまう．変異のあるサイトでは，1回以上の置換が生じているかもしれない．また，2つの配列で同じ塩基をもつサイトであっても，復帰置換（back substitution）や平行置換（parallel substitution）が生じているかもしれない（図 **1.1**）．このように，同じサイトにおいて多重置換（multiple substitution）すなわち多重ヒット（multiple hits）が起きた場合，何回分かの変化は隠されてしまう．その結果，pは進化時間に対する線形関数ではなくなる．このため，手を加えていない割合pは，たとえば$p < 5\%$のような，非常に類似した配列についてのみ距離として利用可能である．

　置換数を推定するためには，塩基の変化を表現する確率モデルが必要となる．連続時間マルコ

```
        T
        T
        C
        A
        A
        G
        A
        C
       / \
      /   \
T→C →A    T           多重置換 (multiple substitutions)
T         T→C         単一置換 (single substitution)
C→T       C→T         平行置換 (parallel substitution)
A         A
A→G→C     A→C         収斂置換 (convergent substitution)
G→A→G     G           復帰置換 (back substitution)
A         A
C         C
 \       /
        A T
        T C
        T T
        A A
        C C
        G G
        A A
        C C
```

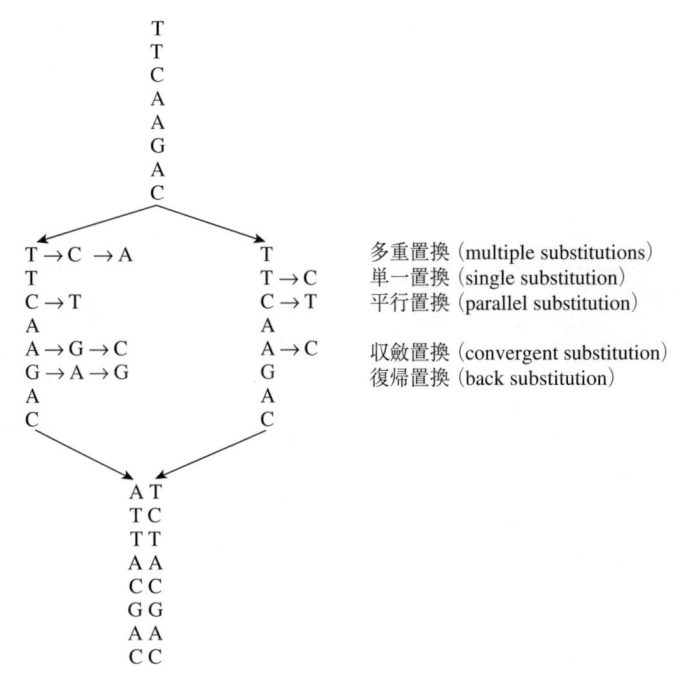

図1.1 同一サイトへの多重置換あるいは多重ヒットの説明．1本の祖先配列が2本の配列に分岐したのち，2つの系統で独立に塩基置換が蓄積されてきた．現在の2本の配列間には2塩基の差異しか観察されないので，差異のあるサイトの割合は $\hat{p} = 2/8 = 0.25$ であるが，実際には10回の置換（7回は左の系統，3回は右の系統）が生じており，サイトあたり $10/8 = 1.25$ 回の置換数が真の距離である．図は，Grauer and Li (2000) より改変した．

フ連鎖（continuous-time Markov chain）は，このモデル化のためによく使用されている．配列中の塩基サイトは，通常，独立に進化していると仮定される．ある特定のサイトにおける置換はマルコフ連鎖によって表現され，4つの塩基はその連鎖の状態（state）を表す．マルコフ連鎖の主要な特徴は，その無記憶性にある：'現在が与えられるならば，未来は過去に依存しない'，言い換えると，他の塩基の状態に遷移する確率は，現在の状態にのみ依存しており，どのようにして現在の状態に到達したかということには依存していないということである．これはマルコフ性（Markovian property）として知られている性質である．この基本的な仮定の他に，塩基置換速度に制約を課すことで，異なる塩基置換モデルが導かれる．よく使われるいくつかのモデルを**表1.1**にまとめ，**図1.2**に示した．これらのモデルについては以下で議論する．

1.2 塩基置換のマルコフ・モデルと距離の推定

1.2.1 JC69モデル

JC69モデル（Jukes and Cantor, 1969）では，どの塩基も，任意の他の塩基に，同じ速度 λ で変化すると仮定している．塩基 i から j への瞬間置換速度（instantaneous rate of substitution）を q_{ij} で表す（$i, j = $ T, C, A あるいは G）．このとき，置換速度行列（substitution-rate matrix）は次のようになる．

表 1.1 塩基置換のマルコフ・モデルで一般的に使用される置換速度行列 (substitution-rate matrices)

	From	To			
		T	C	A	G
JC69 (Jukes and Cantor, 1969)	T	·	λ	λ	λ
	C	λ	·	λ	λ
	A	λ	λ	·	λ
	G	λ	λ	λ	·
K80 (Kimura, 1980)	T	·	α	β	β
	C	α	·	β	β
	A	β	β	·	α
	G	β	β	α	·
F81 (Felsenstein, 1981)	T	·	π_C	π_A	π_G
	C	π_T	·	π_A	π_G
	A	π_T	π_C	·	π_G
	G	π_T	π_C	π_A	·
HKY85 (Hasegawa et al., 1984; Hasegawa et al., 1985)	T	·	$\alpha\pi_C$	$\beta\pi_A$	$\beta\pi_G$
	C	$\alpha\pi_T$	·	$\beta\pi_A$	$\beta\pi_G$
	A	$\beta\pi_T$	$\beta\pi_C$	·	$\alpha\pi_G$
	G	$\beta\pi_T$	$\beta\pi_C$	$\alpha\pi_A$	·
F84 (Felsenstein, DNAML program since 1984)	T	·	$(1+\kappa/\pi_Y)\beta\pi_C$	$\beta\pi_A$	$\beta\pi_G$
	C	$(1+\kappa/\pi_Y)\beta\pi_T$	·	$\beta\pi_A$	$\beta\pi_G$
	A	$\beta\pi_T$	$\beta\pi_C$	·	$(1+\kappa/\pi_R)\beta\pi_G$
	G	$\beta\pi_T$	$\beta\pi_C$	$(1+\kappa/\pi_R)\beta\pi_A$	·
TN93 (Tamura and Nei, 1993)	T	·	$\alpha_1\pi_C$	$\beta\pi_A$	$\beta\pi_G$
	C	$\alpha_1\pi_T$	·	$\beta\pi_A$	$\beta\pi_G$
	A	$\beta\pi_T$	$\beta\pi_C$	·	$\alpha_2\pi_G$
	G	$\beta\pi_T$	$\beta\pi_C$	$\alpha_2\pi_A$	·
GTR (REV) (Tavaré, 1986; Yang, 1994b; Zharkikh, 1994)	T	·	$a\pi_C$	$b\pi_A$	$c\pi_G$
	C	$a\pi_T$	·	$d\pi_A$	$e\pi_G$
	A	$b\pi_T$	$d\pi_C$	·	$f\pi_G$
	G	$c\pi_T$	$e\pi_C$	$f\pi_A$	·
UNREST (Yang, 1994b)	T	·	q_{TC}	q_{TA}	q_{TG}
	C	q_{CT}	·	q_{CA}	q_{CG}
	A	q_{AT}	q_{AC}	·	q_{AG}
	G	q_{GT}	q_{GC}	q_{GA}	·

行列の対角要素は，各行の総和が 0 になるという要請より決定される．JC69 と K80 のもとでの平衡分布は $\pi = (1/4, 1/4, 1/4, 1/4)$ であり，F81, F84, HKY85, TN93, GTR のもとでは $\pi = (\pi_T, \pi_C, \pi_A, \pi_G)$ である．一般無制限モデル (general unrestricted (UNREST) model) では，平衡分布は $\sum_i \pi_i = 1$ の制約のもとでの方程式 $\pi Q = 0$ の解として与えられる．

$$Q = \{q_{ij}\} = \begin{bmatrix} -3\lambda & \lambda & \lambda & \lambda \\ \lambda & -3\lambda & \lambda & \lambda \\ \lambda & \lambda & -3\lambda & \lambda \\ \lambda & \lambda & \lambda & -3\lambda \end{bmatrix} \qquad (1.1)$$

ここで，各行，各列は T, C, A, G の順で塩基に対応づけられている．行列の各行の総和は 0 に

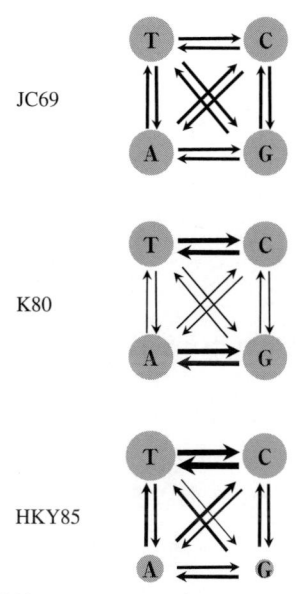

図 1.2 塩基置換の 3 種類のマルコフ連鎖モデル，JC69（Jukes and Cantor, 1969），K80（Kimura, 1980），HKY85（Hasegawa *et al.*, 1985）における塩基間の相対的な置換速度．線の太さは置換速度を反映しており，円のサイズは定常分布を反映している．

なる．任意の塩基 i が他の塩基に置換される速度の総和は 3λ，すなわち $-q_{ii}$ である．

$q_{ij}\Delta t$ は，微小な時間間隔 Δt において，ある塩基 i が異なる塩基 j に変化する確率を与えることに注意しよう．このマルコフ連鎖を特徴づけるためには，$t > 0$ の任意の時間に対する同様の確率が必要になる．それを遷移確率（transition probability）とよぶ；遷移確率 $p_{ij}(t)$ とは，塩基 i が，時間 t の後に塩基 j になっている確率である．行列 $P(t) = \{p_{ij}(t)\}$ は遷移確率行列（transition-probability matrix）として知られているものであり，後で第 1.5 節で示すように，次のように表される．

$$P(t) = e^{Qt} \tag{1.2}$$

この行列の指数計算については後で説明する．ここでは，その解のみを与えておこう．

$$P(t) = e^{Qt} = \begin{bmatrix} p_0(t) & p_1(t) & p_1(t) & p_1(t) \\ p_1(t) & p_0(t) & p_1(t) & p_1(t) \\ p_1(t) & p_1(t) & p_0(t) & p_1(t) \\ p_1(t) & p_1(t) & p_1(t) & p_0(t) \end{bmatrix}, \quad \begin{cases} p_0(t) = \dfrac{1}{4} + \dfrac{3}{4}e^{-4\lambda t} \\ p_1(t) = \dfrac{1}{4} - \dfrac{1}{4}e^{-4\lambda t} \end{cases} \tag{1.3}$$

ここですべてのサイトが塩基 i である長い配列を考えよう；全サイトを時間 t のあいだ進化させてみると，配列中の塩基 j の割合は，$p_{ij}(t)$ となる．ここで，j は T, C, A あるいは G である．

遷移確率行列の 2 つの異なる要素，$p_0(t)$ と $p_1(t)$ が，**図 1.3** に図示されている．この行列のいくつかの性質には触れておく価値がある．第 1 に，$P(t)$ の各行の和は 1 となる．なぜなら，時刻 t において，この連鎖は 4 つの塩基の状態の 1 つをとらねばならないからである．第 2 は，$P(0) = I$ で，I は単位行列を表す．これは $t = 0$ においては，進化が生じていないことを表している．第 3 は，速度 λ と時間 t は，遷移確率の中では，積 λt の形でのみ表れる．このため，

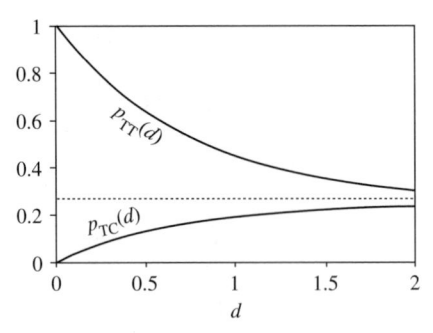

図 1.3 サイトあたりの置換数の期待値として計算された距離 $d = 3\lambda t$ に対する JC69 モデル（式 (1.3)）の遷移確率のプロット

元の配列とそれから進化した配列が与えられたとき，一方の配列から他方の配列へ，時間 t のあいだに速度 λ で進化したのか，時間 $t/2$ の間に速度 2λ で進化したのかを区別することができない．実際，λt の値が固定されているかぎり，λ と t のどのような組合せに対しても，それら 2 つの配列は同じであるように見える．時間あるいは速度に関する外的情報がなければ，距離を推定することはできても，速度と時間を別々に推定することはできない．

最後に，$t \to \infty$ のとき，どの i と j に対しても $p_{ij}(t) = 1/4$ となることを述べておこう．このことは，すべてのサイトに非常に多くの置換が生じると，最初の塩基が何であったかによらず，どの塩基も確率 $1/4$ で出現し，ランダムになることを意味している．$t \to \infty$ のときに連鎖が状態 j にある確率は π_j で表され，分布 $(\pi_T, \pi_C, \pi_A, \pi_G)$ は連鎖の極限分布（limiting distribution）として知られている．JC69 モデルでは，どの塩基 j についても $\pi_j = 1/4$ となる．もし，連鎖がすでに極限分布に達していれば，連鎖はその分布をとり続けるので，極限分布は定常状態分布（steady-state distribution）あるいは定常分布（stationary distribution）ともよばれる．言い換えると，どのサイトも T で構成される長い配列を考えたとき，配列の進化につれて，4 種類の塩基 T, C, A, G の頻度は $(1, 0, 0, 0)$ から離れ，極限分布 $(1/4, 1/4, 1/4, 1/4)$ に近づいていく．もし，4 種類の塩基を等頻度にもつ配列から出発した場合，配列が進化しても 4 種類の塩基は等頻度であり続ける．この場合，マルコフ連鎖は定常である，あるいは塩基置換は平衡にあるといわれる．このことは，系統解析のほとんどすべてのモデルにおかれている仮定であるが，データ中の配列が異なる塩基組成をもつ場合は，この仮定は明らかに成立していない．

マルコフ連鎖モデルはどのように多重置換を補正し，図 1.1 にあるような隠れた変化を回復しているのだろうか？これは式 (1.2) を用いて遷移確率を計算してみると理解できる．式 (1.2) では進化の過程で生じうるあらゆる可能な経路が考慮されている．このとき，マルコフ連鎖の遷移確率は，チャップマン–コルモゴロフの定理（Chapman-Kolmogorov theorem）（Grimmett and Stirzaker, 1992, p.239）として知られている次の式を満たしている．

$$p_{ij}(t_1 + t_2) = \sum_k p_{ik}(t_1) p_{kj}(t_2) \tag{1.4}$$

ここで，塩基 i が時間 $t_1 + t_2$ の経過後に塩基 j に変化している確率は，任意の時刻 t_1 におけるすべての可能な状態 k について和をとることで得られている（図 **1.4**）．

2 本の配列間の距離の推定について考えよう．式 (1.1) から，任意の塩基の置換速度は 3λ であ

```
          i
          ↓ t₁
   k = (T, C, A, G)
          ↓ t₂
          j
```

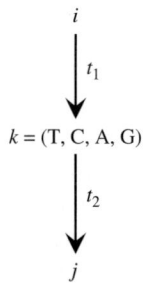

図 1.4 チャップマン–コルモゴロフの定理の説明．時間 $t_1 + t_2$ 経過後の塩基 i から塩基 j への遷移確率は，任意の途中の時点 t_1 におけるすべての可能な状態 k について和をとることで得られる．

る．2本の配列の分岐時間が t の場合，たとえば，今から $t/2$ 時間前にその 2 本の配列が共通祖先から分岐したとすると，配列間の距離は $d = 3\lambda t$ となるであろう．n サイトのうち，x サイトで 2 本の配列に違いがあり，差異のあるサイトの割合は $\hat{p} = x/n$ である場合を考えよう（ハットは，その割合がデータからの推定値であることを示すために使う）．差異のあるサイトの期待確率 p を導くため，一方の配列を他方の配列の祖先と考えてみよう．モデルの対称性から（式 (1.3)），これは 2 本の配列が絶滅した共通祖先の子孫と見なすことに等しい．式 (1.3) から，子孫配列の塩基が祖先配列の塩基と異なっている確率は次のようになる．

$$p = 3p_1(t) = \frac{3}{4} - \frac{3}{4}\mathrm{e}^{-4\lambda t} = \frac{3}{4} - \frac{3}{4}\mathrm{e}^{-4d/3} \tag{1.5}$$

これを観察された $\hat{p}$ に等しいとおくと，距離の推定値は次式のように得られる．

$$\hat{d} = -\frac{3}{4}\log\left(1 - \frac{4}{3}\hat{p}\right) \tag{1.6}$$

ここで対数の底は定数 e である．もし，$\hat{p} \geq 3/4$ であれば，この距離の公式は適用できない；2 本のランダム配列間では約 75% のサイトが異なっているはずであり，$\hat{p} \geq 3/4$ のときには，距離の推定値が無限大になるからである．$\hat{d}$ の分散を導くため，$\hat{p}$ が分散 $\hat{p}(1-\hat{p})/n$ をもつ 2 項比率であることに注意しよう．$\hat{d}$ を $\hat{p}$ の関数として考え，デルタ法（補遺 B を見よ）とよばれる方法を用いると，分散に関して次の式が得られる (Kimura and Ohta, 1972)．

$$\mathrm{var}(\hat{d}) = \mathrm{var}(\hat{p}) \times \left|\frac{\mathrm{d}\hat{d}}{\mathrm{d}\hat{p}}\right|^2 = \frac{\hat{p}(1-\hat{p})}{n} \times \frac{1}{(1-4\hat{p}/3)^2} \tag{1.7}$$

[例] ミトコンドリア・ゲノム由来のヒトとオランウータンの 12 S rRNA 遺伝子の配列を考えてみよう．そのデータの要約は**表 1.2** に示されている．この表から，$n = 948$ サイトのうち，$x = 90$ サイトが異なっており，$\hat{p} = x/n = 0.09494$ となる．式 (1.6) より，$\hat{d} = 0.1015$ となる．式 (1.7) より，$\hat{d}$ の分散は 0.0001188 となり，標準偏差は 0.0109 となる．したがって，近似的な 95% 信頼区間は $0.105 \pm 1.96 \times 0.0109$，あるいは $(0.0801, 0.1229)$ となる． □

1.2.2　K80 モデル

ピリミジン間の置換（T ↔ C）またはプリン間の置換（A ↔ G）はトランジション（transition）

表 1.2 ヒトとオランウータンのミトコンドリアの 12S rRNA 遺伝子の 16 種類のサイト構成（パターン）についてのサイト数と頻度（かっこ内に示す）

オランウータン	ヒト				和 (π_i)
	T	C	A	G	
T	179 (0.188819)	23 (0.024262)	1 (0.001055)	0 (0)	0.2141
C	30 (0.031646)	219 (0.231013)	2 (0.002110)	0 (0)	0.2648
A	2 (0.002110)	1 (0.001055)	291 (0.306962)	10 (0.010549)	0.3207
G	0 (0)	0 (0)	21 (0.022152)	169 (0.178270)	0.2004
和 (π_j)	0.2226	0.2563	0.3323	0.1888	1

ヒトとオランウータンの配列の GenBank のアクセション番号は，それぞれ D38112 と NC_001646 である (Horai et al., 1995). アラインメントは 954 サイトよりなるが，そのうち 6 サイトはギャップを含むので除外され，各配列の 948 サイトが用いられた．2 つの配列の平均塩基組成は，0.2184(T)，0.2605(C)，0.3265(A)，0.1946(G) である．

とよばれ，プリンとピリミジンの間の置換 (T, C ↔ A, G) はトランスバージョン (transversion) とよばれる．実際のデータでは，トランジションはしばしばトランスバージョンよりも高い速度で生じている．このため，Kimura (1980) は，トランジションとトランスバージョンの速度が異なるモデルを提案した．生物学者が使う（トランスバージョンに対峙するものとしての）トランジションという用語は，確率論研究者が使う同じ用語（遷移確率の"遷移 (transition)"）とは関係ないことに注意しておこう．通常は，ほとんど混同することなく文脈から判断できる．

トランジションの置換速度を α，トランスバージョンの置換速度を β としよう．このモデルは K80 モデル，あるいは Kimura の 2 パラメータ・モデルとして知られている．このモデルの速度行列は次のようになる（図 1.2 も参照せよ）．

$$Q = \begin{bmatrix} -(\alpha+2\beta) & \alpha & \beta & \beta \\ \alpha & -(\alpha+2\beta) & \beta & \beta \\ \beta & \beta & -(\alpha+2\beta) & \alpha \\ \beta & \beta & \alpha & -(\alpha+2\beta) \end{bmatrix} \quad (1.8)$$

任意の塩基が置換される速度は $\alpha+2\beta$ となり，時間 t だけ隔てられている 2 つの配列間の距離は $d=(\alpha+2\beta)t$ となる．αt はサイトあたりのトランジションの回数の期待値であり，$2\beta t$ はサイトあたりのトランスバージョンの回数の期待値である．αt と βt をモデルの 2 つのパラメータとして使用することもできるが，距離 d とトランジション/トランスバージョンの速度比 $\kappa=\alpha/\beta$ をパラメータとして用いたほうがより便利であることが多い．遷移確率行列は次のように求められる．

$$P(t) = e^{Qt} = \begin{bmatrix} p_0(t) & p_1(t) & p_2(t) & p_2(t) \\ p_1(t) & p_0(t) & p_2(t) & p_2(t) \\ p_2(t) & p_2(t) & p_0(t) & p_1(t) \\ p_2(t) & p_2(t) & p_1(t) & p_0(t) \end{bmatrix} \quad (1.9)$$

ここで，行列の 3 つの異なる要素は次のようになる (Kimura, 1980; Li, 1986).

$$p_0(t) = \frac{1}{4} + \frac{1}{4}e^{-4\beta t} + \frac{1}{2}e^{-2(\alpha+\beta)t} = \frac{1}{4} + \frac{1}{4}e^{-4d/(\kappa+2)} + \frac{1}{2}e^{-2d(\kappa+1)/(\kappa+2)},$$

$$p_1(t) = \frac{1}{4} + \frac{1}{4}e^{-4\beta t} - \frac{1}{2}e^{-2(\alpha+\beta)t} = \frac{1}{4} + \frac{1}{4}e^{-4d/(\kappa+2)} - \frac{1}{2}e^{-2d(\kappa+1)/(\kappa+2)}, \quad (1.10)$$

$$p_2(t) = \frac{1}{4} - \frac{1}{4}e^{-4\beta t} = \frac{1}{4} - \frac{1}{4}e^{-4d/(\kappa+2)}$$

$p_0(t) + p_1(t) + 2p_2(t) = 1$ であることに注意しよう.

配列データは,トランジションで異なっているサイトの割合とトランスバージョンで異なっているサイトの割合に要約できる.これらを,それぞれ S と V としよう.再びモデルの対称性 (式 (1.9)) より,あるサイトがトランジションで異なる塩基で占められている確率は $E(S) = p_1(t)$ となる.同様に,$E(V) = 2p_2(t)$ となる.これらを観測された S と V に等しいとおくと,2つの未知パラメータに関する連立方程式が導かれるが,それらは容易に解くことができ,次の解が得られる (Kimura, 1980; Jukes, 1987).

$$\widehat{d} = -\frac{1}{2}\log(1-2S-V) - \frac{1}{4}\log(1-2V),$$
$$\widehat{\kappa} = \frac{2 \times \log(1-2S-V)}{\log(1-2V)} - 1 \quad (1.11)$$

同様に,トランジション距離 αt とトランスバージョン距離 $2\beta t$ は次のように推定される.

$$\widehat{\alpha t} = -\frac{1}{2}\log(1-2S-V) + \frac{1}{4}\log(1-2V),$$
$$\widehat{2\beta t} = -\frac{1}{2}\log(1-2V) \quad (1.12)$$

この距離の公式は,$1 - 2S - V > 0$ かつ $1 - 2V > 0$ の場合にかぎり適用できる.S も V も $\text{var}(S) = S(1-S)/n$, $\text{var}(V) = V(1-V)/n$, $\text{cov}(S,V) = -SV/n$ をもつ多項比率であるので,デルタ法を用いて $\widehat{d}$ と $\widehat{\kappa}$ の分散–共分散行列を導くことができる (補遺 B 参照).とくに,$\widehat{d}$ の分散は次のように与えられる.

$$\text{var}(\widehat{d}) = [a^2 S + b^2 V - (aS + bV)^2]/n \quad (1.13)$$

ここで

$$a = (1-2S-V)^{-1},$$
$$b = \frac{1}{2}[(1-2S-V)^{-1} + (1-2V)^{-1}] \quad (1.14)$$

である.

[例] 表 1.2 の 12S rRNA データでは,トランジションによる相違度とトランスバージョンによる相違度が,それぞれ $S = (23+30+10+21)/948 = 0.08861$, $V = (1+0+2+0+2+1+0+0)/948 = 0.00633$ となる.式 (1.11) と (1.13) より,距離とその標準偏差は 0.1046 ± 0.0116 となる (**表 1.3**).推定値 $\widehat{\kappa} = 30.836$ は,トランジションの速度がトランスバージョンの速度よりも約 30 倍大きいことを示している. □

表 1.3 ヒトとオランウータンの 12 S rRNA 遺伝子間の距離の推定値

モデルと方法	$\widehat{d}=\pm$S.E.	他のパラメータの推定値
距離の公式		
JC69	0.1015 ± 0.0109	
K80	0.1046 ± 0.0116	$\widehat{\kappa} = 30.83 \pm 13.12$
F81	0.1016	
F84	0.1050	$\widehat{\kappa} = 15.548$
TN93	0.1078	$\widehat{\kappa}_1 = 44.228, \widehat{\kappa}_2 = 21.789$
最尤法		
JC69 と K80	上に同じ	
F81	0.1017 ± 0.0109	$\widehat{\pi} = (0.2251, 0.2648, 0.3188, 0.1913)$
F84	0.1048 ± 0.0117	$\widehat{\kappa} = 15.640,$
		$\widehat{\pi} = (0.2191, 0.2602, 0.3286, 0.1921)$
HKY85	0.1048 ± 0.0117	$\widehat{\kappa} = 32.137,$
		$\widehat{\pi} = (0.2248, 0.2668, 0.3209, 0.1875)$
TN93	0.1048 ± 0.0117	$\widehat{\kappa}_1 = 44.229, \widehat{\kappa}_2 = 21.781,$
		$\widehat{\pi} = (0.2185, 0.2604, 0.3275, 0.1936)$
GTR (REV)	0.1057 ± 0.0119	$\widehat{a} = 2.0431, \widehat{b} = 0.0821, \widehat{c} = 0.0000,$
		$\widehat{d} = 0.0670, \widehat{e} = 0.0000,$
		$\widehat{\pi} = (0.2184, 0.2606, 0.3265, 0.1946)$
UNREST	0.1057 ± 0.0120	推定された Q については式 (1.59) 参照
		$\widehat{\pi} = (0.2184, 0.2606, 0.3265, 0.1946)$

1.2.3 HKY85, F84, TN93, およびその他のモデル

1.2.3.1 TN93

Jukes and Cantor (1969) や Kimura (1980) のモデルは,すべての塩基のペア i と j で $q_{ij} = q_{ji}$ となるという置換速度の対称性を有していた.そのようなマルコフ連鎖では,定常分布はすべての塩基 i について $\pi_i = 1/4$ となる;すなわち,置換の過程が平衡に達すると,配列中の 4 種類の塩基の割合は等しくなる.この仮定は,実際のデータセットのほとんどすべてについて現実的ではない.ここでは,塩基組成の不均一性を考慮したモデルをいくつか考えてみよう.TN93 とよばれる Tamura and Nei (1993) のモデルは,一般に使用されているモデルの大部分をその特殊なケースとして含んでいる.このモデルから得られる結果の詳細を示し,また特殊なケースへ応用してみる.TN93 モデルの置換速度行列は次のとおりである.

$$Q = \begin{bmatrix} -(\alpha_1\pi_C + \beta\pi_R) & \alpha_1\pi_C & \beta\pi_A & \beta\pi_G \\ \alpha_1\pi_T & -(\alpha_1\pi_T + \beta\pi_R) & \beta\pi_A & \beta\pi_G \\ \beta\pi_T & \beta\pi_C & -(\alpha_2\pi_G + \beta\pi_Y) & \alpha_2\pi_G \\ \beta\pi_T & \beta\pi_C & \alpha_2\pi_A & -(\alpha_2\pi_A + \beta\pi_Y) \end{bmatrix} \quad (1.15)$$

パラメータ $\pi_T, \pi_C, \pi_A, \pi_G$ は置換速度を特定するために使用されているが,これらは定常(平衡)分布の要素でもあり,$\pi_Y = \pi_T + \pi_C$ と $\pi_R = \pi_A + \pi_G$ は,それぞれピリミジンとプリンの頻度を表す.

時間 t に対する遷移確率行列は $P(t) = \{p_{ij}(t)\} = e^{Qt}$ となる.行列 Q の指数のような Q の

代数関数を計算するための標準的方法は Q を対角化することである（Schott, 1997, 第 3 章）．Q は次のような形に書けるとしよう．

$$Q = U\Lambda U^{-1} \tag{1.16}$$

ここで，U は非特異行列であり，U^{-1} はその逆行列である．Λ は対角行列 $\Lambda = \text{diag}\{\lambda_1, \lambda_2, \lambda_3, \lambda_4\}$ を表す．このとき，$Q^2 = (U\Lambda U^{-1}) \cdot (U\Lambda U^{-1}) = U\Lambda^2 U^{-1} = U\,\text{diag}\{\lambda_1^2, \lambda_2^2, \lambda_3^2, \lambda_4^2\}U^{-1}$ となる．同様に，任意の整数 m に対して $Q^m = U\,\text{diag}\{\lambda_1^m, \lambda_2^m, \lambda_3^m, \lambda_4^m\}U^{-1}$ となる．一般に，行列 Q の任意の代数関数 h は，$h(Q)$ が存在するかぎりにおいて，$h(Q) = U\,\text{diag}\{h(\lambda_1), h(\lambda_2), h(\lambda_3), h(\lambda_4)\}U^{-1}$ と計算される．したがって，式 (1.16) が与えられれば，$P(t)$ は次のように計算される．

$$P(t) = \mathrm{e}^{Qt} = U\,\text{diag}\{\exp(\lambda_1 t), \exp(\lambda_2 t), \exp(\lambda_3 t), \exp(\lambda_4 t)\}U^{-1} \tag{1.17}$$

λ は Q の固有値（eigenvalue あるいは latent root）であり，U の列あるいは U^{-1} の行は，それぞれその固有値に対応する Q の右および左固有ベクトルである．式 (1.16) は，Q のスペクトル分解として知られている．行列の固有値や固有ベクトルの計算については，線形代数のテキスト（たとえば，Schott, 1997, 第 3 章）にゆずる．TN93 モデルについては，解は解析的に求まる．$\lambda_1 = 0$, $\lambda_2 = -\beta$, $\lambda_3 = -(\pi_R \alpha_2 + \pi_Y \beta)$, $\lambda_4 = -(\pi_Y \alpha_1 + \pi_R \beta)$ が得られ，U と U^{-1} は次のようになる．

$$U = \begin{bmatrix} 1 & 1/\pi_Y & 0 & \pi_C/\pi_Y \\ 1 & 1/\pi_Y & 0 & -\pi_T/\pi_Y \\ 1 & -1/\pi_R & \pi_G/\pi_R & 0 \\ 1 & -1/\pi_R & -\pi_A/\pi_R & 0 \end{bmatrix} \tag{1.18}$$

$$U^{-1} = \begin{bmatrix} \pi_T & \pi_C & \pi_A & \pi_G \\ \pi_T\pi_R & \pi_C\pi_R & -\pi_A\pi_Y & -\pi_G\pi_Y \\ 0 & 0 & 1 & -1 \\ 1 & -1 & 0 & 0 \end{bmatrix} \tag{1.19}$$

Λ, U, U^{-1} を式 (1.17) に代入すると次のようになる．

$$P(t) = \begin{bmatrix} \pi_T + \dfrac{\pi_T\pi_R}{\pi_Y}e_2 + \dfrac{\pi_C}{\pi_Y}e_4 & \pi_C + \dfrac{\pi_C\pi_R}{\pi_Y}e_2 - \dfrac{\pi_C}{\pi_Y}e_4 & \pi_A(1-e_2) & \pi_G(1-e_2) \\ \pi_T + \dfrac{\pi_T\pi_R}{\pi_Y}e_2 - \dfrac{\pi_T}{\pi_Y}e_4 & \pi_C + \dfrac{\pi_C\pi_R}{\pi_Y}e_2 + \dfrac{\pi_T}{\pi_Y}e_4 & \pi_A(1-e_2) & \pi_G(1-e_2) \\ \pi_T(1-e_2) & \pi_C(1-e_2) & \pi_A + \dfrac{\pi_A\pi_Y}{\pi_R}e_2 + \dfrac{\pi_G}{\pi_R}e_3 & \pi_G + \dfrac{\pi_G\pi_Y}{\pi_R}e_2 - \dfrac{\pi_G}{\pi_R}e_3 \\ \pi_T(1-e_2) & \pi_C(1-e_2) & \pi_A + \dfrac{\pi_A\pi_Y}{\pi_R}e_2 - \dfrac{\pi_A}{\pi_R}e_3 & \pi_G + \dfrac{\pi_G\pi_Y}{\pi_R}e_2 + \dfrac{\pi_A}{\pi_R}e_3 \end{bmatrix} \tag{1.20}$$

ここで，$e_2 = \exp(\lambda_2 t) = \exp(-\beta t)$, $e_3 = \exp(\lambda_3 t) = \exp\{-(\pi_R \alpha_2 + \pi_Y \beta)t\}$, $e_4 = \exp(\lambda_4 t) = \exp\{-(\pi_Y \alpha_1 + \pi_R \beta)t\}$ である．

時間 t が 0 から無限大まで増加するとき，対角要素 $p_{jj}(t)$ は 1 から π_j まで減少する．一方，

非対角要素 $p_{ij}(t)$ は 0 から π_j まで増加し，最初の塩基 i によらず，$p_{ij}(\infty) = \pi_j$ になる．極限分布 $(\pi_T, \pi_C, \pi_A, \pi_G)$ はまた定常分布でもある．

このモデルのもとでの配列間距離の推定について考えよう．まず，距離を定義しよう．塩基 i の置換速度は $-q_{ii} = \sum_{j \neq i} q_{ij}$ であり，それは 4 種類の塩基間で異なっている．置換の過程が平衡に達しているならば，マルコフ連鎖の中で 4 種の状態，T, C, A, G のそれぞれに費やす時間は，平衡頻度 $\pi_T, \pi_C, \pi_A, \pi_G$ に比例する．同様に，もし平衡状態にある長い DNA の配列を考えると，T, C, A, G をもつサイトの割合は，それぞれ $\pi_T, \pi_C, \pi_A, \pi_G$ となる．このとき，平均置換速度は次の式で与えられる．

$$\lambda = -\sum_i \pi_i q_{ii} = 2\pi_T \pi_C \alpha_1 + 2\pi_A \pi_G \alpha_2 + 2\pi_Y \pi_R \beta \tag{1.21}$$

すると，時間 t だけ隔てられている 2 つの配列間距離は $d = \lambda t$ となる．

距離の推定値を導くため，先に議論した K80 モデルと同じ方法を用いる．S_1 を 2 つの異なるピリミジンをもつサイト（すなわち，2 つの配列中，TC あるいは CT のペアをもつサイト）の割合とし，S_2 を 2 つの異なるプリンをもつサイト（すなわち，2 つの配列中 AG あるいは GA のペアをもつサイト）の割合，V はトランスバージョンによる差異のあるサイトの割合としよう．次に，そのようなサイトの頻度の期待値：$E(S_1), E(S_2), E(V)$ を導かねばならない．このモデルでは Q は対称ではないので，JC69 や K80 で用いられた対称性を利用した方法を適用できない．しかし，Q は次の条件を満たしている．

$$\pi_i q_{ij} = \pi_j q_{ji} \quad (すべての\ i \neq j) \tag{1.22}$$

またこれと等価であるが，すべての t とすべての $i \neq j$ に対して $\pi_i p_{ij}(t) = \pi_j p_{ji}(t)$ が満たされている．そのような条件を満たすマルコフ連鎖は時間的に可逆 (time-reversible) とよばれる．可逆性とは，その確率過程を時間の進行方向に眺めても逆行方向に眺めても，つまり，置換の過程を現在から未来に向けて眺めようが，現在から過去に向けて眺めようが，同じように見えるということを意味している．その結果，2 本の配列が与えられたとき，あるサイトにおいてそのデータのとる確率は，一方が祖先で他方を子孫として計算しようが，あるいは両方ともある祖先配列からの子孫として計算しようが，同じになる．また，(1.22) は i から j への変化の量の期待値と，j から i への変化の量の期待値が等しいことを意味している．ただし変化の速度は方向によって異なっていることに注意しよう：すなわち $q_{ij} \neq q_{ji}$ である．いま，配列 1 が配列 2 の祖先であり，2 つの配列は時間 t だけ隔てられているとする．すると次式が得られる．

$$E(S_1) = \pi_T p_{TC}(t) + \pi_C p_{CT}(t) = 2\pi_T p_{TC}(t) \tag{1.23}$$

式 (1.23) の和の第 1 項は，任意のサイトにおいて，配列 1 が T になっており，配列 2 では C になっている確率である．これは，配列 1 のあるサイトが T である確率 π_T に，T が時刻 t の経過後に配列 2 で C になる遷移確率 $p_{TC}(t)$ を乗じたものである．ここでは，複数の配列のあるサイトにおいて出現する塩基のセットをサイト構成 (site configuration) あるいはサイト・パターン (site pattern) とよぶことにしよう．$\pi_T p_{TC}(t)$ は，サイト・パターン TC が観測される確率である．式 (1.23) の和の第 2 項，$\pi_C p_{CT}(t)$ は，サイト・パターン CT の確率である．同様にして，

$E(S_2) = 2\pi_A p_{AG}(t)$ と $E(V) = 2\pi_T p_{TA}(t) + 2\pi_T p_{TG}(t) + 2\pi_C p_{CA}(t) + 2\pi_C p_{CG}(t)$ が得られる．観測された割合，S_1, S_2, V を，それらが期待される確率に等しいとおくことで，3 つの未知数：遷移確率行列 (1.20) の中の e_2, e_3, e_4，あるいはそれと等価な $d, \kappa_1 = \alpha_1/\beta, \kappa_2 = \alpha_2/\beta$ についての 3 元連立方程式が得られる．塩基頻度のパラメータ，$\pi_T, \pi_C, \pi_A, \pi_G$ は，平均観測頻度から推定される．その連立方程式を解くことで，以下の推定値が得られる．

$$\widehat{d} = \frac{2\pi_T \pi_C}{\pi_Y}(a_1 - \pi_R b) + \frac{2\pi_A \pi_G}{\pi_R}(a_2 - \pi_Y b) + 2\pi_Y \pi_R b,$$
$$\widehat{\kappa}_1 = \frac{a_1 - \pi_R b}{\pi_Y b}, \tag{1.24}$$
$$\widehat{\kappa}_2 = \frac{a_2 - \pi_Y b}{\pi_R b}$$

ここで，a_1, a_2, b は以下のように与えられる (Tamura and Nei, 1993)．

$$a_1 = -\log\left(1 - \frac{\pi_Y S_1}{2\pi_T \pi_C} - \frac{V}{2\pi_Y}\right),$$
$$a_2 = -\log\left(1 - \frac{\pi_R S_2}{2\pi_A \pi_G} - \frac{V}{2\pi_R}\right), \tag{1.25}$$
$$b = -\log\left(1 - \frac{V}{2\pi_Y \pi_R}\right)$$

この公式は，π_Y あるいは π_R が 0 であるか，対数関数の引数のいずれかが 0 以下であれば適用できない．そのような状態は，配列間の分化が大きいときに生じる可能性がある．塩基頻度の推定値における誤差を無視し，S_1, S_2, V が多項比率であることに注意すると，デルタ法によって，距離の推定値 $\widehat{d}$ の分散が得られる．これは Kimura (1980) のモデルにおける計算に類似している (Tamura and Nei, 1993 参照).

[例] 表 1.2 の 12 S rRNA のデータでは，観測値はそれぞれ $S_1 = (23 + 30)/948 = 0.0559$, $S_2 = (10 + 21)/948 = 0.03270$, $V = 6/948 = 0.00633$ となる．式 (1.24) から $\widehat{d} = 0.1078$, $\widehat{\kappa}_1 = 44.228$, $\widehat{\kappa}_2 = 21.789$ として推定値が得られる． □

1.2.3.2 HKY85, F84, およびその他のモデル

2 つの一般に使用されているモデルは，TN93 モデルの特殊なケースである．第 1 の特殊なケースは，Hasegawa et al. により提案されたモデルである (Hasegawa et al., 1984, 1985)．これは，Yang (1994b) による命名の間違いにより，HYK84 ではなく，HKY85 として現在一般に知られている．このモデルは，TN93 モデルにおいて，$\alpha_1 = \alpha_2 = \alpha$ あるいは $\kappa_1 = \kappa_2 = \kappa$ とおくことで得られる (表 1.1)．遷移確率行列は，式 (1.20) で α_1 と α_2 を α で置き換えることで得られる．このモデルのもとで距離の公式を導くことは簡単ではない (Yang, 1994b) が，Rzhetsky と Nei (1994) はいくつかの可能性を示唆している．

TN93 モデルの第 2 の特殊なケースは，Joseph Felsenstein の PHYLIP パッケージのバージョン 2.6 (1984) 以降で，DNAML プログラムに実装されている．このモデルは F84 モデルとして知られている．その速度行列は，Hasegawa and Kishino (1989) および Kishino and Hasegawa

(1989) によって最初に発表されたものである．この行列は，TN93 で，パラメータを 1 つ減らして，$\alpha_1 = (1+\kappa/\pi_Y)\beta$，および $\alpha_2 = (1+\kappa/\pi_R)\beta$ とおくことによって得られる（表 1.1）．このモデルでは，行列 Q の固有値は，$\lambda_1 = 0$, $\lambda_2 = -\beta$, $\lambda_3 = \lambda_4 = -(1+\kappa)\beta$ となる．K80 モデルのように，異なる固有値は 3 つであり，距離の公式を導くことができる．

式 (1.21) から，配列の距離は $d = \lambda t = 2(\pi_T\pi_C + \pi_A\pi_G + \pi_Y\pi_R)\beta t + 2(\pi_T\pi_C/\pi_Y + \pi_A\pi_G/\pi_R)\kappa\beta t$ となる．サイトが，トランジションで異なると期待される確率とトランスバージョンで異なると期待される確率は，次の式で与えられる．

$$E(S) = 2(\pi_T\pi_C + \pi_A\pi_G) + 2\left(\frac{\pi_T\pi_C\pi_R}{\pi_Y} + \frac{\pi_A\pi_G\pi_Y}{\pi_R}\right)e^{-\beta t} - 2\left(\frac{\pi_T\pi_C}{\pi_Y} + \frac{\pi_A\pi_G}{\pi_R}\right)e^{-(\kappa+1)\beta t},$$
$$E(V) = 2\pi_Y\pi_R(1-e^{-\beta t}) \tag{1.26}$$

S, V の観測値をそれらの期待値と等しいとおくことにより，2 つの未知数についての連立方程式を得ることができ，それを解くことで $\widehat{d}$ と $\widehat{\kappa}$ が得られる．

$$\widehat{d} = 2\left(\frac{\pi_T\pi_C}{\pi_Y} + \frac{\pi_A\pi_G}{\pi_R}\right)a - 2\left(\frac{\pi_T\pi_C\pi_R}{\pi_Y} + \frac{\pi_A\pi_G\pi_Y}{\pi_R} - \pi_Y\pi_R\right)b,$$
$$\widehat{\kappa} = a/b - 1 \tag{1.27}$$

ここで，a と b は次の式で与えられる（Tateno *et al.*, 1994; Yang, 1994a）．

$$a = \overline{(\kappa+1)\beta t} = -\log\left\{1 - \frac{S}{2\left(\frac{\pi_T\pi_C}{\pi_Y} + \frac{\pi_A\pi_G}{\pi_R}\right)} - \frac{\left(\frac{\pi_T\pi_C\pi_R}{\pi_Y} + \frac{\pi_A\pi_G\pi_Y}{\pi_R}\right)V}{2(\pi_T\pi_C\pi_R + \pi_A\pi_G\pi_Y)}\right\},$$
$$b = \overline{\beta t} = -\log\left\{1 - \frac{V}{2\pi_Y\pi_R}\right\} \tag{1.28}$$

$\widehat{d}$ の近似的な分散は，K80 モデルの場合と同様の方法で得ることができる（Tateno *et al.*, 1994）．F84 モデルで推定された 12 S rRNA 遺伝子の距離が，表 1.3 に示されている．

TN93 モデルで $\alpha_1 = \alpha_2 = \beta$ と仮定すると，F81 モデル（Felsenstein, 1981）が得られる（表 1.1）．距離の公式は Tajima and Nei (1982) よって導出された．表 1.2 の 12 S rRNA のデータセットについての，F81 やその他いくつかのモデルによる推定値は表 1.3 に示されている．TN93 モデルから導出された行列 $\Lambda, U, U^{-1}, P(t)$ は，JC69（Jukes and Cantor, 1989），K80 (Kimura, 1980), F81 (Felsenstein, 1981), HKY85 (Hasegawa *et al.*, 1984, 1985), F84 といった特別なケースにも適用できる．これらのより単純なモデルのいくつかを用いると，簡易化が可能である（練習問題 1.2 参照）．

1.2.4 トランジション/トランスバージョンの速度比

困ったことに，文献上，3 種類の "トランジション/トランスバージョンの速度比 (transition/transversion rate ratio)" の定義が見受けられる．第 1 の定義は，2 本の配列間でトランジションとトランスバージョンで差異のあるサイトの数（あるいはその割合）を，多重置換の補正なしに比をとったものである（たとえば Wakeley, 1994）．これは，K80 モデルのもとでは，

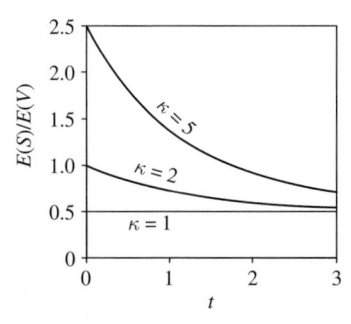

図 1.5 K80 モデル（Kimura, 1980）のもとでの，配列の分化の大きさ t に対しプロットされたトランジション/トランスバージョン比 $E(S)/E(V)$．これは，式 (1.10) の $p_1(t)/(2p_2(t))$ であり，無限に長い配列に対応する．

$E(S)/E(V) = p_1(t)/(2p_2(t))$ となる（式 (1.10) 参照）．無限に長い配列で，配列が非常に類似しているときには，K80 モデルでは，これは $\alpha/(2\beta)$ に近い値をとる．配列の分化が中程度である場合，$E(S)/E(V)$ は $\alpha/(2\beta)$ の値とともに増加するが，そのパターンは複雑である．配列が非常に異なっている場合，$E(S)/E(V)$ は $\alpha/(2\beta)$ に関係なく 1/2 に近づく．図 1.5 は，配列の相違度に対して，$E(S)/E(V)$ をプロットしたものである．このように，この比は近縁な配列でのみ意味をもつ．しかし，実際のデータセットでは，非常に類似した配列はあまり情報を含んでいないかもしれず，推定値の標本誤差は大きいであろう．一般に，$E(S)/E(V)$ は，トランジション/トランスバージョンの速度の違いの尺度としてはあまり良いものではなく，使用は避けるべきである．

第 2 の尺度は，Kimura (1980) や Hasegawa et al. (1985) のモデルで用いられている $\kappa = \alpha/\beta$ である．$\kappa = 1$ はトランジションとトランスバージョンの速度に違いがないことを示す．第 3 の尺度は，平均トランジション/トランスバージョン比（average transition/transversion ratio）とよばれるもので，2 配列間のトランジション，トランスバージョンによる置換数の期待値の比である．これは，第 1 の尺度と同じであるが，多重置換の補正がなされている点が異なる．一般置換速度行列（表 1.1 の UNREST モデル）において，これは次式のようになる．

$$R = \frac{\pi_T q_{TC} + \pi_C q_{CT} + \pi_A q_{AG} + \pi_G q_{GA}}{\pi_T q_{TA} + \pi_T q_{TG} + \pi_C q_{CA} + \pi_C q_{CG} + \pi_A q_{AT} + \pi_A q_{AC} + \pi_G q_{GT} + \pi_G q_{GC}} \quad (1.29)$$

ここで，マルコフ連鎖が状態 T をとる時間の割合が π_T であり，q_{TC} は T が C に変化する速度であることに注意しよう．したがって，$\pi_T q_{TC}$ は T から C への流量である．式 (1.29) の分子は，トランジションによる変異の平均量であり，分母はトランスバージョンによる変異の平均量である．表 1.4 に，一般に使用されている単純なモデルについての R を示す．Kimura (1980) のモデルのもとでは，$R = \alpha/(2\beta)$ であり，トランジションとトランスバージョンの速度に違いがなければ 1/2 に等しくなる．各々の核酸から生じうる変化のうち，トランジションは 1 つ，トランスバージョンは 2 つであり，トランジションに対し，2 倍のトランスバージョンを観察することが期待されるので，上記の比は 1/2 となる．

F84 モデルや HKY85 モデルのもとでは，パラメータ κ の定義は異なる（表 1.1）．トランジションとトランスバージョンの速度に違いがなければ，$\kappa_{F84} = 0$, $\kappa_{HKY85} = 1$ となる．近似的

表 1.4 平均トランジション/トランスバージョン比 R

モデル	平均トランジション/トランスバージョン比 (R)
JC69	$1/2$
K80	$\kappa/2$
F81	$\dfrac{\pi_T\pi_C + \pi_A\pi_G}{\pi_Y\pi_R}$
F84	$\dfrac{\pi_T\pi_C(1+\kappa/\pi_Y) + \pi_A\pi_G(1+\kappa/\pi_R)}{\pi_Y\pi_R}$
HKY85	$\dfrac{(\pi_T\pi_C + \pi_A\pi_G)\kappa}{\pi_Y\pi_R}$
TN93	$\dfrac{\pi_T\pi_C\kappa_1 + \pi_A\pi_G\kappa_2}{\pi_Y\pi_R}$
REV (GTR)	$\dfrac{\pi_T\pi_C a + \pi_A\pi_G f}{\pi_T\pi_A b + \pi_T\pi_G c + \pi_C\pi_A d + \pi_C\pi_G e}$
UNREST	本文の式 (1.29) 参照

に，$\kappa_{\mathrm{HKY85}} \cong 1+2\kappa_{\mathrm{F84}}$ が成り立つ．2つのモデルのもとでの平均トランジション/トランスバージョン比 R（表1.4）を等しいとおくと，より正確な近似式 (1.30) を導くことができる（Goldman, 1993）.

$$\kappa_{\mathrm{HKY85}} \cong 1 + \frac{\pi_T\pi_C/\pi_Y + \pi_A\pi_G/\pi_Y}{\pi_T\pi_C + \pi_A\pi_G}\kappa_{\mathrm{F84}} \tag{1.30}$$

全般的に，異なるモデルにおける推定値を比較するには R がより適しており，一方，κ はトランジションとトランスバージョンの速度に違いがないという帰無仮説を定式化するのに適している．

1.3 サイト間での置換速度の変動

第 1.2 節で議論したすべてのモデルでは，配列中の異なるサイトが，同じ速度で同様に進化していることを仮定している．この仮定は，実際のデータに対しては現実的ではない．第1に，突然変異率はサイト間で異なることがある．第2に，異なるサイトにおける突然変異は，遺伝子の構造や機能に関するそれらのサイトの役割の違いと，それに伴いそれらのサイトに作用する選択圧の差から，異なる速度で固定されるかもしれない．置換速度が異なる場合，置換のホットスポットでは多くの変化を蓄積するのに対し，保存的なサイトではまったく変化が生じないままである．このため，進化的変化の量あるいは配列間距離が同じであっても，速度がサイト間で一定である場合に比べて，配列間で観察される相違度は小さくなるであろう．言い換えると，サイト間での速度の違いを無視すると，配列間距離を過小推定してしまうことになる．

任意のサイトの置換速度 r が，ある確率分布から抽出された確率変数であると仮定することにより，速度の違いを考慮できる．最も一般に使用されている確率分布はガンマ分布である．ガンマ分布から得られるモデルは，添え字 '+Γ' を使って，JC69+Γ や K80+Γ のように表される．また，このときの距離はガンマ距離（gamma distance）とよばれることもある．ガンマ分布の密度関数は次のようになる．

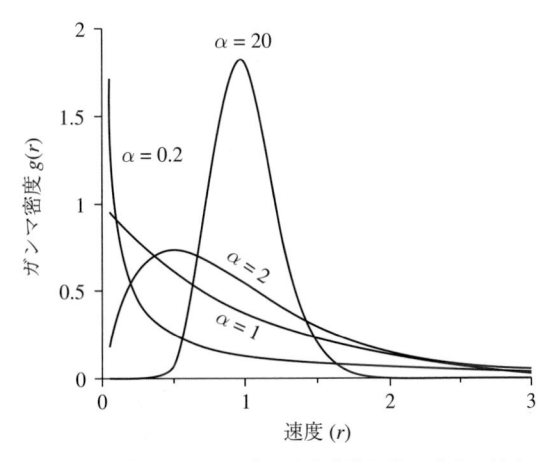

図 1.6 サイト間での置換速度の変動を表すガンマ分布の確率密度関数．分布の尺度パラメータは，平均が 1 になるように固定されている；その結果，密度関数は形状パラメータ α のみを含んでいる．x 軸が置換速度を表し，y 軸は x 軸で表される置換速度をもつサイトの数に比例している．

$$g(r;\alpha,\beta) = \frac{\beta^\alpha}{\Gamma(\alpha)} e^{-\beta r} r^{\alpha-1} \quad (\alpha > 0, \quad \beta > 0, \quad r > 0) \tag{1.31}$$

ここで，α と β は形状パラメータ（shape parameter）と尺度パラメータ（scale parameter）である．この分布の平均と分散は，$E(r) = \alpha/\beta$, $\mathrm{var}(r) = \alpha/\beta^2$ である．多くのパラメータを使用することを避けるため，$\beta = \alpha$ とおき，分布の平均を 1，分散は $1/\alpha$ とする．このとき，形状パラメータ α は，サイト間の置換速度の変化の程度の逆数に比例する（図 1.6）．もし，$\alpha > 1$ であるならば，分布は釣鐘型となり，大部分のサイトは 1 を中心とする中程度の速度をもつのに対し，少数のサイトは非常に小さなあるいは非常に大きな置換速度をもつ．とくに，$\alpha \to \infty$ のとき，その分布は，すべてのサイトが同じ置換速度をもつモデルに縮退する．もし，$\alpha \leq 1$ であるならば，その分布は非常に歪んだ L 字型をとり，大部分のサイトは非常に低い置換速度を有しているか，ほぼ '不変' であるが，高い置換速度をもつ置換のホットスポットも存在していることを意味している．実際のデータからの α の推定は，2 本の配列のみから行うことは実質的に不可能であり，多数本の配列の比較が不可欠である．この推定については，第 4.3 節で議論する．ここでは，α は与えられていると仮定する．

サイト間で置換速度が変動する場合，配列間距離はサイトあたりの置換数の期待値として定義され，全サイトについて平均をとることにより得られる．ここで，K80 モデルについてガンマ距離を導き，他のモデルのもとでも同様に導出できることに触れておこう．表記の混乱を避けるため K80 モデルのもとでのパラメータとして d と κ を用い，ガンマ分布のパラメータとして α と β を用いる．平均速度は 1 であるので，すべてのサイトにわたって平均化された距離はこの場合も d である．もしあるサイトの速度が r であれば，トランジションの速度でもトランスバージョンの速度でも r が乗じられ，そのサイトにおける配列間距離は dr となる．トランジション/トランスバージョンの速度比 κ はすべてのサイトで一定に保たれる．すべてのサイトで置換速度が同じであった場合と同様に，トランジションあるいはトランスバージョンによる相違度を用いて，サイトの割合 S と V を計算し，その観測値をこのモデルのもとでの期待される確率に等しいと

おく．もし，あるサイトの速度 r が与えられていれば，そのサイトがトランジションで異なる確率は $p_1(d \cdot r)$ となる．ここで p_1 は式 (1.10) で与えられたものである．しかし，r は未知の確率変数であるので，異なる置換速度をもつサイトからの寄与を考慮しなければならない．言い換えると，無条件確率（unconditional probability）を求めるために，r の分布について平均を計算する必要がある．

$$
\begin{aligned}
E(S) &= \int_0^\infty p_1(d \cdot r)\, g(r)\, dr \\
&= \int_0^\infty \left[\frac{1}{4} + \frac{1}{4}\exp\left(\frac{-4d \cdot r}{\kappa+2}\right) - \frac{1}{2}\exp\left(\frac{-2(\kappa+1)d \cdot r}{\kappa+2}\right) \right] g(r)\, dr \quad (1.32) \\
&= \frac{1}{4} + \frac{1}{4}\left(1 + \frac{4d}{(\kappa+2)\alpha}\right)^{-\alpha} - \frac{1}{2}\left(1 + \frac{2(\kappa+1)d}{(\kappa+2)\alpha}\right)^{-\alpha}
\end{aligned}
$$

同様に，トランスバージョンによる差異が観察される確率は次のように与えられる．

$$
E(V) = \int_0^\infty 2p_2(d \cdot r) g(r)\, dr = \frac{1}{2} - \frac{1}{2}\left(1 + \frac{4d}{(\kappa+2)\alpha}\right)^{-\alpha} \quad (1.33)
$$

上で導いた期待値を，観察された相違度 S と V に等しいとおくと，次式が導かれる（Jin and Nei, 1990）．

$$
\begin{aligned}
\widehat{d} &= \frac{\alpha}{2}[(1-2S-V)^{-1/\alpha} - 1] + \frac{\alpha}{4}[(1-2V)^{-1/\alpha} - 1], \\
\widehat{\kappa} &= \frac{2[(1-2S-V)^{-1/\alpha} - 1]}{[(1-2V)^{-1/\alpha} - 1]} - 1
\end{aligned} \quad (1.34)
$$

速度一定のモデルの式 (1.11) と比較すると，対数関数 $\log(y)$ が $-\alpha(y^{-1/\alpha} - 1)$ になっている点が唯一の違いであることがわかる．これはガンマ距離の一般的な特徴である．$\widehat{d}$ の大標本分散は式 (1.13) で与えられるが，a と b が次のように変わる．

$$
\begin{aligned}
a &= (1-2S-V)^{-1/\alpha-1}, \\
b &= \frac{1}{2}[(1-2S-V)^{-1/\alpha-1} + (1-2V)^{-1/\alpha-1}]
\end{aligned} \quad (1.35)
$$

同様に，JC69+Γ モデルでの差異のあるサイトの割合の期待値は次のようになる．

$$
p = \int_0^\infty \left(\frac{3}{4} - \frac{3}{4}e^{-4d \cdot r/3}\right) g(r)\, dr = \frac{3}{4} - \frac{3}{4}\left(1 + \frac{4d}{3\alpha}\right)^{-\alpha} \quad (1.36)
$$

JC69+Γ 距離は次のようになる（Golding, 1983）．

$$
\widehat{d} = \frac{3}{4}\alpha\left[\left(1 - \frac{4}{3}\widehat{p}\right)^{-1/\alpha} - 1\right] \quad (1.37)
$$

この推定値の分散は次式で表される．

$$
\mathrm{var}(\widehat{d}) = \mathrm{var}(\widehat{p}) \times \left|\frac{dd}{dp}\right|^2 = \frac{\widehat{p}(1-\widehat{p})}{n} \times \left(1 - \frac{4}{3}\widehat{p}\right)^{-2/\alpha-2} \quad (1.38)
$$

一般に式 (1.17) は，等価な次の形で書き表すことができることに注意しよう．

$$
p_{ij}(t) = \sum_{k=1}^4 c_{ijk} e^{\lambda_k t} = \sum_{k=1}^4 u_{ik} u_{kj}^{-1} e^{\lambda_k t} \quad (1.39)
$$

ここで，λ_k は速度行列 Q の k 番目の固有値，u_{ik} は U の要素 (i,k) であり，u_{kj}^{-1} は式 (1.17) 中の U^{-1} の要素 (k,j) である．これより，2本の配列のあるサイトで，塩基 i と j が観察される確率は，次式のように表される．

$$f_{ij}(t) = \int_0^\infty \pi_i p_{ij}(t \cdot r) g(r)\, \mathrm{d}r = \pi_i \sum_{k=1}^4 c_{ijk} (1 - \lambda_k t/\alpha)^{-\alpha} \tag{1.40}$$

このように，1速度モデルにおいては指数関数として表されている部分が，ガンマモデル（gamma model）のもとではべき関数に置き換えられている．1速度モデルでは，方程式を解くために指数関数を未知数と見なしたが，ガンマモデルでは，べき関数がそれに相当する．このように，実質的に1速度の距離の公式が利用できるすべてのモデルに対して，ガンマ距離を導くことができる．そのような1速度モデルには，たとえば F84 モデル（Yang, 1994a）や TN93 モデル（Tamura and Nei, 1993）が含まれる．

[例] K80+Γ モデルのもとで $\alpha=0.5$ に固定されていると仮定し，2つのミトコンドリアの 12 S rRNA 遺伝子の配列間距離を計算する．距離とトランジション/トランスバージョンの速度比 κ の推定値は，$\hat{d} \pm \mathrm{SE} = 0.1283 \pm 0.01726$ と $\hat{\kappa} \pm \mathrm{SE} = 37.76 \pm 16.34$ である．どちらの推定値も，1速度モデルでの推定値に比べ大きい値を示す（表 1.3）．サイト間の速度の変動を無視すると，配列間距離もトランジション/トランスバージョンの速度比も過小評価されることはよく知られている（Wakely, 1994; Yang, 1996a）．配列間距離が大きい場合や，サイト間の速度の変動が大きい場合（すなわち，より小さな α の場合）ほど，推定値の過小評価はより深刻である． □

1.4 最尤推定

この節では，配列間距離推定のための最尤（maximum likelihood；ML）法について議論する．ML は，あるモデルのパラメータ推定やパラメータに関する仮説検定のための一般的な手法である．この方法は統計学において中心的な役割を演じており，分子系統学においても広く利用されている．また，この方法はこの本で後に取り扱われる多くの事項の基盤となるものである．ここでは，おもに Jukes and Cantor (1969) と Kimura (1980) に焦点を絞り，前出の距離の公式を再度導出する．既知の事柄を発見することはそれほど刺激的ではないかもしれないが，最尤法の機構を理解する手助けとしては効果的であろう．最尤法は，解析的な解が存在せず，直観もはたらかないような困難な推定問題や複雑なモデルであっても，どのように処理したらよいかを教えてくれる'自動的'な方法であることに注目しよう．最尤法に興味をひかれた読者は，基礎的なレベルであれば，たとえば DeGroot and Schervish (2002), Kalbfleisch (1985), Edwards (1992) を，また上級レベルであれば，Cox and Hinkley (1974) や Stuart *et al.* (1999) などの統計学のテキストを参考にするとよい．

1.4.1 JC69 モデル

X をデータ，θ を推定したいパラメータとしよう．データ X が観察される確率を，与えられた

データ X のもとでの未知パラメータ θ の関数と見なしたものは，尤度関数 (likelihood function) とよばれ，次のように表す；$L(\theta; X) = f(X|\theta)$．尤度原理に従うと，尤度関数は θ に関するデータ中のすべての情報を含んでいる．尤度を最大化する θ の値，$\hat{\theta}$ は，最良の点推定値であり，最尤推定値 (maximum likelihood estimate；MLE) とよばれる．さらに，$\hat{\theta}$ 周辺の尤度曲線は，点推定値の不確実性についての情報を与えてくれる．この理論は，パラメータが 1 個の問題と同様に，複数のパラメータを含む問題にも適用できるが，その場合，θ はベクトルで表現される．

ここで，この理論を，JC69 モデル (Jukes and Cantor, 1969) のもとで 2 配列間の距離の推定に応用してみよう．パラメータは 1 つで，距離 d である．データは 2 本の配列のアラインメントであり，どちらの配列も n サイトの長さで，差異のあるサイトは x 個とする．式 (1.5) より，距離 d だけ離れた 2 本の配列で，1 個のサイトが異なる塩基をもつ確率は次式で表される

$$p = 3p_1 = \frac{3}{4} - \frac{3}{4}e^{-4d/3} \tag{1.41}$$

すると，そのデータが観測される確率，すなわち n 個のサイト中 x 個のサイトに差異がある確率は，次の 2 項確率で与えられる．

$$L(d; x) = f(x|d) = Cp^x(1-p)^{n-x} = C\left(\frac{3}{4} - \frac{3}{4}e^{-4d/3}\right)^x \left(\frac{1}{4} + \frac{3}{4}e^{-4d/3}\right)^{n-x} \tag{1.42}$$

データ x は観察されているので，この確率はパラメータ d の関数と考えられる．データは，より低い L を与える d の値よりも，より高い L を与える d の値を支持する．パラメータ θ と独立なデータの任意の関数を尤度に乗じても，θ の推定には影響しないので，尤度は比例定数によらずに定義される．この性質を利用して，式 (1.42) に 2 つの変形を導入しよう．まず，2 項係数 $C = \dfrac{n!}{x!(n-x)!}$ は定数であるので省く．次にすべての置換モデルの尤度と同じ定義を用いるため，1 つのサイトにおいて式 (1.42) にあるような単純な 2 種類の観測結果（確率 p で差異があり，$(1-p)$ で一致）の代わりに，16 種類の可能な観測結果（16 種類の可能なサイト・パターン）を区別する．JC69 モデルでは，4 種類の一致サイト・パターン（TT, CC, AA, GG）は同じ出現確率をもつ．同様に，12 種類の差異をもつサイト・パターン（TC, TA, TG など）は同じ出現確率をもつ．この点は，他のモデルでは異なる．こうして再定義された尤度は，16 の区分からなる多項確率で表される．

$$L(d; x) = \left(\frac{1}{4}p_1\right)^x \left(\frac{1}{4}p_0\right)^{n-x} = \left(\frac{1}{16} - \frac{1}{16}e^{-4d/3}\right)^x \left(\frac{1}{16} + \frac{3}{16}e^{-4d/3}\right)^{n-x} \tag{1.43}$$

ここで，p_0 と p_1 は式 (1.3) で示されたものである．12 の差異をもつサイト・パターンの各々は $p_1/4$ すなわち $p/12$ の確率をもつ．たとえば，TC という差異をもつサイト・パターンの確率は，初期状態が T である確率 $1/4$ に，式 (1.3) の T から C への遷移確率 $p_{\text{TC}}(t) = p_1$ を乗じることで得られ，$p_1/4$ となる．同様に，4 種の一致サイト・パターン（TT, CC, AA, GG）は，$p_0/4$ すなわち $(1-p)/4$ の確率をもつ．式 (1.42) と式 (1.43) は，比例定数だけ異なることが確認できる（練習問題 1.4）．

さらに，尤度 L は，通常きわめて小さな値をとり使用しにくい．そこで，通常はその代わりに，対数をとった $\ell(d) = \log\{L(d)\}$ が使用されている．対数関数は単調であるので，同じ結果が得ら

れる；すなわち，$\ell(d_1) > \ell(d_2)$ であるならば，そのときにかぎり，$L(d_1) > L(d_2)$ である．このとき，対数尤度関数（log likelihood function）は次式で与えられる．

$$\ell(d;x) = \log\{L(d;x)\} = x\log\left(\frac{1}{16} - \frac{1}{16}e^{-4d/3}\right) + (n-x)\log\left(\frac{1}{16} + \frac{3}{16}e^{-4d/3}\right) \quad (1.44)$$

d を推定するために，L あるいはそれと等価であるが ℓ を最大化する．$d\ell/dd = 0$ とおくことにより，ℓ を最大化する MLE を得ることができる．

$$\widehat{d} = -\frac{3}{4}\log\left(1 - \frac{4}{3} \times \frac{x}{n}\right) \quad (1.45)$$

これは，以前に導いた JC69 のもとでの距離の公式 (1.6) に一致する．

ここで，いくつか MLE の統計的な性質について議論しよう．非常にゆるい正則条件（ここでは，正則条件にはこれ以上立ち入らない）のもとで，MLE は有用な漸近的（asymptotic，すなわち大標本における）性質をもつ（Stuart et al., 1999, pp.46–116 などを参照）．たとえば，MLE は漸近的に不偏（unbiased）であり，一致性（consistent）をもち，有効（efficient）である．不偏性とは，推定値の期待値がパラメータの真の値に一致することを意味する：$E(\widehat{\theta}) = \theta$．一致性とは，標本サイズ $n \to \infty$ のとき，推定値 $\widehat{\theta}$ が真の値 θ に収束することを意味する．有効性とは，他のどのような推定値も，MLE より分散が小さくならないことを意味する．さらに MLE は漸近的に正規分布に従う．これらの性質は，大標本の場合に成立することが知られている．どの程度標本サイズを大きくとればこの近似が信頼しうるかは，個々の問題に依存する．

MLE のもう1つの重要な性質は，パラメータの変換すなわち再パラメータ化に対して不変であることである．パラメータの関数の MLE は，パラメータの MLE をその関数の引数としたものと同じである；$\widehat{h(\theta)} = h(\widehat{\theta})$．このため，もし1対1の写像で変換される θ_1 と θ_2 のどちらかのパラメータで同じモデルを定式化することができるならば，いずれのパラメータを用いても同じ推定が導かれる．たとえば，JC69 モデルで，距離 d の代わりに，2つの配列に差異のある確率 p をパラメータとして用いることができる．この2つのパラメータは式 (1.41) により，1対1の写像を形成する．式 (1.43) に対応する p の対数尤度関数は $L(p;x) = \left(\frac{p}{12}\right)^x\left(\frac{1-p}{4}\right)^{n-x}$ となり，この関数から p の MLE が得られる；$\widehat{p} = x/n$．ここで，d を p の関数と見なすことにより，式 (1.45) で与えられているように MLE $\widehat{d}$ が得られる．すなわち，パラメータとして d を用いようが p を用いようが，同じ推定がなされ，同じ対数尤度が得られる：

$$\ell(\widehat{d}) = \ell(\widehat{p}) = x\log\frac{x}{12n} + (n-x)\log\frac{n-x}{4n}$$

MLE の信頼区間（confidence interval）の計算には2つのアプローチがある．第1のアプローチは，標本サイズ $n \to \infty$ のとき，MLE $\widehat{\theta}$ は，漸近的に真の値 θ の周辺で正規分布に従うという理論に基づく．漸近的な分散は，情報量の観測値 $-\frac{d^2\ell}{d\theta^2}$，あるいは情報量の期待値（Fisher 情報量）$-E\left(\frac{d^2\ell}{d\theta^2}\right)$ のいずれかによって計算される．大標本の場合はどちらも信頼できるが，実際のデータ解析においては情報量の観測値が用いられることが多い（たとえば，Efron and Hinkley, 1978 参照）．これは，MLE 周辺の対数尤度を近似するために2次多項式を使うことと等価である．ここで，多変量の場合，すなわちモデルが k 個のパラメータを含む場合の結果について述べ

ておこう：

$$\widehat{\theta} \sim N_k(\theta, -H^{-1}) \quad \left(\text{ここで } H = \left\{\frac{\mathrm{d}^2 \ell}{\mathrm{d}\theta_i \mathrm{d}\theta_j}\right\} \text{である}\right) \tag{1.46}$$

言い換えると，MLE $\widehat{\theta}$ は漸近的に，真の値 θ を平均ベクトルとし，分散−共分散行列 $-H^{-1}$ をもつ k 変量正規分布に従う．ここで，H は対数尤度の 2 階微分よりなる行列であり，ヘッセ行列（Hessian matrix）として知られているものである（Stuart et al., 1999, pp.73–74）．

この例では，$\widehat{d}$ の漸近的な分散は式 (1.47) で与えられる．

$$\mathrm{var}(\widehat{d}) = -\left(\frac{\mathrm{d}^2 \ell}{\mathrm{d}d^2}\right)^{-1} = \frac{\widehat{p}(1-\widehat{p})}{(1-4\widehat{p}/3)^2 n} \tag{1.47}$$

これは式 (1.7) と同じである．このとき，d の近似的な 95%信頼区間は，$\widehat{d} \pm 1.96\sqrt{\mathrm{var}(\widehat{d})}$ として計算される．

正規近似にはいくつかの欠点がある．第 1 に，対数尤度の曲線が MLE の周辺で対称でない場合，正規近似は信頼できない．たとえば，パラメータが確率である場合，パラメータの値は 0 から 1 までの範囲なので，MLE が 0 あるいは 1 に近ければ，正規近似はよい近似ではないだろう．第 2 に，このようにして構築された信頼区間は，区間外のパラメータ値よりも低い尤度をもつパラメータ値を含む．第 3 に，MLE が再パラメータ化に対して不変であったとしても，正規近似を用いて構築される信頼区間は不変ではない．

これらの問題点は，尤度比に基づく第 2 のアプローチによって回避できる．大標本の場合，尤度比検定統計量 $2(\ell(\widehat{\theta}) - \ell(\theta))$ は，自由度 k のカイ 2 乗分布 χ_k^2 に従う．ここで，θ は真のパラメータの値，$\widehat{\theta}$ はその MLE である．自由度 k はパラメータ数に等しい．これにより，対数尤度について，その最大値である $\ell(\widehat{\theta})$ から $\frac{1}{2}\chi_{k,5\%}^2$ だけ小さくなる領域をとることで，95%信頼（尤度）域を構築できる．$\chi_{k,5\%}^2$ は自由度 k の χ^2 分布の 5%棄却限界値である．尤度域は，最大尤度をもつパラメータ値や，$\widehat{\theta}$ に対して尤度比検定を行ったときに 5%有意水準で棄却できないパラメータ値を含んでいる．この尤度比によるアプローチは，正規近似よりも信頼性の高い区間を構築できることが知られている．正規近似は，パラメータ化に依存してうまくはたらく場合もあれば，はたらかない場合もある；一方，尤度区間の方法では自動的に最も信頼性の高いパラメータの区間が求まる．

[例] 表 1.2 の 12 S rRNA のデータに対して，$\widehat{p} = x/n = 90/948 = 0.09494$ と $\widehat{d} = 0.1015$ である．$\widehat{d}$ の分散は 0.0001188 であるので，正規近似に基づく d の 95%信頼区間は (0.0801, 0.1229) である．p をパラメータとすると，$\mathrm{var}(\widehat{p}) = \widehat{p}(1-\widehat{p})/n = 0.00009064$ となるので，p の 95%信頼区間は (0.0763, 0.1136) となる．これら 2 つの信頼区間は対応しない．たとえば，d の下限を計算するため，p の下限を用いてもその結果は違っているであろう．d および p をパラメータとしたときの対数尤度の曲線が図 **1.7** に示されているが，いずれもピークは $\ell(\widehat{d}) = \ell(\widehat{p}) = -1710.577$ である．このピークから $\chi_{1,5\%}^2/2 = 3.841/2 = 1.921$ だけ低い対数尤度を求めることで，d の 95%尤度区間 (0.0817, 0.1245) と，p の 95%尤度区間 (0.0774, 0.1147) が得られる．正規近似に基づく区間に比べ，尤度区間は非対称で右にシフトしている．これは，MLE の左の領域で対

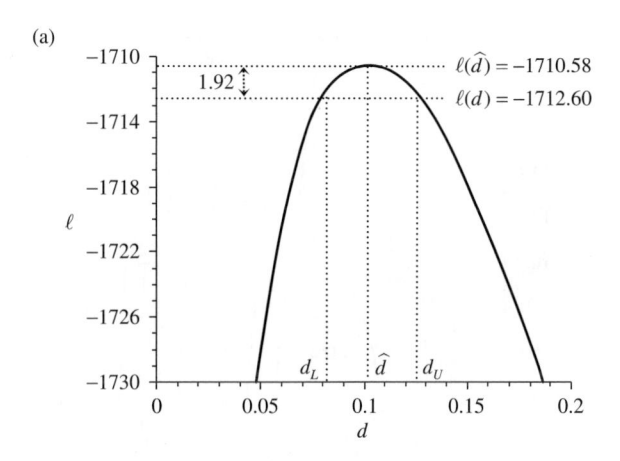

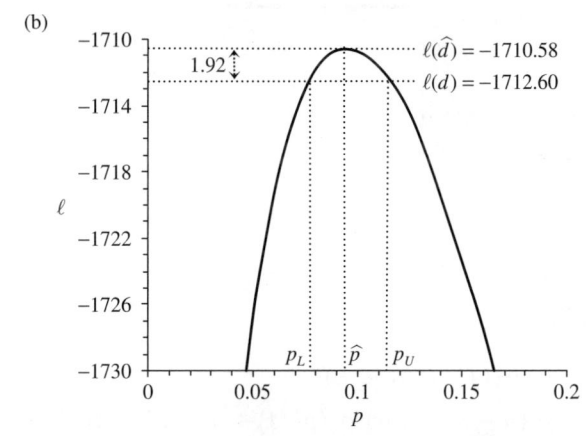

図 1.7 JC69 置換モデルのもとでの対数尤度の曲線と信頼（尤度）区間の構築．モデルのパラメータは，(a) 配列間距離 d と，(b) 差異があるサイトの確率 p である．表 1.2 のミトコンドリア由来 12 S rRNA 遺伝子が解析されている．

数尤度はより急激に減少しており，そのためその領域のほうに情報量が大きいことを反映している．p および d の尤度区間は互いに対応しており，その下限は式 (1.41) の関数で対応づけられており，上限についても同様である． □

1.4.2 K80 モデル

尤度の理論は複数のパラメータをもつモデルにも適用できる．この方法を K80 モデル (Kimura, 1980) のもとでの配列間距離 d とトランジション/トランスバージョンの速度比 κ の推定に応用してみよう．データはトランジションで差異のあるサイトの数 (n_S) とトランスバージョンで差異のあるサイトの数 (n_V) であり，一致サイトの数は $n - n_S - n_V$ となる．そのようなサイトが観察される確率を導くため，JC69 モデルの場合と同様に，16 のサイト・パターンすべてを考慮する．すると，任意の不変サイト（たとえば TT）の確率は $\frac{1}{4}p_0$ となる．任意のサイトがトランジションで異なる（たとえば，TC）確率は $\frac{1}{4}p_1$ となり，任意のサイトがトランスバージョンで異なる（たとえば，TA）確率は $\frac{1}{4}p_2$ となる．p_0, p_1, p_2 は式 (1.10) に与えられている．対数

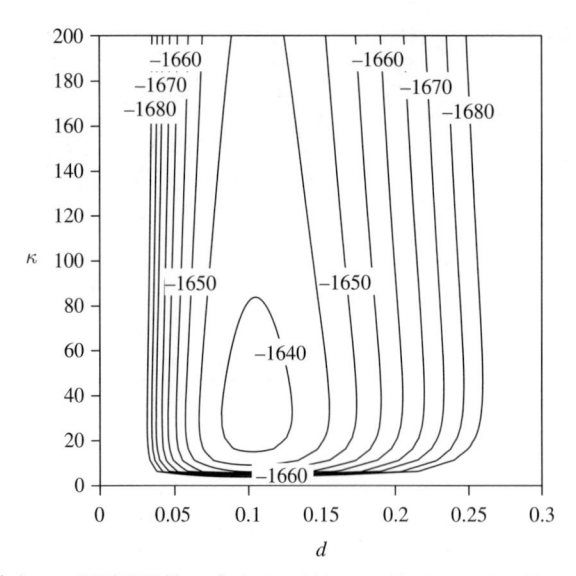

図 1.8 K80 モデルのもとでの配列間距離 d とトランジション/トランスバージョンの速度比 κ に対する対数尤度の等高線．表 1.2 に示されているミトコンドリアの 12S rRNA 遺伝子が解析されている．この曲面のピークは，$\widehat{d} = 0.1046, \widehat{\kappa} = 30.83$ にあり，その値は $\ell = -1637.905$ である．95%尤度域は，$\ell = -1637.905 - 2.996 = -1640.901$ に対応する等高線に囲まれている（図中には示されていない）．

尤度は次式で与えられる．

$$\begin{aligned}\ell(d,\kappa|n_S,n_V) &= \log\{f(n_S,n_V|d,\kappa)\} \\ &= (n-n_S-n_V)\log(p_0/4) + n_S\log(p_1/4) + n_V\log(p_2/4)\end{aligned} \quad (1.48)$$

d と κ の MLE は，尤度方程式（likelihood equation）$\partial\ell/\partial d = 0$, $\partial\ell/\partial\kappa = 0$ を解くことで得られる．解は式 (1.11) となるが，ここで $S = n_S/n$, $V = n_V/n$ である．より簡単には MLE の不変性から求めることもできる．d と κ の代わりに，トランジション，トランスバージョンで異なる確率 $E(S), E(V)$ をパラメータとして考えよう．対数尤度は式 (1.48) で表されるが，この場合，$p_1 = E(S)$, $p_2 = E(V)/2$ とする．$E(S), E(V)$ の MLE は，S と V である．d と κ の MLE は，2 つのパラメータ集合間の 1 対 1 の写像を通じて得られる．この計算は，第 1.2.2 項において，観測頻度 S と V を期待確率 $E(S)$ と $E(V)$ に等しいとおくことにより，式 (1.11) を導いたときと同じ手続きを含んでいる．

［例］ 表 1.2 の 12S rRNA のデータについては，$S = 0.08861, V = 0.00633$ である．したがって MLE は，配列間距離については $\widehat{d} = 0.1046$，トランジション/トランスバージョンの速度比については $\widehat{\kappa} = 30.83$ となる．これらは第 1.2.2 項で計算された結果と同じである．最大対数尤度は $\ell(\widehat{d},\widehat{\kappa}) = -1637.905$ である．式 (1.46) を用いると分散–共分散行列を導くことができる（補遺 B 参照）．

$$\mathrm{var}\begin{pmatrix}\widehat{d}\\\widehat{\kappa}\end{pmatrix} = \begin{pmatrix}0.0001345 & 0.007253\\0.007253 & 172.096\end{pmatrix} \quad (1.49)$$

このことから，近似的な SE として，d に関しては 0.0116，κ に関しては 13.12 が得られる．対数尤

度の等高線が図 1.8 に示されている．この図は，κ よりも d についてのほうがデータはより多くの情報量を含むことを示唆している．対数尤度について，そのピークから $\chi^2_{2,5\%}/2 = 5.991/2 = 2.996$ だけ減じることにより，パラメータの 95%信頼（尤度）域を構築できる（図 1.8）． □

*1.4.3 プロファイル尤度法と積分尤度法

K80 モデル（Kimura, 1980）のもとでの配列間距離 d を推定したいが，トランジション/トランスバージョンの速度比 κ には関心がない場合を考えよう．しかし，トランジションとトランスバージョンの速度は異なっていることが知られており，その速度の違いは d の推定に影響を与えるかもしれないので，モデル中の κ を考慮しておきたい．このとき，パラメータ κ は局外パラメータ（nuisance parameter）とよばれ，d が関心のあるパラメータである．局外パラメータの取り扱いは，一般に最尤法の弱点と考えられている．先に述べたアプローチでは，ML で d と κ の両方が推定され，$\widehat{\kappa}$ を無視して $\widehat{d}$ を使用することになるが，局外パラメータがその推定値で置き換えられるので，相対尤度法（relative likelihood），疑似尤度法（pseudo likelihood），あるいは推定尤度法（estimated likelihood）などさまざまな呼称がある．

局外パラメータに注意を払ったアプローチとしてプロファイル尤度法（profile likelihood）がある．この方法では，関心のあるパラメータについてのみの対数尤度が定義されるが，それは関心のあるパラメータを固定した上で局外パラメータを最適化することによって計算される．言い換えると，プロファイル対数尤度は $\ell(d) = \ell(d, \widehat{\kappa}_d)$ である．ここで，$\widehat{\kappa}_d$ は d が与えられたときの κ の MLE である．これは，通常，妥当な解を得ることができる実用的な方法である．$\widehat{d}$ の尤度区間は，通常の方法でプロファイル尤度から構築できる．

[例] 12 S rRNA 遺伝子に関して，最大対数尤度 $\ell(\widehat{d}) = -1637.905$ は，$\widehat{d} = 0.1046$, $\widehat{\kappa} = 30.83$ で得られる．このとき，d の点推定値は先に求めたものと同じである．d をいくつかの異なる値で固定してみよう．すると，個々の固定された d の値において，式 (1.48) に示される対数尤度は局外パラメータ κ の関数となるので，これを最大化して κ の推定値を求める．この推定値を $\widehat{\kappa}_d$ と表そう．下つき添え字はこの推定値が d の関数であることを意味している．$\widehat{\kappa}_d$ を解析的に導くことは可能であるようには思えないので，その代わりに数値解析アルゴリズムを用いた（第 4.5 節でそのようなアルゴリズムについて議論する）．このようにして最適化された尤度が d に関するプロファイル尤度である；$\ell(d) = \ell(d, \widehat{\kappa}_d)$．これを，$\widehat{\kappa}_d$ とともに，d に対してプロットしたものが図 1.9(a) である．この対数尤度を $\chi^2_{1,5\%}/2 = 1.921$ だけ下げて，d のプロファイル尤度区間 (0.0836, 0.1293) を構築できる． □

もし，モデルが多くのパラメータを含んでいる場合，とくに，標本サイズの増加に伴って制限なしにパラメータ数が増加する場合，尤度を用いる方法には大きな問題が生じてきて，MLE の一致性さえも成立しなくなるかもしれない（e.g. Kalbfleisch and Sprott, 1970; Kalbfleisch, 1985, pp.92–96）．このような場合における便利な方法として，パラメータの変動を記述できる統計分布を割り当て，それらについて積分をとることで尤度からパラメータを除く方法がある．ここでは，局外パラメータの処理のためにこの方法を適用してみよう．この方法は，積分尤度法（integrated

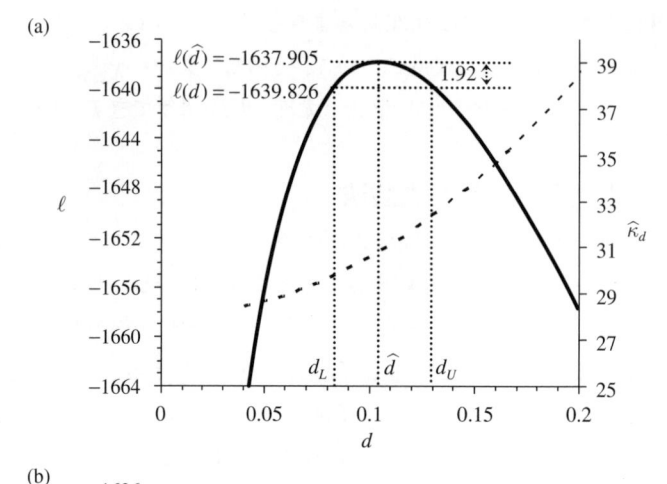

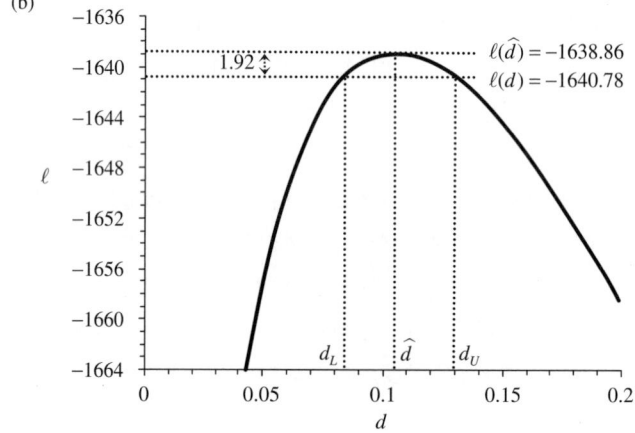

図 1.9 K80 モデルのもとでの距離 d に対するプロファイル対数尤度 (a) と積分対数尤度 (b). 表 1.2 のミトコンドリアの 12 S rRNA の遺伝子が解析されている. (a) プロファイル対数尤度 $\lambda(d) = \ell(d, \widehat{\kappa}_d)$ が d に対してプロットされている. 固定された d に対して推定された局外パラメータ $\widehat{\kappa}_d$ もまた示されている. ピークから 1.921 だけ低いプロファイル対数尤度に対応する領域として, パラメータ d の尤度区間が構築されている. (b) 局外パラメータ κ が一様事前分布 $U(0, 99)$ に従うとして, 式 (1.50) を使い, 局外パラメータ κ について積分をとることにより, d の尤度が計算されている.

likelihood) あるいは周辺尤度法 (marginal likelihood) とよばれる. この方法は, ベイズ的アプローチの色合いを強く有している. $f(\kappa)$ を κ に対して割り当てられた分布としよう. これは κ の事前確率である. このとき, 積分尤度は次式のように計算される.

$$\begin{aligned} L(d) &= \int_0^\infty f(\kappa) f(n_S, n_V | d, \kappa) \, d\kappa \\ &= \int_0^\infty f(\kappa) \times \left(\frac{p_0}{4}\right)^{n-n_S-n_V} \left(\frac{p_1}{4}\right)^{n_S} \left(\frac{p_2}{4}\right)^{n_V} d\kappa \end{aligned} \quad (1.50)$$

ここで, p_0, p_1, p_2 は式 (1.10) で使用されているものである. ここでの問題については次のような変則事前分布 (improper prior) を用いることができる: $f(\kappa) = 1, 0 < \kappa < \infty$. この関数は積分しても 1 にならないので, 確率密度関数としては適切ではなく, そのため変則事前分布とよばれる. このとき, 積分尤度は次のようになる.

$$L(d) = \int_0^\infty f(n_S, n_V | d, \kappa)\, d\kappa = \int_0^\infty \left(\frac{p_0}{4}\right)^{n-n_S-n_V} \left(\frac{p_1}{4}\right)^{n_S} \left(\frac{p_2}{4}\right)^{n_V} d\kappa \tag{1.51}$$

【例】 K80 モデル（式 (1.50)）のもとで，積分尤度によるアプローチを表 1.2 の 12S rRNA に適用してみよう．κ は一様事前分布 $U(0, c)$ に従うとする．このとき，$c = 99$ とし，式 (1.50) で $f(\kappa) = 1/c$ とする．この積分を解析的に行うのはやっかいそうなので，数値的方法で計算した．対数積分尤度 $\ell(d) = \log\{L(d)\}$ が図 1.9(b) にプロットされている．ここで $L(d)$ は式 (1.50) によって与えられるものである．対数積分尤度は，常にプロファイル対数尤度（図 1.9(a)）よりも低い値をとる．d の MLE は数値的に $\hat{d} = 0.1048$ と求められる．このときの最大対数尤度は $\ell(\hat{d}) = -1638.86$ である．ℓ を 1.921 だけ下げることにより，d に関する尤度区間を $(0.0837, 0.1295)$ と構築できる．この例では，プロファイル尤度法も積分尤度法も，非常に類似した MLE と尤度区間を与えた． □

1.5 マルコフ連鎖と一般モデルのもとでの距離の推定

ここまでで，この本の中で役立つであろう連続時間マルコフ連鎖の重要な性質の大部分を議論してきた．この節では，より体系的に概観すると同時に，2 つの一般的なマルコフ連鎖モデルである一般時間可逆モデル (general time-reversible model) と一般非拘束モデル (general unconstrained model) について議論しよう．この理論は，第 2 章で議論されるアミノ酸置換やコドン置換のモデル化に直接応用できる．マルコフ連鎖（過程）は，時間や状態が離散的か連続的かによって分類されることに注意しよう．この章では，状態（4 種類の塩基に対応）は離散的で，時間は連続的なマルコフ連鎖を考えてきた．第 5 章では，時間は離散的だが，状態は離散的な場合か連続的な場合のあるマルコフ連鎖を扱うことになる．興味をもった読者には，マルコフ連鎖や確率過程に関する多くの優れたテキスト（たとえば，Grimmett and Stirzaker, 1992; Karlin and Taylor, 1975; Norris, 1997; Ross, 1996）を調べることを勧める．著者によっては，時間が離散的な場合をマルコフ連鎖，時間が連続的な場合をマルコフ過程と用語を使い分けている場合があるので注意しよう．

1.5.1 一般理論

時間 t におけるマルコフ連鎖の状態を $X(t)$ とする．この状態は，4 種類の塩基，T, C, A, G のいずれかに対応する．DNA 配列において異なるサイトは独立に進化すると仮定し，マルコフ連鎖モデルを，任意のサイトの塩基置換を記述するのに使用する．マルコフ連鎖は，その生成行列 (generator matrix)，すなわち置換速度行列 $Q = \{q_{ij}\}$ によって特徴づけられる．ここで，q_{ij} は i から j に変化する瞬間速度である；すなわち，任意の $j \neq i$ に対して，$\Pr\{X(t+\Delta t) = j | X(t) = i\} = q_{ij}\Delta t$ である．ここで仮定しているように，q_{ij} が時間に依存しないならば，この過程は時間的に一様 (time homogeneous) とよばれる．対角要素 q_{ii} は，Q の各行の総和が 0，すなわち $q_{ii} = -\sum_{j \neq i} q_{ij}$ という要請から特定される．このように，$-q_{ii}$ は塩基 i の置換速度，つまりこのマルコフ連鎖が状態 i から変化する速度である．Q の構造に何の制約もない一般モデルは，12 の自由パラメー

タ (free parameter) を有している．このモデルは Yang (1994b) によって UNREST モデルとよばれている．

行列 Q は完全にマルコフ連鎖の動きを決定する．たとえば，それは任意の時間 $t > 0$ に対する遷移確率行列 $P(t) = \{p_{ij}(t)\}$，ただし $p_{ij}(t) = \Pr\{X(t) = j | X(0) = i\}$ を特定できる．実際には，$P(t)$ は次の微分方程式の解である．

$$\frac{\mathrm{d}P(t)}{\mathrm{d}t} = P(t)Q \quad (1.52)$$

ここで，境界条件は $P(0) = I$ で，I は単位行列である（たとえば，Grimmett and Stirzaker, 1992, p.242 参照）．この方程式は次の解をもつ（たとえば，Lang, 1987 の第 8 章参照）．

$$P(t) = \mathrm{e}^{Qt} \quad (1.53)$$

Q と t は積の形でのみ現れるので，通常は Q に適当なスケール化因子を乗じて，平均速度が 1 になるようにする．すると，時間 t は，距離すなわちサイトあたりの置換数の期待値で計測することができる．このように，Q は相対的な置換速度のみを定義するのに用いられる．

もしマルコフ連鎖 $X(t)$ の初期分布が $\pi^{(0)} = (\pi_\mathrm{T}^{(0)}, \pi_\mathrm{C}^{(0)}, \pi_\mathrm{A}^{(0)}, \pi_\mathrm{G}^{(0)})$ であるならば，時間 t の後の分布 $\pi^{(t)} = (\pi_\mathrm{T}^{(t)}, \pi_\mathrm{C}^{(t)}, \pi_\mathrm{A}^{(t)}, \pi_\mathrm{G}^{(t)})$ は次式で与えられる．

$$\pi^{(t)} = \pi^{(0)} P(t) \quad (1.54)$$

もし，長い配列が最初，$\pi_\mathrm{T}^{(0)}, \pi_\mathrm{C}^{(0)}, \pi_\mathrm{A}^{(0)}, \pi_\mathrm{G}^{(0)}$ の比率で 4 種類の塩基を含んでいたならば，時間 t の後の比率は $\pi^{(t)}$ となるであろう．たとえば，時間 t 経過後の配列中の塩基 T の頻度 $\pi_\mathrm{T}^{(t)}$ を考えよう．これらの T は，時刻 0 における初期配列の任意の塩基に由来する．すなわち，$\pi_\mathrm{T}^{(t)} = \pi_\mathrm{T}^{(0)} p_\mathrm{TT}(t) + \pi_\mathrm{C}^{(0)} p_\mathrm{CT}(t) + \pi_\mathrm{A}^{(0)} p_\mathrm{AT}(t) + \pi_\mathrm{G}^{(0)} p_\mathrm{GT}(t)$ であり，これが式 (1.54) の意味である．

もし，初期分布と時間 t 経過後の分布が同じ，すなわち $\pi^{(0)} = \pi^{(t)}$ である場合，このマルコフ連鎖はその分布を永遠にとり続ける．このとき，この連鎖は定常あるいは平衡であるとよばれ，その分布（π と記す）は，定常分布あるいは定常状態分布とよばれる．ここで考えているマルコフ連鎖では，任意の状態が有限時間の間に他のどの状態に変わる確率も正である．このようなマルコフ連鎖は既約（irreducible）とよばれ，一意な定常分布をもつが，そのような分布は $t \to \infty$ での極限分布でもある．先に述べたように，定常分布は次の式により与えられる．

$$\pi P(t) = \pi \quad (1.55)$$

これは次の表現と等価である（たとえば Grimmett and Stirzaker, 1992, p.244）．

$$\pi Q = 0 \quad (1.56)$$

任意の状態 j への総流入量は $\sum_{i \neq j} \pi_i q_{ij}$ であり，j からの総流出量は $-\pi_j q_{jj}$ であることに注意しよう．式 (1.56) は，連鎖が定常状態にあるときにはこの 2 つが等しいこと，つまり任意の j について $\sum_i \pi_i q_{ij} = 0$ であることを示している．式 (1.56) と自明の拘束条件である $\pi_j \geq 0$ と $\sum_j \pi_j = 1$ を用いると，任意のマルコフ連鎖の Q から定常分布を求めることができる．

1.5.1.1　一般モデルのもとでの配列間距離の推定

拘束条件のない速度行列 Q は，12 個のパラメータを含んでいる（表1.1）．もし，Q が相対速度のみを定義しているものであれば，11 個の自由パラメータが含まれている．これは Yang (1994b) によって UNREST とよばれているモデルであるが，これを用いると，理論的には 2 つの配列からなる系統樹の根を同定できるが，そのためには 2 つの枝長 t_1 と t_2 がモデルで必要となる．尤度は，16 の可能なサイト・パターンに対応する 16 区分よりなる多項確率で表される．$f_{ij}(t_1, t_2)$ を i と j で指定される区分の確率，すなわち任意のサイトで配列 1 の塩基が i，配列 2 の塩基が j である確率としよう．そのようなサイトは，祖先配列の 4 種の塩基のいずれからでも生じうるので，祖先配列の塩基について平均をとることで，$f_{ij}(t_1, t_2)$ は次のように計算される．

$$f_{ij}(t_1, t_2) = \sum_k \pi_k p_{ki}(t_1) p_{kj}(t_2) \tag{1.57}$$

n_{ij} を i と j で指定される区分に含まれるサイト数とする．すると対数尤度は次のように求められる．

$$\ell(t_1, t_2, Q) = \sum_{i,j} n_{ij} \log\{f_{ij}(t_1, t_2)\} \tag{1.58}$$

このモデルは 13 個のパラメータを含んでいる：11 個は Q の中の相対速度であり，2 個は枝の長さである．頻度のパラメータである $\pi_T, \pi_C, \pi_A, \pi_G$ は，式 (1.56) を使って Q から求められ，自由パラメータではないことに注意しよう．この拘束のないモデルには 2 つの問題がある．第 1 の問題は，パラメータの MLE を解析的に求めることは不可能と思われるので，数値的な解法が要求される点である．Q の固有値は複素数になる場合がある．第 2 の問題はより重要な問題であるが，このモデルではパラメータ数が多いが，通常のデータセットはそれらを推定できるほどの十分な情報量をもっていないかもしれない点である．とくに，t_1 と t_2 が同定可能であったとしても，それらの推定値の相関は高い．このため，このモデルは距離の計算には適してない．

[例]　表 1.2 の 12 S rRNA データについて，t_1 と t_2 を別々のパラメータとして推定したとき，対数尤度は平坦であるように見える．そこで，対数尤度の数値的な最大化の際に，$t_1 = t_2$ という制約をかけると，配列間距離の推定値 $t = (t_1 + t_2)$ は 0.1057 となり，他のモデルのもとでの推定値と近い値をとる（表 1.3）．速度行列 Q の MLE は次のようになる．

$$Q = \begin{pmatrix} -1.4651 & 1.3374 & 0.1277 & 0 \\ 1.2154 & -1.2220 & 0.0066 & 0 \\ 0.0099 & 0.0808 & -0.5993 & 0.5086 \\ 0 & 0 & 0.8530 & -0.8530 \end{pmatrix} \tag{1.59}$$

ただし，平均速度が $-\sum_i \pi_i q_{ii} = 1$ となるようにスケール化されている．定常状態分布は式 (1.56) から計算され，$\hat{\pi} = (0.2184, 0.2606, 0.3265, 0.1946)$ となるが，これは観測された頻度と実質的に一致している（表 1.2）．　□

1.5.2 一般時間可逆モデル（GTR）

マルコフ連鎖は，式 (1.60) が成立するならば，その場合にかぎり，時間的に可逆である．

$$\pi_i q_{ij} = \pi_j q_{ji} \quad (\text{すべての } i \neq j \text{ について}) \tag{1.60}$$

ここで，π_i はマルコフ連鎖が状態 i において費やす時間の割合であり，$\pi_i q_{ij}$ は状態 i から状態 j への"流出量"であり，$\pi_j q_{ji}$ はその逆方向の流量であることに注意しよう．式 (1.60) は詳細釣合い（detailed-balance）条件として知られるもので，任意の 2 状態間で双方向の流量が等しいことを意味している．置換の過程が可逆であることを仮定する生物学的な理由は何もなく，可逆性は数学的な利便性からの要請である．JC69 (Jukes and Cantor, 1969), K80 (Kimura, 1980), F84, HKY85 (Hasegawa et al., 1985) や TN93 (Tamura and Nei, 1993) などの，この章で議論されているモデルは，すべて時間的に可逆である．式 (1.60) は次の式と等価である．

$$\pi_i p_{ij}(t) = \pi_j p_{ji}(t) \quad (\text{すべての } i \neq j \text{ と任意の } t \text{ に対して}) \tag{1.61}$$

可逆性についてのもう 1 つの等価な条件は，速度行列が対称行列と対角行列の積で表現できることである；この対角行列中の対角要素は，平衡頻度を表す．したがって，塩基置換の一般時間可逆モデルの速度行列は次のように書ける．

$$Q = \{q_{ij}\} = \begin{bmatrix} \cdot & a\pi_C & b\pi_A & c\pi_G \\ a\pi_T & \cdot & d\pi_A & e\pi_G \\ b\pi_T & d\pi_C & \cdot & f\pi_G \\ c\pi_T & e\pi_C & f\pi_A & \cdot \end{bmatrix} = \begin{bmatrix} \cdot & a & b & c \\ a & \cdot & d & e \\ b & d & \cdot & f \\ c & e & f & \cdot \end{bmatrix} \begin{bmatrix} \pi_T & 0 & 0 & 0 \\ 0 & \pi_C & 0 & 0 \\ 0 & 0 & \pi_A & 0 \\ 0 & 0 & 0 & \pi_G \end{bmatrix} \tag{1.62}$$

ここで，Q の対角要素は Q の各行の総和が 0 となるという要請から決定される．この行列は 9 つの自由パラメータを含んでいる；速度 a, b, c, d, e, f と 3 つの頻度パラメータである．このモデルは最初，Tavaré (1986) によって配列間距離の推定に用いられ，また Yang (1994b) によって ML による塩基間の相対置換速度（置換パターン）の推定に用いられた．このモデルは一般に，GTR あるいは REV として知られている．

Keilson (1979) は可逆なマルコフ連鎖の多くの便利な数学的な性質について議論している．それらの 1 つは，速度行列 Q のすべての固有値が実数である点である（第 2.6 節参照）．このおかげで，GTR モデルの Q の固有値の計算に，効率的で安定したアルゴリズムを用いることができる．一方，式 (1.62) の Q を解析的に対角化することは可能であるように見える：固有値の 1 つは 0 であるので，固有方程式は 3 次方程式となり（たとえば，Lang, 1987, 8 章），解くことができる．しかし，仮に解けるとしても，解析的な計算はやっかいに思える．

配列データの系統解析においては，可逆性により，尤度関数の重要な単純化が導かれる．式 (1.57) 中の観察されたサイト・パターン ij の確率は次のようになる．

$$\begin{aligned} f_{ij}(t_1, t_2) &= \sum_k \pi_k p_{ki}(t_1) p_{kj}(t_2) \\ &= \sum_k \pi_i p_{ik}(t_1) p_{kj}(t_2) \\ &= \pi_i p_{ij}(t_1 + t_2) \end{aligned} \tag{1.63}$$

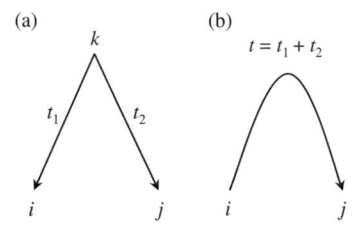

図 1.10 2 つの配列よりなる系統樹．あるサイトで観測された塩基 i, j と，進化の方向性が示されている．(a) 2 つの配列が共通祖先（系統樹の樹根に対応）から t_1, t_2 時間前に分岐した場合．時間は，距離すなわち配列の変化量で計られている．(b) 配列 1 が配列 2 の祖先である場合．時間可逆モデルでは，2 配列がある共通祖先の子孫であるのか（a のケース），一方が他方の祖先（b のケース）であるのかを区別できないし，あるいは 2 配列を結ぶ 1 本の枝のどこに樹根をおいてもそれらを区別できないので，樹根を同定できない．

2 番目の等式の変形は可逆性の条件 $\pi_k p_{ki}(t_1) = \pi_i p_{ik}(t_1)$ によるものであり，3 番目の等式の変形はチャップマン–コルモゴロフの定理（式 (1.4)）に基づく．

2 点注意しておこう．第 1 に，f_{ij} は $t_1 + t_2$ に依存しているが，t_1 あるいは t_2 のそれぞれに依存しているのではない．したがって $t = t_1 + t_2$ は推定できるが，個々の t_1 や t_2 は推定できない．すなわち，式 (1.63) は次のようになる．

$$f_{ij}(t) = \pi_i p_{ij}(t) \tag{1.64}$$

第 2 に，f_{ij} はある共通祖先配列から 2 本の子孫配列が生じたときのあるサイトの確率と定義されたが（図 **1.10**(a)），$\pi_i p_{ij}(t)$ は，配列 1 を配列 2 の祖先配列と見なしたときの，そのサイトの確率を表す（図 1.10(b)）．配列 2 を配列 1 の祖先配列と見なしても，あるいは 2 つの配列をつなぐ 1 つの枝の任意の点を樹根（root）として計算しても，その確率は同じである．これにより，このモデルのもとでは対数尤度（式 (1.58)）は次のようになる．

$$\ell(t, a, b, c, d, e, \pi_T, \pi_C, \pi_A) = \sum_i \sum_j n_{ij} \log\{f_{ij}(t)\} = \sum_i \sum_j n_{ij} \log\{\pi_i p_{ij}(t)\} \tag{1.65}$$

$f = 1$ と固定した相対速度を表すために Q が用いられており，平均速度が $-\sum_i \pi_i q_{ii} = 1$ となるように，この行列全体にスケール化因子をかける．時間 t はこのとき距離そのもの，$d = -t \sum_i \pi_i q_{ii} = t$ である．このモデルは 9 つのパラメータを含んでおり，それらは 9 次元の最適化問題を数値的に解くことで推定される．塩基頻度のパラメータは，観測頻度の平均を用いて推定されることがあるが，このときは次元が 6 に減少する．

JC69（Jukes and Cantor, 1969）や K80（Kimura, 1980）などのモデルのもとでの対数尤度関数，すなわち式 (1.44) と (1.48) は，式 (1.65) の特殊なケースであることに注意しよう．これら 2 つのモデルでは，尤度方程式は解析的に扱いやすく，数値的な最適化は必要ない．式 (1.65) からは，F81（Felsenstein, 1981），HKY85（Hasegawa *et al.*, 1985），F84 と TN93（Tamura and Nei, 1993）のような他の可逆モデルの対数尤度関数も導くことができる．表 1.2 の 12S rRNA 遺伝子について，これらのモデルのもとでの MLE が数値的最適化により求められ，表 1.3 に示されている．第 1.2 節で議論されたこれらのモデルのもとでの距離の公式は，反論もあるが，MLE ではない．まず，観察された塩基頻度は，一般に塩基頻度パラメータの MLE ではない．第 2 に，

これらのモデルのもとでは，16個のサイト・パターンは異なる確率をもち，尤度関数（式 (1.65)）の中でまとめられないが，距離の公式の中では TT, CC, AA, GG などの不変パターンのようないくつかのサイト・パターンはまとめられている．それにもかかわらず，これらの距離の公式による推定値は MLE に非常に近い値になると期待される（たとえば，表 1.3 参照）．

サイト間の速度の変動を考慮するガンマモデルのもとでは，対数尤度は式 (1.65) の形で与えられるが，$f_{ij}(t)$ は式 (1.40) で与えられるものとなる．これは，Gu and Li（1996）や Yang and Kumar（1996）によって述べられている ML の手続きである．

GTR モデルあるいは UNREST モデルに対してさえも，ML 推定のほかに，少数ではあるが距離の公式が文献で提案されている．まず，GTR モデルを考えよう．行列で記述すると，式 (1.64) が次のようになることに注意しよう．

$$F(t) = \{f_{ij}(t)\} = \Pi P(t) \qquad (1.66)$$

ここで $\Pi = \mathrm{diag}\{\pi_\mathrm{T}, \pi_\mathrm{C}, \pi_\mathrm{A}, \pi_\mathrm{G}\}$ である．$P(t) = \mathrm{e}^{Qt}$ であることに注意すると，Qt は次のように推定できる．

$$\overline{Qt} = \log|\widehat{P}| = \log\{\widehat{\Pi}^{-1}\widehat{F}\} \qquad (1.67)$$

ここでは，Π を推定するために平均観察頻度が使用されており，F 行列の推定には $\widehat{f}_{ij} = \widehat{f}_{ji} = (n_{ij} + n_{ji})/n$ が使用される．$\widehat{P}$ の対数は $\widehat{P}$ を対角化することで求められる．平均置換速度が 1 となる相対置換速度として Q が定義されているとき，t も Q も，Qt の推定値から求められる．すなわち，

$$\widehat{t} = -\mathrm{trace}\{\widehat{\Pi}\log(\widehat{\Pi}^{-1}\widehat{F})\} \qquad (1.68)$$

ここで，trace$\{A\}$ は，行列 A の対角要素の総和である．$-\mathrm{trace}\{\widehat{\Pi}\overline{Qt}\} = -\sum_i \widehat{\pi}_i \widehat{q}_{ii} \widehat{t}$ がなりたち，これは配列間距離であることに注意しよう．このアプローチは，Tavaré（1986, 式 (3.12)）によってはじめて提案されたが，最初に式 (1.68) を発表したのは Rodriquez et al.（1990）であった．この距離の公式は何度も再発見されてきており（たとえば，Gu and Li, 1996; Yang and Kumar, 1996; Waddell and Steel, 1997），また JC69 や K80 のもとでガンマ距離を導いたのと同じ考え方で（第 1.3 節参照），ガンマ分布に従ってサイト間で速度が異なっているケースに拡張されている．

距離（式 (1.68)）は，$\widehat{P}$ の固有値のどれか 1 つでも 0 以下のときには適用できないが，そのようなことはしばしば生じる．とくに，配列の分化の程度が高いときには生じやすい．これは，75％よりも多くのサイトで差異がある場合には，JC69 距離が計算できないことに似ている．モデルには 9 つの自由パラメータが含まれており，また対称行列には 9 つの観測値があるので，MLE の不変性から式 (1.68) は，もし適用可能であれば，MLE を与えるであろうことが示唆される．

次に，Barry and Hartigan（1987a）によって提案された距離について述べよう．この距離は可逆性の仮定は必要なく，また定常モデルを仮定することさえなしに用いることができる：

$$\widehat{d} = -\frac{1}{4}\log\{\mathrm{Det}(\widehat{\Pi}^{-1}\widehat{F})\} \qquad (1.69)$$

ここで，Det(A) は行列 A の行列式であり，A の固有値の積に等しい．行列式が 0 以下か，$\widehat{\Pi}^{-1}\widehat{F}$

の固有値のどれか 1 つでも負であるときには，この距離の公式を用いることはできない．Barry and Hartigan (1987a) は，式 (1.69) を非同期距離 (asynchronous distance) とよんでいる．この距離は，現在一般に Log-Det 距離 (Log-Det distance) として知られているものである．

非常に長い配列について，より簡単な定常状態モデルのもとでこの距離の性質を考えよう．この場合は，$\hat{\Pi}^{-1}\hat{F}$ は遷移確率行列 $P(t)$ に，またその行列式は $\exp(\sum_k \lambda_k t)$ に近づくであろう．ここで，λ_k は置換速度行列 Q の固有値である（式 (1.17) 参照）．すると，式 (1.69) の $\hat{d}$ は $-(1/4)\sum_k \lambda_k t$ に近づくであろう．K80 モデル (Kimura, 1980) の場合，置換速度行列 (1.8) の固有値は，$\lambda_1 = 0, \lambda_2 = -4\beta, \lambda_3 = \lambda_4 = -2(\alpha+\beta)$ となるので，$\hat{d}$ は正確な距離である $(\alpha+2\beta)t$ に近づくであろう．明らかに，この距離の公式はより単純な JC69 モデルでも同様に成立する．しかし，塩基頻度が等しくないような，より複雑なモデルでは，式 (1.69) の $\hat{d}$ は時間に対して線形増加するが，正確に距離を推定してくれない．たとえば，TN93 モデル (Tamura and Nei, 1993) のもとでは，$\hat{d}$ は $(1/4)(\pi_Y \alpha_1 + \pi_R \alpha_2 + 2\beta)t$ に近づく．

Barry and Hartigan (1987a) は $\hat{f}_{ij} = n_{ij}/n$ と定義したので，$\hat{F}$ は対称ではなく，また $\hat{\Pi}^{-1}\hat{F}$ は $P_{12}(t)$，すなわち配列 1 から配列 2 への遷移確率行列の推定値と解釈している．Barry and Hartigan (1987a) は，たとえ置換の過程において時間的一様性や定常性が成立していなくても，つまり進化の過程における塩基組成が規則的 (systematic) に変化する場合でも，この距離の公式は使えると主張している．異なる配列が異なる塩基組成をもつときの，この距離の推定の性能に関する証拠は混乱している．この距離の公式は，Lake (1994), Steel (1994b), Zharkikh (1994) や他の研究者によって再発見されたり改変されたりする過程で，異常にもてはやされてきているようである．

1.6 議論

1.6.1 異なる置換モデルのもとでの距離の推定

より複雑なモデルを用いれば，より現実に即したものとなり，より信頼性の高い距離の推定値が得られると期待するかもしれない．しかし，状況はそれほど単純ではない．距離が小さい場合，行列 Q の構造に関する仮定の違いは大きな違いをもたらさず，JC69 や K80 のような単純なモデルであっても，より複雑なモデルに類似した推定値が得られる．この章で解析された 2 本の 12S rRNA の遺伝子では，約 10%程度のサイトしか差異がない．このとき，異なる距離の公式を用いても，すべての推定値は 0.10 から 0.11 の間におさまっており，実質的に同じであった（表 1.3）．この結果は，JC69 のような簡単なモデルは非常に悪いと対数尤度から判断されることに反している．これに対して，第 1.3 節で示したように，サイト間の速度の変異は推定に，より大きな影響を与える．

距離が中間的な場合，たとえば配列間の相違度が 20%あるいは 30%程度の場合，異なるモデルを仮定することは，より重要になる．このようなときは，距離の推定に現実的なモデルを利用するほうが有利である．とくに配列が短くない場合はそうしたほうがよい．距離が大きい場合，たとえば，配列間相違度が 40%を超える場合には，異なる方法はしばしばまったく異なる推定値を与える．また，推定値は，とくに複雑なモデルを用いた場合には，標本誤差が大きい．さらに，距

離の推定値が無限大になることや，距離の公式が適用できない場合もある．このようなことは，単純なモデルより複雑なモデルを使っている場合のほうが非常に生じやすい．そのような場合の有用なアプローチは，もっと配列の本数を増やして長い距離を短い距離に分割し，尤度に基づく方法を用いて系統樹上ですべての配列を比較することである．

このような観点からは，一般モデルのもとでの距離の公式に大きな関心がもたれていたり，それらが再発見されてきているのは，2配列間の解析が生物学的に有用であるからというよりは，むしろ数学的な取り扱いやすさを反映している．残念ながら，3本の配列を比較する場合には，この数学的な取り扱いやすさは失われてしまう．

1.6.2 ２本の配列比較の限界

もし，全データとして2本の配列しかないのであれば，2本間の配列比較しか行うことができない．しかし，多数本の配列がある場合に2本だけで配列比較をすると，比較されている配列の関連性についてやはり情報を与えてくれる他の配列を無視してしまうので，避けたほうがよいかもしれない．ここでは，2本の配列比較の2つの明らかな限界について簡単に述べておこう．第1は，内的な整合性が失われる点である．3本の配列 a, b, c から2本ずつ取り出して配列比較をするのに，K80 モデルを用いる場合を考えよう．$\hat{\kappa}_{ab}, \hat{\kappa}_{bc}, \hat{\kappa}_{ca}$ を，3種類の配列比較で得られたトランジション/トランスバージョンの速度比であるとしよう．3本の配列は系統樹によって関係づけられることを考えると，配列 a にいたる枝の $\hat{\kappa}$ が，a と b の比較から $\hat{\kappa}_{ab}$ と推測され，a と c の比較からは $\hat{\kappa}_{ca}$ と推測されたことになる．未知のパラメータを含む複雑なモデルが用いられるときや，モデルのパラメータの情報が複数の配列を同時に比較した場合にのみ得られるときには，この整合性の欠如は問題となる．たとえば，進化速度がサイト間で異なる場合が考えられる．2本の配列のみで比較しているときには，あるサイトに差異があるのが，そのサイトの進化速度が大きいせいなのか，2本の配列の全長にわたっての分化の程度が高いせいなのかを決定することは，実質的に不可能である．また，たとえ速度の分布に関するパラメータ（たとえば，ガンマ分布の形状パラメータ α）が固定されていたとしても，2本の配列比較によるアプローチでは，ある2本の配列比較から高い進化速度をもつサイトが，別の2本の配列比較で同様に高い速度をもつ保証はない．

第2の限界は，置換がほぼ飽和（saturation）に達しているほど大きく分化した配列の解析において重要になる．2本の配列間の距離は，系統樹上で2本の配列を結ぶ経路に沿った枝の長さの和である．たとえ系統樹上のすべての枝の長さが小さいか中程度であっても，系統樹に沿って枝の長さを足し込むことで，2本の配列間距離は大きくなる．先に述べたように，距離が大きい場合，推定値中の標本誤差が大きくなり，距離の公式が適用できなくなることさえある．枝の長さの和をとることにより，2本の配列比較によるアプローチは，飽和の問題を悪化させ，また，分化の程度が高い配列の場合は，すべての配列を同時に比較する最尤法やベイズ法に比べ，その影響を受けやすくなる．

1.7 練習問題

1.1 JC69 モデル（式 (1.3)）の遷移確率を用いて，チャップマン–コルモゴロフの定理（式 (1.4)）を確認せよ．次の 2 つのケースだけを考えよ：(a) $i = \text{T}, j = \text{T}$；(b) $i = \text{T}, j = \text{C}$．たとえば，(a) の場合，次式が成り立つことを確認せよ．

$$p_{\text{TT}}(t_1 + t_2) = p_{\text{TT}}(t_1)p_{\text{TT}}(t_2) + p_{\text{TC}}(t_1)p_{\text{CT}}(t_2) + p_{\text{TA}}(t_1)p_{\text{AT}}(t_2) + p_{\text{TG}}(t_1)p_{\text{GT}}(t_2)$$

1.2 JC69 モデル（Jukes and Cantor, 1969）の遷移確率行列 $P(t) = \text{e}^{Qt}$ を導け．第 1.2.3 項の結果を利用して，TN93 モデルの速度行列（式 (1.15)）で，$\pi_\text{T} = \pi_\text{C} = \pi_\text{A} = \pi_\text{G} = 1/4$，$\alpha_1 = \alpha_2 = \beta$ とおいて，JC69 の Q の固有値と固有ベクトルを求めよ．別の方法として，式 (1.1) から直接，固有値と固有ベクトルを求め，その結果を式 (1.17) に適用しても求められる．

1.3 2 つの状態 0 と 1 と，生成行列 $Q = \begin{pmatrix} -u & u \\ v & -v \end{pmatrix}$ をもつマルコフ連鎖の遷移確率行列 $P(t)$ を以下のように導け．Q のスペクトル分解は式 (1.70) のように与えられることを確認せよ．そうすると遷移確率行列は式 (1.71) で与えられる．

$$Q = U\Lambda U^{-1} = \begin{pmatrix} 1 & -u \\ 1 & v \end{pmatrix} \begin{pmatrix} 0 & 0 \\ 0 & -u-v \end{pmatrix} \begin{pmatrix} \dfrac{v}{u+v} & \dfrac{u}{u+v} \\ -\dfrac{1}{u+v} & \dfrac{1}{u+v} \end{pmatrix} \quad (1.70)$$

$$P(t) = \text{e}^{Qt} = \frac{1}{u+v} \begin{pmatrix} v + u\text{e}^{-(u+v)t} & u - u\text{e}^{-(u+v)t} \\ v - v\text{e}^{-(u+v)t} & u + v\text{e}^{-(u+v)t} \end{pmatrix} \quad (1.71)$$

マルコフ連鎖の定常分布は U^{-1} の第 1 行によって，$[v/(u+v), u/(u+v)]$ として与えられることに注意せよ．これはまた，$t \to \infty$ とすることで $P(t)$ から導くこともできる．$P(t)$ が式 (1.72) で与えられる場合は，このマルコフ連鎖の特殊なケースの 1 つで，$u = v = 1$ となる．

$$P(t) = \begin{pmatrix} \dfrac{1}{2} + \dfrac{1}{2}\text{e}^{-2t} & \dfrac{1}{2} - \dfrac{1}{2}\text{e}^{-2t} \\ \dfrac{1}{2} - \dfrac{1}{2}\text{e}^{-2t} & \dfrac{1}{2} + \dfrac{1}{2}\text{e}^{-2t} \end{pmatrix} \quad (1.72)$$

これは，状態が 2 つの場合の JC69 モデルに相当する．

1.4 JC69 モデルの 2 つの尤度関数，式 (1.42) と式 (1.43) は比例関係にあり，比例因子は n と x の関数ではあるが，d の関数ではないことを確認せよ．どちらの尤度関数が用いられたとしても，尤度方程式 $\text{d}\ell/\text{d}d = \text{d}\log\{L(d)\}/\text{d}d = 0$ は同じになることを確認せよ．

*1.5 コイン投げの $n = 12$ 回の独立な試行において，表が $x = 9$ 回，裏が $r = 3$ 回観察されたとする．表の出る確率（θ）の MLE を導け．データの生成については次の 2 つの機構を考

えよ.

(a) 2 項分布. 試行回数 $n = 12$ は前もって固定されている. 12 回の試行中, $x = 9$ 回, 表が観察されたとしよう. このとき, 表が出る回数 x は, 次の確率をもつ 2 項分布に従う.

$$f(x|\theta) = \binom{n}{x} \theta^x (1-\theta)^{n-x} \tag{1.73}$$

(b) 負の 2 項分布. コインが裏である回数が前もって $r = 3$ で固定されており, 裏が $r = 3$ 回観察されるまでコインは投げられ, その時点で, $x = 9$ 回の表が観察されているとしよう. このとき, x は負の 2 項分布に従い, その確率は式 (1.74) で与えられる.

$$f(x|\theta) = \binom{r+x-1}{x} \theta^x (1-\theta)^{n-x} \tag{1.74}$$

どちらのモデルでも, θ の MLE は x/n であることを確認せよ.

Chapter 2
アミノ酸とコドンの置換モデル

2.1 イントロダクション

　第1章では，塩基置換の連続時間マルコフ連鎖モデルと2本の塩基配列間距離の推定へのその応用について議論した．この章では，タンパク質中のアミノ酸置換や，タンパク質をコードしている遺伝子中のコドン置換のマルコフ連鎖モデルは，塩基置換のモデルに類似しているが，それについて議論する．第1章で説明したマルコフ連鎖の理論をそのまま用いるが，マルコフ連鎖のとりうる状態がここでは4種類の塩基ではなく，20種類のアミノ酸あるいは61種類のセンスコドンになる点が異なる．

　タンパク質をコードしている遺伝子を用いると，同義置換（synonymous あるいは silent，コードされているアミノ酸が変化しない塩基置換）と非同義置換（nonsynonymous あるいは replacement，コードされているアミノ酸を変化させる塩基置換）を区別できるという利点がある．自然選択はおもにタンパク質レベルで作用するので，同義突然変異と非同義突然変異に作用する選択圧は非常に異なっており，それぞれ異なる速度で集団中に固定される．したがって，同義置換速度と非同義置換速度の比較は，タンパク質に作用する自然選択の効果を理解する手段となる．このことは，DNAの配列決定技術が確立されるとすぐに分子進化の研究の先駆者らによって指摘された（たとえば，Kafatos *et al.*, 1977; Kimura, 1977; Jukes and King, 1979; Miyata and Yasunaga, 1980）．この比較は，絶対置換速度の推定も分岐時間についての知識も必要としない．第8章で，複数配列の系統比較から選択を検出するために開発されたモデルについて詳細に議論する．この章では，2本の配列の比較のみを考え，同義置換に基づく距離と非同義置換に基づく距離の2種類の距離を計算する．

2.2 アミノ酸置換のモデル

2.2.1 経験的モデル

　アミノ酸置換のモデルは経験的モデルと機構的モデルの2種類に区別できる．経験的モデル

(empirical model) は，進化の過程に影響を与える因子を明示的に考慮せずに，アミノ酸置換の相対的な速度を表現しようとしている．経験的モデルは，データベースから集められた大量の配列データを解析することで構築されることが多い．一方，機構的モデル (mechanistic model) では，DNA 中の突然変異の偏り，コドンのアミノ酸への翻訳，自然選択を受けたあとの変異アミノ酸の受容あるいは排除といった，アミノ酸置換に関わる生物学的なプロセスが考慮される．機構的モデルは解釈しやすく，また遺伝子配列の進化の駆動力や機構を研究するうえでとくに有用である．系統樹構築に関しては，少なくとも同程度に経験的モデルは有用であると思われる．

アミノ酸置換の経験的モデルはすべて一般時間可逆モデルのもとで，アミノ酸間の相対置換速度を推定することで構築されている．アミノ酸 i から j への置換速度 q_{ij} は，詳細釣合い条件を満たすと仮定される．

$$\pi_i q_{ij} = \pi_j q_{ji} \quad (\text{任意の } i \neq j \text{ について}) \tag{2.1}$$

これは，速度行列が対称行列と対角行列の積で表されるという要請に等価である：

$$Q = S\Pi \tag{2.2}$$

ここで，$S = \{s_{ij}\}$ は，$i \neq j$ となるすべてのペアについて $s_{ij} = s_{ji}$ であり，$\Pi = \text{diag}\{\pi_1, \pi_2, \cdots, \pi_{20}\}$ において，π_j はアミノ酸 j の平衡頻度を表している（第 1.5.2 項参照）．Whelan and Goldman (2001) は，s_{ij} をアミノ酸交換度 (amino acid exchangeability) とよんでいる．

最初の経験的なアミノ酸置換行列は Dayhoff et al. によって構築された (Dayhoff et al., 1978)．彼らは，その当時利用可能であったタンパク質の配列データを集めて次のように解析した．まず，最節約法によって祖先配列を復元し，系統樹の枝ごとにアミノ酸の変化を調べて，それを表にまとめた．多重置換の影響を減じるため，互いの相違度が 15% より小さな配列のみが使用された．すべての枝について推定された変化は，枝長の違いを無視してまとめられた．この計算から，Dayhoff et al. (1978) は，1 PAM (point-accepted mutations；受容点突然変異)，つまりサイトあたりの置換数が 0.01 の距離についての遷移確率行列を近似的に求めた．この遷移確率行列は，この本の記法では，$P(0.01)$ と表されるが，これから瞬間置換速度行列 Q を構築することができる（この構築法についての議論は，Kosiol and Goldman, 2005 参照）．得られた速度行列は DAYHOFF 行列として知られている．

DAYHOFF 行列は，Jones et al. (1992) によって，より多くのタンパク質の配列データを用いて，Dayhoff et al. (1978) と同じ方法で更新された．得られた行列は JTT 行列として知られている．

これらの経験的モデルのバリエーションの1つに，経験的モデルのアミノ酸交換度は使用するが，経験的な行列中のアミノ酸の平衡頻度（π_j）は解析しているデータ中で観察される頻度に置き換えるという方法がある (Cao et al., 1994)．この方法では頻度についての 19 の自由パラメータが加わり，しばしばモデルの適合度が大きく改善されることが見いだされている．このモデルは，添え字 '-F' を付けて，DAYHOFF-F，JTT-F などのように示される．

他の簡単なアプローチとして，一般時間可逆モデルのもとで，データから最尤法（ML）により速度行列 Q を推定する方法もある (Adachi and Hasegawa, 1996a)．これは，塩基置換のパ

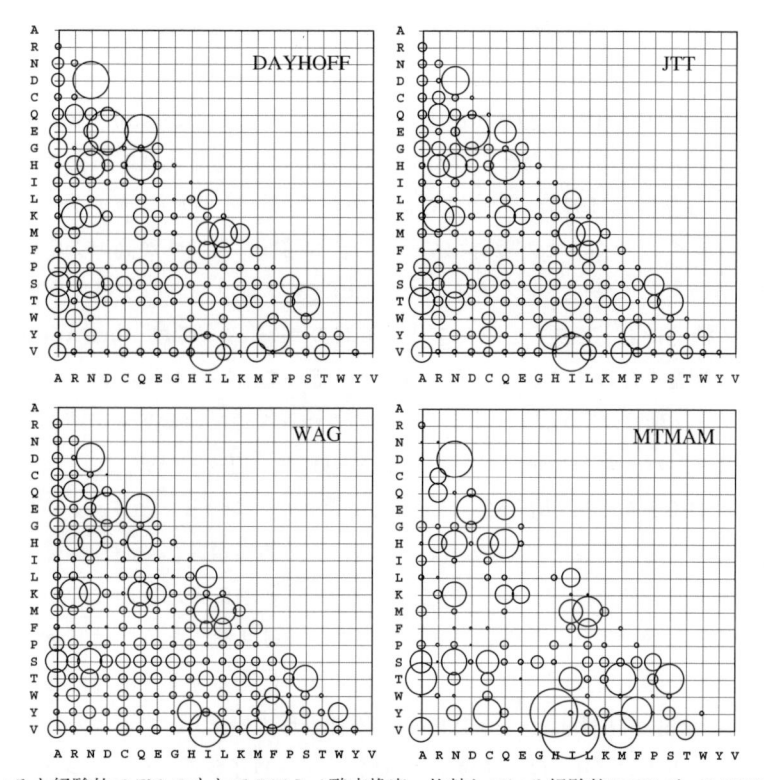

図 2.1 いろいろな経験的モデルのもとでのアミノ酸交換度．比較している経験的モデルは，DAYHOFF（Dayhoff *et al.*, 1978），JTT（Jones *et al.*, 1992），WAG（Whelan and Goldman, 2001）と MTMAM（Yang *et al.*, 1998）である．球のサイズ（容積）は 2 つのアミノ酸間の交換度（式 (2.2) の s_{ij}）を表している．最初の 3 つの行列は，核にコードされている遺伝子についてのものであるのに対し，MTMAM（Yang *et al.*, 1998）は 20 種の哺乳類に由来するミトコンドリア・ゲノム中のタンパク質をコードする遺伝子 12 個から推定されたものであることに注意しよう．後者のモデルは，24 種の脊椎動物から推定された Adachi and Hasegawa（1996a）の mtREV24 モデルに非常に類似している．

ターンの推定に使用されたものと同じ方法である（Yang, 1994b）．系統樹上での尤度の計算については第 4 章で詳しく説明する．可逆的な速度行列は，アミノ酸頻度に関する 19 の自由パラメータに加え，アミノ酸交換度に関する対称行列 S 中に $19 \times 20/2 - 1 = 189$ 個の相対速度パラメータを含んでおり，合計 208 のパラメータをもつ（式 (2.2) 参照）．通常，アミノ酸の頻度パラメータは観測頻度を用いて推測されるので，最適化問題の次元を 19 だけ減少できる．そのような多くのパラメータを推定するには，比較的大きなサイズのデータが必要となる；50 あるいは 100 本の適度に分化したタンパク質の配列があれば，良好な推定値を得るのに十分であると考えられる．そのようにして推定された行列の例として，脊椎動物のミトコンドリア・タンパク質，また哺乳類のミトコンドリア・タンパク質についての mtREV モデルや MTMAM モデル（Adachi and Hasegawa, 1996a; Yang *et al.*, 1998），また葉緑体タンパク質についての cpREV モデル（Adachi *et al.*, 2000）がある．Whelan and Goldman（2001）はこのようなアプローチを用いて，核タンパク質 182 本のアラインメントから速度行列を推定した．これは WAG 行列として知られており，DAYHOFF 行列や JTT 行列を更新したものである．

図 2.1 はいくつかの経験的なモデルのもとでアミノ酸交換度についての対称行列 S を示してい

る．これらの行列のいくつかの特徴について触れておこう．第1の特徴は，類似した物理化学的性質をもつアミノ酸は，類似していないアミノ酸よりも交換率が高いということである（Zuckerkandl and Pauling, 1965; Clark, 1970; Dayhoff et al., 1972, 1978; Grantham, 1974）．この特徴は，コドン・ポジションが1つだけ異なっているアミノ酸間の交換率を比較するとき，とくに顕著に観察される（Miyata et al., 1979）．たとえば，アスパラギン酸（D）とグルタミン酸（E）の交換率は高く，イソロイシン（I）とバリン（V）の場合も同様に交換率が高い；これら各ペアのアミノ酸は類似している．しかし，システインは，他のどのアミノ酸との交換率も低い．第2の特徴は，遺伝暗号の構造によって決定されるアミノ酸間の"突然変異距離（mutational distance）"が交換率に大きな影響を及ぼすことである．つまり2箇所あるいは3箇所のコドン・ポジションが異なっているアミノ酸は，1コドン・ポジションのみが異なっているアミノ酸よりも交換率が低い．たとえば，核タンパク質の経験的モデル（DAYHOFF，JTTやWAG）とミトコンドリア・タンパク質の経験的モデル（MTMAM）の間では，アルギニン（R）とリジン（K）の間の交換率は非常に異なっている．これら2つのアミノ酸は，化学的に類似しており，核タンパク質ではコドン・ポジションの塩基置換で互いに変化しうるので，頻繁に入れ替わっている．しかし，ミトコンドリアの遺伝暗号では，それらのアミノ酸のコドンは2箇所あるいは3箇所のポジションで異なっているので，ミトコンドリア・タンパク質では，これらアミノ酸はめったに入れ替わらない（図2.1）（Adachi and Hasegawa, 1996a）．同様の理由により，核タンパク質では，交換率は低いとはいえアルギニン（R）はメチオニン（M），イソロイシン（I），スレオニン（T）と交換するが，そのような交換はミトコンドリア・タンパク質では実際には生じない．さらに，これら2つの要因は同時に作用しているのかもしれない．遺伝暗号の起源やその進化の過程においてコドンがアミノ酸へ割りあてられる過程で，エラーの最小化が大きく影響した結果，類似した化学的性質を有するアミノ酸は，遺伝暗号中で近接する位置にあるコドンに割り振られる傾向が生じたと思われる（たとえば，Osawa and Jukes, 1989; Freeland and Hurst, 1998）．

経験的なアミノ酸置換行列は，複数本のタンパク質の配列アラインメントにも使用されている．コスト（重み）行列が，ミスマッチに対してペナルティを課すために用いられており，あまり生じない置換には，より重いペナルティが課せられている．アミノ酸 i と j 間のミスマッチのペナルティは通常 $-\log(p_{ij}(t))$ で定義される．ここで，$p_{ij}(t)$ はアミノ酸 i, j 間の遷移確率であり，t は配列の分化の尺度である．そのような行列として，異なる配列間距離に対応した Dayhoff et al. の PAM 行列がある．たとえば，サイトあたりの置換数 $t = 1$ に対する PAM100 や，サイトあたりの置換数 $t = 2.5$ に対する PAM250 などがそれである．また，類似した一群の BLOSUM 行列（Henikoff and Henikoff, 1992）や Gonnet 行列（Gonnet et al., 1992）もそのような重み行列である．そのような行列は一般的に系統解析に使用するには粗すぎる．

2.2.2 機構的モデル

Yang et al. (1998) はアミノ酸置換の機構的モデルをいくつか開発した．それらのモデルは，コドンのレベルで定式化されており，塩基間での突然変異率の違い，コドンの3つ組み暗号のアミノ酸への翻訳，またタンパク質に作用する選択圧によるアミノ酸の受容あるいは棄却といった，関連する生物学的なプロセスを明示的にモデル化している．コドン置換のモデルについては，この章

の後半で議論する．そのようなコドンに基づくアミノ酸置換のモデルは，機構的（mechanisitic）とよんでもよいだろう．Yang et al.（1998）は，同義コドンを1つの状態（コードされているアミノ酸に対応する状態）にまとめることにより，コドン置換のモデルからアミノ酸置換のマルコフ過程モデルを構築するというアプローチを提案した．20種の哺乳類由来のミトコンドリア・ゲノムの解析から，機構的モデルは，DAYHOFF（Dayhoff et al., 1978）やJTT（Jones et al., 1992）のような経験的モデルよりもデータへの適合がよいことが示された．機構的モデルのいくつかでは，物理化学的性質の類似していないアミノ酸は交換率が低いと仮定して，アミノ酸の物理化学的性質（サイズや極性など）を取り込んでいる．そのような化学的性質の利用により，モデルの適合度に改良がみられたが，その改良の程度はそれほど大きなものではなかった．これはおそらく，多くの化学的性質の中のどれが最も重要で，またそのよう化学的性質がどのようにアミノ酸置換速度に影響を及ぼすのかということについて，筆者らがまだ十分に理解できていないことによるものと思われる．Zuckerkandl and Pauling（1965）は，"化学者とタンパク質分子は，残基の最も特徴的な性質の定義に関して，明らかに意見を異にしている"と指摘している．より現実的なアミノ酸置換の機構的モデルを構築するためには，コドン置換モデルを改良するさらなる研究が必要となる．

2.2.3 サイト間の不均質性

タンパク質の異なるサイトや領域はタンパク質の構造や機能に関して異なる役割を果たし，そのため異なる選択圧を受けているので，進化のプロセスはタンパク質のサイトあるいは領域によって大きく異なるに違いない．そのようなサイト間の不均質性の最も簡単な例が，進化速度の変動である．アミノ酸置換の経験的モデルは，サイト間での速度の変動のガンマモデルと組み合わせることができ（Yang, 1993, 1994a），添え字"+Γ"をつけた，DAYHOFF+Γ，JTT+Γ などのモデルが導かれる．これは，第1.3節で議論されたものと同じガンマモデルであり，タンパク質の全サイトでアミノ酸置換のパターン（pattern）は同じであるが，速度はサイトごとに変動しうることを仮定している．速度 r をもつあるサイトの速度行列は rQ であり，Q はすべてのサイトで同じである．ガンマ分布の形状パラメータ α は，速度がどれほど変動しているかの尺度である．α が小さいほど速度の変動が激しい．表 2.1 には，実際のデータからの α の推定値の例が少数であるが示されている．すべての機能的なタンパク質において，速度はサイト間で非常に変動しており，また大部分のタンパク質において形状パラメータ α は1より小さく，速度のサイト間変動が大きいことが示唆されている．

速度の他に，相対的置換速度の行列で表されるアミノ酸置換のパターンもまたサイト間で異なるかもしれない．たとえば，タンパク質中の異なるサイトでは，出現しやすいアミノ酸が異なるかもしれない．Bruno（1996）は，配列中のサイトごとにアミノ酸頻度パラメータの集合を用いたアミノ酸モデルを報告している．このモデルはあまりにも多くのパラメータを含んでいる．Thorne et al.（1996）やGoldman et al.（1998）は，異なる速度行列をもつ異なるマルコフ連鎖モデルのもとで進化するような少数のサイトのクラスからなるモデルを報告している．そのようなサイトのクラスは，タンパク質中の2次構造のカテゴリに対応するのかもしれない．同様のモデルが，Koshi and Goldstein（1996b）やKoshi et al.（1999）によっても報告されている．そのような

表 2.1 少数のデータセットからのガンマ分布の形状パラメータ α の最尤推定値

データ	$\widehat{\alpha}$	引用文献
DNA 配列		
1063 のヒトとチンパンジーのミトコンドリアの D ループ HVI 配列	0.42–0.45	(Excoffier and Yang, 1999)
40 生物種（古細菌, 真正細菌, 真核生物）由来の SSU rRNA	0.60	(Galtier, 2001)
40 生物種（古細菌, 真正細菌, 真核生物）由来の LSU rRNA	0.65	(Galtier, 2001)
13 種の B 型肝炎ウイルスゲノム	0.26	(Yang et al., 1995b)
タンパク質配列		
46 種の哺乳類由来の 6 つの核タンパク質（APO3, ATP7, BDNF, CNR1, EDG1, ZFY）	0.12–0.93	(Pupko et al., 2002b)
28 種の哺乳類由来の 4 つの核タンパク質（A2AB, BRCA1, IRBP, vmF）	0.29–3.0	(Pupko et al., 2002b)
18 種の哺乳類由来の連結された 12 のミトコンドリア・タンパク質	0.29	(Cao et al., 1999)
10 種の植物とシアノバクテリア由来の 45 の連結された葉緑体タンパク質	0.56	(Adachi et al., 2000)

塩基配列に対して，置換モデル HKY85+Γ あるいは GTR+Γ が仮定された．それらのモデルは，トランジションとトランスバージョンの速度の違いや塩基頻度の違いを考慮している．アミノ酸置換モデルとしては，JTT+Γ，mtREV+Γ，あるいは cpREV+Γ が仮定された．'G+I' モデルによる推定値は，サイト間の速度の変動についてのガンマ分布に加え不変サイトの割合も考慮しているが，α の解釈が '+Γ' モデルと，'+I+Γ' モデルでは異なるため，この表には含まれていない．

モデルの適合には，多数本の配列の系統関係に基づいた解析が必要となる．

2.3　2本のタンパク質の配列間距離の推定

2.3.1　ポアソン・モデル

　もし，すべてのアミノ酸が同じ置換速度 λ で任意の他のアミノ酸に変化しているのであれば，時間 t における置換数はポアソン分布に従う確率変数になるであろう．これは塩基置換の Jukes and Cantor モデル（1969）に等価なアミノ酸置換のモデルである．サイトあたりのアミノ酸置換の期待値として定義される配列間距離は，この場合 $d = 19\lambda t$ となる．ここで t は，2つの配列を隔てる総時間である（すなわち，2本の配列の分岐時間の2倍である）．各アミノ酸の置換速度が 1 となるように $\lambda = 1/19$ とおくと，時間 t は距離で計測される．このようにして，t と d を互換的に用いることにする．2本のタンパク質配列間で n サイト中 x 箇所に置換が生じていたとすると，その比率は $\widehat{p} = x/n$ となる．このとき，距離 t の MLE は次式で表される．

$$\widehat{t} = -\frac{19}{20} \log(1 - \frac{20}{19}\widehat{p}) \tag{2.3}$$

$\widehat{t}$ の分散は，塩基に対する JC69 モデルのもとでの分散と同様に導くことができる（第 1.2.1 項参照）．

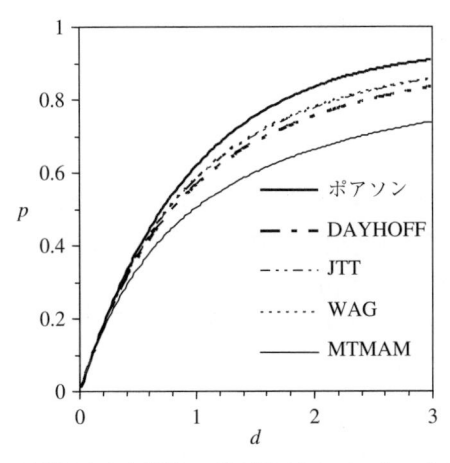

図 2.2 異なるモデルのもとで，時間すなわち距離 d だけ隔てられている 2 本の配列間で差異のあるサイトの期待される割合 (p). 図中の曲線に対応するモデルは，上から下の順番で，ポアソン，WAG (Whelan and Goldman, 2001)，JTT (Jones et al., 1992)，DAYHOFF (Dayhoff et al., 1978)，MTMAM (Yang et al., 1998) である．WAG, JTT, DAYHOFF の結果がほぼ一致していることに注意しよう．

2.3.2 経験的モデル

DAYHOFF (Dayhoff et al., 1978), JTT (Jones et al., 1992) あるいは WAG (Whelan and Goldman, 2001) のような経験的モデルのもとでは，異なるアミノ酸は異なる置換速度をもつ．相対的な置換速度を表す Q が既知であると仮定すると，推定される唯一のパラメータは配列間距離 d である．通常，平均速度が $-\sum_i \pi_i q_{ii} = 1$ となるように Q にスケール化のための定数がかけられる．このとき $t = d$ となる．DAYHOFF-F や JTT-F のような経験的モデルでは，観測データ中のアミノ酸頻度で経験的モデル中の平衡頻度が置き換えられる．その後に，あらためて距離 t のみが推定される．

塩基に関して第 1.5.2 項で述べたように，t を推定するのに ML 法を用いるのが簡単である．n_{ij} を 2 本の配列中でアミノ酸 i と j で占められているサイトの数とすると，対数尤度関数は次のように与えられる．

$$\ell(t) = \sum_i \sum_j n_{ij} \log\{f_{ij}(t)\} = \sum_i \sum_j n_{ij} \log\{\pi_i p_{ij}(t)\} \tag{2.4}$$

ここで，$f_{ij}(t)$ は 2 本の配列中でアミノ酸 i と j をもつサイトを観察する確率，π_i はアミノ酸 i の平衡頻度，$p_{ij}(t)$ は遷移確率である．この式は式 (1.65) と同じである．1 次元の最適化問題は容易に数値的に取り扱える．遷移確率行列 $P(t) = \{p_{ij}(t)\}$ の計算については，第 2.6 節で議論する．

別のアプローチでは，2 本の配列間で差異のあるサイトが観測された割合を，モデルのもとでの期待頻度に等しいとおくことで t が推定される．

$$p = \sum_{i \neq j} f_{ij}(t) = \sum_{i \neq j} \pi_i p_{ij}(t) = \sum_i \pi_i (1 - p_{ii}(t)) \tag{2.5}$$

図 2.2 は，よく使われるいくつかの使用されるモデルについて t と p の関係を示したものであ

2.3.3 ガンマ距離

速度は与えられた形状パラメータ α のガンマ分布に従って変動するが，任意の2つのアミノ酸間の相対速度が同じならば，配列間の距離は次式で表される．

$$\widehat{t} = \frac{19}{20}\alpha[(1 - \frac{20}{19}\widehat{p})^{-1/\alpha} - 1] \tag{2.6}$$

ここで $\widehat{p}$ は置換のあるサイトの割合である．ポアソン・モデルでのガンマ距離は，塩基におけるJC69モデルでのガンマ距離に非常に類似している（式 (1.37) 参照）．

DAYHOFFのような経験的モデルについては，MLを使ってガンマモデルでの配列間距離を推定できる．塩基について第1.3節で議論されたこの理論は，アミノ酸にも簡単に適用できる．

2.3.4 例：ネコとウサギの p53 遺伝子の距離

ネコ由来の癌抑制タンパク質p53（*Felis catus*, GenBank アクセション番号 D26608）とウサギ由来のp53（*Oryctolagus cuniculus*, X90592）のアミノ酸配列の距離を計算してみよう．ネコとウサギのタンパク質はそれぞれ，386アミノ酸と391アミノ酸よりなる．アラインメントのギャップに相当するサイトを除くと，382サイトが残った．そのうち，66サイト（全サイトの $\widehat{p} = 17.3\%$）で置換が生じていた．ポアソン補正（式 (2.3)）を適用すると，配列間距離はサイトあたりのアミノ酸置換数0.191として与えられる．もし，速度が形状パラメータ $\alpha = 0.5$ のガンマ分布に従っているとすると，距離は式 (2.6) により0.235となる．WAGモデル（Whelan and Goldman, 2001）を用いた場合，速度がサイト間で一定であると仮定すると距離のMLEは（式 (2.4) より）0.195となり，速度が形状パラメータ $\alpha = 0.5$ のガンマ分布に従うと仮定すると距離は0.237となる．一般的にそうであるように，サイト間の速度の変動のほうが仮定される置換モデルよりも距離の推定に大きく影響する．

2.4 コドン置換のモデル

コドン置換のマルコフ連鎖モデルは，Goldman and Yang（1994）やMuse and Gaut（1994）によって提案された．これらのモデルではコドンの3つ組を進化の単位として考え，マルコフ連鎖をあるコドンから別のコドンへの置換を表現するために使用している．マルコフ連鎖の状態空間は遺伝暗号中のセンスコドンである（すなわち，普遍暗号中の61のセンスコドン，あるいは脊椎動物のミトコンドリアの場合は60のセンスコドン）．終止コドンは機能しているタンパク質の内部では用いられないので，このマルコフ連鎖の中では考慮しない．先と同様に，置換速度行列 $Q = \{q_{ij}\}$ を特定することで，マルコフ・モデルが構築される．ここで，q_{ij} はコドン i から j への瞬間速度である（$i \neq j$）．一般的に用いられているモデルは，Goldman and Yang（1994）のモデルを単純化したもので，置換速度は式 (2.7) のように特定されている．

表 2.2　ターゲット・コドン CTA (Leu) への置換速度

置換	相対速度	置換タイプ
TTA (Leu) → CTA (Leu)	$q_{\text{TTA,CTA}} = \kappa \pi_{\text{CTA}}$	同義トランジション
ATA (Ile) → CTA (Leu)	$q_{\text{ATA,CTA}} = \omega \pi_{\text{CTA}}$	非同義トランスバージョン
GTA (Val) → CTA (Leu)	$q_{\text{GTA,CTA}} = \omega \pi_{\text{CTA}}$	非同義トランスバージョン
CTT (Leu) → CTA (Leu)	$q_{\text{CTT,CTA}} = \pi_{\text{CTA}}$	同義トランスバージョン
CTC (Leu) → CTA (Leu)	$q_{\text{CTC,CTA}} = \pi_{\text{CTA}}$	同義トランスバージョン
CTG (Leu) → CTA (Leu)	$q_{\text{CTG,CTA}} = \kappa \pi_{\text{CTA}}$	同義トランジション
CCA (Pro) → CTA (Leu)	$q_{\text{CCA,CTA}} = \kappa \omega \pi_{\text{CTA}}$	非同義トランジション
CAA (Gln) → CTA (Leu)	$q_{\text{CAA,CTA}} = \omega \pi_{\text{CTA}}$	非同義トランスバージョン
CGA (Arg) → CTA (Leu)	$q_{\text{CGA,CTA}} = \omega \pi_{\text{CTA}}$	非同義トランスバージョン

これら以外のすべてのコドンから CTA への瞬間速度は 0 である．

$$q_{ij} = \begin{cases} 0, & i \text{ と } j \text{ が 2 箇所あるいは 3 箇所のコドン・ポジションで異なる場合} \\ \pi_j, & i \text{ と } j \text{ が同義のトランスバージョン 1 つで異なる場合} \\ \kappa \pi_j, & i \text{ と } j \text{ が同義のトランジション 1 つで異なる場合} \\ \omega \pi_j, & i \text{ と } j \text{ が非同義のトランスバージョン 1 つで異なる場合} \\ \omega \kappa \pi_j, & i \text{ と } j \text{ が非同義のトランジション 1 つで異なる場合} \end{cases} \quad (2.7)$$

ここで，κ はトランジション/トランスバージョンの速度比，ω は非同義置換/同義置換の速度比，あるいは Miyata and Yasunaga (1980) により受容率（acceptance rate）とよばれているもので，π_j はコドン j の平衡頻度である．パラメータ κ と π_j が DNA レベルでの過程を特徴づけているのに対し，パラメータ ω は非同義突然変異に作用する選択を特徴づけている．突然変異は 3 つのコドン・ポジションで独立に生じると仮定されるので，2 つあるいは 3 つのポジションでの同時の変化は無視される．平衡コドン頻度 π_j に関しては，いくつかの異なる仮定が可能である．各コドンは同じ頻度を有すると仮定することもできるし，コドン頻度を 4 種類の塩基頻度（3 つの自由パラメータ）から推定すると仮定することもできる．あるいは，コドンの 3 箇所のポジションにおける塩基頻度（9 つの自由パラメータ）から推定すると仮定することもできる．最もパラメータ数が多いモデルは，すべてのコドン頻度をその総和が 1 になるという制約条件のもとでパラメータとして用いるものである．これらのモデルはそれぞれ，Fequal, F1×4, F3×4, F61 とよばれている．

ターゲット・コドン $j = $ CTA (Leu) への置換速度は表 2.2 に示され，図 2.3 で説明されている．式 (2.7) のモデルは，塩基置換の HKY85 モデル（Hasegawa et al., 1985）に非常に類似していることに注意しよう．2 種類の置換タイプ（トランジションとトランスバージョン）ではなく，6 種類の置換タイプを考慮した GTR タイプのモデルも実装できる；式 (1.62) を参照せよ．

式 (2.7) の速度行列 Q によって表現されるマルコフ連鎖が，時間可逆な連鎖についての詳細釣合い条件（式 (2.1)）を満たしていることは容易に確認できる．このモデルを実際の観測データと関連づけるためには，遷移確率行列 $P(t) = \{p_{ij}(t)\}$ を計算する必要がある．この計算の数値アルゴリズムは，本章の第 2.6 節で議論される．

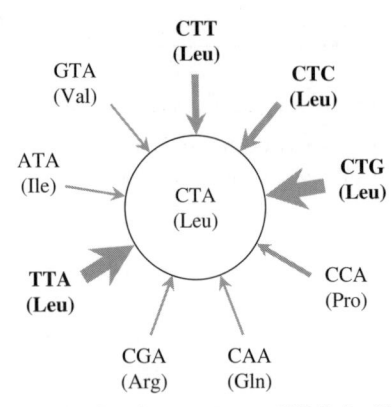

図 2.3 9つの隣接コドンから同じターゲットコドン CTA への置換速度．隣接コドンとは，対象とするコドンと比べて1ポジションのみで異なっているコドンである．終止コドンへの変化あるいは終止コドンからの変化は許可されないので，8つ以下の隣接コドンしかもたないコドンもある．線の太さは，速度の違いを表す．図は，$\kappa = 2$, $\omega = 1/3$ を用いて描かれており，コドン CTA への4種類の置換速度，すなわち非同義トランスバージョン，非同義トランジション，同義トランスバージョン，同義トランジションの比は $1:2:3:6$ となる（式 (2.7) を参照）．

2.5 同義および非同義置換速度の推定

タンパク質をコードしている DNA 配列間では，同義置換と非同義置換についての2通りの距離が計算される．それらは，同義サイトあたりの同義置換数（d_S あるいは K_S），また非同義サイトあたりの非同義置換数（d_N あるいは K_A）と定義される．d_S と d_N の推定法には，発見的なカウント法と ML 法の2つのクラスがある．

2.5.1 カウント法

カウント法（counting method）では，JC69（Jukes and Cator, 1969）のような塩基置換モデルによる距離計算と類似した形で計算が行われる．カウント法は3つのステップからなる．
(i) 同義および非同義サイト数をカウントする．
(ii) 同義および非同義差異数をカウントする．
(iii) 相違度を計算し，多重置換の補正を行う．
これまでの塩基置換モデルと異なる点は，サイトや差異数の計算の際に同義と非同義のタイプが区別される点である．

最初のカウント法は，1980年代初頭，DNA 配列決定技術が発明された直後に開発された（Miyata and Yasunaga, 1980; Perler *et al.*, 1980）．Miyata and Yasunaga (1980) は，サイト数や差異数のカウントの際に，(JC69 のように）塩基間は等しい速度で変化するという簡単なモデルを仮定した．また，2箇所あるいは3箇所のポジションで異なるコドン間の置換数をカウントする際の進化経路の重み付けに，Miyata *et al.* (1979) によって構築されたアミノ酸間の化学的距離を用いている（後述）．この方法は，Nei and Gojobori (1979) によって単純化され，重み付けの考えは放棄され，その代わりに進化経路への等しい重み付けが行われた．Li *et al.* (1985) は，トランジションとトランスバージョンの速度の違いの重要性を指摘し，コドン・ポジションを

表 2.3 コドン TTT（Phe）中のサイトのカウント

ターゲット・コドン	突然変異のタイプ	速度比（$\kappa=1$）	速度比（$\kappa=2$）
TTC (Phe)	同義	1	2
TTA (Leu)	非同義	1	1
TTG (Leu)	非同義	1	1
TCT (Ser)	非同義	1	2
TAT (Tyr)	非同義	1	1
TGT (Cys)	非同義	1	1
CTT (Leu)	非同義	1	2
ATT (Ile)	非同義	1	1
GTT (Val)	非同義	1	1
合計		9	12
同義サイト数		1/3	1/2
非同義サイト数		8/3	5/2

注：κ はトランジション/トランスバージョンの速度比である．

異なる縮退クラスに分割することでこの問題を取り扱った．彼らの方法は，Li（1993），Pamilo and Bianchi（1993），Comeron（1995），また Ina（1995）によって改良された．Moriyama and Powell（1997）は，コドン使用頻度（codon usage）の不均一性の影響について議論し，先に述べた方法で仮定されているように置換速度がコドン間で対称でないことを示唆した．Yang and Nielsen（2000）は，トランジション/トランスバージョンの速度の違いと不均一なコドン使用頻度の両方を反復計算アルゴリズムに取り込んでいる．

ここでは，基本的な概念の説明のために，Nei and Gojobori（1986）の方法を説明する．このモデルを NG86 とよぶ．これは，Miyata and Yasunaga（1980）の方法を単純化したものであり，塩基置換の JC69 モデルに類似している．次に，トランジション/トランスバージョンの速度の違いやコドン使用頻度の不均一性のような，問題を複雑化させる要素の影響について議論する．単純なトランジション/トランスバージョンの速度の違いさえも取り扱いが容易ではないということからわかるように，d_S と d_N の推定は複雑な処理であることは注意しておいてよいだろう．残念なことに，異なる方法はしばしば非常に異なる推定値を与える．

2.5.1.1 サイト数のカウント

各コドンは 3 個の塩基サイトよりなるが，それらは同義と非同義のカテゴリに分類される．例としてコドン TTT（Phe）を考えよう．コドン中の 3 つのポジションは，それぞれ 3 種類の他の塩基に変わりうるので，このコドンには 9 つの隣接コドン，TTC（Phe），TTA（Leu），TTG（Leu），TCT（Ser），TAT（Tyr），TGT（Cys），CTT（Leu），ATT（Ile），および GTT（Val）がある．このうち，コドン TTC は最初のコドン（TTT）と同じアミノ酸をコードしている．したがって，コドン TTT の中には，$3 \times 1/9 = 1/3$ の同義サイトと $3 \times 8/9 = 8/3$ の非同義サイトが存在する（表 2.3）．このカウントにおいては，終止コドンへの突然変異は許されない．この手続きを配列 1 のすべてのコドンに適用し，各コドンで計算されたサイト数の和をとり，配列全長に

表 2.4　コドン CCT と CAG の間の 2 つの経路

経路	差異数	
	同義	非同義
CCT (Pro) ↔ CAT (His) ↔ CAG (Gln)	0	2
CCT (Pro) ↔ CCG (Pro) ↔ CAG (Gln)	1	1
平均	0.5	1.5

わたっての同義サイトと非同義サイトの総数を得る．次に，この処理を配列 2 についてもくり返し，2 つの配列のサイト数の平均値をとる．これらを S と N で表す．ここで，$S + N = 3 \times L_c$ であり，L_c は配列中のコドン数を表す．

2.5.1.2　差異数のカウント

第 2 のステップは，2 本の配列間の同義差異数，非同義差異数のカウントである．言い換えると，2 本の配列間で観察された差異は，同義と非同義のカテゴリに分割される．今回も，コドンごとに処理が行われる．比較している 2 つのコドンが同じとき（たとえば，TTT vs. TTT）は簡単である．この場合，同義差異数も非同義差異数も 0 となる．比較している 2 つのコドンが 1 コドン・ポジションでのみ異なる場合（たとえば，TTC vs. TTA）も簡単で，この場合は，その単一の差異が同義か非同義かは明らかである．しかし，2 つのコドンに，2 箇所あるいは 3 箇所のポジションで差異がある場合（たとえば，CCT vs. CAG あるいは GTC vs. ACT），一方のコドンから他方のコドンへは 4 通りあるいは 6 通りの進化経路が存在する．異なる経路では，同義差異数や非同義差異数が異なる場合がある．大部分のカウント法では，異なる経路に同じウェイトが与えられている．

たとえば，コドン CCT と CAG の間には 2 つの経路がある（表 2.4）．最初の経路は，中間コドン CAT を介しており，2 個の非同義差異を含む．第 2 の経路は中間コドン CCG を介しており，同義差異 1 個と非同義差異 1 個を含んでいる．もし，この 2 つの経路に同じ重み付けをすると，2 つのコドンの間では，同義差異数 0.5，非同義差異数 1.5 となる．ほぼすべての遺伝子がそうであるように，同義置換速度が非同義置換速度よりも高ければ，第 2 の経路のほうが第 1 の経路よりも生じやすいに違いない．事前に d_S/d_N の比率や配列の分化を知ることなしに，経路に適切な重み付けをするのはむずかしい．しかし，Nei and Gojobori (1986) は，経路への重み付けは推定値にきわめて小さな効果しか及ぼさないこと，とくに配列の分化の程度がそれほど大きくないときにそうであることを，コンピュータ・シミュレーションによって示した．

このカウントは 2 つの配列間でコドンごとに行われ，その差異数の総和をとることで，2 つの配列間の同義差異数と非同義差異数が得られる．これらを，それぞれ S_d と N_d と表す．

2.5.1.3　多重置換の補正

ここまでの計算から，同義サイトあたりの相違度と非同義サイトあたりの相違度は，それぞれ式 (2.8) で与えられる．

表 2.5 キュウリとタバコの rbcL 遺伝子に関する基本的な統計量

ポジション	サイト数	π_T	π_C	π_A	π_G	$\widehat{\kappa}$	$\widehat{d}$
1	472	0.179	0.196	0.239	0.386	2.202	0.057
2	472	0.270	0.226	0.299	0.206	2.063	0.026
3	472	0.423	0.145	0.293	0.139	6.901	0.282
全体	1,416	0.291	0.189	0.277	0.243	3.973	0.108

塩基頻度は，3 箇所のコドン・ポジションにおける観測頻度を 2 本の配列で平均したものである．それらは，HKY モデル（Hasegawa et al., 1985）に基づく MLE にきわめて近い値をとっている．トランジション/トランスバージョンの速度比 κ と配列間距離 d は HKY85 モデルに基づいて推定された．

$$p_S = S_d/S,$$
$$p_N = N_d/N \tag{2.8}$$

これらは，JC69 のもとでの相違度に対応する．そこで，多重置換に関して JC69 の補正を適用する．

$$d_S = -\frac{3}{4}\log\left(1 - \frac{4}{3}p_S\right),$$
$$d_N = -\frac{3}{4}\log\left(1 - \frac{4}{3}p_N\right) \tag{2.9}$$

Lewontin（1989）が指摘しているように，このステップには論理的に問題がある．JC69 の公式は非コード領域に適したものであり，どの塩基も他の 3 種類の塩基に等しい速度で変化すると仮定している．しかし，同義サイトと同義差異にのみ着目した場合，それぞれの塩基が変わりうる他の塩基は 3 種類ではない．実際には，少なくとも配列の分化が小さな場合には多重置換の補正の効果は小さく，補正公式によるバイアスはそれほど大きな問題にはならない．

2.5.1.4 *rbcL* 遺伝子への応用

NG86 法を用いて，キュウリとタバコの葉緑体タンパク質であるリブロース−1,5−ビスリン酸カルボキシラーゼ/オキシゲナーゼ・大サブユニットの遺伝子（*rbcL*）間の d_S と d_N を推定しよう．キュウリ（*Cucumis sativus*）の遺伝子の GenBank のアクセション番号は NC_007144 であり，タバコ（*Nicotiana tabacum*）の遺伝子は Z00044 である．キュウリとタバコの遺伝子はそれぞれ 476 コドン，477 コドンよりなり，アラインメントのサイズは 481 コドンとなる．いずれかの種でアラインメント中のギャップが対応するコドンを削除すると 472 コドンが残る．

3 つのコドン・ポジションに別々に塩基置換モデル HKY85（Hasegawa et al., 1985）を適用して得られた基本的な統計量を表 2.5 に示す．塩基組成は不均一で，第 3 コドン・ポジションには AT が多い．3 箇所のコドン・ポジションにおけるトランジション/トランスバージョンの速度比の推定値は，$\widehat{\kappa}_3 > \widehat{\kappa}_1 > \widehat{\kappa}_2$ という順番になる．配列間距離の推定値も，$\widehat{d}_3 > \widehat{d}_1 > \widehat{d}_2$ と同じ順番になる．このようなパターンは，タンパク質をコードする遺伝子では共通の性質であり，基本的にすべてのタンパク質は選択的制約を受けているため，非同義置換速度に比べ同義置換速度が高いという事実と遺伝暗号の構造の両方を反映している．遺伝子をコドンごとに調べてみると，

345 コドンは 2 種で同じであり，115 コドンはポジション 1 箇所で異なっていた．そのうちの 95 は同義であり，20 は非同義であった．10 コドンは 2 ポジションに違いがあり，2 つのコドンはすべてのポジションが異なっていた．

次に NG86 を適用してみよう．1,416 の塩基サイトは，$S = 343.5$ の同義サイトと $N = 1,072.5$ の非同義サイトに分割される．2 本の配列間では 141 の差異が観察されるが，それは $S_d = 103.0$ の同義差異と $N_d = 38.0$ の非同義差異に分割される．すると，同義サイトあたりの相違度は $p_S = S_d/S = 0.300$，非同義サイトあたりの相違度は $p_N = N_d/N = 0.035$ となる．JC69 補正を適用すると，$d_S = 0.383, d_N = 0.036$ となり，その比は $\hat{\omega} = d_N/d_S = 0.095$ となる．この推定によれば，このタンパク質は強い選択的制約を受けており，1 個の非同義突然変異が集団中に広まる可能性は，1 個の同義突然変異の場合の 9.5% にすぎない．

2.5.1.5　トランジション/トランスバージョンの速度の違いとコドン使用頻度

遺伝暗号の構造から，第 3 コドン・ポジションでのトランジションは，トランスバージョンよりも同義であることが多い．すなわち，非同義置換に比べ多くの同義置換が観察されるのは，自然選択によって非同義突然変異が排除されるからではなく，トランスバージョンよりもトランジションの速度が大きいため，多くの同義突然変異が生じるためであろう．トランジション/トランスバージョンの速度の違いを無視することは，同義サイト数 (S) の過小推定と非同義サイト数 (N) の過大推定につながり，その結果，d_S は過大評価され，d_N は過小評価される（Li et al., 1985）．

トランジションとトランスバージョンの速度の違いを考慮するため，Li et al. (1985) は，個々の塩基サイト，すなわち 1 コドン中の各ポジションを，非縮退（nondegenerate）クラス，二重縮退（two-fold degenerate）クラス，四重縮退（four-fold degenerate）クラスに分類した．1 つのコドン・ポジションの縮退度は，3 種類の可能な突然変異のうち何個が同義であるかによって決定される．四重縮退サイトにおいてはすべての変化が同義であり，非縮退サイトでは，すべての変化が非同義である．二重縮退サイトでは，1 個の変化のみが同義となる．たとえばコドン TTT (Phe) の第 3 ポジションは二重縮退である．普遍暗号の場合，ATT (Ile) の第 3 ポジションは三重縮退であるが，二重縮退クラスに分類されていることが多い．3 種類の縮退クラスの総サイト数を 2 本の配列で平均したものを，L_0, L_2, L_4 と表す．同様に，それぞれの縮退クラスにおけるトランジションとトランスバージョンの差異数をカウントする．Li et al. (1985) は，次に K80 モデル（Kimura, 1980）を用いて，各縮退クラスにおけるサイトあたりのトランジション数とトランスバージョン数を推定した．それらを A_i と B_i と表す．ここで $i = 0, 2, 4$ であり，$d_i = A_i + B_i$ は距離の総計である．A_i と B_i は，第 1 章の式 (1.12) で与えられる K80 モデルにおける αt と $2\beta t$ の推定値である．このとき，$L_2 A_2 + L_4 d_4$ と $L_2 B_2 + L_0 d_0$ は，それぞれ 2 本の配列間の同義置換と非同義置換の総数である．d_S と d_N を推定するためには，同義サイト数と非同義サイト数も必要である．四重縮退サイトの各々は同義サイトであり，非縮退サイトの各々は非同義サイトである．二重縮退サイトについてはそれらほど明らかではない．Li et al. (1985) は，突然変異率が等しいことを仮定し，1 つの二重縮退サイトを同義サイトが 1/3，非同義サイトが 2/3 としてカウントした．これにより，同義および非同義サイト数はそれぞれ $L_2/3 + L_4$ と

$2L_2/3 + L_0$ になる．すると，距離は式 (2.10) で与えられる（Li et al., 1985）．

$$d_S = \frac{L_2 A_2 + L_4 d_4}{L_2/3 + L_4},$$
$$d_N = \frac{L_2 B_2 + L_0 d_0}{2L_2/3 + L_0} \tag{2.10}$$

この方法は LWL85 とよばれている．

Li（1993）と Pamilo and Bianchi（1993）は，二重縮退サイトについて同義サイトを 1/3，非同義サイトを 2/3 とするルールが，トランジション/トランスバージョンの速度の違いを無視しており，同義サイト数の過小推定と d_S の過大推定（また d_N の過小推定）を引き起こすことを指摘している．そこで彼らは，代わりに次の公式を提案した．

$$d_S = \frac{L_2 A_2 + L_4 A_4}{L_2 + L_4} + B_4,$$
$$d_N = A_0 + \frac{L_0 B_0 + L_2 B_2}{L_0 + L_2} \tag{2.11}$$

これは LPB93 として知られている方法であり，実質的には四重縮退サイトにおける距離 $A_4 + B_4$ を用いて同義距離 d_S を推定しているが，トランジション速度は二重縮退サイトでも四重縮退サイトでも同じであると仮定し，トランジション距離 A_4 が二重縮退サイトと四重縮退サイトの平均値 $(L_2 A_2 + L_4 A_4)/(L_2 + L_4)$ で置き換えられている．同様に d_N は，非縮退サイトにおける距離の推定値 $(A_0 + B_0)$ と考えられるが，トランスバージョン距離 B_0 が二重縮退サイトと非縮退サイトの平均値 $(L_0 B_0 + L_2 B_2)/(L_0 + L_2)$ で置き換えられている．

d_S と d_N を計算する別のアプローチとして，LWL85 と同様に置換数をサイト数で割るのだが，1/3 を同義である二重縮退サイトの割合 ρ で置き換えるという方法がある．

$$d_S = \frac{L_2 A_2 + L_4 d_4}{\rho L_2 + L_4},$$
$$d_N = \frac{L_2 B_2 + L_0 d_0}{(1-\rho) L_2 + L_0} \tag{2.12}$$

四重縮退サイトにおける距離 A_4 と B_4 を用いて，トランジション/トランスバージョンの速度比を推定し，二重縮退サイトを同義と非同義のカテゴリに分割できる．言い換えると，$\widehat{\kappa} = 2A_4/B_4$ が K80 モデルにおける κ の推定値となるので，ρ は式 (2.13) より推定される．

$$\widehat{\rho} = \widehat{\kappa}/(\widehat{\kappa} + 2) = A_4/(A_4 + B_4) \tag{2.13}$$

式 (2.12) と (2.13) による推定法を LWL85m とよぶ．Tzeng et al.（2004）は，LWL85 を改変して，類似しているがいくぶん複雑な距離を定義している．

コドンの縮退によってサイトを分割することが本質なのではない．同義サイトと非同義サイトの数を同義あるいは非同義の"突然変異"の速度に比例するようにカウントすることで，トランジション/トランスバージョンの速度の違いを考慮することができる．これは Ina（1995）によるアプローチであり，三重縮退の存在や二重縮退サイトにおけるトランスバージョンすべてが同義ではないといった遺伝暗号の不規則性を取り扱う必要がないという利点を有する．表 2.3 はトランジション/トランスバージョンの速度比 $\kappa = 2$ が与えられたときのコドン TTT についてのサイトの

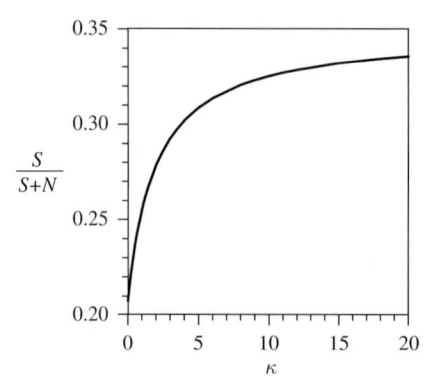

図 2.4 トランジション/トランスバージョンの速度比 κ の関数としての同義サイトの割合 $S/(S+N)$. コドン頻度は同一（1/61）と仮定している. Yang and Nielsen, 1998 より.

カウント法を説明している．サイトを分割するにあたって，9つの隣接コドンへの突然変異率を単純に重みとして用いる．ここではトランジションによる（コドン TTC, TCT, CTT への）変化は，トランスバージョンによる（他の6つのコドンへの）変化に比べ2倍の突然変異率をもっているとする．このとき，コドン TTT 中には，$3 \times 2/12 = 1/2$ の同義サイトと，$3 \times 10/12 = 5/2$ の非同義サイトがある．$\kappa = 1$ のときには，同義サイトは $1/3$，非同義サイトは $8/3$ であった．図 2.4 に，普遍暗号における同義サイトの割合が κ の関数としてプロットされている．Ina (1995) は2種類の κ の推定法を報告している．最初の方法では，第3コドン・ポジションを使用しており，κ を過大推定する傾向がある．第2の方法では，反復計算を行うアルゴリズムが使われている．他の一般に使用されるアプローチとして，上で述べたように，四重縮退サイトを用いる方法がある (Pamilo and Bianchi, 1993; Yang and Nielsen, 2000).

トランジション/トランスバージョンの速度の違い以外に，d_S と d_N の推定を複雑にする主要な要因として，コドン頻度の不均一性がある．塩基置換のモデルである JC69 や K80 では，速度の対称性が仮定され，均一な塩基頻度を予測していたことを思い出そう．同様に，コドン間の置換速度の対称性からはすべてのセンスコドンの頻度が均一になることが予測されるが，観測されるコドン頻度は均一ではないという事実は，上述の方法で仮定されているような速度の対称性が成立していないことを意味している．全体的に，使用頻度の高いコドンへの置換速度は大きく，使用頻度の低いコドンへの置換速度は小さいと期待される．そのような速度の違いは，サイトや差異の数のカウントに影響する．Yang and Nielsen (2000) は，d_S と d_N を推定するためのくり返し計算の手続きの中で，トランジション/トランスバージョンの速度の違いとコドン頻度の不均一性の両方を考慮している．

[例] 上で述べた方法をキュウリとタバコの *rbcL* 遺伝子に適用してみよう（**表 2.6**）．非縮退サイト，二重縮退サイト，四重縮退サイトの数は $L_0 = 916.5, L_2 = 267.5, L_4 = 232.0$ となる．2本の配列間の 141 個の差異は，非縮退サイトにおいては 15.0 のトランジションと 18.0 のトランスバージョンに，二重縮退サイトでは 44.0 のトランジションと 8.5 のトランスバージョンに，四重縮退サイトでは 32.0 のトランジションと 23.5 のトランスバージョンに分割される．K80 の

表 2.6 キュウリとタバコの $rbcL$ 遺伝子間の d_S と d_N の推定値

モデル	$\widehat{\kappa}$	$\widehat{S}$	$\widehat{N}$	$\widehat{d}_S$	$\widehat{d}_N$	$\widehat{\omega}$	$\widehat{t}$	ℓ
カウント法								
NG86 (Nei and Gojobori, 1986)	1	343.5	1072.5	0.383	0.036	0.095		
LWL85 (Li et al., 1985)	N/A	321.2	1094.8	0.385	0.039	0.101		
LWL85m (式 (2.12))	3.18	396.3	1019.7	0.312	0.042	0.134		
LPB93 (Li, 1993; Pamilo and Bianchi, 1993)	N/A	N/A	N/A	0.308	0.040	0.129		
Ina95 (Ina, 1995)	5.16	418.9	951.3	0.313	0.041	0.131		
YN00 (Yang and Nielsen, 2000)	2.48	308.4	1107.6	0.498	0.035	0.071		
最尤法 (Goldman and Yang, 1994)								
(A) Fequal, $\kappa=1$	1	360.7	1055.3	0.371	0.037	0.096	0.363	−2466.33
(B) Fequal, κ は推定	2.59	407.1	1008.9	0.322	0.037	0.117	0.358	−2454.26
(C) F1×4, $\kappa=1$ に固定	1	318.9	1097.1	0.417	0.034	0.081	0.361	−2436.17
(D) F1×4, κ は推定	2.53	375.8	1040.2	0.362	0.036	0.099	0.367	−2424.98
(E) F3×4, $\kappa=1$ に固定	1	296.6	1119.4	0.515	0.034	0.066	0.405	−2388.35
(F) F3×4, κ は推定	3.13	331.0	1085.0	0.455	0.036	0.078	0.401	−2371.86
(G) F61, $\kappa=1$ に固定	1	263.3	1152.7	0.551	0.034	0.061	0.389	−2317.76
(H) F61, κ は推定	2.86	307.4	1108.6	0.473	0.035	0.074	0.390	−2304.47

NG86, LWL85, LPB93 は MEGA 3.1 (Kumar et al., 2005a) と PAML (Yang, 1997a) に実装されている．どちらのプログラムも，比較される 2 つのコドンが 2 箇所あるいは 3 箇所のポジションで異なるとき，進化経路に同じ重み付けをする．BAMBE 4.2 (Xia and Xie, 2001) の LPB93 はわずかに異なる結果を与えるが，このプログラムは Li et al. (1985) によって提案された重み付けの方法を実装している．Ina95 の計算には Ina のプログラムが用いられ (Ina, 1995)，YN00 (Yang and Nielsen, 2000) の計算には YN00 のプログラム (Yang, 1997a) が使用された．最尤法は PAML (Yang, 1997a) の CODEML プログラムに実装されている．仮定されたモデルは，Fequal, コドン頻度が等しいと仮定（すべての j に対して $\pi_j = 1/61$）；F1×4, 期待コドン頻度の計算に 4 種の塩基頻度を使用（3 つの自由パラメータ使用）；F3×4, コドン頻度の計算に 3 箇所のコドン・ポジションでの塩基頻度を使用（9 つの自由パラメータ使用）；F61, 61 個すべてのコドン頻度を自由パラメータとして使用（合計が 1 になるので自由パラメータは 60 個）．"$\kappa = 1$ に固定" は，トランジションとトランスバージョンの速度が等しいと仮定することを意味する．一方，"κ は推定" は，トランジションとトランスバージョンの速度が異なることを考慮している（式 (2.7) 参照）．ℓ はモデルのもとでの対数尤度値を表す．

補正式を適用すると，非縮退サイトにおけるトランジション距離とトランスバージョン距離として，$A_0 = 0.0169$ と $B_0 = 0.0200$ が得られる．同様に，二重縮退サイトでは $A_2 = 0.2073$ と $B_2 = 0.0328$，四重縮退サイトでは $A_4 = 0.1801$, $B_4 = 0.1132$ となる．LWL85 によれば，同義サイトおよび非同義サイトの数は，$S = L_2/3 + L_4 = 321.2$, $N = L_2 \times 2/3 + L_0 = 1094.8$ となり，それらより $d_S = 0.385$, $d_N = 0.039$ が得られ，$d_N/d_S = 0.101$ となる．

LPB93 を用いると $d_S = 0.308$, $d_N = 0.040$ となり，$d_N/d_S = 0.129$ となる．$\widehat{\rho} = A_4/(A_4 + B_4) = 0.6141$ を用いて二重縮退サイト中の同義サイトの割合を推定し式 (2.12) を適用すると，LWL85m の $S = 396.3$, $N = 1019.7$ を得る．すると，距離は $d_S = 0.312$, $d_N = 0.042$ となり，$d_N/d_S = 0.134$ を得る．トランジション/トランスバージョンの速度の違いを無視している NG86 モデルで計算された S に比べ，この S は非常に大きいことに注意しよう．YN00 は，トランジション/トランスバージョンの速度の違いに加え，コドン頻度の不均一性も考慮している．こ

の方法では，$S = 308.4$ となり，NG86で計算された S よりも小さくなっている．つまり，コドンの使用頻度の偏りはトランジション/トランスバージョンの速度の違いに対して反対の効果をもっており，前者の効果は後者の効果を打ち消している．このときの距離の推定値は，$d_S = 0.498$，$d_N = 0.035$ で，$d_N/d_S = 0.071$ となる． □

2.5.2 最尤法
2.5.2.1 d_S と d_N の最尤推定

最尤法（ML法；Goldman and Yang, 1994）では，2本の配列からなるデータに式 (2.7) に示したようなコドン置換のマルコフ・モデルを適合させて，t, κ, ω, π_j を含むモデルのパラメータを推定する．尤度関数は式 (2.4) で与えられるが，i や j はここでは20種類のアミノ酸ではなく，（普遍遺伝暗号の場合は）61個のセンスコドンを表す点が異なっている．コドン頻度は（もし $1/61$ に固定しないのであれば），通常はデータから観察される頻度によって推定される．一方，パラメータ t, κ, ω は，対数尤度 ℓ を数値的に最大化することで推定される．次に，d_S と d_N は，それらの定義に従って t, κ, ω, π_j の推定値から計算される．コドン・モデル中のパラメータが与えられ，速度行列 Q と配列距離 t が既知の場合の d_S と d_N の定義について述べよう．実際のデータにおいては，定義中のパラメータをそれらの MLE で置き換えると，MLE の不変性から d_S と d_N の MLE を得ることができる．

サイト数とコドンあたりの置換数を定義しよう．まず，任意の時間 t の間のコドン i から j（ただし $i \neq j$）へのコドンあたりの置換数の期待値は，$\pi_i q_{ij} t$ である．すると，時間 t（あるいは距離 t）だけ隔てられた2本の配列間のコドンあたりの同義および非同義置換の数は式 (2.14) で与えられる．

$$S_d = t\rho_S = \sum_{i \neq j, \text{ aa}_i = \text{aa}_j} \pi_i q_{ij} t,$$
$$N_d = t\rho_N = \sum_{i \neq j, \text{ aa}_i \neq \text{aa}_j} \pi_i q_{ij} t \tag{2.14}$$

ここで，aa_i はコドン i にコードされているアミノ酸を表す．つまり，S_d は同義差異によって異なるコドンのペアについての和であり，N_d は非同義差異をもつコドンのペアについての和である．速度行列は，単位時間に生じる塩基置換の回数の期待値が1になるようにスケーリングされているので $S_d + N_d = t$ となり，ρ_S と ρ_N はそれぞれ同義および非同義置換の割合を表す．

次にサイト数をカウントする．同義および非同義 '突然変異' の割合，ρ_S^1 と ρ_N^1 は，式 (2.14) の ρ_S, ρ_N と同じ方法で計算されるが，$\omega = 1$ に固定する点が異なっている（Goldman and Yang, 1994）．すると，コドンあたりの同義および非同義サイトの数は，式 (2.15) で与えられる．

$$S = 3\rho_S^1,$$
$$N = 3\rho_N^1 \tag{2.15}$$

もし，コドン頻度が等しく（$\pi_j = 1/61$），また突然変異率が3箇所のコドン・ポジションで等しければ，式 (2.15) によるサイトの定義は Ina による定義（1995, 表1）に等価である．しかし，3箇所のコドン・ポジションで塩基組成や突然変異率が異なっている場合には，Ina の方法は各コドン・ポジションを1サイトとして計算してしまい，無意味な結果が導かれる．式 (2.15) におい

ては，各コドンは3サイトとして計算されるが，各コドン・ポジションは，そのコドン・ポジションの突然変異率が3箇所のコドン・ポジションの突然変異率の平均よりも大きいか小さいかに依存して，1サイトよりも大きく，あるいは小さくカウントされる．もう1つ触れておくべき点は，ここでいうところの"突然変異率"は，（タンパク質レベルではなく）DNAレベルで作用する選択によって影響を受けているかもしれないということである．言い換えると，このサイトの比率は，タンパク質レベルでの選択ははたらいていないが（$\omega = 1$），トランジション/トランスバージョンの速度の違いやコドン使用頻度の不均一性を引き起こすようなDNAレベルの選択がはたらいている場合に観測されると期待される比率を表わしている．ここでの"突然変異率"という用語は誤解を招くかもしれない．なぜなら，突然変異率はDNAに作用する選択により影響されるからである．サイトの定義に関しては，本章の第2.5.4項で議論する．

このとき，距離は式(2.16)で与えられる．

$$d_S = S_d/S = t\rho_S/(3\rho_S^1),$$
$$d_N = N_d/N = t\rho_N/(3\rho_N^1) \tag{2.16}$$

$\omega = \dfrac{d_N}{d_S} = \dfrac{\rho_N/\rho_S}{\rho_N^1/\rho_S^1}$ は，2つの比についての比である点に注意しよう．分子の ρ_N/ρ_S は，生じたと推測される同義置換数と非同義置換数の比である．一方，分母の ρ_N^1/ρ_S^1 はタンパク質に選択が作用していなかった場合（つまり $\omega = 1$）に期待される比である．このように，ω は同義置換と非同義置換の割合に対し，タンパク質に作用する自然選択が引き起こした摂動を計測したものになっている．

2.5.2.2　キュウリとタバコの *rbcL* 遺伝子間の d_S と d_N の推測

異なるモデルのもとでML法を用いて，キュウリとタバコの *rbcL* 遺伝子間の d_S と d_N を推測し，カウント法と比較しよう．結果は表2.6に示されている．

最初に，トランジションとトランスバージョンの速度が等しく（$\kappa = 1$），コドン頻度も等しい（$\pi_j = 1/61$）と仮定した場合を考えよう（表2.6のモデルA）．これはNG86で仮定されたモデルである．モデルは2つのパラメータ，t と ω を含む（式(2.7)参照）．**図2.5**に対数尤度の等高線が示されている．MLEは数値的に求められ，$\hat{t} = 0.363$，$\hat{\omega} = 0.096$ となる．推定された配列の分化は，全配列中 $472 \times 0.363 = 171.4$ 個の塩基置換に対応しているが，これは多重置換を補正した値であり，生の観測値としての差異数は141個である．式(2.14)を適用すると，全配列中，同義置換は133.8個，非同義置換は37.6個となる．次に同義，非同義サイトの比率を求めると，$\rho_S^1 = 0.243$，$\rho_N^1 = 0.757$ となる．全配列中それぞれのサイトの数は，$S = L_c \times 3\rho_S^1 = 360.7$，$N = L_c \times 3\rho_N^1 = 1055.3$ となる．このモデルのもとで式(2.15)に従いサイト数を計算することは，第2.5.1項で説明したNG86のもとでサイトの数を求めることに等しい．得られたカウント数に若干の差があるのは，ML法ではモデル中で仮定されたコドン頻度（1/61）で平均をとるのに対し，NG86では2本の配列で観測されたコドン頻度で平均をとるためである．ML法による配列間距離は，$d_S = 133.8/360.7 = 0.371$，$d_N = 37.6/1055.3 = 0.037$ となり，NG86から得られる推定値に非常に類似している．

次に，コドン頻度は均一であるがトランジションとトランスバージョンの速度が異なると仮定す

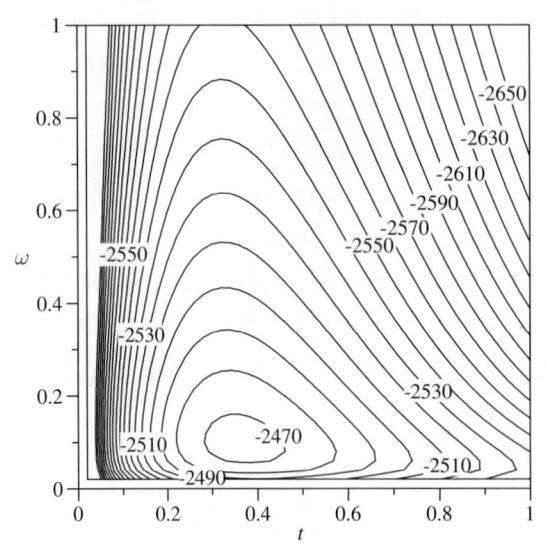

図 2.5 キュウリとタバコの *rbcL* 遺伝子についての, 配列間距離 t と速度の比 ω の関数としての対数尤度の等高線. モデルは, トランジションとトランスバージョンの速度が等しい ($\kappa = 1$) ことと, コドン頻度の均一性 ($\pi_j = 1/61$) を仮定している.

る場合を考えよう (表 2.6 中のモデル B:Fequal, κ は推定). これは, LWL85 (Li *et al.*, 1985), LPB93 (Li, 1993; Pamilo and Bianchi, 1993), Ina の方法 (Ina, 1995) における仮定と同じである. このモデルは3つのパラメータ, t, κ, ω を含む. それらパラメータの MLE は数値計算により求められ, $\hat{t} = 0.358, \hat{\kappa} = 2.59, \hat{\omega} = 0.117$ となる. この ω の比率は, トランジション/トランスバージョンの速度の違いを無視した場合 ($\kappa = 1$) の ω の推定値よりも 22% 大きい. これらのパラメータの値を用いて計算された同義置換数と非同義置換数は, それぞれ 131.0 と 37.8 となる. 固定値 $\omega = 1$ と $\hat{\kappa} = 2.59$ を用いてサイト数を計算すると, $\rho_S^1 = 0.288, \rho_N^1 = 0.719$ となり, 全配列では, $S = 407.1, N = 1,008.9$ となる. これから, $d_S = 131.0/407.1 = 0.322$ と $d_N = 37.8/1,008.9 = 0.037$ を得る. トランジション/トランスバージョンの速度の違いを導入することは, 置換数よりもサイト数に大きく影響することに注意しよう. また, $S + N$ は固定値であるので, S の増加は同時に N の減少を意味しており, それは ω の比率により大きな違いをもたらす. S は N に比べずっと小さな値をとるので, d_S のほうが d_N よりも強く影響を受ける.

トランジション/トランスバージョンの速度の違いとコドン頻度の不均一性をともに考慮したモデルによる d_S と d_N の推定も行った. 計算結果は表 2.6 に示されている. Yang and Nielsen (2000) のカウント法は, F3×4 モデル (表 2.6 のモデル F) のもとでの最尤法を近似したものであるが, 最尤法に非常に類似した結果が得られている.

2.5.3 推定方法の比較

表 2.6 の結果は, d_S と d_N の推定値やその比 ω が, 推定方法によって大きく異なることを示している. 多くの実際のデータやシミュレーションから得られたデータの解析から, 同様の違いが観察されている (たとえば, Bielawski *et al.*, 2000; Yang and Nielsen, 2000). これらの結果から, 以下のことが読み取れる:

(1) トランジションとトランスバージョンの速度の違いを無視すると，S が過小推定，d_S は過大推定，ω は過小推定される（Li *et al.*, 1985）．

(2) コドンの使用頻度のバイアスは，トランジション/トランスバージョンのバイアスによる効果と反対の効果を及ぼすことが多い；コドン使用頻度のバイアスを無視すると，S は過大推定，d_S は過小推定，ω は過大推定される（Yang and Nielsen, 2000）．塩基あるいはコドンの使用頻度に非常に極端な偏りがあると，トランジション/トランスバージョンの速度の違いによる効果は完全に隠されてしまい，トランジション/トランスバージョンの速度の違いもコドン使用頻度の偏りも無視した NG86 のほうが，トランジション/トランスバージョンの速度の違いは考慮しているがコドンの使用頻度のバイアスを無視した LPB93, LWL85m, Ina の方法よりも，信頼性の高い d_S や d_N の推定値を与えるという皮肉な結果が導かれる．

(3) 方法あるいはモデルの仮定が異なると，比較する 2 本の配列が非常に類似していたとしても，推定値は大きく異なることがある．この点は，塩基モデルを用いて距離を計算する場合と異なっており，塩基モデルの場合，配列の分化が小さいときにはモデル間の違いは小さい（たとえば，表 1.3 参照）．このモデルの仮定に対する頑健性の欠如は，方法によってカウントされるサイト数が異なることによる．

(4) 方法よりも，仮定のほうが大きく影響するように見える．最尤法は，異なる仮定のもとで，非常に異なる推定値を与える．たとえば，表 2.6 の ω の MLE にはほぼ 2 倍の開きがある．しかし，同じ仮定のもとでは，カウント法も最尤法も類似した結果を与える．たとえば，NG86 は同じモデルのもとでは最尤法と類似した結果を与えるように見える．Muse (1996) による精力的なシミュレーションによる研究からも，少なくとも配列の分化が小さいときには，2 つの方法の類似性が確認されている．同様に，LPB93 と Ina の方法は，トランジション/トランスバージョンの速度の違いは考慮するが，コドンの使用頻度のバイアスは無視するという仮定のもとでの最尤法と類似する結果を与える．

カウント法に比べて，最尤法は 2 つの明らかな利点をもっている．第 1 の利点は，概念的な単純さである．カウント法において，トランジション/トランスバージョンの速度の違いやコドンの使用頻度の不均一性などの DNA 配列の進化の特徴を取り扱うことは困難である．たとえば，トランジション/トランスバージョンの速度比 κ を考慮できる方法はあるが，κ の信頼できる推定値は得られない．すべてのカウント法は，多重置換の補正のために塩基の進化の補正式を使用しているが，その公式の適用には論理的に問題がある．最尤法では瞬間置換速度のみを指定し，それを実用的な推定のための確率計算に用いればよい．瞬時速度のレベルでは，コドン中に多重置換はなく，個々の置換が同義か非同義かを簡単に決定できる．トランジション/トランスバージョンの速度比の推定，コドン間の進化経路の重み付け，同じサイトへの多重置換の補正，また変則的な遺伝暗号といった困難な処理は，尤度計算の中で自動的に行われる．第 2 の利点は，コドン置換のより現実的なモデルの導入には，カウント法よりも最尤法のほうが容易であることである．たとえば，式 (2.7) において，HKY85 の形式のモデルの代わりに GTR の形式のモデルを用いることは簡単である．

*2.5.4 解釈と多くの距離
2.5.4.1 コドン・モデルに基づくその他の距離

任意の時間 t の間でのコドン i からコドン j への置換数の期待値は $\pi_i q_{ij} t$ によって与えられる．したがって，速度行列 Q と分岐時間 t を用いてタンパク質をコードしている遺伝子の進化過程を特徴づけるさまざまな尺度を定義できる．たとえば，$i \to j$ の変化が同義か非同義かを考え，同義置換速度と非同義置換速度を対比することができる．同様に，トランジションによる置換とトランスバージョンによる置換，3箇所のコドン・ポジションにおける置換，保存的なアミノ酸変化をもたらす置換と非保存的なアミノ酸変化をもたらす置換などを対比することができる．そのような尺度は，κ, ω またコドン頻度 π_j といったコドン置換モデルの中のパラメータの関数である．モデルのパラメータのMLEが得られれば，ただちに速度行列 Q や分岐時間 t を知ることができ，上で述べたような尺度のMLEもその定義にしたがって簡単にもとめられる．ここでは，さらにいくつか距離の尺度を紹介しよう．

第1の方法では，コドン・モデルのもとで，3箇所のコドン・ポジションにおける距離，$d_{1\mathrm{A}}, d_{2\mathrm{A}}, d_{3\mathrm{A}}$ を別々に計算することができる．ここで下付き添え字の 'A' は，あとの説明で明らかになるように，'タンパク質に作用する選択の後（after selection on the protein）' を意味する．任意の時間 t の間における第1コドン・ポジションの塩基置換数の期待値は，第1ポジションのみで異なっているコドンのペア i と j について $\pi_i q_{ij} t$ の和をとったものである（式 (2.7) 参照）．各コドンの第1ポジションは1サイトなので，その和は第1ポジションにおけるサイトあたりの塩基置換数でもある．

$$d_{1\mathrm{A}} = \sum_{\{i,j\} \in \mathrm{A}_1} \pi_i q_{ij} t \tag{2.17}$$

ここでは，第1ポジションでのみ異なっているすべてのコドンのペア i と j を含む集合 A_1 について和をとっている．第2，第3ポジションでの距離 $d_{2\mathrm{A}}$ と $d_{3\mathrm{A}}$ も同様に定義される．ここで，式 (2.17) は，(i) コドン・モデル中のパラメータ $(t, \kappa, \omega, \pi_j)$ の関数として距離 $d_{1\mathrm{A}}$ を定義し，(ii) 距離推定のためにML法を行うという2つの目的のために役に立つ；すなわち，$d_{1\mathrm{A}}$ のMLEは，式 (2.17) 中のパラメータ κ, ω, π_j をそれらのMLEで置換することで与えられる．この第2.5.4項の以降で議論されるすべての距離の尺度についても同様に考える．

［例］ キュウリとタバコの *rbcL* 遺伝子について，F3×4モデル（表2.6中のモデルF）で計算された距離は，$d_{1\mathrm{A}} = 0.046, d_{2\mathrm{A}} = 0.041, d_{3\mathrm{A}} = 0.314$ であり，その平均は0.134となる．これらは，各コドン・ポジションに塩基置換モデルHKY85（Hasegawa *et al.*, 1985）を適用して計算された値，$d_1 = 0.057, d_2 = 0.026, d_3 = 0.282$（表2.5）と類似している．塩基に基づく解析では，5つのパラメータ（d, κ と 3つの塩基頻度のパラメータ）は，3箇所のコドン・ポジションの各々で推定され，置換速度（あるいは配列間距離）はコドン・ポジション間で自由に変わりうる．コドンに基づく解析では，全データセットから12個のパラメータ（t, κ, ω と 9つの塩基頻度のパラメータ）が推定される．コドン・モデルは，ポジション間の速度の違いを明示的には導入していないが，同義置換速度と非同義置換速度の違いを扱うためにパラメータ ω を使用することで，3箇所のコドン・ポジションに速度の違いが生じる．コドン・モデルと塩基モデルのど

ちらがより信頼できる距離の推定値を与えるかは，どちらのモデルが生物学的により現実的かに依存するであろう． □

次に，3箇所のコドン・ポジションにおける距離，d_{1B}, d_{2B}, d_{3B} を定義しよう．ここで，添え字 'B' は，'タンパク質に作用する選択の前（before selection on the protein）' を表す．もしDNAレベルに選択がまったく作用していなければ，これらは，3箇所のコドン・ポジションにおける突然変異距離（mutation distance）となるであろう．DNAレベルの選択がある場合は，それらは，タンパク質レベルでの自然選択が塩基置換速度に影響を及ぼす前の距離を計測したものになる．第1ポジションについては，d_{1B} は式 (2.18) で計算される．

$$d_{1B} = \sum_{\{i,j\} \in A_1} \pi_i q_{ij}^1 t \tag{2.18}$$

ここで，q_{ij}^1 は，同義サイトの割合を計算するときに行ったように（式 (2.15) 参照），$\omega = 1$ に固定して計算された q_{ij} である．距離 d_{2B} と d_{3B} も，第2ポジション，第3ポジションについて同様に定義される．

もう1つの距離 d_4 は，第3ポジションで四重縮退しているサイトにおけるサイトあたりの置換数の期待値であり，中立突然変異率の近似としてしばしば使用されている．d_4 の推定によく用いられる発見的アプローチでは，四重縮退している第3ポジションのデータに対して塩基モデルが適用される．このアプローチでは，比較される全配列で最初の2箇所のコドン・ポジションが一致しており，コードされているアミノ酸が第3ポジションには依存しない場合にのみ，第3ポジションは四重縮退サイトとしてカウントされる（たとえば，Perna and Kocher, 1995; Adachi and Hasegawa, 1996a; Duret, 2002; Kumar and Subramanian, 2002; Waterston *et al.*, 2002）．これは，配列比較に基づく四重縮退サイトの保守的な定義であり，LWL85で使用されている定義とは異なる．LWL85では，各配列で別々に四重縮退サイト数がカウントされ，それから2本の配列のサイト数の平均をとったものが用いられる．たとえば，2つの配列の対応するコドンがACTとGCCであった場合，LWL85では，第3ポジションは四重縮退とカウントされ，第3ポジションにおけるT-Cの違いは四重縮退における差異とカウントされる．この第3ポジションの意味は進化の過程で変化してきたと考えられるので，ここで説明している発見的な方法ではそのような第3ポジションは使用されない．しかし，このアプローチには，配列の分化の程度が大きくなるにつれて，また含まれる分化した配列が増えるにつれて，利用可能な四重縮退サイトの数が減少するという欠点をもつ．ここでは，上記の欠点を克服し，また多重置換の補正のために，塩基モデルの代わりにコドン・モデルを使用している d_4 推定のためのML法について述べよう．

コドンあたりの四重縮退サイト数の期待値を，すべての四重縮退コドンの頻度（π_j）の総和として定義する．この期待値は，配列の分化の程度が大きくなっても減少することはない．コドンあたりの四重縮退塩基置換の数の期待値は，四重縮退置換しているすべてのコドンのペア i と j，すなわちコドン i も j も四重縮退であり，その第3ポジションに差異が1つあるようなコドンすべてのペアについて $\pi_i q_{ij} t$ の総和をとることで得られる．すると，d_4 は，コドンあたりの四重縮退置換の数をコドンあたりの四重縮退サイト数で割ることで得られる．この定義の中の κ, ω, π_j

をそれらの推定値で置き換えることにより，d_4 の MLE を得る．配列の分化の程度 t を 0 に近づけたとき，このように定義された d_4 が発見的な方法で得られる d_4 に収束することは容易に確認できる．しかし，ML 法は分化した配列にも適用できる．また，四重縮退置換の数の計算法は LWL85 とは異なっているが，四重縮退サイトは，LWL85 に類似した方法でカウントされることに注意しよう．

【例】 キュウリとタバコの $rbcL$ 遺伝子について，F3×4 モデル（表 2.6 中のモデル F）のもとで，式 (2.18) を適用すると，$d_{1B} = 0.463, d_{2B} = 0.518, d_{3B} = 0.383$ となる．その 3 箇所のコドン・ポジションについての平均は 0.455 となり，これはのちに説明するように d_S である．d_{1A}/d_{1B}, d_{2A}/d_{2B}, d_{3A}/d_{3B} などの比は，3 箇所のコドン・ポジションにおいて，タンパク質に作用する選択によってフィルタリングされたのちに受容される突然変異の割合であり，受容率（acceptance rate）とよばれる量である（Miyata et al., 1979）．それらは，3 箇所のコドン・ポジションそれぞれで 0.100, 0.078, 0.820 と計算される．第 2 ポジションでは，すべての突然変異は非同義であり，受容率は ω に一致する．第 1 ポジションと第 3 ポジションには同義になる変化があるので，受容率は ω より大きい．d_4 を推定するための発見的方法では，215 個の四重縮退サイト（すなわち，配列中の全サイトの 15.2%）が用いられ，それらのサイトのデータに HKY85 モデル（Hasegawa et al., 1985）を適用することで，$d_4 = 0.344$ と推定される．ML 法を用いると，245.4 個の四重縮退サイト（全サイトの 17.3%）が使用され，d_4 の MLE は 0.386 となる．この値は，発見的方法によって得られたものに比べ若干大きいが，472 サイトの第 3 ポジションを用いて計算された d_{3B} には非常に類似している． □

2.5.4.2 突然変異の生じる機会に基づく距離 d_S と d_N および物理的サイトに基づく距離 d_S^* と d_N^*

d_S と d_N の推定法は，歴史的には，タンパク質への自然選択が塩基置換速度に及ぼす影響を定量化するために開発されてきた（Miyata and Yasunaga, 1980; Gojobori, 1983; Li et al., 1985）．同義サイトと非同義サイトの割合は，同義突然変異と非同義突然変異の割合の期待値として定義される．LWL85 (Li et al., 1985)，LPB93 (Li, 1993; Pamilo and Bianchi, 1993)，Ina の方法 (Ina, 1995)，YN00 (Yang and Nielsen, 2000) などのカウント法や，ML 法 (Goldman and Yang, 1994) を含むこれまでに開発されてきたすべての方法は，基本的にこのタイプである．Bierne and Eyre-Walker (2003) は，物理的サイト（physical site）に基づく別の定義があることを指摘し，ある種の状況では，その定義のほうがより適切であるかもしれないと議論している．ここでは，d_S と d_N の解釈を与え，物理的サイトの定義を用いて新しい距離の尺度 d_S^* と d_N^* を定義し，いくつかの理想化されたモデルの検討を通じてそれらの違いを説明する．次に，この多くの距離尺度の使用について議論する．概念的により単純であることから，ここでは最尤法に焦点を絞って議論する．しかし，ここでの議論はカウント法にも同様に適用できるものである．ここで問題にしているのは，生物学的に興味あるパラメータの概念的な定義であり，標本誤差や推定に有効性が成立しないことについては議論しない．

d_S と d_N の解釈

式 (2.16) で定義されている d_S と d_N が次の関係を満たしていることを示すのは，数学的には簡単である．

$$d_S = (d_{1\mathrm{B}} + d_{2\mathrm{B}} + d_{3\mathrm{B}})/3, \\ d_N = d_S \times \omega \tag{2.19}$$

ここで $d_{k\mathrm{B}}$ ($k = 1, 2, 3$) は，式 (2.18) で定義されている k 番目のコドン・ポジションにおける突然変異距離である．この結果は，以下でいくつかの簡単なモデルを使って説明するが，式 (2.19) を確認したい読者もいることだろう．d_S は 3 箇所のコドン・ポジションについての平均 '突然変異' 率である．同義サイトにおける進化が中立でない場合には，d_S は DNA に対する選択によっても影響されるが，タンパク質への選択が作用する前の置換速度を 3 箇所のコドン・ポジションで平均をとって計測している．d_S や d_N の代わりに，d_B（タンパク質に選択が作用する前（before）の距離）や d_A（タンパク質に選択が作用した後（after）の距離）を使用するほうが適切であるように思える．

d_S^* と d_N^* の定義

物理的サイトの定義を用いると，同義および非同義サイトの数 S^* と N^* は，以下のように計算される．1 個の非縮退サイトは，1 個の非同義サイトとしてカウントされる．1 個の二重縮退サイトは，1/3 個の同義サイトと 2/3 個の非同義サイトとしてカウントされる．1 個の三重縮退サイトは，2/3 個の同義サイトと 1/3 個の非同義サイトとしてカウントされる．また，1 個の四重縮退サイトは，1 個の同義サイトとカウントされる．トランジション/トランスバージョンの速度の違いやコドン頻度の不均一性のような突然変異/置換のモデルは，たとえそのような因子がモデル中で考慮されているとしても，このカウントをとる過程では無視される．モデル中のコドンの期待頻度 (π_j) について平均をとり，コドンあたりの同義サイトおよび非同義サイトの数を得る．コドンあたりの同義置換および非同義置換の数は先に説明した方法（式 (2.14)）で計算される．すると距離は次のように定義される．

$$d_S^* = S_d/S^*, \\ d_N^* = N_d/N^* \tag{2.20}$$

Miyata and Yasunaga (1980) や Nei and Gojobori (1986) の方法によって計算される距離 d_S と d_N は，突然変異が生じる機会に基づく（mutational-opportunity）定義あるいは物理的サイトに基づく定義のどちらででも解釈できる．これらの方法では，どの 2 つの塩基間での突然変異率も等しいと仮定しているので，この 2 つの定義に違いは生じない．

［例］ 式 (2.20) をキュウリとタバコの *rbcL* 遺伝子に適用してみよう．F3×4（表 2.6 中のモデル F）を仮定する．（物理的）サイトの個数は $S^* = 353.8$, $N^* = 1062.2$ となる．このとき，距離の推定値は $d_S^* = 0.425$, $d_N^* = 0.036$ となる． □

ここで，いくつかの理想化した例を考え，異なる距離の尺度を比較してみよう．

[二重縮退している均一な遺伝暗号での例]（Bierne and Eyre-Walker 2003）

終止コドンはなく，すべてのコドンが二重縮退しているような遺伝暗号を考えよう．すべての第1および第2コドン・ポジションには縮退はなく，第3コドン・ポジションがすべて二重縮退しており，トランジションは同義，トランスバージョンは非同義であるとする．この遺伝暗号は32個のアミノ酸をコードする．64種のコドンはすべて同じ頻度をもち，突然変異はK80モデル（Kimura, 1980）に従って生じるとしよう．トランジションの速度を α，トランスバージョンの速度を β，それらの比を $\kappa = \alpha/\beta$ で表す．同義サイトには選択ははたらいておらず，中立な非同義突然変異の割合は ω であるとしよう．他のすべての非同義突然変異は致死的で，純化選択によって集団から除去されるとする．このとき，任意の時間間隔 t において，コドンあたりの同義置換数の期待値は αt となり，コドンあたりの非同義置換数の期待値は $2(\alpha + 2\beta)\omega t + 2\beta\omega t$ となる．

物理的なサイトの定義を用いると，すべてのコドンは，$S^* = 1/3$ 個の同義サイトと $N^* = 1 + 1 + 2/3 = 8/3$ 個の非同義サイトをもつ．すると，（物理的）同義サイトあたりの同義置換の数は，$d_S^* = \alpha t/(1/3) = 3\alpha t$ となる．この同義置換速度は，トランジションの速度もトランスバージョンの速度も α である JC69 モデルのもとでの塩基置換速度と同じである．（物理的）非同義サイトあたりの非同義置換数は，$d_N^* = [2(\alpha+2\beta)\omega t + 2\beta\omega t]/(8/3) = 3(\alpha+3\beta)\omega t/4$ となる．その比である $d_N^*/d_S^* = (1 + 3/\kappa)\omega/4$ は，κ が1でなければ ω とは異なる値になる．2つの遺伝子でトランスバージョンの速度 β は等しいが，トランジションの速度が第1の遺伝子では $\alpha = \beta$，第2の遺伝子では $\alpha = 5\beta$ となっているとしよう．すると，サイトの物理的な定義から期待されるように，d_S^* は，第1の遺伝子に比べ，第2の遺伝子では5倍大きな値になる．第1の遺伝子では，$d_N^*/d_S^* = \omega$ となるが，第2の遺伝子では 0.4ω となる．第2の遺伝子では，非同義速度が同義速度に対して小さくなっているように見えるが，これはタンパク質に作用する選択的制約が非同義突然変異を除去してしまったからではなく，トランジションの速度がトランスバージョンの速度より高いためである．

突然変異が生じる機会に基づくサイトの定義を用いる場合，コドンの第3ポジションでは，同義突然変異と非同義突然変異が $\alpha : 2\beta$ の割合で生じることに注意しよう．このとき，1つのコドン中の同義サイトの数は，$S = \alpha/(\alpha+2\beta)$ となる．1つのコドン中の非同義サイトの数は，$N = 1 + 1 + 2\beta/(\alpha+2\beta)$ となり，$S + N = 3$ である．これは，LWL85m や Ina の方法（式(2.12)）について表2.3で，また ML 法について第2.5.2項で説明された計算法である．このとき $d_S = \alpha t/S = (\alpha+2\beta)t$ また $d_N = [2(\alpha+2\beta)\omega t + 2\beta\omega t]/N = (\alpha+2\beta)\omega t = d_S \times \omega$ となる．d_S は，各コドン・ポジションにおける突然変異率であることに注意しよう．それは，通常の言葉の意味での同義置換率ではない．上で議論した異なるトランジションの速度を有する2つの遺伝子（$\alpha = \beta$ の場合と $\alpha = 5\beta$ の場合）について，第2の遺伝子では $d_S = 7\beta t$ となり，第1の遺伝子（$d_S = 3\beta t$）に比べ，7/3倍の大きさにしかならない．物理的サイトに基づく定義を間違って使用して d_S を解釈すると，この結果は奇妙に思えるであろう．どちらの遺伝子でも，$d_N/d_S = \omega$ となる．

[四重縮退している均一な遺伝暗号の例]

すべてのコドンが四重縮退になっており，64個のセンスコドンが16種類のアミノ酸をコードしているような遺伝暗号を考えよう．DNAレベルでは選択は作用していないとする．このとき，d_S^* は，第3ポジションにおける突然変異率であり，d_4 や d_{3B} に等しい．一方，d_S は3箇所のコドン・ポジションについての平均の突然変異率となる．次の2つのケースを考えてみよう．第1のケースでは，突然変異は K80 モデルに従って生じ，64種のコドンの頻度は等しいとしよう．このとき，突然変異率は3箇所のコドン・ポジションで同じなので，$d_S = d_S^*$, $d_N = d_N^*$ となる．第2のケースでは，コドン頻度は不均一であり，3箇所のコドン・ポジションは異なる塩基組成を有するとしよう．このとき，突然変異率は3箇所のポジションの間で異なり，d_S も d_S^* とは異なる．

[距離の尺度の有用性]

2つの距離のセット（d_S と d_N のセットと d_S^* と d_N^* のセット）はいずれも有効な距離の尺度である．それらは，時間の増加に対して線形に増加し，種の分岐時間や系統樹の再構築に使用できる．どちらも，コドン使用頻度の異なる遺伝子を比較したり，分子進化のモデルを検討するために利用できる．タンパク質の適応進化を検討するには，d_S と d_N のセットは使用できるが，d_S^* と d_N^* のセットの使用は適切ではない．尤度に基づく方法では，通常コドン・モデル中のパラメータ ω を用いて，そのような検討が行われる（第8章参照）ので，サイトあたりの同義置換数や非同義置換数の比の推定は必要ではない．カウント法では，d_S と d_N を推定することで，その比 ω が計算されるので，モデルの仮定に対する d_S と d_N の感度が問題となる．

この第 2.5.4 項で議論してきた d_4 ならびに，$d_{1A}, d_{2A}, d_{3A}, d_{1B}, d_{2B}, d_{3B}$ などの距離尺度はすべて，そのサイトの定義に物理的サイトを用いている．第3コドン・ポジションにおける突然変異率の推定値としては，これらの距離の推定に用いられるサイト数の観点から，d_{3B} は d_4 よりも適しており，d_4 は d_S^* よりも適している．たとえば同義置換率は，同義速度とコドン使用頻度の不均一性の相関を調べるために用いられてきた（たとえば，Bielawski et al., 2000; Bierne and Eyre-Walker, 2003）．コドン使用頻度のバイアスが，第3ポジションにおける GC 含量，GC_3 で計測されるのであれば，この目的のためには，d_{3B}, d_4, あるいは d_S^* が，d_S よりもこの目的に適しているように見える．GC_3 と3箇所のコドン・ポジションについての平均置換率である d_S の相関を調べることにはあまり意味がないであろう．コドンの使用頻度のバイアスがコドンの有効数（effective number of codons；ENC）（Wright, 1990）で計測される場合，ENC はすべてのコドン・ポジションに依存しており，コドン使用頻度のバイアスはコドンの第3ポジションにおける塩基組成の違いよりも複雑であるので，状況はさらに明確さを欠く．

物理的サイトに基づく距離は，モデルの仮定にそれほど影響されないことに注意しておこう．一方，d_S や d_N などの距離は，突然変異の機会に基づきサイトが定義されており，モデルの仮定に大きく影響される；コドンの使用頻度や塩基組成が極端に偏っていると，異なる方法あるいは異なるモデルの仮定によっては推定値が数倍異なる場合がある．そのような遺伝子では，d_S は d_S^*, d_4, あるいは d_{3B} と非常に異なっており，異なる距離を用いると異なる結論が導かれることがある．

*2.6 遷移確率行列の数値計算

マルコフ連鎖モデルを実際のデータに適合させるためには，遷移確率行列 $P(t)$ の計算が必要になる．$P(t)$ は，次のテイラー展開により，行列の指数関数として与えられる．

$$P(t) = e^{Qt} = I + Qt + \frac{1}{2!}(Qt)^2 + \frac{1}{3!}(Qt)^3 + \frac{1}{4!}(Qt)^4 + \cdots \tag{2.21}$$

塩基モデルの場合，この計算は解析的な取り扱いが容易であるか，あるいは数値的に求めるにしても行列のサイズが小さいことから，それほど計算は大変ではない．しかし，アミノ酸モデルやコドン・モデルの場合，この計算に要求されるコストは大きく，また計算が不安定でもあるので，信頼性の高いアルゴリズムを使用することが重要となる．

行列の指数関数を計算するアルゴリズムについては，Moler and van Loan (1978) による優れた総説がある．本書では，Q がマルコフ連鎖の速度行列である場合に焦点を絞る．$P(t)$ の数値計算のために式 (2.21) を直接使用するのは賢明ではない．第 1 に，行列 Qt の対角項は負であり，一方，非対角項は正である．すると，行列の乗算の過程で打ち消しあって，桁落ちが生じる．第 2 に，とくに距離 t が大きい場合，値を収束させるためには，和の中の項を多くとる必要があるかもしれない．ここでは，より有効な 2 つのアプローチについて述べよう．

最初のアプローチでは，式 (2.22) に示す関係が利用される．

$$e^{Qt} = (e^{Qt/m})^m \approx (I + Qt/m)^m \tag{2.22}$$

十分に大きな m に対しては，行列 $(I+Qt/m)$ は正の要素のみをもつ．整数 k に対して $m = 2^k$ ととれば，$(I+Qt/m)$ の m 乗は，その行列を k 回くり返し 2 乗をとることで計算される．また，$e^{Qt/m}$ のテイラー展開の最初の 2 項ではなく 3 項をとり，$(I+Qt/m)$ を $I+Qt/m+1/2(Qt/m)^2$ に置き換えてもよい．距離が小さいか中間的な場合，たとえばサイトあたりの変化数が $t < 1$ であるようなとき，$k = 5$ か 10 くらいで十分であるように思われる．しかし，距離が大きくなると，たとえば $t > 3$ などの場合，k をより大きくとることが必要となる．このアルゴリズムは一般的な速度行列に適用でき，PAML パッケージ (Yang, 1997a) では塩基置換の UNREST モデルの $P(t)$ を計算するために使用されている（表 1.1 参照）．

第 2 のアプローチは，速度行列 Q の固有値と固有ベクトルの数値的な計算が行われるが，このアプローチは可逆的なマルコフ連鎖に対して最も有効である：

$$Q = U\Lambda U^{-1} \tag{2.23}$$

ここで $\Lambda = \text{diag}\{\lambda_1, \lambda_2, \cdots, \lambda_c\}$ は Q の固有値を対角項に有する行列である．一方，U の列は右固有ベクトル，$V = U^{-1}$ の行は左固有ベクトルである．アミノ酸の場合，これらすべての行列のサイズは 20×20 であり，コドンの場合（普遍遺伝暗号のもとでは），61×61 となる；すなわち，$c = 20$ あるいは 61 である．このとき式 (2.24) が成立する．

$$P(t) = \exp(Qt) = U\exp(\Lambda t)U^{-1} = U\,\text{diag}\{\exp(\lambda_1 t), \exp(\lambda_2 t), \cdots, \exp(\lambda_c t)\}U^{-1} \tag{2.24}$$

一般の実行列は，複素固有値と複素固有ベクトルをとり，その数値計算は不安定である．しか

し，実対称行列は，実固有値と実固有ベクトルのみを有し，その数値計算は高速かつ安定である (Golub and Van Loan, 1996)．時間可逆なマルコフ過程の速度行列 Q は実対称行列に "相似" (similar) であり，そのため実固有値と実固有ベクトルのみを有している (Kelly, 1979)．ここで，2つの行列 A と B が，"相似" であるとは，式 (2.25) を満たす非特異行列 T が存在することを意味する．

$$A = TBT^{-1} \tag{2.25}$$

相似な行列は同じ固有値をもつ．Q は次の行列 B と相似であることに注意しよう．

$$B = \Pi^{1/2} Q \Pi^{-1/2} \tag{2.26}$$

ここで，$\Pi^{1/2} = \mathrm{diag}\{\pi_T^{1/2}, \pi_C^{1/2}, \pi_A^{1/2}, \pi_G^{1/2}\}$ であり，$\Pi^{-1/2}$ はその逆行列である．式 (2.2) より，Q が可逆なマルコフ連鎖の速度行列であれば B は対称である．したがって，B と Q の固有値は一致し，それらはすべて実数となる．

このように，対称行列 B を構築し，それを式 (2.27) のように対角化することで，可逆なマルコフ連鎖の速度行列 Q の固有値と固有ベクトルを計算できる．

$$B = R \Lambda R^{-1} \tag{2.27}$$

このとき，Q は式 (2.28) のように表される．

$$Q = \Pi^{-1/2} B \Pi^{1/2} = (\Pi^{-1/2} R) \Lambda (R^{-1} \Pi^{1/2}) \tag{2.28}$$

式 (2.28) を式 (2.23) と比較すると，$U = (\Pi^{-1/2} R)$ と $U^{-1} = R^{-1} \Pi^{1/2}$ が得られる．

可逆なマルコフ連鎖については，行列の対角化のアルゴリズム（式 (2.28)）のほうが，行列の2乗計算のくり返しアルゴリズム（式 (2.22)）よりも，高速で正確である．系統樹上での複数本の配列についての尤度計算には，前者はとくに効率がよい．そのような場合，Q を固定し t を変えて e^{Qt} を計算する必要があることが多い．たとえば，経験的なアミノ酸置換モデルを適用する場合，速度行列 Q は固定されるが枝長 t は変わりうる．このとき，Q の対角化を1回行い，その後個々の t について $P(t)$ の計算では2回の行列の乗算が行われる．くり返し2乗計算のアルゴリズムは，不可逆なモデルを含む任意の置換速度行列に適用可能である．

2.7 練習問題

2.1 GenBank から配列を2本取り出し，それらのアライメントを作成し，この章で議論した方法を適用して d_S と d_N を推定し，その違いを議論せよ．タンパク質をコードする DNA 配列のアライメント作成法の1つとして，CLUSTAL (Thompson et al., 1994) を用いてタンパク質のアライメントを作成し，そのタンパク質のアライメントに基づいて，たとえば MEGA3.1 (Kumar et al., 2005a) あるいは BAMBE (Xia and Xie, 2001) を用いて DNA のアライメントを構築し，最後に手動で調整するという方法がある．

*__2.2__ 1つのコドン中には実際に3個の塩基サイトがあるか？ コドン TAT には（普遍遺伝暗号の

場合），同義サイトと非同義サイトはそれぞれ何個含まれているか？

2.3 二重縮退と四重縮退の混在する通常の遺伝暗号のもとで，LWL85 や関連する方法の性質を調べよう．四重縮退コドンが γ の割合で含まれ，その他のコドンはすべて二重縮退であるような遺伝暗号を考えよう（もし，$\gamma = 48/64$ であるならば，その暗号はアミノ酸 20 種類をちょうどコードできる）．中立突然変異は K80 モデルに従って生じ，トランジションの速度を α，トランスバージョンの速度を β，また $\alpha/\beta = \kappa$ とする．中立な非同義突然変異の割合を ω とする．1 つのコドン中の非縮退サイト，二重縮退サイト，四重縮退サイトの数は，$L_0 = 2, L_2 = 1 - \gamma, L_4 = \gamma$ となる．時間 t の間の，3 つの縮退クラスにおけるトランジションによる置換とトランスバージョンによる置換の数は，$A_0 = \alpha t \omega$，$B_0 = 2\beta t \omega$，$A_2 = \alpha t$，$B_2 = 2\beta t \omega$，$A_4 = \alpha t$，$B_4 = 2\beta t$ となる．

(a) このとき，LWL85 モデル（式 (2.10)）では，d_S と d_N は式 (2.29) で与えられることを示せ．

$$\begin{aligned} d_S &= \frac{3(\kappa + 2\gamma)\beta t}{1 + 2\gamma}, \\ d_N &= \frac{3(\kappa + 3 - \gamma)\beta t \omega}{4 - \gamma} \end{aligned} \quad (2.29)$$

ここで，$d_N/d_S = \omega[(\kappa + 3 - \gamma)(1 + 2\gamma)]/[(4 - \gamma)(\kappa + 2\gamma)]$ となるが，$\gamma = 0$（すなわち，遺伝暗号はすべて二重縮退）であるときには，この比は $\omega(\kappa + 3)/(4\kappa)$ となり，$\gamma = 1$（すなわち，遺伝暗号はすべて四重縮退）の場合，この比は ω となる．

(b) LPB93（式 (2.11)）でも LWL85m（式 (2.12)）でも，$d_S = (\alpha + 2\beta)t$，$d_N = d_S \omega$ となることを示せ．（コメント：このモデルのもとでは，LWL85 は，物理的サイトの定義を用いた距離，d_S^* と d_N^* を与える．）

Part II
系統樹の再構築

Chapter 3

系統樹の再構築：概観

　この章では，系統樹再構築の手法について概要を述べる．系統樹を記述するためのいくつかの基本的な概念を紹介し，再構築法の全体的な特徴について述べる．ここでは，距離行列法と最節約法について述べ，尤度法とベイズ法については第4, 5章で述べる．

3.1 系統樹について

3.1.1 用語

3.1.1.1 系統樹，節（頂点），枝（辺）

　系統樹は，種間，遺伝子間，集団，さらには個体間の系統的な関係を表現するものである．数学者は，頂点（vertex）の集合と頂点を結んでいる辺（edge）の集合としてグラフ（graph）を定義し，閉路のない連結グラフとして木（tree）を定義する（Tucker, 1995のp.1を参照）．生物学者は，頂点の代わりに節（node）という用語を，辺の代わりに枝（branch）という用語を使う．ここでは，種の系統樹を考えるが，この記述の仕方は遺伝子や個体の系統樹にも当てはめることができる．端点（tip），葉（leave），あるいは外部節（external node）は現存種を表し，内部節（internal node）は通常は，配列を得ることのできない絶滅した祖先種を表している．すべての配列の祖先は系統樹の樹根（root）に相当する．樹根を上・下，あるいは真横に配置して，同じ系統樹を描くことができる．

3.1.1.2 系統樹の樹根と系統樹への根の導入

　樹根のある系統樹を有根系統樹（図 **3.1**(a)）とよび，樹根が未知であるか，特定されていない系統樹を無根系統樹（図 3.1(b)）とよぶ．もし，進化速度が時間の経過において一定である場合，すなわち，分子時計（molecular clock）として知られている仮定が成り立つ場合，距離行列法や最尤法は樹根を同定し，有根系統樹を作成することができる．このように系統樹の樹根を決定するのに時計性の仮定を用いることを「分子時計による根の導入（molecular-clock rooting）」とよぶ．ところがこの時計性の仮定は，ごく近縁種を除いては成立していないことが非常に多い．時計性なしにはほとんどの系統樹作成法は樹根を同定できないので，無根系統樹を作成する．この

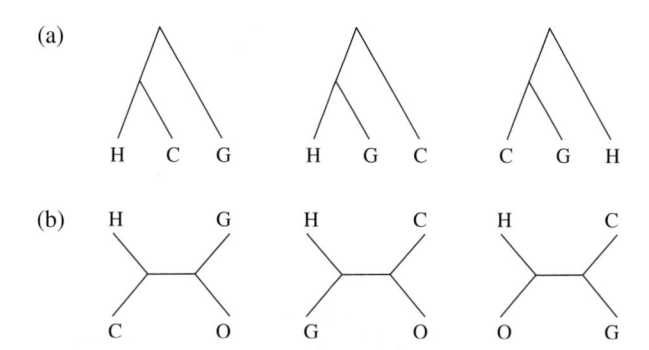

図 3.1 外群による根の導入．(a) のように 3 つの有根系統樹で示されるヒト（H），チンパンジー（C），ゴリラ（G）の関係を推定するために，オラウータン（O）を外群として用いた．系統樹構築法により，1 つの無根系統樹を推定することができ，それは (b) に示された系統樹の 1 つである．樹根は外群につながる枝上にあるので，これら 3 つの無根系統樹は，H, C, G よりなる内群に関する 3 つの有根系統樹に相当する．

ような場合に一般的に用いられる手法は，「外群による根の導入（outgroup rooting）」とよばれている．外群（outgroup）とよばれる遠縁の種を系統樹再構築の際に含めておき，すべての種を使って再構築した無根系統樹の中で外群につながる枝の上に樹根を置く．すると，内群（ingroup）よりなる部分木に根を導入できる．図3.1の例では，オランウータンが，ヒト，チンパンジー，ゴリラを内群とした系統樹に根を導入するための外群として用いられている．一般的に，内群の種に近縁な外群のほうが，遠縁な外群よりも適している．生命全体の系統樹については，外群が存在しない．そのような場合には，存在するすべての生命の分岐前に生じた，遠い過去の遺伝子重複が利用される（Gogarten *et al.*, 1989; Iwabe *et al.*, 1989）．たとえば，ATP 分解酵素のサブユニットは，真正細菌，真核生物，古細菌が分岐する前の遺伝子重複によって生じた．双方のパラログからのタンパク質のアミノ酸配列を用いて複合無根系統樹を作成すると，2 つの重複したグループを分ける枝の上に根を置くことができる．伸張因子 Tu や G もそのような遠い過去に遺伝子重複してできたタンパク質であり，生命全体の系統樹の根の導入に用いられた．

3.1.1.3 樹形，枝長，かっこによる表記法

系統樹の分枝のパターンは樹形（topology）とよばれる．枝長（branch length）は，配列の分化の程度，あるいは枝に対応する経過時間を表す．枝長の情報をもたない樹形のみの'木'は分岐図（cladogram，図 **3.2**(a)）とよばれ，樹形と枝長の両方を示す'木'は系統図（phylogram，図3.2(b)）とよばれる．コンピュータ・プログラムで取り扱うために，系統樹はニューウィック（Newick）形式として知られているかっこ記号による表記がとられることが多い．この方法では，1 対のかっこを用いて，姉妹群を 1 つの分岐群（clade）にグループ化し，木の終わりはセミコロンで表す．枝長が与えられている場合は，コロンをつけてその後ろに示す．たとえば図3.2は，次のように表される．

  a と b： ((((A, B), C), D), E);

  b： ((((A: 0.1, B: 0.2): 0.12, C: 0.3): 0.123, D: 0.4): 0.1234, E: 0.5);

  c： (((A, B), C), D, E);

  c： (((A: 0.1, B: 0.2): 0.12, C: 0.3); 0.123, D: 0.4, E: 0.6234);

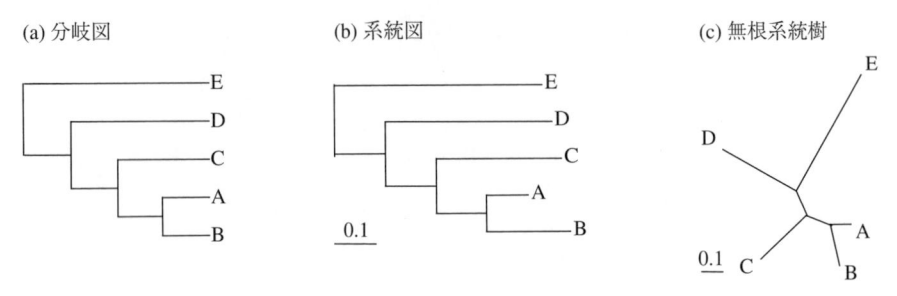

図 3.2 同じ系統樹の異なった表現．(a) 分岐図は，枝長がない場合あるいは枝長を無視した場合の樹形を示す．(b) 系統図では，枝はその長さに比例するように描かれている．(c) 無根系統樹では，樹根の位置は不明であるか，無視される．

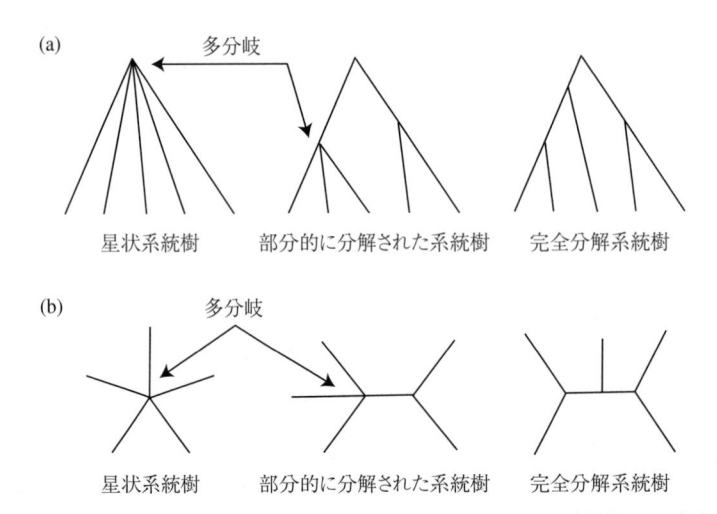

図 3.3 不完全に 2 分岐にされた系統樹と完全 2 分岐系統樹．(a) 有根系統樹，(b) 無根系統樹．

ここでの枝長は，第1章で議論した配列間距離と同様に，サイトあたりの塩基置換の期待数として計算される．この形式では，有根系統樹を自然に表現できる．無根系統樹は，有根系統樹として表現できるが，樹根を系統樹のどこにおいてもよいので一意な表現はない．たとえば，図 3.2(c) の系統樹は (A, B (C, (D, E))); と表すこともできる．

3.1.1.4　2 分岐系統樹と多分岐系統樹

1 つの節につながっている枝の数を，その節の次数（degree）という．葉の次数は 1 である．樹根に対応する節の次数が 2 より大きいか，樹根ではない節の次数が 3 より大きい場合，その節は多分岐（polytomy あるいは multifurcation）である．多分岐を含まない系統樹は 2 分岐系統樹（binary tree, bifurcating tree, fully resolved tree）である．最も極端に分岐のない系統樹は，星状系統樹（star tree）あるいはビッグバン系統樹（big-bang tree）といわれ，樹根が唯一の内部節となる（たとえば図 3.3 参照）．種分岐がまったく同時に起きる多分岐は，厳密多分岐（hard polytomy）とよばれることもある．1 生物種から複数の種へまったく同時に分岐することはありそうもなく，厳密多分岐は存在しないとみていいだろう．ほとんどの場合，多分岐は，データ中で分岐群（種の一群）内の関係を分解するための情報が欠けているということを表している．そ

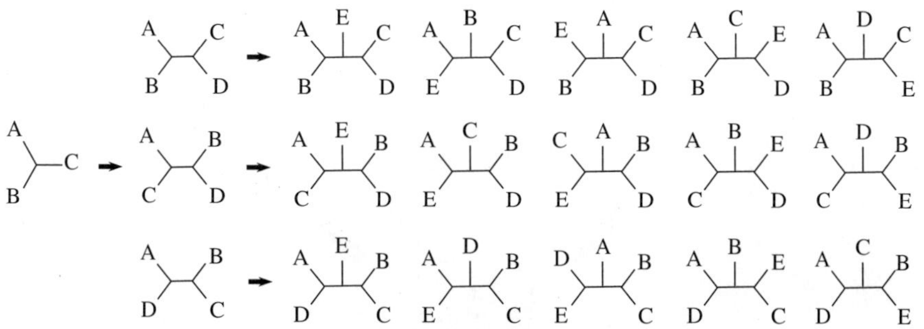

図 3.4 逐次付加アルゴリズムにより生成された 5 つの分類群（taxon）A, B, C, D, E のすべての系統樹.

表 3.1 n 生物種よりなる無根系統樹の数（T_n）と有根系統樹の数（T_{n+1}）

n	T_n	T_{n+1}
3	1	3
4	3	15
5	15	105
6	105	945
7	945	10,395
8	10,395	135,135
9	135,135	2,027,025
10	2,027,025	34,459,425
20	$\sim 2.22 \times 10^{20}$	$\sim 8.20 \times 10^{21}$
50	$\sim 2.84 \times 10^{74}$	$\sim 2.75 \times 10^{76}$

のような多分岐は，曖昧多分岐（soft polytomy）とよばれている．

3.1.1.5 系統樹の数

以下で説明する逐次付加アルゴリズム（stepwise addition algorithm, Cavalli-Sforza and Edwards, 1967）を用いると，無根系統樹の総数を数え上げることができる（**図 3.4**）．まず，3 種の生物からなる 1 つの系統樹から始める．この系統樹には 3 本の枝があり，それぞれに 4 番目の種を付け加えることができる．これにより，4 生物種よりなる 3 つの系統樹が得られる．この 4 生物種からなる系統樹には，それぞれ 5 本の枝があり，ここに 5 番目の生物種を加えることができ，その結果，4 生物種からなる系統樹のそれぞれから 5 つの系統樹が得られる．一般的に，$(n-1)$ 種よりなる系統樹は $(2n-5)$ 本の枝を有しており，そこに n 番目の種を加えると，$(n-1)$ 種よりなる系統樹のそれぞれから n 種よりなる $(2n-5)$ 本の系統樹が得られる．つまり，n 生物種からなる無根 2 分岐型系統樹の総数は，以下のようになる．

$$T_n = T_{n-1} \times (2n-5) = 3 \times 5 \times 7 \times \cdots \times (2n-5) \tag{3.1}$$

n 種の有根系統樹の数を数え上げる場合は，各無根系統樹が $(2n-3)$ の枝をもち，樹根はどの枝においてもよいので，それぞれの無根系統樹から $(2n-3)$ 個の有根系統樹ができることに注意しよう．すると，n 生物種からなる有根系統樹の総数は，単純に $T_n \times (2n-3) = T_{n+1}$ となる．**表 3.1** にあるように，系統樹の数は生物種の数の増加に伴い爆発的に増加する．

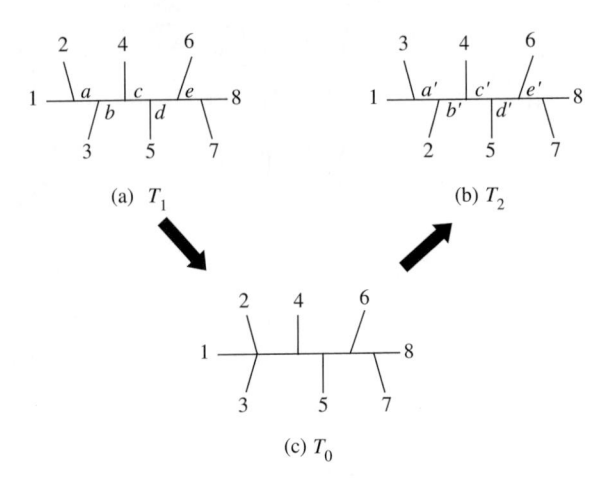

図 3.5 2種類の系統樹 T_1 と T_2 の分割距離は，一方の系統樹にはあるが他方の系統樹にはない2分割の総数である．これは一方の系統樹から他方の系統樹に変形するのに必要な縮小・拡大の数でもある．1回の縮小で T_1 から T_0 へ変換され，1回の拡大で T_0 から T_2 へ変換されるので，T_0 と T_1 の間の分割距離は 1 であり，T_1 と T_2 の間の分割距離は 2 となる．

3.1.2 系統樹間の樹形距離

2本の系統樹がどのくらい異なっているのかを計りたい場合がある．たとえば，異なる遺伝子から推定された系統樹間の差異に興味がある場合もあるし，系統樹再構築法を評価するために行われたコンピュータ・シミュレーションから得られる推定系統樹と真の系統樹との違いに興味がある場合もある．

一般的に使われる2種類の系統樹間の樹形距離（topological distance）の尺度は，Robinson and Foulds (1981) が定義した分割距離（partition distance）である（Penny and Hendy, 1985 もまた参照せよ）．本書ではこの距離を無根系統樹に対して定義するが，有根系統樹の場合も樹根に外群が結合していると考えて同様に適用することができる．系統樹の各枝は，種の2分割（bipartition, split）を定義できることに注意しよう；ある枝を切断すると，種は2つの相互に排他的な集合に分割される．たとえば，図 3.5 の系統樹 T_1 中の枝 b は 8 生物種を $(1, 2, 3)$ と $(4, 5, 6, 7, 8)$ の 2 組に分割できる．この分割は系統樹 T_2 からも得られる．外部枝によって定義される分割はどのような系統樹からも得られるので，系統樹間の比較という観点からは情報をもたない．そこで，内部枝のみに注目する．系統樹 T_1 の枝 b, c, d, e で定義される分割は，それぞれ系統樹 T_2 の枝 b', c', d', e' で定義される分割と同じである．T_1 の枝 a で定義される分割は T_2 にはなく，T_2 の枝 a' で定義される分割は T_1 にはない．分割距離は，一方の系統樹からは得られるが，もう一方の系統樹からは得られないような2分割の総数として定義される．したがって，T_1 と T_2 の分割距離は 2 となる．n 種よりなる2分岐系統樹は $(n-3)$ 本の内部枝をもつので，2分岐系統樹間の分割距離は，0（2つの系統樹が一致する場合）から $2(n-3)$（どの2分割も共有していない場合）の範囲の値をとる．

分割距離は，系統樹の一方を他方へと変形するのに必要な縮小（contraction）や拡大（expansion）の回数として等価に定義できる．ある内部枝の長さを 0 にして枝を除去することが縮小であり，内部枝を生成することが拡大である．図 3.5 の系統樹 T_1 と T_2 は，（T_1 から T_0 への）1回の縮

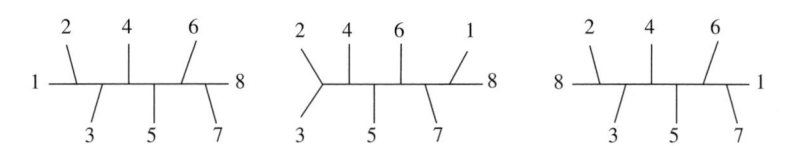

図 3.6 どの 2 分割も共有しておらず，そのため最大の分割距離が得られる 3 つの系統樹．

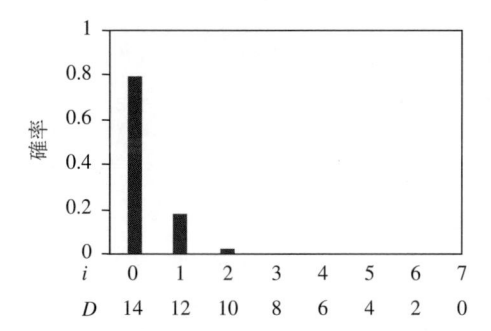

図 3.7 10 生物種よりなるすべての可能な無根系統樹から選んだ任意の 2 つの系統樹が i 個の 2 分割を共有する，あるいは分割距離が D である確率．$D = 2 \times (10 - 3 - i)$ である．

小と（T_0 から T_2 への）1 回の拡大によって隔てられているので，その分割距離は 2 となる．

分割距離には適用限界がある．第 1 に，この距離では系統樹間のある種の類似性が考慮されない．図 **3.6** の 3 種類の系統樹は種 2 から 7 の関係については同一であるにもかかわらず，共有される 2 分割がまったくないため，3 者の間のどのペアについても系統樹間の分割距離は，とりうる最大の値になってしまう．実際，無根系統樹のランダムなペアが最大距離をとる確率は $n = 5$〜10 のとき 70〜80%となり，この確率はより大きな n については，さらに大きな値になる．図 **3.7** は，$n = 10$ の場合の分割距離の分布を示している．第 2 に，分割距離は系統樹中の枝長を無視している．直観的に考えて，短い内部枝で食い違いのある系統樹のほうが，長い内部枝の周りで食い違いのある系統樹ほどは違っていないだろう．2 つの系統樹間の距離を決めるのに，枝長を導入するよい方法はないが，Kuhner and Felsenstein（1994）がそのような尺度を提唱している．第 3 に，2 つの系統樹のどちらか一方が多分岐の場合，分割距離からは誤った結果が得られてしまう．2 種類の再構築法を比較するためにコンピュータ・シミュレーションを行うとしよう．1 つの無根 2 分岐系統樹を用いて，データセットをシミュレーションで生成する．ここでは分割距離を用いて，性能 P を計測する．$P = 1 - D/D_{\max}$ であり，ここで $D_{\max} = 2(n-3)$ は最大距離を表し，D は真の系統樹と推定された系統樹との距離を表す．真の系統樹も推定系統樹も 2 分岐の場合，P は推定された系統樹中で復元されている真の系統樹と同じ 2 分割の割合である．もしデータがまったく情報をもたない場合，第 1 の再構築法では推定系統樹として星状系統樹が得られるのに対し，第 2 の再構築法ではランダムに分割された 2 分岐系統樹が得られる．第 1 の再構築法では，$D = (n-3) = D_{\max}/2$ となるので，$P = 50\%$となる．第 2 の再構築法では，$n = 4$ のとき $P = 1/3$ となる．また，n が大きいときには，ランダムな系統樹はどのような 2 分割であっても真の系統樹と分割を共有することはなさそうなので，P はほぼ 0 となる．しかし，どちらの再構築法も明らかに同じ性能をもっているはずであり，分割距離に基づいた尺度は第 1 の方法に対しては適切ではない．

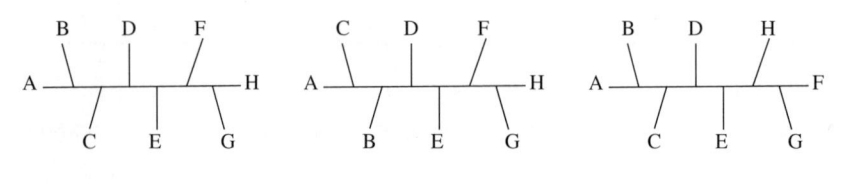

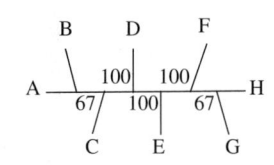

図 3.8　8 生物種からなる 3 つの系統樹 (a) と，その厳密コンセンサス系統樹 (b) と，多数決コンセンサス系統樹 (c).

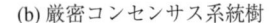

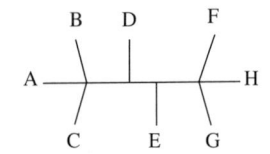

3.1.3　コンセンサス系統樹

　分割距離が 2 つの系統樹間の差異を計測するのに対して，コンセンサス系統樹（consensus tree）は一群の系統樹の共通の特徴を要約したものである．多くの異なったコンセンサス系統樹が定義されている；包括的な総説としては Bryant (2003) を参照せよ．ここでは，そのうちの 2 つを紹介する．

　まず，厳密コンセンサス系統樹（strict consensus tree）とは，全系統樹で共有されているグループ（節や分岐群）のみを示しており，多分岐は系統樹の中には支持しないものがある節を表す．図 3.8(a) にある 3 つの系統樹を考えてみよう．これらの厳密コンセンサス系統樹は図 3.8(b) に示されている．分岐群 (A, B) は第 1 と第 3 番目の系統樹にあって第 2 番目にはない．一方，分岐群 (A, B, C) はすべての系統樹にある．そこで，厳密コンセンサス系統樹では (A, B, C) を 3 分岐として表す．分岐群 (F, G, H) についても同様である．厳密コンセンサス系統樹は系統樹を要約する保守的な方法であり，星状系統樹を生じることが多いため，きわめて有用ではないかもしれない．

　多数決コンセンサス系統樹（majority-rule consensus tree）は，全系統樹の少なくとも半数が支持する節や分岐群を示している．また，通常，コンセンサス系統樹上の各節について，それを支持する系統樹の割合（%）が示されている（図 3.8(c)）．たとえば，分岐群 (A, B) は 3 つの系統樹中の 2 つにあるので，多数決コンセンサス系統樹はこれを示し，指示する%値（2/3）がその節の隣に書かれている．系統樹の集合中，半分よりも多い系統樹で生じる節はすべて矛盾なしに同一のコンセンサス系統樹上に示しうる．

　分割距離の場合のように，多数決コンセンサス系統樹にも，系統樹の集合を要約するうえでの適用限界がある．図 3.6 にあるように，3 つの系統樹しかない場合を考えてみよう．それぞれが起こりうる割合は約 33% なので，多数決コンセンサス系統樹は星状になってしまう．このような場合には，最も高い支持値をもつ系統樹の全体図を最初の数例だけ示したほうが，より多く情報を与えてくれるように思われる．

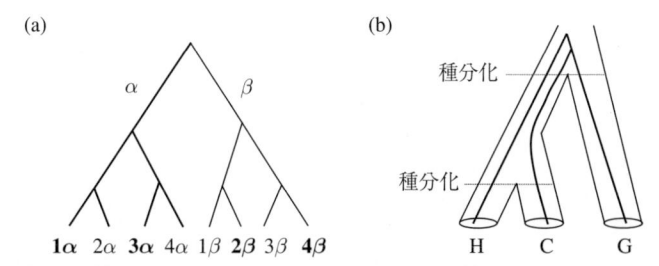

図 3.9 種系統樹と遺伝子系統樹の食い違いは，(a) 遺伝子重複や，(b) 祖先における多型に由来する．(a) では，過去に生じた遺伝子重複が α と β というパラロガスな遺伝子を生み，その後に生物種 1, 2, 3, 4 が分化している．もし，遺伝子配列 $1\alpha, 3\alpha, 2\beta, 4\beta$ を系統樹作成に使うと，真の遺伝子系統樹は $((1\alpha, 3\alpha), (2\beta, 4\beta))$ となり，種系統樹 $((1, 2), (3, 4))$ とは異なる．(b) では，種系統樹は ((ヒト，チンパンジー)，ゴリラ) である．しかし，真の遺伝子系統樹は，祖先の多型あるいは系統選別により (ヒト，(チンパンジー，ゴリラ)) である．

3.1.4 遺伝子系統樹と種系統樹

生物種間の系統関係を示す系統樹は種系統樹（species tree）とよばれる．それらの生物種に由来する遺伝子配列についての系統樹は遺伝子系統樹（gene tree）とよばれる．多数の要因によって，遺伝子系統樹と種系統樹には違いが生まれる．

第 1 に，たとえ（未知の）真の遺伝子系統樹が種系統樹と一致していたとしても，推定された遺伝子系統樹は，推定の誤差によって種系統樹と異なる場合がある．そのような誤差は，配列データの有限性からくるランダムなものか，系統樹再構築法の欠陥による体系的なものであるかのいずれかである．第 2 に，全生命の系統樹の樹根近くにおける進化の初期段階では，実際に遺伝子の水平伝達（lateral (horizontal) gene transfer；LGT）が起きていたと考えられることによる．その結果，遺伝子やタンパク質によっては，種系統樹と食い違う異なる遺伝子系統樹をもつことになるだろう．水平伝達はあまりに大規模に生じたと考えられるため，全生命についての普遍的系統樹という概念に疑問を抱いている研究者もいる（Doolittle, 1998 参照）．第 3 に，遺伝子重複によって生じたパラロガスな遺伝子を系統樹の再構築に使ってしまうと，遺伝子の欠失が遺伝子重複に引き続いて起こった場合はとくにそうだが，遺伝子系統樹は種系統樹と異なるものになってしまう（図 3.9(a)）．第 4 に，近縁な生物種の場合，祖先における遺伝的多型（ancestral polymorphism）や系統選別（lineage sorting）は，遺伝子系統樹を種系統樹とは異なるものにすることができる．例として図 3.9(b) を見てみよう．ここでヒト，チンパンジー，ゴリラの種系統樹は ((H, C), G) となる．ところが，絶滅した祖先の配列の多様性（多型）により，真の遺伝子系統樹は (H, (C, G)) となる．種分化が時間的に近接しているほど（すなわち，種系統樹がほぼ星状になる場合），またヒトとチンパンジーの共通祖先の長期的な集団サイズが大きいほど，遺伝子系統樹が種系統樹と異なる確率は大きくなる．そのような種系統樹と遺伝子系統樹の間の食い違いに関する情報は，複数の中立な遺伝子サイトにおける現存の生物種の配列を用いた，絶滅した共通祖先の有効集団サイズの推定に使用される（Takahata, 1986; Takahata et al., 1995; Yang, 2002; Rannala and Yang, 2003）．

表 3.2 系統樹再構築に用いられる最適化基準

方法	基準（系統樹スコア）
最節約法	変化の最小数，祖先の状態についての最小化
最尤法	対数尤度スコア，枝長とモデルのパラメータについての最適化
最小進化法	樹長（枝長の和，最小 2 乗法によって推定されることが多い）
ベイズ法	事後確率，枝長と置換パラメータについての積分によって計算される

3.1.5 系統樹作成法の分類

　ここでは，系統樹作成法について，いくつかの全体的な特徴を述べる．第 1 に，系統樹作成法には距離に基づく（distance-based）方法がある．これらの方法では，距離は 2 本の配列比較により計算され，それによって距離行列が作成され，その距離行列が以降の解析に用いられる．クラスタ解析のアルゴリズムが，距離行列を系統樹に変換するために用いられることが多い（Everitt *et al.*, 2001）．この範疇の方法で最もよく使われるものには UPGMA（unweighted pair-group methods using arithmetic averages, Sokal and Sneath, 1963）や近隣結合法（neighbour-joining, Saitou and Nei, 1987）がある．それ以外の系統樹作成法は形質に基づいた（character-based）もので，これらの方法では，各サイトにおけるすべての生物種で観察される形質（塩基やアミノ酸）を 1 つの系統樹に適合させようとする．最節約法（Fitch, 1971b; Hartigan, 1973），最尤法（ML 法，Felsenstein, 1981），ベイズ法（Rannala and Yang, 1996; Mau and Newton, 1997; Li *et al.*, 2000）は，すべて形質に基づいた方法である．距離法は，形質に基づく方法よりも計算上早いことが多く，2 者間の距離が計算できるのであれば，異なる種類のデータの解析にもたやすく適用できる．

　系統樹の再構築法は，アルゴリズム（クラスタ解析法）に基づくものか最適性（探索法）に基づくものかという観点からも分類できる．前者は，UPGMA 法や NJ 法を含んでおり，クラスタ解析アルゴリズムを用いて，真の系統樹の最適な推定としてデータから 1 つの系統樹を構築する．最適化法では，最適化の基準（目的関数）を用いて，データの各系統樹に対する適合度が計測され，最適スコアをもつ系統樹が，真の系統樹を推定したものとされる（**表 3.2**）．最節約法では，系統樹のスコアはその系統樹に要求される形質変化の最小数であり，最節約系統樹（maximum parsimony tree あるいは most parsimony tree）とは，最小のスコアを有する系統樹である．ML 法では，データの系統樹に対する適合度を計測するのに系統樹の対数尤度値が用いられ，最尤系統樹（maximum likelihood tree）とは最大の対数尤度値を示すものである．ベイズ法では，系統樹の事後確率は，データが与えられたときにその系統樹が真である確率を意味する．最大事後確率（maximum posterior probability；MAP）をもつ系統樹が真の系統樹を推定したものとなり，MAP 系統樹とよばれる．理論的には，最適化の基準に基づく方法は 2 つの問題を解かなければならない：与えられた系統樹に対する基準の計算と，最良スコアをもつ系統樹を同定するためにすべての系統樹からなる空間を探索することである．最初の問題は簡単であることが多いが，2 つ目の問題は，配列の数が 20 あるいは 50 を超えると可能な系統樹の数が膨大になるため，実質的に不可能である．結果として，発見的アルゴリズムが系統樹探索に使われている．その結果，最適性に基づく探索法は，通常，アルゴリズムに基づくクラスタ解析法よりも遅い．

系統樹再構築法にはモデルに基づいているものがある．距離行列法は，2つの配列間の距離を計算するために塩基やアミノ酸置換のモデルを用いている．最尤法やベイズ法では，尤度関数を計算するために置換モデルが用いられる．これらの方法は明らかにモデルに基づいている．最節約法は，明示的には進化の過程について仮定を設けてはいない．最節約法が暗黙の仮定をおいているか否か，また暗黙の仮定があるとするとそれは何であるかについては，意見の分かれるところである．この問題については第6章で再度述べる．

3.2 網羅的系統樹探索と発見的系統樹探索

3.2.1 網羅的系統樹探索

最適化基準に従って系統樹を評価する最節約法や最尤法では，すべての可能な系統樹についてスコアを計算して，最良のスコアをもつ系統樹を同定する．そのような方法は網羅的探索（exhaustive search）として知られており，最良の系統樹を見いだすことが保証されている．先述のように，逐次付加アルゴリズムは，ある固定された数の生物種について可能なすべての系統樹を数え上げる方法を与える（図3.4）．

しかし，網羅的探索は，たとえば10分類群よりも少ないような小さなデータセットの場合を除いては，計算上実行不可能になる．最節約法では，網羅的探索をスピードアップするために分枝限定法（branch-and-bound algorithm）が開発されてきた（Hendy and Penny, 1982）．そのような方法をとっても，計算は小さなデータセットでしか実行できない．最尤法ではそのようなアルゴリズムは利用できない．このため，コンピュータ・プログラムのほとんどは系統樹空間の探索に発見的アルゴリズムを用いているが，最適の系統樹を見いだす保証はない．

3.2.2 発見的系統樹探索

発見的探索アルゴリズム（heuristic search algorithm）は2つのグループに分類される．第1のグループには階層的クラスタ解析アルゴリズム（hierarchical clustering algorithm）が含まれる．これらは，凝集法（agglomerative method）と分割法（divisive method）にさらに分類される．凝集法がn種を順次結合してグループ化していくのに対し，分割法はn種を順次小さなグループに分割していく（Everitt *et al.*, 2001）．このアルゴリズムでは，各ステップが結合であろうが分割であろうが，最適化基準を用いて多くの選択肢の中から1つの結合あるいは分割が選ばれる．第2の発見的探索アルゴリズムのグループには，系統樹の再編成（tree rearrangement），あるいは分枝交換（branch-swapping）アルゴリズムが含まれる．それらの方法は現時点の系統樹に対して局所的な摂動を加えて新しい系統樹を提案し，新しい系統樹を採用するか否かの決定に最適化基準が使われる．この手続きが系統樹のスコアに改善が見られなくなるまでくり返される．ここでは，2種類のクラスタ解析アルゴリズムについて述べ，分枝交換アルゴリズムについては次で述べる．

逐次付加法（stepwise addition あるいは sequential addition）は凝集法のアルゴリズムの一種である．この方法では，すべての配列が系統樹に含まれるまで1つずつ配列を追加していく．新しい配列が追加されるたびにすべての可能な配置が評価され，最適化基準に基づいて最良の配置

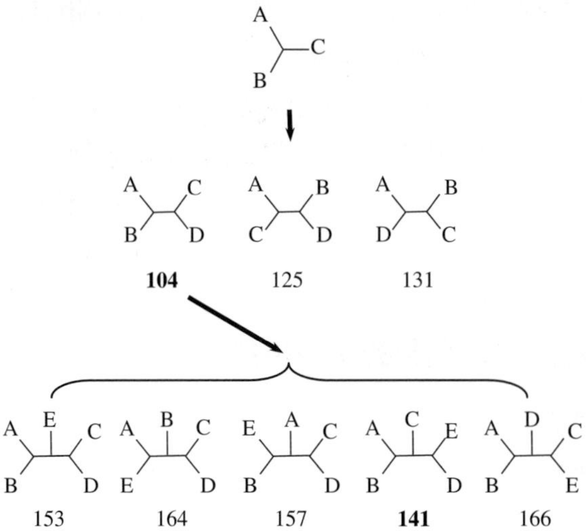

図 3.10 最節約基準による逐次付加アルゴリズム．系統樹のスコアはその系統樹に必要な変化の最小数である．

が選ばれる．図 3.10 では，配列が 5 本で最節約法のスコアを最適化基準として用いた場合についてこのアルゴリズムを説明している．発見的系統樹探索のためのアルゴリズムは，図 3.4 で説明したすべての可能な系統樹を数え上げるための逐次付加アルゴリズムとは違うことに注意しよう．発見的探索では，各段階で局所的に最良な部分木が選択され，準最適な部分木から生成される系統樹は無視される．ここでの例では，図 3.4 の 2 段目と 3 段目にある 5 生物種についての 10 個の系統樹は，この発見的探索の中では決して訪れられない．したがって，このアルゴリズムは，大域的に最適な系統樹を見つける保証はない．最も類似した配列から加えていくべきか，最も遠い配列から加えていくべきかは，それほど明確ではない．一般的な方法は，ランダムな順番で配列を付け加える形で，このアルゴリズムを何度もくり返すというものである．

　星状分解法（star decomposition）は，分割法のクラスタ解析アルゴリズムの一種である．この方法は，すべての種からなる星状系統樹から出発し，各ステップで 2 つの分類群を融合することによって多分岐を解消していく．n 生物種についての星状系統樹からは $n(n-1)/2$ 個のペアがありえるが，その中から系統樹のスコアが最も改善されるペアをグループ化する．すると，樹根は，$(n-1)$ 個の分類群について多分岐の状態になる．このアルゴリズムの各ステップで，樹根につながる分類群の数は 1 つずつ減っていく．この過程は，系統樹が完全に 2 分岐になるまでくり返される．図 3.11 は，配列が 5 本で対数尤度スコアを用いて系統樹の選択を行った場合を示している．

　n 生物種についての逐次付加法のアルゴリズムは，4 種よりなるステップでは 3 つの系統樹を，5 種よりなるステップでは 5 つの系統樹を，6 種よりなるステップでは 7 つの系統樹を評価するので，合計，$3+5+7+\cdots+(2n-5) = (n-1)(n-3)$ の系統樹を評価することになる．それに対して，星状分割法のアルゴリズムでは，n 生物種については，合計 $n(n-1)/2 + (n-1)(n-2)/2 + \cdots + 3 = \dfrac{1}{6}n(n^2-1) - 1$ の系統樹を評価することになる．このため $n>4$ の場合は，星状分解法のアルゴリズムは逐次付加法のアルゴリズムよりも，多くの数の，また大きなサイズの系統樹を評価することになり，より多く計算時間を要すると思

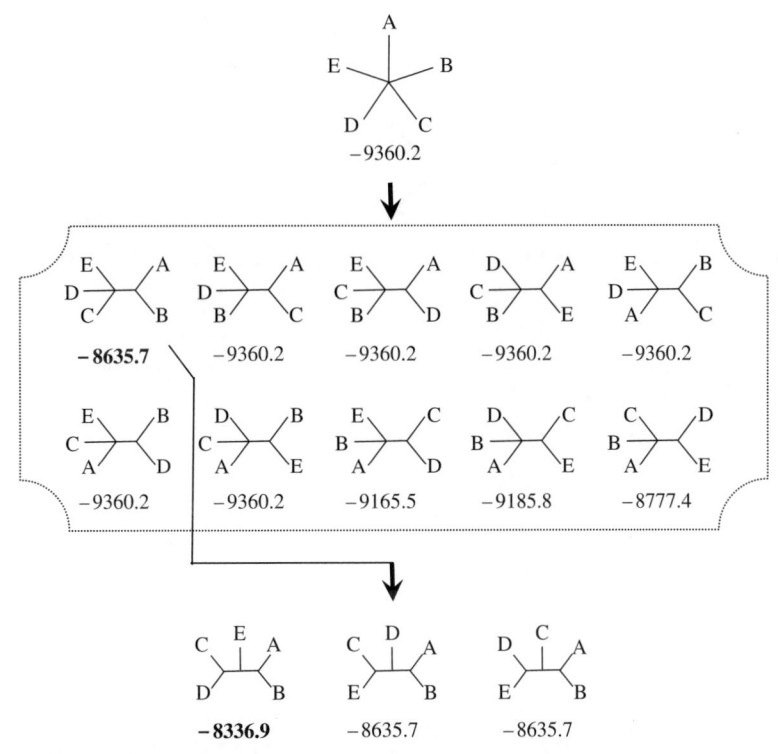

図 3.11 尤度基準による星状分解アルゴリズム．系統樹のスコアはその系統樹で枝長を最適化することで計算された対数尤度値である．

われる．逐次付加法では，異なるステップで構築される系統樹のスコアは，系統樹のサイズが異なっているので直接的には比較できない．一方，星状分解法のアルゴリズムで評価される系統樹はすべて同じサイズであるので，それら系統樹のスコアは比較できる．

　逐次付加法も星状分解法も，n 種すべてについての 2 分岐系統樹を生成する．いずれかのアルゴリズムでもその最終ステップで止めるならば，最適化基準に則って，アルゴリズムに基づくクラスタ解析法により，系統樹を再構築したことになる．しかしながら，ほとんどのプログラムにおいて，これらのアルゴリズムから作成された系統樹は初期状態として扱われ，局所的な再編が試みられる．以下でそのようなアルゴリズムについていくつか述べよう．

3.2.3 分枝交換

　分枝交換（branch swapping）あるいは系統樹の再編成（tree rearrangement）は，系統樹空間内で山登り法（hill climbing）を行う発見的アルゴリズムである．このアルゴリズムの処理は，1 つの系統樹を初期状態として出発する．この初期系統樹は，ランダムなものでも，逐次付加法や星状分解法で作成したものでも，あるいは近隣結合法（Saitou and Nei, 1987）のようなより高速な他のアルゴリズムで作成したものでもよい．分枝交換アルゴリズムは，系統樹空間上で現時点の系統樹の近傍にある一群の系統樹を発生させる．このとき，最適化基準はどの近傍系統樹を採択するかを決定するために使われる．どのような分枝交換アルゴリズムを用いるかは，最良の系統樹を見つける機会や，実行に要求される計算時間に影響を及ぼす．もし，用いたアルゴリ

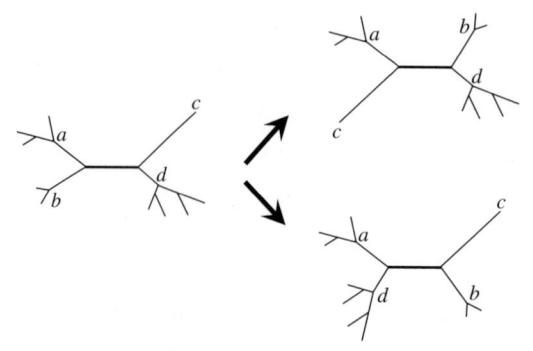

図 3.12 最近隣枝交換法（NNI）アルゴリズム．系統樹中のそれぞれの内部枝は4つの部分木，あるいは最近隣グループ（a, b, c, d）に結合している．内部枝の一方のサイドにある部分木を別のサイドの部分木と置き換えることでNNIが実行される．それぞれの内部枝について，このような2種類の再編成が可能である．

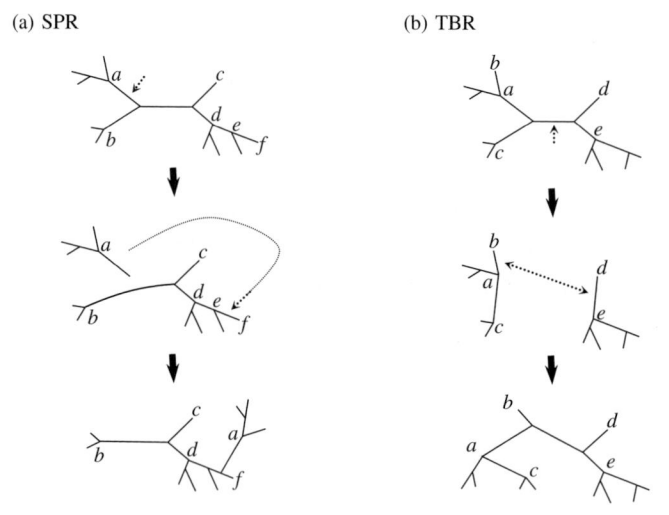

図 3.13 (a) 部分木剪定・接木法（SPR）．部分木（たとえば，節 a で示されているもの）を1つ刈り取り，系統樹の異なる位置に再び接続する．(b) 系統樹切断・再接続法（TBR）．1つの内部枝を切断することで，系統樹を2つの部分木に分割する．得られた2つの部分木から枝を1つずつ選び，その2つの枝を再結合させ，新しい系統樹を形成する．

ズムにより莫大な近傍系統樹が発生するならば，各ステップにおいて膨大な候補系統樹を評価する必要が生じる．発生した近傍系統樹が少なすぎる場合は，個々のステップでは多くの候補を評価しなくてよいが，系統樹空間には多くの局所的最適解があるかもしれず（後述），そのような場合にはこの探索は局所的最適解にとらわれてしまうであろう．

最近隣枝交換法（nearest neighbour interchange；NNI）では，個々の内部枝によって4つの部分木間の関係，たとえば図 **3.12** の a, b, c, d を定義する．現在の系統樹を $((a,b),c,d)$ とし，2つの代案となる系統樹を $((a,c),b,d)$ と $((a,d),b,c)$ としよう．NNIでは，内部枝の一方にある部分木の1つを他方にある部分木の1つと交換することにより，現時点の系統樹から2つの代案となる系統樹を発生させることができる．n 種よりなる無根系統樹は，$n-3$ 本の内部枝をもつ．したがって，NNIでは，系統樹空間で元の系統樹に対し最も近傍にある $2(n-3)$ 個の系統樹が生成される．5種の場合にできる15の系統樹間の関係が図 **3.14** に示してある．

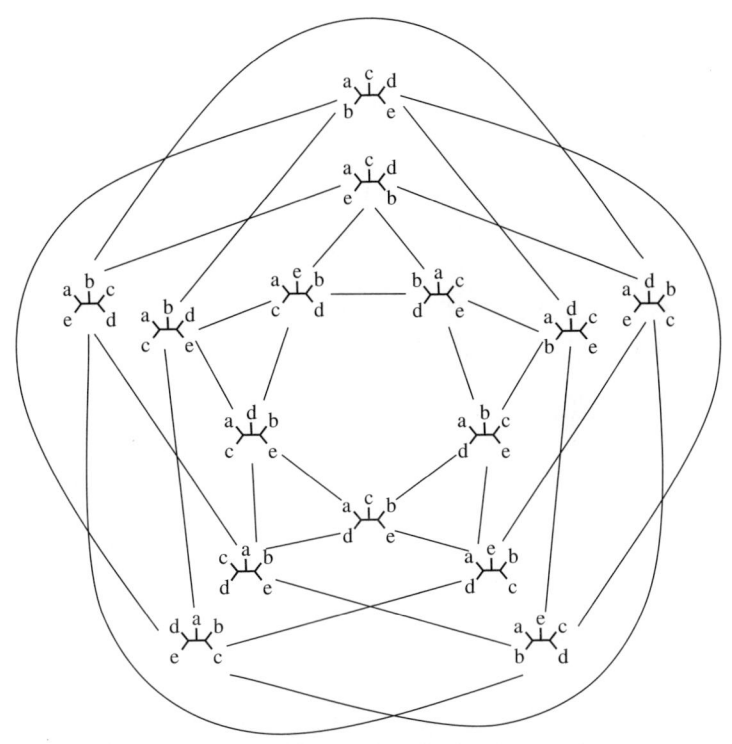

図 3.14 NNI アルゴリズムにより定義された近傍関係にある 5 生物種についての 15 の系統樹．NNI の操作で近傍関係にある系統樹が線で結ばれている．この表現は視覚的に訴えることができるが，図中で近接する系統樹が近傍にあるとは限らないという欠点があることに注意しよう．Felsenstein (2004) から描き起こした．

その他の一般的に使われるアルゴリズムとして，部分木剪定・接木法（subtree pruning and regrafting；SPR）と系統樹切断・再接続法（tree bisection and reconnection；TBR）の 2 つがある．前者では，ある部分木が刈り取られ，系統樹中の異なる場所に再び結合される（図 3.13(a)）．後者では，系統樹はある内部枝で 2 分され，得られたそれぞれの部分木から 1 本ずつ枝が選ばれ，その枝で再結合することで新しい系統樹が形成される（図 3.13(b)）．TBR は SPR よりも多く近傍系統樹を生成し，SPR の生成する系統樹は NNI から生成される系統樹よりもさらに多い．

3.2.4 系統樹空間の局所的最適解

Maddison (1991) と Charleston (1995) は，系統樹空間（tree space）における局所的最適解（local peak），あるいは系統樹の島（tree island）について議論している．図 3.15 には，5 生物種についての 15 の系統樹を例として示している．近傍関係は NNI アルゴリズムによって定義され，それぞれの系統樹は 4 つの近傍系統樹をもつ（図 3.14 参照）．このグラフの上部に位置する 2 つの系統樹 T_1 と T_2 の節約樹長（parsimony tree length）はそれぞれ 656 と 651 で，T_2 が最節約系統樹になる．T_1 と T_2 に対して近傍にある 8 つの系統樹の樹長は 727 から 749 までの値をとり，T_1 と T_2 のそれぞれから 2 段階離れている 5 つの系統樹は 824 から 829 の樹長をとる．系統樹空間では，T_1 と T_2 はスコアがずっと悪い系統樹によって互いに分離されているので，この 2 つは局所的最適解になる．これらは SPR や TBR でも局所的最適解になる．T_1 と T_2 は，尤

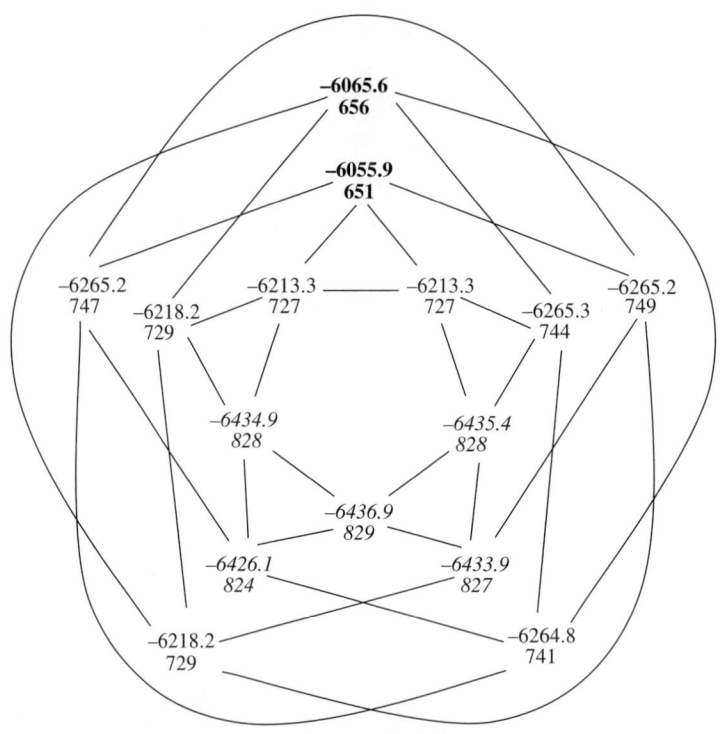

図 3.15 系統樹空間における局所的最適解．図 3.14 の 15 の系統樹についての対数尤度値（上段）と最節約法のスコア（下段）を示す．配置は図 3.14 と同じである．データセットは Mossel and Vigoda, 2005 に基づいてシミュレーションにより生成した．データセットは，図 3.14 のトップにある 2 つの系統樹 T_1: $((a,b),c,(d,e))$ と T_2: $((a,e),c,(d,b))$ について，それぞれ 1,000 塩基サイトを JC69 モデル（Jukes and Cantor, 1969）に基づきシミュレーションによって発生した，合計 2,000 塩基サイトで構成されている．各外部枝の長さは 0.01，各内部枝の長さは 0.1 とした．系統樹 T_1 と T_2 は，最節約法，最尤法のどちらでも局所的最適解となる．

度基準でデータを解析したときにも局所的最適解になる．実際にこのデータセットでは，15 個の系統樹の順位は尤度基準や節約基準でもほぼ同じになる．同様に，このデータセットを用いると，ベイズ法によるアルゴリズム（Huelsenbeck *et al.*, 2001; Ronquist and Huelsenbeck, 2003）では，深刻な計算上の問題が発生する（Mossel and Vigoda, 2005）．

T_1 と T_2 が近傍関係となるような分枝交換アルゴリズムを設計することもできるが，そのようなアルゴリズムでは近傍関係の定義が変わってしまい，異なる局所的最適解が得られるかもしれないし，別のデータセットを用いたときに局所的最適解が生じるかもしれない．この問題は，より多くの種からなる大きな系統樹の場合は系統樹空間がさらに大きくなるのでより深刻であろう．同様に，より多くのサイトをもつ大きなデータではスコアのピークはより高く，谷はより深くなる傾向にあり，局所的最適解の間を横断することがきわめて困難になる（Salter, 2001）．

3.2.5 確率的系統樹探索

常に坂を登る山登りアルゴリズムは，貪欲アルゴリズム（greedy algorithm）とよばれる．この方法は，局所的最適解にとらわれやすい．探索アルゴリズムには，坂を下る動きを許容することで局所的最適解の問題を克服しようとするものがある．それらのアルゴリズムは，節約基準の

もとでも尤度基準のもとでも用いることができる．そのようなアルゴリズムの最初のものとして，焼き鈍し法（simulated annealing, Metropolis et al., 1953; Kirkpatrick et al., 1983）がある．この方法は，加熱とその後の制御された冷却により金属の格子欠陥を減少させる技術である冶金術の焼き鈍しにヒントを得たものである．加熱は原子のランダムな運動を引き起こし，さまざまな配向を探索することができる．一方，ゆっくりとした冷却により，原子は低い内部エネルギーをとる配向を見つけることができる．最適化における焼き鈍し法では，初期の探索段階（加熱時）で目的関数は平滑化され，このアルゴリズムでのピーク間の移動を容易にする．この段階では，坂を下る動きは坂を登る動きとほぼ同程度に受け入れられる．シミュレーションが進行するにつれて，"温度"は何らかの"焼き鈍しのスケジュール"に従って徐々に下げられる．最終段階では，貪欲アルゴリズムと同様に坂を登る動きのみが受け入れられる．焼き鈍し法は問題に対して非常に特化した形となるため，その実装は科学というよりもむしろ職人芸である．アルゴリズムの効率は，近傍関数（neighbourhood function, ここでは分枝交換アルゴリズム）や焼き鈍しのスケジュールに影響される．系統学における実装としては，最節約法に関してはGoloboff (1999)やBarker (2004)，最尤法に関してはSalter and Pearl (2001) があげられる．Fleissner et al. (2005)は，配列アラインメントと系統樹再構築を同時に行う方法に焼き鈍し法を用いた．

2つ目の確率的系統樹探索法は，遺伝的アルゴリズム（genetic algorithm）である．系統樹の集団が毎世代生成される：ある世代の集団の中の系統樹の'交配'により，次世代の系統樹が生成される．このアルゴリズムは，突然変異や組換えと類似した操作を用いて現在の世代の系統樹から新しい系統樹を作り出す．次世代における個々の系統樹の'生存'は'適合度（fitness）'に依存する．この適合度が最適化基準となる．Lewis (1998), Katoh et al. (2001), Lemmon and Milinkovitch (2002) は，ML系統樹の探索に遺伝的アルゴリズムを用いた．

3番目の確率的探索アルゴリズムは，ベイズ法であるマルコフ連鎖モンテカルロ法（Markov chain Monte Carlo）である．もしすべての系統樹が同じ事前確率をもっているならば，最大事後確率をもつ系統樹は最尤系統樹（あるいは最大積分尤度をもつ系統樹）となる．ベイズ法のアルゴリズムには，焼き鈍し法や遺伝的アルゴリズムをはるかにしのぐ長所がある：この方法は統計的手法であり，点推定値（最大尤度をもつ系統樹）ばかりではなく，探索の過程で推定された事後確率を用いて点推定値の不確実性の尺度も与えてくれる．ベイズ法による系統解析の詳細については，第5章で述べる．

3.3 距離行列法

距離行列法は2段階からなる．種のペア間の遺伝的距離を計算する段階と，その距離行列からの系統樹を再構築する段階である．最も単純な距離行列法は，おそらくUPGMA法（Sokal and Sneath, 1963）であろう．この方法は，分子時計の仮定に基づいており有根樹を作る．配列の分化の程度が大きい場合，時計性は成立していないことが多いので，この方法は集団データには適用できるが，種データの解析にはほとんど使われない．以下では，時計性の仮定を使わない2つの方法，最小2乗法と近隣結合法について述べる．

表 3.3 ミトコンドリア DNA の 2 配列間距離

1. ヒト			
2. チンパンジー	0.0965		
3. ゴリラ	0.1140	0.1180	
4. オランウータン	0.1849	0.2009	0.1947
	1. ヒト	2. チンパンジー	3. ゴリラ　4. オランウータン

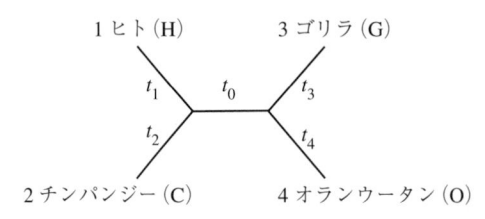

図 3.16 枝長推定における最小 2 乗基準の説明のための系統樹.

3.3.1 最小 2 乗法

最小 2 乗（least-squares；LS）法は，ペア間についての距離行列を与えられたデータとして用い，それらの距離にできるだけ適合するように系統樹の枝長を推定する．言い換えると，与えられた距離と予測距離の差の 2 乗の総和が最小になるように系統樹の枝長が推定される．予測距離は，2 つの種をつなぐ経路にある枝長の総和として計算される．差の 2 乗の総和の最小値は，データ（距離）の系統樹への適合度を表しており，その系統樹のスコアとして用いられる．この方法は Cavalli-Sforza and Edwards（1967）によって開発されたが，彼らはこの方法を相加的系統樹法（additive-tree method）とよんでいる．

生物種 i と j の間の距離を d_{ij} とする．また，系統樹上の i から j への経路に沿った枝長の総和を $\widehat{d}_{ij}$ とする．LS 法では，すべての異なるペアについての距離の 2 乗変位 $(d_{ij} - \widehat{d}_{ij})^2$ の合計を最小にすることにより，系統樹を可能な限り距離に適合させる．たとえば，Brown et al.（1982）のミトコンドリア・データを使って K80 モデル（Kimura, 1980）のもとで計算した 2 本の配列間距離が表 3.3 に示されている．これらが観測されたデータとして扱われる．ここで，((ヒト，チンパンジー), ゴリラ, オランウータン) という系統樹と，5 つの枝長 t_0, t_1, t_2, t_3, t_4 を考えよう（図 3.16）．すると，ヒトとチンパンジー間の予測距離は，$t_1 + t_2$，ヒトとゴリラ間の予測距離は $t_1 + t_0 + t_3$ という具合になる．このとき，2 乗変位の総和は次のようになる．

$$\begin{aligned} S &= \sum_{i<j} (d_{ij} - \widehat{d}_{ij})^2 \\ &= (d_{12} - \widehat{d}_{12})^2 + (d_{13} - \widehat{d}_{13})^2 + (d_{14} - \widehat{d}_{14})^2 + (d_{23} - \widehat{d}_{23})^2 \\ &\quad + (d_{24} - \widehat{d}_{24})^2 + (d_{34} - \widehat{d}_{34})^2 \end{aligned} \tag{3.2}$$

距離 (d_{ij}) はすでに計算されているので，S は 5 つの未知の枝長，t_0, t_1, t_2, t_3, t_4 の関数となる．S を最小にする枝長の値が LS 推定である：$\widehat{t}_0 = 0.008840$, $\widehat{t}_1 = 0.0043266$, $\widehat{t}_2 = 0.0053280$, $\widehat{t}_3 = 0.0058908$, $\widehat{t}_4 = 0.135795$ となり，これに対応する系統樹のスコアは $S = 0.00003547$ となる．同様の計算を，他の 2 つの系統樹についても行うことができる．実際には，他の 2 つの 2

表 3.4　K80（Kimura, 1980）モデルによる最小 2 乗法による枝長

Tree	t_0 内部枝	t_1	t_2	t_3	t_4	S_j
τ_1: ((H, C), G, O)	0.008840	0.043266	0.053280	0.058908	0.135795	0.000035
τ_2: ((H, G), C, O)	0.000000	0.046212	0.056227	0.061854	0.138742	0.000140
τ_3: ((H, O), G, C)	上に同じ					
τ_0: (H, G, C, O)	上に同じ					

分岐系統樹はいずれも，内部枝長の推定値が 0 となる星状系統樹に収束する；表 3.4 を参照せよ．((ヒト，チンパンジー)，ゴリラ，オランウータン) という系統樹の S 値が最小となるので，この系統樹は LS 系統樹とよばれる．これが真の系統樹の LS 推定である．

　固定された樹形における最小 2 乗基準による枝長の推定は，散布図において $y = a + bx$ に最も適合するような直線を計算するのと同じ原理を用いている．枝長に何の制約もなければ，解は解析的であり，1 次方程式を解くことによって得られる（Cavalli-Sforza and Edwards, 1967）．時間的・空間的に計算量のより小さい効率的なアルゴリズムが，Rzhetsky and Nei（1993），Bryant and Waddell（1998），Gascuel（2000）らによって開発されてきた．これらのアルゴリズムは負の枝長を出すことがあり，これは生物学的に意味のないものである．枝長が非負であるという制約を課すと，問題は制約付き最適化となり計算量が増大する．しかし，制約のない LS 基準は，枝長の解釈を無視すれば正当化できるかもしれない．真の系統樹のスコアが他のすべての系統樹のスコアよりも小さければその場合のみ，この方法は真の系統樹を LS 系統樹として選択する．この条件が無限のデータにおいて満たされているならば，利用可能なデータが増加するにつれて，この方法による推定は真の系統樹に収束することが保証される．この条件が有限なデータセットのほとんどで満たされているならば，この方法によって高い効率で真の系統樹を復元できる．このように無制約法は枝長についての適切な定義はもたないが，よい性質をもった系統樹の再構築法である．枝長の非負性の制約が系統樹再構築の性能の向上をもたらすことを示唆するシミュレーション研究がいくつかあるものの（たとえば，Kuhner and Felsenstein, 1994），大部分のコンピュータ・プログラムは無制約 LS 法を実装している．推定された枝長が負の場合，それらはほとんどの場合ゼロに近いことに注意しよう．

　これまで述べてきた最小 2 乗法は，どの 2 配列間距離にも同等の重み付けをしており，通常最小 2 乗法（ordinary least squares；OLS）として知られている．これは，以下の式に示す一般化最小 2 乗法（generalized LS；GLS），あるいは重み付き最小 2 乗法（weighted LS）において，$w_{ij} = 1$ とおいた特別なケースにあたる：

$$S = \sum_{i<j} w_{ij}(d_{ij} - \widehat{d}_{ij}) \tag{3.3}$$

Fitch and Margoliash（1967）は，$w_{ij} = 1/d_{ij}^2$ の使用を示唆した．一方，Bulmer（1990）は分散を用いて $w_{ij} = 1/\text{var}(d_{ij})$ とした．しかしながら，そのような重み付き LS はコンピュータ・シミュレーションではあまりうまくはたらかないということがわかってきた．とりわけ距離が遠い場合にうまくはたらかないが，これはおそらく推定された分散に信頼性がないためであろう．

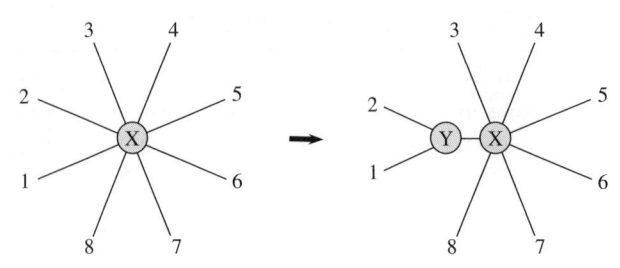

図 3.17 系統樹再構築のための近隣結合法は分割法によるクラスタ解析アルゴリズムであり，分類群を順次小さなグループへと分割していく．

3.3.2 近隣結合法

系統樹間の比較に使われる基準は，とくに距離行列法においては，系統樹の枝長の総和から計測される進化量である（Kidd and Sgaramella-Zonta, 1971; Rzhetsky and Nei, 1993）．枝長の総和が最小となる系統樹は最小進化系統樹（minimum evolution tree）として知られている；Desper and Gascuel（2005）はこのクラスの方法のすぐれた総説である．

近隣結合（neighbour-joining；NJ）法は，Saitou and Nei（1987）によって提唱された最小進化基準に基づくクラスタ解析アルゴリズムである．この方法は計算が速く妥当な系統樹が得られるので，広く用いられている．これは分割法によるクラスタ解析アルゴリズム（すなわち星状分割アルゴリズム）であり，各ステップで樹長（tree length；系統樹の枝長の総和）を樹形の選択基準に用いている．まず星状系統樹から出発し，次に，樹長を最も大きく減少できる2つの節を選択して，その節を結合する．結合された2つの節の代わりに新しい節が生成され（**図 3.17**），距離行列の次元が1つ減少する．系統樹が完全に2分岐になるまで，この手続きがくり返される．樹長と同様に枝長もアルゴリズムの各ステップで更新される．更新の方法については，Saitou and Nei（1987），Studier and Keppler（1988），Gascuel（1994）を参照せよ．

NJ法に関して懸念されることは，どの距離行列法についてもそうなのだが，距離が大きい場合に標本誤差が大きく，よい推定はできないということである．非常に分化の程度が高い配列間には，距離の公式の適用もできない．大きな距離の推定値に関する大きな分散の問題を取り扱うための研究がいくつかある．Gascuel（1997）はNJアルゴリズムにおける枝長の更新の式を改変して，距離の推定値の分散と共分散の近似を導入した．この方法はBIONJとよばれ，一般化最小2乗法に類似しており，とくに置換速度が大きくまた系統ごとに変化している場合には，NJ法よりも優れている．他の改良法としてBruno et al.（2000）による重み付きNJ法（weighted neighbour-joining method），あるいはWEIGHBOR法がある．これは，遠い距離はうまく推定できないという事実を考慮して，節を結合するときに近似的な尤度を基準として用いている．コンピュータ・シミュレーションによると，WEIGHBORはMLと同様の系統樹を構築し，長枝誘引（第3.4.4項参照）に対してはNJ法よりも頑健である（Bruno et al., 2000）．別のアイデアとして，Ranwez and Gascuel（2002）は距離の推定を改良している．2配列間の距離を計算する場合，彼らは第3の配列を用いて長い距離を2等分し，3つの配列よりなる系統樹の枝長を推定するためにML法を使った；このとき，本来の2配列間距離は2本の枝長の合計として計算される．この改良された距離を，NJ，BIONJ，あるいはWEIGHBORアルゴリズムと組み合わせ

て用いると，樹形の精度が改良されることがシミュレーションから示唆されている．

3.4 最節約法

3.4.1 小史

対立遺伝子頻度（おもに血液型の対立遺伝子）をヒトの集団間の関係の再構築に用いる場合，Edwards and Cavalli-Sforza (1963)（Cavalli-Sforza and Edwards, 1967 も参照せよ）は，妥当と思われる推定進化系統樹が最小の総進化量をもたらすことを示唆した．この方法は最小進化法（minimum-evolution method）とよばれている．最近の用語では，Edwards and Cavalli-Sforza の方法は，離散データに応用した場合には最節約法と同一である．一方，前節で議論したように，近年は，最小進化という用語は，多重置換の補正後に枝長の合計を最小にする方法とされている．離散的な形態の形質について Camin and Sokal (1965) は，系統樹選択の基準として変化の最小数を用いることを提案した．分子データについては，祖先型のタンパク質を推測するために系統樹の上での変化数を最小化することは最も自然であると考えられ，この分野の多くの先駆者によって研究されてきた．たとえば，Pauling and Zuckerkandl (1963) また Zuckerkandl (1964) は，祖先タンパク質の化学的性質が過去にどのように形成されてきたかを研究するために，祖先タンパク質を復元する方法として研究を行った．また，Eck and Dayhoff (1966) は経験的なアミノ酸置換速度行列を構築するために用いた．Fitch (1971b) は，最も節約的に再構築された系統樹のみをすべて列挙する体系的なアルゴリズムを初めて開発した．Fitch のアルゴリズムは 2 分岐系統樹のみに適用できる．Hartigan (1973) は多分岐系統樹についても考え，そのアルゴリズムの数学的な証明を与えた．それ以降，最節約法により膨大なデータセットを解析するための高速なアルゴリズムの開発に多くの労力がさかれてきている．たとえば，Ronquist (1998)，Nixon (1999)，Goloboff (1999) を参照せよ．

3.4.2 与えられた系統樹についての最小変化数の計算

あるサイトにおける形質変化の最小数は，しばしば形質長（character length），あるいはサイト長（site length）とよばれる．配列中のすべてのサイトにわたっての形質長の総和は全長について必要な変化の最小数であり，樹長（tree length），系統樹スコア（tree score），節約スコア（parsimony score）などとよばれる．最小の系統樹スコアをもつ系統樹は真の系統樹を推定したものであり，最節約系統樹（maximum parsimony tree あるいは most parsimonious tree）とよばれる．配列が非常に類似している場合はとくにそうだが，複数の系統樹が等しく最良であることが多い；すなわち，それらはすべて同じ最小スコアをもっており，最も樹長の短い系統樹になっている．

ここで 4 生物種の配列データのあるサイトが AAGG であったとし，図 **3.18** の 2 つの系統樹について必要な最小変化数を考えよう．この数は，絶滅した祖先を示す節に形質状態（character state）を割り当てることで計算できる．左の系統樹では，最小置換数は 2 つの祖先節に A と G を割り当てることで得られ，1 つの変化（内部枝での A ↔ G 変化）が必要になる．右の系統樹では，2 つの内部節に AA（図に示してある）あるいは GG（図に示されていない）を割り当て

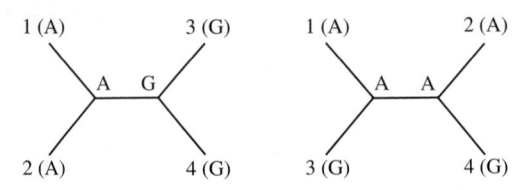

図 3.18 2つのとりうる系統樹 ((1, 2), 3, 4) あるいは ((1, 3), 2, 4) の上に表示された 4 生物種についてのあるサイトのデータ AAGG。左の系統樹は，最低 1 回の変化でよいのに対し，右の系統樹ではデータの説明に 2 回の変化が必要である。

ることができる；いずれの場合でも，最低 2 つの変化が必要となる．祖先節に割り当てられたあるサイトの形質状態（塩基）の集合は，祖先復元 (ancestral reconstruction) とよばれることに注意しよう．n 生物種の 2 分岐系統樹の場合，内部節は $(n-2)$ 個あるので，各サイトにおける復元の総数は，塩基の場合は $4^{(n-2)}$，アミノ酸の場合は $20^{(n-2)}$ となる．変化数が最小となるような復元を最節約復元 (most parsimonious reconstruction) とよぶ．すなわち，左の系統樹では，ただ 1 つの最節約復元があるが，右の系統樹では 2 つの復元が等しく最節約となる．Fitch (1971b) や Hartigan (1973) のアルゴリズムは，あるサイトにおける変化の最小数を計算し，すべての最節約復元を列挙する．ここではこのアルゴリズムについて述べないが，代わりに次の項で Sankoff (1975) のより一般的なアルゴリズムについて述べる．これは，第 4 章で述べる最尤法のアルゴリズムに非常に類似している．

いくつかのサイトは系統樹を区別するのに役に立たず，情報をもっていない．たとえば，すべての種で同じ塩基である不変サイトは，どのような系統樹でも変化は必要ではない．同様に，2 種類の形質が観察されるが，そのうち一方は 1 回しか観察されない（たとえば，TTTC あるいは AAGA のような）シングルトン・サイト (singleton site) では，どのような系統樹においても 1 回の変化を要求するので，やはり情報をもたない．さらに目を引く例として，AAATAACAAG というデータをもつサイト（10 生物種について）も情報をもたない．これは，どのような系統樹でも最低 3 回の変化が必要であるためである．この変化の最小数は，すべての祖先節に A を割り当てることで得られる．最節約法で情報をもつサイト (parsimony-informative site) では，少なくとも 2 種類の形質がそれぞれ少なくとも 2 回観察されなければならない．情報をもつサイト，あるいは情報をもたないサイトという概念は，最節約法のみで使われるものであることに注意しよう．距離行列法でも最尤法でも，不変サイトも含むすべてのサイトが計算に影響を与えるので，計算に含められねばならない．

あるサイトで観察されるすべての生物種の形質状態を，サイト構成 (site configuration) あるいはサイト・パターン (site pattern) とよぶことが多い．上述の議論から，4 生物種の場合，3 つのサイト・パターン，$xxyy$, $xyxy$ および $xyyx$ (x と y は異なる任意の 2 つの状態）のみが情報をもつことがわかる．これらの 3 つのサイト・パターンは，それぞれ次の 3 種の系統樹，T_1: ((1, 2) 3, 4); T_2: ((1, 3) 2, 4); T_3: ((1, 4) 2, 3) を支持する．これらのサイト・パターンをとるサイト数をそれぞれ n_1, n_2 および n_3 としよう．このとき，3 つの中で，n_1, n_2 あるいは n_3 が最大になると，T_1, T_2 あるいは T_3 が最節約系統樹となる．

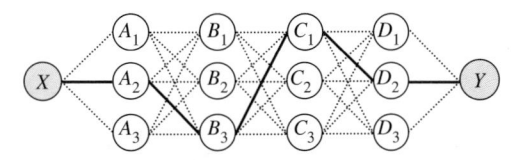

図 3.19 動的計画法を説明するためのキャラバン隊の旅程の例．A, B, C, D の 4 カ国を経由して X から Y に向かう最短経路を考える．近隣国間の停留所は線でつなぎ，距離は既知とする．

3.4.3 加重節約法とトランスバージョン節約法

Fitch (1971b) や Hartigan (1973) のアルゴリズムは，どの変化も同じコストをもつと仮定している．加重節約法 (weighted parsimony) では，異なるタイプの形質変化に異なる重みを割り当てている．まれにしか起こらない変化には頻発する変化よりも大きなペナルティが課せられる．たとえば，トランジションはトランスバージョンよりも大きな速度で起こることが知られているので，より低いコスト（重み）が与えられる．加重節約法では，あらゆるタイプの変化のコストを特定しているステップ行列 (step matrix) あるいはコスト行列 (cost matrix) とよばれるものが使用される．極端なケースとして，トランスバージョン節約法 (transversion parsimony) がある．この方法では，トランスバージョンにはペナルティ 1 を課すが，トランジションにはペナルティを課さない．以下では，Sankoff (1975) の動的計画法 (dynamic programming algorithm) について述べる．この方法は，任意のコスト行列が与えられたときに，あるサイトの最小コストを計算し，この最小コストを与える復元を列挙する．

初めに，シルクロードを旅するラクダのキャラバン隊という架空の例を用いて，動的計画法の基本的な概念を説明しよう．中国の中央にある長安を出発地 X とし，目的地 Y であるイラクのバグダッドに向かう（図 **3.19**）．行程は A, B, C および D の 4 カ国を通るが，A 国では A_1, A_2 あるいは A_3，B 国では B_1, B_2 あるいは B_3 といった具合に，それぞれの国に 3 箇所あるキャラバンの停留所のうちの 1 つに立ち寄らなくてはならない．ここで，隣り合う 2 国の停留所の距離，たとえば XA_2 や A_1B_2 はわかっているとする．ここでは，X から Y への最短の距離と最短の経路を探したい．明らかな方法として，可能なすべての経路を評価する方法があるが，国の数が増えるに従って指数関数的に経路の数が増大する（ここの例では 3^4）ため，この方法は計算のコストが大きくなる．動的計画法は多くの部分問題にまず答え，その部分問題の答えの上に新しい問題を組み上げていく．最初に，X から A 国の停留所 A_1, A_2 および A_3 への最短距離を探す．これらは，すでに与えられている距離である．次に B 国の停留所への最短距離を探し，その次には C 国への最短距離を探す，という具合にくり返していく．各ステップの問題は，前ステップの問題に対する答えが与えられていれば容易に答えられる．たとえば，B_1, B_2 および B_3 への最短距離がすでに決まっている場合に，X から C_1 への最短距離を考えよう．これは，B_1, B_2 あるいは B_3 を通って X から C_1 へ向かう 3 つの経路の距離の中で最小のものである．B_j $(j = 1, 2, 3)$ を通る X から C_1 への距離は，X から B_j への最短距離と，B_j と C_1 の間の距離の和である．D_1, D_2 および D_3 への最短距離が決定されると，Y への最短距離が容易に求められる．国を 1 つ追加するということは，アルゴリズムにもう 1 つステップを追加することであり，計算量は国の数に対して線形に増加することに留意しておこう．

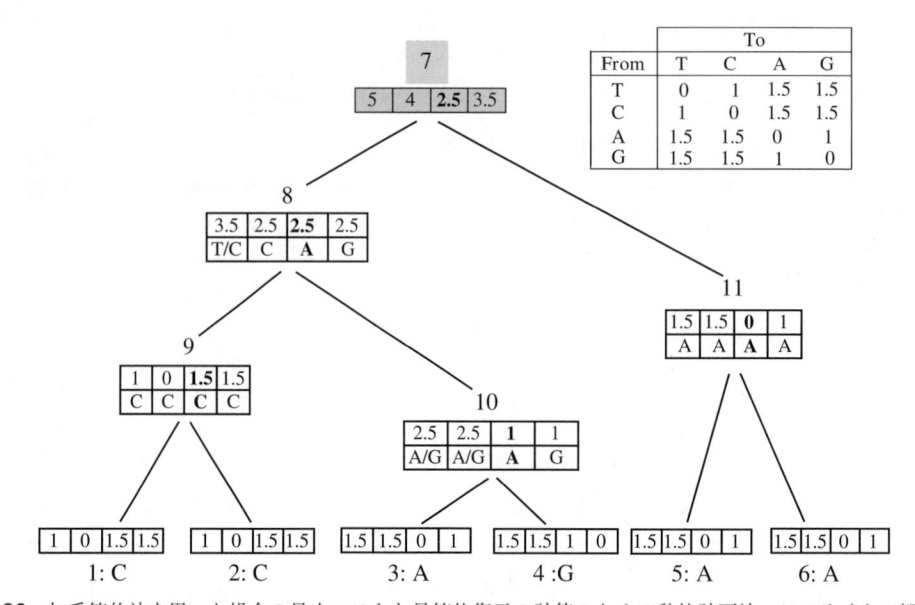

図 3.20 加重節約法を用いた場合の最小コストと最節約復元の計算のための動的計画法．このサイトで観察されたデータ CCAGAA であるとする．各節のコスト・ベクトルは，親節の塩基が T, C, A あるいは G であった場合にその節から生成される部分木（節自身と，その節の親枝およびすべての子孫節を含む）の最小コストを示している．その節で最小コストを与える塩基は，コスト・ベクトルの下に示されている．たとえば，節 3 から生成される部分木（枝 10-3 のみからなる）の最小コストは，節 10 が T, C, A, G であるとき，それぞれ 1.5, 1.5, 1, 0 となる．節 8 が T, C, A, G であるとき，節 10 から生成される部分木（枝 8-10 と節 10, 3, 4 を含む）の最小コストは，それぞれ 2.5, 2.5, 1, 1 である；このとき，節 10 が A/G, A/G, A, G であるとき，それらの最小コストが得られる．コスト・ベクトルは，外部節から出発し，樹根に向かって進みながら，すべての節で計算される．樹根（節 7）では，コスト・ベクトルは，根が T, C, A, G であるときの系統樹全体の最小コストをそれぞれ 5, 4, 2.5, 3.5 と与えている．

ここから Sankoff のアルゴリズムについて述べていく．与えられた系統樹について，あるサイトの最小コストと，その最小コストを示すそのサイトについての祖先の復元を決定したい．例として図 3.20 の系統樹を用いる．6 つの外部節において，あるサイトで観察された塩基は CCAGAA である．$c(x, y)$ は状態 x から y への変化に対するコストを表すものとする．ここでは，トランジションによる変化については $c(x, y) = 1$，トランスバージョンによる変化については $c(x, y) = 1.5$ とする（図 3.20）．

系統樹全体の最小コストの代わりに，多くの部分木についての最小コストを計算しよう．系統樹中のある枝を，その枝により導かれる節，あるいはその枝で連結される 2 つの節によって表す．たとえば，図 3.20 の枝 10 は，枝 8-10 のことでもある．系統樹中の各節 i は部分木を定義するものとし，それを部分木 i とよぶ．この部分木 i は，枝 i，節 i，およびそのすべての子孫節から構成されている．たとえば，部分木 3 は枝 10-3 の単一の枝のみからなるが，一方，部分木 10 は枝 8-10 と節 10, 3, 4 からなる．$S_i(x)$ を，節 i の親節の状態が x であるときの部分木 i の最小コストと定義する．節 i の母節は状態 x である．このとき，$\{S_i(T), S_i(C), S_i(A), S_i(G)\}$ は，節 i で定義される部分木 i のコスト・ベクトルを構成している．これらは，キャラバン隊の例では，ある国の停留所までの最小距離に相当する．外部節から出発し，そのすべての子孫節を訪れたあとでのみ節を訪れる形で，系統樹のすべての節のコスト・ベクトルを計算する．外部節

i については，部分木は対応する外部枝のみで構成され，コストにはコスト行列の値がそのまま使われる．たとえば，外部節 3 のコスト・ベクトルは $\{1.5, 1.5, 0, 1\}$ であるが，これは親節 10 が T, C, A あるいは G であるときに，部分木 3 の（最小）コストは，それぞれの場合，1.5, 1.5, 0, 1 であることを意味する（図 3.20）．もし，外部節の塩基が不明の場合，通常すべての矛盾のない状態の中から最小コストのものが使用される（Fitch, 1971b）．内部節 i について，その子孫節を j と k であるとする．すると，最小コストは次式で計算される．

$$S_i(x) = \min_y [c(x, y) + S_j(y) + S_k(y)] \tag{3.4}$$

部分木 i は枝 i と部分木 j, k よりなることに注意しよう．したがって，部分木 i の最小コストは，枝 i についてのコスト $c(x, y)$ と部分木 j, k の最小コストの和を節 i の状態 y について最小化したものになる．このとき，$C_i(x)$ に最小コストを与える状態 y を記録しておく．

節 10 を例として考えよう．そのコスト・ベクトルは $\{S_{10}(\mathrm{T}), S_{10}(\mathrm{C}), S_{10}(\mathrm{A}), S_{10}(\mathrm{G})\}$ = $\{2.5, 2.5, 1, 1\}$ となる．ここで，その第 1 要素である $S_{10}(\mathrm{T}) = 2.5$ の意味は，親節 8 が T であったときに部分木 10 の最小コストは 2.5 になることを意味している．このことを確認するために，節 10 における 4 つの可能な状態：$y =$ T, C, A, G を考えてみよう．もし，節 10 の状態 y が T, C, A あるいは G であった場合，部分木 10 の最小コストは，それぞれ $3 = 0 + 1.5 + 1.5$, 4, 2.5 あるいは 2.5 となる．したがって，最小値は 2.5 であり，この値は節 10 で $y =$ A あるいは G となるときに得られる．すなわち，$S_{10}(\mathrm{T}) = 2.5$ であり，$C_{10}(\mathrm{T}) =$ A あるいは G である（図 3.20）．この処理が式 (3.4) における y についての最小化である．同様に，節 10 のコスト・ベクトルの第 2 要素 $S_{10}(\mathrm{C}) = 2.5$ は，節 8 が C であった場合の部分木 10 の最小コストが 2.5 であることを意味している．この最小値は，節 10 において $C_{10}(\mathrm{C}) =$ A/G であるときに得られる．

節 9 や 11 でも同様に計算できる．ここでは節 8 を考えよう．この節は，子節 9 および 10 をもっている．このコスト・ベクトルは $\{3.5, 2.5, 2.5, 2.5\}$ と計算されるが，これは，親節 7 が T, C, A あるいは G であった場合に部分木 8 の最小コストはそれぞれ，3.5, 2.5, 2.5 あるいは 2.5 であることを意味している．ここでは，親節 7 が A である場合に 3 番目の要素が $S_8(\mathrm{A}) = 2.5$ となることを導こう．節 9, 10 のコスト・ベクトルを用いると，節 8 が T, C, A, G の場合（親節 7 が A の場合），部分木 8 の最小コストは，それぞれ $5 = 1.5 + 1 + 2.5$, 4, 2.5, あるいは 4.5 と計算される．したがって，節 8 が $C_8(\mathrm{A}) =$ A の場合，$S_8(\mathrm{A}) = 2.5$ が最小値となる．

このアルゴリズムを，系統樹のすべての節に対して外部節から樹根に向かって順次適用する．このように経路を上向きに進みながら，樹根を除くすべての節 i について $S_i(x)$ と $C_i(x)$ を計算する．樹根が子節 j と k をもつとしよう．すると，系統樹全体は部分木 j と k より構成されることに注意しよう．樹根が y であるとすると，系統樹全体の最小コストは $S_j(y) + S_k(y)$ となる．樹根が $y =$ T, C, A, G であるときのコスト・ベクトルは $\{5, 4, 2.5, 3.5\}$ である（図 3.20）．最小値は 2.5 で，このとき樹根は A をもつ．一般的に，j と k が樹根の子節である場合，系統樹全体の最小コストは次式で表される．

$$S = \min_y [S_j(y) + S_k(y)] \tag{3.5}$$

この上向きの経路で，すべての節について $S_i(x)$ と $C_i(x)$ を計算したのち，経路を下向きに逆

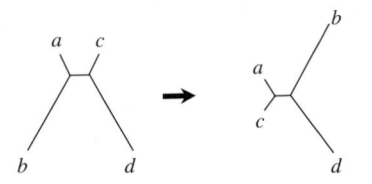

図 3.21 長枝誘引．正しい系統樹（T_1）が短い内部枝に隔てられた 2 本の長い枝をもっているとき，最節約法は 2 つの長い枝を 1 つの分岐群にグループ化して，誤った系統樹（T_2）を復元してしまう傾向がある．

行しながら最節約復元を行う．この例では，樹根が A であると，節 8 が A のときに部分木 8 のコストは最小になる．節 8 が A であると，節 9, 10 にはそれぞれ C, A を与える．同様に樹根が A だと，節 11 には A を与える．すなわち，このサイトにおける最節約復元は $y_7y_8y_9y_{10}y_{11}$=AACAA となり，このときの最小コストは 2.5 である．

3.4.4 長枝誘引

Felsenstein（1978a）は，4 生物種の系統樹の枝長のある種の組合せにおいては，最節約法は統計的に一致性をもたないことを示した．統計学では，データの量（標本の大きさ）が無限大に近づく場合に，パラメータの推定値が真の値で収束すると，その推定法は一致性をもつ（consistent）という．そうでない場合，その方法は一致性をもたない（inconsistent）という．系統解析では，データ量（サイト数）が無限大に増加するときに，推定された系統樹の樹形が真の系統樹に収束するならば，その系統樹の再構築法は一致性をもっているという．

Felsenstein が使用した系統樹は，図 3.21(a) に示すように 2 つの長い枝が短い内部枝に分断されている特徴的な形状をもっている．しかし，最節約法で推定された系統樹は 2 つの長い枝を結合させる傾向があり（図 3.21(b)），この現象は "長枝誘引（long branch attraction）" として知られている．形質進化の単純なモデルを使って，Felsenstein は観察される 3 種類のサイト・パターン $xxyy$, $xyxy$, $xyyx$ をもつサイトを観察する確率を計算した．ここで x と y は任意の異なる 2 つの形質である．その結果，2 つの長い枝が残りの 3 つの枝よりもずっと長い場合，$\Pr(xyxy) > \Pr(xxyy)$ となることを見いだした．これは，配列のサイト数が増加すればするほど，より多くのサイトがパターン $xxyy$ よりもパターン $xyxy$ をとることが，より確実になっていくことを意味する．このような場合，最節約法は真の系統樹 T_1 ではなく間違った系統樹 T_2 を復元してしまう（図 3.21）．このような現象は，多くの実際のデータセットやシミュレーションで作成されたデータセットにおいて示されており（たとえば Huelsenbeck, 1998 を参照せよ），その原因は最節約法では 2 本の長い枝の上での平行な変化を補正できないためである．単純化で非現実的な進化モデルを使った最尤法や距離行列法でも，同様の現象が見られる．

3.4.5 最節約法の仮定

最節約法による祖先の状態の復元については，いくつかの懸念があげられる．第 1 は，この手法では，枝長が考慮されないことである．系統樹中である枝が他の枝よりも長いということは，それらの枝では，他の枝よりも多くの進化的変化が蓄積されていることを意味している．したがっ

て，最節約法において仮定されているように，系統樹上の祖先節に形質状態を割り当てる際に，変化が長い枝でも短い枝と同様に生じると仮定することは不合理である．第2は，単純な節約基準は，塩基間の置換速度の違いを無視していることである．そのような速度の違いはステップ行列を用いた加重節約法によって考慮することができるが，適切な重みを決定することは容易ではない．理論的には，ある特定の枝でのある変化の生じやすさは，その変化の相対的な速度ばかりでなく枝長にも依存している．観察されたデータに対して適切な重みを得ようとすると，最尤法を用いることになる．最尤法では，マルコフ連鎖モデルを用いて塩基置換の過程が記述されており，確率理論に基づいて枝長の不均一性，塩基間置換速度の不均一性，その他の進化的過程についての性質が導入されている．最尤法については次章で述べる．

Chapter 4
最尤法

4.1 イントロダクション

　この章では，系統樹における複数本の配列に対する尤度計算について議論しよう．前章の終わりで述べたように，枝長や塩基間の置換速度の違いを考慮したい場合，最尤法は最節約法の自然な拡張となる．系統樹上での尤度計算はまた，第1章で議論された，2配列間の距離の推定の自然な拡張でもある．実際，第1章は，本章で必要となるマルコフ連鎖の理論や最尤（ML）推定の一般的な原理をすべてカバーしている．

　系統解析における2種類の尤度の利用方法を区別しておいたほうがよい．第1は，系統樹の樹形が既知であるか固定されているときに，進化モデルにおけるパラメータの推定や進化の過程に関する仮説の検定への利用である．最尤法は良好な統計的性質をもっており，そのような解析のための強力かつ柔軟性に富んだ枠組みを与えてくれる．第2は，系統樹の樹形の推定への利用である．各系統樹の対数尤度は，枝長やその他の置換パラメータを推定することで最大化され，この最適対数尤度は異なる系統樹間の比較を行う際に系統樹のスコアとして用いられる．この第2の尤度の利用については第6章で議論される複雑な問題に関連している．

4.2 系統樹上での尤度計算

4.2.1 データ，モデル，系統樹，尤度

　尤度はパラメータの関数として考えられるものであるが，パラメータが与えられたときにデータを観測する確率として定義される．データは s 本の相同配列からなる長さ n のアラインメントであるとすると，$s \times n$ の行列 $X = \{x_{jh}\}$ として表現される．ここで，x_{jh} は j 番目の配列の h 番目の塩基を意味する．$\mathbf{x}_h$ でこのデータ行列の h 番目の列を表す．尤度を定義するためには，そのデータを生成するモデルを特定する必要がある．ここでは塩基置換モデル K80 (Kimura, 1980) を使用する．異なるサイトは独立に進化し，1つの系統の進化は他の系統の進化とは独立であると仮定する．図 4.1 に示す5つの生物種の系統樹を例として，尤度計算を説明しよう．図

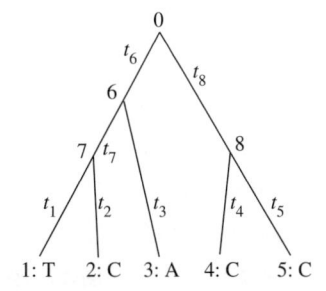

図 4.1 尤度関数の計算を説明するために用いられる 5 生物種についての系統樹．あるアラインメント・サイトで観察された塩基が系統樹の外部節に示されている．枝長 t_1–t_8 の尺度は，サイトあたりの塩基置換数の期待値である．

には，あるアラインメント・サイトで観察されたデータ TCACC が示されている．

祖先節（ancestral node）は 0, 6, 7, 8 と番号付けられており，0 は樹根（root）に割り振られる．節 i への枝長は t_i と表され，サイトあたりの塩基置換の期待値として定義される．このモデルのパラメータは，枝長とトランジション/トランスバージョンの速度比 κ であり，すべてをまとめて $\theta = \{t_1, t_2, t_3, t_4, t_5, t_6, t_7, t_8, \kappa\}$ と表される．

サイト間での進化の独立性の仮定から，全データセットが観察される確率は，個々のサイトにおけるデータの確率の積となる．それと等価なことであるが，対数尤度は，式 (4.1) で示すように配列中のサイトについての総和となる．

$$\ell = \log(L) = \sum_{h=1}^{n} \log\{f(\mathbf{x}_h|\theta)\} \tag{4.1}$$

ML 法では，対数尤度 ℓ を最大化することで θ を推定するが，しばしば数値的な最適化アルゴリズムが用いられる（第 4.5 節参照）．ここでは，パラメータ θ が与えられた場合の ℓ の計算を考えよう．

まず 1 サイトだけに注目しよう．x_i は祖先節 i の状態を表し，下付き添え字 h は使用しない．注目しているサイトのデータ $\mathbf{x}_h =$ TCACC は，祖先の塩基の任意の組合せ $x_0 x_6 x_7 x_8$ から生じうるので，$f(\mathbf{x}_h)$ を計算するためには，絶滅した祖先に関して起こりうるすべての塩基の組合せについて和をとる必要がある．

$$\begin{aligned}
f(\mathbf{x}_h|\theta) = \sum_{x_0} \sum_{x_6} \sum_{x_7} \sum_{x_8} \Big[&\pi_{x_0} p_{x_0 x_6}(t_6) p_{x_6 x_7}(t_7) p_{x_7}(t_1) p_{x_7}(t_2) \\
&\times p_{x_6}(t_3) p_{x_0 x_8}(t_8) p_{x_8}(t_4) p_{x_8}(t_5) \Big]
\end{aligned} \tag{4.2}$$

角かっこ中の式が表す量は，外部節がデータ TCACC で祖先節が $x_0 x_6 x_7 x_8$ である確率である．樹根（節 0）が塩基 x_0 である確率は，K80 モデルのもとでは $\pi_{x_0} = 1/4$ となるがそれに系統樹上の 8 個の枝に沿って 8 個の遷移確率をかけ合わせたものが上記の角かっこの中の確率に等しい．

4.2.2 枝刈りアルゴリズム

4.2.2.1 Horner の規則と枝刈りアルゴリズム

$s-1$ 個の内部節がある場合，4^{s-1} もの可能な組合せがあるので，祖先の状態のすべての組合

せについて和をとることは，計算のコストが非常に大きくなる．アミノ酸配列あるいはコドン配列を扱う場合には，20^{s-1} あるいは 61^{s-1} の可能な組合せがあることから，状況はさらに悪化する．そのような和を計算する上で役に立つ重要な技術として，共通の要素を同定し，それらについては 1 回だけ計算するという方法がある．この技術は，入れ子の規則（nesting rule）あるいは Horner の規則（Horner's rule）として知られており，アイルランドの数学者 William Horner によって 1830 年に報告された．この規則は，1820 年にロンドンの時計技師 Theophilus Holdred によっても報告されているし，同じ原理は 1303 年に中国の数学者 Zhu Shijie（朱世杰）によっても用いられている．この規則によって，n 次の多項式は n 回の乗算と n 回の加算によって計算できる．たとえば，$1+2x+3x^2+4x^3$ という素朴な計算の方法は，$1+2\cdot x+3\cdot x\cdot x+4\cdot x\cdot x\cdot x$ となり，6 回の乗算と 3 回の加算が必要となる．しかし，上式を $1+x\cdot(2+x\cdot(3+4\cdot x))$ と書いた場合，たった 3 回の乗算と 3 回の加算で済む．式 (4.2) へ入れ子の規則を応用することは，和の記号を可能な限り右に移動させることを意味しており，次の式が得られる．

$$f(\mathbf{x}_h|\theta) = \sum_{x_0}\pi_{x_0}\left\{\sum_{x_6}p_{x_0x_6}(t_6)\left[\left(\sum_{x_7}p_{x_6x_7}(t_7)p_{x_7}(t_1)p_{x_7}(t_2)\right)p_{x_6}(t_3)\right]\right\}$$
$$\times\left[\sum_{x_8}p_{x_0x_8}(t_8)p_{x_8}(t_4)p_{x_8}(t_5)\right] \quad (4.3)$$

このように，x_6 の前に x_7 について和がとられ，x_0 の前に x_6 と x_8 について和がとられる．言い換えると，すべての子孫節について和をとったあとでのみ，その祖先節について和をとる．

式 (4.3) においてかっこと外部節は，[(T, C), A], [C, C] の形で出現し，図 4.1 の系統樹と対応している．これは偶然の一致ではない．実際，式 (4.3) による $f(\mathbf{x}_h|\theta)$ の計算は，Felsenstein の枝刈り法（pruning algorithm, Felsenstein, 1973b, 1981）になっている．これは，第 3.4.3 項で議論された動的計画法の一変種である．その要点は，多くの部分木上でデータの確率を順次計算するということである．$L_i(x_i)$ を，節 i の塩基が x_i として与えられたときの，i の子孫である外部節でデータを観察する確率とする．たとえば，外部節 1, 2, 3 は節 6 の子孫であるので，$L_6(\text{T})$ は節 6 が状態 $x_6=\text{T}$ をとるときに $x_1x_2x_3=\text{TCA}$ を観察する確率である．$x_i=\text{T, C, A, G}$ として，各節 i の条件付き確率のベクトルが計算される．文献では，条件付き確率 $L_i(x_i)$ はしばしば "偏尤度"（partial likelihood）あるいは "条件付き尤度"（conditional likelihood）とよばれているが，これらは名称として不適切である．なぜなら，尤度とは全データに対する確率のことであり，単一のサイトあるいは単一のサイト中の一部に対する確率ではないからである．

もし，節 i が外部節であり，その子孫となる外部節には自身しか含まれていないとき，x_i が観察された塩基であれば $L_i(x_i)=1$，それ以外の塩基であれば $L_i(x_i)=0$ となる．もし，x_i が子節 j と k をもつ内部節であれば，$L_i(x_i)$ は式 (4.4) で与えられる．

$$L_i(x_i)=\left[\sum_{x_j}p_{x_ix_j}(t_j)L_j(x_j)\right]\times\left[\sum_{x_k}p_{x_ix_k}(t_k)L_k(x_k)\right] \quad (4.4)$$

尤度は，2 つの子節 j と k に対応する 2 つの項の積で表されている．節 i の子孫にあたる外部節は，j か k の子孫でなければならないことに注意しよう．このように，（節 i で状態が x_i と与え

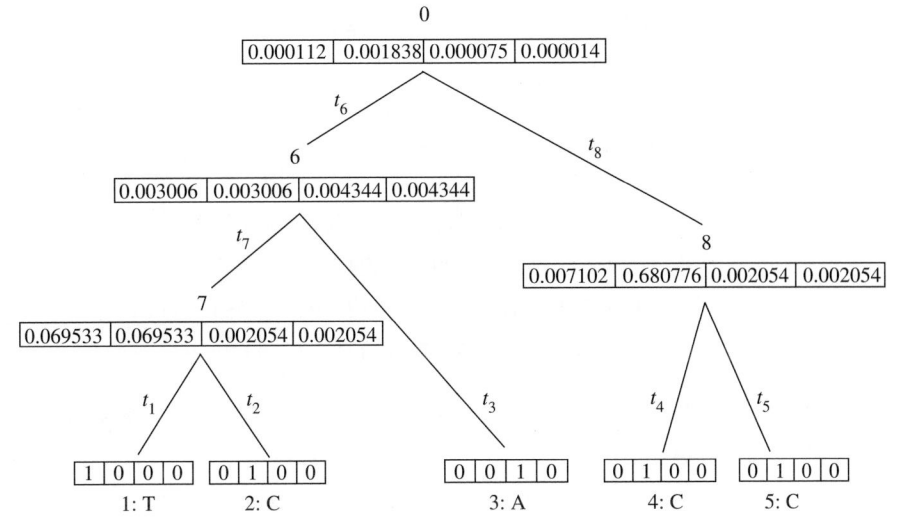

```
                           0
           ┌─────────────────────────────┐
           │0.000112│0.001838│0.000075│0.000014│
                           
              t₆                    t₈
         ┌────────┐              ┌────────┐
         6                              8
    │0.003006│0.003006│0.004344│0.004344│    │0.007102│0.680776│0.002054│0.002054│
         t₇
     ┌───────┐                                 t₄      t₅
     7                              t₃        ┌──┐    ┌──┐
│0.069533│0.069533│0.002054│0.002054│
   t₁   t₂
  ┌──┐  ┌──┐
 │1 0 0 0│ │0 1 0 0│           │0 0 1 0│    │0 1 0 0│ │0 1 0 0│
   1:T    2:C                    3:A         4:C       5:C
```

図 4.2 枝長やその他のモデルのパラメータを固定したときの尤度計算のための枝刈りアルゴリズムの説明．図 4.1 に示した系統樹が再び描かれており，各節には条件付き確率ベクトルが示されている．各節におけるベクトルの 4 つの要素は，その節がそれぞれ T, C, A, G の状態のときに，その子孫外部節でデータを観察する確率である．たとえば節 8 の 0.007102 は，節 8 の状態が T であるときに，外部節 4 と 5 で，データ $x_4 x_5 = $ CC を観察する確率である．K80 モデルを仮定し，$\kappa = 2$ とした．内部枝の枝長は 0.1 に，また外部枝の枝長は 0.2 に固定した．それらの枝長に対応する遷移確率行列は本文中に示されている．

られたときに）節 i のすべての子孫外部節を観察する確率 $L_i(x_i)$ は，(x_i が与えられたときに）節 j のすべての子孫節でデータを観察する確率と，(x_i が与えられたときに）節 k の子孫節でデータを観察する確率の積に等しい．これら 2 つの確率は，それぞれ式 (4.4) 中の 2 つの角かっこのペアの中に含まれている項に対応する．節 i で状態が x_i と与えられたときに，i よりも下流の 2 つの部分木は互いに独立している．節 i が 3 つ以上の子節をもっている場合は，$L_i(x_i)$ は子節と同じ数の項の積で表されるであろう．まず，第 1 項，すなわち最初の角かっこのペアで囲まれている項を考えよう．これは（節 i で状態が x_i と与えられたときに）節 j の子孫外部節でデータを観察する確率である．この項は，枝長 t_j に相当する期間に x_i が x_j に変わる確率 $p_{x_i x_j}(t_j)$ と，節 j で状態が x_j と与えられたときに節 j の子孫外部節が観察される確率 $L_j(x_j)$ をかけたものを，すべてのとりうる状態 x_j について和をとったものである．

【例】 図 4.1 の系統樹を用いて，1 つのサイトについて枝刈り法を用いた数値的な計算の例を示そう（**図 4.2**）．便宜上，内部枝の長さは $t_6 = t_7 = t_8 = 0.1$ と固定し，外部枝の長さは $t_1 = t_2 = t_3 = t_4 = t_5 = 0.2$ に固定する．また $\kappa = 2$ と設定する．この枝長に対応する 2 つの遷移確率行列は次のようになる．ここで行列の (i, j) 要素は $p_{ij}(t)$ であり，塩基は T, C, A, G と順序づけられているとする．

$$P(0.1) = \begin{bmatrix} 0.906563 & 0.045855 & 0.023791 & 0.023791 \\ 0.045855 & 0.906563 & 0.023791 & 0.023791 \\ 0.023791 & 0.023791 & 0.906563 & 0.045855 \\ 0.023791 & 0.023791 & 0.045855 & 0.906563 \end{bmatrix}$$

$$P(0.2) = \begin{bmatrix} 0.825092 & 0.084274 & 0.045317 & 0.045317 \\ 0.084274 & 0.825092 & 0.045317 & 0.045317 \\ 0.045317 & 0.045317 & 0.825092 & 0.084274 \\ 0.045317 & 0.045317 & 0.084274 & 0.825092 \end{bmatrix}$$

節 7 を考えよう．この節の子節は節 1 と 2 である．式 (4.4) を用いると，確率ベクトルの第 1 要素は $L_7(T) = p_{TT}(0.2) \times p_{TC}(0.2) = 0.825092 \times 0.084274 = 0.069533$ となる．これは，節 7 が T であるときに外部節 1 と 2 で T と C が観察される確率である．他の確率ベクトルの要素 $L_7(C)$, $L_7(A)$, $L_7(G)$, また節 8 の確率ベクトルも同様に計算できる．次に，子節 7 と 3 の条件付き確率ベクトルを用いて節 6 のベクトルが計算できる．最後に，樹根である節 0 のベクトルが計算される．その第 1 要素 $L_0(T) = 0.000112$ は，節 0 が状態 $x_0 = T$ であるとき，節 0 の子孫外部節 (1, 2, 3, 4, 5) が観察される確率である．式 (4.4) では，この確率が 2 つの項の積として計算される．第 1 項 $\sum_{x_6} p_{x_0 x_6}(t_6) L_6(x_6)$ は，x_6 について和がとられており，節 0 が T であるときに外部節 1, 2, 3 でデータ TCA が観察される確率を表している．これは，$0.906563 \times 0.003006 + 0.045855 \times 0.003006 + 0.023791 \times 0.004344 + 0.023791 \times 0.004344 = 0.003070$ と計算される．第 2 項 $\sum_{x_8} p_{x_0 x_8}(t_8) L_8(x_8)$ は，節 0 の状態が T であるときに，外部節 4, 5 においてデータ CC が観察される確率であり，$0.906563 \times 0.007102 + 0.045855 \times 0.680776 + 0.023791 \times 0.002054 + 0.023791 \times 0.002054 = 0.037753$ と計算される．この 2 項の積から $L_0(T) = 0.00011237$ となる．節 0 に対するベクトルの他の要素も同様に計算できる． □

要約すると，節 7 以降でデータ $x_1 x_2$ が観察される確率を計算し，次に節 6 以降でデータ $x_1 x_2 x_3$ が観察される確率を計算し，その次に節 8 以降でデータ $x_4 x_5$ が観察される確率を計算する．最後に，節 0 以降で全データ $x_1 x_2 x_3 x_4 x_5$ が観察される確率を計算する．この計算は，すべての子孫節を訪れたあとでのみ個々の節を訪れるという形で，外部節から樹根に向かって進行する．計算機科学の分野では，木構造上で節をこのような形で訪れる方法は，後走査 (post-order tree traversal；祖先を子孫の前に訪れる前走査 (pre-order tree traversal) の反対の方法) として知られている．系統樹上のすべての節を訪れ，樹根に対応する確率ベクトルを計算したのちに，そのサイトのデータが観察される確率は次の式で計算される．

$$f(\mathbf{x}_h | \theta) = \sum_{x_0} \pi_{x_0} L_0(x_0) \tag{4.5}$$

π_{x_0} は，樹根における塩基が x_0 である（事前）確率であり，そのモデルのもとでの塩基の平衡頻度によって与えられる．ここの例では，$f(\mathbf{x}_h | \theta) = 0.000509843$ で，$\log\{f(\mathbf{x}_h | \theta)\} = -7.581408$ となる．

4.2.2.2 計算の節約

枝刈りアルゴリズムは計算時間を節約する主要な方法である．第3章で議論した動的計画法のように，節の数あるいは生物種の数が増加すると，祖先の状態の組合せの数は指数関数的に増加するにもかかわらず，尤度の1回の計算に要求される枝刈りアルゴリズムの計算時間は線形に増加する．

ここでは，いくつか他の節約の方法について述べておこう．第1に，同じ遷移確率行列が，配列中のすべてのサイトあるいはサイト・パターン（site pattern）に使用できるので，遷移確率行列は各枝で1回だけ計算しておけばよい．第2に，2つのサイトのデータがまったく同じであればそのようなデータを観察する確率も同じなので，一度だけ計算しておけばよい．このように，複数のサイトをサイト・パターンにまとめておくことは，計算の節約につながる．とくに配列が非常に類似している場合，多くのサイトが同じパターン示すので，この方法は有用である．JC69モデルのもとでは，異なるデータをもつサイトの中には，たとえば4生物種の場合，TCAGとTGCAのように，同じ出現確率をもつものがあるので，そのようなサイトはさらにまとめることができる（Saitou and Nei, 1986）．K80モデルでも同様であるが，節約の度合いはJC69ほどではない．部分木に対応する部分的サイト・パターンをまとめることもできる（たとえばKosakovsky Pond and Muse, 2004）．たとえば，図4.1の系統樹で，TCACCとTCACTというデータをもつ2つのサイトを考えよう．内部節6と7の条件付き確率ベクトルは，（種1, 2, 3に対するデータは同じなので）この2つのサイトでは同じになり，1回だけ計算すればよい．しかし，そのように部分的サイト・パターンをまとめることは系統樹のトポロジーに依存しており，サイト・パターンを記録・整理するための処理が必要となる．その効果については，意見は一致していない．

4.2.2.3 アダマール共役

ここで，アダマール共役（Hadamard conjugation）とよばれる，サイト・パターンの確率とそれに基づき尤度を計算する別の方法について触れておこう．アダマール行列は，1と−1のみを要素としてもつ正方行列である．灰色と暗灰色を1と−1で表すと，アダマール行列は舗装の設計に使える．実際，アダマール行列は，イギリスの数学者James Sylvester（1814〜1897）によって"反転により形状が変化しない舗装（anallagmatic pavement）"の名前で発明され，その後，フランスの数学者Jacques Hadamard（1865〜1963）によって研究された．この行列はHendy and Penny（1989）によって分子系統学の分野に導入され，無根系統樹上の枝長をサイト・パターンの確率に変換したり，その逆の変換を行うために用いられた．この変換あるいは共役は，2値をとる形質データや，塩基置換のKimuraの3STモデル（Kimura, 1981）で使用できる．3STモデルは，トランジションに関する1種類の速度とトランスバージョンに関する2種類の速度の3つの置換タイプを仮定している．この方法は，計算上約20種類以下の生物種よりなる小さな系統樹について実施できる．ここではこの方法の詳細にはふれないが，Felsenstein（2004）やHendy（2005）による優れた解説がある．

4.2.3 時間の可逆性，系統樹の樹根，分子時計

第1章で議論したように，分子系統学で使用されている大部分の置換モデルは，時間的に可逆

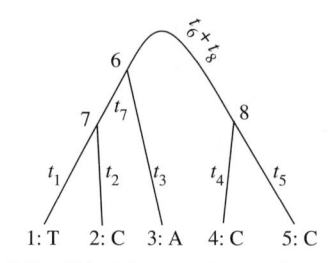

図 4.3　図 4.1 の系統樹の樹根を節 0 から節 6 に移動した結果の無根系統樹.

なマルコフ連鎖で表現されている．そのようなマルコフ連鎖では，遷移確率は，任意の i, j および t に関して $\pi_i p_{ij}(t) = \pi_j p_{ji}(t)$ を満たしている．可逆性は，その連鎖を時間の進行方向に眺めようが，逆行方向に眺めようが，確率論的には区別できないことを意味している．可逆性から得られる重要な結論の 1 つに，尤度に影響を与えることなく樹根を系統樹の任意の位置に移動できるということがある．これは，Felsenstein (1981) によって滑車の原理 (pulley principle) とよばれた．たとえば，式 (4.2) において，$\pi_{x_0} p_{x_0 x_6}(t_6)$ を $\pi_{x_6} p_{x_6 x_0}(t_6)$ に置き換え，$\sum_{x_0} p_{x_6 x_0}(t_6) p_{x_0 x_8}(t_8) = p_{x_6 x_8}(t_6 + t_8)$ であることを用いると，式 (4.6) が得られる．

$$f(\mathbf{x}_h|\theta) = \sum_{x_6} \sum_{x_7} \sum_{x_8} [\pi_{x_6} p_{x_6 x_7}(t_7) p_{x_6 x_8}(t_6 + t_8) p_{x_7 \mathrm{T}}(t_1) p_{x_7 \mathrm{C}}(t_2) p_{x_6 \mathrm{A}}(t_3) p_{x_8 \mathrm{C}}(t_4) p_{x_8 \mathrm{C}}(t_5)] \tag{4.6}$$

これは樹根が節 6 にある場合のデータの確率であり，2 つの枝，0-6 と 0-8 は，長さ $t_6 + t_8$ の 1 つの枝 6-8 に統合されている．このようにして得られた系統樹が図 **4.3** に示されている．

式 (4.6) は，図 4.1 においてはモデルのパラメータが枝 1 本分多すぎるという事実を強く示している．いかなる t_6 と t_8 の組合せであっても，$t_6 + t_8$ が等しい限り尤度も等しい．データには，t_6 と t_8 を個別に推定するための情報は含まれておらず，その和のみが推定可能である．つまり，時間可逆性から得られるもう 1 つの結論は，もし分子時計（速度の一定性）が仮定されておらず，すべての枝がそれぞれ固有の速度をとる場合，無根系統樹のみが同定可能であるということである．

しかし，時計性が仮定されている場合には，系統樹の樹根を同定することができる．系統樹全体で速度が一定であれば，すべての外部節の樹根からの距離は等しく，自然パラメータ (natural parameter) は祖先節の年代となり，その尺度はサイトあたりの置換数の期待値である．s 種よりなる 2 分木 (binary tree) は，時計性が仮定されている場合，$(s-1)$ 個の内部節をもち，したがって $(s-1)$ 個の枝長に対応するパラメータをもつ．3 生物種での例が図 **4.4**(a) に示されている．

時計性を仮定した場合も，小さな系統樹を使った理論的な研究においては，滑車の原理を使用して尤度の計算を簡単に行うことができる．たとえば，図 4.4(a) の系統樹上での尤度の計算では，2 つの祖先節における状態 i と j についての和がとられている．しかし，樹根を種 1 と 2 の共通祖先に動かすと，その 1 つの節においてのみ，祖先の状態の和をとればよいので，計算がより簡単になる；データ $x_1 x_2 x_3$ の確率はこのとき式 (4.7) で与えられる．

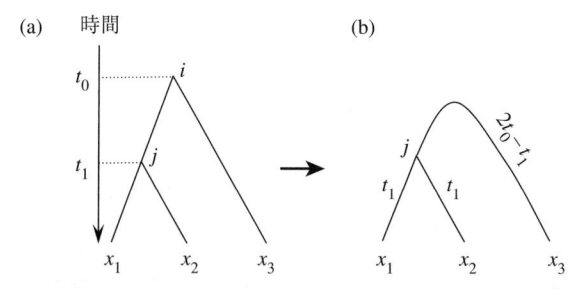

図 4.4 (a) 3 生物種の有根系統樹では，2 つの祖先節における祖先の状態 i と j について和をとることが尤度の計算に要求される．時計性の仮定のもとでは，モデルは 2 つのパラメータ t_0 と t_1 を含んでおり，それらの尺度は，その祖先の節から現在にいたるまでの間のサイトあたりの置換数の期待値である．(b) 樹根を種 1 と 2 の共通祖先に対応する節に移動させて，その新しい樹根の状態 j について和をとることによっても同じ計算を行うことができる；このとき，系統樹は枝長が $t_1, t_1, 2t_0 - t_1$ である 3 つの枝をもった星状系統樹となる．

$$f(x_1 x_2 x_3 | \theta) = \sum_i \sum_j \pi_i p_{ij}(t_0 - t_1) p_{jx_1}(t_1) p_{jx_2}(t_1) p_{ix_3}(t_0)$$
$$= \sum_j \pi_j p_{jx_1}(t_1) p_{jx_2}(t_1) p_{jx_3}(2t_0 - t_1) \quad (4.7)$$

4.2.4 欠損データとアラインメントのギャップ

尤度計算において，欠損データを取り扱うのは簡単である．たとえば，3 生物種について（図 4.4），あるサイトで観測された塩基が YTR であったとしよう．ここで，Y は T か C，また R は A か G であることを表す．そのような不明確なデータを観察する確率は，観測されたデータと整合性のあるすべてのサイト・パターンについて和をとることで得られる；すなわち，Pr(YTR) = Pr(TTA) + Pr(TTG) + Pr(CTA) + Pr(CTG)．これら 4 つの異なるサイト・パターンの確率を計算して和をとることもできるが，この和は枝刈り法で効率的に計算できる．その場合，外部節の条件付き確率ベクトルを，外部節 1 については (1, 1, 0, 0)，外部節 3 については (0, 0, 1, 1) と設定する．言い換えると，観測された状態と整合性のある塩基 x_i については，どれも外部節 i の $L_i(x_i)$ が 1 に設定される．このアイデアは Felsenstein (2004) によるものであり，彼はデータ中のランダムな配列決定のエラーも同様に取り扱うことができることも指摘している．

現在ある尤度を利用するどのプログラムにとっても，アラインメントのギャップの処理はむずかしい．ギャップ処理の 1 つの選択肢として，アラインメントのギャップ 1 個を，他の形質状態とは異なる 5 番目の塩基あるいは 21 番目のアミノ酸として取り扱う方法がある．このアイデアはいくつかの最節約法のアルゴリズムで使用されているが，最尤法への実装は一般的ではない（しかし，McGuire et al., 2001 を参照せよ）．この方法は，5 個の連続するギャップは 1 回の進化的な事象（連続する 5 個の塩基が一度に挿入あるいは欠失したこと）を表しているかもしれないのに，5 回の独立した事象として取り扱われてしまうという欠点を有する．一般には，2 つのより悪い選択肢がとられている：(i) アラインメント・ギャップを含むすべてのサイトを除去するというものと，(ii) アラインメント・ギャップを，決定されていない塩基（曖昧な形質，ambiguous character）のように取り扱う方法である．ギャップを含むサイトを除去することで生じる情報の損失は多大な影響を与える．たとえば，非コード領域は多くの挿入と欠失（indel；insertion and deletion の略称）を含むことが多いが，それらは系統に関する情報を含んでおり，理想的には利用されるべきである．アラインメント・ギャップは塩基が存在していないことを意味し，塩基は存在しているが同定されていないということとは意味が異なるので，ギャップを曖昧な形質として扱うことにもまた問題がある．これら 2 つのアプローチが系統樹の再構築にどのような影響を与えるのかは明らかではないが，どちらのアプローチも明らかに配列の分化の程度を過小に推定する傾向がある．あるアラインメント・サイトにおいて，大部分の生物種でギャップがある場合にはそのサイトを除去し，また少数の生物種のみでギャップがある場合にはそのサイトを用いるという処理は妥当であろう．分化の程度が大きい種の解析においては，アラインメントが信頼できないタンパク質の領域を除去することが一般に行われている．

　置換だけではなく，挿入や欠失も考慮したモデルを実装することには利点がある．Kishino et al.（1990）は，ギャップを含んでアラインメントされた配列に適用できるモデルを開発した．また，配列アラインメントの構築と系統樹の推定を同時に行うことにも強い関心がもたれている．CLUSTAL（Thompson et al., 1994）のような配列アラインメント法の発見的なアプローチに対して，そのような統計的なアプローチの利点は，ギャップの開始（gap-opening）や伸張（gap-extension）のペナルティを指定することをユーザに要求するのではなく，データから挿入や欠失の速度を推定できる点にある．Bishop and Thompson（1986）や Thorne et al.（1991, 1992）によって開発された初期のモデルはやや単純化されており，また 2 本の配列の場合においてさえも莫大な計算コストを必要とした．しかし，生物学的な現実性と計算効率の両面において改良がなされてきている．これは，現在活発に研究が行われている領域である（たとえば，以下の文献を参照せよ．Hein et al., 2000, 2003; Metzler, 2003; Lunter et al., 2003, 2005; Holmes, 2005; Fleissner et al., 2005; Redelings and Suchard, 2005）．

4.2.5　例：類人猿の系統解析

　7 種の類人猿のミトコンドリアの重鎖にコードされている 12 個のタンパク質の配列を用いる．このデータは Cao et al.（1998）によって解析された哺乳類の配列データの一部である．12 個のタンパク質は類似する置換パターンを示しているように見えるので，連結して 1 本の長い配列にし，1 つのデータセットとして解析する．ゲノムにコードされているもう 1 つのタンパク質 ND6 は，塩基組成の非常に異なる反対側のストランド上にコードされているので，データには含めない．配列の由来する種と GenBank のアクセション番号は次のとおりである；ヒト（*Homo sapiens*, D38112），ナミチンパンジー（*Pan troglodytes*, D38113），ボノボチンパンジー（*Pan paniscus*, D38116），ゴリラ（*Gorilla gorilla*, D38114），ボルネオ・オランウータン（*Pongo pygmaeus pygmaeus*, D38115），スマトラ・オランウータン（*Pongo pygmaeus abelii*, X97707），テナガザル（*Hylobates lar*, X99256）．アラインメント・ギャップを除き，3,331 アミノ酸を使用する．

　7 種の生物については 945 個の 2 分岐の無根系統樹があるので，それらすべての尤度を評価した．ここでは，哺乳類のミトコンドリア・タンパク質に関する経験的進化モデル MTMAM（Yang et al., 1998）を仮定する．ML 系統樹が図 4.5 に示されている．その対数尤度スコアは $\ell = -14558.59$

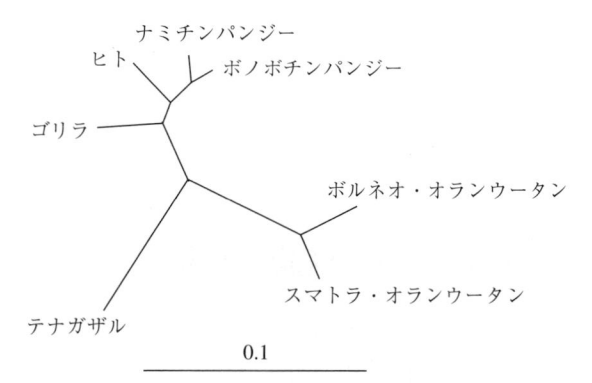

図 4.5 12 個のミトコンドリア・タンパク質から推定された 7 種の類人猿の ML 系統樹．枝はその長さを反映するように描かれており，その尺度はサイトあたりのアミノ酸置換数である．MTMAM モデルが仮定されている．

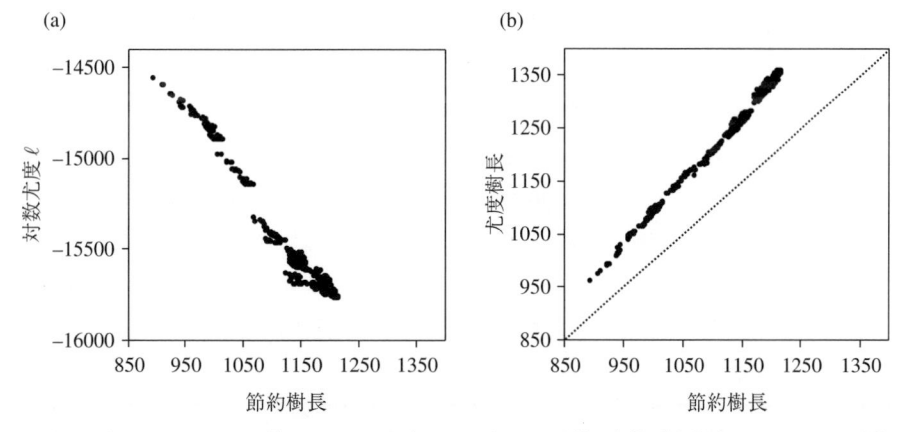

図 4.6 ミトコンドリア・タンパク質のデータに関する 945 個の 2 分岐の無根系統樹すべてについて計算された系統樹選択のためのいろいろな基準．(a) 対数尤度のスコア ℓ が，節約樹長 (parsimony tree length) に対してプロットされている．(b) 尤度樹長が節約樹長に対してプロットされている．尤度樹長の尺度は，その系統樹上でのアミノ酸置換数の推定値であり，推定された枝長の総和にサイト数をかけて計算される．節約樹長は変化の最小数であり，そのため過小評価されている．3 つの基準はすべて同じ系統樹（図 4.5 の系統樹）を最適なものとして選択した．

である．最も低い対数尤度は -15769.00 であり，星状系統樹の対数尤度は -15777.60 である．図 4.6 は，同一系統樹（図 4.5 に示しているもの）が最大対数尤度をもつとともに，最節約法による最小の樹長をもち，また最小の尤度樹長 (likelihood tree length；枝長の MLE の合計) をもっていることを示している．このように，最尤法，最節約法，最小進化法は，このデータについては同じものを最適な系統樹として選択する（通常，最小進化法では，距離行列法に最小 2 乗法を適用して枝長を推定するが，ここでは簡単のため枝長の推定に ML を用いている点に注意せよ）．同様に，最尤法による解析に任意の 2 つのアミノ酸間の置換速度が等しいことを仮定してポアソン・モデルを用いても，ML 系統樹として同じ系統樹が選択され，その対数尤度は $\ell = -16566.60$ である．

表 4.1　離散的な速度のモデル

サイト・クラス	1	2	3	⋯	K
確率	p_1	p_2	p_3	⋯	p_K
速度	r_1	r_2	r_3	⋯	r_K

4.3　より複雑なモデルのもとでの尤度の計算

　ここまで述べたことは，すべてのサイトが同じ置換速度行列に従って進化していることを仮定している．しかし，これは実際の配列に対しては，かなり非現実的な仮定であろう．過去20年の間に，尤度解析に使用されるモデルは大きく拡張されてきた．この節では，いくつかの重要な拡張について議論する．

4.3.1　サイト間で変動する速度のモデル

　実際の配列においては，置換速度はしばしばサイト間で変動している．サイト間の速度の変動を無視することは，系統解析に大きく影響する（たとえば，Tateno *et al.*, 1994; Huelsenbeck, 1995a; Yang, 1996c; Sullivan and Swofford, 2001 を参照）．尤度モデルに速度の変動を取り入れるために，すべてのサイトに対して速度パラメータをおくことは一般的には避けるべきである．そのようなモデルでは推定されるパラメータがあまりにも多くなり，最尤法が正しくはたらかないためである．このための賢明なアプローチとして，速度の変動をモデル化した統計分布を用いる方法がある．このアプローチには，離散的な速度分布と連続的な速度分布の両方が使用されてきた．

4.3.1.1　離散的な速度のモデル

　このモデルでは，サイトは異なる速度をもついくつかの（たとえば K 個の）クラスのいずれかに属すと仮定する（表4.1）．配列中の任意のサイトの速度は，確率 p_k で値 r_k をとる（$k = 1, 2, \cdots, K$）．r と p は，データから ML で推定されるパラメータである．ここで，2つの制約条件がある．第1の条件は，頻度の総和が1となるということである：$\sum p_k = 1$．第2の制約条件は，枝長の尺度が配列全体において平均化されたサイトあたりの塩基置換数の期待値となるように，平均速度を $\sum p_k r_k = 1$ に固定することである．後者の制約は，パラメータの数が多くなりすぎるのを防ぐために必要である．このように，速度 r は相対的な乗数因子（multiplication factor）である．制約条件により，K 個の速度クラスをもつモデルは $2(K-1)$ の自由パラメータを含んでいる．事実上，すべてのサイトは同じトポロジーの系統樹に沿って進化するが，サイトごとに枝は r に比例して伸張あるいは縮小する．言い換えると，速度 r をもつあるサイトの置換速度行列は rQ であり，Q はすべてのサイトで共有されている．

　各サイトがどの速度クラスに属しているかはわからないので，任意のサイトでデータを観察する確率は速度クラスについての加重平均として計算される．

$$f(\mathbf{x}_h | \theta) = \sum_k p_k \times f(\mathbf{x}_h | r = r_k; \theta) \tag{4.8}$$

尤度は，今回もこの確率のサイト全体での積をとることで計算される．速度 r が与えられたときに，データ $\mathbf{x}_h$ を観察する条件付き確率 $f(\mathbf{x}_h|r;\theta)$ は，すべての枝長に r をかけた，1 速度モデルのもとでの確率である．この確率は，各速度クラスについて枝刈りアルゴリズムを用いて計算できる．したがって，K 個の速度クラスをもつ変動速度モデルは，1 速度モデルに比べ K 倍の計算を必要とする．

例として，図 4.4(b) の系統樹を考えてみよう．すると次式が得られる（式 (4.7) と比較せよ）．

$$f(x_1 x_2 x_3|r;\theta) = \sum_j \pi_j p_{jx_1}(t_1 r) p_{jx_2}(t_1 r) p_{jx_3}((2t_0 - t_1)r) \tag{4.9}$$

離散的な速度モデルは，サイトが K 個のクラスの混合であるので，有限混合モデル（finite-mixture model）として知られている．あらゆる混合モデルがそうであるように，少数の速度クラスしか実際のデータに適合させることはできないので，K の値は 3 あるいは 4 を超えることはない．表 4.1 に示された一般的なモデルは Yang (1995a) によって開発された．その特殊なケースとして，不変サイト・モデル（invariable-site model）がある．このモデルでは，速度 $r_0 = 0$ である不変サイト（invariable site）のクラスと，ある一定の速度 r_1 をもつクラスの，2 つの速度クラスが仮定されている（Hasegawa et al., 1985）．平均速度は 1 であるので，$r_1 = 1/(1 - p_0)$ となる．ここで，不変サイトの割合 p_0 が，このモデルの唯一のパラメータである．アラインメント中で変化があるサイトは，速度 $r_0 = 0$ をとりえないことに注意しよう．すると，あるサイトにおいてデータを観測する確率は次のようになる．

$$f(\mathbf{x}_h|\theta) = \begin{cases} p_0 + p_1 \times f(\mathbf{x}_h|r = r_1;\theta) & \text{サイトが不変である場合} \\ p_1 \times f(\mathbf{x}_h|r = r_1;\theta) & \text{サイトに変化がある場合} \end{cases} \tag{4.10}$$

4.3.1.2　ガンマ速度モデル

第 2 のアプローチでは，連続分布を用いて，サイト間の速度の変動を近似的に表現する．最も一般的に使用されるものはガンマ分布である（図 1.6 参照）．2 配列間の距離の計算にガンマモデルを使用することについての議論は，第 1.3 節を参照せよ．平均 α/β，分散 α/β^2 のガンマ分布の確率密度関数は，次のようになる．

$$g(r;\alpha,\beta) = \frac{\beta^\alpha r^{\alpha-1} \mathrm{e}^{-\beta r}}{\Gamma(\alpha)} \tag{4.11}$$

ここでは，$\beta = \alpha$ とおき，平均が 1 になるようにしよう．形状パラメータ α は，サイト間の速度の変動の大きさに逆比例する．離散速度モデルの場合と同様に，サイトの速度は不明なので，速度の分布について平均をとらなければならない．

$$f(\mathbf{x}_h|\theta) = \int_0^\infty g(r) f(\mathbf{x}_h|r;\theta) \mathrm{d}r \tag{4.12}$$

ここで，パラメータの集合 θ には，枝長やその他の置換モデルのパラメータ（たとえば，κ）に加えて α が含まれる．離散モデルでは式 (4.8) 中で和をとるという処理が，連続モデルでは積分に置き換わっていることに注意しよう．

式 (4.12) のような連続モデルのもとで尤度関数を計算するためのアルゴリズムは，Yang (1993),

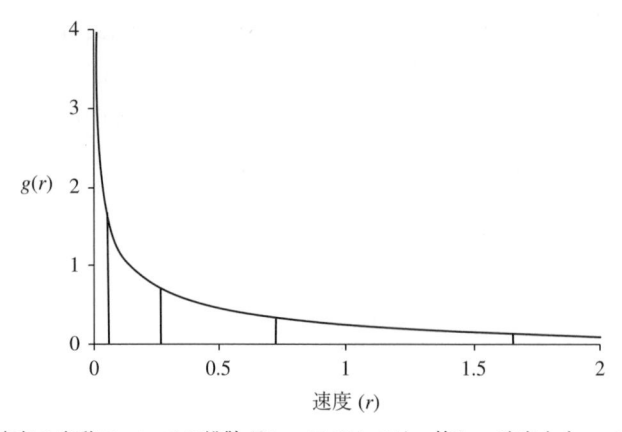

図 4.7 サイト間の速度の変動についての離散ガンマモデルでは，等しい確率をもつ K 個のクラスを用いて連続ガンマ分布を近似し，各クラスに属するすべての速度は，その平均値で代表される．ここで示されているのは，形状パラメータ $\alpha = 0.5$（平均は 1）のときのガンマ分布の確率密度関数 $g(r)$ である．$r = 0.06418, 0.27500, 0.70833, 1.64237$ の 4 つの位置に垂直線が引かれている．これらは，この分布の 20 番目，40 番目，60 番目，80 番目の%分位点に相当し，確率密度を各々の確率が 1/5 となる 5 つのクラスに分割している．これらのクラスの平均速度はそれぞれ 0.02121, 0.15549, 0.49708, 1.10712, 3.24910 である．

Gu et al.（1995），Kelly and Rice（1996）によって報告されている．条件付き確率 $f(\mathbf{x}_h|r)$ は，祖先の状態のすべての組合せについて和がとられていることに注意しよう（式 (4.2)）．和の中の各項はすべての枝についての遷移確率の積である．各遷移確率は $p_{ij}(tr) = \sum_k c_{ijk} e^{\lambda_k tr}$ と表される．ここで t は枝長，λ_k は固有値，c_{ijk} は固有ベクトルの関数である（式 (1.39) 参照）．このため，すべての積を展開すると，$f(\mathbf{x}_h|r)$ は，ae^{br} の形をした多数の項の和で表される．そのため，r についてのその積分を解析的に求めることができる（Yang, 1993）．しかし，このアルゴリズムは，和の中に莫大な数の項が含まれているため非常に遅く，9 本以下の配列からなる小さな系統樹しか取り扱えない．

4.3.1.3 離散ガンマモデル

連続ガンマモデルの近似として離散速度モデルを用いることができ，これは離散ガンマモデル（discrete-gamma model）として知られている．Yang（1994a）は，確率の等しい K 個の速度クラスを用いてこの方法を検討した．このとき，各クラスのすべての速度は，そのクラスの速度の平均あるいは中央値で代表される（**図 4.7**）．したがって，$p_k = 1/K$ であり，一方，r_k はガンマ分布の形状パラメータ α の関数として計算される．このとき，あるサイトにおけるデータの確率は式 (4.8) で与えられる．連続ガンマモデルの場合と同様に，このモデルも 1 個のパラメータ α を含んでいる．離散ガンマモデルは，式 (4.12) の積分を計算するための粗い方法と見なすことができる．小さなデータセットを用いた Yang（1994a）による検討では，離散ガンマモデルは $K = 4$ くらいのわずかなサイト・クラスでもよい近似を得られることが示唆された．数百本の配列からなる大きなデータセットの場合は，より多くのカテゴリを用いたほうがよい（Mayrose et al., 2005）．離散化のため，離散ガンマモデルは，同じ α を有する連続ガンマモデルに比べて速度の変動が小さい．このため，離散ガンマモデルのもとでの α の推定値は，ほぼいつでも連続ガ

ンマモデルのもとでの推定値よりも小さい．

　Felsenstein (2001a) と Mayrose et al. (2005) は，式 (4.12) の確率の計算のために数値積分（求積法）のアルゴリズムを使うことを議論している．これらの方法では，固定された r の値の集合に対して被積分関数の値が計算され，次に多項式のようなより単純な関数を用いて被積分関数を近似する．この方法の問題は，式 (4.12) の被積分関数は，不変サイトについては 0，分化の程度の大きいサイトでは大きな値でピークをもつので，固定点を用いるアルゴリズムでは，すべてのサイトに関して積分をうまく近似することはできないことである．適応型アルゴリズム（adaptive algorithm）は，被積分関数が大きな値をとる領域では，より密に計算のポイントがとられるので信頼性が増す．この方法では，異なるサイトに対して異なる計算のポイントがとられ，これは事実上，すべての速度カテゴリに関し，すべての枝で全サイトの遷移確率行列を計算しなければならないことを意味しており，計算に関するコストが大きくなる．求積法による数値積分は，もし正確で安定であるならば，他の分子進化研究（たとえば，サイト間で ω 比が異なるコドン置換のモデルに関するもの）においても非常に有用であり，その信頼性を評価するためのさらなる研究が必要である．

4.3.1.4　他の速度の分布関数

　ガンマモデル以外にも，いくつか他の確率分布関数が実装され検討されている．Waddell et al. (1997) は対数正規モデルを検討した．Kelly and Rice (1996) は，分布の形状を特定しない一般的な連続分布を仮定したノンパラメトリックなアプローチをとった．しかし，そのような一般的なモデルを用いた場合，十分な推測は不可能である．Gu et al. (1995) はガンマモデルに，不変サイトを加え，全サイト中の不変サイトの割合を p_0 とし，他のサイト（割合は $p_1 = 1 - p_0$）の速度はガンマ分布に従うというモデルを考えた．このモデルは "I+Γ" として知られるもので，広く利用されている．しかし，このモデルには若干おかしなところがある．というのも，$\alpha \leq 1$ であるガンマ分布では非常に速度の小さいサイトがありえるので，不変サイトを加えると，p_0 と α の間に強い相関が生じてしまい，これら 2 つのパラメータの信頼できる推定ができなくなる (Yang, 1993; Sullivan et al., 1999; Mayrose et al., 2005)．このモデルのもう 1 つの欠点は，p_0 の推定値がデータに含まれる配列の数や分化の程度に大きく影響されることである．割合 p_0 は，不変サイトの割合の観測値を超えることはない；より多くの，また大きく分化した配列が加わると，不変サイトの割合は減少し，p_0 の推定値も同様に減少する傾向がある．もし，真の速度の分布が 2 つのピークをもち，1 つが速度 0 の近く，もう 1 つが中間的な速度であるならば，I+Γ モデルは有用だろう．Mayrose et al. (2005) は，ガンマ混合モデル（gamma mixture model）を提案した．このモデルでは，任意のサイトの速度は，異なるパラメータをもつ 2 つのガンマ分布の混合分布に従う確率変数であることを仮定している．この方法は，I+Γ モデルよりも安定しているようにみえる．枝長や系統関係を推定する場合には，異なる分布を用いても同様の結果が得られるので，単なるガンマ分布でも十分であるようにみえる．しかし，多くの配列からなる大きなデータセットからのサイトの速度の推定には，混合モデルのほうが望ましい．

　連続速度モデルでも離散速度モデルでも，異なるサイトにおけるデータは独立しており，同一の分布に従っている (independently and identically distributed；i.i.d.) ことに注意しよう．こ

のモデルでは，異なるサイトは異なる速度で進化することができるが，どのサイトがどのような速度をもつかを先験的には特定していない．その代わりに，任意のサイトの速度はある共通の分布からランダムに抽出される．その結果，異なるサイトのデータは同じ分布に従う．

4.3.1.5 サイトの置換速度のベイズ推定

多くの配列よりなる巨大なデータセットでは，個々のサイトに多くの変化がみられ，それにより各サイトの相対的な置換速度が推定できる．離散速度モデルでも，連続速度モデルでも，サイトの速度は確率変数であり，尤度関数からは積分をとることで消去される．そのため，速度の推定のためには，サイトのデータが与えられたときの速度の条件付き（事後）分布が用いられる．

$$f(r|\mathbf{x}_h;\theta) = \frac{f(r|\theta)f(\mathbf{x}_h|r;\theta)}{f(\mathbf{x}_h|\theta)} \quad (4.13)$$

パラメータ θ は，その最尤推定値（MLE）などの推定値で置き換えられる．これは経験的ベイズ・アプローチ（empirical Bayes approach）として知られているものである．連続速度モデルでは，そのサイトの速度の推定値として事後平均を用いることができる（Yang and Wang, 1995）．離散速度モデルでは，式 (4.13) の速度 r は確率 $f(r|\theta) = p_k$ で，K 個の可能な値の中の1つをとりうる．この場合，速度の最良推定値として，速度の事後平均あるいは最大事後確率をもつ速度が用いられる（Yang, 1994a）．

経験的ベイズ・アプローチでは，パラメータ推定における標本誤差が無視されるが，データセットが小さいときには問題となるかもしれない．このようなときには，パラメータに事前確率を割りあて，階層的ベイズ・アプローチ（full Bayesian approach）を用いてパラメータの不確実性を取り扱うことができる．Mateiu and Rannala (2006) はサイトの速度を推定するため，マルコフ連鎖モンテカルロ法（Markov-chain Monte Carlo；MCMC）による興味深いアルゴリズムを開発した．この方法では，連続ガンマモデルを実装するために一様化マルコフ連鎖（uniformized Markov chain）（Kao, 1997, pp.273–277）が用いられている．この方法により，数百もの配列よりなる莫大なデータを連続モデルのもとで解析することが可能となった．著者らのシミュレーションから，離散ガンマモデルは，枝長に関してはよい推定値を与えるが，非常に多くの速度クラス（たとえば，$K \geq 40$）を用いないと，大きな速度を過小評価する傾向にあることが示された．

サイトの速度を推定するための尤度による別のアプローチは，Nielsen (1997) によって開発された．この方法では，各サイトの速度がそれぞれ別々のパラメータとして扱われ，ML によって推定される．この方法では，あまりにも多くのパラメータを推定しなければならず，推定値はしばしば 0 か無限大になってしまう．

4.3.1.6 隣接サイトにおいて相関のある速度

Yang (1995a) と Felsenstein and Churchill (1996) は隣接するサイトの間で速度に相関のあるモデルを開発した．自己離散ガンマモデル（auto-discrete gamma model）（Yang 1995a）では，2つの隣接するサイトの速度が2変数ガンマ分布（両方の変数の周辺分布がガンマ分布となるもの）に従う．分布は計算を実行できるように離散化される．これは，離散ガンマモデルへの拡張であり，自己相関の強さを表す ρ をパラメータとして含んでいる．このモデルは，配列に沿っ

たある速度クラスから別のクラスへの遷移を隠れマルコフモデル（hidden Markov model）で表現する形で実装されている．Felsenstein and Churchill（1996）も同様の隠れマルコフモデルを報告しており，ここでは塩基サイトの断片が同じ速度をもつと仮定され，断片の長さは相関の強度を反映している．現実のデータを用いたテストにより，置換速度には実際に高い相関があることが示唆された．それにもかかわらず，隣接するサイトの間の相関を無視しても枝長やモデル中の他のパラメータの推定には大きな影響はないように見える．

4.3.1.7 コバリオン・モデル

離散速度モデルでも，連続速度モデルでも，サイトの速度は系統樹中のすべての枝に適用される．つまり，速く進化するサイトは，系統樹のどこでも速く進化している．この仮定を緩めたものがコバリオン（covarion；COncomitantly VARIable codON；同時変異コドン）モデルである．このモデルはタンパク質をコードしている遺伝子中でのコドンの共進化，すなわち1個のコドン中の置換が他方のコドンの置換に影響を与えるという Fitch（1971a）の考えに基づいている．そのようなモデルでは，サイトはある速度クラスから別の速度クラスに変化することができる．その結果，あるサイトはある系統では速く進化し，別の系統では遅く進化するということが生じうる．Tuffley and Steel（1998）は不変サイト・モデルへの拡張を議論している．このモデルでは，1つのサイトは2つの状態の間を遷移する：1つは'オン'状態（+）で，塩基は一定の速度で進化する．もう1つは'オフ'状態（−）で，塩基は変化しない．このモデルの最尤法による実装は，Huelsenbeck（2002）によってなされた．同様に，Galtier（2001）は離散ガンマモデルへの拡張を行っている．このモデルでは，サイトは進化的時間の中で離散ガンマモデルの K 個の速度クラスの中のある速度クラスから別の速度クラスに変化できる．

ここでは，そのようなモデルの実装について説明するため，Tuffley and Steel（1998）や Huelsenbeck（2002）のより簡単なモデルを用いる．簡単なアプローチとして，状態空間を拡張してマルコフ連鎖を構築するという方法がある．4種の塩基の代わりに，8個の状態，$T_+, C_+, A_+, G_+, T_-, C_-, A_-, G_-$ を考える．ここで，'+' と '−' は，それぞれ，'オン' と 'オフ' の状態を表している．'+' の状態の塩基は，JC69 あるいは HKY85 のような置換モデルに従って，それら自身の間で変化することができる．'−' の状態の塩基は，'+' の状態の同じ塩基への変化のみが許されている．尤度の計算では，各サイトのデータの確率を計算するためには，祖先節のそれぞれにおいて，8つの状態すべてについて和をとる必要がある．さらに，外部節で観察される塩基は '+' 状態か '−' 状態のいずれかでありうるので，あるサイトでデータを観察する確率は，拡張された状態の中でデータと整合性のあるパターンすべてについて和をとることで得られる．たとえば，3生物種のあるサイトで観察されたデータが TCA であったとしよう．このとき，Pr(TCA) は，8種のサイト・パターン $T_+C_+A_+, T_+C_+A_-, T_+C_-A_+, \cdots, T_-C_-A_-$ についての和となる．この和は，第4.2.4項で議論された，枝刈りアルゴリズムによる欠損データの尤度の処理方法を用いることで効率的に計算できる；たとえば，外部節 i で観測された塩基が T であるならば，$x_i = T_+$ と $x_i = T_-$ の両方に対して，外部節 i における条件付き確率 $L_i(x_i)$ を1とおく．Galtier（2001）のモデルも同様に用いられるが，このときマルコフ連鎖の状態数は8ではなく $4K$ となる．

Guindon et al.（2004）は，同じアイデアを用いてコドン置換の切替えモデル（codon-based

switching algorithm) を開発した．このモデルでは，コドンは異なる ω 比をもつサイト・クラス間を遷移できる．つまり，このモデルでは ω 比で示されるタンパク質に作用する選択圧がサイト間や系統間の両方で変化することができ，共進化するコドンという Fitch（1971a）のオリジナルのアイデアに近い．第 8 章では，コドンに基づくモデルについてさらに議論する．ここで紹介したすべてのコバリオン・モデルでは，異なるサイトのデータは $i.i.d.$ であることが仮定されていることに注意しよう．

4.3.1.8 数値例：類人猿の系統

サイト間の速度の変動を導入するために，$K = 5$ の速度クラスをもつ離散ガンマモデルを用いた MTMAM $+ \Gamma_5$ により，ミトコンドリア・タンパク質の配列のデータを解析する．形状パラメータは，哺乳類から推定された $\alpha = 0.4$ に固定する（Yang et al., 1998）．ML 系統樹は，MTMAM モデルで推定したものと同じであった（図 4.5）．この系統樹の対数尤度は $\ell = -14{,}413.38$ となり，1 速度モデルのもとでの値に比べ非常に大きい．もし，α もこのデータから推定した場合，同じ系統樹が ML 系統樹として得られ，$\hat{\alpha} = 0.333$, $\ell = -14{,}411.90$ となる． □

4.3.2 複数のデータセットを統合して解析するためのモデル

サイト間の速度の変動をどのようにモデル化するかは，どのサイトが速く進化し，どのサイトの進化が遅いかということについての先験的な情報があるかどうかに依存する．もし，そのような情報がなければ，1 つ前の項で議論したように，通常はランダムな統計分布が仮定される．しかし，そのような情報がある場合は，それを利用したほうがよい．たとえば，異なる遺伝子は異なる速度で進化しているであろう．異なる遺伝子座についての複数のデータセットを統合して解析する際に，そのような速度の不均一性を考慮したいということがあるであろう．また，タンパク質をコードする遺伝子中の 3 つのコドン・ポジションは大きく異なる速度で進化しており，それらの解析についても同様の状況が生じる．ここでは，'複数のデータセット（multiple data sets）' によって，進化の動態が異なると期待されるアラインメント中のサイトの先験的な分画を表す．たとえば，3 箇所のコドン・ポジションに対して異なる速度パラメータ r_1, r_2, r_3 を割り当てよう．第 1 ポジションの速度あるいは平均速度を 1 に固定すると，枝長の尺度は，第 1 ポジションあるいはすべてのポジションでの平均のサイトあたりの置換数となる．そのような不均一な塩基置換モデルはコドン置換の複雑さをとらえきれていないとしても，コドン置換モデルに伴う計算上のコストがなく，実際のデータ解析には有効であるように見える（Ren et al., 2005; Shapiro et al., 2006）．そのようなモデルのいくつかは Yang（1995a）によって開発された．速度以外にも，トランジション/トランスバージョンの速度比や塩基組成のような，進化の過程の特徴を反映するパラメータについても同様に，遺伝子間あるいは分画されたサイト間で異なるように設定できる（Yang, 1995a; 1996b）．

先に議論した離散あるいは連続速度モデルをランダム速度モデル（random-rates model）とよぶとすると，ここで述べているモデルは固定速度モデル（fixed-rates model）とでもよばれるものである．それらは，統計学の変動効果モデル（random-effects model）と固定効果モデル（fixed-effects model）に対応する．いま，速度 $r_1, r_2, \cdots, r_K$ に対応する K 個のサイト分画（た

とえば，遺伝子あるいはコドン・ポジション）があるとしよう．また，$I(h)$ をサイト h が属している分画を示すものとする．このとき，対数尤度は式 (4.14) で与えられる．

$$\ell(\theta, r_1, r_2, \cdots, r_K; X) = \sum_h \log\{f(\mathbf{x}_h | r_{I(h)}; \theta)\} \tag{4.14}$$

ここで，サイト分画の速度はモデルのパラメータであり，θ は枝長やその他の置換に関するパラメータを含むものとする．ランダム速度モデルでは，あるサイトでデータが観察される確率はサイト・クラスについて平均をとることで計算される（式 (4.8) と (4.12)）のに対し，固定速度モデルでは，そのような確率は正しい速度パラメータ $r_{I(h)}$ を用いて計算される．したがって，固定速度モデルの尤度の計算には，1 速度モデルの場合と同程度の計算コストですむ．

固定速度モデルとランダム速度モデルにはいくつかのちがいがある．前者では，各サイトがどの分画あるいはサイト・クラスに属しているかがわかっており，サイト分画の速度はパラメータとして ML で推定される．後者では，各サイトの速度は未知である；その代わりに，速度はある統計分布からランダムに抽出されたものとして取り扱われ，速度の変動の尺度として，その統計分布のパラメータ（ガンマモデルの α など）が推定される．ランダム速度モデルでは，異なるサイトのデータは i.i.d. であると仮定されている．一方，固定速度モデルでは，同じ分画に属している異なるサイトのデータは i.i.d. であるが，異なる分画に属しているサイトは異なる分布に従っている．サイトの再サンプリングに基づく統計検定においては，この違いを考慮する必要がある．

固定効果と変動効果の両方を含むモデルは混合効果モデル（mixed-effects model）とよばれ，それらもサイト間の速度の変動を表すために導入されている．たとえば，サイト分画（コドン・ポジションあるいは遺伝子）間の速度の大きな変異を表すために固定速度パラメータを用い，分画内部における速度の変動は離散ガンマモデルで表すことができる（Yang, 1995a, 1996b）．この一般的な枠組みは，複数の異質なサイトに由来する複数の配列のデータセットを解析するのに有用であり，異質性を考慮しつつ，遺伝子の進化の過程に関する共通の特徴についての情報をまとめることができる．また，この枠組みを用いることで，遺伝子特異的な速度やパラメータを推定したり，遺伝子間の類似性やちがいについての仮説検定を行うことができる．最尤法（Yang, 1996b; Pupko et al., 2002b）でも，ベイズ法（Suchard et al., 2003; Nylander et al., 2004; Pagel and Meade, 2004）でも，この枠組みを取り扱うことができる．局所的時計モデル（local-clock model）のもとでの種の分岐時間の推定にも同様の方法を用いることができる．このモデルでは，遺伝子座間で分岐時間は共有されているが，異なる進化的特徴を示す複数の遺伝子座がありえる（Kishino et al., 2001; Yang and Yoder, 2003）．

統合解析（combined analysis）と個別解析（separate analysis）の間での論争がある．前者は，全証拠を用いたアプローチ（total evidence approach）ともよばれており，複数の遺伝子座に由来する配列を連結して得られた配列を，遺伝子間に存在しうる差を無視して 1 個の '超遺伝子'（super gene）として取り扱う．後者では，異なる遺伝子は別々に解析される．個別解析は，遺伝子間の差異を明らかにすることができるが，複数の異質なデータセットに由来する情報を自然にまとめあげることはできない．この方法では，各遺伝子座がそれぞれ特有なパラメータの集合をもちうるので，観測データへの過剰適合が生じやすい．この論争は近年では，とくに配列がいくつかの種の遺伝子座で消失している場合，超行列（supermatrix）によるアプローチと超系統

樹（supertree）によるアプローチの間の論争に変化してきている（たとえば，Bininda-Emonds, 2004 参照）．超行列によるアプローチでは配列が連結されるが，消失配列部分は疑問符を用いて埋められ，統合解析と等価である．この方法では遺伝子座間のちがいを考慮できない．超系統樹によるアプローチでは，異なる遺伝子に由来するデータごとに系統関係を再構築し，発見的アルゴリズムによってそれらの部分木をまとめあげて，すべての生物種に対応する 1 つの超系統樹を構築する．この方法では，各部分木中の不確実性を適切に取り扱うことはできず，部分木間のくいちがいはアドホックな決定によって処理される．超行列によるアプローチも超系統樹によるアプローチもどちらも有用な場合がありうる．しかし，統計的な観点からは，複数のデータセット間の異質性を考慮した統合解析に対する最尤法によるアプローチに比べると，どちらのアプローチも劣っている．

4.3.3 非一様，非定常モデル

非常に遠い関係の配列を解析する場合，配列間で塩基やアミノ酸の組成が大きく異なっている場合がある．このような場合，一様で定常なマルコフ連鎖の仮定は明らかに成立していない．組成が一様であるか否かは，配列中の塩基あるいはアミノ酸の個数の分割表を用いて χ^2 統計量を計算することで検定できる（たとえば，Tavaré, 1986 参照）．しかし，典型的な分子データセットのサイズは大きく，そのような検定はたやすく帰無仮説を棄却できるであろうから，そのように形式的に検定を行う必要はないであろう．経験的には（たとえば，Lockhart *et al.*, 1994），不均一な塩基組成は系統樹の再構築を誤らせ，配列は遺伝的な関係よりはむしろ塩基組成によってグループ化されてしまうことが示唆されている．

尤度モデルにおいて，経時的な塩基組成のゆらぎを取り扱うことは困難である．Yang and Roberts (1995) が導入したいくつかの非一様モデルでは，系統樹のすべての枝に HKY85 モデルの塩基頻度パラメータのセット ($\pi_T, \pi_C, \pi_A, \pi_G$) が割り当てられている．これにより，樹根に対応する配列から分岐後の進化の過程での塩基組成の浮動を表現できる．このモデルは多くのパラメータを含んでいるため，少数の種よりなる小さな系統樹にのみ適用できる．かつて Barry and Hartigan (1987b) は，より多くのパラメータをもつモデルを報告した．そのモデルでは，各枝に対して 12 個のパラメータをもつ一般遷移確率行列 P が推定される．しかし，このモデルがこれまでにデータ解析に使用された形跡はない．Galtier and Gouy (1998) は，Yang and Roberts のモデルを単純にしたバージョンを開発した．そこでは，HKY85 モデルの代わりに Tamura (1992) のモデルが用いられている．Tamura のモデルでは，G と C，また A と T は等頻度であることが仮定されており，そのため置換速度行列中で必要なのは GC 含量に関するパラメータ 1 個だけとなる．Galtier and Gouy は，系統樹の枝ごとに異なる GC 含量パラメータを推定した．パラメータ数を減らしたことにより，このモデルは比較的大きなデータセットに対してもうまく適用されている（Galtier *et al.*, 1999）．

パラメータが多すぎるという問題は，時間あるいは枝に沿って塩基組成の浮動を記述するための確率過程を用いて，パラメータの事前確率を構築することで回避できるかもしれない．このとき，尤度の計算には塩基組成の軌跡についての積分が必要となる．この積分はやっかいであり，ベイズ法による MCMC アルゴリズムによって計算できるかどうかは明らかではない．このよう

なアプローチの実行可能性についてはさらなる研究が必要とされている．

4.3.4 アミノ酸モデルとコドン・モデル

ここまでの議論は，非コードDNA配列に適用される塩基置換のモデルを仮定していた．枝刈りアルゴリズムなどと同じ理論が，アミノ酸置換のモデルのもとでのタンパク質の配列解析 (Bishop and Friday, 1985, 1987; Kishino et al., 1990)，あるいはコドン置換モデルのもとでのタンパク質をコードするDNA配列の解析 (Goldman and Yang, 1994; Muse and Gaut, 1994) にそのまま適用できる．そのようなモデルについては第2章で議論した．異なっている点の1つは，置換速度行列や遷移確率行列のサイズが，塩基の場合は 4×4 であったのに対し，アミノ酸の場合は 20×20，コドンの場合は（普遍遺伝暗号中には61個のセンスコドンが含まれているので）61×61 になることである．さらに，祖先の状態についての和は，祖先のアミノ酸のすべて，あるいは祖先のコドンのすべてについてとることになる．その結果，アミノ酸モデルあるいはコドン・モデルのもとでの尤度の計算は，塩基モデルのもとでの計算に比べずっとコストがかかる．しかし，アミノ酸モデルやコドン・モデルへの拡張には，新しい原理は何も含まれていない．

4.4 祖先の状態の復元

4.4.1 概観

これまで進化生物学者は，絶滅した祖先生物種の形質を復元し，それを用いて仮説を検定するということを行ってきた．MacCladeプログラム (Maddison and Maddison, 2000) には，何種類かの異なる最節約法による祖先復元のための便利なツールがある．Maddison and Maddison (2000) は，祖先復元の多くの利用法（および誤用）についての優れた総説でもある．比較法 (comparative method)（たとえば，Felsenstein, 1985b; Harvey and Pagel, 1991; Schluter, 2000）は，復元された祖先の状態を用いて，2つの形質間の変化が関連していることを検出する．関連は，必ずしも因果関係を意味するものではないけれども，進化的に関連することを明らかにすることは，ある形質の適応的な意義を推測する最初のステップとなる．たとえば，蝶の幼虫は，"おいしい (P_+)" あるいは "まずい (P_-)" という形質をもち，また "単生 (S_+)" あるいは "群生 (S_-)" という形質をもちうる．もし，形質の状態 P_+ と S_+ の間に有意な関連を見いだすことができ，とくに祖先の状態の復元から系統樹上では P_+ は常に S_+ に先んじて現れるようであれば，"おいしい"という形質が単生行動の進化を引き起こしたというのがもっともらしい説明であろう (Harvey and Pagel, 1991)．祖先の復元は，そのような解析の第一歩となることが多い．

分子データに関しては，祖先の復元は，塩基あるいはアミノ酸間の置換の相対速度の推定（たとえば，Dayhoff et al., 1978; Gojobori et al., 1982 参照），タンパク質の適応進化の推定のための系統樹上での同義および非同義置換のカウント (Messier and Stewart, 1997; Suzuki and Gojobori, 1999)，塩基やアミノ酸の組成の変化の推定 (Duret et al., 2002)，共進化する塩基やアミノ酸の検出（たとえば，Shindyalov et al., 1994; Tuff and Darlu, 2000)，またその他の多くの解析に使用されてきた．これら解析の手続きの大部分は，より厳密な最尤法による方法に取って代わられてきている．祖先配列の復元は，Pauling and Zuckerkandl による "化学的な古生物の復

元（chemical paleogenetic restoration）"といわれるものにおもに応用されている（Pauling and Zuckerkandl, 1963；また Zuckerkandl, 1964 も参照せよ）．節約基準あるいは尤度によって推定された祖先タンパク質は，部位特異的突然変異によって合成され，それらの化学的また生理学的性質が調べられている（たとえば，Malcom *et al.*, 1990; Stackhouse *et al.*, 1990; Libertini and Di Donato, 1994; Jermann *et al.*, 1995; Thornton *et al.*, 2003; Ugalde *et al.*, 2004 参照）．総説としては，Golding and Dean（1998），Chang and Donoghue（2000），Benner（2002），また Thornton（2004）などがある．

最節約法による祖先状態の復元法は，Fitch（1971b）と Hartigan（1973）によって開発された．加重節約法のより一般的なアルゴリズムは第 3.4.3 項で述べられている．Fitch（1971b）や Maddison and Maddison（1982）は，祖先の復元における最節約法について議論する一方で，祖先の復元に対する確率的アプローチの利点や復元の不確実性を定量化することの重要性について強調している．それにもかかわらず，初期の研究（またいくつかの近年の研究）では，確率の計算が正しく行われなかった．マルコフ連鎖モデルで形質の進化を記述するとき，祖先の状態は確率変数となり，尤度関数からは推定できない．尤度関数はすべての可能な祖先の状態について平均をとることで得られるからである（第 4.2 節参照）．祖先の状態を推定するためには，データが与えられたときの祖先の状態の条件付き（事後）確率を計算しなければならない．この計算は，Yang *et al.*（1995a）や Koshi and Goldstein（1996a）によって導入された経験的ベイズ（empirical Bayes；EB）・アプローチによって行われる．この方法は，（MLE のような）パラメータの推定値が祖先の事後確率の計算に使用されるという意味で経験的である．多くの統計学者は EB を最尤法の一種と見なしている．混乱を避けるため，このアプローチをここでは（最尤法の代わりに）経験的ベイズ法とよぶことにする．

最節約法による復元と比べると，EB アプローチは，枝長の違いや塩基やアミノ酸間の置換速度の違いを考慮できる．また，この方法では，復元の正確さの尺度として，事後確率が計算される．一方，経験的ベイズ・アプローチには，パラメータの推定値の中の標本誤差を考慮できないという欠点がある．このことは，高い信頼性をもってパラメータを推定できるほどの情報がないような小さなデータセットを扱う場合には問題となる．Huelsenbeck and Bollback（2001）や Pagel *et al.*（2004）は，祖先状態の復元のために階層的ベイズ（full（hierarchical）Bayesian）・アプローチを導入した．この方法では，パラメータに事前確率を割り当て，MCMC アルゴリズムによって，その不確実さについて平均がとられる（第 5 章参照）．もう 1 つのアプローチとして，Nielsen（2001a）によるものがある．この方法では，系統樹の枝上で置換がサンプリングされる．これは，祖先節の状態を復元することと同等であり，その適切さはどのように祖先の状態が用いられるかに依存する．系統樹上で置換を復元するというアプローチは，1 つのサイトに複数回の置換が生じている可能性があるので，生物種の関係を扱うには計算のコストが大きい．しかし，配列が非常に類似している集団内のデータの解析には有用であるかもしれない．

この項では，祖先配列復元のための経験的ベイズ法について述べ，階層的ベイズ・アプローチの改変した方法について議論しよう．また，離散的な形態的形質について祖先の状態を復元することについても簡単に議論しよう．分子データと同じ理論を用いることでこの復元を行えるが，モデルのパラメータを推定するための情報を欠いているため，解析はずっと困難である．

4.4.2 経験的ベイズ法と階層的ベイズ法による復元

周辺復元（marginal reconstruction）と同時復元（joint reconstruction）を区別することができる．前者では，1つの節には1つの形質状態が割り当てられるが，後者ではすべての祖先節に形質状態の集合が割りあてられる．分子データの復元の研究におけるように，ある特定の節に対応する配列が必要な場合には，周辺復元が適している．個々のサイトにおける変化をカウントする場合には，同時復元がより適している．

ここでは，図4.2の例を用いて，経験的ベイズ・アプローチによる祖先の復元を説明しよう．条件付き確率（すなわち，系統樹上に示されている $L_i(x_i)$）を計算するために用いられる，枝長とトランジション/トランスバージョンの速度比 κ は真の値であるとしよう．実際のデータ解析では，それらの値は配列データセットから得られるMLEで置き換えて計算が行われる．

4.4.2.1 周辺復元

1つの祖先節における形質状態の事後確率を計算しよう．節0を樹根とする．そのサイトのデータが与えられたときに，節0が塩基 x_0 をもつ事後確率は次式で与えられる．

$$f(x_0|\mathbf{x}_h;\theta) = \frac{f(x_0|\theta)f(\mathbf{x}_h|x_0;\theta)}{f(\mathbf{x}_h|\theta)} = \frac{\pi_{x_0} L_0(x_0)}{\sum_{x_0} \pi_{x_0} L_0(x_0)} \tag{4.15}$$

$\pi_{x_0} L_0(x_0)$ は外部節の状態が $\mathbf{x}_h$ で，樹根の状態が x_0 である同時確率であることに注意しよう．これは，x_0 を除く，すべての祖先の状態について和をとることで計算される（$L_0(x_0)$ の定義については第4.2.2項参照）．$L_0(x_0)$ は図4.2に示されている．一方，K80モデルのもとでの任意の塩基 x_0 についての事前確率は $f(x_0|\theta) = \pi_{x_0} = 1/4$ である．このサイトにおいてデータが観察される確率は，$f(\mathbf{x}_h|\theta) = 0.000509843$ である．これにより，節0の事後確率はT, C, A, Gのそれぞれについて，$0.055 (= 0.25 \times 0.00011237/0.000509843)$, 0.901, 0.037, 0.007 となる．このとき，Cの事後確率は0.901と最も大きく，樹根で最もありえそうな塩基である．

他の任意の内部節の事後確率は，樹根をその節に移動させて，同じアルゴリズムを適用することで計算できる．節6に関しては，$0.093(T), 0.829(C), 0.070(A), 0.007(G)$ となる．節7では，$0.153(T), 0.817(C), 0.026(A), 0.004(G)$, 節8では，$0.010(T), 0.985(C), 0.004(A), 0.001(G)$ となる．これらの周辺復元から，最良の同時復元は $x_0 x_6 x_7 x_8 = $ CCCC であり，その事後確率は $0.901 \times 0.829 \times 0.817 \times 0.985 = 0.601$ であると推測されるかもしれない．しかし，この計算は正確ではない．なぜなら，異なる節の状態は独立ではないからである．たとえば，節0が $x_0 = $ C の場合，節6, 7, 8 が同様にCである確率は，節0の状態が未知の場合に比べずっと大きくなる．

ここまでの議論は，すべてのサイトが同じ速度をもつことを仮定しているが，サイトが固定されたサイト分画に属しているような固定速度モデルにも適用できる．ランダム速度モデルにおいては，$f(\mathbf{x}_h|\theta)$ も $f(\mathbf{x}_h|x_0;\theta)$ も，速度カテゴリについての和をとることで求められ，枝刈りアルゴリズムを用いて同様に計算できる．

4.4.2.2 同時復元

このアプローチでは，あるサイトについて，すべての内部節に割り当てられた形質状態の集合の事後確率が計算される．$\mathbf{y}_h = (x_0, x_6, x_7, x_8)$ を，そのような割り当て，すなわち復元の1つ

であるとしよう．その事後確率は式 (4.16) で与えられる．

$$f(\mathbf{y}_h|\mathbf{x}_h;\theta) = \frac{f(\mathbf{x}_h,\mathbf{y}_h|\theta)}{f(\mathbf{x}_h|\theta)}$$

$$= \frac{\pi_{x_0} p_{x_0 x_6}(t_6) p_{x_6 x_7}(t_7) p_{x_7 \mathrm{T}}(t_1) p_{x_7 \mathrm{C}}(t_2) p_{x_6 \mathrm{A}}(t_3) p_{x_0 x_8}(t_8) p_{x_8 \mathrm{C}}(t_4) p_{x_8 \mathrm{C}}(t_5)}{f(\mathbf{x}_h|\theta)}$$

(4.16)

分子の $f(\mathbf{x}_h,\mathbf{y}_h|\theta)$ は，パラメータ θ が与えられたときの外部節の状態 $\mathbf{x}_h$ と祖先節の状態 $\mathbf{y}_h$ の同時確率である．これは，式 (4.2) の角かっこ中の項である．あるサイトのデータの確率 $f(\mathbf{x}_h|\theta)$ はすべての可能な復元 $\mathbf{y}_h$ について和をとることで得られる．一方，ある復元 $\mathbf{y}_h$ の寄与の割合が，その復元の事後確率となっている．

Yang et al. (1995a) や Koshi and Goldstein (1996a) にあるように，この公式をそのまま利用すると，祖先の復元の数 (x_0, x_6, x_7, x_8 のすべての組合せ) が膨大なものになるという問題が生じる．異なる復元を比較する際，$f(\mathbf{x}_h|\theta)$ は固定値となるので，分子のみが比較に用いられるという点に注意しよう．そこで，遷移確率の積を最大化する代わりに，遷移確率の対数の和を最大化することにする．そのために，第 3.4.3 項で述べた加重節約法で最良の復元を決定するために用いられた動的計画法を，以下に述べるように少々変更して適用しよう．第 1 に，各枝はそれ自身のコスト行列をもつようにする．最節約法では，すべての枝に関して，単一のコスト行列が使用されていた．第 2 に，それぞれの復元のスコアには，もう 1 つ $\log(\pi_{x_0})$ という項を付加する．その結果得られるアルゴリズムは，Pupko et al. (2000) が述べているものと等価である．このアルゴリズムは，1 速度かつ固定速度のモデルには使用できるが，ランダム速度モデルには使用できない．後者については，Pupko et al. (2002a) によって，近似的な分枝限定アルゴリズム (branch-and-bound algorithm) を用いた実装がなされている．

図 4.2 の問題に動的計画法を適用すると，最良の復元として $x_0 x_6 x_7 x_8 = $ CCCC が得られる．その事後確率は 0.784 となる．この結果は，周辺復元と一致し，すべての節において C が最も可能性の高い塩基であることを示唆しているが，その事後確率は先に述べた不正確な確率 0.601 よりも大きい．動的計画法を少し拡張すると，TTTC(0.040), CCTC(0.040), CTTC(0.040), AAAC(0.011), CAAC(0.011) のような，次善の復元をいくつか得ることができる．ここで述べた計算は説明のためだけのものである．時計性を仮定しない実際のデータ解析では，無根系統樹を用い，枝長やその他のパラメータを ML で推定する必要がある．

周辺復元と同時復元は少し異なる基準を用いている．それらの結果は通常は一致し，あるサイトにおける最も可能性の高い同時復元は，周辺復元でも最良となるような形質状態で構成されている．比較される復元の確率が近いとき，結果が一致しないことがあるが，そのような場合，どちらの復元も信頼できない．

4.4.2.3 最節約法との類似点と相違点

もし，対称な置換速度をもつ JC69 モデルが成り立つこととすべての枝長が等しいことを仮定した場合，EB と最節約法は，同時復元のランク付けについてはまったく同じ結果を与える．JC69 では，遷移確率行列の非対角要素はすべて等しく，対角要素よりも小さい：$P_{ij}(t) < P_{ii}(t)$．その

ため，少数の変化しかもたない復元は，より多くの変化を必要とする復元よりも大きな事後確率を示す（式 (4.16) 参照）．最尤法におけるように枝長が異なってもよい場合や，置換速度が同じでないより複雑な置換モデルの場合には，最節約法と EB の結果は異なることがある．どちらのアプローチにおいても，祖先の復元の正確さに影響を与えるおもな要因は，配列の分化の程度である．より分化の進んだサイトや遠い関係にある配列では，復元の信頼性は落ちる（Yang et al., 1995; Zhang and Nei, 1997）．

4.4.2.4 階層的ベイズ・アプローチ

実際のデータ解析においては，式 (4.15) や (4.16) におけるパラメータ θ は，その推定値，たとえば MLE に置き換えられる．大きなデータセットの場合，信頼性の高いパラメータ推定ができるので，このような処理は問題にならない．しかし，データセットのサイズが小さい場合，パラメータの推定値の標本誤差が大きくなるため，EB アプローチも不正確なパラメータ推定値に苦しむことになる．たとえば，枝長が 0 と推定された場合，それが信頼性の低いものであったとしても，祖先の復元においてはその枝上での変化は生じえないということになってしまう．そのような場合，階層的ベイズ・アプローチを用いるほうがよいだろう．この方法では，パラメータ θ に事前確率を割り当て，それらのパラメータについて積分することでパラメータを消去する．このようなアプローチは，Huelsenbeck and Bollback（2001）によって導入された．

系統関係における不確実性はさらに複雑な問題である．もし，祖先復元の目的が，比較法（Felsenstein, 1985b; Harvey and Purvis, 1991）におけるようにさらなる解析を行うためであれば，祖先の状態，置換のパラメータ，また系統関係に関する不確実性については，MCMC アルゴリズムによってそれらの量の事後分布から標本抽出することにより平均をとることができる（Huelsenbeck et al., 2000c; Huelsenbeck and Bollback, 2001）．もし目的がある特定の祖先節における祖先配列の復元にあるのであれば，できるだけ信頼性の高い系統関係を推定し，その関係を固定して解析を行うことが最もよいだろう．存在しない節についての配列の復元は明らかに意味がない．2 つの系統樹で共有される節であっても，その樹形によって異なる意味をもつだろう．種 1, 2, 3 が単系統の分岐群を形成しているが，その分岐群内の関係は明らかではない場合を考えてみよう．分岐群の樹根にあたる祖先配列を復元するには，2 つの可能なアプローチがある．第 1 の方法では，2 分木を ((1 2) 3) のように推定し，その樹形を固定して樹根の配列を復元する．第 2 の方法では，同じ樹根が 3 つの系統樹すべてで共有されていると仮定して，系統関係における不確実性について平均がとられる．3 つの 2 分木の樹根は同じ生物学的意味をもたないであろうから，第 1 のアプローチのほうが望ましいであろう．

*4.4.3 離散的な形態的形質

形態的形質を復元するための同様な問題を議論するには，ここが適切であろう．近年にいたるまで，最節約法がそのような解析の主要な方法であった．Schluter（1995），Mooers and Schluter（1999），また Pagel（1999）は，その先駆的な研究の中で，祖先復元における不確実性の定量化の重要性を強調し，最尤法による復元を他の方法よりも優れたものとした．しかし，彼らのこの取り組みは 2 つの困難な問題にぶつかってしまった．第 1 は，彼らの最尤法の定式化が不正確で

あったことである．第2は，単一の形態学的形質は，系統樹の枝長や形質間の相対的な置換速度のようなモデルのパラメータ推定のための情報をほとんどもたないということであり，このような情報の欠如は解析の信頼性を著しく低下させる．以下で，第1の問題である間違った定式化の修復を行うが，第2の問題についてはその状況を残念に思うのみである．

Schluter and Pagel は，q_{01} と q_{10} の速度をもつマルコフ・モデルに従って進化している2値をとる形態学的形質の復元問題を考えた（第1章の練習問題1.3参照）．推定すべきパラメータの数を減らすため，系統樹上のすべての枝は同じ長さであると仮定した．この問題の正しい解はEB アプローチにより得られる（式(4.16)）(Yang et al., 1995a; Koshi and Goldstein, 1996a). Schluter (1995), Moore and Schluter (1999), および Pagel (1999) は，式(4.16) の $f(\mathbf{x}_h, \mathbf{y}_h|\theta)$ を，復元された祖先の形質 $\mathbf{y}_h$ を比較するための'尤度関数'として用いた．Mooers and Schluter は π_{x_0} の項を無視しており，Pagel は π_{x_0} に 1/2 を使用しているという点を除けば，これはEB アプローチと等価である：樹根における事前確率は，置換モデルから $\pi_0 = q_{10}/(q_{01}+q_{10})$ および $\pi_1 = q_{01}/(q_{01}+q_{10})$ として与えられる．$f(\mathbf{x}_h, \mathbf{y}_h|\theta)$ は $\mathbf{x}_h$ と $\mathbf{y}_h$ の同時確率であり，$\mathbf{y}_h$ の尤度ではない点に注意しよう．これらの著者によって議論されている"尤度比"は，Edwards (1992) の著書で述べられている意味では解釈できないものであり，2状態の事後確率の比である．"対数尤度比"が2であるとは，2つの状態について事後確率が 0.88 ($= e^2/(e^2+1)$) と 0.12 であることを意味している．Pagel (1999) は，EB による計算を'大域的アプローチ'とよび，置換パラメータ θ と祖先の状態 $\mathbf{y}_h$ の両方を同時確率 $f(\mathbf{x}_h, \mathbf{y}_h|\theta)$ から推定する'局所的アプローチ'のほうを好んだ．しかし，θ は尤度 $f(\mathbf{x}_h|\theta)$ から推定せねばならず，その尤度は $\mathbf{y}_h$ の可能なすべての祖先の状態について $f(\mathbf{x}_h, \mathbf{y}_h|\theta)$ の和をとることで得られるので，局所的アプローチは無効である．

もし，どうしてもこの尤度関数から祖先の状態を推定したいのであれば，樹根の周辺復元についてのみそうすることが可能だろう．尤度関数は，樹根が状態 x_0 であるときに，そのサイトでのデータの確率 $L_0(x_0)$ である．このとき，樹根の位置が尤度に影響を与え，有根系統樹を使用する必要がある．分子データの場合，このアプローチではサンプル・サイズが大きくなるとパラメータ数も制限なしに増加するという問題が生じる．この場合，同時復元のために尤度関数を用いるのは不可能である．図4.2の塩基の例では，尤度関数は次のようになる．

$$f(\mathbf{x}_h|\mathbf{y}_h; \theta) = p_{x_7 T}(t_1) p_{x_7 C}(t_2) p_{x_6 A}(t_3) p_{x_8 C}(t_4) p_{x_8 C}(t_5) \tag{4.17}$$

これは，x_6, x_7, x_8（外部節に直接連結している節の状態）の関数であり，x_0（外部節に直接連結していない節の状態）の関数ではない；マルコフ・モデルのもとでは，外部節の直接の祖先の状態が与えられれば，外部節の状態とより古い祖先の状態は独立になる．このため，この"尤度"関数から祖先の状態を復元するのは不可能である．

EB アプローチを用いた場合でさえも，1つの形質のみから，置換速度 q_{01} と q_{10} についての信頼性の高い推定を行うことはできない．1速度モデル ($q_{01} = q_{10}$) と 2速度モデル ($q_{01} \neq q_{10}$) の尤度比検定を行いたい場合があるかもしれない．しかし，漸近的な χ^2 分布は，サンプル・サイズが小さい（この場合1）ために仮定できないし，より深刻なことに，1速度モデルを棄却できない場合，それは速度が実際に対称であるのではなく，検定力を欠いているためかもしれないので，

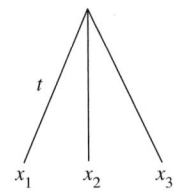

図 4.8 祖先復元におけるバイアスを説明するための 3 生物種の系統樹．3 つの枝長は等しく，サイトあたりの置換数は $t = 0.2$ である．

この検定には問題がある．多くの解析（たとえば，Mooers and Schluter, 1999）は，祖先の復元が相対速度に関する仮定に影響を受けやすいことを示唆している．もう 1 つの悩ましい問題として，枝長が等しいという仮定がある．これは，系統樹上のどの枝でも期待される進化量が等しいということを意味しており，時計性の仮定（速度の一定性）よりも根拠がない．別のアプローチとして，分子データから得られる枝長の推定値を使用することが考えられるが，この方法は，分子データによる枝長が形態的形質の進化量を反映していないかもしれないという批判にさらされている．

パラメータ中の不確実性を取り扱う 1 つの方法として，階層的ベイズ・アプローチを用い，置換速度や枝長の不確実性について平均をとるという方法がある．Schultz and Churchill (1999) はそのようなアルゴリズムを開発し，最節約法による祖先の復元が曖昧さなく行えるような一見理想的な状況においてさえも，祖先の状態の事後確率は事前確率に大きく影響されることを見いだした．そのような研究から，1 個の形質に関する祖先の状態の復元が非常に困難であることとともに，最節約法の過剰な信頼が推論を間違った方向に導くことがわかる．ベイズ・アプローチでは，同じモデルのもとで同じデータから異なる推論が得られた場合，事前確率が異なっているせいにできる．

一般に，ML のような古典的な統計学的アプローチでは，1 標本点からなるようなデータセットや観測データと同じ数のパラメータを含む問題などを処理できないと考えられている．1 個あるいは 2 個の形態学的形質の解析に ML 法を応用しても（Pagel, 1994; Lewis, 2001），MLE の漸近的性質や尤度比検定の適用は期待できないので，その統計的性質はよくないと思われる．

4.4.4 祖先復元における体系的バイアス

最節約原理あるいは尤度（EB）によって復元された祖先の形質状態は，それぞれの基準のもとでの最良の推測である．しかし，もしそれらをさらなる統計解析あるいは入念な検定に用いるのであれば，それらが真の観測データではなく，推測によって得られた擬似的なデータであることを心に留めておくべきであろう．それらは復元の不確実性による確率誤差を含んでいる．さらに悪いことに，最適な復元のみを用い，準最適な復元を無視すると，体系的なバイアスが生じうる．Collins *et al.* (1994)，Perna and Kocher (1995)，Eyre-Walker (1998) は，最節約法による復元を用いて，そのようなバイアスについて議論している．そのようなバイアスは，尤度（EB）を用いた復元にも存在する．問題は，祖先の復元に，尤度の代わりに最節約法を用いることにあるのではなく，準最適な復元を無視して最適な復元のみを使用することにある．

たとえば，図 4.8 の 3 本の配列からなる星状系統樹を考えてみよう．置換の過程は定常的で

あり，パラメータ $\pi_T = 0.2263$, $\pi_C = 0.3282$, $\pi_A = 0.3393$, $\pi_G = 0.1062$ をもつ Felsenstein (1981) のモデルに従うとしよう（この頻度は，ヒト・ミトコンドリアの D ループの超可変領域 I から得られた）．各枝長は，サイトあたりの塩基置換数にして 0.2 であるとする．すると遷移確率行列は次のようになる．

$$P(0.2) = \begin{bmatrix} 0.811138 & 0.080114 & 0.082824 & 0.025924 \\ 0.055240 & 0.836012 & 0.082824 & 0.025924 \\ 0.055240 & 0.080114 & 0.838722 & 0.025924 \\ 0.055240 & 0.080114 & 0.082824 & 0.781821 \end{bmatrix}$$

ここでは，正しいモデルと枝長を使用して樹根における祖先の状態の事後確率を計算し，復元された祖先配列の A と G の頻度を調べる．これは，祖先を復元して塩基組成の可能な浮動を検出する研究を模倣したものである．データ AAG, AGA, GAA をもつサイトにおいて，樹根の状態の事後確率は 0.006(T), 0.009(C), 0.903(A), 0.083(G) となり，A は G よりももっともらしい．しかし，もしそのようなサイトすべてにおいて A を用い，G を無視するならば，A を過大にカウントし，G を過小にカウントてしまうであろう．同様に，データ GGA, GAG, AGG をもつサイトでは，事後確率は 0.002(T), 0.003(C), 0.034(A), 0.960(G) となる．このとき，最良な復元は G であり，そのためこのようなサイトでは，G を過大にカウントし，A は過小にカウントしてしまう．データの中で G よりも A の頻度が高いことは，データ GGA, GAG, AGG をもつサイト（確率 0.01680）よりもデータ AAG, AGA, GAA をもつサイト（確率 0.02057）のほうが多いことを意味している．このときの正味のバイアスは，祖先における A の過大カウントと G の過小カウントである．実際，復元された樹根の配列の塩基組成は 0.212(T), 0.324(C), 0.369(A), 0.095(G) となり，観測された配列中の頻度よりも極端になっている．このように，祖先の復元は，樹根から現在にいたるまでの進化の経過の中で，まれな塩基 G を見かけ上獲得してきたことを示唆する．この過程は，実際には定常状態にあるので，この塩基組成に関する見かけ上の浮動は，全サイトにおいて準最適解を無視したことによる EB（および最節約法）のアーティファクトである．最近の研究で，Jordan *et al.* (2005) は，最節約法を用いて祖先のアミノ酸配列を復元し，進化的時間の中でのまれなアミノ酸が体系的に獲得されること（および一般的なアミノ酸が失われること）を観察した．この傾向は，まさにここで議論したことと同じであるが，そのようなパターンのどの程度までが祖先復元のアーティファクトによるものかは不明である．

Perna and Kocher (1995) は，置換速度行列推定を目的として，祖先の状態の推定とそれに基づく枝に沿った置換数のカウントのための最節約法の使用について研究した．そのような解析に含まれるバイアスは，ここで述べた塩基のカウントにおけるバイアスよりも大きいように思える．配列の分化の程度が大きくなるほど祖先の復元の信頼性が落ちるので，この問題は，より分化した配列で明らかにより深刻になる．しかし，ヒトのミトコンドリアの D ループの配列のようなきわめて近縁な配列のデータセットにおいてさえも，このバイアスは考慮されるべきである（Perna and Kocher, 1995）．

このように注意すべき点があるにもかかわらず，祖先を推定しそれらを用いてさまざまな統計検定を行いたいという誘惑は逆らいがたいほどに強い．このため，祖先の復元はひんぱんに行わ

れ，多くの興味深いが誤った発見がたえずなされている．

祖先を復元する代わりに，尤度に基づくアプローチに従うべきであろう．このアプローチでは，各状態の出現確率に基づき適切な重みを付けて，すべての可能な祖先の状態についての和がとられる（第 4.2 節参照）．たとえば，塩基あるいはアミノ酸間の置換の相対速度は，尤度モデルを用いて推定できる（Yang, 1994b; Adachi and Hasegawa, 1996a; Yang et al., 1998）．塩基組成の可能な浮動は，枝ごとに異なる塩基頻度のパラメータを与えることで検定できる（Yang and Roberts, 1995; Galtier and Gouy, 1998）．第 8 章では，祖先復元と完全に尤度に基づいたアプローチの両方を使用して，正の選択を検出するためにタンパク質をコードしている遺伝子を解析する例をいくつか示す．

もし，モデルのもとでの尤度解析が非常に複雑であって，祖先復元に頼らざるをえない場合，バイアスを減らすための発見的方法は，最適復元に加え，準最適復元も利用することである．より簡単な尤度モデルを用いて祖先の状態の事後確率を計算し，それらを最適復元と準最適復元の両方を導入するための重みとして用いることができる．先に述べた例では，データが AAG であるサイトの樹根の状態の事後確率は，0.006(T), 0.009(C), 0.903(A), 0.083(G) となる．そのサイトで A を採択して他の状態を無視する代わりに，A と G を 0.903 と 0.083 の重みをもつ（合計が 1 になるように再スケール化しなければならないが）ものとして用いることができる．事後確率は正しいモデルのもとで計算されるので，すべてのサイトで 4 状態すべてをこのようにして用いれば，樹根の正確な塩基組成をバイアスなしに復元できるであろう．もし仮定された尤度モデルがあまりに単純すぎて不正確な場合，事後確率（重み）もまた不正確なものになるだろう．たとえそうであっても，このアプローチのバイアスは完全に準最適復元を無視する場合よりは小さいであろう．Akashi et al. (2007) は，このアプローチを *Drosophila melanogaster* 種のタンパク質をコードしている遺伝子で "好まれるコドン"（使用頻度が高いコドン）と "好まれないコドン"（使用頻度の低いコドン）の間での変化をカウントするのに応用し，この方法が祖先復元のバイアスを軽減するのに役立つことを見いだした．同様に，Dutheil et al. (2005) は，共進化する塩基の位置を検出するために，復元された祖先の状態を用いた．この方法では，共進化は 2 つのサイトにおける置換が同じ枝で生じることが多いことで示唆される．彼らは，独立サイトモデルのもとで祖先の状態の事後確率を計算し，それらを検定する 2 つのサイトでの枝に沿った置換数をカウントするための重みとして用いた．

*4.5 最尤推定のための数値アルゴリズム

最尤法は対数尤度 ℓ を最大化することによりパラメータ θ を推定する．理論的には，ℓ の θ に関する 1 階微分を 0 とおくことで得られる尤度方程式（likelihood equation）とよばれる連立方程式を解くことで推定値が導かれる．

$$\frac{\partial \ell}{\partial \theta} = 0 \tag{4.18}$$

第 1.4 節で議論したように，このアプローチにより，JC69 や K80 モデルのもとでは 2 配列間の距離の推定に対する解析的な解が得られる．3 つの生物種については，分子時計に従って進化し

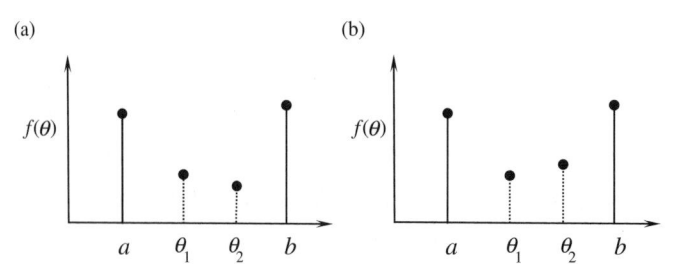

図 4.9 極小値を含む不確定区間 $[a, b]$ の縮小．目的関数 f は 2 つの内点 θ_1 と θ_2 で評価される．(a) $f(\theta_1) \geq f(\theta_2)$ であれば，極小値は領域 $[\theta_1, b]$ 内にあるはずである．(b) $f(\theta_1) < f(\theta_2)$ であれば，極小値は領域 $[a, \theta_2]$ 内にあるはずである．

ている 2 値をとりうる形質という最も単純な場合についてのみ，解析的な解が得られる（Yang, 2000a）．しかし 4 状態を取りうる塩基，あるいは 4 生物種に拡張すると，問題は手に負えなくなってしまう（練習問題 4.2）．後者のケース，すなわち分子時計に従う 4 生物種については，Chor and Snir (2004) によって研究がなされ，フォーク型の系統樹（2 生物種からなる部分木 2 つから構成される）に関する枝長の解析的な推定値が導かれたが，櫛型系統樹（一方の部分木は 1 生物種，他方の部分木は 3 生物種よりなる）については導けなかった．

一般的に，対数尤度を最大化するためには，数値的な反復アルゴリズムが用いられる．現実の問題に対して，信頼性があり効率的なアルゴリズムを開発することはたやすい仕事ではない．そのため，この節では，そのようなアルゴリズムの雰囲気を伝えることしかできない．興味をもった読者は，Gill *et al.* (1981) や Fletcher (1987) のような，非線形プログラミングあるいは数値的最適化の教科書を参照されたい．

関数（目的関数（objective function）とよばれる）の最大化は，その符号を逆転したものを最小化することと等価である．以降では慣習に従い，尤度の最大化問題を最小化問題として述べる．このため，目的関数は，対数尤度に -1 をかけたものになる：$f(\theta) = -\ell(\theta)$．$f(\theta)$ の計算のコストは大きいので，より少ない回数の関数の評価で極小値に到達できるアルゴリズムがより効率的であることに注意しよう．

4.5.1　1 変数についての最適化

もし問題が 1 次元であるならば，探索は直線に沿って行われることから，そのアルゴリズムは直線探索（line search）とよばれる．極小値が区間 $[a, b]$ の中にあるとする．これは不確定区間（interval of uncertainty）とよばれている．大部分の直線探索アルゴリズムは，区間の幅が前もって与えておいた小さな値よりも小さくなるまで，順次この区間を減少させていく．関数が区間内では単峰形（unimodal）である（すなわち，a と b の間には 1 個の谷しかない）と仮定すると，内部の点 θ_1 と θ_2 に対する関数値を比較することで不確定区間を縮小できる（**図 4.9**）．2 点の選択に関してはいくつかの方法がある．ここでは黄金分割探索法（golden section search）について述べよう．

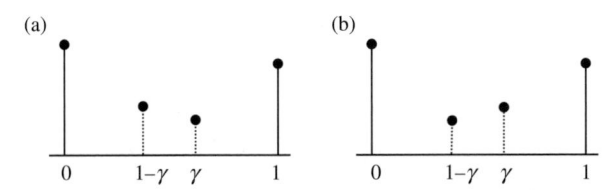

図 4.10 黄金分割探索．極小値は区間 $[0,1]$ 内で見いだされるとする．2 点は区間の γ と $(1-\gamma)$ におかれる．ここで $\gamma = 0.6180$ である．(a) もし，$f(\gamma) < f(1-\gamma)$ であれば，新しい区間は $[1-\gamma, 1]$ となる．(b) もし，$f(\gamma) \geq f(1-\gamma)$ であれば，新しい区間は $[0,\gamma]$ となる．どれほど区間が縮小されようとも，2 点の一方は新しい区間内にある．

4.5.1.1 黄金分割探索法

不確定区間が $[0,1]$ であるとしよう；これは再スケール化することで $[a,b]$ に変換できる．2 つの内点を γ と $(1-\gamma)$ におく．ここで，黄金比 (golden ratio) $\gamma \approx 0.6180$ は，$\gamma/(1-\gamma) = 1/\gamma$ を満たす．新しい区間は，もし $f(\gamma) < f(1-\gamma)$ であれば，$[1-\gamma,\ 1]$ となり，そうでなければ $[0,\gamma]$ となる（**図 4.10**）．どれほど区間が縮小されようとも，2 点の一方は新しい区間内にある．黄金分割探索を用いると，不確定区間は毎回 γ だけ減少する．このアルゴリズムは線形収束速度 (linear convergence rate) をもつといわれる．

4.5.1.2 ニュートン法と多項式補間

滑らかな関数の場合，その極小値が解析的に求められる単純な関数で f を近似することで，より効率的なアルゴリズムを実装できる．たとえば，f を式 (4.19) の形で表されるパラボラ型（2 次）関数で近似する．

$$\widetilde{f} = a\theta^2 + b\theta + c \tag{4.19}$$

ここで，$a > 0$ とする．すると，$\widetilde{f}$ は $\theta^* = -b/(2a)$ で極小値をとる．もし，θ_k における関数値，1 階微分，2 階微分がわかっていれば，テイラー展開の最初の 3 項を用いて $f(\theta)$ を近似できる：

$$\widetilde{f}(\theta) = f(\theta_k) + f'(\theta_k)(\theta - \theta_k) + \frac{1}{2}f''(\theta_k)(\theta - \theta_k)^2 \tag{4.20}$$

これは，θ に関する 2 次関数であり，式 (4.19) の形をもっていて，$a = f''(\theta_k)/2$，また $b = f'(\theta_k) - f''(\theta_k)\theta_k$ となる．もし，$f''(\theta_k) > 0$ であれば，2 次式 (4.20) は (4.21) を満たす点で極小となる．

$$\theta_{k+1} = \theta_k - \frac{f'(\theta_k)}{f''(\theta_k)} \tag{4.21}$$

f は 2 次式ではないかもしれないので，θ_{k+1} は f の極小値ではないかもしれない．このため，θ_{k+1} を新しい現在点 (current point) として用いて，このアルゴリズムをくり返す．これがニュートン法 (Newton's method) であり，ニュートン–ラプソン法 (Newton-Raphson method) としても知られている．

ニュートン法は非常に効率的である．その収束速度は 2 次である．つまり，大まかにいうと，θ_k の中の正しい数字をもつ桁がステップごとに 2 倍になっていくということである．（たとえば，Gill et al., 1981, p.57 参照）．しかし，この方法では 1 階微分と 2 階微分を必要とするという問題点があり，これらの微分は計算のコストが大きくめんどうで，計算が不可能な場合さえある．

微分がない場合は，3 点における関数値を用いて 2 次式で近似できる．同様にして，2 点における関数の値と 1 階微分を用いて 3 次の多項式を構築できる（2 階微分は用いない）．一般に，高次の多項式で適合させることには価値がない．ニュートン法に関するもう 1 つの深刻な問題は，その早い収束速度は局所的なものにすぎず，もし極小点の近傍から反復計算が始められなければ，アルゴリズムは発散してしまうかもしれないという点である．また，$f''(\theta_k)$ が 0 か非常に小さい場合，くり返しによる数値的計算は困難になる．このように，ニュートン法についてはよい初期値を得ることが重要であり，アルゴリズムを実装するには何らかの保証が必要になる．

よい方法の 1 つとして，良好な挙動を示す関数については，（黄金分割法のような）保証のある信頼性の高い方法と（ニュートンの 2 次補間法のような）速く収束する方法を組み合わせることで，高速に収束するアルゴリズムを開発することができるが，最悪のケースでは保証のある方法よりもずっと効率が悪くなるかもしれない．$\tilde{\theta}$ が 2 次補間法で求められたとしよう．$f(\tilde{\theta})$ を計算する前に，$\tilde{\theta}$ が不確定区間 $[a, b]$ に存在するかをチェックできる．もし，$\tilde{\theta}$ が，現在点あるいは区画のどちらか一方の端に近すぎる場合，黄金分割探索に立ち返るとよいだろう．ニュートン法の収束性を保証するもう 1 つのアイデアは式 (4.22) のように再定義を行うことである．

$$\theta_{k+1} = \theta_k - \alpha f'(\theta_k)/f''(\theta_k) \tag{4.22}$$

ここで，歩み幅（step length）α は最初は 1 であるが，アルゴリズムで非増加が観察されるまで，すなわち $f(\theta_{k+1}) < f(\theta_k)$ になるまで毎回半分にする．

4.5.2　多変数についての最適化

分子系統学における尤度解析に用いられるモデルの大部分は複数のパラメータを含んでおり，最適化問題は多次元になる．単純なアプローチとして，他のすべてのパラメータを固定して，一度に 1 パラメータを最適化する方法がある．しかし，このアプローチは，パラメータに相関がある場合には効率が悪い．図 4.11 は，（正の）相関を有する 2 つのパラメータについての例を示している．一度に 1 パラメータのみを更新する探索アルゴリズムは，最初は目的関数に対して大きな改良をもたらすが，最適解に近づくにつれてしだいに遅くなる．すべての探索の方角は，その前の探索の方角に対して 90° の角度をもっているので，アルゴリズムは小さなステップでジグザグに探索する．標準的な最適化アルゴリズムはすべての変数を同時に更新する．

4.5.2.1　最急降下探索

多くの最適化アルゴリズムは，勾配（gradient）とよばれる 1 階微分 $g = \mathrm{d}f(\theta)$ を用いている．それらの中でも最も単純なものが最急降下（steepest descent）アルゴリズム（最大化の場合は，最急上昇（steepest ascent））である．この方法では，最急降下の方向を見いだし，その方向に沿って最小点を同定する．収束するまでこの処理がくり返される．勾配 g は目的関数が局所的に最も速く増加する方向，すなわち最急上昇の方向である．一方，$-g$ は最急降下の方向となる．探索の方向が等高線の作る曲面に対して接線方向になったときに，その探索方向の最小点が得られることに注意しよう．新しい勾配は，その点で接線方向すなわち直前の探索方向に直交する（図 4.11）．このため，最急降下アルゴリズムは一度に 1 変数だけを更新する単純なアルゴリズ

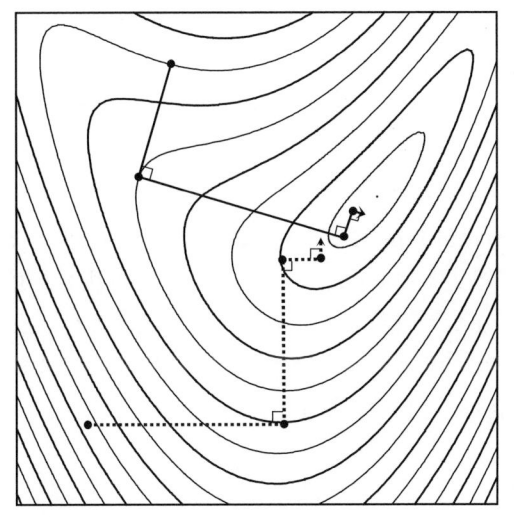

図 4.11 2つのパラメータに正の相関がある場合の対数尤度の等高線．一度に1パラメータのみを変化させる探索アルゴリズムは，非常に効率が悪い（破線と矢印）．同様に最急降下法も，探索の方向が以前の探索の方向と直行しているので効率が悪い（実線と矢印）．

ムと同じ問題を抱えている：すべての探索の方向の直前の探索の方向に対する角度は 90° となっている．このアルゴリズムは非効率的で不安定であることが知られている．

4.5.2.2 ニュートン法

ニュートン法のアルゴリズムの多変数バージョンは，目的関数の2次関数による近似に基づいている．$G = \mathrm{d}^2 f(\theta)$ を2次偏微分よりなるヘッセ行列（Hessian matrix）であるとする．変数が p 個の場合，θ も g も $p \times 1$ のベクトルであり，G は $p \times p$ の行列である．現在点 θ_k を中心とした f の2次までのテイラー展開は式 (4.23) となる．

$$f(\theta) \approx f(\theta_k) + g_k^{\mathrm{T}}(\theta - \theta_k) + \frac{1}{2}(\theta - \theta_k)^{\mathrm{T}} G_k (\theta - \theta_k) \tag{4.23}$$

ここで上付き添え字 T は転置を意味する．式 (4.23) の右辺の勾配を 0 とおくと，式 (4.24) のように，次のくり返しを得る．

$$\theta_{k+1} = \theta_k - G_k^{-1} g_k \tag{4.24}$$

この式が，1変数の場合の式 (4.21) に非常に類似していることに注意しよう．式の形だけではなく，多変数バージョンは，1変数アルゴリズムと，収束速度の高速性に加え，その主要な欠点も共有している．ここで，このアルゴリズムの主要な欠点とは，1階，2階の微分の計算が必要であり，極小点の近傍に初期値がとられていないと発散する可能性があることである．この問題を避けるため，通常，探索の方向は，ニュートンの方向（Newton direction）とよばれる $s_k = -G_k^{-1} g_k$ にとられ，直線探索によってその方向に沿ってどこまで探索するかが決定される．

$$\theta_{k+1} = \theta_k + \alpha s_k = \theta_k - \alpha G_k^{-1} g_k \tag{4.25}$$

ここで，α は歩み幅とよばれる．この方法で α を最適化するのは計算のコストが大きくなること

が多い.より簡単なバージョンでは,$f(\theta_{k+1}) \leq f(\theta_k)$ となるまで $\alpha = 1, 1/2, 1/4, \cdots$ が試みられる.この方法は安全に誘導されたニュートン・アルゴリズム(safe-guided Newton algorithm)として知られている.また,G_k が正定値(positive definite)でない場合は,特殊な処理が必要となる.

目的関数が対数尤度に -1 をかけたもの,$f = -\ell$ である場合,ヘッセ行列 $G = -\mathrm{d}^2\ell(\theta)$ は情報行列の観測値(observed information matrix)とよばれる.簡単な統計学的問題の場合,情報量の期待値 $-E[\mathrm{d}^2\ell(\theta)]$ はより簡単に計算でき,ニュートン法で使用することができる.この場合,この方法は Fisher のスコア法(scoring)として知られている.ニュートン法もスコア法も,反復計算が終了したところでMLEの近似的な分散–共分散行列が利用できるようになるという利点をもつ.これらの概念については第 1.4.1 項を参照せよ.

4.5.2.3 準ニュートン法

準ニュートン法(quasi-Newton method)は,1階微分を必要とするが2階微分は必要ではない一群の方法である.ニュートン法では,各現在点で2階微分 G が計算されるが,準ニュートン法では,くり返しの過程で得られる目的関数 f とその1階微分 g の値から,G あるいはその逆行列についての情報を構築する.もし,1階微分が利用できない場合は,差分近似を用いて計算される.2階微分,あるいは1階微分さえも必要としないことから,準ニュートン法は解くことのできる問題の幅を大きく広げた.その基本的なアルゴリズムは以下のようになる:

a. 初期値 θ_0 を与える.
b. $k = 0, 1, 2, \cdots$ について収束するまで以下の処理を行う.
   1. θ_k が収束しているか確認する.
   2. 探索する方向 $s_k = -B_k g_k$ を計算する.
   3. s_k の方向に沿って直線探索を行い,歩み幅 α_k を決定する:$\theta_{k+1} = \theta_k + \alpha_k s_k$.
   4. B_k を更新して B_{k+1} を与える.

ここで,B_k は対称な正定値行列であり,G_k^{-1} の近似,すなわちヘッセ行列の逆行列として解釈される.このアルゴリズムがニュートン法に類似していることに注意しよう.ステップ b-3 で,スカラー $\alpha_k > 0$ は,先に議論した直線探索アルゴリズムにより,$f(\theta_{k+1})$ を最小化するように選択される.行列 B を更新するための多くの方法が開発されている.よく知られている方法として,Broyden-Fletcher-Goldfard-Shanno(BFGS)や Davidon-Fletcher-Powell(DFP)の公式がある.詳細については,Gill et al.(1981)や Fletcher(1987)を参照するとよい.

1階微分を求められないか計算コストが大きい場合,別のアプローチとして,微分不用法(derivative-free method)がある.そのような方法についての議論として,Brent(1973)がある.Gill et al.(1981)によると,準ニュートン法は,差分近似で計算された1階微分を用いており,微分不用法より効率的である.

4.5.2.4 線形不等式の拘束条件のもとでの最適化

ここまでの議論では,パラメータは拘束されておらず,全数直線上の任意の値をとることがで

きる．現実の問題は，めったにこのようになっていない．たとえば，枝長は非負でなければならず，塩基の頻度のパラメータ π_T, π_C, π_A は，次の拘束条件を満たしていなければならない：π_T, $\pi_C, \pi_A \geq 0$ と $\pi_T + \pi_C + \pi_A \leq 1$．一般的な線形不等式による拘束よりも簡単である単純な下限や上限をもっているものであっても，拘束条件のもとでの最適化のアルゴリズムはずっと複雑である（Gill et al., 1981）．変数変換は，線形不等式による拘束条件を取り扱うのに効率的なアプローチとなる場合がある．

4.5.3 固定された系統樹上での最適化

系統樹の問題では，推定されるべきパラメータは，系統樹の枝長と置換モデル中のすべてのパラメータである．パラメータの値が与えられると，枝刈りアルゴリズムを用いて対数尤度を計算できる．理論的には，これまでに議論してきた一般的な目的のための最適化アルゴリズムのいずれかを適用して，反復計算により MLE を見いだすことができる．しかし，このようなアプローチは，ほぼまちがいなく効率的ではない．枝刈りアルゴリズムにおける条件付き確率 $L_i(x_i)$ の再帰的計算を考えてみよう．枝長が変わると，その枝に対して祖先となる節に対応する $L_i(x_i)$ のみが変化し，他のすべての節に対する確率は影響を受けない．多変数の最適化アルゴリズムを直接応用すると，このように同じ量を何度もくり返し計算することになってしまう．

系統樹の尤度計算のそのような特徴を利用して，すべての他の枝長と置換のパラメータを固定して，一度につき1つの枝長だけを最適化できる．節 a と b を結ぶ枝を考えよう．樹根を a の位置に置くことで，式 (4.5) は次のように書き換えられる．

$$f(\mathbf{x}_h|\theta) = \sum_{x_a} \sum_{x_b} \pi_{x_a} p_{x_a x_b}(t_b) L_a(x_a) L_b(x_b) \tag{4.26}$$

このとき，t_b による ℓ の1階，また2階の微分は解析的に計算できるので（Adachi and Hasegawa, 1996b; Yang, 2000b），t_b はニュートン法を用いて効率的に最適化できる．次の枝長は，樹根をその枝の一方の端に移動させることにより推定できる．しかし，どの置換パラメータを変化させても，一般的にすべての節の条件付き確率が変化してしまうので，計算の節約にはならない．置換パラメータ推定のためには，2つの方法が可能であるだろう．Yang (2000b) は，2相の間を循環するアルゴリズムを検討した．第1相では，すべての置換パラメータを固定して，枝長を1つ1つ最適化する．収束には，枝長について数サイクルが必要となる．第2相では，枝長を固定し，BFGS のような多変数最適化のアルゴリズムを用いて置換パラメータが最適化される．このアルゴリズムは，枝長と置換パラメータに相関がないときにはうまくはたらく．たとえば，HKY85 モデルあるいは GTR（REV）モデルでの計算がそれに相当するが，これは HKY85 のトランジション/トランスバージョンの速度比 κ あるいは GTR の速度比パラメータが枝長と強い相関がないためである．しかし，強い相関があるときには，アルゴリズムの効率は非常に悪くなる．サイト間の速度の変動についてのガンマモデルがこのケースに相当する．このモデルでは枝長とガンマ分布の形状パラメータ α はしばしば強い負の相関を示す．第2の方法（Swofford, 2000）では，上記のアルゴリズムの第1相が第2相に埋め込まれている．置換パラメータを推定するために（BFGS のような）多変数最適化アルゴリズムが使用されるが，そのとき置換パラメータの与えられた値について枝長を最適化することによって計算された対数尤度が用いられる．とくに1

階微分が差分近似を用いて数値的に計算される場合は，(与えられた置換パラメータに対する)対数尤度の不正確な計算がBFGSアルゴリズムに問題を引き起こすかもしれないので，枝長を高い精度で最適化することが必要となるであろう．

4.5.4 固定された系統樹の尤度曲面における多数の局所的ピーク

ここまでに議論されてきた数値的な最適化アルゴリズムは，すべて局所的な山登り法 (hill-climbing algorithm) である．それらは局所的なピークに収束するが，もし局所的なピークが多数存在していれば，大域的にみて最高のピークには到達できないかもしれない．Fukami and Tateno (1989) は，F81モデル (Felsenstein, 1981) のもとで，任意のサイズの系統樹について，他の枝長が固定されたときには，1つの枝長に関する対数尤度の曲線は単一のピークをもつことを証明した．Tillier (1994) は，その結果がより一般的な置換モデルでも同様に適用できることを示唆した．しかし，Steel (1994a) は，この結果が全パラメータ空間の中で単一のピークをもつことを保証しないことを指摘している．2パラメータ問題を考え，パラメータ空間中，1つのピークは北西の領域に，他方のピークは南東の領域にあるとしよう．このとき，実際には局所的なピークが2つ存在するが，もし南北方向のみ，あるいは東西方向のみを探索しているのであれば，常に1つのピークだけがある．Steel (1994a) や Chor et al. (2000) は，4種からなる小さな系統樹でさえも，枝長に関して多数の局所的ピークが存在することを示すさらなる反例を構築した．

実際のデータ解析において局所的なピークがどの程度ひんぱんに存在しているかは明らかではない．この問題が生じている場合の兆候として，同じ解析を異なる初期値から始めた別の試行は，異なる結果にたどり着くということがあげられる．Rogers and Swofford (1999) はコンピュータ・シミュレーションを用いてこの問題の検討を行い，他の尤度の低い系統樹に比べ，ML系統樹では局所的なピークはあまり現れなかったということを報告している．尤度曲面 (likelihood surface) が異なる系統樹で質的に異なるということは考えにくいので，この報告は，尤度の低い系統樹では，パラメータ空間の境界 (たとえば，枝の長さが0であるような) で，ML系統樹よりも多くの局所的ピークが存在することを意味しているのかもしれない．多数の局所的ピークの存在は，仮定している置換モデルが非現実的であることを示唆するものと誤解されている場合がある．これとはむしろ逆の関係が，局所的ピークの存在とモデルの現実性の間にはみられる．すなわち，JC69のような単純で非現実的なモデルのもとでは，より現実的なパラメータの多いモデルを使った場合に比べて，複数の局所的ピークはずっと現れにくい．

この局所的ピークの問題に対する確実な対処法はない．単純な方法として，初期値を変えて，反復アルゴリズムを複数回実行する方法がある．もし，複数の局所的ピークが存在するのであれば，最も高いピークに対応する推定値を用いるべきである．シミュレーティッド・アニーリングや遺伝的アルゴリズムのような，丘を下る動きを許す確率的探索アルゴリズムもまた使用できるかもしれないが，それらの方法はしばしば計算に要するコストが莫大なものとなる；3.2.5項を参照せよ．

4.5.5 最尤系統樹の探索

ここまでの議論は，系統樹の樹形が与えられた場合の，枝長や置換パラメータの推定に関する

ものであった．もし，目的が置換モデルのパラメータ推定やそれに関する仮説検定であるならば，通常，既知あるいは固定されたものとして系統樹の樹形を考え，1回か2回最適化を行えば十分である．これは，尤度（確率密度）関数 $L(\theta; X) = f(X|\theta)$ が完全に特定されている場合の，パラメータ θ の推定への簡単な ML 推定の応用である．

系統樹の再構築に興味があるのであれば，系統樹の最適化された対数尤度を，尤度基準のもとでの系統樹選択のスコアとして用いることができる．理論的には，他の系統樹についてもこの過程をくり返し実行し，系統樹の樹形と同じ数の最適化問題を解けばよい．これは，通常の推定問題よりもずっと複雑である．それは，2つのレベルの最適化問題が含まれているからである：1つは，個々の固定された系統樹について枝長（および置換パラメータ）を最適化し，系統樹のスコアを計算するもので，もう1つは系統樹空間（tree space）の中で最良の系統樹の探索をすることである．分枝交換（branch swapping）で生成される近接系統樹（neighbouring tree）は部分木を共有しているので，木探索アルゴリズムでは，同じ量をくり返し計算することを避けなければならない．Olsen et al. (1994) の並列アルゴリズムや Lewis (1998) や Lemmon and Milinkovitch (2002) の遺伝的アルゴリズムのような，最尤系統樹探索のための高速アルゴリズムの開発が精力的に行われている．

もし系統樹が粗悪である場合，高い精度で枝長を最適化するのは時間の無駄であり，その代わりに枝長を完全に最適化する前に，系統樹の樹形を変化させるほうが賢明であるという考えが，近年開発されたいくつかのアルゴリズムで検討されている．Guindon and Gascuel (2003) は，系統樹の樹形と枝長を同時に調整する効率的なアルゴリズムを開発した．候補となる系統樹は，たとえば NNI アルゴリズムを用いて現時点の系統樹の局所的な再構成によって生成され，尤度スコアの計算においては，局所的な再構成によって影響を受ける枝長のみが最適化され，再構成による影響を受けない分岐群内の枝長は必ずしも最適化されていない．Vinh and von Haeseler (2004) は，いわゆる重要カルテット・パズリング（importance quartet puzzling；IQP；以下を参照）と NNI 分枝交換アルゴリズムを組み合わせて，最尤系統樹探索のための IQPNNI アルゴリズムを開発した．局所的な最適点にとらわれることを避けるため，生物種の一部をランダムに系統樹から削除し，それら生物種を再び系統樹に取りつけてスコアが改善されるかを調べる．系統樹への取り付けの位置の決定にはカルテットの情報が用いられる．

最尤系統樹探索は，現在非常に活発に研究がなされている分野である．数百あるいは数千の配列よりなる巨大なデータセットの解析のための効率的なアルゴリズムが，このような研究から生まれてくるであろう．困難な点の1つは，そのようなアルゴリズムが系統樹空間を横断的に探索するための適切な方向を生成する合理的な方法がないことである．一方，BFGS のような数値的な最適化アルゴリズムは，やみくもな探索よりはずっとよい．そのようなアルゴリズムでは，くり返し過程で得られる局所的な曲率の情報が集積され，効率的な探索の方向を提案することができ，超1次収束（superlinear convergence）をもたらす．同様の考えが最尤系統樹の探索に適用できるかは明らかではない．

4.6 尤度に対する近似

最尤法では計算の負荷が大きいことから，近似法の開発が促された．そのようなアイデアの1つに，枝長をMLで最適化する代わりに，与えられた系統樹に対して別の方法で枝長を推定するという方法がある．たとえば，Adachi and Hasegawa (1996b) は，2本の配列の距離行列から計算された枝長の最小2乗推定値を用いて近似的な尤度スコアを計算している．同様に，Rogers and Swofford (1998) は最節約法で祖先の状態を復元し，近似的な枝長を推定している．近似的な枝長は，適切な尤度の最適化のための良好な初期値を与えてくれる．しかし，Rogers and Swofford (1998) は，近似的な枝長をさらに最適化することなしに系統樹の尤度の近似値を計算するために使用し，系統樹再構築のための最尤法を近似できることを示唆している．

Strimmer and von Haeseler (1996) や Schmidt et al. (2002) は，カルテット・パズリング (quartet puzzling) とよばれる近似的な最尤法のアルゴリズムを開発した．この方法では，生物種の可能なすべての4つ組についての3つの系統樹をMLで評価している．次に，これら4つ組の系統樹の多数決原理によるコンセンサスとして，s 個の生物種すべてからなる完全な系統樹が構築される．この方法では，ML系統樹は生成されないかもしれないが非常に高速である．Ranwez and Gascuel (2002) は，NJ と ML の特徴を組み合わせたアルゴリズムを開発した．この方法は分類群の3つ組に基づいており，4つ組を用いたアプローチと同様に分割統治法を用いている．この点で，NJ法は種の2つ組に基づく近似的なML法と見なしうるかもしれない．それは，ペア間の距離はML推定値であり，一方，クラスタ・アルゴリズムは2生物種よりなる '木' を集積して，s 種全体の系統樹にまとめあげるのに使用されているからだ．実際，Ota and Li (2000) はこの視点をさらに推し進め，MLを用いたNJ系統樹の改良を行っている．彼らは，分割統治法による発見的アルゴリズムを開発した．そのアルゴリズムでは，NJ系統樹を初期値とし，尤度基準のもとで局所的な分枝交換が行われる．枝の交換は低いブートストラップ確率をもつ分岐群にのみ適用され，その他の枝は計算を減らすために固定される．シミュレーションによれば，NJ–MLハイブリッド法はNJ法より効率的であり，発見的なML系統樹の探索法に匹敵する．

4.7 モデル選択と頑健性

4.7.1 LRT, AIC, BIC

4.7.1.1 尤度比検定

尤度比検定 (likelihood ratio test; LRT) は，尤度の枠組みの中でモデル・パラメータに関する仮説検定を行うための強力かつ一般的な方法である．尤度比検定では，先験的に定式化されている入れ子状態の2つの仮説が比較される．言い換えると，一方の仮説は他方の仮説の特殊なケースとなっているということである．帰無仮説 H_0 は p_0 個のパラメータを含んでおり，対立仮説 H_1 は H_0 を拡張したもので，p_1 個のパラメータを含んでいるとする．2つのモデルのもとでの最大対数尤度を，$\ell_0 = \log\{L(\widehat{\theta}_0)\} = \ell(\widehat{\theta}_0)$ と $\ell_1 = \log\{L(\widehat{\theta}_1)\} = \ell(\widehat{\theta}_1)$ としよう．ここで，$\widehat{\theta}_0$ と $\widehat{\theta}_1$ は，それぞれ2つのモデルのもとでのMLEである．このとき，ある正則条件のもとで，式 (4.27) で示される尤度比検定の統計量は，H_0 が真であるならば漸近的に $\chi^2_{p_1-p_0}$ に従う．

4.7 モデル選択と頑健性 131

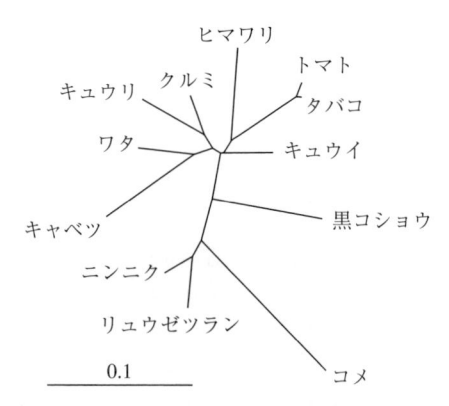

図4.12 12種の植物に由来する葉緑体の $rbcL$ 遺伝子の ML 系統樹．この系統樹は，5種の速度クラスをもつ離散ガンマモデルを用いた HKY85+Γ_5 モデルのもとで推定された．枝は，推定された長さに比例するように描かれている．

$$2\Delta\ell = 2\log\left(\frac{L_1}{L_0}\right) = 2(\ell_1 - \ell_0) \qquad (4.27)$$

言い換えると，帰無モデルが真であるならば，帰無モデルと対立モデルの間の対数尤度の差の2倍は2つのモデルのパラメータ数の差に等しい自由度をもつ χ^2 分布に近似的に従う．この近似は標本数が多いときに適用できる．χ^2 近似に要求される正則条件は，MLE の漸近的性質のための正則条件に類似しているが，ここでは議論しない（Stuart et al., 1999, pp.245–246 を参照せよ）．χ^2 近似が無効であったり，信頼性がない場合は，モンテカルロ・シミュレーションを用いて正確な帰無モデルの分布を導くことができる（Goldman, 1993）．

[例] $rbcL$ 遺伝子への応用

LRT を，12種の植物に由来する葉緑体の $rbcL$ 遺伝子のデータに適用してみよう．配列アラインメントは，Dr. Vincent Savolainen の厚意により提供されたものを用いる．配列は 1,428 塩基サイトよりなる．系統樹の樹形を**図4.12**に示す．これがモデルの比較に使用される．**表4.2** は，3セットの塩基置換モデルのもとでの対数尤度の値とパラメータの推定値を示している．第1のセットは JC69, K80, HKY85 を含んでおり，それらのモデルでは同じマルコフ・モデルが配列の全サイトに適用される．第2のセットは '+Γ_5' モデルより構成される．これらのモデルは，サイト間の速度の変動を考慮するため，5つの速度クラスを用いた離散ガンマ分布が使用されている（Yang, 1994a）．第3のセットは '+C' モデルより構成される（Yang, 1996b）．これらのモデルでは，コドン・ポジションごとに置換速度 (r_1, r_2, r_3) が異なっており，また K80 と HKY85 に関しては，置換パラメータも異なっていることが仮定されている．系統樹中の枝長，K80 や HKY85 の κ，また '+C' モデルの中のコドン・ポジションに対する相対速度といったパラメータは ML で推定される．HKY85 モデルの塩基頻度パラメータは，配列全体で平均された観測頻度で推定される（**表4.3**）．

ここで3つの検定を詳細に検討しよう．最初に JC69 と K80 は，帰無モデル H_0: $\kappa = 1$ を検定するため LRT を用いて比較できる．K80 のパラメータ κ を固定する（$\kappa = 1$）と，JC69 になることに注意しよう．つまり，JC69 が帰無モデルであり，$p_0 = 21$ 個の枝長をパラメータと

表 4.2 12 個の rbcL 遺伝子のデータへのモデルの適合を調べるための尤度比検定

Model	p	ℓ	MLEs
JC69	21	$-6{,}262.01$	
K80	22	$-6{,}113.86$	$\widehat{\kappa} = 3.561$
HKY85	25	$-6{,}101.76$	$\widehat{\kappa} = 3.620$
JC69+Γ_5	22	$-5{,}937.80$	$\widehat{\alpha} = 0.182$
K80+Γ_5	23	$-5{,}775.40$	$\widehat{\kappa} = 4.191,\ \widehat{\alpha} = 0.175$
HKY85+Γ_5	26	$-5{,}764.26$	$\widehat{\kappa} = 4.296,\ \widehat{\alpha} = 0.175$
JC69+C	23	$-5{,}922.76$	$\widehat{r}_1 : \widehat{r}_2 : \widehat{r}_3 = 1 : 0.556 : 5.405$
K80+C	26	$-5{,}728.76$	$\widehat{\kappa}_1 = 1.584,\ \widehat{\kappa}_2 = 0.706,\ \widehat{\kappa}_3 = 5.651,$
			$\widehat{r}_1 : \widehat{r}_2 : \widehat{r}_3 = 1 : 0.556 : 5.611$
HKY85+C	35	$-5{,}624.70$	$\widehat{\kappa}_1 = 1.454,\ \widehat{\kappa}_2 = 0.721,\ \widehat{\kappa}_3 = 6.845$
			$\widehat{r}_1 : \widehat{r}_2 : \widehat{r}_3 = 1 : 0.555 : 5.774$

p はモデル中のパラメータ数であり，図 4.12 の系統樹中の 21 個の枝の長さも含まれている．HKY85 モデル中の 4 つの塩基頻度のパラメータは観測頻度を用いて推定された（表 4.3 参照）．

表 4.3 12 個の rbcL 遺伝子の 3 つのコドン・ポジションで観測された塩基頻度

ポジション	π_T	π_C	π_A	π_G
1	0.1829	0.1933	0.2359	0.3878
2	0.2659	0.2280	0.2998	0.2063
3	0.4116	0.1567	0.2906	0.1412
全体	0.2867	0.1927	0.2754	0.2452

（図 4.12 参照）

して含んでいる．（最適化された）対数尤度は $\ell_0 = -6{,}262.01$ である．K80 が対立仮説であり，κ がパラメータとして 1 つ付加されている．対数尤度は $\ell_1 = -6{,}113.86$ である．検定統計量は $2\Delta\ell = 2(\ell_1 - \ell_0) = 296.3$ である．これは棄却限界値（critical value）$\chi^2_{1,1\%} = 6.63$ よりずっと大きく，JC69 が大差で棄却されることが示唆される．K80 のもとでの MLE $\widehat{\kappa} = 3.56$ から明らかなように，トランジションとトランスバージョンの速度は非常に異なっている．同様に，自由度 3 の LRT を用いて K80 と HKY85 を比較すると，より単純な K80 が棄却される．

次のテストでは，帰無モデル JC69 を JC69+Γ_5 と比較し，配列中の異なるサイトが同じ速度で進化するという仮説を検定する．1 速度モデルは，形状パラメータ α が固定されたとき（$\alpha = \infty$）のガンマモデルの特殊なケースである．検定統計量は $2\Delta\ell = 648.42$ である．この検定では，∞ が対立モデルのパラメータ空間の境界にあるので，先に述べた正則条件すべてが満たされてはいない．その結果，帰無分布は χ^2_1 ではなく，0 への点密度（point mass density）と χ^2_1 の 50 : 50 の混合分布（mixture）となる（Chernoff, 1954; Self and Liang, 1987）．棄却限界値は，χ^2_1 に従った 5% で 3.84，1% で 6.63 ではなく，5% で 2.71，1% で 5.41 となる．この帰無混合分布は，対立モデル中のパラメータの MLE を考えることで直感的に理解できるだろう．もし真の値がパ

ラメータ空間の内部にあれば，その推定値は真の値のまわりで正規分布に従い，半々の割合で真の値よりも大きくなるか小さくなるであろう．真の値が境界に存在する場合，制約がなければ半分の確率でパラメータ空間の外に存在するであろう；その場合，推定値は真の値とされ，対数尤度の差は 0 となる．χ_1^2 を用いると検定が保守的になりすぎることに注意しよう；もし，検定が χ_1^2 のもとで有意であれば，混合分布が使用された場合でも有意となるであろう．rbcL のデータセットに関しては，観測された検定統計量は大きいので，どちらの帰無モデルが使用されようとも帰無モデルは棄却される．α の推定値が示すように，サイト間の速度の変動は非常に大きい．K80 モデルと HKY85 モデルを用いた同様の検定からも，サイト間の速度の変動は有意であることが示唆される．

第 3 のテストでは JC69 を JC69+C と比較する．対立モデル JC69+C では，3 つのコドン・ポジションに異なる相対速度 $r_1 (= 1), r_2, r_3$ が割り当てられる．一方，帰無モデル JC69 は $r_1 = r_2 = r_3$ という制約をおくことと等価であり，パラメータの数が 2 つ減る．検定統計量は $2\Delta\ell = 678.50$ となり，これが χ_2^2 と比較される．帰無モデルは明らかに棄却され，3 つのコドン・ポジションで速度が非常に異なることが示唆される．K80 あるいは HKY95 がこの検定に使用された場合も同じ結論が得られる．

表 4.2 の中では，最も複雑なモデルである HKY85+Γ_5 と HKY85+C だけが，このような尤度比検定で棄却されない．（この 2 つのモデル自体は入れ子の関係になっていないので，LRT に対する χ^2 近似は適用できない．）このパターンは，分子データセット，とくに巨大なデータセットの解析においては典型的なものである；数個の新たなパラメータを加えて新しいモデルを構築した場合，ときにその新たなパラメータの生物学的根拠が疑わしい場合であっても，古くてより単純なモデルのほうを棄却しやすいようにみえる．このパターンは，大部分の分子データセットは非常に大きく，LRT は巨大なデータセットのときにはパラメータの多いモデルを選択する傾向があるという事実を反映しているようにみえる． □

4.7.1.2 赤池情報量基準

LRT は入れ子関係にある 2 つのモデルの比較に適用することができる．Cox (1961; 1962; また Atkinson, 1970; Lindsey, 1974a; 1974b; Sawyer, 1984 も参照) は入れ子の関係にないモデルの比較への LRT の使用について議論しているが，このアイデアは一般的にも実用的にもなっていないように見える．赤池情報量基準（Akaike informatiom criterion；AIC; Akaike, 1974）は，必ずしも入れ子の関係にない複数のモデルの比較に使用できる．AIC スコアは個々のモデルに対して計算され，次のように定義される．

$$\text{AIC} = -2\ell + 2p \tag{4.28}$$

ここで $\ell = \ell(\widehat{\theta})$ は，そのモデルのもとでの最適対数尤度であり，p はパラメータ数である．小さな AIC をもつモデルのほうが選択される．この基準に従えば，パラメータが 1 つ増えたとき，それによる対数尤度の改善が 1 単位より大きければ，そのパラメータを加えたことに価値があるといえる．

4.7.1.3 ベイズ情報量基準

データセットのサイズが大きい場合，LRTとAICのどちらにおいても，複雑でパラメータの多いモデルが選択されやすく，単純なモデルが棄却されやすいことが知られている（Schwarz, 1978）．ベイズ情報量基準（Bayesian information criterion；BIC）は，ベイズ流の議論に基づくもので，パラメータの多いモデルにはより厳しくペナルティが課される．BICは次のように定義される．

$$BIC = -2\ell + p\log(n) \quad (4.29)$$

ここで，nは標本のサイズ（配列の長さ）を表す（Schwarz, 1978）．今回も，小さなBICスコアをもつモデルのほうが選択される．

定性的には，LRTもAICもBICもすべて，モデル構築における節約原理（parsimony principle）を数学的に定式化したものである．新たなパラメータの導入は，それらがモデルのデータへの適合を，有意にあるいは相当に改善するときのみ必要と見なされ，そうでなければ，より少ないパラメータをもつより単純なモデルが選ばれる．しかし，大きなデータセットにおいては，これらの基準は非常に異なる場合がある．たとえば，標本のサイズが$n>8$の場合，パラメータの多いモデルに対して，BICはAICよりも厳しくペナルティを課す．

モデル選択は，統計学の中でも議論の多い活発な領域である．Posada and Buckley (2004) は，分子系統解析におけるモデル選択の方法や基準についての概観を与えてくれる．自動的なモデル選択については，Posada and Crandall (1998) が，PAUPプログラム（Swofford, 2000）とともに用いるためのコマンド・スクリプトよりなるMODELTESTを開発している．このプログラムの中では，よく知られた置換モデルがLRTを用いて階層的に比較されるが，AICやBICなどの他の基準も含まれている．このプログラムを用いると，系統樹再構築に用いられたモデルに関して，研究者が熟慮の末に決定するということを避けることができる．

4.7.1.4 類人猿のミトコンドリア・タンパク質のデータへの応用

3つのモデル選択の基準を用いて，第4.2.5項のデータセットに適用されたいくつかのモデルを比較しよう．図4.5のML系統樹を仮定する．3つの経験的なアミノ酸置換モデル，DAYHOFF (Dayhoff et al., 1978)，JTT (Jones et al., 1992)，MTMAM (Yang et al., 1998) を，データに適合させる．その際，速度については，すべてのサイトで等しい場合とガンマ分布に従いサイト間で変動する場合のいずれかを用いた．離散ガンマモデルでは，5つの速度クラスが使用された；形状パラメータαの推定値は，3つのモデルのどれについても0.30から0.33の間であった．この結果は**表4.4**に示されている．LRTは入れ子の関係にあるモデルの比較にのみ使用されるので，経験的モデル（たとえば，DAYHOFF）はそれぞれ，それに対応するガンマモデル（たとえば，DAYHOFF+Γ_5）と比較される．LRTの統計量は非常に大きいので，帰無分布がχ_1^2であろうが，0とχ_1^2の50:50の混合分布であろうが，置換速度がサイト間で非常に変動していることに疑問の余地はない．AICスコアやBICスコアは，3つの経験的モデルのように入れ子構造になっていないモデルでも比較することができる．3つのモデルは同じ数のパラメータを含んでいるので，AICあるいはBICによる順位付けは対数尤度を用いた場合と一致する．MTMAMが他の2つのモデルよりもデータに適合しているが，これはデータがミトコンドリア・タンパク質で

表 4.4 類人猿由来のミトコンドリア・タンパク質のアミノ酸配列についてのモデル比較

Model	p	ℓ	LRT	AIC	BIC
DAYHOFF	11	$-15{,}766.72$		31,555.44	31,622.66
JTT	11	$-15{,}332.90$		30,687.80	30,755.02
MTMAM	11	$-14{,}558.59$		29,139.18	29,206.40
DAYHOFF+Γ_5	12	$-15{,}618.32$	296.80	31,260.64	31,333.97
JTT+Γ_5	12	$-15{,}192.69$	280.42	30,409.38	30,482.71
MTMAM+Γ_5	12	$-14{,}411.90$	293.38	28,847.80	28,921.13

p はモデル中のパラメータの数である．BIC の計算において，標本のサイズは $n = 3{,}331$ アミノ酸サイトである．LRT の列には，各経験的モデルと，それに対応するガンマモデルとの比較の検定統計量 $2\Delta\ell$ が示されている．

あり，DAYHOFF と JTT は核タンパク質から導かれたものであることから，そうなることは予想された．3 つのどの基準でも MTMAM+Γ_5 が最良のモデルであった．

4.7.2 モデルの妥当性と頑健性

> すべてのモデルは間違っているが，役にたつものもある．
> (George Box, 1979)

モデルは異なる目的のために用いられる．モデルは興味深い生物学的問題の検定に使用される場合があり，このときはモデル自体が興味の対象となる．たとえば，分子時計（経時的な速度の一定性）は，ある分子進化の理論によって予測された興味深い仮説であり，これは LRT を用いて，時計モデルと非時計モデルを比較することで調べることができる（詳細は第 7 章参照）．しばしば，モデルあるいは少なくともモデルの仮定のいくつかの側面は，われわれの主要な興味の対象ではないが，解析のなかでモデルを用いて処理しなければならないという場合がある．たとえば，分子時計の検定において，塩基置換のマルコフ・モデルが必要となる．同様に，系統樹再構築において，われわれが興味をもっているのは系統樹であるが，観察データが生成される機構を記述するために進化モデルを仮定する必要がある．このような場合，モデルはやっかいなものであるが，解析への影響は無視できない．

モデルのデータへの適合度と推測に対するモデルの影響力は，区別すべきであることを強調しておこう．しばしば，モデルの頑健性のほうが，モデルの妥当性より重要視されることがある．あるモデルをあらゆる詳細にわたって生物学的な現実性と対応させることはできないし，またその必要もない．その代わりに，われわれが生物学的過程について論及できるように，モデルは生物学的過程の重要な特徴をとらえておくべきである．どのような特徴が重要であるかは問われている問題に依存しており，その判断をするには，その問題の内容に対する知識が要求される．構造生物学者は，タンパク質中の各残基の固有性を強調する傾向がある．同様に，ヒトが他の生物種と区別されるように，すべての種は固有であると信じる十分な理由がある．しかし，タンパク質の配列の進化を記述するための統計学的モデルを定式化する場合には，決して各サイトや各枝に

対して独自のパラメータを用いるべきではない．パラメータで埋め尽くされたそのようなモデルは，実行できないからである．生物学者は，いわゆる $i.i.d.$ モデルの力を認識できていないことが多い．このモデルは，配列中のサイトが独立であり，同じ分布に従っていることを仮定している．よくある思い違いとして，$i.i.d.$ モデルはすべてのサイトが同じ速度で進化し，同じパターンを示すと仮定しているというものがある．しかし，サイト間の速度の変動モデル（Yang, 1993, 1994a），サイト間の選択圧の変動のモデル（Nielsen and Yang, 1998），またサイト間と系統間の両方で速度が変動するコバリオン・モデル（Tuffley and Steel, 1998; Galtier, 2001; Guindon et al., 2004）のような，分子系統学の中で実装されてきたほとんどすべてのモデルは $i.i.d.$ モデルであることは注意しておくべきであろう．$i.i.d.$ の仮定は，パラメータの数を減少させるのに有用な統計的な道具である．

　配列の進化の過程のいくつかの特徴は，モデルを適合させるためにも，また推測のためにも重要である．そのような特徴はモデルの中に組み込まれるべきである．サイト間の速度の変動は，系統樹の再構築あるいは枝長の推定のためにモデルに組み込まれるべき因子であろう（Tateno et al., 1994; Huelsenbeck, 1995a; Gaut and Lewis, 1995; Sullivan et al., 1995）．因子には，尤度によって判定されるようなモデルの適合には重要であるが，解析にはほとんど影響しないものもある．たとえば，トランジション/トランスバージョンの速度比 κ を JC69 モデルに導入すると，ほとんどの場合，対数尤度に大きな改善が見られるが，枝長の推定にはほとんど影響がない．HKY85 と GTR（REV）を比較した際に，大部分のデータセットで HKY85 が棄却されたとしても，HKY85 と GTR の違いはそれほど重要にならない．最もやっかいな因子は，モデルの適合度にはほとんど影響がないのに，推定には大きく影響するようなものである．たとえば，局所的分子時計モデル（local molecular-clock model）のもとで種の分岐時間を推定する場合，対数尤度から判断すると，系統の速度に関する異なるモデルはどれも等しくデータに適合しているように見えるが，それらから得られる分岐時間は非常に異なっている（第 7 章参照）．そのような因子は，たとえ統計検定がそれらの重要性を示唆していなくても，注意深く評価されるべきである．

　系統樹の再構築に関して，モデルの仮定が成立していない場合に対するいろいろな方法の頑健性が，多くのコンピュータ・シミュレーションにより調べられてきている．そのような研究から，モデルに基づくアプローチは，その基礎をなす置換モデルに対して，一般にきわめて頑健であることが示されている（たとえば，Hasegawa et al., 1991; Gaut and Lewis, 1995）．しかし，モデルの仮定の重要性は，相対的な枝長に反映される系統樹の形状に支配されているように見える．相対的な枝長は，系統樹再構築の困難さの全体的なレベルを決定している．互いにクラスタを形成している長い内部枝あるいは長い外部枝をもつ '簡単な' 系統樹は，すべてのモデルまたすべての方法でうまく構築できる；実際に，より複雑な真のモデルに比べて，過度に単純化しすぎた間違ったモデルのほうが良好な性能を示す傾向がある（そのような複雑さの議論については第 6.2 節参照）．短い内部枝と長い外部枝をもち，それらが系統樹の異なる部分に散在している '困難な' 系統樹は，どの方法でも再構築はむずかしい．そのような系統樹の場合，過度に単純なモデルは統計的な一致性をもっておらず，複雑で現実的なモデルを使用することが重要である．

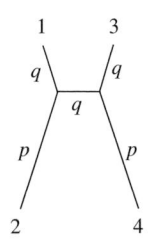

図 4.13 2つの枝長 p と q をもつ4生物種の系統樹．枝長は，その枝の両端において，任意のサイトが異なっている確率として定義されている．2値の形質の場合，この確率は $p = (1 - e^{-2t})/2$ であり，このとき t は変化している形質のサイトあたりの数の期待値である（練習問題 1.3 参照）．

4.8 練習問題

*4.1 JC69 モデルのもとでの尤度計算のためにサイト・パターンをまとめる．JC69 のもとで，あるサイトにおけるデータを観察する確率は，異なる種で塩基が異なっているか否かに依存しているが，その塩基が何であるかには依存しない．たとえば，パターン TTTC, TTTA, AAAG をもつサイトはどれも同じ出現確率をもつ．もし，そのようなサイトがパターンにまとめられたとき，s 本の配列のサイト・パターンは最大 $(4^{s-1} + 3 \times 2^{s-1} + 2)/6$ となることを示せ（Saitou and Nei, 1986）．

*4.2 分子時計の成り立つ3本の配列の星状系統樹について，JC69 モデルのもとでの1本の枝長を推定せよ（このモデルのもとでの最尤系統樹の議論については，Saitou (1988) や Yang (1994c, 2000a) を参照せよ）．この系統樹は図 4.8 に示されている．ここで，t は推定されるべき唯一のパラメータである．異なる塩基の数が1個，2個，3個の場合に対応する3つのサイト・パターンしかないことに注意しよう．データは，そのようなパターンの観測数：n_0, n_1, n_2 であり，その総和は n となる．その割合を $f_i = n_i/n$ としよう．対数尤度は，$\ell = n \sum_{i=0}^{2} f_i \log(p_i)$ であり，ここで p_i はサイト・パターン i を観察する確率である．式 (1.3) に与えられている JC69 モデルのもとでの遷移確率を用いて p_i を導出せよ．$p_0 = \Pr(TTT), p_1 = \Pr(TTC), p_2 = \Pr(TCA)$ として計算することができる．次に，$d\ell/dt = 0$ とせよ．変換されたパラメータ $z = e^{-4t/3}$ が次の5次方程式の解であることを示せ．

$$36z^5 + 12(6 - 3f_0 - f_1)z^4 + (45 - 54f_0 - 42f_1)z^3 + (33 - 60f_0 - 36f_1)z^2$$
$$+ (3 - 30f_0 - 2f_1)z + (3 - 12f_0 - 4f_1) \equiv 0 \quad (4.30)$$

4.3 図 4.13 の無根系統樹において，4生物種のデータ，$xxyy, xyyx$ および $xyxy$ をもつサイトの確率を，2値形質についての対称な置換モデル（練習問題 1.3）のもとでの2本の枝長 p と q を用いて計算せよ．ここで，枝長を，その枝の両端で異なるサイトの割合と定義しておくとより便利である．もし，$q(1-q) < p^2$ であれば，その場合に限って，$\Pr(xxyy) < \Pr(xyxy)$ となることを示せ．そのような枝長を用いた場合，系統樹の再構築のための最節約法は一致性をもたない（Felsenstein, 1978a）．

Chapter 5
ベイズ法

5.1 ベイズ法のパラダイム
5.1.1 概要

　統計的データ解析には2つの主要な哲学があり，それぞれの立場にたつ者は古典的あるいは頻度主義者（classical or frequentist）とベイズ主義者（Bayesian）とよばれる．頻度主義者は，ある事象の確率を，真のあるいは仮想的な母集団からくり返し抽出する中でその事象が生起する期待頻度として定義する．推測法の性能は，パラメータを固定した上で，データを発生させるモデル（たとえば尤度モデル）からくり返し標本を抽出する場合の性質によって判断される．その重要な概念には，推定量の偏りや分散，信頼区間，またp値がある；それらはすべて一般的な生物統計学の教育課程で取り扱われている．最尤（maximum likelihood；ML）推定や尤度比検定は，古典統計学の中でもとくに重要な位置を占めている；たとえば，母集団の平均値についてのt検定，分割表中の関連性についてのχ^2検定，分散分析，線形相関また回帰は，最尤法かそれに対する近似法のいずれかである．

　ベイズ統計学は大部分の生物統計学の教育課程では触れられない．ベイズ法の重要な性質は，パラメータの確率分布という概念である．ここでは，確率は母集団からのランダムな抽出における頻度とは解釈できなくなるが，その代わりにパラメータの不確実性を表すものとして使用される．古典統計学では，パラメータは未知の定数であり分布をもつことはない．ベイズ法の支持者は，パラメータの値は未知であるので，それがとりうる値を記述する確率分布を明示することは理にかなっていると主張している．データが解析される前のパラメータの分布は，事前分布（prior distribution）とよばれる．事前分布は，パラメータに関する事前の証拠の客観的評価か，研究者の主観的な意見のいずれかによって決定される．次にパラメータの事後分布（posterior distribution），すなわちデータが与えられたときのパラメータの条件付き確率を計算するためにベイズの定理が用いられる．パラメータに関する推定はすべて事後確率に基づいて行われる．

　確率論の研究はギャンブルと非常に顕著な関係があり，数百年の歴史をもっているが，統計学は比較的若い分野である．回帰と相関の概念は，1900年前後にヒトの遺伝の研究の中でFrancis

GaltonとKarl Pearsonによって考え出された．統計学は，1920年代と1930年代にRonald A. Fisherが分散分析，実験計画法，尤度のような古典統計学の多くの技法を開発して，大きく進展した．単純仮説と複合仮説，第一種と第二種の過誤などの概念を含む仮説検定や信頼区間の理論は，Jerzy NeymanとEgon Pearson（Karl Pearsonの息子）によってほぼ同時に考え出された．これらの研究によって古典統計学の基礎が完成した．

これに対して，ベイズ流の考えはずっと古く，1763年のThomas Bayesの論文にさかのぼる．この論文はBayesの死後に出版された．その論文の中では，$U(0,1)$を事前確率として暗黙に仮定して，2項分布の形の事後確率が計算された．このアイデアは19世紀にLaplaceや他の人々によってさらに発展したが，20世紀初頭の統計学者の間では人気がなかった．ベイズ流の考え方が受け入れられなかった主要な理由は2つある．第1の理由は哲学的なものである：未知パラメータの事前分布に対するこの方法の依存性や実際の主張は，Fisherのような傑出した統計学者の強烈な批判にさらされた．第2は計算上の理由である：解析的に取り扱える単純な例を除くと，実際の応用における事後確率の計算には，ほとんどいつも数値積分，それもしばしば高次元の積分が要求される．現在も事前分布に関する論争は続いているが，ベイズ流の計算には，マルコフ連鎖モンテカルロ・アルゴリズム（Markov chain Monte Carlo；MCMC，Metropolis et al., 1953; Hastings, 1970）によって大きな変革がもたらされた．ついでながら，MCMCの計算の能力は，Gelfand and Smith（1990）の論文が出版されるまで認識されていなかった．その論文の中では，自明ではない実際的な問題を解くにあたってのMCMCアルゴリズムの実行可能性が示されている．MCMCの導入により，最尤法では取り扱うことのできなかったであろう，複雑でパラメータの多いモデルを取り扱うことが可能となった．1990年代は，ベイズ統計学にとっては熱狂的な時代であった；すべての統計学者はベイズ主義者であり，誰もが統計学が応用できるさまざまな対象分野においてMCMCアルゴリズムの応用をくり広げているように見えた．最近になって，この方法に対する熱狂が静まって，ほどよいレベルに落ち着いてきたようである；その理由のうちのいくぶんかは，この方法があまりにも一般的になったためにさらなる正当化が必要ではなくなったことにあるが，いくぶんかはこのアプローチに挫折したプログラマーたちがMCMCアルゴリズムの開発や評価の複雑さや困難さを認識しはじめたためである．

この章ではベイズ統計学の理論や計算を簡単に紹介し，その分子進化への応用について説明する．読者には，ベイズ統計学の理論（たとえば，Leonard and Hsu, 1999; O'Hagan and Forster, 2004）や計算（たとえばGilks et al., 1996）についての優れたテキストを参考にすることを勧める．ここでは，一般的な原理を紹介するために，JC69モデルのもとでの距離計算のような単純な例を用いる．また，分子系統樹の再構築や合祖過程における集団遺伝学的解析へのベイズ推定の応用についても議論する．緩和された分子時計のもとでの種の分岐時間推定へのベイズ法の応用については，第7章で議論しよう．ベイズ流の系統解析については，Huelsenbeck et al.（2001）やHolder and Lewis（2003）などのいくつかの優れた総説がある．

5.1.2 ベイズの定理

ある事象Bの生起が，他の事象Aが生じたか否かに依存するとしよう．このとき，Bが生じる確率は，全確率の法則（law of total probability）によって次のように与えられる．

$$P(B) = P(A) \times P(B|A) + P(\bar{A}) \times P(B|\bar{A}) \tag{5.1}$$

ここで，$\bar{A}$ は，'否A'，すなわち A が生じないことを表す．ベイズの定理は，逆確率の定理（inverse-probability theorem）としても知られているもので，B が生じたときに A が生じる条件付き確率を与える．

$$P(A|B) = \frac{P(A) \times P(B|A)}{P(B)} = \frac{P(A) \times P(B|A)}{P(A) \times P(B|A) + P(\bar{A}) \times P(B|\bar{A})} \tag{5.2}$$

例を用いてこの定理を説明しよう．

[例] 臨床試験の擬陽性

集団中での伝染病の感染を検査する新しい方法が開発されたとしよう．感染している人を検査した場合，99%は陽性の反応が得られる．感染していない人については，2%が間違って陽性の反応を示す．集団中の0.1%が感染しているものとしよう．検査で陽性を示した人が本当に感染している確率はいくつであろうか？

A は感染しているという事象で，$\bar{A}$ は感染していないという事象だとしよう．また，B は検査で陽性であることを表すとしよう．このとき，$P(A) = 0.001$, $P(\bar{A}) = 0.999$, $P(B|A) = 0.99$, $P(B|\bar{A}) = 0.02$ となる．集団中からランダムに抽出した人の検査結果が陽性である確率は，式 (5.1) より次のようになる．

$$P(B) = 0.001 \times 0.99 + 0.999 \times 0.02 = 0.02097 \tag{5.3}$$

この値は，集団中の非感染者の中で陽性を示すものの割合に近い．次に式 (5.2) から，検査で陽性であった人が感染している確率が式 (5.4) のように得られる．

$$P(A|B) = \frac{0.001 \times 0.99}{0.02097} = 0.0420 \tag{5.4}$$

このように，陽性を示した人の中で 4.2%のみが真陽性であり，95.8% ($= 1 - 0.0420$) は擬陽性である．検査の一見高い精度にもかかわらず，感染の発生率は非常に低く（0.1%），検査で陽性を示したものの大部分（95.8%）は感染していない． □

ベイズの定理がベイズ統計学に用いられるとき，A と $\bar{A}$ は異なる仮説 H_1 と H_2 に対応する．一方，B は観察されるデータ（X）に対応する．このとき，ベイズの定理は，データが与えられたときの仮説 H_1 の条件付き確率を式 (5.5) のように与える．

$$P(H_1|X) = \frac{P(H_1) \times P(X|H_1)}{P(X)} = \frac{P(H_1) \times P(X|H_1)}{P(H_1) \times P(X|H_1) + P(H_2) \times P(X|H_2)} \tag{5.5}$$

同様に，$P(H_2|X) = 1 - P(H_1|X)$ が与えられる．ここで，$P(H_1)$ と $P(H_2)$ は事前確率（prior probability）とよばれる．それらは，データが観測されたり解析されたりする前に，仮説に割り当てられた確率である．条件付き確率 $P(X|H_1)$ と $P(X|H_2)$ は事後確率（posterior probability）とよばれる．$P(X|H_1)$ と $P(X|H_2)$ は，それぞれの仮説のもとでの尤度である．仮説はパラメータの異なる値に対応する場合もある；すなわち，$H_1: \theta = \theta_1$ と $H_2: \theta = \theta_2$ である．3つ以上の

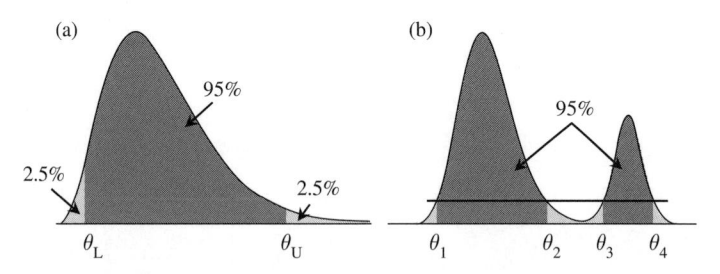

図 5.1 (a) 95%等裾信用区間 (θ_L, θ_U) は，事後確率分布の 2.5%分位点と 97.5 分位点を同定することにより構築できる．(b) 95%最高事後密度 (highest posterior density；HPD) 区間は，その区間外の θ よりも大きな事後密度をもつ θ の値で構成され，確率 95%の領域をカバーしている．密度に複数のピークが存在するため，HPD 領域は連結されていない区間，(θ_1, θ_2) と (θ_3, θ_4) から構成されている．

仮説がある場合への拡張は自明である．

先に議論された病気の検査の例において，$P(A)$ と $P(\bar{A})$ は，集団中の感染者と非感染者の頻度であったことに注意しよう．そのような問題においてベイズの定理を使用することに関する論争はない．しかし，ベイズ統計においては，事前確率 $P(H_1)$ と $P(H_2)$ については，そのような頻度主義的な解釈がないことが多い．そのような文脈の中で，ベイズの定理を使用することには論争がある．この論争については，次の項で再度議論する．

仮説が未知の連続パラメータに関するときには，確率の代わりに確率密度が使用される．このとき，ベイズの定理は式 (5.6) の形をとる．

$$f(\theta|X) = \frac{f(\theta)f(X|\theta)}{f(X)} = \frac{f(\theta)f(X|\theta)}{\int f(\theta)f(X|\theta)\mathrm{d}\theta} \tag{5.6}$$

ここで $f(\theta)$ は事前分布（prior distribution），$f(X|\theta)$ は尤度（パラメータ θ が与えられたときのデータ X の確率），$f(\theta|X)$ は事後分布（posterior distribution）である．データの周辺分布（marginal distribution）$f(X)$ は，$f(\theta|X)$ を積分したときに 1 になるための正規化定数である．式 (5.6) は，事後確率が事前確率と尤度の積に比例することを示している．言い換えると，事後情報量は事前情報量と標本情報量の和である．以下では，連続パラメータの問題に焦点を絞るが，その理論は離散の場合にも同様に適用できる．また，モデルが 2 つ以上のパラメータをもつとき，θ はパラメータのベクトルとなる．

事後分布は，θ に関するすべての推定の根幹となるものである．たとえば，事後分布の平均，メジアン，あるいはモードは，θ の点推定値として使用される．区間推定については，事後密度の 2.5%と 97.5%の分位点を用いて，95%等裾信用区間（equal-tail credibility interval；CI）（図 **5.1**(a)）を構築できる．事後密度が歪んでいる場合や複数のピークをもっている場合，そのような区間は，その区間外の値よりも支持されない θ の値を含んでしまうという欠点がある．このような場合は，95%最高事後密度（highest posterior density；HPD）区間を用いることができる．この区間は，その区間外の θ よりも高い事後密度をもつ θ の値よりなり，その区間の確率は 95%になる．図 5.1(b) の例においては，HPD 領域は 2 つの連結されていない区間よりなる．一般的に，パラメータ θ の任意の関数 $h(\theta)$ の事後期待値は，式 (5.7) のように表される．

$$E(h(\theta)|X) = \int h(\theta) f(\theta|X) \, \mathrm{d}\theta \tag{5.7}$$

ベイズ流のアプローチでは，積分，すなわち周辺化 (marginalization) によって局外パラメータ (第 1.4.3 項参照) が自然に処理され，これがこのアプローチの重要な強みとなっている．$\theta = (\lambda, \eta)$ としよう．λ が関心のあるパラメータであり，η が局外パラメータである．λ と η の同時事後密度は式 (5.8) のように与えられる．

$$f(\lambda, \eta | X) = \frac{f(\lambda, \eta) f(X|\lambda, \eta)}{f(X)} = \frac{f(\lambda, \eta) f(X|\lambda, \eta)}{\int f(\lambda, \eta) f(X|\lambda, \eta) \, \mathrm{d}\lambda \, \mathrm{d}\eta} \tag{5.8}$$

この式から，λ の（周辺）事後密度は式 (5.9) のように与えられる．

$$f(\lambda | X) = \int f(\lambda, \eta | X) \, \mathrm{d}\eta \tag{5.9}$$

【例】 JC69 モデルを用いて，ミトコンドリア・ゲノムに由来するヒトとオランウータンの 12S rRNA 遺伝子の間の距離 θ を推定しよう（第 1.4.1 項参照）．データを要約すると，$n = 948$ サイト中，差異のあるサイトの数は $x = 90$ である．MLE では，$\hat{\theta} = 0.1015$ となり，95%信頼（尤度）区間は $(0.0817, 0.1245)$ となる．ベイズ流のアプローチを適用するためには，事前分布を特定する必要がある．ベイズ解析では，事前分布として一様分布がよく使用されている．この場合だと，たとえば上限を大きくとって，$U(0, 100)$ とすることもできる．しかし，実際のデータから推定される配列間距離は小さいことが多い（つまり，< 1）ので，この一様事前分布のとり方は理にかなっているとはいえない．その代わりに，指数事前分布を用いよう．

$$f(\theta) = \frac{1}{\mu} \mathrm{e}^{-\theta/\mu} \tag{5.10}$$

ここで，平均 $\mu = 0.2$ とおいた．θ の事後分布は，式 (5.11) で与えられる．

$$f(\theta|x) = \frac{f(\theta) f(x|\theta)}{f(x)} = \frac{f(\theta) f(x|\theta)}{\int f(\theta) f(x|\theta) \, \mathrm{d}\theta} \tag{5.11}$$

あるサイトで差異のある確率が p（式 (5.12) 参照），一致する確率が $1 - p$ と表されるとし，データが p をパラメータとする 2 項分布に従うとしよう．

$$p = \left(\frac{3}{4} - \frac{3}{4} e^{-4\theta/3} \right) \tag{5.12}$$

このとき，尤度は式 (5.13) で表される．

$$f(x|\theta) = p^x (1-p)^{n-x} = \left(\frac{3}{4} - \frac{3}{4} e^{-4\theta/3} \right)^x \left(\frac{1}{4} + \frac{3}{4} e^{-4\theta/3} \right)^{n-x} \tag{5.13}$$

これは，スケール定数 (scale constant) $4^n/3^x$ を除けば，式 (1.43) の尤度と同じである．式 (5.11) の分母中の積分の解析的な計算はやっかいなので，Mathematica を用いて数値的に計算すると，$f(x) = 5.16776 \times 10^{-131}$ となる．図 **5.2** では，事後密度関数が事前分布やそれらとスケールを合わせた尤度とともに表示されている．この場合，事後分布は尤度によって決定されて

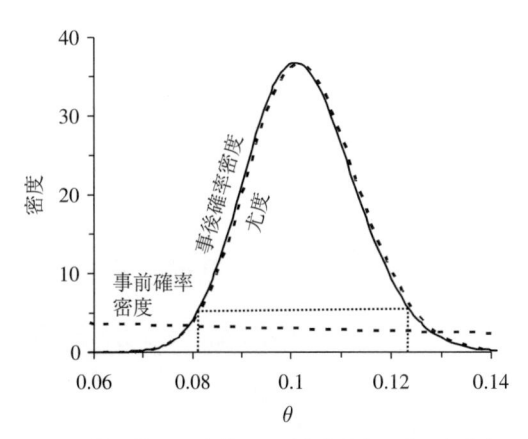

図 5.2 JC69 モデルのもとでの配列間距離 θ の事前および事後密度関数．尤度も，そのスケールを事後密度関数に合わせて同様に表示されている．事後密度関数は，事前密度関数を尤度にかけて，その後に事後密度関数のカーブの下の領域の面積が 1 になるようにスケールを変化させたものである点に注意しよう．ここで解析されているデータは，ヒトとオランウータンのミトコンドリア 12 S rRNA 遺伝子であり，$n = 948$ サイト中で差異のあるサイトの数が $x = 90$ である．95%HPD 区間 (0.08116, 0.12377) もグラフ上に表示されている．

おり，事前分布は尤度のピークの近辺ではほぼ平坦である．事後分布の平均は，数値積分によって計算でき，$E(\theta|x) = \int \theta f(\theta|x)\,d\theta = 0.10213$ となり，標準偏差は 0.01091 である．モードは $\theta = 0.10092$ である．95%等裾信用区間は，事後密度関数の 2.5%分位点と 97.5%分位点を数値的に計算することで構築でき，(0.08191, 0.12463) となる．この信用区間は，あとで述べるように，その解釈が異なるにもかかわらず，最尤法による信頼区間に非常に類似している．95%HPD 区間 (0.08116, 0.12377) は，事後確率密度関数の値をその最大値（36.7712）から減少させるときに得られる区間を考え，その区間の確率が 95%になるまで減じることで得られる（図 5.2 参照）．ここで得られた事後密度関数は単峰性でほぼ対称であるため，HPD 区間と等裾区間はほぼ一致している． □

5.1.3 古典的統計学 vs. ベイズ統計学

頻度主義者/最尤法とベイズ法との間の論争については，多くの統計学の文献がある．たとえば，ベイズ的立場からの導入としては Lindley and Phillips (1976) が，また古典的視点からは Efron (1986) がある．ここでは，両方の学派からの主要な批判のいくつかについて述べておこう．

5.1.3.1 頻度主義統計学に対する批判

古典的統計学に対するベイズの立場からの主要な批判は，古典統計学は正当な質問に答えていないというものである．古典的な方法は，データあるいはデータを解析する方法に対して確率的な命題を与える．しかし，データがすでに観察され，関心があるのはパラメータのほうであったとしても，パラメータについては確率的な命題を与えない．ここでは，信頼区間と p 値の概念を用いて，これらの批判について説明しよう．すべての生物統計学の教育課程で取り扱われているにもかかわらず，これらの概念は生物学者にとって（また，統計学の初学者にとってもそうらし

いのだが）理解しにくいものであることが知られている；やっかいなことに，少なくとも分子系統学の文献においては，誤った解釈がよくなされている．

最初に信頼区間について考えよう．データは，未知パラメータ μ と σ^2 をもつ正規分布 $N(\mu, \sigma^2)$ からの標本 $(x_1, x_2, \cdots, x_n)$ であるとしよう．n が大きい場合（たとえば，> 50），μ の95%信頼区間は式 (5.14) のように与えられる．

$$(\bar{x} - 1.96s/\sqrt{n},\ \bar{x} + 1.96s/\sqrt{n}) \tag{5.14}$$

ここで，$s = \left[\sum (x_i - \bar{x})^2/(n-1)\right]^{1/2}$ は標本標準偏差である．この信頼区間は何を意味しているのであろうか？　その区間にパラメータの真の値が含まれている確率が95%であると考えている人が多いかもしれない．しかし，この解釈は間違いである．

正しい解釈を理解するために，次の例を考えてみよう．確率変数 x がそれぞれ確率 $1/2$ で，$\theta - 1$ あるいは $\theta + 1$ をとる離散分布 $f(x|\theta)$ から，2回の無作為抽出，x_1 と x_2 を行ったとする．未知パラメータ θ は，$-\infty < \theta < \infty$ の範囲の値をとる．このとき，式 (5.15) で示される $\hat{\theta}$ が，θ の75%信頼集合を規定する．

$$\hat{\theta} = \begin{cases} (x_1 + x_2)/2 & (x_1 \neq x_2 \text{ の場合}) \\ x_1 - 1 & (x_1 = x_2 \text{ の場合}) \end{cases} \tag{5.15}$$

$\hat{\theta}$ は単一の値をとっているが，ここではそれを区間あるいは集合と考えている．$a = \theta - 1$ と $b = \theta + 1$ を，x_1 と x_2 がとりうる2つの値であるとしよう．4つの可能な結果，aa, bb, ab, ba が考えられ，それぞれ $1/4$ の確率で生じる．観察されたデータが aa であるときのみ，$\hat{\theta}$ は θ とは異なっている．したがって，分布 $f(x|\theta)$ から抽出された全体で構成されたデータセットの75%において，信頼集合 $\hat{\theta}$ は真のパラメータ値を含んでいる（等しい）．言い換えると，$\hat{\theta}$ は θ の75%信頼集合である．確率75%は，信頼水準（confidence level）あるいは被覆確率（coverage probability）とよばれる．このことは，もしデータ生成モデルからくり返しサンプルの抽出を行い，それぞれのデータセットについて信頼区間を構築するならば，それらの信頼区間の75%は真のパラメータ値を含むということを意味している．

観察されたデータセットの中の，x_1 と x_2 の2つの値が異なっていたとしよう．このとき，われわれは確実に $\hat{\theta} = \theta$ であることを知っている．真のパラメータ値が信頼集合に含まれていることを確実に知っている状況で，その信頼集合が75%の被覆確率しかもたないというのは，不合理ではないにしても直感に反するように思われる．いずれにせよ，信頼水準（ここでは 0.75 であるが）はその区間が真のパラメータ値を含んでいる確率ではない（この例の観察データについては1である）．また，95%信頼区間が明らかにパラメータの真の値を含んでいない例を作ることもできる．

式 (5.14) の正規分布の例に戻ると，信頼区間の正しい解釈は標本のくり返し抽出に基づいてなされる（図 **5.3**）．μ と σ^2 を固定して，観察データが得られたのと同じ母集団から（観察データと同じサイズの）標本を多数回抽出し，式 (5.14) に従って各標本の信頼区間を構築することを考えよう．それら信頼区間の95%はパラメータの真の値を含むであろう．パラメータ μ や σ^2 が固定されているにもかかわらず，信頼区間はデータセットによって変動することに注意しよう．

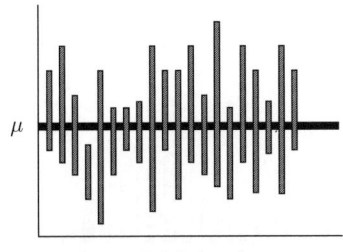

図 5.3 信頼区間の解釈．多くのデータセットが，固定されたパラメータ μ と σ^2 をもつ確率モデルから抽出される．各データセットに対して，μ についての 95%信頼区間を構築する．このとき，これらの信頼区間の 95%が真の値を含むであろう．

等価な解釈に，信頼区間を試行前の評価とするものがある；データが収集されていない時点では，式 (5.14) の手順で構築される信頼区間は確率 0.95 でパラメータの真の値を含むであろう．μ の真の値が何であろうとも，この命題は真である．しかし，データが観測されたあとでは，先述の手順で構築された信頼区間は，真の値を含んでいるかもしれないし，含んでいないかもしれない．一般的に，信頼区間が真の値を含むという事象には，（0 あるいは 1 を除いて）確率は割り当てられない．信頼区間の理論は，どのような情報がパラメータについて利用可能かという問題を避け，代わりにデータあるいはその処理についての間接的な確率的命題を与えているという批判がある；生物学者は，信頼区間を構築する手順ではなく，データから構築されるパラメータや特定の信頼区間に関心がある．これに対して，ベイズ法の信用区間は，この疑問に対して直接的に答えてくれるものである．データが与えられたとき，95%ベイズ信用区間は真のパラメータの値を 95%の確率で含んでいる．ベイズ法は試行後の評価であり，観測されたデータに条件付けられたパラメータについて確率的命題を与える．

次に，Neyman-Pearson の仮説検定の枠組みにおける p 値に話題を転じよう．この問題は，ベイズ主義者によってさらに厳しく批判されている．ここでは，練習問題 1.5 で示した Lindley and Phillips (1976) による例を用いよう．$n = 12$ 回の独立したコイン投げで，$x = 9$ 回の表と $r = 3$ 回の裏が観察され，帰無仮説 $H_0: \theta = 1/2$ を対立仮説 $H_1: \theta > 1/2$ に対して検定したいとしよう．ここで θ は表が出る真の確率である．コインを投げる回数 n は固定されているとすると，x は式 (5.16) で示す 2 項分布に従う．

$$f(x|\theta) = \binom{n}{x} \theta^x (1-\theta)^{n-x} \tag{5.16}$$

帰無仮説のもとでの確率分布が図 **5.4** に示されている．観察されたデータ $x = 9$ の確率，0.05371 は p 値ではないことに注意しよう．多くの可能な結果が考えられる場合，観測されたある特定のデータセットの確率は，たとえそれが最もありえそうなものであったとしても非常に小さくなる．その代わり，観測されたデータと同程度かそれ以上に極端な結果すべてについて和をとることにより，帰無仮説のもとでの分布の裾の部分の確率として p 値は計算される：

$$p = P_{\theta=1/2}(x=9) + P_{\theta=1/2}(x=10) + P_{\theta=1/2}(x=11) + P_{\theta=1/2}(x=12) = 0.075 \tag{5.17}$$

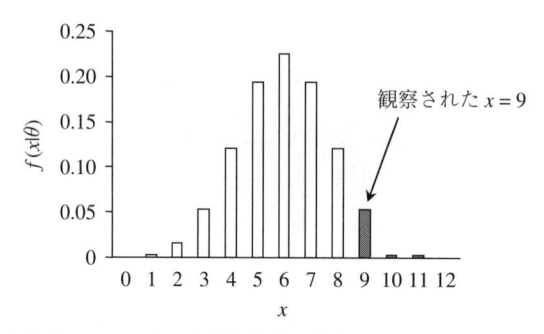

図 5.4 コインの表が出る確率が $\theta = 1/2$ という帰無仮説のもとで，$n = 12$ 回のコイン投げのうちで表の回数 x の 2 項分布．表が観察された数は $x = 9$．対立仮説 $\theta > 1/2$ に対して，帰無仮説 $\theta = 1/2$ を検定するための p 値は，観察されたデータ以上の極端な結果，すなわち $x = 9, 10, 11, 12$ について和をとることで得られる．

ここで，下付き添え字は，確率が帰無仮説 $\theta = 1/2$ のもとで計算されることを意味している．p 値は H_0 が真である確率と解釈されがちであるが，この解釈は間違っている．

p 値は尤度原理に背くということからも批判されている．尤度原理によれば，尤度関数は θ に関するデータ中のすべての情報を含んでおり，2 つの実験が同じ尤度を示すならば，同じ推測がなされなければならない（第 1.4.1 項参照）．異なる実験計画を考えてみよう．その実験では，裏の回数 r があらかじめ固定されているとする；言い換えると，観察される裏の回数が $r = 3$ となるまでコインを投げ続け，その時点で $x = 9$ 回の表が観察されるということである．このとき，データ x は，負の 2 項分布に従い，確率は次のようになる．

$$f(x|\theta) = \binom{r + x - 1}{x} \theta^x (1 - \theta)^{n-x} \tag{5.18}$$

このモデルを使用すると，p 値は式 (5.19) で与えられる．

$$p = P_{\theta=1/2}(x=9) + P_{\theta=1/2}(x=10) + \cdots = \sum_{j=9}^{\infty} \binom{3+j-1}{j} \left(\frac{1}{2}\right)^j \left(\frac{1}{2}\right)^3 = 0.0325 \tag{5.19}$$

このように，有意水準 5%のとき，負の 2 項分布モデルのもとでの帰無仮説 H_0 は棄却されるが，2 項分布モデルのもとでは棄却されない．式 (5.16) と (5.18) は，θ に依存しない比例定数に違いがあるだけで，尤度は 2 つのモデルで同じであるので，2 つのモデルで p 値が異なるということは尤度原理に背いている．どのように実験が観察されるかが θ の推測に関係するということは理にかなっていないようにみえる；θ の推測に関係するのは実験の結果のみと考えられるであろう．p 値が 2 つのモデルで異なるということは，標本空間（sample space），すなわちすべての結果から構成される空間が 2 つのモデルで異なることによる．2 項分布モデルのもとでは，可能な結果は，表の回数 $x = 0, 1, \cdots, 9, \cdots, 12$ である．負の 2 項分布モデルのもとでは，標本空間は，表の回数 $x = 0, 1, \cdots, 9, \cdots, 12, \cdots$ より構成される．仮説検定のアプローチでは，観察されていない結果が H_0 を棄却するという決定に影響する．実際に観察された値 ($x = 9$) よりも極端な x の値に対する小さな確率が，それらの値は生じなかったにもかかわらず，H_0 に反する証拠として使用される．Jeffreys (1961, p.385) は，このアプローチを，'真であるかもしれない仮説は，生

じなかった観測可能な結果を予測できなかったので棄却されるかもしれない！' と揶揄している．

5.1.3.2　ベイズ法に対する批判

　ベイズ法に対する批判のすべては，事前確率または事前確率の必要性に向けられたものである．ベイズ主義者には，スタンスの異なる 2 派がある；客観論者と主観論者である．客観論的ベイズ主義者（objective Bayesians）は，事前確率を，パラメータに関する事前の客観的情報を表現したものと考える．このアプローチは，たとえば，パラメータの不確実性を表現するために生物学的過程の知識を用いてモデルを構築できるような場合に適用される．しかし，パラメータに関する利用可能な事前情報がない場合や，事前確率によって完全に無知であることが表されていると思われる場合には，このようなアプローチをとると問題が生じる．連続パラメータの場合，おもに Laplace による "理由不十分の原理（principle of insufficient reason）" あるいは "無差別性の原理（principle of indifference）" により，パラメータの取りうる値全体に一様分布が割り当てられる．しかし，そのような，いわゆる平坦事前分布（flat prior）あるいは無情報事前分布（noninformative prior）は矛盾をもたらす．ある正方形のサイズを推定したいとしよう．1 辺が 1 m から 2 m の間であることを知っている場合，その辺のサイズは一様分布 $U(1, 2)$ に従うとすることができる．一方，その面積が $1\,\mathrm{m}^2$ から $4\,\mathrm{m}^2$ の間にあることを知っている場合は，面積を一様分布 $U(1, 4)$ に従うとすることができる．この 2 つの一様分布は互いに矛盾している．たとえば，辺に関する事前分布から 1 辺のサイズが区間 $(1, 1.5)$ にある確率は 1/2 であるが，これは面積が区間 $(1, 2.25)$ にある確率でもある．しかし，面積に対する事前分布からは，面積が区間 $(1, 2.25)$ にある確率は $(2.25 - 1)/(4 - 1) = 0.3834$ となり，1/2 ではない！ この矛盾は，事前分布が非線形変換に対して不変ではないために生じる：もし，x が一様分布に従っていたとしても，x^2 の分布は一様分布にならない．同様の理由から，差異のあるサイトの割合についての一様事前分布 p は，JC69 モデルのもとでの配列間距離 θ についての一様事前分布とは大きく異なっている（補遺 A 参照）．m 個の可能な値をとる離散パラメータについては，無差別性の原理によって各値に $1/m$ の確率が割り当てられる．しかし，パラメータの値をどのように分割するかが明確でないことが多いので，この処理は見た目ほど単純ではない．たとえば，ある事象が平日に生じるか，週末に生じるかに関心があるとしよう．このとき，平日に事前確率 1/2 を，また週末に 1/2 を割り当てることができる．これに対し，1 週間を構成する各曜日が等しい確率をもつとし，平日には 5/7，週末には 2/7 を割り当てることもできる．パラメータについての情報が何もなければ，どちらの事前分布が妥当であるかは明らかではない．まったく無知であることを表現することのむずかしさから，客観的ベイズ流アプローチは好まれなくなった．現在では，一様分布は無情報ではなく，どのような事前分布も完全な無知を表現することはできないということが一般的な認識となっている．

　主観的ベイズ主義者は事前分布を，データを観察したり解析したりする前の時点での，パラメータに対する研究者の主観的な信念（subjective belief）を表現するものと考えている．実際には他人の主観的信念について議論することなどできないのだが，'古典的' 統計学者は，主観的確率という考え方や，個人的な先入観が科学的な推論に影響を及ぼすという考えを排除している．尤度モデルの選択もまたある程度主観的であるが，データに対してモデルをチェックすることができ

る．だが，事前分布についてはそのような評価ができない．しかし，もしパラメータについての事前分布が利用できる場合，ベイズ主義者が指摘するように，ベイズ流の枠組みで事前分布を利用することによって，そのような情報を自然に導入することができる．

事前分布の考えを受け入れれば，事後確率は確率の微積分によって，自動的に自己矛盾なく，また先に議論した古典統計学に向けられた批判に悩まされることなく，計算することができる．すでに述べたように，ベイズ推定は，解釈の容易なパラメータについての直接的な答えを与えることができる．ベイズ主義者は，事前分布についての懸念は基本的には健全な理論の中の技術的な問題であるのに対し，古典統計学は間違った根拠に対して理にかなった結果を生むこともあるような場当たり的な修正をもった，基本的に欠陥のある理論であると論じている．

5.1.3.3 古典統計学とベイズ統計学の違いは重要か？

このように，古典的（頻度主義）統計学とベイズ統計学は，非常に異なる哲学に立脚している．生物学者にとって重要な問題は，この2つのアプローチが類似する答えを与えてくれるかという点である．しかし，これは問題の性質に依存している．ここでは，3種類の問題を考えよう．

いわゆる安定推定問題（stable-estimation problem）(Savage, 1962) では，適切に定式化されたモデル $f(X|\theta)$ が利用可能であり，パラメータ θ の推定を大きなデータセットから行いたい．このとき，事前分布はほとんど効果がなく，最尤推定値もベイズ法による推定値も真のパラメータの値に近接した値となる．さらに，古典的な信頼区間は，漠然事前分布（vague prior）のもとでの事後信用区間に一般的に一致する．たとえば，一様分布 $f(\theta) = 1/(2c), -c < \theta < c$ を考えよう（他の漠然事前分布を用いても同じ結論が得られるので，ここでの一様分布の使用は本質的なことではない）．このときの事後確率は式 (5.20) で与えられる．

$$f(\theta|x) = \frac{f(\theta)f(x|\theta)}{\int_{-c}^{c} f(\theta)f(x|\theta)\,d\theta} = \frac{f(x|\theta)}{\int_{-c}^{c} f(x|\theta)\,d\theta} \tag{5.20}$$

分母の積分は，$-c$ から c までの区間での $f(x|\theta)$ の曲線の下の部分の面積を与える．データセットが大きい場合，尤度 $f(x|\theta)$ は，θ の狭い領域に高い密度をもっており（事前分布の広がりが θ の真の値を含むのに十分なほど大きければ，その θ の狭い領域は事前区間 ($-c$ から c) に含まれているであろう），それ以外の領域では急激に小さくなる．このとき積分は，実質的にはその小領域における面積として与えられ，c の正確な値には大きく影響されない（図 **5.5**）．このため，事後確率もまた，c あるいは事前分布には大きく影響されない．先に議論した距離の推定がよい例である（図 5.2）．

2番目は，尤度と事前分布の両方が実質的に事後分布に影響を及ぼす推定問題である．このとき，ベイズ推定は事前分布の影響を受けやすく，古典的方法とベイズ法では異なる答えが導かれやすい．事後分布が事前分布に強く影響されてしまうことは，モデルの定式化が不適切で，そのため高度に相関するパラメータが導かれるような同定が困難な形になっているためか，あるいはデータが少なくてパラメータに関する情報がほとんど含まれていないために生じる．この状態は，データ量の増加によって改善されるだろう．

3番目は，最もむずかしい問題であり，漠然事前情報しか利用できない未知パラメータを含む

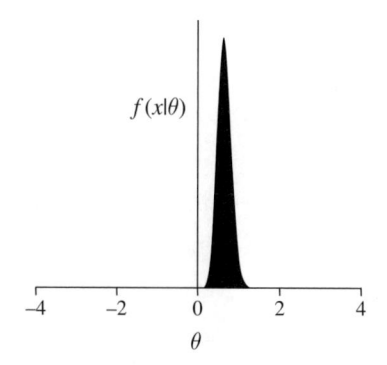

図 5.5 積分 $\int_{-c}^{c} f(x|\theta)\, \mathrm{d}\theta$ は，事前区間（prior interval）$(-c, c)$ についての尤度曲線 $f(x|\theta)$ の下の部分の面積である．データセットが大きいとき，尤度 $f(x|\theta)$ は，θ のある小区間に高度に集中している．したがって，c が十分大きく，尤度曲線のピークが事前区間 $(-c, c)$ の内部に含まれる場合には，この積分は c の正確な値にそれほど影響されない．この例では，尤度は $\theta = 0.2$ の周辺に集中しており，区間 $(0, 2)$ の外部では急激に小さくなる．区間 $(-10, 10)$ での曲線の下の領域の面積も区間 $(-100, 100)$ での面積も，実質的には同じであり，どちらの面積も区間 $(0, 2)$ での面積に本質的に等しい．

モデルについての仮説検定あるいはモデル選択である．モデルの事後確率は未知パラメータの事前分布からの影響を非常に受けやすく，データの量が増えても状況は改善されないだろう．最もよく知られている事例として，Lindley のパラドクス（Lindley's paradox）がある（Lindley, 1957; Jeffreys, 1939 も参照せよ）．正規分布 $N(\theta, 1)$ からの無作為標本 $x_1, x_2, \cdots, x_n$ を用いて，単純帰無仮説 H_0: $\theta = 0$ の複合対立仮説 H_1: $\theta \neq 0$ に対する検定を考えよう．標本を $x = (x_1, x_2, \cdots, x_n)$ と表し，$\bar{x}$ を標本平均とする．事前分布は $P(H_0) = P(H_1) = 1/2$ とし，また H_1 のもとで $\theta \sim N(0, \sigma^2)$ とする．尤度は，H_0 のもとでは $\bar{x} \sim N(0, 1/n)$，H_1 のもとで $\bar{x} \sim N(\theta, 1/n)$ となる．このとき，モデルの事後確率の比は周辺尤度の比に等しい．

$$B_{01} = \frac{P(H_0|x)}{P(H_1|x)}$$

$$= \frac{(1/\sqrt{2\pi/n}) \exp\left\{-\dfrac{n}{2}\bar{x}^2\right\}}{\int_{-\infty}^{\infty} (1/\sqrt{2\pi\sigma^2}) \exp\left\{-\theta^2/(2\sigma^2)\right\} \times (1/\sqrt{2\pi/n}) \exp\left\{-(n/2)(\bar{x}-\theta)^2\right\} \mathrm{d}\theta}$$

$$= \sqrt{1 + n\sigma^2} \times \exp\left\{-\frac{n\bar{x}^2}{2\left[1 + (1/(n\sigma^2))\right]}\right\} \tag{5.21}$$

データが与えられたとき，もし $\sigma^2 \to \infty$ ならば，$B_{01} \to \infty$，$P(H_0|x) \to 1$ となることに注意しよう．このように十分に広がった拡散事前分布を用いることにより（すなわち，十分に大きな σ^2 を用いることにより），$P(H_0|x)$ を好きなだけ 1 に近づけることができる．問題点として，事前情報が十分でないときに，$\sigma^2 = 10$ と $\sigma^2 = 100$ ではモデルの事後確率が大きく異なるにもかかわらず，どちらがより適切かを決定できないということがあげられる．

Lindley は，この問題において，ベイズ法による解析と従来の有意性検定ではまったく異なる結論が得られる場合があることを指摘している．通常の仮説検定は，$\bar{x}$ が H_0 のもとでは正規分布 $N(0, 1/n)$ に従うことに基づいており，p 値は $\Phi(-\sqrt{n}|\bar{x}|)$ と計算される．ここで $\Phi(\cdot)$ は標準正規分布の累積密度関数（cumulative density function；cdf）である．$\sqrt{n}|\bar{x}| = z_{\alpha/2}$，すなわ

ち標準正規分布の分位点であるとしよう．このとき，H_0 は有意水準 α で棄却される．しかし，$n \to \infty$ ならば，$B_{01} \to \infty$, $P(H_0|x) \to 1$ となる．これはパラドクスである：有意性検定では，たとえば $\alpha = 10^{-10}$ で H_0 を明らかに棄却するのに，ベイズ法では $P(H_0|x) \approx 1$ となり，H_0 を強く支持する．

1個以上のモデルのパラメータについて事前情報が乏しい状況で，未知パラメータをもついくつかのモデルを比較したいときにはいつでも Lindley のパラドクスが生じるが，これはモデルの事後確率への事前分布の影響を表している（たとえば，O'Hagan and Forster, 2004 参照）．比較されるモデルについては，1個以上のパラメータをもっているか，一方のモデルが（パラメータをもたない）シャープな分布に従っている場合，また事前分布については，それを固定してデータのサイズを増加すると同じ効果が得られるので，適切で情報をもっている場合に，そのような問題が生じる．

ベイズ法による系統樹の再構築は，この3番目のカテゴリのむずかしい問題に相当すると思われる（Yang and Rannala, 2005）．さらなる議論については第 5.6 節を参照せよ．

5.2 事前分布

もし，関心のある量の不確実性をモデル化するために物理的過程を用いることができるならば，古典（尤度）統計学でもベイズ統計学でも，通常そのような量を確率変数として扱い，データが与えられたときのその量の条件付き（事後）確率が導かれる．系統樹の確率分布を指定するためのYule の分岐過程（Edwards, 1970）や出生死滅過程（Rannala and Yang, 1996）の使用は，その適切な例である．これらのモデル中のパラメータは出生率や死滅率であり，系統樹の樹形や枝長について平均をとることで得られる周辺尤度から推定される．一方，系統樹は，データが与えられたときの系統樹の条件付き（事後）確率分布から推定される．

生物学的モデルの使用とは別の，事前分布を指定する第2のアプローチでは，同様な状況における過去のパラメータの観察を用いるか，パラメータに関する事前の証拠が評価される．第3のアプローチでは，研究者の主観的な信念が用いられる．利用できる情報がほとんどない場合は，一様分布が漠然事前分布として用いられることが多い．m 個の可能なパラメータを取りうる離散パラメータについては，上記の処理は各要素に $1/m$ の確率を割り当てることを意味する．連続パラメータについては，パラメータのとりうる範囲で一様分布を用いることを意味する．そのような事前分布は，無情報事前分布（noninformative prior）あるいは平坦事前分布（flat prior）とよばれてきたが，現在は拡散事前分布（diffuse prior）あるいは漠然事前分布（vague prior）とよばれている．

別のクラスの事前分布として，共役事前分布（conjugate prior）がある．ここでは，事前分布と事後分布は同じ関数形の分布となり，データあるいは尤度の役割はその分布のパラメータを更新することである．よく知られた例として，(i) 確率パラメータ p に関するベータ事前分布を用いたデータの2項分布 $B(n,p)$, (ii) 速度パラメータ λ についてのガンマ事前分布を用いたデータのポアソン分布 poisson(λ), (iii) 平均 μ ついての正規事前分布を用いたデータの正規分布 $N(\mu, \sigma^2)$ がある．JC69 モデルのもとで配列間距離を推定する例では，差異のあるサイトの確率 p を距離

として用いるならば，ベータ事前分布 beta(α, β) を割り当てることができる．データの中で n サイト中 x サイトに差異があれば，p の事後分布は beta$(\alpha + x, \beta + n - x)$ となる．この結果は，ベータ事前分布 beta(α, β) に含まれている情報は，$\alpha + \beta$ サイト中，差異のあるサイトが α 個観察されることと等価であることを示している．共役事前分布は，事前分布と尤度の特殊な組合せの場合にのみ成立する．共役事前分布は積分が解析的に取り扱えるので便利であるが，実際の問題に対しては現実的なモデルではないかもしれない．分子系統学の問題は一般的に非常に複雑であり，先に議論したような自明なケースを除いては，共役事前分布は分子系統学において使用されていない．

事前分布が未知パラメータを含んでいるときには，それらに対する事前分布，すなわち超事前分布（hyper-prior）を割り当てることができる．超事前分布中の未知パラメータは，それら自身についての事前分布をもちうる．この方法は，階層的ベイズ（hierarchical Bayes, full Bayes）・アプローチとよばれている．しかし，あまり効果がないので，通常は 2 つあるいは 3 つを超えるレベルの階層を取り扱うことはない．たとえば，JC69 による距離の計算の例（式 (5.10)）では，指数事前分布中の平均 μ に超事前分布を割り当てることができる．別のアプローチとして，周辺尤度から超パラメータを推定し，それらを関心のあるパラメータの事後確率の計算に使用するという方法がある．この方法は経験的ベイズ（empirical Bayes）法とよばれている．たとえば，μ は $f(x|\mu) = \int f(\theta|\mu) f(x|\theta) d\theta$ を最大化することで推定され，その推定値は式 (5.11) の $f(\theta|x)$ を計算するのに使用できる．経験的ベイズ法によるアプローチは，分子系統学では広く用いられており，たとえば，サイトの進化速度の推定（Yang and Wang, 1995; 第 4.3.1 項），系統樹上の祖先の DNA あるいはタンパク質の配列の復元（Yang et al., 1995a; Koshi and Goldstein, 1996a; 第 4.4 節），正の選択を受けているアミノ酸残基の同定（Nielsen and Yang, 1998; 第 8 章），タンパク質配列の 2 次構造カテゴリーの推定（Goldman et al., 1998），挿入/欠失のモデルのもとでの配列アラインメント（Thorne et al., 1991; Thorne and Kishino, 1992）などに用いられている．

実際のデータ解析にあたっての重要な問題として，事後確率が事前分布の影響を受けるか否かということがある．事前分布の影響の評価は常に慎重であるべきである．もし事後確率がデータによって決定されているならば，事前分布として何を選択しても大きな影響はない．しかし，そうでない場合は，事前分布の影響を注意深く評価するべきである．計算アルゴリズムの進歩により（以下を参照のこと），研究者はベイズ法の方法論をパラメータの多い複雑なモデルに適用できるようになってきた．その結果，研究者はほとんど同定できないようなパラメータを追加しがちになるかもしれないし（Rannala, 2002），研究者に知識がない場合においても事前分布のいくつかの性質によって事後確率は大きく影響されるかもしれない．JC69 モデルによる距離推定の例では，距離 $\theta = 3\lambda t$ の代わりに，置換速度 λ と時間 t の両方を推定しようとするときに同定可能性の問題が生じる（練習問題 5.5 参照）．このように，モデルにあまりに多くのパラメータを導入しすぎることを避けるためには，データのどの性質がパラメータについての情報を有しているか，また知ることのできるパラメータとできないパラメータはどれかを理解しておくことが重要である．

5.3 マルコフ連鎖モンテカルロ法

大部分の問題において，事前確率と尤度は簡単に計算できるが，データの周辺確率 $f(X)$，すなわち正規化定数の計算は困難である．共役事前分布を含むケースのような簡単な問題を除いて，解析的な結果は得られない．距離推定の単純なケースにおいても周辺尤度の計算が困難であることはすでに述べた（式 (5.11)）．より複雑なベイズモデルは数百，数千ものパラメータや高次元の積分を含んでいる．たとえば，系統樹の事後確率を計算するためには，データの周辺確率 $f(X)$ を計算する必要があるが，それはすべての可能な樹形について和をとる処理や，それら系統樹中のすべての枝長と置換モデル中のすべてのパラメータについて積分を行うことで求められる．この問題の突破口となったのが，マルコフ連鎖モンテカルロ（Markov chain Monte Carlo；MCMC）アルゴリズムの開発であった．MCMC は，ベイズ法の計算を行うための強力な手段を与えてくれる．MCMC は尤度の計算において，モデル中の確率変数について積分をとる方法としても提唱されているが（Geyer, 1991; Kuhner et al., 1995），その応用は成功しているとはいいがたい（Stephens and Donnelly, 2000）．

MCMC アルゴリズムを説明する前に，まずモンテカルロ積分（Monte Carlo integration）について議論しよう．この 2 つのアルゴリズムは密接に関連しており，その類似点と相違点を理解しておくことは重要である．

5.3.1 モンテカルロ積分

モンテカルロ積分は，シミュレーションによって多次元積分を計算するための方法である．密度 $\pi(\theta)$ について $h(\theta)$ の期待値を計算したいとする．ここで θ は多次元であってもよい．

$$I = E_\pi(h(\theta)) = \int h(\theta)\pi(\theta)\,\mathrm{d}\theta \tag{5.22}$$

このとき，$\pi(\theta)$ から独立な標本 $\theta_1, \theta_2, \cdots, \theta_N$ を抽出することができる．すると，式 (5.23) は I の MLE となる．

$$\widehat{I} = \frac{1}{N}\sum_{i=1}^{N} h(\theta_i) \tag{5.23}$$

$h(\theta_i)$ は独立で同一の分布に従っているので，$\widehat{I}$ は漸近的に平均 I で分散が式 (5.24) で与えられる正規分布に従う．

$$\mathrm{var}(\widehat{I}) = \frac{1}{N^2}\sum_{i=1}^{N}\left(h(\theta_i) - \widehat{I}\right)^2 \tag{5.24}$$

モンテカルロ積分の利点は，推定の分散が標本のサイズ N には依存するが，積分の次元数には依存しないことである．この点が，次元が増加するにつれてその精度が急激に低下する数値積分とは異なっている．

モンテカルロ積分には重大な欠点がある．第 1 に，関数 $h(\theta)$ が $\pi(\theta)$ と非常に異なっていると，$\pi(\theta)$ からの標本抽出の効率が非常に悪くなる．第 2 に，この方法では，分布 $\pi(\theta)$ から標本を抽出できることが求められるが，そのような標本抽出は，とくに高次元の問題においては実行できないか，不可能である．式 (5.11) の積分 $f(x) = \int f(\theta)f(x|\theta)\,\mathrm{d}\theta$ の計算へのモンテカルロ

積分の応用を考えよう．事後分布 $f(\theta|x)$ から標本を抽出することは容易ではない；$f(x)$ の計算の目的は事後確率の導出にある．その代わりに，$\pi(\theta) = f(\theta)$ とおいて事前分布から標本を抽出する．このとき，$h(\theta) = f(x|\theta)$ は尤度となる．指数事前分布の場合，実数の正の領域全体に広がっており，$\theta = 0$ では $1/\mu$ をとり，それからゆっくりと減少し，$\theta = \infty$ で 0 となる．一方，尤度は，$\theta = 0.1$ の周辺でスパイク状になっており，狭い区間 (0.06, 0.14) の外部では実質的には 0 となっている（図 5.2 参照．しかし，θ は 0 から ∞ の範囲の値をとるので，尤度曲線は図 5.5 に示すようなスパイク状に見えることに注意せよ）．このため，事前分布から抽出された θ の大部分の値は $h(\theta)$ の非常に小さな値に対応しており，少数の θ のみが $h(\theta)$ の大きな値に対応する．$h(\theta_i)$ の値の大きな変動は $\text{var}(\widehat{I})$ が大きくなることを意味し，採択できるような推定値を得るには大量の標本が必要となる．高次元の場合，$\pi(\theta)$ からの無作為抽出が，1 次元の場合に比べて $h(\theta)$ のピーク部分から外れる可能性が高くなるため，モンテカルロ積分はさらに効率が落ちる傾向がある．

5.3.2 Metropolis-Hastings アルゴリズム

MCMC アルゴリズムは，目標密度関数 $\pi(\theta)$ から抽出された独立でない標本 $\theta_1, \theta_2, \cdots, \theta_N$ を生成する．実際には，$\theta_1, \theta_2, \cdots, \theta_N$ は，θ のとりうる値を連鎖の状態とした定常（離散時間）マルコフ連鎖を形成する．モンテカルロ積分で生成された独立な標本の場合と同様に，$h(\theta)$ の標本平均は式 (5.22) の積分の不偏推定値を与える．

$$\widetilde{I} = \frac{1}{N} \sum_{i=1}^{N} h(\theta_i) \tag{5.25}$$

しかし，標本が従属しているという事実を考慮しなければならないので，$\widetilde{I}$ の分散はもはや式 (5.24) では計算できない．ρ_k を，マルコフ連鎖上の k ステップ隔たった $h(\theta_i)$ の自己相関係数とする．このとき，従属標本からの大標本分散は式 (5.26) で与えられる．

$$\text{var}(\widetilde{I}) = \text{var}(\widehat{I}) \times [1 + 2(\rho_1 + \rho_2 + \rho_3 + \cdots)] \tag{5.26}$$

（たとえば，Diggle, 1990, pp.87–92 参照）．実質的に，サイズ N の従属標本 (dependent sample) はサイズ $N/[1 + 2(\rho_1 + \rho_2 + \cdots)]$ の独立標本と同じ情報量を含んでいる．この後者のサイズは，有効標本サイズ（effective sample size）として知られている．

MCMC がベイズ法の計算に用いられる場合，目標密度関数は事後分布 $\pi(\theta) = f(\theta|X)$ である．一般に，モンテカルロ積分で要求されるような独立標本 (independent sample) を事後分布から抽出することは不可能であるが，MCMC アルゴリズムは従属標本を事後分布から生成する．ここでは，ロボットが 3 つの箱の上をジャンプして移動する例を用いて，Metropolis *et al.* (1953) のアルゴリズムの主要な特徴を説明しよう（図 **5.6**(a)）．パラメータ θ は，1, 2 あるいは 3 の 3 つの値をとることができ，これらの値は 3 つの箱に対応している．一方，箱の高さは，推定したいと考えている目標（事後）確率 $\pi(\theta_i) = \pi_i$ ($i = 1, 2, 3$) に比例するものとする．この方法の特徴を議論する前に，アルゴリズムをあげておこう．

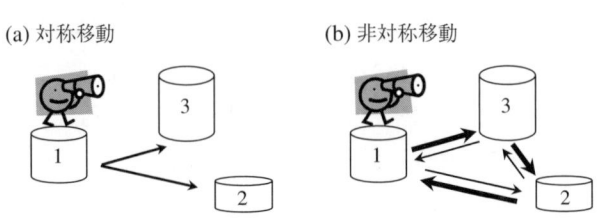

図 5.6 (a) 現在の状態（たとえば，箱 1）を起点として，2 つの別の状態の一方を確率 1/2 でランダムに選択することで，新しい状態が提案される．Metropolis のアルゴリズムでは，提案密度関数は対称である；すなわち，箱 1 から箱 2 への移動の確率は，箱 2 から箱 1 への移動の確率に等しい．(b) Metropolis-Hastings アルゴリズムでは，提案密度関数は非対称となる．ロボットには，左周りの偏りがあり，左方向の箱を 2/3 の確率で，また右方向の箱を 1/3 の確率で提案する．このとき，提案の非対称性を補正するために，採択比を計算する際に提案比を使用する．

1) 初期状態設定（たとえば，箱 $\theta = 1$ を初期状態に設定）．
2) 他の 2 つの箱から 1 つを確率 1/2 で選択して，新しい状態 θ^* を提案．
3) 提案の採択あるいは棄却．もし，$\pi(\theta^*) > \pi(\theta)$ ならば，θ^* を採択．そうでない場合は，確率 $\alpha = \pi(\theta^*)/\pi(\theta)$ で θ^* を採択する．提案が採択されたならば，$\theta = \theta^*$ と設定．そうでない場合は，$\theta = \theta$ のままにする．
4) θ を出力．
5) ステップ 2 に移動．

ステップ 3 において，$U(0,1)$ から乱数 r を発生させることにより，提案 θ^* を採択するか棄却するかを決定できる．もし，$r < \alpha$ ならば θ^* を採択し，そうでなければ θ^* を棄却する．この方法により提案が確率 α で採択されることは容易に理解できる．第 9 章では，乱数とシミュレーション技術についてより詳細に議論する．

このアルゴリズムのいくつかの重要な特徴には注目すべきであろう．第 1 に，新しい状態 θ^* は，提案密度関数 (proposal density)，すなわち推移核 (jumping kernel) $q(\theta^*|\theta)$ を通じて提案される．Metropolis のアルゴリズムでは提案密度関数は対称である；すなわち，θ から θ^* への遷移の提案の確率と，逆方向への遷移の提案の確率は等しい：任意の $\theta \neq \theta^*$ について，$q(\theta^*|\theta) = q(\theta|\theta^*) = 1/2$．第 2 に，このアルゴリズムは，出力として次のような訪れた状態のランダムな系列を発生する．

$$1, 3, 3, 3, 2, 1, 1, 3, 2, 3, 3, \cdots$$

この系列はマルコフ連鎖を構成している；すなわち，現在の状態が与えられたら，次に抽出されるべき状態は過去の状態には依存しない．第 3 に，このアルゴリズムを実装するには，$\pi(\theta)$ ではなく，比 $\pi(\theta^*)/\pi(\theta)$ の知識だけで十分である．このため，MCMC アルゴリズムは，事後分布から（従属）標本を発生させるために用いることができる．目標分布は，事後分布 $\pi(\theta) = f(\theta|X) = f(\theta)f(X|\theta)/f(X)$ であるので，新しい状態 θ^* は式 (5.27) に示す確率で採択される．

$$\alpha = \min\left(1, \frac{\pi(\theta^*)}{\pi(\theta)}\right) = \min\left(1, \frac{f(\theta^*)f(X|\theta^*)}{f(\theta)f(X|\theta)}\right) \tag{5.27}$$

α は採択比（acceptance ratio）とよばれる．重要なこととして，式 (5.6) の正規化定数 $f(X)$ は

計算が困難であるのだが，α の計算においては約分されていることに注意しよう．

第 4 に，このアルゴリズムを長時間実行した場合，ロボットは，低い箱よりも高い箱に滞在していることが多くなる．実際，ロボットが箱 1, 2, 3 の上に滞在する時間の割合は，それぞれ π_1, π_2, π_3 となり，$\pi(\theta)$ はマルコフ連鎖の定常分布となる．このように，$\pi(\theta)$ を推定するためには，ただこのアルゴリズムを長時間実行してマルコフ連鎖の中で 3 つの状態を訪れた頻度を計算すればよい．

ここまで述べたものは，パラメータ θ のとりうる値を状態とするマルコフ連鎖を発生させ，その定常状態が事後分布 $\pi(\theta) = f(\theta|X)$ となる Metropolis *et al.* (1953) のアルゴリズムの 1 バージョンである．

Metropolis *et al.* のアルゴリズムでは，提案は対称であると仮定されている．この点は，Hastings (1970) によって拡張され，非対称な提案密度関数 $q(\theta^*|\theta) \neq q(\theta|\theta^*)$ が使用できるようになった．このため，Metropolis-Hastings のアルゴリズムには採択比の計算に簡単な修正が施されている．

$$\begin{aligned}
\alpha &= \min\left(1, \frac{\pi(\theta^*)}{\pi(\theta)} \times \frac{q(\theta|\theta^*)}{q(\theta^*|\theta)}\right) \\
&= \min\left(1, \frac{f(\theta^*)}{f(\theta)} \times \frac{f(X|\theta^*)}{f(X|\theta)} \times \frac{q(\theta|\theta^*)}{q(\theta^*|\theta)}\right) \\
&= \min(1, \text{事前確率比} \times \text{尤度比} \times \text{提案比})
\end{aligned} \tag{5.28}$$

提案比（proposal ratio）あるいは Hastings 比（Hastings ratio），$q(\theta|\theta^*)/q(\theta^*|\theta)$ を用いることにより，たとえ提案に偏りがあったとしても，正確な目標密度関数を回復できる．たとえば，箱の上のロボットを例として，$\theta = 1$ と $\theta^* = 2$ についての提案比を考えよう．このとき，ロボットは左の箱を 2/3 の確率で，右の箱を 1/3 の確率で選択するとする（図 5.6(b)）．$q(\theta|\theta^*) = 2/3$，$q(\theta^*|\theta) = 1/3$ となるので，提案比は $q(\theta|\theta^*)/q(\theta^*|\theta) = 2$ となる．同様にして，箱 2 から箱 1 への提案比は 1/2 となる．このように，右の箱がよりひんぱんに採択され，また左の箱は採択されにくくすることにより，ロボットが移動の提案に左への偏りをもっていたとしても，マルコフ連鎖は正しい目標密度関数を回復できる．

マルコフ連鎖が $\pi(\theta)$ に収束するためには，提案密度関数 $q(\cdot|\cdot)$ はある種の正則条件を満たさなければならない；提案密度関数は既約（irreducible）で非周期的（aperiodic）な連鎖を指定できるものでなければならない．言い換えると，$q(\cdot|\cdot)$ により生じる連鎖では，任意の 2 つの状態は伝達可能であり，かつ連鎖は周期をもってはいけない．この条件は容易に満たせる場合が多い．ほとんどの応用では，事前確率比 $f(\theta^*)/f(\theta)$ は容易に計算できる．計算上コストがかかるかもしれないが，尤度比 $f(X|\theta^*)/f(X|\theta)$ も同様に容易に計算できる場合が多い．提案比 $q(\theta|\theta^*)/q(\theta^*|\theta)$ は，MCMC アルゴリズムの効率に大きく影響する．そのため，よい提案アルゴリズムの開発に多くの努力が費やされている．

[例] 連続パラメータについてのアルゴリズムは，マルコフ連鎖の状態空間が連続であることを除けば，本質的には離散パラメータについてのアルゴリズムと同じである．例として，Metropolis のアルゴリズムを JC69 モデルのもとでの配列間距離の推定に適用してみよう．読者には，このアルゴリズムを実装した小さなプログラムを作ることを勧める（練習問題 5.4）．データは，$n = 948$ サイト中，$x = 90$ サイトに差異があるものを考える．事前分布 $f(\theta) = \frac{1}{\mu}e^{-\theta/\mu}$ で，$\mu = 0.2$ と

する．ここの提案アルゴリズムでは，サイズ w の移動窓（sliding window）が用いられる：

1) 初期化：$n = 948$, $x = 90$, $w = 0.01$
2) 初期状態を設定：たとえば，$\theta = 0.05$
3) 新しい状態 $\theta^* \sim U(\theta - w/2, \theta + w/2)$ を提案．すなわち，$U(0,1)$ に従う乱数 r を発生させ，$\theta^* = \theta - w/2 + wr$ とする．もし，$\theta^* < 0$ ならば，$\theta^* = -\theta^*$ とする．
4) 式 (5.13) を用いて尤度 $f(x|\theta)$ を求め，採択比 α を計算

$$\alpha = \min\left(1, \frac{f(\theta^*)f(x|\theta^*)}{f(\theta)f(x|\theta)}\right) \tag{5.29}$$

5) 提案 θ^* の採択あるいは棄却．まず，$r \sim U(0,1)$ を抽出する．もし $r < \alpha$ ならば，$\theta = \theta^*$ とし，そうでなければ $\theta = \theta$ とする．θ を出力．
6) ステップ 3 に移動．

図 5.7(a) と (b) は，異なる初期値と異なる窓のサイズをもつ 5 個の独立な連鎖の最初の 200 回の状態遷移を示している．図 5.7(c) は長い連鎖から推測された事後確率密度関数をヒストグラムで近似したものを示す．一方，図 5.7(d) は非常に長い連鎖から推測された事後確率密度関数であるが，数値積分を用いて計算した分布と区別できない（図 5.2）． □

一般的な Metropolis-Hastings アルゴリズムを特化した方法が多数ある．以下で，1 要素 Metropolis-Hastings（single component Mteropolis-Hastings）アルゴリズムや Gibbs サンプラー（Gibbs sampler）のような，いくつかのよく使用されるアルゴリズムについて触れておく．また，Metropolis 共役 MCMC（Metropolis-coupled MCMC）あるいは MC^3 とよばれる重要な一般化についても触れておこう．

5.3.3　1 要素 Metropolis-Hastings アルゴリズム

ベイズ推定の利点はおもに，複雑な多パラメータ・モデルを容易に処理できるという点にある．とくに，局外パラメータ（式 (5.9)）のベイズ法による"周辺化（marginalization）"は無視できないが，実際には関心のないデータ中の変動を取り扱う魅力的な方法である．そのような多パラメータ・モデルのための MCMC アルゴリズムにおいて，θ 中のすべてのパラメータを同時に更新することは，実行できないか，計算上複雑すぎる場合が多い．その代わりに，θ を要素あるいはブロック（次元数が異なってもよい）に分割し，それらの要素を 1 つずつ更新するほうが便利である．異なる要素の更新には，異なる提案が用いられることが多い．この処理はブロック化（blocking）として知られている．多くのモデルは条件付き独立の構造をもっており，ブロック化は計算の効率化に結びつくことが多い．

要素の更新の順番については，さまざまな方法がある．固定した順番を用いることもできるし，要素をランダムに並べ換えることもできる．毎回すべての要素を更新する必要はない．更新する要素を固定した確率で選択することもできる．しかし，その確率は固定されていなければならず，マルコフ連鎖の現在の状態に依存してはいけない．そうでなければ，定常分布は目標分布 $\pi(\cdot)$ にはなりえないかもしれなからだ．高い相関を示す要素については，よりひんぱんに更新するほう

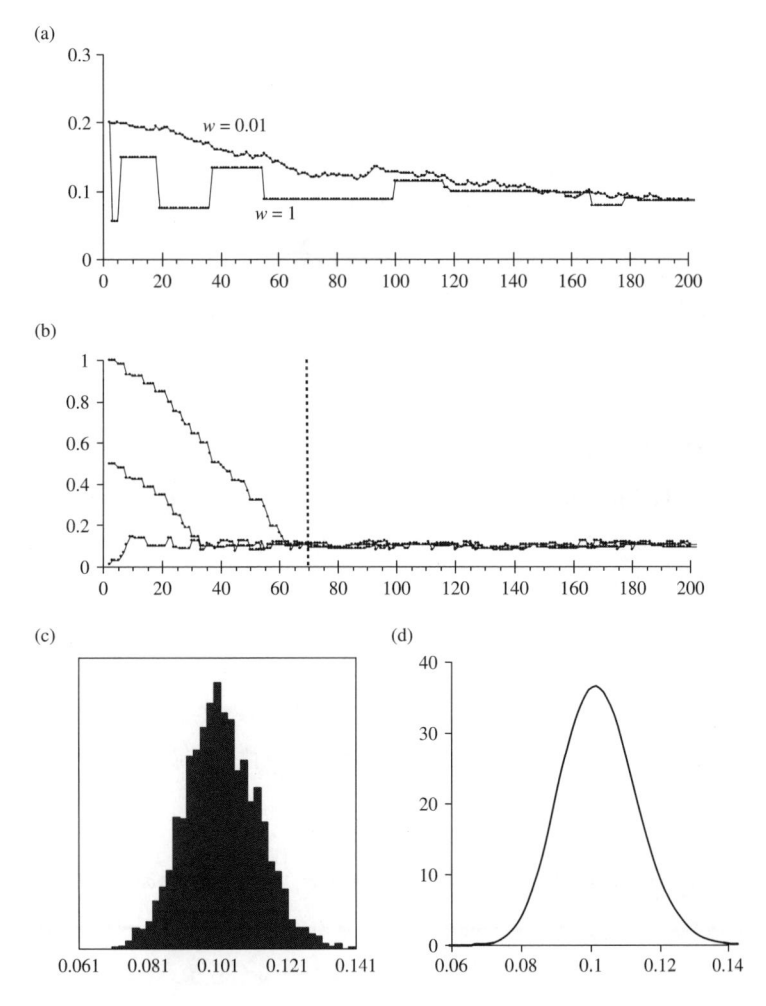

図 5.7 JC69 モデルのもとで配列間距離 θ を推定するために MCMC を実行した．データは，$n = 948$ サイトよりなり，そのうち $x = 90$ サイトに差異がある．(a) 窓のサイズを非常に小さく ($w = 0.01$)，また非常に大きく ($w = 1$) とった 2 つの連鎖．どちらの連鎖も $\theta = 0.2$ を初期値として開始した．$w = 0.01$ の連鎖の場合，提案の採択率は 91%となり，ほとんどすべての提案が採択される．しかし，この連鎖のステップのサイズは赤ん坊のヨチヨチ歩きのように非常に小さく，十分に混合が生じない．$w = 1$ の連鎖の採択率は 7%にすぎず，大部分の提案は棄却される．そのため，連鎖は移動することなしに，多くのくり返しの期間中同じ状態にとどまっている．移動窓のサイズ $w = 0.1$ としたさらなる実験では，採択率は 35%となり，最適値の近傍にいる（本文参照）．(b) 移動窓のサイズを 0.1 とし，$\theta = 0.01, 0.5, 1$ を初期値として開始した 3 つの連鎖．約 70 回のくり返しの後，3 つの連鎖は区別できなくなり，定常状態に到達した．したがって，この連鎖の場合，100 回のくり返しがバーンイン（burn-in）に十分であると思われる．(c) 10,000 回のくり返しから構築されたヒストグラム．(d) 10,000,000 回のくり返しの長い連鎖から得られた事後密度関数．くり返し回数 10 回に 1 回の割合で標本が抽出された．事後密度関数はカーネル密度平滑化アルゴリズム（kernel density smoothing algorithm）によって推定された（Silverman, 1986）．

がよい．また，事後確率密度において，高い相関を示す要素は 1 つのブロックにまとめ，相関を考慮した提案密度関数を用いて，それらを同時に更新するほうが有利である（第 5.4.3 項参照）．

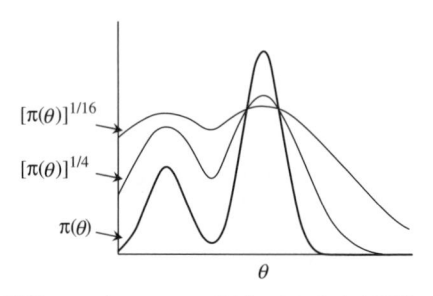

図 5.8 2つのピークをもつ密度関数 $\pi(\theta)$ と 2つの '平坦化' された密度関数 $[\pi(\theta)]^{1/4}$ と $[\pi(\theta)]^{1/16}$. ここで表示されている 2つの平坦化された密度関数は相対的な関係を示すもので, 実際には正規化定数 (密度を積分すると 1 になるようにするスケール因子) によって定義される.

5.3.4 Gibbs サンプラー

Gibbs サンプラー (Gelman and Gelman, 1984) は, 1 要素 Metropolis-Hastings アルゴリズムの特殊なケースである. i 番目の要素の更新のための提案分布は, 他のすべての要素が与えられたという条件での i 番目の要素の条件付き分布である. このような提案を用いると, 採択比は $\alpha = 1$ となる；すなわち, すべての提案が採択される. Gibbs サンプラーは Gelfand and Smith (1990) の論文の中で試みられたアルゴリズムであるが, この論文はのちの研究に大きな影響を与えた. Gibbs サンプラーは, 正規分布の形の事前分布や事後分布を含む線形モデルのもとでの解析に広く使用されている. しかし, 分子系統学では通常は条件付き確率を解析的に求めるのが不可能であることから, これまで使用されていない.

5.3.5 Metropolis 共役 MCMC (MCMCMC あるいは MC³)

もし, 目標分布が低い谷で隔てられた多数のピークを有しているならば, そのマルコフ連鎖では, 1つのピークから他方のピークに移動するのは困難であるだろう. その結果, その連鎖は 1つのピークに留まってしまい, 得られる標本は事後分布を正確には近似しえないだろう. 系統樹空間には多数の局所的なピークが存在することが知られているので, このことは, 系統樹再構築に関してはきわめて深刻な実用上の問題である. 多数の局所的なピークの存在下における混合を改良する方法が, Metropolis 共役 MCMC (Metrpolis-coupled MCMC；MCMCMC；MC³) である (Geyer, 1991). この方法は, シミュレーティッド・アニーリングのアルゴリズム (Metropolis *et al.*, 1953) に類似している.

MC³ においては, 異なる定常分布 $\pi_j(\cdot)$ $(j = 1, 2, \cdots, m)$ をもつ m 個の連鎖を並列に実行させる. ここで, $\pi_1(\cdot) = \pi(\cdot)$ は目標分布であり, $\pi_j(\cdot), j = 2, 3, \cdots, m$ は混合を改良するように設計される. 第 1 の連鎖は低温連鎖 (cold chain) とよばれ, 他の連鎖は高温連鎖 (hot chains) とよばれる. 低温連鎖のみが正しい事後密度関数に収束する. たとえば, 式 (5.30) の形の加熱を用いることができる.

$$\pi_j(\theta) \propto \pi(\theta)^{1/[1+\lambda(j-1)]} \quad (\lambda > 0) \qquad (5.30)$$

$T > 1$ を用いて $\pi(\cdot)$ の $1/T$ 乗をとると分布は平坦化し, このアルゴリズムによって谷を越えるピークの移動が元の分布に比べて容易になることに注意しよう (図 **5.8**). 各くり返しのあとに, ランダムに選択された 2つの連鎖の間での状態の交換が, Metropolis-Hastings のステップによ

り提案される．$\theta^{(j)}$ を連鎖 j $(j=1,2,\cdots,m)$ の現在の状態としよう．連鎖 i と連鎖 j の交換は，式 (5.31) に示す確率で採択される．

$$\alpha = \min\left(1, \frac{\pi_i(\theta_j)\pi_j(\theta_i)}{\pi_i(\theta_i)\pi_j(\theta_j)}\right) \quad (5.31)$$

発見的には高温連鎖は局所的ピークを訪れやすく，連鎖間の状態の交換は，ときおり低温連鎖における谷の飛び越えを引き起こし，混合を改善する．シミュレーションの終了時においては，低温連鎖からの出力のみが用いられ，高温連鎖の出力は破棄される．このアルゴリズムの明らかな欠点は，m 個の連鎖が計算されるのに，1つの連鎖しか推定に使用されない点である．MC^3 の個々の連鎖は一般にくり返しあたりの計算量がほぼ等しく，連鎖間の連絡による負荷は非常に小さいので，観念的には MC^3 は並列計算機あるいはネットワーク・ワークステーションでの実装に適している．

MC^3 は，ピークが非常に深い谷で隔てられている場合，それほど効率がよくないかもしれない．たとえば，図 3.15 の場合（第 3.2.4 項参照）のように，15 の可能な系統樹のうち，2つの系統樹の尤度が他の系統樹よりも高いが（したがって，事後確率もこの2つの系統樹が大きい），その2つの系統樹はより低い尤度をもつ他の系統樹によって隔てられているとしよう．このとき，MrBayes (Huelsenbeck and Ronquist, 2001) を用いて，それぞれ 10^8 回以上のくり返しをもつ 10 個ほどの連鎖を実行しても，その結果は試行ごとに異なり信頼できる結果は得られない．

5.4 単純な移動とその提案比

　提案比は，事前分布や尤度とは区別されるべきもので，提案アルゴリズムにのみ依存している．このため，同じ提案をさまざまなベイズ推定の問題に用いることができる．先に述べたように，提案密度関数は，MCMC アルゴリズムの収束を保証するために非周期的かつ再帰的なマルコフ連鎖を指定するだけでよい．一般に，そのような連鎖を構築したり，連鎖がそのような条件を満たしていることを確認することは容易である．ある一群の値をとる離散パラメータについては，提案比の計算は源点（source）と目標（target）において，とりうる値の数を数え上げることと等しい．連続パラメータの場合はより注意を要する．この第 5.4 節では，一般に使用される提案や提案比をいくつか紹介する．以下では，θ の代わりに記号 x と y を連鎖の状態を表すのに使用する場合もある．

　2つの一般的な結論が提案比を導くのに非常に有用であり，補遺 A に 2 つの定理としてあげている．確率変数の関数は，それ自身が確率変数となるのだが，定理 1 は，確率変数の関数の確率密度関数を与える．定理 2 は，提案分布をマルコフ連鎖における変数のある関数（変数そのものではない）に変化させて定式化したときの提案比を与えている．この後，この2つの定理にしばしば言及することになるだろう．

5.4.1　一様提案分布を用いた移動窓

　この提案は，新しい状態 x^* を，現在の状態 x のまわりの一様分布からの確率変数として選択する（図 5.9(a)）．

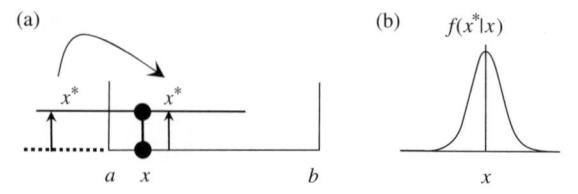

図 5.9 (a) 一様分布を用いた移動窓．現在の状態は x である．新しい値 x^* は，現在の値を中心とする幅 w の移動窓から一様に抽出される．窓の幅は採択率に影響する．もし提案された値が有効な領域 (a,b) の外部にあれば，その区間に次のように戻される；たとえば，$x^* < a$ であれば，$x^* = a+(a-x^*) = 2a-x^*$ と再設定される．(b) 正規分布を用いた移動窓．新しい値 x^* は，正規分布 $N(x^*,\sigma^2)$ から抽出することにより提案される．分散 σ^2 はステップのサイズに影響し，(a) の提案分布における窓の幅 w と同じ機能をもつ．

$$x^* \sim U(x-w/2,\ x+w/2) \tag{5.32}$$

$q(x^*|x) = q(x|x^*) = 1/w$ であるので，提案比は 1 である．もし，x の取りうる値が区間 (a,b) に制限されており，新しく提案された状態 x^* がその外部にある場合は，その領域からはみ出した部分を反転させる形でその領域に戻される；すなわち，もし $x^* < a$ であれば，x^* は，$a+(a-x^*) = 2a-x^*$ と再設定され，$x^* > b$ であれば，x^* は $b-(b-x^*) = 2b-x^*$ と再設定される．もし，x が反転で x^* に到達可能であれば，x^* も同様に x に到達可能であるので，反転が起きても提案比は 1 である．提案された状態が区間 (a,b) の外にあるときに，反転しないで単純に新たな提案を a あるいは b に設定するのは誤りであることに注意しよう．窓のサイズ w は固定値であり，ほどよい採択率を実現するように選ばれる．窓の幅は，$b-a$ より小さくなるようにとる必要がある．

5.4.2 正規提案分布を用いた移動窓

このアルゴリズムでは，現在の状態 x を中心とした正規提案密度関数が用いられる；すなわち，x^* は平均 x，分散 σ^2 の正規分布に従い，σ^2 を用いてステップの幅が制御される（図 5.9(b) 参照）．

$$x^* \sim N(x,\sigma^2) \tag{5.33}$$

$q(x^*|x) = 1/\sqrt{2\pi\sigma^2} \times \exp\{-(x^*-x)^2/(2\sigma^2)\} = q(x|x^*)$ なので，提案比は 1 である．x のとりうる値が (a,b) に制限されている場合も，この提案を用いることができる．もし，x^* が領域の外部にあれば，はみ出した部分は反転によって区間内に戻されるが，提案比は 1 のままである．反転の有無にかかわらず，x から x^* へいたる経路の数は，x^* から x への経路の数に等しい．また密度は，たとえ経路間では等しくなくても，反対方向でも同じである．一様推移核を用いた移動窓アルゴリズムも，正規推移核を用いた移動窓アルゴリズムも，対称な提案を行う Metropolis アルゴリズムであることに注意しよう．

どのように σ を選択すればよいのだろうか？ 目標密度関数が正規密度関数 $N(\theta,1)$ であり，提案を $x^* \sim N(x,\sigma^2)$ であるとしよう．σ が大きいと大部分の提案はパラメータ空間の中の極端な領域に入ってしまい，採択比の計算の段階で棄却されてしまう．このとき，連鎖は同じ状態に長時間留まり，高い相関が生じてしまう．逆に σ が小さすぎると，提案される状態は現在の状態にきわめて近くなり，大部分の提案が採択される．しかし，この連鎖は，長時間パラメータ空間

の同じ領域をよちよち移動し，やはり高い相関を生じてしまう．したがって，自己相関を最小化するような提案分布が最適である．式 (5.26) の正規分布の平均の分散，$\text{var}(\widetilde{\theta})$ を最小化することにより，Gelman *et al.* (1996) は，最適な σ が約 2.4 であることを数値的に見いだした．したがって，目標密度関数が一般正規密度関数 $N(\theta, \tau^2)$ であれば，最適な提案密度関数は $N(x, \tau^2\sigma^2)$ で，$\sigma = 2.4$ となる．τ は未知であるが，採択率（acceptance proportion）あるいは推移確率（jumping probability），すなわち提案が採択される割合を最適な σ のもとでは 0.5 よりやや小さくなるように監視することは容易である．しかし，Robert and Casella (2004, p.317) は，このルールが必ずしも有効ではないことを指摘している；彼らは，事後分布が多峰的であり，採択率が決して 0.8 より小さくならない例を構築した．

5.4.3 多変量正規提案分布を用いた移動窓

目標密度関数が m 次元正規分布の確率密度関数 $N_m(\boldsymbol{\mu}, \mathbf{I})$ であるとしよう．ここで，$\mathbf{I}$ は $m \times m$ の単位行列である．このとき，m 次元空間の中での状態の移動の提案のために，提案密度関数 $q(\mathbf{x}^*|\mathbf{x}) = N_m(\mathbf{x}, \mathbf{I}\sigma^2)$ を用いることができる．提案比は 1 となる．Gelman *et al.* (1996) は，$m = 1, 2, 3, 4, 6, 8, 10$ のとき，それぞれ最適なスケール因子 σ が 2.4, 1.7, 1.4, 1.2, 1, 0.9, 0.7 であり，最適採択率は $m = 1$ では約 0.5 であるが，$m > 6$ では約 0.26 に減少することを示した．次元数が小さいときは，最適提案密度関数は，目標密度関数に対して相対的に大きく広がっており，移動のステップのサイズが大きくなるのに対し，次元数が大きくなると，目標密度関数に対して分散の小さな提案密度関数を用いなければならず，そのステップのサイズは小さくなることに注意しておこう．一般に，1 次元の提案の場合は約 20〜70% の採択率を，また多次元の場合は 15〜40% の採択率を達成する必要がある．

ここまで述べた結果は，分散-共分散行列 $\mathbf{S}$ をもつ一般の多次元正規事後分布の取り扱いに拡張できる．ただし，提案密度 $q(\mathbf{x}^*|\mathbf{x}) = N_m(\mathbf{x}, \mathbf{I}\sigma^2)$ を単純に適用する場合，2 つの理由により効率が非常に悪いこともあることに注意しておこう．第 1 に，変数によってスケール（分散）が異なることがあるので，スケール因子として σ 1 個だけを用いると，提案したステップは大きな分散をもつ変数には小さすぎ，小さな分散をもつ変数には大きすぎる場合が生じる．第 2 に，変数が高度に相関している場合には，提案においてそのような相関を無視すると大部分の提案は棄却されてしまい，十分な混合が実現できないであろう（図 **5.10**）．第 1 のアプローチでは，パラメータとして $\mathbf{y} = \mathbf{S}^{-1/2}\mathbf{x}$ を用いてモデルを再パラメータ化する．ここで $\mathbf{S}^{-1/2}$ は $\mathbf{S}^{-1}$ の平方根である．$\mathbf{y}$ の分散は単位サイズとなることに注意しよう．これにより，先に述べた提案を用いることができる．第 2 のアプローチでは，変換された変数 $\mathbf{y}$ を用いて，$q(\mathbf{y}^*|\mathbf{y}) = N_m(\mathbf{y}, \mathbf{I}\sigma^2)$ から新しい状態を提案し，それに基づいて元の変数 $\mathbf{x}$ についての提案比を計算する．補遺 A の定理 2 により，この提案比は 1 となる．第 3 のアプローチでは，$\mathbf{x}^* \sim N_m(\mathbf{x}, \mathbf{S}\sigma^2)$ という提案を用いる．ここで，σ^2 は先の議論に従って選ばれる．この 3 つのアプローチは等価な方法であり，それらすべてのアプローチは生じうるスケールの違いや変数間の相関を考慮に入れている．しかし，実際のデータ解析では $\mathbf{S}$ は未知である．そこで，マルコフ連鎖を短いステップ数で実行して，事後密度関数の分散共分散行列の推定値 $\widehat{\mathbf{S}}$ を求めて提案に使用できる．標本抽出と同じマルコフ連鎖の実行において $\mathbf{S}$ が推定された場合，$\mathbf{S}$ の推定に用いられた標本はパラメータ推定に使用してはい

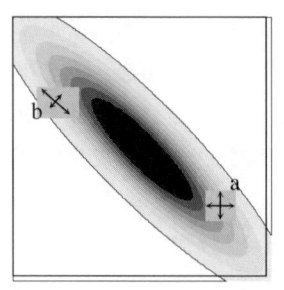

図 5.10 2つのパラメータに強い相関があるとき，MCMC で一度に 1 つの変数の候補を提案するという処理では事後確率密度関数の尾根に沿った移動が困難であるため，そのような提案の効率はよくない．同様に，(a) 相関を無視して両方の変数を変化させるのも効率がよくない．一方，(b) 提案密度関数を事後密度関数に合致するものを見つけることによって，提案に相関を導入すると効率のよいアルゴリズムが得られる．パラメータ間の相関は，MCMC による標本抽出を行う前に短い連鎖を実行することで推定できる．

けない．正規分布が事後分布のよい近似を与えるならば，ここで述べた指針が役に立つであろう．

5.4.4 比例縮小・拡大法

ここで説明する提案の方法では，1の周辺の値をとる確率変数をかけてパラメータを変更する．パラメータが常に正の値をとるとき，あるいは常に負の値をとるときには，この方法は有用である．提案される値は式 (5.34) のように与えられる．

$$x^* = x \cdot c = x \cdot e^{\varepsilon(r-1/2)} \tag{5.34}$$

ここで，$c = e^{\varepsilon(r-1/2)}$, $r \sim U(0,1)$ である．ここで使用されている $\varepsilon > 0$ は，移動窓による提案における窓のサイズ w と類似した，微調整のための小さな値をもつパラメータである．r が $1/2$ より小さいか大きいかによって，x は縮小されたり拡大されたりすることに注意しよう．このときの提案比は c である．このことを確認するために，確率変数 x^* を確率変数 r の関数とし，ε と x は固定して，変数変換によって提案密度関数 $q(x^*|x)$ を導こう．$r = 1/2 + \log(x^*/x)/\varepsilon$，また $dr/dx^* = 1/(\varepsilon x^*)$ であるので，補遺 A の定理 1 から式 (5.35) が得られる．

$$q(x^*|x) = f(r(x^*)) \times \left|\frac{dr}{dx^*}\right| = \frac{1}{\varepsilon|x^*|} \tag{5.35}$$

同様にして，$q(x|x^*) = 1/(\varepsilon|x|)$ となるので，提案比は $q(x|x^*)/q(x^*|x) = |x^*/x| = c$ である．

この提案の方法は，同じ因子 c で多くの変数を縮小したり，拡大したりするのに便利である：$x_i^* = cx_i$, $i = 1, 2, \cdots, m$．複数の変数がある固定された順番をもっている場合，たとえば，系統樹中の節の年代のようなケースであるが (Thorne et al., 1998)，その順番はこの提案では変化しない．この提案の方法は，系統樹中の枝長のような変数がすべてが大きすぎたり，小さすぎたりしたときに，それらすべての変数を正しいスケールにするのにも効果的である．m 個の変数すべてが変更されるが，この提案は実際には 1 次元的である (m 次元空間の直線に沿って拡大，縮小が行われる)．$y_1 = x_1, y_i = x_i/x_1, i = 2, 3, \cdots, m$ という変数変換により，提案比を導くことができる．変換された変数による提案では y_1 は変化するが，$y_2, \cdots, y_m$ は変化しない．変換された変数についての提案比は c である．変換のヤコビアンは $|J(\mathbf{y})| = \left|\frac{\partial \mathbf{x}}{\partial \mathbf{y}}\right| = y_1^{m-1}$ である．

補遺 A の定理 2 を用いると，元の変数の提案比は $c(y_1^*/y_1)^{m-1} = c^m$ となる．別の類似した提案として，m 個の変数には c をかけ，n 個の変数については c で割るという方法がある．このときの提案比は c^{m-n} となる．

5.5 マルコフ連鎖の監視と出力の処理

5.5.1 MCMC アルゴリズムの確認と診断

　実用的な応用のための正確で効率のよい MCMC アルゴリズムの開発は，困難だが興味をそそる仕事である．Hastings (1970) は次のように述べている：'最も簡単な数値的手法でさえも，その使用において十分注意がはらわれないならば，うわべだけの結果しか得られないであろう…．実際に，状況はマルコフ連鎖法にとってよいものではなく，適切に注意しながら用いられるべきである．' MCMC 法によって，パラメータの多い複雑なモデルを現実のデータ解析に適用することが可能になり，研究者は数学的には扱いやすいが生物学的には非現実的なモデルから解放された．しかし，パラメータの多いモデルは，推測と計算の両面において問題を生じることが多い．多数のパラメータを推定するには情報が不足していることが多く，ほぼ平坦か畝状の尤度曲面（そして，その結果として事後密度関数もだが），あるいはパラメータ間の強い相関が生じてしまう．通常は独立して事後分布を計算することは不可能であり，実装の確認，すなわちコンピュータ・プログラムの正しさを確認することは困難である．ベイズ法による MCMC プログラムでは，同じモデルを実装している ML プログラムよりもバグ取りがとりわけ困難である．尤度の反復計算では，収束はある数値の点に向かって生じ，大部分の最適化アルゴリズムにおいて対数尤度は常に増加し，アルゴリズムが MLE に近づくにつれて勾配は 0 に近づいていく．これに対し，ベイズ法による MCMC アルゴリズムでは，収束はある統計分布に向かって生じ，決まった方向に変化する統計量はない．

　MCMC アルゴリズムは，たとえ正しく実装されていたとしても，遅い収束と不十分な混合という 2 つの問題に苦しむ場合がある．前者は，MCMC が定常状態に達するのに長い時間がかかることを意味している．一方，後者は，抽出された状態が反復の過程で高い相関をもつため，パラメータ空間の探索の効率が悪いことを意味している．提案密度関数 $q(\cdot|\cdot)$ は要求される正則条件を満たしていることは明らかであるので，MCMC は理論的には目標密度関数への収束が保証されることが多い一方，現実のデータの問題で，連鎖が定常状態に達したかを決定することはずっと困難である．MCMC の実行を診断するための多くの発見的方法が提案されている．そのいくつかについてあとで述べよう．しかし，それらの診断法は，ある種の問題点を明らかにしてくれるけれども，アルゴリズムあるいは実装の正確さを保証してくれない．収束がゆっくりと生じたり，混合が不十分であったりするときにはしばしば，それが理論的な欠陥によるものか，プログラムのバグによるものか，アルゴリズムは正しいが効率が悪いだけなのかを決定することは困難である．今のところ，MCMC アルゴリズムを用いてベイズ解析を実行するには，提案のステップを微調整したり，起こりうる問題の診断のために MCMC の標本の解析をしながら，何度もコンピュータ・プログラムを実行する必要がある．信頼できる推定を行うのに十分な時間ではあるが，コンピュータ資源の無駄遣いになるほど長すぎないように連鎖が実行されることを保証しな

がら，上記の監視や診断を自動的に行うことができればよいのだが，そのような状況ではない．今のところ，そのような自動停止のルールは実行できるようには思えない（たとえば，Robert and Casella, 2004）．どのような診断の基準も無効になるような設定は常に存在するし，このアルゴリズムが本来もつ確率的性質は，どのような性能の評価であってもその妨げとなる．要するに，診断のツールは非常に有用ではあるが，間違えることもあることを心に留めておくべきである．

以下で，MCMCプログラムの確認や診断のためのいくつかの方法について議論する．統計パッケージRのライブラリであるCODAのような，より多くの診断テストを実装したフリーソフトも入手可能である．

1) 時系列プロット（time series plot）あるいは追跡プロット（trace plot）は，収束の悪さや不十分な混合の検出に有用なツールである（たとえば，図5.7(a) と (b) を参照）．関心のあるパラメータあるいはそれらパラメータの関数を，反復の回数に対してプロットする．連鎖は，いくつかのパラメータについては収束しているように見えるが，他のパラメータについては収束していない場合があることに注意しよう．このため，多くのあるいはすべてのパラメータについてモニターすることが重要である．

2) 各提案の採択率は，高すぎても低すぎてもいけない．

3) 異なる初期状態から実行された複数の連鎖は，すべて同じ分布に収束するべきである．Gelman and Rubin (1992) の統計量は，複数の連鎖の解析に使用できる（後述）．

4) 他の方法として，データを用いずに，$f(X|\theta) = 1$ に固定して連鎖を実行させるという方法がある．このとき，事後分布は事前分布と同じになるが，この事前分布は解析的に比較できるようにとることができる．また，理論的な期待値は，データサイズが無限大のときに得られることも多い．したがって，固定したパラメータのセットのもとで，データセットのサイズがしだいに大きくなるようにシミュレーションを行い，正しいモデルのもとでシミュレーションにより得られたデータを解析して，ベイズ法による点推定が真の値にしだいに近づいていくことを確認することができる．このテストは，ベイズ法による推定値が一致性をもつという事実に基づいている．

5) いわゆるベイズ・シミュレーションを実行し，理論的な期待値が得られるかを確認することもできる．パラメータの値を事前分布からの抽出によって生成し，それを用いて尤度モデルのもとでデータセットを生成する．連続パラメータの場合，$(1-\alpha)100\%$の事後信用区間（CI）が，確率$(1-\alpha)$で真の値を含んでいることを確認できる．各データセットについてCIを構築し，真のパラメータ値がその区間に含まれているかを調べる．CIが真のパラメータ値を含んでいた反復の割合は$(1-\alpha)$に等しくなる．これは，ヒット確率（hit probability）とよばれる（Wilson et al., 2003）．系統樹の樹形のような離散パラメータについても同様のテストを行うことができる．この場合，事前分布から系統樹の樹形と枝長を標本抽出し，その系統樹上で配列を進化させることによって，各配列アラインメントが生成される．このとき，系統樹あるいは分岐群のベイズの事後確率は，その系統樹あるいは分岐群が真である確率となる．系統樹を事後確率の値により，いくつかの区画に分類し，94%から96%の区画に入る事後確率をもつ系統樹のうち，約95%は真の系統樹であることを確認できる（Huelsenbeck and

Rannala 2004; Yang and Rannala 2005).

連続パラメータについては，ヒット確率よりも強力な検定として，被覆確率 (coverage probability) とよばれるものがある．固定された区間 (θ_L, θ_U) が，事前分布の $(1-\alpha)100\%$ の確率密度をカバーしているとしよう．このとき，同じ固定区間の事後分布による被覆度も，平均して $100(1-\alpha)\%$ となる (Rubin and Schenker 1986; Wilson et al., 2003). そこで，ベイズ・シミュレーションで多くのデータセットを発生させ，各データセットについて，固定された領域の事後被覆確率，すなわち区間 (θ_L, θ_U) の事後確率密度を計算する．シミュレーションにより発生させたデータセット全体について，事後被覆確率の平均は $(1-\alpha)$ に等しくなるはずである．

5.5.2 潜在的スケール減少統計量

Gelman and Rubin (1992) は，大きく異なる初期状態から実行した複数の連鎖から抽出された標本の分散成分分析に基づき，'潜在的スケール減少度の推定値' (estimated potential scale reduction) とよばれる診断のための統計量を提案した．この方法の根拠となるのは，収束後は連鎖内の変動と連鎖間の変動は区別できないが，収束前には連鎖内の変動は小さすぎ，連鎖間の変動は大きすぎるであろうということである．この統計量は関心のある任意のあるいはすべてのパラメータ，またはパラメータの任意の関数を監視するのに用いることができる．監視されるパラメータを x，その目標分布における分散を τ^2 としよう．m 個の連鎖があるとし，各連鎖では，バーンイン (burn-in) の過程を廃棄したのちに n 回の反復が行われるとする．x_{ij} を，i 番目の連鎖の j 回目の反復から抽出されたパラメータであるとする．Gelman and Rubin (1992) は連鎖間分散を式 (5.36) のように定義している．

$$B = \frac{n}{m-1}\sum_{i=1}^{m}(\bar{x}_{i\cdot} - \bar{x}_{\cdot\cdot})^2 \tag{5.36}$$

また，連鎖内分散を式 (5.37) のように定義している．

$$W = \frac{1}{m(n-1)}\sum_{i=1}^{m}\sum_{j=1}^{n}(x_{ij} - \bar{x}_{i\cdot})^2 \tag{5.37}$$

$\bar{x}_{i\cdot} = (1/n)\sum_{j=1}^{n} x_{ij}$ は，i 番目の連鎖内の平均値であり，$\bar{x}_{\cdot\cdot} = (1/m)\sum_{i=1}^{m} \bar{x}_{i\cdot}$ は総平均である．もし，m 個すべての連鎖が定常状態に達し，x_{ij} が同じ目標密度関数から抽出されるとすると，B も W も，また式 (5.38) に示すそれらの加重平均も τ^2 の不偏推定値となる．

$$\widehat{\tau}^2 = \frac{n-1}{n}W + \frac{1}{n}B \tag{5.38}$$

もし，m 個の連鎖が定常状態に達していなければ，W は τ^2 の過小推定値となり，B は過大推定値となる．また，このとき，$\widehat{\tau}^2$ は τ^2 の過大推定値となることが Gelman and Rubin (1992) により示された．潜在的スケール減少度の推定値は，式 (5.39) のように定義される．

$$\widehat{R} = \frac{\widehat{\tau}^2}{W} \tag{5.39}$$

並行して実行されている連鎖が同じ目標分布に達するにつれて，$\widehat{R}$ はだんだん小さくなり，1 に

近づいていく．実際のデータでは，$\widehat{R} < 1.1$ あるいは 1.2 となるとき，収束したと見なされる．

5.5.3 出力の処理

　出力の処理の前に，定常分布に収束する前の連鎖の開始の部分はバーンインとして廃棄される．反復において毎回標本を抽出する代わりに，ある回数ごとに抽出することが多い．これは連鎖の希薄化（thinning）として知られている．希薄化された標本は，反復の過程での自己相関が小さくなる．理論的には，たとえ相関があったとしても，すべての標本を用いるほうが常により効率がよい（より小さい分散をもつ推定値を得ることができる）．しかし，MCMC アルゴリズムからは，非常に大きな出力ファイルが生成されることが多いので，希薄化によってディスクの使用量を減らし，その後の処理を行うのに十分なほど出力を縮小できる．

　バーンインのあとに，MCMC から抽出された標本は簡便に要約できる．パラメータの点推定値としては，標本平均，メジアン，あるいはモードが使用される．一方，HPD 区間あるいは等幅信用区間も標本から構築される．たとえば，95%CI は，MCMC の変数についての出力を大きさの順に並べ換え，その 2.5%分位点と 97.5%分位点を用いて構成できる．事後分布の全体像は度数分布図を平滑化することによって推定される（Silverman, 1986）．2 次元同時密度関数も同様に推定できる．

5.6 ベイズ系統学

5.6.1 小史

　ベイズ法は，Rannala and Yang (1996; Yang and Rannala, 1997)，Mau and Newton (1997)，また Li et al. (2000) によって分子系統学に導入された．初期の研究では，順序付けられた節の年代をもっている場合ももたない場合も（すなわちラベル付き歴史（labelled history）であっても有根系統樹であっても），有根系統樹の事前分布については等確率が仮定され，また進化速度の一定性（分子時計）も仮定されていた．その後，より効率的な MCMC アルゴリズムが，BAMBE (Larget and Simon, 1999) や MrBayes (Huelsenbeck and Ronquist, 2001; Ronquist and Huelsenbeck, 2003) などのコンピュータ・プログラムに実装されてきた．時計性の制約はゆるめられ，より現実的な進化モデルのもとでの系統推定が可能になった．NNI や SPR など（第 3.2.3 項参照）の発見的系統樹探索に使用される系統樹摂動アルゴリズムを系統樹空間を動き回るための MCMC の提案アルゴリズムに適合させるため，多くの技術的な革新がこれらのプログラムに導入された．さらに MrBayes 3 には，最尤法のために開発された多くの進化モデルが含まれており，また多くの遺伝子座からの異質なデータセットを組み合わせて解析できるようになっている．また，系統樹空間における局所的多峰性に対応するため，MC^3 アルゴリズムが実装されている．このプログラムの並列バージョンは，ネットワーク・ワークステーション上で複数のプロセッサを利用できる（Altekar et al., 2004）．

5.6.2 一般的な枠組み

系統樹再構築の問題を，ベイズ推定の一般的な枠組みの中で定式化することは簡単である．X を配列データとする．θ は置換モデル中のすべてのパラメータを含んでおり，事前分布 $f(\theta)$ をもつとする．τ_i を i 番目の系統樹の樹形とする．$i = 1, 2, \cdots, T_s$ で，T_s は s 生物種の系統樹の樹形の総数である．通常，一様事前分布 $f(\tau_i) = 1/T_s$ が仮定される．しかし，Pickett and Randle (2005) は，この仮定は分岐群の事前分布が非一様であることを意味すると指摘している．$\mathbf{b}_i$ を系統樹 τ_i 中の枝長についてのベクトルとし，その事前分布を $f(\mathbf{b}_i)$ と表す．MrBayes 3 では，この枝長はそれぞれ独立な一様分布あるいは指数分布の形の事前分布に従うと仮定され，そのパラメータ・セット（一様分布については上限，指数分布については平均）は使用者が設定する．このとき，τ_i の事後確率は式 (5.40) のようになる．

$$P(\tau_i|X) = \frac{\iint f(\theta)f(\tau_i|\theta)f(\mathbf{b}_i|\theta,\tau_i)f(X|\theta,\tau_i,\mathbf{b}_i)\,\mathrm{d}\mathbf{b}_i\,\mathrm{d}\theta}{\sum_{j=1}^{T_s}\iint f(\theta)f(\tau_j|\theta)f(\mathbf{b}_j|\theta,\tau_j)f(X|\theta,\tau_j,\mathbf{b}_j)\,\mathrm{d}\mathbf{b}_j\,\mathrm{d}\theta} \quad (5.40)$$

この式は，式 (5.9) を直接応用したもので，τ が関心のあるパラメータで，その他のパラメータは局外パラメータとして処理されている．分母はデータの周辺分布 $f(X)$ であるが，すべての可能なトポロジーについての和となっており，各樹形 τ_j について，すべての枝長 $\mathbf{b}_j$ と置換パラメータ θ について積分がとられていることに注意しよう．この式は，非常に小さな系統樹でなければ，数値的に計算することは不可能である．MCMC アルゴリズムは，$f(X)$ を直接計算することを避けて，マルコフ連鎖によって枝長 $\mathbf{b}_j$ やパラメータ θ についての積分を実行する．

MCMC アルゴリズムの概要は以下のようになる：

1) ランダムな枝長 $\mathbf{b}$ とランダムな置換パラメータ θ をもつ，ランダムな系統樹 τ から出発する．
2) 各反復において，以下の処理を行う．
   a. （NNI あるいは SPR のような）系統樹再編成アルゴリズムを用いて，系統樹の変更を提案する．このステップにおいて，枝長 $\mathbf{b}$ を変化させてもよい．
   b. 枝長 $\mathbf{b}$ の変更を提案する．
   c. パラメータ θ の変更を提案する．
   d. k 回の反復ごとに，連鎖から標本抽出を行う：$\tau, \mathbf{b}, \theta$ をディスク上に保存する．
3) 実行終了時に，結果を要約する．

5.6.3 MCMC の出力の要約

系統樹の事後分布を要約する手続きがいくつか提唱されている．たとえば，真の系統樹の点推定として，最大事後確率を有する樹形を選択することができる．この系統樹は，MAP 系統樹（MAP tree）とよばれ（Rannala and Yang, 1996），とくにデータが情報をもっている場合は，同じモデルのもとでの ML 系統樹と一致あるいは類似しているはずである．また，高い事後確率を示す系統樹を収集して，その確率の総和が前もって設定した閾値，たとえば 95% に等しいかそれ以上となるような系統樹の集合を作ることができる．この集合は系統樹の 95% 信用集合となっている

(Rannala and Yang, 1996; Mau et al., 1999)．

　系統樹中に非常に多くの生物種が取り扱われており，またデータがそれほど情報をもたないときにはとくに，1つの系統樹（全体）の事後確率は非常に小さいことがある．このようなときには，MCMCの過程で訪れた系統樹中で共通に出現する分岐群をまとめる処理がよく行われる．たとえば，多数決コンセンサス系統樹を構築し，その中の各分岐群について，抽出された系統樹の内部にその分岐群を含むものの割合が計算される（Larget and Simon, 1999）．この割合は，分岐群の事後確率（posterior clade probabiliy）として知られており，関心のあるグループが（データとモデルが与えられたときに）単系統（monophyletic）である確率の推定値である．分岐群の確率の使用には，いくつかの実用上の問題点があげられる．第1に，第3.1.3項で議論されたように，多数決コンセンサス系統樹では，系統樹間のある種の類似性は認識できないかもしれないので（たとえば，図3.8(a)参照），要約としては不十分なものになってしまうかもしれない．だから，すべての系統樹の事後確率を調べておくことは，常にやっておく価値があるように思われる．第2に，コンセンサス系統樹中の分岐群について確率を与えるのではなく，MAP系統樹中の分岐群の確率を計算してもよいかもしれない．この処理は，コンセンサス系統樹とMAP系統樹が異なるときには，とくにもっともらしく思える；コンセンサス系統樹の使用は，点推定値が含まれていないパラメータの信頼区間あるいは信用区間を構築するのに似た論理的な問題をもっている．第3に，Pickett and Randle（2005）は，系統樹の樹形の事前分布として一様分布を用いた場合，分岐群の確率はその分岐群のサイズと系統樹で取り扱われる生物種の数の両方に依存することを指摘している；非常に少ない数の生物種より構成されるか，逆に非常に多くの生物種より構成される分岐群は，中間のサイズの分岐群よりも高い事前確率をもつ．大きな系統樹の場合にこの影響は大きく，誤った（単系統ではない）分岐群に対して高い事後確率が計算されてしまう．図5.11の例を参照せよ．この問題は，系統樹間で共有される特徴を要約するために分岐群を用いていることに根ざしており，ベイズ法による系統樹再構築ばかりでなく，ブートストラップ解析を用いた最節約法あるいは最尤法にも同様に生じる問題である．

　1つの系統樹は，枝長をパラメータとした1つの統計モデルと見なしうる（第6章参照）．この観点から，系統樹の事後確率は，ベイズ統計学でよく使用されているモデルの事後確率ということになる．しかし，分岐群の事後確率は，異なるモデル（すなわち系統樹のこと）を横断的に眺めて得られる珍しい尺度である．連鎖の中で標本抽出された他の系統樹を調べて，コンセンサス系統樹中あるいはMAP系統樹中の分岐群に事後確率を付与することは，より支持されるモデルの中の共通した特徴を要約していることを意味する．この考え方は直感的にはアピールするが，その妥当性は明らかではない．

　MrBayes（Huelsenbeck and Ronquist, 2001）は，コンセンサス系統樹に対して，その枝長の事後平均と信用区間を出力する．枝長の事後平均は，抽出された系統樹のうち，関心のある枝（分岐群）を共有しているものについて，平均をとることで得られる．異なる系統樹の中の枝長は，（たとえ，共有されている分岐群についての枝であっても）生物学的な意味が異なっているので，この手続きは完全に妥当であるとは思われない．もし枝長に関心があるのなら，樹形を固定した上で別のMCMCを実行して，枝長を抽出するのが適切な方法であるだろう．このことを以下のアナロジーで説明しよう．いま，正規モデル $N(\mu, \sigma^2)$ とガンマモデル $G(\mu, \sigma^2)$ について事後確

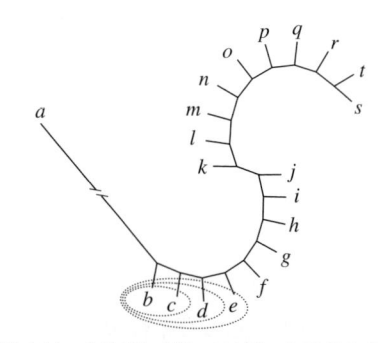

図 5.11 系統樹に対する一様事前分布は，分岐群に対しては偏った事前分布を与え，高い分岐群の事後確率が誤って計算されてしまう．ここに示す $s = 20$ 生物種よりなる真の系統樹において，a にいたる枝を除いて，すべての枝長はサイトあたりの置換数 0.2 に対応するとしよう．a にいたる枝の枝長は，サイトあたりの置換数で 10 であり，このため配列 a は他の配列に対してほぼランダムになっているとする．もし，データが情報をもっていれば，a を除くすべての生物種の系統樹は正しく再構築されるが，a の系統樹中の位置はほぼランダムであり，$(2s - 5)$ の枝のどこにでも位置づけられる．結果として，$(2s - 5)$ 個の系統樹は，ほぼ等しく支持される．分岐群確率の計算のため，再構築された系統樹の確率を要約してみると，$(2s - 5)$ の系統樹のうち 2 個だけが (bc) という分岐群を含んでいないので，分岐群 (bc) の事後確率は約 $(2s - 7)/(2s - 5)$ となるだろう；この 2 つの系統樹では，a は b にいたる枝か，c にいたる枝の上に位置づけられている．同様にして，分岐群 (bcd), $(bcde)$, $(bcdef)$ などを支持する確率は，$(2s - 9)/(2s - 5)$, $(2s - 11)/(2s - 5)$ などとなるであろう．これらの分岐群は単系統ではないので間違っているが，s が大きければそれらの事後確率は 1 に近い．この例は Goloboff and Pol（2005）に従って作成した．

率を計算するとしよう．ここで，平均 μ と分散 σ^2 は未知パラメータである．もし，母平均や母分散に関心があるのならば，モデルで条件付けたそれらの事後分布をそれぞれ導くべきであり，2 つのモデルの間で μ や σ^2 の平均を求めるのは適切ではない．

5.6.4　ベイズ法 vs. 最尤法

　計算の効率の観点からは，プログラム MrBayes（Huelsenbeck and Ronquist, 2001; Ronquist and Huelsenbeck, 2003）を用いた確率的な系統樹探索のほうが，David Swofford の PAUP プログラム（Swofford, 2000）を用いた尤度に基づく発見的探索よりも効率的であるようにみえる．しかし，MCMC アルゴリズムの実行時間は，そのアルゴリズムの実行のための反復回数に比例する．一般に，データが大きくなればなるほど，それについて平均処理を行うべきパラメータの数が増加するため，収束に要求される連鎖は長くなる．ところが，系統樹が大きくなればなるほどより多くの計算が必要となるため，多くの使用者は，データが大きくなればなるほど実行する連鎖の長さを短くしている．その結果，大きなデータセットの解析において MCMC アルゴリズムが収束したかは必ずしも明らかではない．一方，尤度に基づく発見的系統樹探索には大きな改良がもたらされてきている（たとえば，Guindon and Gascuel, 2003; Vinh and von Haeseler, 2004）．そのため，点推定値を得るには，数値的最適化を用いた最尤法の発見的探索のほうが，MCMC を用いたベイズ法による確率的探索よりも速いように見える．しかし，非線形プログラミング・アルゴリズムで計算された局所的曲率すなわちヘッセ行列を用いて（第 4.5.2 項参照）従来の MLE のための信頼区間を構築（式 (1.46) 参照）するのと同様に，ML 系統樹に対する信頼区間や標本誤差に関するその他の尺度を付与するためには，尤度による系統樹探索における情報をどのよう

に利用すればよいかは不明である．その結果，現在はブートストラップ解析に頼らざるをえない（Felsenstein, 1985a）．最尤法のもとでのブートストラップ解析は，計算コストの大きな処理となるので，ベイズ法による MCMC よりも遅いように思われる．

多くの点において分子系統のベイズ推定は，ブートストラップを用いた ML に対して理論的な利点をもっている．系統樹あるいは分岐群の事後確率の解釈は容易である：それは，データ，モデル，および事前分布が与えられたときに，その系統樹あるいは分岐群が正しい確率である．これに対し，系統学におけるブートストラップの解釈には論争がある（第 6 章参照）．その結果，系統樹の事後確率は，系統的な不確実性を取り込んだ系統樹に基づくさまざまな進化解析において，簡単なやり方で使用されている；たとえば事後確率は，比較解析の中で複数の系統樹について結果の平均をとるために使用されている（Huelsenbeck et al., 2000b, 2001）．

この理論的な利点は，事前分布と尤度モデルを受け入れることを条件にしている．しかし，この利点は確実なものではない．実際のデータから計算されたベイズの事後確率は，きわめて高い場合が多いことが指摘されている．進化的関係を支持するブートストラップ値は，それが > 50% のときのみ論文で報告されるが（さもなければ，その関係は信頼できないと見なされる），分岐群の事後確率は，それが < 100% のときのみ報告されている（というのも，事後確率の大部分は 100% であるからだ！）．とくにブートストラップの解釈に問題があることを考えると，この進化的関係の支持についての2つの尺度の違いは，ベイズ確率の不適正性を示唆するものではい．しかし，異なるモデルが同じデータに適用されたとき，それぞれが高い事後確率を示す矛盾する系統樹が得られることがある．同様に，同じ生物種の集合であっても，異なる遺伝子の解析からは異なる系統樹あるいは分岐群を生じ，このときもまたそれぞれの事後確率は高いかもしれない（たとえば，Rokas et al., 2005）．多くの論文で，シミュレーション研究に基づいて，系統樹あるいは分岐群の事後確率は誤解させるほどに高い場合が多いことが示唆されている（たとえば，Suzuki et al., 2002; Erixon et al., 2003; Alfaro et al., 2003）．

系統樹あるいは分岐群についてのベイズの事後確率は，データ，尤度モデル，および事前分布が与えられたときに，その系統樹あるいは分岐群が真である確率である．分岐群の確率がうわべだけ高くなる理由として考えられるものは3つしかない：(i) コンピュータ・プログラムのバグ，あるいは収束に達していなかったり，混合が不十分であるといった MCMC アルゴリズムの実行における問題，(ii) 間違った尤度（置換）モデルの指定，(iii) 間違った事前分布の指定や事前分布による影響の大きさ．第 1 の理由の場合，MCMC アルゴリズムがパラメータ空間を適切に探索することができず，その人為的影響でパラメータ空間の小さな部分集合のみを何度も訪れていると，その集合内の何度も訪れる系統樹の事後確率は高くなりすぎるだろう．これは，大量データのベイズ解析では深刻な問題であるが，原理的には，より長い時間連鎖を実行し，またより効率的なアルゴリズムを設計することで解決できる．第 2 の理由の場合，間違ったモデルを指定してしまうと，すなわち単純化しすぎた置換モデルの使用により，誤った高い事後確率が生じることが見いだされている（Buckley, 2002; Lemmon and Moriarty, 2004; Huelsenbeck and Rannala, 2004）．この問題は理論上，より現実的な置換モデルを用いるか，モデル平均化アプローチ（model-averaging approach）をとることで解決される（Huelsenbeck et al., 2004）．これに関する特筆すべきこととして，複雑すぎるモデルを使用した場合には，真のモデルがその特殊な場合であったとしても，

正確な事後確率が得られることがあげられる（Huelsenbeck and Rannala, 2004）．尤度の場合とは異なり，ベイズ推定は，パラメータの多いモデルに対してより耐性がある．Suchard et al. (2001) は，ベイズ解析における置換モデルの選択のためのベイズ因子（Bayes factors）の使用について議論している．

　置換モデルが正しい場合も，シミュレーションで発生されたデータについて（たとえば，Yang and Rannala, 2005），あるいは MCMC を用いない小さなデータセットの解析において（たとえば，Rannala and Yang, 1996），高い事後確率が観察されることに注意しよう．これらは，最初の2つの因子 (i) と (ii) によるものではない．3番目の因子であるベイズ推定の事前確率の指定に対する影響の大きさの問題はより根源的であり，取り扱いがむずかしい（第 5.1.3 項参照）．Yang and Rannala（2005）は，内部枝の長さと外部枝の長さに，それぞれ平均 μ_0 と μ_1 の独立な指数事前分布を仮定して解析を行い，系統樹の事後確率が内部枝の枝長の事前分布の平均 μ_0 に大きく影響を受けることがあることを報告している．μ_0 が小さくなると，系統樹の高い事後確率も減少することは容易に理解できる；もし $\mu_0 = 0$ ならば，どの系統樹もまたどの分岐群も事後確率は0に近いであろう．大きなデータセットにおいては，μ_0 が非常に小さいときのみ，分岐群の事後確率は μ_0 に大きく影響されることが観察された．40 種の陸上植物の解析では，影響を及ぼす μ_0 の領域は $(10^{-5}, 10^{-3})$ であることが見いだされた．公表されている系統樹中の内部枝の枝長の推定値から考えると，そのような枝長は非現実的なほどに小さいように思われる．しかし，間違った系統樹あるいはそれほど支持されていない系統樹の中の枝長は，通常小さいか0であることが多い．事前分布は，すべての二分木中の内部枝の枝長についてのわれわれの知識を表現するために指定されるものであるが，それら二分木のほとんどは，間違っているかあまり支持されない系統樹であるので，μ_0 を非常に小さく設定する必要があるように思われる．Yang and Rannala はまた，より多くの生物種を含む大きな系統樹の場合ほど，μ_0 をより小さくしなければならないことを示唆している．

　Lewis et al. (2005) は，多分岐木に非ゼロ確率を割り当てているが，同様のアプローチをとっている．ここでは，二分木と多分岐木の間での枝長のパラメータ数の違いを取り扱うために，可逆ジャンプ MCMC（reversible jump MCMC）が使用されている．この処理は，内部枝の枝長に対して，0要素と連続分布に従う別の要素をもつ，混合事前分布を用いることと等価である．これに対し，Yang and Rannala のアプローチでは，内部枝に対して，指数分布あるいはガンマ分布のようなただ1つの連続事前分布が用いられているので，計算は先に述べたモデルよりも単純である．分岐群の事後確率は内部枝の枝長の事前分布の平均値に影響されるが，多くの生物学者が納得できるような実用的な事前分布をどのように定式化するかは一般に不明である．この問題は，さらに研究する価値がある．

5.6.5　数値例：類人猿の系統関係

　第 4.2.5 項で解析した，7 種の類人猿由来の 12 個のミトコンドリア・タンパク質の配列にベイズ法によるアプローチを適用する．MrBayes version 3.0（Huelsenbeck and Ronquist, 2001; Ronquist and Huelsenbeck, 2003）を用いたが，内部枝と外部枝の枝長の事前分布として，平均 μ_0 と μ_1 をもつ指数分布（Yang and Rannala, 2005）を用いることができるように変更を加え

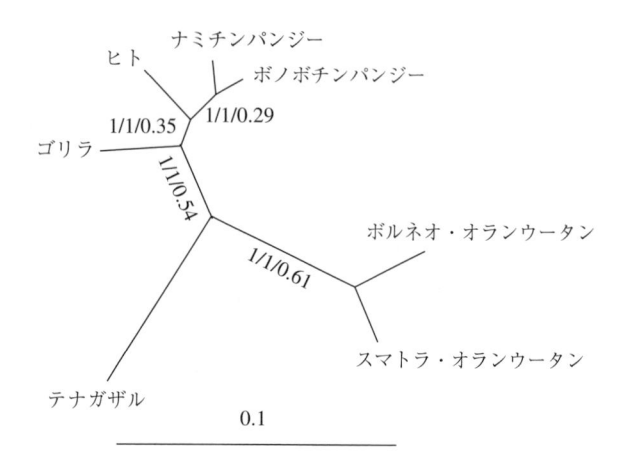

図 5.12 7 種の類人猿由来のミトコンドリア・タンパク質についての最大事後確率（maximum posterior probability；MAP）系統樹. MrBayes version 3.0 を用いて, MTMAM モデルのもとで分岐群の事後確率を計算した. 枝長には, 独立な指数事前分布を仮定し, 外部枝の枝長の事前平均は $\mu_1 = 0.1$ に固定したが, 内部枝の枝長の事前平均 μ_0 には 3 つの値, $10^{-1}, 10^{-3}, 10^{-5}$ を用いた. μ_0 の 3 つの値に対する分岐群の事後確率は, 枝上に './././' の形で示されている. 枝は事前平均 $\mu_0 = 0.1$ を用いて計算された枝長の事後平均に比例するように描かれている.

た. ミトコンドリア・タンパク質のための MTMAM モデル（Yang et al., 1998）のもとで, この解析を行った. 2 つの連鎖から構成される MC^3 アルゴリズムを実行し, 10^7 回の反復から 10 回ごとに抽出を行った. 最初, 内部枝についても外部枝についても枝長の事前平均は $\mu_0 = \mu_1 = 0.1$ に設定した. MAP 系統樹が図 **5.12** に示されている. これは第 4 章の図 4.5 の ML 系統樹に一致する. すべての節（分岐群）に対する事後確率は 100％である. 次に, 内部枝の枝長の事前平均 μ_0 を変更して, その分岐群の事後確率に及ぼす影響を調べた（図 5.12）. すべての分岐群に対する事後確率は $\mu_0 = 0.1$ あるいは 10^{-3} のときには 100％であるが, $\mu_0 = 10^{-5}$ のときには < 70％となった. この時点では, どちらの μ_0 がより妥当であるかを判断することは困難である.

5.7　合祖モデルのもとでの MCMC アルゴリズム

5.7.1　概要

DNA 配列, マイクロサテライト, SNPs（single nucleotide polymorphism；1 塩基多型）のようないろいろなタイプの集団遺伝学的データを解析するために, MCMC アルゴリズムを用いて, いろいろな程度の複雑さをもつ合祖モデル（coalescent model）が実装されている. そのような解析の例には, 突然変異率の推定（たとえば, Drummond et al., 2002）, 集団の人口学的過程あるいは分集団間の遺伝子の移動（たとえば, Beerli and Felsenstein, 2001; Nielsen and Wakeley, 2001; Wilson et al., 2003; Hey and Nielsen, 2004）, また種の分岐時間や集団サイズの推定（たとえば, Yang, 2002; Rannala and Yang, 2003）などがある. それらのアルゴリズムも, 系統解析のアルゴリズムも, 木（遺伝子系図（geneology）あるいは系統樹（phylogeny））の空間からの抽出を行うので, 両者には類似している点が多い. 以下では, これらのアルゴリズムの感触をつかむために, 1 集団標本からの $\theta = 4N\mu$ の推定について考えよう. ここでは, N は長時間にわ

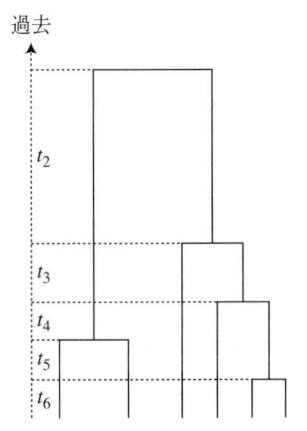

図 5.13 6 個の配列についての遺伝子系図．合祖時間は待ち時間として定義される；すなわち，t_j は標本中に j 個の系統が存在する時間を表す．

たっての（有効）集団サイズであり，μ は世代あたりの突然変異率である．より複雑な合祖モデルのもとでのその他の応用については，Griffiths and Tavaré（1997），Stephens and Donnelly（2000），Hein et al.（2005）を参照せよ．

5.7.2 θ の推定

基本的なパラメータである $\theta = 4N\mu$ は，無作為交配する集団中で維持されている中立な遺伝子座における遺伝的変異の尺度である．従来，μ は遺伝子座あたりの突然変異率を表すものであったが，分子の配列データを用いるときには，μ はサイトあたりの突然変異率と定義したほうが便利である．集団のデータに対しては，一般に，突然変異率は時間やサイトによらず一定であると仮定される．無作為標本である n 本の配列を使って θ を推定したいとしよう．X をデータ，G をそれらの配列を関係づける未知の遺伝子系図，$\mathbf{t} = \{t_n, t_{n-1}, \cdots, t_2\}$ を $n-1$ 個の合祖時間（待ち時間）とする（図 **5.13**）．このデータには，集団サイズ N と突然変異率 μ を分離できる情報は含まれていないので，$\theta = 4N\mu$ という 1 つのパラメータを推定する．

合祖モデルにより，遺伝子系図 G と合祖時間 $\mathbf{t}$ の分布が指定される．この分布は，事前分布 $f(G, \mathbf{t})$ と考えられる．すべての遺伝子系図（ラベル付き歴史（labeled history），すなわち年代により順序づけられた内部節をもつ有根系統樹）は等しい確率をもつ：すなわち，$f(G) = 1/T_n$．ここで，T_n は n 本の配列についてのラベル付き歴史の総数である．時間は $2N$ 世代を単位として計測され，さらに時間に突然変異率をかける．このスケール化により，合祖時間はサイトあたりの突然変異数の期待値によって計測され，標本中の任意の 2 つの系統は，$\theta/2$ の速度で合祖する（Hudson, 1990）．サンプル中に j 個の系統があるときに，$j = n, n-1, \cdots, 2$ についての次の合祖までの待ち時間は，次の指数密度関数に従う．

$$f(t_j|\theta) = \frac{j(j-1)}{2} \times \frac{2}{\theta} \exp\left(-\frac{j(j-1)}{2} \times \frac{2}{\theta} t_j\right) \tag{5.41}$$

同時確率密度関数 $f(\mathbf{t}|\theta)$ は，単純に $(n-1)$ 個の合祖時間の密度関数の積となる．遺伝子系図と合祖時間（枝長）が与えられたとき，尤度 $f(X|\theta, G, \mathbf{t})$ は Felsenstein（1981）の枝刈りアルゴ

リズムを用いて計算される．

次に事前分布 $f(\theta)$ を用いると，事後分布は式 (5.42) で与えられる．

$$f(\theta|X) = \frac{\sum_{i=1}^{T_s} \int f(\theta) f(G_i, \mathbf{t}_i|\theta) f(X|\theta, G_i, \mathbf{t}_i) \, \mathrm{d}\mathbf{t}_i}{\sum_{i=1}^{T_s} \iint f(\theta) f(G_i, \mathbf{t}_i|\theta) f(X|\theta, G_i, \mathbf{t}_i) \, \mathrm{d}\mathbf{t}_i \, \mathrm{d}\theta} \tag{5.42}$$

ここで，和は T_s 個の可能な遺伝子系図にわたってとり，$\mathbf{t}$ についての積分は $(n-1)$ 次元である．

MCMC アルゴリズムでは，積分の直接の計算を避け，その代わりにマルコフ連鎖によって積分と和が計算される．このアルゴリズムは事後分布に比例する形で θ を抽出する．以下は，Yang and Rannala（2003）によって実装された MCMC アルゴリズムの概略である．

- ランダムな合祖時間 $\mathbf{t}$（合祖時間の事前分布から抽出できる）をもつ，ランダムな遺伝子系図 G，およびランダムなパラメータ θ から開始する．
- 各反復において，以下を行う．
  - 合祖時間 $\mathbf{t}$ についての変更を提案
  - 系統樹再編成アルゴリズム（たとえば SPR；第 3.2.3 項参照）を用いて，遺伝子系図の変更を提案
  - パラメータ θ の変更を提案
  - 比例縮小・拡大法を用いて，すべての合祖時間の変更を提案
  - k 回のくり返しごとに，連鎖を抽出：θ（および，系図の高さ，すなわち，標本の最近共通祖先（most recent common ancestor）までの時間などの他の量）を保存
- 実行終了時に結果を要約

[例] ヒト集団由来の 3 つの中立な遺伝子座からの θ の推定（Rannala and Yang, 2003）．その 3 つの遺伝子座のデータは，領域 1q24（約 10 kb）に由来する 61 本のヒトの配列（Yu et al., 2001），16q24.3 の約 6.6 kb の領域の 54 本のヒトの配列（Makova et al., 2001），領域 22q11.2 の約 10 kb の 63 本のヒトの配列（Zhao et al., 2000）である．どの遺伝子座も非コード領域であるので，突然変異率は同じであると仮定して，すべての遺伝子座で共通な θ を推定する．また，3 つの遺伝子座に関して，最近共通祖先にいたるまでの時間 t_{MRCA} を推定する．このデータには，集団サイズ N と突然変異率 μ を分離できる情報は含まれていないので，$\theta = 4N\mu$ という 1 つのパラメータを推定する．あるいは，μ を年あたりサイトあたりの突然変異数 10^{-9} に固定して，N を推定する．また，世代時間を $g = 20$ 年と仮定する．θ に関する事前分布を，平均 0.001 をもつガンマ分布 $G(2, 2000)$ と仮定する；この平均値 0.001 は，95%事前区間 (1,500, 34,800) をもつ集団サイズ 12,500 に対する事前平均に対応する．尤度は JC69 モデルに従い計算する．MCMC の実行には MCMCcoal プログラム（Rannala and Yang, 2003）を使用した．バーンインとして 10,000 回の反復計算を行い，その後に 10^6 回の反復計算を行い，2 回ごとに標本抽出を行った．

パラメータ θ の事後分布が図 **5.14** に示されている．事後平均と 95%CI は，0.00053, (0.00037, 0.00072) となるが，現代人についての集団サイズ $N = 0.00053/(4g\mu) \approx 6,600$ に

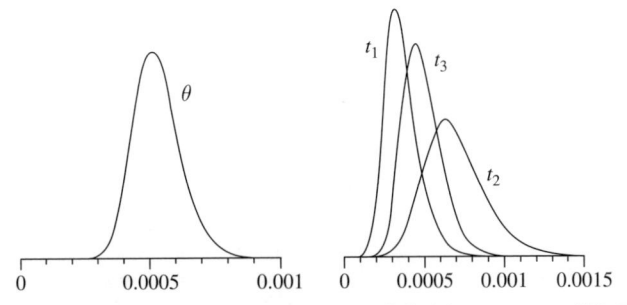

図 5.14 (a) 3 つの中立遺伝子座から推定された現代人の θ の事後分布．(b) 3 つの遺伝子座についての t_{MRCA} の事後分布．t_{MRCA} は，遺伝子系図中で最近共通祖先にいたるまでの時間であり，サイトあたりの突然変異数の期待値として計測される．

対応し，その 95%CI が $(4600, 9000)$ となる．3 つの遺伝子座における最近共通祖先にいたるまでの時間 t_{MRCA} の事後分布が図 5.14 に示されている．3 つの遺伝子座における t_{MRCA} の事後平均と CI は，それぞれ $0.00036\ (0.00020, 0.00060); 0.00069\ (0.00040, 0.00110); 0.00049\ (0.00030, 0.00076)$ となる．もし，突然変異率を年あたりサイトあたりの突然変異数 $\mu = 10^{-9}$ とすると，標本の最近共通祖先の事後平均年代は，それぞれ 36 万年，69 万年，49 万年となる．□

5.8 練習問題

5.1 (a) 第 5.1.2 項の感染の検査の例において，検査の結果が陰性であった人を考えよう．その人が実は感染している確率はどれだけか？ (b) 2 回の検査を受け，どちらの結果も陽性であった人を考えよう．その人が感染している確率はどれだけか？

5.2 不偏性への批判．最尤法の支持者もベイズ法の支持者も，不偏性にこだわりすぎることは合理的ではないかもしれないと指摘している．第 5.1.2 項の例について，統計学のテキストを調べて，標本頻度 x/n の期待値が，2 項分布モデルのもとでは θ になり，負の 2 項分布モデルのもとでは $\theta(n-1)/n$ となることを確認せよ．このとき，θ の不偏推定値は，2 項分布モデルのもとでは $x/n = 9/12$，負の 2 項分布モデルのもとでは $x/(n-1) = 9/11$ となる．このように，不偏性は尤度原理に反する．不偏推定値に対する別の批判として，不偏推定値は再パラメータ化に対して不変ではないということがある；$\widehat{\theta}$ が θ の不偏推定値であっても，h が θ の線形関数でなければ，$h(\widehat{\theta})$ は $h(\theta)$ の不偏推定値にはならない．

*__5.3__ 目標密度関数が $N(\theta, 1)$ であり，MCMC は，推移核 $x^* \sim N(x, \sigma^2)$ による正規提案分布を用いた移動窓提案を用いるとする．このとき，採択率（提案が採択される比率）が式 (5.43) (Gelman *et al.*, 1996) となることを示せ．

$$P_{\text{jump}} = \frac{2}{\pi} \tan^{-1}\left(\frac{2}{\sigma}\right) \tag{5.43}$$

5.4 第 5.3.2 項の MCMC アルゴリズムを実装したプログラムを作成して，JC69 モデルのも

とで，ヒトとオランウータンの 12 S rRNA 遺伝子の距離を推定せよ．BASIC, Fortran, C/C++, Java あるいは Mathematica など，どれでも好みのプログラミング言語を用いよ．採択率が，窓サイズ w によってどのように変化するかを調べよ．また，式 (5.34) の提案法を実装せよ．（ヒント：数値的な問題を避けるために，アルゴリズム中では尤度と事前確率の対数を用いよ）

5.5 上記のプログラムを変更して，JC69 モデルのもとで，距離 $\theta = 3\lambda \times 2T$ の代わりに，2 つのパラメータ，突然変位率 $\mu = 3\lambda$ と種の分岐時間 T を推定せよ．時間の単位は 1 億年とし，T には平均 $m = 0.15$（ヒトとオランウータンの分岐時間を 1500 万年とすることに対応）をもつ指数事前分布 $f(T) = (1/m)e^{-T/m}$ を，また突然変異率 μ には平均が 1.0（1 億年あたりの置換数が約 1 個の事前平均突然変異率に対応）である別の指数事前分布を割り当てよ．T の更新に関するステップと μ の更新に関するステップよりなる 2 段階の提案を用いよ．事前分布を変化させて，事後分布に対する事前分布の影響の大きさを調べよ．

5.6 練習問題 5.4 のプログラムを変更して，K80 モデルのもとでの配列間距離を推定せよ．距離 θ に対しては，平均 $m = 0.2$ をもつ指数事前分布 $f(\theta) = (1/m)e^{-\theta/m}$ を，またトランジション/トランスバージョンの速度比 κ には，平均 5 の指数事前分布を用いよ．2 段階の提案，すなわち θ の更新に関するステップと κ の更新に関するステップを実装せよ．事後推定値を第 1.4.2 項の MLE と比較せよ．

Chapter 6

系統樹についての方法および検定の比較

　この章では2つの問題を議論する：系統樹再構築法の統計的性質の評価と，推定された系統関係の有意性の検定である．どちらの問題も複雑であり論争の的になっているので，この章では，大量の複雑な文献について，客観性は捨てて個人的な評価を述べる．

　現在，分子分類学者の目の前にはさまざまな系統樹再構築の方法があるが，それらの中から1つを選択することは必ずしも簡単ではない．さらに，モデルに根ざした系統樹再構築法に関しては，原理的には利用可能な多数のモデルがある．系統樹再構築の利点と欠点に関する初期の論争では，系統関係の推定にあたって進化の過程についての仮定をおかないことが可能か，あるいは最尤法のようなモデルに根ざした方法を使うべきか，最節約法のような'モデルを用いない'方法を使うべきかといったような，おもに哲学的な問題が中心であった（たとえば，Farris, 1983; Felsenstein, 1973b, 1983）．より最近の研究では，異なる方法の性能を比べるために，コンピュータ・シミュレーションと'十分に確立した'系統関係が用いられるようになってきている．異なる研究から相反する結論が得られることが往々にしてある．

　第 6.1 節では，系統樹再構築法の統計的な性質を評価するための基準について議論する．異なる方法を評価するために行われたシミュレーションによる研究を要約して説明し，また実際のデータ解析においてそれらの方法を使用するにあたっていくつか推奨するべきことを述べておく．第 6.2 節と第 6.3 節では，最尤法と最節約法のそれぞれの観点から，両者の間の論争について述べる．統計的な枠組みにおいても，系統樹の推測は従来のパラメータ推定に比べずっと複雑であるように思われる．この系統樹の推測のむずかしさについては，第 6.2 節で議論する．第 6.3 節では，最節約法の裏に潜む仮定を同定するためにこれまで行われてきた試み，言い換えると，ある特定のモデルのもとでは最節約法が最尤法に一致することを示すことによって最節約法を統計的に正当化するための試みをまとめてみよう．

　第 6.4 節では，推定された系統樹の信頼性を評価する方法について概観する．方法によらず，再構築された系統樹は点推定値とみなされる．通常のパラメータの点推定値の精度の尺度として信頼区間あるいは事後信用区間が与えられるのと同様に，再構築された系統樹にも信頼性の尺度がほしい．しかし，この問題の従来の点推定とは異なる性質が，系統樹の信頼性の研究を困難なものにしている．

6.1 系統樹再構築法の統計的性能

6.1.1 基準

系統樹再構築の異なる方法を比較するにあたって，2種類の誤差を区別しなければならない．その1つ，偶然誤差（random error）あるいは標本誤差（sampling error）とよばれるものは，データセットの有限性によるものである．分子系統学における大部分のモデルでは，標本のサイズは配列中のサイト数（塩基，アミノ酸，あるいはコドン）である．配列の長さが無限大に近づくにつれて標本誤差は減少し 0 に近づく．もう一方の系統誤差（systematic error）は，方法の誤った仮定あるいはその他の欠陥によるものである．そのため，標本のサイズが増加しても，系統誤差は残り続け，強まる．

系統樹の再構築法はさまざまな基準を用いて評価できる．計算速度はおそらく最も簡単に評価できるものである．一般に距離行列法は最節約法よりもずっと速く，最節約法は最尤法あるいはベイズ法よりも速い．ここでは，系統樹再構築法の統計的な性質の評価について考えよう．

6.1.1.1 同定可能性

もしデータの確率 $f(X|\theta)$ が2つのパラメータ値 θ_1 と θ_2 で完全に同じであれば，つまりすべての可能なデータ X に対して $f(X|\theta_1) = f(X|\theta_2)$ であれば，どのような方法も，観測データを用いて θ_1 と θ_2 を区別することはできない．このとき，このモデルは同定不能（unidentifiable）とよばれる．たとえば，2生物種に由来する2本の配列データを用いて，種の分岐時間 t と置換速度 r を推定しようとする場合，モデルは同定不能となる．データの確率，すなわち尤度は，たとえば $\theta_1 = (t, r)$ の場合と $\theta_2 = (2t, r/2)$ の場合ではまったく同じであり，t と r を別々に推定することは不可能である．たとえ θ が同定不能であったとしても，θ の関数には同定可能なものがある——先の例の場合，距離 $d = tr$ がそれである．同定不能なモデルは，通常モデルの定式化の誤りによるものであり，避けるべきである．

6.1.1.2 一致性

推定法あるいは推定量 $\widehat{\theta}$ は，標本サイズ n が大きくなるにつれて推定量が真のパラメータ値 θ に収束する場合，（統計的に）一致性をもつ（consistent）といわれる．正式には，任意の小さな数 $\varepsilon > 0$ に対して式 (6.1) が成立するならば，$\widehat{\theta}$ は一致性をもつ．

$$\lim_{n \to \infty} \Pr(|\widehat{\theta} - \theta| < \varepsilon) = 1 \tag{6.1}$$

また，式 (6.2) が成立するとき，$\widehat{\theta}$ は強一致性（strongly consistent）を有するといわれる．

$$\lim_{n \to \infty} \Pr(\widehat{\theta} = \theta) = 1 \tag{6.2}$$

系統樹は通常のパラメータではないが，強一致性の概念を用いて，$n \to \infty$ のときに，推定された系統樹が真の系統樹である確率が 1 に近づくならば，その系統樹再構築法は一致性をもつといってもよいだろう．モデルに基づく方法の場合，一致性の定義はそのモデルの正しさを仮定している．

Felsenstein（1978b）が，4 生物種の系統樹において，枝長のある組合せのもとでは，最節約法は一致性をもたないことを示して以来（第 3.4.4 項および練習問題 4.3 参照），一致性について多くの議論がなされてきた．これまでの推定の問題では，一致性は弱い統計的な性質であり，良好なものもそうでないものも含めて多くの推定量がこれを満たしている．たとえば，n 回の試行中 x 回 '成功' した 2 項標本からの成功の確率 p の通常の推定量は，標本中の割合 $\widehat{p} = x/n$ である．これは，一致性をもつ．しかし，恣意的な悪い推定量 $\widetilde{p} = (x - 1{,}000)/n$ は，$n < 1{,}000$ のときには負の値さえとるが，一致性をもっている．Sober（1988）は一致性よりも尤度をより基本的な基準と考え，実際のデータは常に有限であるのだから一致性は必要ないと主張した．これは，性能の良好性から尤度を選択したのではなく，本来尤度ありきの立場であることから，支持できないように思われる．統計学者は，尤度/頻度論者であれベイズ論者であれ，一致性が任意の妥当な推定量のもつべき性質であることを疑っているようにはみえない（たとえば，Stuart et al., 1999, pp.3–4; O'Hagan and Forster, 2004, pp.72–74）．Fisher（1970, p.12）は，一致性を有さない推定量は，'使用されるべきではない' と考えていた．さらなる議論については，Goldman（1990）を参照せよ．

6.1.1.3 有効性

漸近的に最小の分散をもつ一致推定量は有効である（efficient）といわれる．一致性をもつ不偏な推定量の分散は，Cramér-Rao の下限よりも小さくはなりえない；すなわち，θ の任意の不偏推定量 $\widehat{\theta}$ について，式 (6.3) が成り立つ（Stuart et al., 1999. pp.9–14; 第 1.4.1 項も参照せよ）．

$$\operatorname{var}(\widehat{\theta}) \geq 1/I \tag{6.3}$$

ここで，$I = -E\left(\dfrac{\mathrm{d}^2 \log(f(X|\theta))}{\mathrm{d}\theta^2}\right)$ は期待情報量（expected information）あるいは Fisher 情報量（Fisher information）として知られているものである．きわめてゆるい正則条件のもとで，MLE は望ましい漸近的性質を有している：すなわち，$n \to \infty$ のとき，MLE は一致性を有し，不偏であり，正規分布に従い，その分散は最小，すなわち式 (6.3) の下限となる（たとえば，Stuart et al., 1999 Ch.18）．

もし，t_1 が有効な推定量であり t_2 が別の推定量であるならば，t_1 に対する t_2 の相対的な有効性は，$E_{21} = n_1/n_2$ として計測できる．ここで n_1 と n_2 は，両方の推定量が等しい分散を示すのに（言い換えると両者が同じくらい正確になるのに）必要な標本のサイズである（Stuart et al., 1999, p.22）．標本が大きいとき，分散は標本のサイズの逆数に比例することが多いが，その場合，$E_{21} = V_1/V_2$ であり，V_1 と V_2 は同じ標本サイズにおける 2 つの推定量の分散である．既知の分散 σ^2 をもつ正規分布 $N(\mu, \sigma^2)$ の平均 μ を推定したいとしよう．標本平均は分散 σ^2/n をもち，他の不偏推定量がそれよりも小さな分散をもちえないという意味において有効である．標本のメジアンの分散は，n が大きいとき $\pi\sigma^2/(2n)$ となる．平均に対するメジアンの有効性は，n が大きいとき $2/\pi = 0.637$ となる．したがって，平均は，36.3%だけ小さな標本のメジアンと同じ正確さをもつ．それにもかかわらず，メジアンのほうが外れ値に対して影響されにくい．

推定された系統樹の樹形の分散は意味のある概念ではない．しかし，2 つの系統樹再構築法の相対的有効性を式 (6.4) によって計測できる．

$$E_{21} = n_1(P)/n_2(P) \tag{6.4}$$

ここで，$n_1(P)$ と $n_2(P)$ は，両方の方法が同じ確率 P で真の系統樹を再現するのに要求される標本のサイズである（Saitou and Nei, 1986; Yang, 1996a）．標本のサイズ n が与えられたときに正しい系統樹が再現される確率 $P(n)$ は，コンピュータ・シミュレーションにより $n(P)$ よりも容易に推定されるので，式 (6.5) に示す別の尺度を使用することもできる：

$$E_{21}^* = (1 - P_1(n))/(1 - P_2(n)) \tag{6.5}$$

式 (6.4) と (6.5) が一致することは期待できないが，2 つの系統樹再構築法の相対的な性能に関しては，定性的には同じ結果を与えるであろう．あとで ML 法の解析に式 (6.5) を用いる．

6.1.1.4 頑健性

モデルに基づく方法が，そのモデルについての仮定がわずかに間違っている場合においてもうまくはたらくとき，その方法は頑健である（robust）といわれる．いくつかの仮定は，明らかに，それ以外の仮定よりも重要である．頑健性はコンピュータ・シミュレーションによって調べられることが多い．シミュレーションでは，あるモデルのもとでデータを発生させ，それを別のモデルのもとで解析する．別のモデルとしては，間違ったものや，またしばしば単純すぎるものが用いられる．

6.1.2 性能

系統樹再構築法について判断するために，多くの研究は真の系統樹が既知であるか，既知であると信じられている状況を利用してきた．第 1 の方法は，実験室で発生させた系統関係を利用するというものである．Hillis *et al.* (1992) はバクテリオファージ T7 を実験室で進化させることで，既知の系統関係を作り出した．このファージの制限酵素地図をいくつかの時点で決定し，その後，ファージを分離して異なる系統へと分岐させた．これにより，系統樹と祖先の状態の両方が既知となる．次に進化史推定のため，最節約法と 4 種の距離に基づく方法を用いて，最終的に得られたファージの制限酵素地図が解析された．非常に印象的なことであるが，どの方法も真の系統樹を再現できた．最節約法は 98% より高い正確さで祖先の制限酵素地図を復元した．

第 2 のアプローチは，いわゆる '確立した' 系統関係，すなわち化石，形態，またそれ以前の分子データなどの証拠から一般に認められている系統関係を用いるものである．そのような系統関係は，系統樹再構築法の性能の評価ばかりでなく，いろいろな遺伝子座の有用性の評価にも用いることができる．たとえば，Cummings *et al.* (1995), Russo *et al.* (1996) また Zardoya and Meyer (1996) は，いろいろな系統樹再構築法と，ミトコンドリアのタンパク質をコードしている複数の遺伝子を用いて，哺乳類あるいは脊椎動物の系統関係の再現に関する性能を調べた．現代の経験的な分子系統学の研究のほとんどはこのタイプのものである．というのも，研究者はさまざまな方法を用いて多くの遺伝子座を解析し，それにより得られた系統樹を過去に推定されたものに対して評価しているからである（たとえば，Cao *et al.*, 1998; Takezaki and Gojobori, 1999; Brinkmann *et al.*, 2005）．

第3のアプローチはコンピュータ・シミュレーションによるものである．あるモデルのもとで反復してシミュレーションを行って多数のデータセットを発生させ，さまざまな系統樹構築法で真の系統樹の推定を試み，何回真の系統樹を再現できたか，あるいは真の分岐群の何%が再現できたかなどを調べる．系統樹の樹形の形状やサイズ，進化モデルやパラメータの値，またデータのサイズは研究者がすべてを制御しており，それらを変更することでその効果が調べられる．シミュレーション技術の議論については第9章を参照せよ．シミュレーションによる研究に対する批判として，使用されるモデルは現実の配列進化の複雑さを反映していないかもしれないというものがある．また，別の批判として，シミュレーションによる研究は，非常に限られたパラメータの組合せについて調べているにすぎず，さらに系統樹再構築法の相対的な性能は，モデルや系統樹の形状に依存しているかもしれないというものもある．このように，パラメータ空間の非常に限られた部分についてのシミュレーションから導かれた結論を，現実のデータを用いる一般的な状況に外挿することは危険である．それにもかかわらず，シミュレーションで明らかにされてきたパターンは現実のデータ解析において何度も発見されてきているので，今後もシミュレーションは系統樹再構築法の比較や評価に用いられるであろう．とくに，一般的には解析的に扱うことが容易でない方法の場合は，シミュレーションはそのように使用されるであろう．

Felsenstein (1988), Huelsenbeck (1995b), Nei (1996) のような，過去のシミュレーションの研究を要約した総説がいくつかある．それらの中では，異なる系統樹再構築法についての相反する見解が示されていることが多い．しかし，以下の観察は一般的に認められていると思われる．

1) 時計性が成立しないときには，UPGMAのように分子時計を仮定した方法の性能は悪いので，時計性の仮定を用いないで無根系統樹を推定する方法を用いるべきである．しかし，集団データのような，非常によく似た配列では，時計性が成立することが期待され，UPGMAも適用できる．

2) 最節約法には，単純なモデルのもとでの距離行列法や最尤法と同様に，長枝誘引 (long branch attraction) の問題を生じる傾向がある．複雑でより現実的なモデルのもとでの最尤法は，この問題に対してはより頑健である (たとえば, Kuhner and Felsenstein, 1994; Gaut and Lewis, 1995; Yang, 1995b; Huelsenbeck, 1998)．

3) 最尤法は，正確な系統樹の再現において，最節約法や距離行列法よりも有効であることが多い (たとえば, Saitou and Imanishi, 1989; Jin and Nei, 1990; Hasegawa and Fujiwara, 1993; Kuhner and Helsenstein, 1994; Tateno et al., 1994; Huelsenbeck, 1995b)．しかし，反例も見いだされてきており，そのいくつかについては次の節で議論する．

4) 配列の分化の程度が高く，多数のアラインメント・ギャップが含まれている場合には，信頼できる配列間距離を得ることが困難であるために，距離行列法の性能はよくない (たとえば, Gascuel, 1997; Bruno et al., 2000)．

5) 配列の分化のレベルは，系統樹の再構築法の性能に大きく影響する．非常に類似した配列の場合は情報が足りないので，どのような方法でも信頼性をもって真の系統樹を再現することはできない．一方，分化の程度が非常に高い配列の場合，置換が飽和に達しているため，非常に多くの雑音が含まれている．データ中の情報の量は，配列の分化が中程度のレベルのときが最適

である (Goldman, 1998). したがって, 理想的には, 近縁な生物種を研究する場合, 速く進化している遺伝子の配列を決定するべきであるし, 遠い進化的な関係を研究するには, ゆっくりと進化する遺伝子かタンパク質の配列を決定するべきである. シミュレーションによる研究からは, 系統樹の再構築法は, 同じサイトへの多重置換には非常に耐性があるようにみえる (Yang, 1998b; Bjorklund, 1999). しかし, 高度の分化は, 多重置換以外にもアラインメントの困難さや配列間の塩基組成やアミノ酸組成の不均一性などの問題を伴うことが多い. 組成の不均一性は, 置換の過程が定常状態にあるという仮定が成立していないことを示している.

6) 相対的な枝長に反映される系統樹の形状は, いろいろな系統樹再構築法が系統樹を正しく再構築できるか, またそれらの方法の相対的性能に大きく影響する. '困難' な系統樹は, 短い内部枝 (internal branch) と長い外部枝 (external branch) をもつという特徴をもっており, 長い外部枝は系統樹の異なる場所に分散して存在している. そのような系統樹の場合, 最節約法や, 簡単なモデルのもとでの距離行列法や最尤法は間違いやすい. '簡単' な系統樹は, 外部枝に対して相対的に長い内部枝をもつという特徴がある. そのような系統樹の場合, どのような方法でもうまくいくように思われ, さらに素朴なほどに単純なモデルのもとでの最尤法あるいは最節約法の性能のほうが, 複雑なモデルのもとでの最尤法の性能よりもすぐれている場合もありうる.

6.2 最尤法

6.2.1 従来のパラメータ推定との対比

Yang (1994c; Yang, 1996a; Yang et al., 1995c も参照) は, 系統樹再構築の問題は, 統計的パラメータ推定の問題ではなく, モデル選択の問題であると論じている. 前者では, データの確率分布 $f(X|\theta)$ は, パラメータ θ を除けば, 完全に明示されている. このときの目的は θ を推定することである. 後者の場合, いくつかの競合するデータ生成モデル, たとえば $f_1(X|\theta_1), f_2(X|\theta_2), f_3(X|\theta_3)$ があり, それぞれ固有の未知パラメータをもっている. このときの目的は, どのモデルが真であるか, あるいは真のモデルに最も近いかを決定することである. ここで, モデルは系統樹の樹形に対応し, 各モデルのパラメータ $\theta_1, \theta_2, \theta_3$ は各系統樹の枝長に対応する. 尤度関数と枝長の定義は系統樹の樹形に依存するので (Nei, 1987, p.325), 系統樹の再構築はモデル選択の範疇に属している. しかしながら, ちょっとした違いもある. 一般的なモデル選択の状況においては, モデル自身が興味の対象であることはめったにない; むしろ, ある種のパラメータについての推定に関心があるのだが, そのような推定は間違ったモデルを用いることに大きく影響されるため, モデルを取り扱わざるをえない. 系統樹再構築における置換モデルの選択は, そのようなケースの一例である. これに対し, 系統樹の再構築においては, 系統樹の1つは真であると仮定しており, 主要な目的はその真の系統樹を同定することにある.

パラメータ推定とモデル選択の区別は衒学的なものではない. MLE の一致性や有効性といった尤度による推定の数学理論は, パラメータ推定の文脈の中で発達してきたものであり, モデル選択の文脈においてではない. 次の2つの項では, ML による系統樹の再構築は一致性を有するが, 漸近的に有効ではないことを示す.

6.2.2 一致性

最尤法による系統樹の再構築（Felsenstein, 1981）における一致性についての初期の議論（たとえば，Felsenstein, 1973b, 1978b; また Swofford *et al.*, 2001）は，Wald（1949）の証明に言及しているが，尤度関数が系統樹の樹形間で異なっているという事実は十分に考慮されていなかった．それにもかかわらず，一般に使用されているモデルのもとで ML の一致性は容易に成立する．Yang（1994c）は，異なる系統樹が同定可能であるようにモデルがうまく定式化されていることを仮定して，それに関する証明を行った．この証明の本質的な部分は，サイト数が無限大に近づくにつれて，真の系統樹から予測されるサイト・パターンの確率は，サイト・パターンの観察頻度に完全に一致し，データに対する最大の可能な尤度が達成されるという点にある；その結果，真の系統樹が ML 基準のもとでの推定として選択される．

モデル中では，異なるサイトは独立に，しかし同じ確率過程に従って進化すると仮定されている．このとき，データ中の異なるサイトは独立に同じ確率分布に従い（i.i.d.），s 個の生物種の場合，データは 4^s 個のサイト・パターンの出現個数として表現される：サイト・パターン i の出現個数を n_i とすると，アラインメントの長さは，$n = \sum n_i$ となる．通常のデータにおいては，観察されないサイト・パターンが多く，そのようなサイト・パターン i については，$n_i = 0$ となることに注意しよう．サイト・パターンの個数は，4^s 種類のサイト・パターンに対応する 4^s 個のカテゴリをもつ多項分布に従う確率変数である．一般性を失うことなく，τ_1 を真の系統樹，他を不正確な系統樹と考えることができる．多項分布による i 番目のカテゴリ（サイト・パターン）の確率は，真の系統樹とパラメータ $\theta_*^{(1)}$（枝長と置換パラメータ）の真の値から求められ，$p_i = p_i^{(1)}(\theta_*^{(1)})$ となる．ここで，上付き添え字 (1) は，系統樹 τ_1 上で定義される確率やパラメータであることを意味する．

$f_i = n_i/n$ を i 番目のパターンをもつサイトの割合とする．データが与えられたとき，任意の系統樹の対数尤度は式 (6.6) に示す上限を超えることはできない．

$$\ell_{\max} = n \sum_i f_i \log(f_i) \tag{6.6}$$

$p_i^{(k)}(\theta^{(k)})$ を，パラメータ $\theta^{(k)}$ をもつ系統樹 τ_k についてのサイト・パターン i の確率であるとする．このとき，系統樹 τ_k についての最大対数尤度は式 (6.7) で与えられる．

$$\ell_k = n \sum_i f_i \log\left\{p_i^{(k)}(\widehat{\theta}^{(k)})\right\} \tag{6.7}$$

ここで，$\widehat{\theta}^{(k)}$ は，系統樹 τ_k についての MLE である．このとき，$\ell_k \leq \ell_{\max}$ であり，等号はすべての i について $f_i = p_i^{(k)}$ のときにのみ成立する．これらから，式 (6.8) が得られる．

$$(\ell_{\max} - \ell_k)/n = \sum_i f_i \log\left(\frac{f_i}{p_i^{(k)}(\widehat{\theta}^{(k)})}\right) \tag{6.8}$$

これは，2 つの分布 f_i と $p_i^{(k)}$ の間の Kullback-Leibler 情報量（Kullback-Leibler divergence）として知られているもので，非負値をとり，すべての i について $f_i = p_i^{(k)}$ となるときのみ 0 となる．

ここで，系統樹 τ_1 のもとでの $\theta^{(1)}$ の推定は，通常のパラメータ推定問題となるので，標準的な証明（たとえば，Wald, 1949）が適用できる．$n \to \infty$ のとき，データ中のサイト・パターンの頻度は，真の系統樹から予測されるサイト・パターンの確率に近づき（すなわち $f_i \to p_i^{(1)}(\theta_*^{(1)})$），MLE も真の値に近づく（すなわち $\widehat{\theta}^{(1)} \to \theta_*^{(1)}$）．さらに真の系統樹の最大対数尤度は，可能な最大対数尤度に近づく（すなわち $\ell_1 \to \ell_{\max}$）．真の系統樹はこのとき，データに完全に適合する．

問題は，正しくない系統樹が最大対数尤度 $\ell_{\max}$ と同じ対数尤度をとりうるか，すなわち，正しくない系統樹のサイト・パターンの確率が真の系統樹 τ_1 から予測されるものと完全に一致しうるか（ある系統樹 τ_2 において，すべての i について $p_i^{(1)}(\theta_*^{(1)}) = p_i^{(2)}(\theta^{(2)})$ となること）ということである．もし，このようなことが生じるのであれば，パラメータ $\theta_*^{(1)}$ をもつ系統樹 τ_1 も，パラメータ $\theta^{(2)}$ をもつ系統樹 τ_2 も，確率的に等価なデータを生成しモデルは同定不能になる．同定不能なモデルというのは病的なものであり，通常はモデルの定式化における概念的な誤りにより生じる．Chang (1996a) と Rogers (1997) は，系統解析で通常使用されているモデルは実際に同定可能であることを示している．

6.2.3 有効性

シミュレーションによる研究において，NJ (Saitou and Nei, 1987) のような距離行列法は，真のモデルを用いて距離を計算したときよりも間違ったモデルを使用したときのほうが，高い確率で真の系統樹を再現できることが報告されている (Saitou and Nei, 1987; Sourdis and Nei, 1988; Tateno et al., 1994; Rzhetsky and Sitnikova, 1996)．同様の方法で，Schoeniger and von Haeseler (1993), Goldstein and Pollock (1994), また Tajima and Takezaki (1994) は，系統樹再構築のための真のモデルが利用可能であるにもかかわらず，あえて '間違った' モデルのもとで距離を計算する公式を構築した．これらの結果は直観には反しているが，驚くべきことではない．なぜなら，距離行列法ではデータ中の情報が完全に利用されることは期待できないし，この方法が最高の性能をもつことを予測する理論もないからである．

しかし，最尤法を用いた場合でも，同様の結果が観察されている．Gaut and Lewis (1995) や Yang (1996a)（Siddall, 1998; Swofford et al., 2001 も参照のこと）によるシミュレーションによる研究から，真のモデルのもとでの最尤法は，最節約法や，間違った単純なモデルのもとでの最尤法よりも，真の系統樹を再現する確率が低いことが報告されている．データセットが ML の漸近的性質を適用するには小さすぎることを示すことで，このような直観に反する結果を "釈明" できるかもしれない．

配列の長さが $n \to \infty$ となるときの，方法の相対的有効性（式 (6.5) で計測されるもの）の漸近的挙動を検討することで，標本のサイズの小ささが原因であるかどうかを調べることができる．Yang (1997b) の論文から取られた例がいくつか図 6.1 に示されている．データセットは，サイトの速度が $\alpha = 0.2$ の形状パラメータをもつガンマ分布に従う JC69+Γ_4 モデルのもとで生成された．データは，α を 0.2 か ∞ のどちらかに固定して JC69+Γ_4 モデルのもとで最尤法を用いて解析された．後者のほうは JC69 に等しく，すべてのサイトが同速度である．ここでは，この 2 つの解析あるいは方法を，それぞれ "真" また "偽" とよぶことにする．どちらも，すべての系統樹について 5 つの枝長を推定する．どちらの方法も，$n \to \infty$ のとき真の系統樹を再現する確

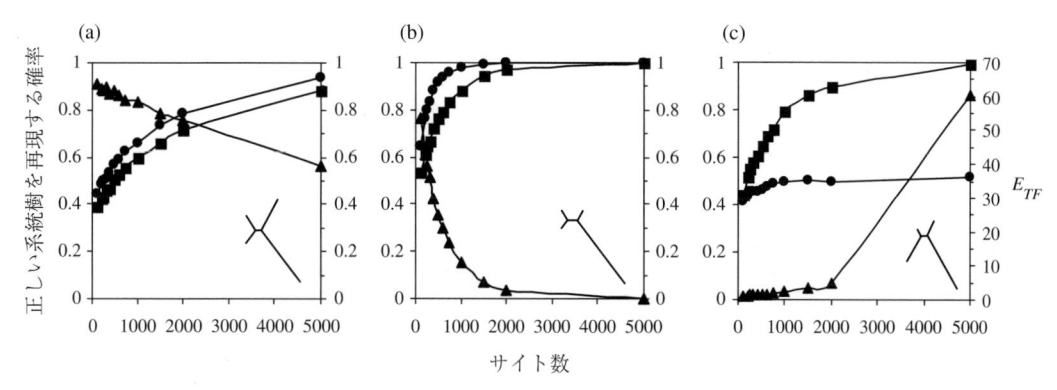

図 6.1 配列長に対する ML 系統樹が真の系統樹である確率のプロット. データセットは,形状パラメータ $\alpha = 0.2$ をもつ JC69+Γ_4 モデルのもとでシミュレーションにより生成された. ML 解析では,$\alpha = 0.2$ に固定した真の JC69+Γ_4 モデル (■, "真"の方法) と,$\alpha = \infty$ に固定した偽の JC69 モデル (●, "偽"の方法) のいずれかが仮定された. "偽"の方法に対する "真"の方法の相対的有効性 (▲) は,$E_{TF}^* = (1 - P_F)/(1 - P_T)$ と定義される. 真の系統樹は,挿入図として示されているが,その枝長は次のようになっている:(a) ((a: 0.5, b: 0.5): 0.1, c: 0.6, d: 1.4), (b) ((a: 0.05, b: 0.05): 0.05, c: 0.05, d: 0.5), (c) ((a: 0.1, b: 0.5): 0.1, c: 0.2, d: 1.0). "偽"のモデルも "真"のモデルも 3 つの系統樹に対して一致性を示す. これらは,Yang (1997b) の図 1 の B, D, C から描き起こしたものである.

率は $P \to 1$ となっており,図 6.1 に示す 3 つの系統樹に対して一致性を示す. しかし,"偽"の方法に対する "真"の方法の相対的有効性,$E_{TF}^* = (1 - P_F)/(1 - P_T)$ によって示されているように,系統樹 (a) と (b) については,"偽"の方法は "真"の方法よりも速くこの極限に近づく. ここで,P_T と P_F は,2 つの方法によって真の系統樹を再現する確率である. 最尤法の処理の困難さにもかかわらず,系統樹 (a) と (b) において $n \to \infty$ のときには,確実に $E_{TF}^* < 1$ となることを予想できるように思われる. 系統樹 (b) においては,明白に E_{TF}^* は 0 に近づく. さらなるシミュレーションから,モデルがしだいに間違ったものになっていくように,"偽"の方法において固定されている α を真の値 (0.2) から ∞ に向けて増加させると,この系統樹の再現の性能がしだいに改善されることが示された. 離散ガンマモデルの代わりに連続ガンマモデルを用いても,同様の結果が得られることがわかった. また,データを 1 速度モデル ($\alpha = \infty$) で生成し,最節約法と 1 速度モデルのもとでの最尤法を比較したときも,同様の結果が得られている;ある種の系統樹では,最節約法のほうが最尤法よりも性能が優れており,$n \to \infty$ となるとき,最節約法に対する最尤法の有効性は $E_{ML,MP} \to 0$ となる (Yang, 1996a). つまり,直観に反する結果は,標本のサイズが小さいせいではないということである.

多くの研究者は,これらの結果は最節約法や間違った単純なモデルのもとでの最尤法の'バイアス'によって説明できるかもしれないことを示唆している (たとえば,Yang, 1996a; Bruno and Halpern, 1999; Huelsenbeck, 1998; Swofford et al., 2001). Swofford et al. (2001) はこのバイアスを次のようなアナロジーで説明している. いま,パラメータ θ を推定したいとする. また,データが何であるかによらず,ある方法は推定値として常に 0.492 を返すものとする. θ の真の値が 0.492 であるならば,この方法にまさる方法はなく,真の θ の値が 0.492 に近い場合,有限のデータについては,これは非常によい方法といえるだろう. 同様に,最節約法は,真の系統関係に関わりなく,長い枝をグループ化してしまう傾向がある. もし,真の系統樹中でたまたま長い枝が

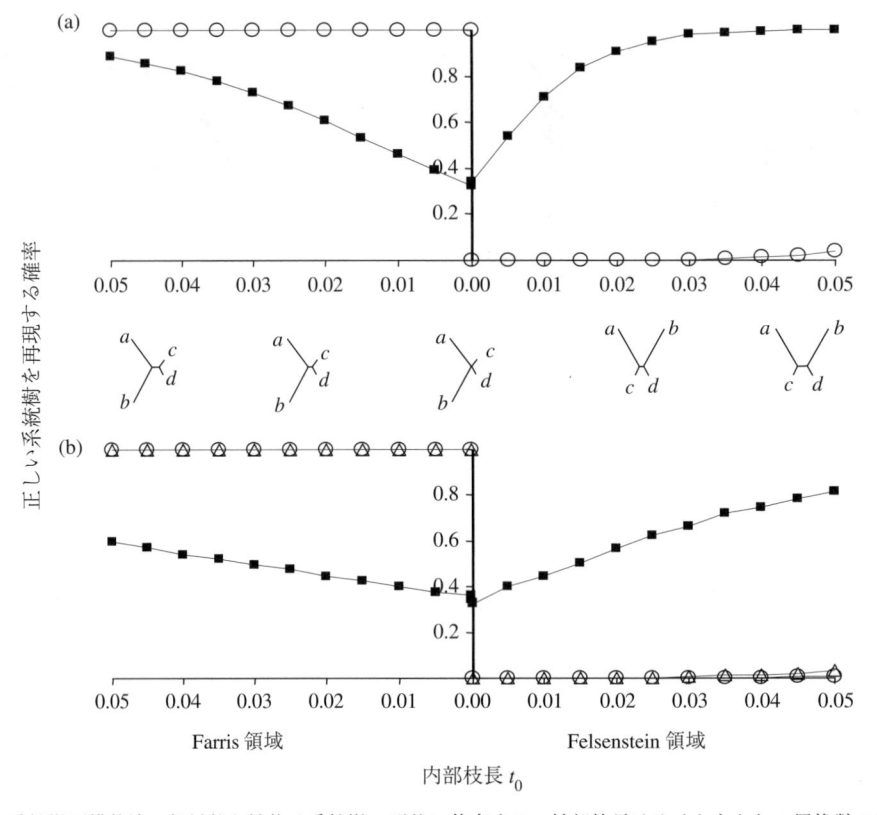

図 6.2 系統樹再構築法の相対的な性能は系統樹の形状に依存する．外部枝長はサイトあたりの置換数の期待値で表されており，長い枝は 0.5，短い枝は 0.05 とした．内部枝長 (t_0) は x 軸に沿って変化する．'Farris 領域' にある系統樹が左に示されており，x 軸上の内部枝長はしだいに短くなる．そして，内部枝長が 0 のところでトポロジーは 'Felsenstein 領域' の系統樹に切り換わり，そこからは x 軸上の内部枝の長さはしだいに長くなる．性能は，シミュレーションで生成された 10,000 個のデータセットから推定された真の系統樹を再現する確率により計測されている．配列の長さは 1,000 サイトである．(a) 真のモデルとして JC69 を用いた．JC69 モデルのもとでの最尤法（■）および最節約法（○）によって，各データセットを解析した．(b) 真のモデルとして JC69+Γ_4 を用い，形状パラメータは $\alpha = 0.2$ とした．$\alpha = 0.2$ と固定した真のモデル JC69+Γ_4 のもとでの最尤法（■），間違った JC69 モデル（$\alpha = \infty$）のもとでの最尤法（△），また最節約法（○）により，各データセットを解析した．(a) と (b) における最節約法と，(b) における間違った JC69 モデルのもとでの最尤法は，Felsenstein 領域における系統樹に対しては一致性を示さない．$t_0 = 0$ において，パラメータ空間も真の系統樹の定義も変化するので，どの方法の確率曲線も不連続になる．この図は Swofford et al. (2001) の論文に従い作成された．

まとまって存在していれば，この最節約法に固有のバイアスがうまく作用し，真のモデルのもとでの最尤法よりも優れた性能を示すことになる．このことは，シミュレーションにより生成した 10,000 個のデータセットを用いて計算された真の系統樹の再現確率として，図 **6.2** に示されている．このときの配列の長さは 1,000 サイトである．図 6.2(a) では，データは JC69 モデルのもとで生成され，JC69 モデルのもとでの最尤法に加え，最節約法でも解析されている．図 6.2(b) では，データは $\alpha = 0.2$ とした JC69+Γ_4 モデルのもとで生成され，真のモデル（$\alpha = 0.2$ に固定した JC69+Γ_4）による最尤法，また JC69 を用いた間違ったモデルによる最尤法に加え，最節約法も用いて解析された．図 6.2(b) に示された結果は，図 6.2(a) の結果に類似しており，JC69 を用

いた間違ったモデルのもとでの最尤法も最節約法と同じ挙動を示しているので，ここでは図6.2(a)に焦点を絞ろう．グラフの右半分においては，真の系統樹は $((a,c),b,d)$ であり，a, b にいたる2つの長い枝は内部枝により分離している．この形状の系統樹は，'Felsenstein領域 (Felsenstein zone)' にあるといわれる．グラフの左半分においては，真の系統樹は $((a,b),c,d)$ であり，a, b にいたる長い枝はグループ化されている．このような系統樹は，'Farris領域 (Farris zone)' にあるといわれる．真のモデルのもとでの最尤法は，両方の領域において正しい系統樹を妥当な正確さで再現しており，内部枝長 t_0 が増加するにつれて，正確さも改善されている．これに対し，最節約法の挙動は大きく異なっている：最節約法は，'Farris領域' においては真の系統樹をほぼ100%の確率で再現できているが，'Felsenstein領域' では真の系統樹の再現確率はほぼ0%である；つまり，最節約法は，図6.2(a)の右半分ではまったく一致性をもたないということである．もし，真の系統樹が $t_0 = 0$ の星状系統樹であれば，最節約法は $((a,b),c,d)$ という系統樹をほぼ100%の確率で生成し，他の2つの系統樹が生成される確率はほぼ0%となる．真の系統樹が $((a,b),c,d)$ で $t_0 = 10^{-10}$ であるとしよう．この内部枝は非常に短いので，この枝上では，10,000個のデータセットのいずれにおいても，1,000サイトのどこにも1個の置換も生じていないと考えられる．なぜなら，この枝における総置換数の期待値は $10,000 \times 1,000 \times 10^{-10} = 0.001$ となるからである．しかし，それでも最節約法は真の系統樹をすべてのデータセットに対して再現する．この場合，真の系統樹を支持するサイト・パターン ($xxyy$) はすべて収斂進化あるいはホモプラシー (homoplasy) によって生成される．Swofford et al. (2001) はこの事例において，最節約法は正しい系統樹に対する証拠にウェイトを置きすぎているが，正しいモデルのもとでの最尤法はその証拠を正確に評価していると主張している．Swofford et al. (2001; Bruno and Halpern, 1999 も参照のこと) の論文には，図6.1や図6.2にあるような直観に反する結果に対して，うまい直観的な説明が与えられている．

しかし，これらの結果は，最尤法による系統樹の再構築が通常のMLE同様，漸近的に有効であるかというYang (1996a, 1997b) による疑問に対する適切な回答とはなっていない．この疑問に対する筆者の答えは 'No' である．最尤法による系統樹再構築が漸近的に有効ではないということは，1組の枝長に限られるものではなく，パラメータ空間の自明ではない領域にも適用される．4生物種の問題では，パラメータ空間は通常5次元の立方体として定義され，R_+^5 と記される．5つの枝長の各々は0から∞までの値をとる．R_+^5 の内部において，最節約法あるいは単純で間違ったモデルのもとでのMLよりも，MLの漸近的な有効性が劣る部分空間を定義することができる．この部分空間を $\aleph$ とよぶことにしよう．いまのところ，$\aleph$ の特徴はあまり調べられていない；それがどのような形状をとるのか，あるいはそれが1つの領域よりなるのか複数の分断された領域よりなるのかさえも知られていない．しかし，そのような部分空間が存在することには疑問の余地はない．いま生物学者は，いつも $\aleph$ の内部からデータセットを発生させるとしよう．もし統計学者が系統樹の再構築に対してMLを適用しようとすると，全パラメータ空間 ($\aleph$) において，MLの漸近的な有効性は最節約法のそれよりも劣るであろう．生物学者によって出された問題は明確に定義されているので，統計学者は問題が間違っていると主張することはできない．この場合，'バイアス' は常に真の方向に向いているので，ここまでの 'バイアス' の議論は役に立たない．従来のパラメータ推定の場合，たとえば $\theta \in [0.491, 0.493]$ のような，狭いが空では

ない区間において，MLよりも漸近的な有効性において優れた推定量が要求されるかもしれない．しかし，そのような推定量は存在しない（たとえば，Cox and Hinkley, 1974, p.292）．

単純で間違ったモデルが複雑で現実的なモデルよりも系統樹をうまく再現できるという実際のデータ例の報告（たとえば，Posada and Crandall, 2001）があるが，ここまでの議論は実際のデータ解析において，最節約法や単純なモデルを用いた最尤法を推奨するものではないということを強調しておこう．ここでの議論はより哲学的な性質のものである．MLの性能が最節約法のような他の方法よりもしばしば劣るということが問題なのではない；問題なのは，パラメータ空間のある領域では，そのようなことが起こりうるということである．真のモデルのもとではMLは常に一致性をもつが，最節約法や，間違った単純なモデルを用いたMLは一致性をもたないだろうということに注意しておくことは重要である．実際のデータ解析においては，生物学的過程は，使用されるどのような置換モデルよりもずっと複雑であるだろうし，複雑で現実的なモデルを用いた最尤法は長枝誘引の問題を避けるためには必要であるだろう．Huelsenbeck (1998) やSwofford et $al.$ (2001) が推奨するように，実際のデータ解析には，そのような複雑で現実的なモデルを用いるほうが賢明であろう．

6.2.4 頑健性

モデルの仮定のいくつかが成立しない場合における，最尤法とモデルに基づく他の方法の性能を検討するため，コンピューター・シミュレーションによる研究が行われている．その結果は複雑で，シミュレーションで仮定された系統樹の形状に加え，成立していない正しい仮定などの多くの要因に依存している．総体的に，シミュレーションによる研究は，仮定が成立していないことに対してMLが非常に頑健であることを示唆した．MLは，近隣結合法のような距離行列法よりも頑健であることが見いだされた（Fukami-Kobayashi and Tateno, 1991; Hasegawa et $al.$, 1991; Tateno et $al.$, 1994; Yang, 1994c, 1995b; Kuhner and Felsenstein, 1994; Gaut and Lewis, 1995; Huelsenbeck, 1995a）．トランジション/トランスバージョンの速度の差や塩基組成の不均一性などのある種の仮定は，モデルをデータへ適合させるのに大きな影響を及ぼすが，系統樹の再構築にはそれほど影響しないように思われる（たとえば，Huelsenbeck, 1995a）．

ここで，より重要と思われる2つの要因について述べておこう．どちらも，ある種のサイト間の不均一性に関連している．第1の要因は，サイト間の置換速度の変動である．Chang (1996b) は，あるサイトは速く進化し他のサイトはゆっくりと進化するように，2つの速度を用いてデータを発生させると，1速度を仮定した最尤法は一致性をもたなくなることを見いだした．これは驚くべきことのように思われるかもしれない．なぜなら，どちらのサイトのセットも同じ系統樹に基づいて生成されているからである．しかし，それらのサイトのセットを同時に解析すると，データサイズが非常に大きいときでさえも間違った系統樹が得られる．速度がガンマ分布に従って変動しているときにも，同様の結果が見いだされている（Kuhner and Felsenstein, 1994; Tateno et $al.$, 1994; Huelsenbeck, 1995a; Yang, 1995b）．もちろん，もしモデルがサイト間の速度の変動を取り込んでいれば，MLは一致性をもつ．

いくぶん類似した事例がKolaczkowski and Thornton (2004) によって示された．データセットは2種類の系統樹，より正確には，図6.3に示されている同じ4生物種の系統樹 $((a,b),(c,d))$

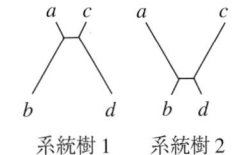

```
      a   c      a       c
       \ /        \     /
        X          \   /
       / \          \_/
      /   \         / \
     b     d       b   d
    系統樹 1      系統樹 2
```

図 6.3 もし，2 種類の系統樹（より正確には，同じ樹形についての枝長の 2 つのセット）を用いてデータを生成するならば，最節約法は，1 種類の系統樹を仮定した最尤法よりも優れた性能を示すことがありうる．

について，2 セットの枝長を用いて生成された．半分のサイトは，a と c にいたる枝が短く，b と d にいたる枝が長い系統樹 1 に基づいて進化しており，残り半分のサイトは，a と c にいたる枝が長く，b と d にいたる枝が短い系統樹 2 に従って進化しているとする．遺伝子配列中の異なるサイトは異なる速度で進化しているが，その速度が時間につれて変動する（おそらく機能的制約の変動による）ような過程をヘテロタキー（heterotachy）とよぶ．上記のようなデータは，このヘテロタキーによって生じうる．このとき，すべてのサイトにどちらか一方の枝長のセットを仮定した一様モデルによる最尤法の性能は，最節約法に比べ非常に劣る．もし内部枝が十分に短い場合，2 つの系統樹のどちらも再現することは困難であり，最節約法はどちらの系統樹にも一致性を示さないことに注意しよう（Felsenstein, 1978b）．しかし，最節約法で情報をもつ 3 種類のサイト・パターン $xxyy, xyyx, xyxy$ を見いだす確率は，どちらの系統樹でも同じであり，もしデータが 2 種類の系統樹に基づいて生成されたサイトの任意の混合により形成されたものであっても，それらの確率に変わりはない．つまり，最節約法の性能は，データの生成に 1 つの系統樹が用いられていようが，2 つの系統樹が用いられていようが変わりはない．一方，2 つの系統樹の使用により尤度モデルは破綻し，最尤法は一致性を失って最節約法よりも性能が悪くなる．以前，Chang（1996b）は，距離の計算に一様なモデルを仮定した距離行列法はこのような混合モデルのもとでは一致性を失うことを見いだしており，以下に示す彼の説明は ML にも同様に適用できるように思われる．混合モデルのもとで生成されたデータセットにおいて，生物種 a と c は系統樹 1 では非常に近縁であるが系統樹 2 では非常に離れているので，その 2 種は中間的な距離をもつ．同様に，生物種 b と d は系統樹 2 では非常に近縁であるが系統樹 1 では非常に離れているので，その 2 種は中間的な距離をもつ．しかし，すべての他のペアは，どちらの系統樹でも非常に離れており，大きな距離をもっている．このような要求を満たすトポロジーは，$((a,c),b,d)$ であり，それらは真の系統樹とは異なっている．

Kolaczkowski and Thornton（2004）は，図 6.3 の系統樹に関しての最節約法と最尤法の間の性能の違いは，枝長の非一様性の与え方を変えても適用できることを示唆した．この違いに一般性があるという主張に対して多くの研究が行われた．これらの研究では他の枝長の組合せが検討され，一様モデルのもとでの最尤法は最節約法よりも性能がよいことが見いだされた（たとえば，Spencer et al., 2005; Gadagkar and Kumar, 2005; Gaucher and Miyamoto, 2005; Philippe et al., 2005; Lockhart et al., 2006）．もちろん，もしモデル中で 2 組の枝長のセットが仮定されるのであれば，そのモデルは正しいので，Kolaczkowski and Thornton のテストにおいては，最尤法の性能がよい（Spencer et al., 2005）．しかし，そのような混合モデルは，系統樹のサイズが大きいときにはとくにそうなのだが，多くのパラメータを含むことになるので実際のデータ解

析においては有用であるとは思われない．

6.3 最節約法

最節約法は，分岐学（cladistics）としても知られているが，当初は離散的な形態学的データを解析するために開発されてきた．分子の配列データが利用できるようになり，それがデータの主流となってきたとき，分子の各位置（塩基あるいはアミノ酸）を形質と考えることにより，最節約法が分子データにも応用されるようになった．そのような応用は，系統樹の再構築を統計的な問題と見なすべきか，最節約法と最尤法のどちらを方法として選択するべきかという，積年の論争の原因となった．そのような論争については，Felsenstein（2001b, 2004）や Albert（2005）の最近の総説がある．

最節約法には，進化の過程についての明示的な仮定はない．最節約法はまったく仮定をおいていない，さらには，進化の過程についてのいかなる仮定にも頼ることなしに系統関係を推測することが理想的であると主張する人々がいる（Wiley, 1981）．それに対し，次のように考える人々もいる（たとえば，Felsenstein, 1973b）；モデルなしにはいかなる推測も不可能である；明示的な仮定がないのは，その方法が仮定をもたないことを意味するのではなく，単に暗黙の仮定がおかれているだけである；仮定されているモデルの明示的な記述の必要性は，モデルに基づくアプローチの弱みではなく強みである．なぜなら，そうすることでモデルのデータへの適合度を評価し，また改善できるからである．

本書では後者の立場をとる．この立場をとるとき，最節約法は進化の過程についてどのような仮定をおいているのか，またどのようにしたら最節約法の正当性を示すことができるかを問うことは意義がある．第 6.3 節では，あるモデルのもとで最節約法と最尤法の等価性を立証しようとする研究や，最節約法の正当性を示すための議論について概観する．

6.3.1 良好でない挙動を示す尤度モデルとの等価性

多くの研究者により，最節約法と特定のモデルのもとでの最尤法の等価性の立証が研究されてきた．ここで等価性とは，すべての可能なデータセットに対して，最節約系統樹とそのモデルのもとでの ML 系統樹が一致することを意味する．特定のデータセットについて，2 つの方法が同じ系統樹を生成することを示すのはたやすいが，そのような結果は有用ではない．ここで興味があるのは系統樹の樹形なので，祖先の状態の復元あるいは枝長の推定のような付加的な推測は無視することにする．最節約法と最尤法の等価性が立証できれば，2 つの目的に役立てることができるだろう．第 1 に，等価性は，その尤度モデルが最節約法で仮定されている進化モデルであることを示唆することになり，最節約法において暗黙のうちに仮定されていることを理解する助けになる．第 2 に，等価性は，最節約法に対して統計的（尤度に基づく）正当性を与えてくれる；もし，最尤法がそのモデルのもとでよい統計的性質をもっていれば，最節約法もそのような性質を共有するであろう．

しかし，どちらの目的もややレベルを落として議論することになる．第 1 に，Sober（2004）が主張しているように，ある特定のモデルのもとでの最節約法と最尤法の等価性は，そのモデルが

等価であるための十分条件であることを意味するが，必要条件ではないかもしれない．言い換えると，最節約法は，他の進化モデルのもとでの最尤法と等価であることもありうる．第2に，最尤法には多くの方法があるが，その中にはうまく機能しないものもある．動作に問題のある最尤法と最節約法の間で等価性が成り立っても，最節約法の正当化には寄与しない．実際，プロファイル尤度，積分尤度，周辺尤度，条件付き尤度，部分尤度，相対尤度，推定尤度，経験的尤度，階層的尤度，罰則付き尤度など十数個の最尤法が提案されてきている．それらの大部分は，局外パラメータを処理するために提案されたものである（プロファイル尤度法と積分尤度法については第1.4.3項で述べた．Goldman (1990) は，これらの方法のいくつかについて入念に議論している）．一致性や漸近有効性のようなMLEのよく知られている漸近的性質は，特定の正則条件のもとでのみ成立する．そのような条件の1つに，サンプル・サイズが増加するとき，モデル中のパラメータ数は限界なしに増えてはいけないというものがある．残念ながら，最節約法との等価性を確立するために使用されている大部分の最尤法は，際限なく多くのパラメータを含む病的なものであり，そのような方法のもとでの尤度の挙動は良好ではなくなることが知られている．

ここでは，最節約法とそのような無限のパラメータをもつモデルを用いた最尤法との等価性を立証しようとした研究について簡単に概観しよう．それらは実際のデータ解析ではめったに使用されない．次の項で，一般に使用されている，良好な挙動を示す最尤法との等価性を考えよう．

Felsenstein (1973b, 2004, pp.97–102) は形質進化についてのマルコフ・モデルを考えた．そのモデルでは，すべてのサイトに同じ枝長のセットが適用されるが，各サイトは固有の速度をもつ．このモデルは，第4.3.1項で議論されたサイト間で速度が変動するモデルに類似している．異なるのは，各サイトの速度がそれぞれ異なるパラメータであるので，配列の長さが増加するにつれてサイトの速度のパラメータ数が限界なしに増加する点である．Felsensteinは，サイトの置換速度が0に近づくとき，最節約法と最尤法は一致することを示した．この結果は，厳密な証明は欠いているものの，配列の分化の程度が低いときには，最節約法と最尤法が非常に類似した結果を与えるという直感的な期待を数学的に正当化したものである．しかし，その証明は任意のサイトの速度のMLE $\hat{r}$ が0に近づくことを要求する（異なるサイトの速度はそれに比例して0に近づく）が，この操作は，速度パラメータ r を0に近づけることや，すべてのデータセットについて最尤系統樹と最節約系統樹が一致することを示すこととはいくぶん異なっている．たとえ，真の速度 r が小さかったとしても，$\hat{r}$ がそれほど小さくないデータセットはありえるので，そのような場合，最節約法と最尤法は等価ではないかもしれない．

Farris (1973) は形質進化の統計モデルを考え，系統樹の内部節に対応する祖先配列についてだけでなく，変化が生じた時点についてもMLEを導出しようとした，つまり全時間を通じての配列進化の歴史を完全に詳述しようとした．彼は，最尤法と最節約法は同じ推定値を与えると主張した．Goldman (1990) は，対称な置換モデルを用いて，系統樹の樹形，枝長，系統樹の内部節での祖先の状態を推定した．系統樹中のすべての枝は同じ長さをもつことが仮定されたので，このモデルは時間に関する構造を欠いたものになっている (Thompson, 1975)．Goldmanは，このモデルのもとでの最尤法は最節約法と同じ系統樹を生成することを示した．彼は，祖先の形質状態を推定することが最尤法から一致性を失わせること，またそのような最尤法と等価であることは最節約法が一致性をもたないことの説明となるかもしれないことを主張している．この尤

度モデルは，Barry and Hartigan（1987b）の '最節約尤度（maximum parsimony likelihood）' に類似しており，どちらも枝長や枝の遷移確率のようなモデルのパラメータとともに，祖先の状態も推定する．厳密には，Farris（1973），Barry and Hartigan（1987b），Goldman（1990）のそれぞれの尤度の定式化は，その正当性についてのさらなる根拠が必要であると思われる．仮定された形質進化のモデルが与えられると，祖先の状態は決まった分布に従う確率変数となる．祖先の状態は，Felsenstein（1973b, 1981）の論文にあるように，尤度の定義の中で平均化され，パラメータとしては扱われない．Goldman（1990, 式6）が使った '尤度関数' は，$f(\mathbf{X}|\tau, t, \mathbf{Y})$ ではなく $f(\mathbf{X}, \mathbf{Y}|\tau, t)$ の形をとる．ここで，$\mathbf{X}$ は系統樹の外部節に対応する配列であり，$\mathbf{Y}$ は祖先の状態，τ は系統樹の樹形，t は枝長を表す．$f(\mathbf{X}, \mathbf{Y}|\tau, t)$ には罰則付き尤度あるいは階層的尤度（Silverman, 1986, pp.110–119; Lee and Nelder, 1996）として解釈されるかもしれないが，Goldman のアプローチは通常の言葉の意味での尤度ではない．Barry and Hartigan（1987b, pp.200–201）の '最節約尤度' に対しても同様の問題がある．

Tuffley and Steel（1997）は，単一の形質（サイト）からなるデータセットへの最尤法の適用（Felsenstein, 1981）に対して洞察に満ちた解析を行った．この解析では，（最節約法に関する）組合せ理論と（最尤法に関する）確率論の両方のエレガントな応用が行われており，この解析については第 6.5 節で説明する．どの 2 つの形質間での変化速度も等しいモデルのもとでは，任意の系統樹の最大尤度は $(1/c)^{1+l}$ で与えられるというのがその解析の主要な結果である．ここで，c は形質状態の数（JC69 モデルのもとでは $c = 4$）であり，l は形質長（character length），あるいは最節約法による変化の最小数である．したがって，もし系統樹 1 が系統樹 2 よりも高い尤度をもっていたなら，そのときにかぎり，系統樹 1 の形質長は系統樹 2 よりも短い；つまり，最節約法とこのモデルのもとでの最尤法は，単一の形質について常に同じ系統樹を生成する．

Felsenstein（1981）の定式化におけるように，同じ枝長のセットがすべての形質に適用されるのであれば，Tuffley and Steel の理論は複数の形質には応用できない．しかし，すべての形質に対して別々の枝長のセットが仮定されるならば，彼らの尤度を用いた方法は実質的に形質を別々に解析することになる．尤度は全形質の確率の積として計算されるが，最大尤度を示す系統樹はこのとき常に最小長，すなわち最節約系統樹となり，この系統樹の形質長は全形質の形質長の総和として得られる．Tuffley and Steel は，このモデルを無共通機構モデル（no common mechanism model）とよんだ．このモデルは，サイトや枝の間で進化の程度が異なることを許容するが，状態間には同じ相対的な変化速度を仮定していることに注意しておこう．

Tuffley and Steel（1997; Steel and Penny, 2000 も参照せよ）によって強調されているように，無共通機構モデルのもとでの等価性は，通常，実装されている尤度モデルのもとでの最節約法と最尤法の等価性を立証するものではないし，そのようなモデルのもとで最節約法を正当化するものではない．Tuffley and Steel の理論は哲学的な性質のものである．際限なく多くのパラメータを含むモデルへの最尤法の適用は統計学者には嫌われているし（たとえば，Stein, 1956; Kalbfleisch and Sprott, 1970; また Felsenstein and Sober, 1986; Goldman, 1990 も参照せよ），無共通機構モデルは，サイト間の不均一性を最尤法の枠組みの中で取り扱う上で受け入れられる方法ではない．もし，サイト間で不均一性のある進化の過程のある側面に関心があるのならば，サイトに対するランダムな速度のモデルを構築したのと同様の方法で，パラメトリックな分布あるいはノ

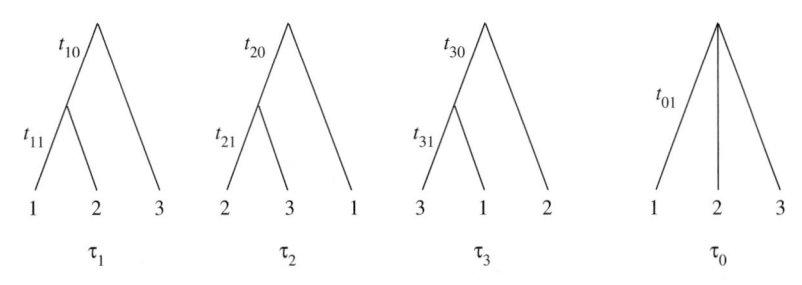

図 6.4 3生物種についての3つの有根系統樹：τ_1, τ_2, τ_3. 系統樹 τ_i ($i = 1, 2, 3$) 中の枝長 t_{i0} と t_{i1} はサイトあたりの形質変化の期待数として計測されている．星状系統樹 τ_0 も示されており，その枝長は t_{01} で表されている．

ンパラメトリックな分布からそのような量が抽出されるようにすればよい．このとき，そのような超過程（super-process）におけるパラメータの推定に最尤法を用いてもよいだろう．このようなアプローチにより，パラメータ数を制御しながら，サイト間の不均一性を取り込むことができる．興味深いことに，サイト間でランダムに変化する枝長をもつそのようなモデルについての筆者の解析では，枝長の実質的な再定義によって Felsenstein（1981）の尤度が導かれた．

6.3.2　良好な挙動を示す尤度モデルとの等価性

第1章，第2章，第4章で議論してきたように，分子系統学には一般に使用される多くの尤度モデルがある．これらは，モデルが同定可能であり，配列の長さが増加してもパラメータ数は無制限に増加しないなどの重要な特徴をもっている．最節約法とそのような最尤法の一つとの等価性を立証しようとすることは，最節約法の正当化への長い道のりを歩むことである．残念ながら，そのようなモデルのもとでの尤度解析は手に負えないことが非常に多い．

唯一の扱いやすい尤度モデルは，分子時計のもとで進化する2値形質をもつ，3生物種についての3つの有根系統樹である．この3つの有根系統樹は，**図 6.4** に示されているように，$\tau_1 = ((1, 2), 3)$, $\tau_2 = ((2, 3), 1)$, および $\tau_3 = ((3, 1), 2)$ である．ここで，t_{i0} と t_{i1} は，3つの系統樹 τ_i ($i = 1, 2, 3$) 中の2つの枝長である．ここでは4つのサイト・パターン xxx, xxy, yxx, xyx のみがある．x と y は，任意の2つの異なる形質を表している．n_0, n_1, n_2, n_3 を，上記のパターンをもつサイトのカウントであり，$n = n_0 + n_1 + n_2 + n_3$ であるとする．あるいは，データをサイト・パターンの頻度で表現してもよいだろう：$f_i = n_i/n$, $i = 0, 1, 2, 3$. もし，進化が一定の速度で起こるのであれば，τ_1 が真の系統樹の場合には，xxy は長い時間の中での1回の変化で生じるパターンであるのに対し，yxx や xyx は1回の置換がより短い時間で起こった結果生じたパターンなので，xxy のほうが他の2つのパターンよりも高い確率で生じることが期待される．同様の考え方で，パターン yxx と xyx は，それぞれ系統樹 τ_2 と τ_3 を '支持' する．このため，n_1, n_2 あるいは n_3 がその3者の中で最大である場合には，τ_1, τ_2, あるいは τ_3 が，真の系統樹の推定値として選択されるべきであろう．この方法は最節約的主張であるように考えるかもしれないが，一般に使用されている最節約法は変化の回数を最小にするものであり，3つの有根系統樹の間の区別をするものではないので，一般に使用されている最節約法とは異なることに注意しよう．Sober（1988）はこのモデルについて精力的に検討してきたが，彼の最尤法による解析は1形質に制限

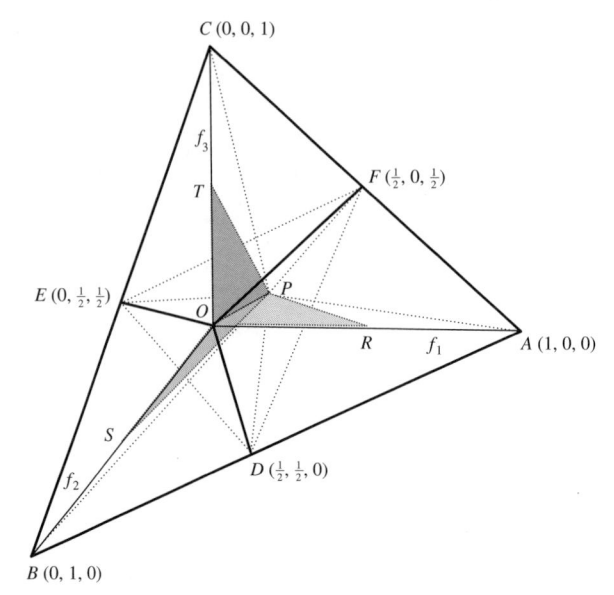

図 6.5 系統樹の再構築は，標本空間，すなわちすべての可能なデータセットの空間の分割に対応する．ここで，2値形質は，対称な置換速度をもつ時計のもとで進化しており，その形質が，図 6.4 の 3 生物種の有根系統樹の再構築に使用されている．各々のデータセットは，サイト・パターン xxy, yxx, xyx の頻度 (f_1, f_2, f_3) で表現されており，不変パターン xxx の頻度は $f_0 = 1 - f_1 - f_2 - f_3$ となる．このとき，標本空間は，四面体 $OABC$ となる．原点は $O(0,0,0)$ であり，OA, OB, OC は，その座標系でそれぞれ f_1, f_2, f_3 を表す軸である．点 $P(1/4, 1/4, 1/4)$ は四面体内部にある．標本空間は，4 つの系統樹に対応する 4 つの領域に分割されている；もし，データが領域 i ($i = 0, 1, 2, 3$) の内部にあるならば，そのときにかぎり，τ_i が ML 系統樹となる．τ_0 に対する領域は線分 OP と四面体 $PDEF$ である．この領域では 3 つの二分木は星状系統樹と同じ尤度をもつので，τ_0 が ML 系統樹として選ばれる．τ_1 に対応する領域は，τ_0 に対する領域に隣接する区画 $OPFAD$ であり，3 つの四面体 $OPAD, OPAF, PDAF$ より構成されている．τ_2 や τ_3 に対する領域は $OPDBE$ と $OPECF$ である．各系統樹のパラメータ（確率）空間が，標本空間上に重ね合わせて示されている．τ_0 に関しては，線分 OP がそれであり，$0 \leq f_1 = f_2 = f_3 < 1/4$ あるいは $0 \leq t_{01} < \infty$ に対応する．τ_1, τ_2, τ_3 に関しては，パラメータ空間は，それぞれ三角形 OPR, OPS, OPT に対応する．点 R, S, T の座標は，$R(1/2, 0, 0), S(0, 1/2, 0), T(0, 0, 1/2)$ である．系統樹の再構築は，Kullback-Leibler 情報量を距離として用いて，観察データを 3 つのパラメータ平面に射影することと見なすこともできる．図は，Yang（2000a）に従い描きなおした．

されたもので，推定された枝長が 3 つの系統樹間で異なるという点を考慮できないので，有効であるとは思われない．

最尤法による解が**図 6.5**に示されている（Yang, 2000a, 表 4）．標本空間，すなわち可能なデータセット全体の空間は (f_1, f_2, f_3) で表されており，四面体となる．この四面体は，4 つの系統樹に対応する 4 つの領域に分割される；もし，データがそのいずれかの領域に入るならば，それに対応する系統樹が ML となるだろう．四面体 $PDEF$ の内部を除いては，最節約法も最尤法も同じ系統樹を最良推定として生成する．$PDEF$ 内では，3 つの二分木は星状系統樹と同じ尤度をもつので，τ_0 が推定値として選択される．この領域では，配列はランダム配列よりも大きく分化している；たとえば，もし $f_1 > (f_2, f_3)$ で，また $f_2 + f_3 \geq 1/2$ であるならば，最節約系統樹は τ_1 であるが，ML 系統樹は τ_0 である．そのような極端なデータセットはまれだと仮定すると，最節約法と最尤法はこのモデルのもとでは等価であると考えることができる．

このモデルのもとでは，2本の配列間距離に基づく最小2乗系統樹も，ML系統樹や最節約系統樹と同じになる（Yang, 2000a）．同様に，枝長 t_0 と t_1 に事前分布を割り当て，系統樹 τ_i の尤度を式 (6.9) のように定義すると，n_1, n_2，あるいは n_3 が最大であるときには，それぞれ τ_1，τ_2，あるいは τ_3 が最大積分尤度系統樹（maximum integrated likelihood tree）となる（Yang and Rannala, 2005）．

$$L_i = \iint f(n_0, n_1, n_2, n_3 | \tau_i, t_{i0}, t_{i1}) f(t_{i0}) f(t_{i1}) \, dt_{i0} dt_{i1} \tag{6.9}$$

加えて，3つの二分木に同じ事前確率を割り当てるならば，ベイズ・アプローチによる最大事後確率（maximum posterior probability；MAP）をもつ系統樹も，上記のベイズ・アプローチによるML系統樹になる．このように，系統樹の樹形の点推定の観点からは，このモデルのもとで，すべての方法は互いに一致する．

このモデルをやや拡張したものに4つの形質状態についてのJC69がある（Saitou, 1988; Yang, 2000a）．このときには，サイトパターン xyz が加わるが，このパターンは最節約法においても最尤法においても，系統樹の選択に影響しない（この場合も，非常に大きく分化したデータセットというまれなケースを除いてであるが）．完全な最尤法による解法は行いやすいようには思えないが（練習問題4.2参照），もしML系統樹が二分木であれば，ML系統樹は n_1, n_2，あるいは n_3 の中で最大のものに対応しなければならないことを示すことは容易である（Yang, 2000a, pp.115–116）．ML系統樹が星状系統樹であるための条件はよくわかっていない．ここでも，非常に配列が分化したまれなケースを無視して最節約法とJC69モデルのもとでの最尤法は等価であると考えてよいかもしれない．

より複雑なモデルやより多くの生物種を含む大きな系統樹を解析することはむつかしい．しかし，多くの研究者により，最節約法に一致性が成立しないケースが研究されてきた．最尤法は常に一致性を示すので，そのようなケースでは，最節約法と最尤法は等価ではないにちがいない．Hendy and Penny (1989) は，4生物種と時計性に従って進化する2値形質を用いて，MLと最節約法はこのモデルのもとでは等価ではないように思われるが，最節約法は（無根）系統樹の再構築については常に一致性をもつことを示した．時計性に従って進化する5種以上の生物については，最節約法は無根系統樹の推定について一致性をもたない場合があることが知られている（Hendy and Penny, 1989; Zharkikh and Li, 1993; Takezaki and Nei, 1994）．このとき，最節約法は最尤法と等価ではない．時計性の仮定なしに無根系統樹を推定する場合，最節約法は4種以上の生物の系統樹については一致性をもたないことがあり，最尤法と等価ではない（Felsenstein, 1978b; DeBry, 1992）．これらの研究では，4〜6生物種についての小さな系統樹が用いられることが多い．より大きな系統樹についての事例は知られていない．しかし，小さな系統樹よりも大きな系統樹のほうが，一致性をもたない事例を同定するのは容易であるように思われる（Kim, 1996; Huelsenbeck and Lander, 2003）．このことは大きな系統樹については，一般に最尤法と最節約法は等価でないことを示唆している．

最節約法は，HKY85+Γ のような複雑なモデルよりは，JC69のような簡単な尤度モデルに近いことを示唆する研究者もいる（たとえば，Yang, 1996a）．JC69におけるように任意の2つの形質状態間の変化の速度を等しいと仮定し，さらに系統樹中の全枝長が等しいと仮定する（Goldman,

1990）と，最尤法による祖先の復元は最節約法によるものと完全に一致する．しかし，ML 系統樹が最節約系統樹と同じであるかは明らかではない．

6.3.3 仮定と正当化

6.3.3.1 オッカムの剃刀と最節約法

最節約原理（principle of parsimony）は，科学的な仮説の形成や検定における重要な一般的原理である．この原理は，オッカムの剃刀（Ockham's razor）としても知られているもので，ある事柄を説明するのに要求される実体の数は，不必要に増やしてはならないというものである．この原理は，オッカムのウィリアム（William of Ockham, 1349 年没）によって巧妙に用いられたが，より簡単な説明のほうが複雑な説明よりも本質的によいことを仮定している．統計的なモデル構築においては，データへの適合が同程度によければ，より少ないパラメータをもつモデルのほうが，より多くのパラメータをもつモデルよりも好まれる．LRT, AIC，また BIC はすべてこの原理を数学的に表現したものである；第 4.7.1 項を参照．

系統樹再構築の最節約（最小ステップ）法は，科学における最節約原理に基づくと主張されることが多い．系統樹中での形質の変化数は，そのデータを説明するために導入せざるをえないアドホックな仮定の数ととらえられる．この対応は，内容的なものではなく，表層的なものであるように思える．たとえば，最節約法も最小進化法も，系統樹を選択するために進化の量を最小化するが，唯一の違いは，最節約法では多重置換の補正なしの変化数が用いられるのに対して，最小進化法では多重置換補正後の変化数が用いられることである（第 3.3 節と第 3.4 節参照）．多重置換の補正ができていないことから，最小進化法に欠けている哲学的な正当性を最節約法がもっているという主張は合理性を欠いている．全サイトでの変化数がわかっていて，その情報が与えられているときに，最節約法はどのように実行され，どのように正当化されるべきかという問題はありうるだろう．

6.3.3.2 最節約法はノンパラメトリック法か？

最節約法はノンパラメトリック法であると主張する人々もいる（たとえば，Sanderson and Kim, 2000; Holmes, 2003; Kolaczkowski and Thornton, 2004）．この主張には誤解がある．統計学においては，データの分布について何の仮定もおかない，あるいは弱い仮定しかおかない方法があり，パラメトリック法の分布についての仮定が成立していないときにおいても，それらの方法は利用できる．たとえば，2 つの正規分布に従う確率変数について，通常，Karl Pearson の積率相関係数 r が計算され，その有意性の検定には t 統計量が用いられる．しかし，確率変数が比率や順位の場合，正規分布の仮定は成立しないので，このパラメトリック法はうまく機能しない．このような場合には，正規分布を仮定しないノンパラメトリックな尺度である Spearman の順位相関係数 r_s を用いることができる．ノンパラメトリック法では，データを生成するモデルについての仮定は，その数が少ないかあまり厳密ではない．しかし，仮定がないわけではない．ノンパラメトリック法でも，パラメトリック法と同じく，データの標本についての無作為性と独立性が仮定されることが多い．パラメトリック法が機能する状況では，多少検定力は劣るものの，ノンパラメトリック法も機能する．系統樹の再構築のための最節約法は，単純なパラメトリック・モ

デルのもとでの一連のパラメータ値においてはうまくいかないことが知られている（Felsenstein, 1978b）．この破綻のため，最節約法はノンパラメトリック法としては適切でないと判断されている．Spencer *et al.*（2005）が指摘したように，単純にパラメトリック・モデルを要求しないことが，良好なノンパラメトリック・モデルの十分な基準というわけではない．有用なノンパラメトリック・モデルは，広い範囲の可能な進化モデルにおいてうまく機能するが，最節約法はこの性質を欠いている．

6.3.3.3　最節約法における一致性の不成立

第3章で述べられているように，最節約法はパラメータ空間のある領域において一致性を示さない；とくに，この方法には長枝誘引の問題が生じる傾向がある．Felsenstein（1973b, 1978b）は，進化の量が小さいときや，進化速度が系統間でほぼ一定であるときには，最節約法は一致性をもつかもしれないと推測した．しかし，その後の研究により，分子時計が成立している状態で，進化の量が小さかったとしても，一致性は保証されないことが示されており，さらにデータ中の配列が多いほど状況はさらに悪くなるようにみえる（Hendy and Penny, 1989; Zharkikh and Li, 1993; Takezaki and Nei, 1994）．Huelsenbeck and Lander（2003）は分岐進化（cladogenesis）のモデルを用いてランダムな系統樹を生成し，最節約法は一致性が成立していないことが多いことを見いだした．

Farris（1973, 1977; Felsenstein and Sober, 1986 の中の Sober の論文も参照せよ）は，Felsenstein が使用したモデルは単純すぎるので実際のデータ解析における最節約法の性能評価には不適切であると主張し，Felsenstein（1978b）の議論をしりぞけた．しかし，この主張は的外れである．Sober（1988）は，単純なモデルのもとで最節約法がうまくはたらかないことは，最節約法では，進化はこの明らかに単純なモデルには従わないことが仮定されていることを示すものであると指摘し，最節約法は進化の過程に何の仮定もおかないという主張に反対している．このモデルでは，進化がサイト間や系統間で独立に生じることや，サイト間や形質状態間で進化速度は同じであることなどが仮定されており，非現実的である．これらの制限を緩和したより複雑で現実的なモデルは，この単純なモデルを特殊なケースとして含む；たとえば，速度は形質状態間で異なることが許されていたとしても，必ず異なっていなければならないというわけではない．単純なモデルのもとの最節約法が一致性をもたないということは，より複雑なモデルや現実的なモデルのもとでも同様に一致性をもたないということを意味している．さらに，Kim（1996）が指摘しているように，最節約法が一致性をもたなくなる条件は，Felsenstein（1978b）によって概説されている条件よりもずっと一般的である；さらなる仮定の緩和は単に問題を悪化させるだけである．

6.3.3.4　最節約法の仮定

最節約法が進化の過程について仮定を置いていることを認める研究者は多いが，その仮定がどのようなものであるかを同定することは困難であった．最節約法は，形質（配列中のサイト）の間や，系統（系統樹の枝）の間での進化的過程の独立性を仮定していることは問題なく示唆できるように思える．しかし，それ以上のことを述べようとすると論争が生じてしまう．最節約法は，異なるタイプの変化に等しいウェイトを課すが，このことは，形質間の変化の速度が等しいこと

を仮定しているように思える；重み付け最節約法（weighted parsimony）はこの仮定を緩和するように設計されている．同様に最節約法は異なるサイトの形質長に等しいウェイトを課しているが，このことは，異なるサイトに対して同じ（確率的な）進化の過程を仮定していることを示唆している；連続的重み付け（successive weighting）（Farris, 1969）は，より多くの変化をもつサイトへのウェイトを低めることで上記の仮定を修正しようという試みである．

　Felsenstein (1973a, 1978a) は，最節約法は速度が遅いことを仮定していると主張している；第 6.3.1 項を参照せよ．しかし，Farris（1997; Kluge and Farris, 1969 も参照せよ）が指摘しているように，最小変化の基準は，最節約法は変化がまれなときにのみうまく機能することを意味しているのではない．同様に，最尤法は，パラメータを推定するために尤度（データの確率）を最大化するが，尤度が大きいときにのみこの方法がうまく機能するというのは正しくない．データセットが大きくなると，尤度は急激に小さくなってしまうが，それでも異なる仮説の尤度を比較することには意味がある．最節約法の性能に関する進化の量の影響は，系統樹の形状に依存するように見える．複雑で，最節約法が一致性をもたない系統樹の場合，進化速度が小さくなることは，問題を改善する助けとなる．しかし，系統樹が単純であるときには，進化速度が大きくても最節約法は最尤法を凌駕する（たとえば，Yang, 1996a, Fig.6）．

　最節約法と最尤法の類似点は強調しておく価値があるだろう．最尤法で用いられるマルコフ連鎖モデルにおいて，遷移確率行列 $P(t) = e^{Qt}$ は同じ列の非対角要素よりも対角要素のほうが大きいという性質をもつ：すなわち，任意の固定された j と任意の $i \neq j$ に対して次式がなりたつ．

$$p_{jj}(t) > p_{ij}(t) \tag{6.10}$$

ここで，$p_{ij}(t)$ は，時点 t における i から j への遷移確率である．この結果，状態が一致している場合と異なる場合の両方がデータに適合する場合，状態が一致している場合のほうが異なる場合よりも高い確率をもつ傾向がある；そのため，より変化が少なくなるような祖先の復元や系統樹の再構築は，配列の分化のレベルとは無関係に高い尤度をもつ傾向がある．Sober (1988) は，この意味について議論し，式 (6.10) を '後ろ向き不等式（backward inequality）' とよんでいる．ここで見てきたことは，最節約法が，最尤法の妥当な近似となっているかもしれないという見解 (Cavalli-Sforza and Edwards, 1967) に直感的な正当性を与えているように見える．おそらく，最節約法については，その厳密な統計的根拠を探し求めるよりも，単純な条件のもとでうまくはたらくことが多い発見的方法であるということにとどめておくべきであろう．発見的な方法は，どのようなモデルのもとでも厳密に正当化できないようなアドホックなデータの処理を含んでいることが多い．その限界を心に留めて利用するかぎり，最節約法は単純かつ便利な方法である．

6.4 系統樹に関する仮説検定

　最尤法，最節約法あるいは距離行列法を用いて再構築された系統樹は，一種の点推定（point estimate）と見なすことができるだろう．そうであれば，系統樹に信頼性の尺度を付加できることが望ましい．しかし，系統樹は従来のパラメータとは非常に異なる複雑な構造をもつため，信頼区間の構築あるいは有意性の検定に従来の方法を適用することはむずかしい．この節では，推定さ

れた系統樹の信頼性を評価するために一般に使用されているいくつかの方法：ブートストラップ（bootstrap），内部枝の長さについての検定，Kishino and Hasegawa（1989）および Shimodaira and Hasegawa（1999）の尤度に基づく検定について述べよう．ベイズ法では，系統樹や分岐群の事後確率の形で正確さの尺度が与えられる．これらについては，第5章で議論されているので，ここでは取り扱わない．

6.4.1 ブートストラップ
6.4.1.1 ブートストラップ法

ブートストラップは，推定された系統樹の不確実性を評価するために，おそらく最も一般的に用いられている方法である．この方法は，Efron（1979; Efron and Tibshirani, 1993）によって開発された統計学におけるブートストラップの技術を直接的に応用する形で，Felsenstein（1985a）によって導入された．ブートストラップは，どのような系統樹再構築の方法とも組み合わせて利用することができる．しかし，Felsenstein（1985a）が指摘しているように，系統樹の再構築法は一致性を示さなければならない；さもなければ，ブートストラップは，正しくない分岐群に対しても高い支持を与えてしまうだろう．ここでは，ブートストラップの手続きについて述べ，その解釈にあたっていくつかの困難な問題について議論しよう．

ブートストラップ法では，オリジナルのデータセットからのサイトの復元抽出により，ブートストラップ標本とよばれる擬似的なデータセットを多数発生させる（図 6.6）．各ブートストラップ標本は，オリジナルのデータセットと同じ数のサイトからなる．ブートストラップ標本中の各サイトは，オリジナルのデータセットから無作為に選ばれるので，オリジナルのデータ中のサイトには何度も抽出されるものがある一方，まったく抽出されないサイトもある．たとえば，図 6.6 において，サイト1はブートストラップ標本には2個含まれているが，サイト6や10はまったく抽出されていない．次に，各ブートストラップ・データセットは，オリジナルのデータセットと同じ方法で解析され，系統樹が再構築される．この手続きにより，ブートストラップ標本から系統樹の集合が生成され，次にこの集合の要約が行われる．たとえば，オリジナルのデータセットから構築された系統樹中のすべての分岐群について，その分岐群を含んでいるブートストラップ系統樹の割合を計算できる（図 6.7）．この割合は，その分岐群のブートストラップ支持度（bootstrap support）あるいはブートストラップ比（bootstrap proportion）として知られている．ブートストラップ系統樹を用いて多数決コンセンサス系統樹を構築し，コンセンサス系統樹中の分岐群に支持度を付加する研究者もいる．もし，コンセンサス系統樹がオリジナルのデータセットから推定された系統樹と異なるときには，この処理は論理的にはやや根拠に欠けるように思われる．同様のコメントが Sitnikova *et al.*（1995）や Whelan *et al.*（2001）から出されている．

6.4.1.2 RELL 近似

理論的には，各ブートストラップ標本は，オリジナルのデータセットと同じ方法で解析されなければならず，その方法は網羅的探索を伴うかもしれないので，系統樹再構築に最尤法を用いた場合，ブートストラップ法には莫大な計算が必要になる．100個のブートストラップ標本の解析には，オリジナルのデータセットの解析に要求される計算の100倍の計算が必要になる．最尤法に

オリジナル アラインメント

	[サイト]	1 2 3 4 5 6 7 8 9 10
	ヒト	N E N L F A S F I A
	チンパンジー	N E N L F A S F A A
	ボノボ	N E N L F A S F A A
	ゴリラ	N E N L F A S F I A
	ボルネオ・オランウータン	N E D L F T P F T T
	スマトラ・オランウータン	N E S L F T P F I T
	テナガザル	N E N L F T S F A T

ブートストラップ 標本

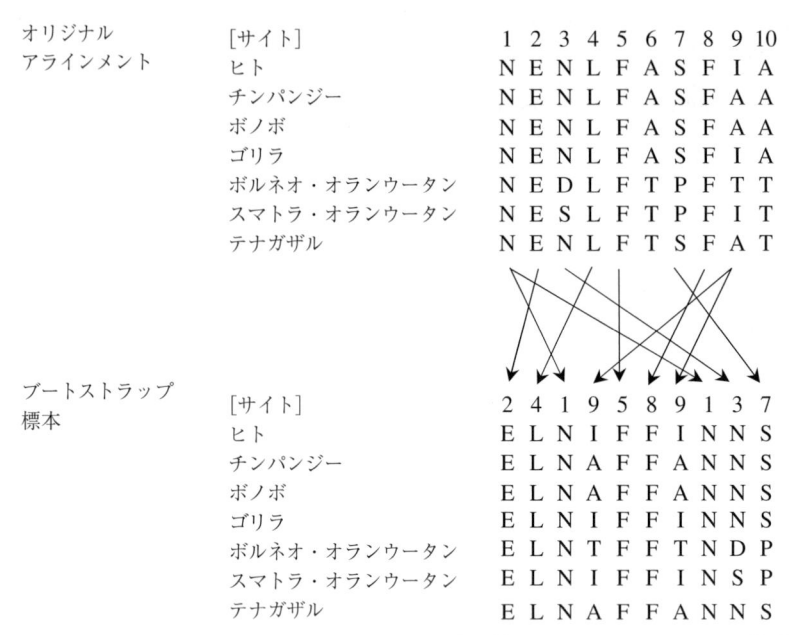

	[サイト]	2 4 1 9 5 8 9 1 3 7
	ヒト	E L N I F F I N N S
	チンパンジー	E L N A F F A N N S
	ボノボ	E L N A F F A N N S
	ゴリラ	E L N I F F I N N S
	ボルネオ・オランウータン	E L N T F F T N D P
	スマトラ・オランウータン	E L N I F F I N S P
	テナガザル	E L N A F F A N N S

図 6.6 オリジナルの配列アラインメント中のサイトの復元抽出によるブートストラップ標本の構築

(a)

```
ヒト                      NENLFASFIA PTVLGLPAAV ...
チンパンジー              NENLFASFAA PTILGLPAAV ...
ボノボ                    NENLFASFAA PTILGLPAAV ...
ゴリラ                    NENLFASFIA PTILGLPAAV ...
ボルネオ・オランウータン  NEDLFTPFTT PTVLGLPAAI ...
スマトラ・オランウータン  NESLFTPFIT PTVLGLPAAV ...
テナガザル                NENLFTSFAT PTILGLPAAV ...
```

系統樹に枝支持度 99.4, 100, 100, 100 が示されている（ヒト, チンパンジー, ボノボ, ゴリラ, ボルネオ・オランウータン, スマトラ・オランウータン, テナガザル）.

(b) オリジナルデータ → MTMAMを用いた解析 → オリジナルデータからのML系統樹

ブートストラップ標本 i → MTMAMを用いた解析 → ブートストラップ・データセット i からのML系統樹 → ブートストラップ値を系統樹上に付加する

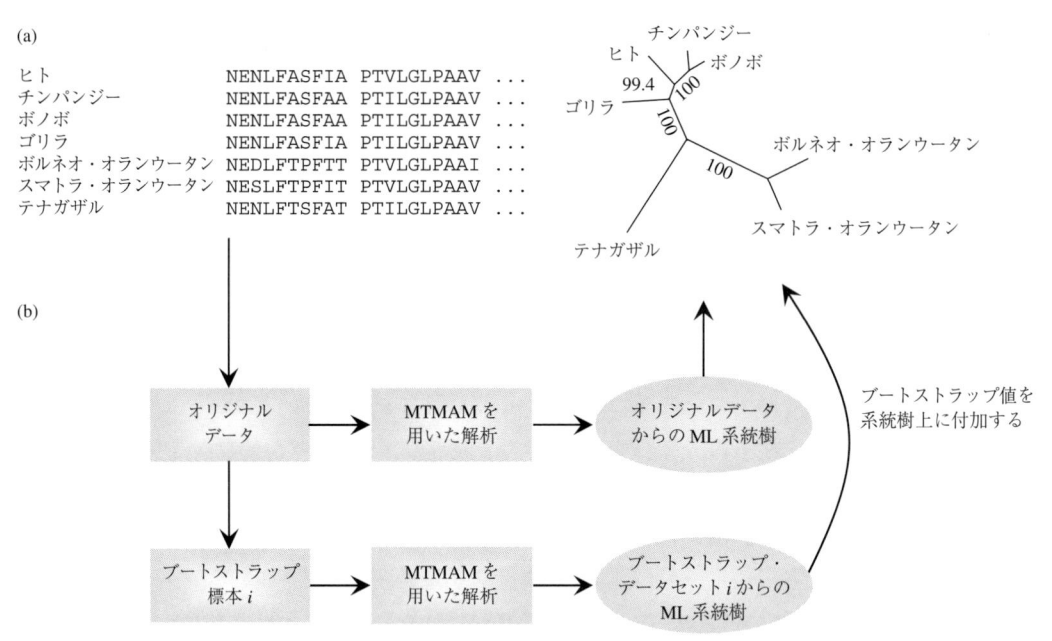

図 6.7 ブートストラップ法を用いて，ML 系統樹の分岐群の支持度が計算されている．MTMAM モデルにより 7 種の類人猿のミトコンドリア・タンパク質が解析されている．オリジナルのデータを用いて系統樹の網羅的探索が行われ，図に示す ML 系統樹が同定された．次にブートストラップ法を用いて ML 系統樹中の分岐群に支持度（パーセント単位）が付加された．オリジナルのアラインメントからサイトが抽出され，多数の（たとえば，1,000 個の）ブートストラップ・データセットが生成された（図 6.6）．各ブートストラップ・データセットは，オリジナル・データセットと同じ方法で解析され，各ブートストラップ標本から ML 系統樹が生成された．オリジナルの ML 系統樹中のある分岐群がブートストラップ系統樹に含まれている割合が計算され，オリジナルの ML 系統樹に付加された．図は Whelan *et al.* (2001) に従い作成された．

ついて Kishino and Hasegawa (1989) によって提案された近似では，オリジナル・データから推定された枝長と置換パラメータの MLE を用いて，各ブートストラップ標本の対数尤度が計算される；理論的には，全ブートストラップ標本に対するすべての系統樹について最尤法をくり返し適用して，それらのパラメータを再推定しなければならない．このとき，アラインメント中のサイトの再抽出は，オリジナルのデータセット中のそのサイトの確率の対数を再抽出することと等価である．このため，この方法は RELL (Resampling Estimated Log Likelihood；推定対数尤度再抽出）ブートストラップとよばれる．Hasegawa and Kishino (1994) のコンピュータ・シミュレーションにより，RELL ブートストラップは，Felsenstein による実際のブートストラップに対してよい近似を与えることが示された．RELL 法は系統樹の固定された集合に対して評価を行うには便利な方法である；オリジナルのデータセットを用いて集合中のすべての系統樹の評価を行い，すべての系統樹のサイトの確率の対数を記憶しておき，それを再抽出することで各ブートストラップ標本の系統樹の対数尤度を計算する．もし，発見的な系統樹の探索を全ブートストラップ標本について行わなければならないときには，異なるブートストラップ標本については，系統樹の探索の過程で異なる系統樹を訪れることになるので，RELL 法を適用することはできない．

6.4.1.3 ブートストラップ支持度の解釈

ブートストラップ支持度をどのように解釈するべきかは明らかではない．直観的には，異なるサイトが系統についての一致するシグナルを示していれば，ブートストラップ標本間での矛盾はほとんどなく，すべてあるいは大部分の分岐群について高いブートストラップ支持度が得られるであろう．もし，データの情報が不十分である，すなわち異なるサイトが矛盾するシグナルを示している場合には，ブートストラップ標本間の変動は大きくなり，大部分の分岐群のブートストラップ比は低くなるであろう．このように，ブートストラップ値が高ければ高いほど，注目している分岐群がより強く支持されることを示唆する．文献には，少なくとも3つの解釈が見受けられる（たとえば，Berry and Gascuel, 1996 を参照せよ）．

第1の解釈は，再現可能性（repeatability）である．もし多くの新しいデータセットが同じデータ生成の手続きで生成され，同じ系統樹再構築法がそれらデータセットの解析に用いられるならば，オリジナルのデータセット中でブートストラップ比 P をもつ分岐群は，推定された系統樹中に確率 P で存在することが期待される（Felsenstein, 1985a）．ブートストラップによるオリジナルのデータの再抽出の理論的根拠は，観察されたデータセット周辺のブートストラップ標本の分布が，データ生成の過程に基づく観察データについての未知の分布に対するよい近似となっているということである（Efron, 1979; Efron et al., 1996）．しかし，Hillis and Bull (1993) はシミュレーションによって，複製されたデータセット間でブートストラップ比は大きく変動するので，再現可能性の尺度としてはあまり有用性がないことを示唆している．

第2の解釈は，ある多分岐系統樹を帰無仮説として用いたときの，頻度論者いうところの第1種の過誤率（type-I error rate），すなわち擬陽性の割合である（Felsenstein and Kishino, 1993）．もし，注目する分岐群（オリジナルのデータセットからのその分岐群のブートストラップ比は P)を含まない多分岐系統樹のもとで多数のデータ標本を生成するならば，その分岐群が推定された系統樹中に存在する確率は，$1 - P$ より小さくなる．この解釈の厳密な根拠はまだ見いだされて

いないが，Felsenstein and Kishino (1993) は正規分布のパラメータに関するモデル選択をアナロジーとして用いた議論を展開している．

3番目の解釈は，正確さ（accuracy）である；ブートストラップ比は，その系統樹あるいは分岐群が真である確率を表す．これはベイズ的な解釈であり，おそらく頻度論者の信頼区間や p 値が，しばしばベイズ的に誤って解釈されているのと同じように，大部分の系統学者が使用している，あるいは使用したがっている解釈であるようにみえる．この解釈は，系統樹，枝，またパラメータに事前確率が与えられているときにのみ意味をもつ．Efron et al. (1996) は，ブートストラップ比は，無情報事前確率のもとでの事後確率として解釈できると主張している．つまり，（s 個の生物種についての）4^s 個のサイト・パターンが等しい事前確率をもつことが仮定されている．これを枝長の事前分布に変換すると，枝長に無限大の点密度をわりあてたものになる．この事前分布は無情報からはほど遠く，不合理なほどに極端なものである．Yang and Rannala (2005) は，事前確率を調整して，事後確率とブートストラップ比を一致させようとしたが，一般的にはそのようなことはできないという結論に達した．多くの研究者はシミュレーションによる研究から，ブートストラップ比を分岐群が正しい確率と解釈できるのであれば，ブートストラップ比は保守的な傾向があることを示唆している．たとえば，Hillis and Bull (1993) は，シミュレーションにより，70%以上のブートストラップ比は，対応する分岐群が真である確率が95%以上であることに通常対応していることを見いだした．しかし，多くの研究者により，この結果は一般的には正しくないことが指摘されている；ブートストラップ比は，保守的でありすぎる場合も，真の確率とは関係ない場合のどちらもありうる（たとえば，Efron et al., 1996; Yang and Rannala, 2005 参照）．

Zharkikh and Li (1995) の完全–部分ブートストラップ（complete-and-partial bootstrap）や Efron et al. (1996) の修正法などの，Felsenstein (1985a) のブートストラップの手続きの改良法がいくつか提案されてきている．これらの方法は莫大な計算を要することから，現実のデータ解析のためにはあまり使用されてはいない．

6.4.2 内部枝検定

推定された系統樹の有意性を評価する別の手法として，内部枝の長さが統計的に有意に0より大きいかどうかの検定がある．これは，内部枝検定（interior branch test）として知られており，ML系統樹の信頼性の検定の1つとして Felsenstein (1981) によって最初に提案されたと思われる．MLE に対する漸近的正規近似に基づき，対数尤度曲面の局所的な曲率を用いて ML 系統樹の枝長の分散共分散行列を計算できる．もし任意の内部枝の長さが有意に0から逸脱していなければ，系統樹のその部分についての別の分岐パターンを棄却できない．別の方法として，内部枝の長さを0に制限した場合としない場合の対数尤度を計算して，尤度比検定（likelihood ratio test；LRT）が行われる（Felsenstein, 1988）．その検定統計量（2つのモデルの対数尤度の差を2倍したもの）を評価するためには，χ_1^2 分布が使用できる．しかし，理論的には0と χ_1^2 分布の 50 : 50 の混合分布を用いるほうがより適切である．なぜなら，枝長は0以上であるので，パラメータ空間の境界に0があるためである（Self and Liang, 1987; Gaut and Lewis, 1995; Yang, 1996b）．内部枝が0でないことについての検定に関しては，この LRT のほうが正規近似よりも

信頼性が高い．

系統樹の再構築のために距離に基づく方法を使用しても，同じ検定を応用できるだろう．Nei et al. (1985) は，推定された枝長の標準偏差を計算して正規近似を応用することにより，UPGMA 系統樹中の推定された内部枝の長さが統計的に有意に 0 よりも大きいかを検定した．Li and Gouy (1991) と Rzhetsky and Nei (1992) は，たとえば近隣結合法（Saitou and Nei, 1987）のように，時計性を仮定しないで系統樹が推定された場合にこの検定法を用いることについて議論している．

内部枝検定にはいくつかの困難な問題がある．第 1 は，ML 系統樹あるいは NJ 系統樹はデータが解析されるまでは未知であるので，仮説は先験的に特定できず，データから導かれる点である (Sitnikova et al., 1995)．第 2 は，同じ検定をすべての内部枝の長さに適用する場合，複数の仮説が同じデータセットを用いて検定されることになり，多重比較に関する何らかの補正が必要となる点である（たとえば，Li, 1989）．第 3 に，検定の理論的根拠が明らかでない点である；すなわち，間違っているかもしれない系統樹の内部枝の長さを検定することから，どれほど系統樹の信頼性の情報が得られるかは明らかではない．データの量が無限大のとき，真の系統樹のすべての内部枝は正の値をとることが期待されるが，間違った系統樹中の内部枝の長さがすべて 0 になるかは確実ではない．この点に関して，間違った系統樹中の内部枝の ML 推定値と最小 2 乗推定値の間には定性的な違いがあるように思われる．ML 法に関しては，Yang (1994c) が，間違った系統樹中の内部枝の長さは，$n \to \infty$ のとき，厳密に正の値をとることが多いということを見いだしている．したがって，内部枝の長さが正であることは，ML 系統樹の有意性とは関係がないように思われる．コンピュータ・シミュレーションの結果もこの観察を支持するように思われる (Tateno et al., 1994; Gaut and Lewis, 1995)．距離に基づく方法に関しては，Yang (1994c) がいくつかの小さな系統樹に関して，間違った系統樹中の内部枝の長さのすべての最小 2 乗推定値は，データセットが無限大になるときに 0 になる（内部枝の長さは非負であるという制約のもとであるが）ことを見いだしている．Sitnikova et al. (1995) は，枝長が負の値をとりうる条件で，有限のデータセットでは間違った系統樹中の内部枝の長さの推定値の期待値は正の値をとりうることを示したが，内部枝の長さの期待値が負である系統樹は必ず間違っていることを指摘している．Sitnikova et al. (1995) のシミュレーションは，内部枝の長さの検定が，距離行列法により推定された系統樹の正確さに関するある種の尺度となることを示唆している．

6.4.3 Kishino-Hasegawa 検定とその改変

Kishino and Hasegawa (1989) は，K-H 検定として知られる，最尤法の枠組みの中での 2 つの系統樹の候補の比較に関する近似的な検定を提案した．2 つの系統樹の対数尤度の差が検定統計量として用いられ，その近似的な標準偏差は，推定された対数尤度に正規近似を適用することで計算される．2 つの系統樹を 1 と 2 としよう．検定統計量は $\Delta = \ell_1 - \ell_2$ である．系統樹 1 の対数尤度は式 (6.11) で与えられる．

$$\ell_1 = \sum_{h=1}^{n} \log\{f_1(\mathbf{x}_h | \hat{\theta}_1)\} \tag{6.11}$$

ここで，$\widehat{\theta}_1$ は系統樹 1 に関する枝長やその他のパラメータの MLE である．系統樹 2 についての対数尤度 ℓ_2 も同様に定義される．サイト h について，MLE を用いて計算されたデータの確率の対数の 2 つの系統樹間の差を式 (6.12) で表す．

$$d_h = \log(f_1(\mathbf{x}_h|\widehat{\theta}_1)) - \log(f_2(\mathbf{x}_h|\widehat{\theta}_2)) \tag{6.12}$$

この平均は $\bar{d} = \Delta/n$ となる．Kishino and Hasegawa (1989) は，距離 d_h が近似的に独立で同じ分布に従っている (i.i.d.) として，$\bar{d}$ の分散，さらに Δ の分散は標本分散から推定されることを示唆した．

$$\mathrm{var}(\Delta) = \frac{n}{n-1} \sum_{h=1}^{n} (d_h - \bar{d})^2 \tag{6.13}$$

もし，Δ が標準偏差 $[\mathrm{var}(\Delta)]^{1/2}$ の 2 倍（あるいは 1.96 倍）よりも大きければ（文献でよく使用されている 1 標準偏差ではない），2 つの系統樹は統計的に有意に異なっている．

K-H 検定は，比較される 2 つのモデルあるいは系統樹が前もって特定されている場合にのみ有効である．しかし，分子系統学においては，ML 系統樹を推定してからその ML 系統樹に対して他のすべての系統樹を検定するというのが，より一般的に行われていることである．Shimodaira and Hasegawa (1999) また Goldman et al. (2000) によって強く指摘されているように，K-H 検定をそのような場合に利用するのは有効ではなく，非 ML 系統樹を誤って棄却する傾向がある．この場合，検定される ML 系統樹はデータから選択あるいは同定され，それから検定に用いられるので，この検定は選択による偏り（selection bias）を受けているといわれる．この問題は，多重比較すなわち多重検定と同じ性質を有する．Shimodaira and Hasegawa (1999) は，S-H 検定として知られる，選択による偏りを補正する検定法を開発した．すべての真のモデル（真の系統樹とパラメータの値）のもとで，正しい全体的な第 1 種の過誤率を保証するために，最悪のシナリオ，あるいは最も望ましくない条件，すなわち無限のデータについて定義された尤度と真のモデルについてとられたその期待値を用いた $E(\ell_1)/n = E(\ell_2)/n = \cdots$ という帰無仮説のもとで，検定法が構築された．S-H 検定は非常に保守的である．後に，Shimodaira (2002) は，比較的保守的でない近似的な不偏検定（AU 検定；approximately unbiased test）を開発した．ここで不偏性とは単純に，この検定が S-H 検定よりも保守的でないことを意味している；不偏検定の検定力（すなわち，帰無仮説が誤りであるときに帰無仮説を棄却する確率）は，検定の有意水準 α よりも大きい．AU 検定は，すべてではないが大部分のケースにおいて，全体的な第 1 種の過誤率を制御する．AU 検定は CONSEL プログラムに実装されている (Shimodaira and Hasegawa, 2001)．

Shimodaira and Hasegawa (1999) によって指摘されているように，K-H 検定と同じアイデアは Linhart (1988) や Vuong (1989) の統計学の文献の中で独立に提案されていた．K-H 検定や S-H 検定の帰無仮説は完全には明確ではない．Vuong (1989) の方法では，比較する 2 つのモデルは両方とも間違っており，帰無仮説は $E(\ell_1)/n = E(\ell_2)/n$ と明示的に述べられている．Vuong は，その検定を，2 つの比較されるモデルのうち一方が真であると仮定される Cox (1961, 1962) の検定と対比させている．系統樹比較の文脈においては，系統樹の 1 つは真でなければならないので，帰無仮説 $E(\ell_1)/n = E(\ell_2)/n = \cdots$ は不合理に見える．これに対し，帰無仮説

中で可能な系統樹のうち1つが真であるのだが，すべての可能なモデル（系統樹）やパラメータの組合せのもとで全体的な第1種の過誤率をこの検定で制御するため，最も望ましくない条件 $E(\ell_1)/n = E(\ell_2)/n = \cdots$ が使用されているとみなすこともできる．

6.4.4 最節約法による解析で用いられる指標

最節約法による解析において，分岐群の支持のレベル，あるいはそれよりは漠然としているが，系統的シグナルを計測するためいくつかの指標が提案されてきている．それらに対する簡単な統計学的解釈はないが，最節約法で一般的に使用されているので，ここで述べておこう．

6.4.4.1 崩壊指数（decay index）

崩壊指数とは，枝支持度（branch support）や Bremer 支持度（Bremer support）ともよばれるが，大域的な最節約系統樹の樹長（tree length）と，特定の分岐群をもたない系統樹の樹長の差である（Bremer, 1988）．これは，最節約系統樹からある特定の分岐群を除くことにより生じる余分な変化数であるという意味において，'損失（cost）'である．一般的に，Bremer 支持度は直接的な統計的解釈をもたない；その統計的な有意性は，系統樹のサイズ，樹長あるいは全体的な配列の分化の程度，また進化モデルのような他の因子に依存している（たとえば，Cavender, 1978; Felsenstein, 1985c; Lee, 2000; DeBry, 2001; Wilkinson *et al.*, 2003）．

6.4.4.2 ウィニング・サイト検定（winning-site test）

すべてのサイトについて，比較している2つの系統樹のどちらが，より短い形質長をもつか，つまりどちらが'勝つ（win）'かにスコアを与えることができる．その結果は，'+' あるいは '−' によって表し，引き分けは '0' で表す．すると，2項分布を用いて，'+' と '−' の数が有意に 1:1 からずれているかを検定できる．このたぐいの検定については，Templeton (1983) が制限サイトデータに関して論じている．この方法は，最尤法に関する K-H 検定と類似することに注意しておこう．理論的には，'+' と '−' の総数は固定されていないので，2項分布は正確な分布ではない．2項分布の代わりに3項分布 $M_3(n, p_+, p_-, p_0)$ を用いて，不変サイトや最節約法的には無情報であるサイトを含む配列中の全サイトを使って，帰無仮説 $p_+ = p_-$ を検定できる．この検定を3つ以上の系統樹に拡張する場合は，多重比較の問題を考慮する必要がある．

6.4.4.3 一致指数と保持指数

ある形質の一致指数とは，系統樹へのその形質の'適合度'を計測したものである．この指数は m/s，すなわちあらゆる系統樹を考えた場合の最小の形質変化数 (m) を，対象となっている系統樹における最小変化数 (s) で割ったものと定義される（Kluge and Farris, 1969; Maddison and Maddison, 1982）．ある系統樹の全データセットについての一致指数（consistency index；CI）は，すべての形質（サイト）について和をとった $\sum m_i / \sum s_i$ として定義される．もし，形質が互いにも，また系統樹とも完全に適合していれば，CI は 1 となる．もし，多くの収斂進化すなわちホモプラシー（homoplasy）が存在すれば，CI は 0 に近い値となるであろう．あるデータセットについての保持指数（retention index；RI）は，$\sum(M_i - s_i)/\sum(M_i - m_i)$ と定義さ

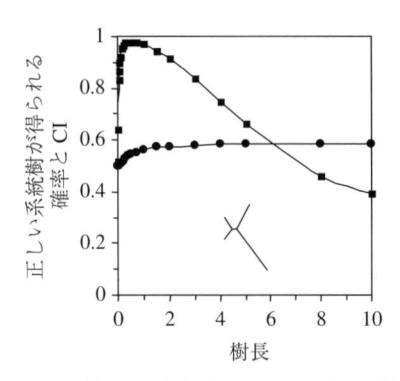

図 6.8 最節約法により正確な系統樹を再構築する確率（P_c, ■）と最節約系統樹の一致指数（CI, ●）の，真の系統樹の樹長に対するプロット．P_c も CI もどちらも 0 から 1 までの値をとるので，どちらに対しても同じ y 軸を使用している．データは図 6.1(a) の系統樹の樹形（(a: 0.5, b: 0.5): 0.1, c: 0.6, d: 1.4）に従ってシミュレーションによって生成されたが，5 つの枝長すべてに定数を乗じて，樹長（系統樹中のサイトあたりの変化の期待数）が x 軸で与えられているスケールの値をとるようにした．

れる．ここで M_i は，あらゆる可能な系統樹に対する形質 i の最節約原理のもとでの最大変化数（Farris, 1989）である．CI と同様に，RI は 0 から 1 までの値をとり，0 は多数のホモプラシーを意味し，1 は形質間，また形質と系統樹の間の完全な合同を意味する．分子データに関しては，最節約法においても，ホモプラシーはデータセット中の系統学的情報量のよい指標ではなく，CI や RI のような指標は，その耳に心地よく響く名称にもかかわらず，あまり有用ではない．たとえば，図 6.8 には，4 生物種の系統樹に関するシミュレーションによる結果を示してある．配列が非常に類似している場合，配列の分化の程度が増加するにつれて，最節約法が真の系統樹を再構築する確率は急激に増加し，最適な分化の程度においてピークに達するが，配列の分化がさらに進むとゆっくりと減少する．しかし，大部分の最節約系統樹についての一致指数は，配列の分化の程度の全範囲にわたって非常にゆっくりと増加する．

6.4.5　例：類人猿の系統関係

　ブートストラップ解析を行い，ミトコンドリア・タンパク質の配列を用いて第 4.2.5 項で推定された ML 系統樹中の分岐群に支持度を付加した．MTMAM モデルを用いて推定された ML 系統樹は図 6.7 に示されているが，これを τ_1 とよぶ．2 番目によい系統樹（τ_2）は，ヒトとゴリラを 1 つのグループにまとめており，3 番目によい系統樹（τ_3）は，ゴリラと 2 種のチンパンジーをグループ化している．これら 2 つの系統樹は，ML 系統樹である τ_1 よりもそれぞれ対数尤度の単位で 35.0 と 38.2 だけ悪い（表 6.1）．

　ここで 1,000 個のブートストラップ・データセットを生成し，各データセットについて MTMAM モデルを用いた網羅的な系統樹探索を行い，得られた ML 系統樹を記録した．これにより，1,000 個のブートストラップ・データセットから 1,000 個のブートストラップ系統樹が構築された．次に，τ_1 中の各分岐群について，それを含むブートストラップ系統樹の百分率が計算され，それらが τ_1 中の分岐群のブートストラップ支持度として示されている．ある分岐群の支持度は 99.4% であるが，他のすべての分岐群は 100% であった（図 6.7 参照）．同様に，系統樹 τ_1, τ_2, τ_3 のブー

表 6.1　ミトコンドリア・タンパク質のデータセットについての系統樹の検定

系統樹	ℓ_i	$\Delta\ell_i - \ell_{\max}$	SE	K-H	S-H	ブートストラップ	RELL
τ_1: ((ヒト, チンパンジー), ゴリラ)	$-14,558.6$	0	0	NA	NA	0.994	0.987
τ_2: ((ヒト, ゴリラ), チンパンジー)	$-14,593.6$	-35.0	16.0	0.014	0.781	0.003	0.010
τ_3: ((チンパンジー, ゴリラ), ヒト)	$-14,596.8$	-38.2	15.5	0.007	0.754	0.003	0.003

K-H 検定と S-H 検定の p 値が示されている．また，Felsenstein (1985a) の方法と RELL 近似 (Kishino and Hasegawa, 1989) によるブートストラップ比も示されている．

トストラップ比は，それぞれ 99.4%，0.3%，0.3% であり，その他の系統樹については ~0% であった．第 5.6.5 項で議論されたように，内部枝長の事前平均が $\mu_0 > 10^{-3}$ であるときは，同じモデルを用いたベイズ解析からはすべての分岐群が 100% の事後確率で生成されるが，μ_0 が非常に小さいとき，たとえば，$\mu_0 = 10^{-5}$ のときには，事後確率はずっと小さくなる．

ブートストラップに対する RELL 近似では，オリジナル・データセットから得られたパラメータの推定値を用いて，ブートストラップ標本の対数尤度の値が計算される．このアプローチを 945 個すべての系統樹の評価に応用すると，系統樹 τ_1, τ_2, τ_3 それぞれの近似的なブートストラップ比は 98.7%，1.0%，0.3%，また他のすべての系統樹については 0% となった．このように，RELL ブートストラップは，この解析においてはブートストラップ法のよい近似となっている．

K-H 検定を使用すると，τ_2 を除くすべての系統樹は 1% 有意水準で棄却されてしまった．τ_2 の p 値は 1.4% であった．先に議論したように，K-H 検定は多重比較の補正ができていないので，帰無仮説は棄却されやすい．S-H 検定はより保守的である；1% 有意水準では，この検定は，ML 系統樹に対して，27 個の系統樹を棄却することができなかった．

*6.5　補遺：Tuffley and Steel の 1 形質についての最尤法

本節では，対称な置換モデルのもとでの，単一形質からなるデータセットの Tuffley and Steel (1997) の最尤法による解析について述べよう．数学的に厳密な証明については，原論文を読むことを勧める．

このモデルでは，c 個の形質状態の中のどの 2 つも同じ速度で変化すると仮定する．遷移確率は式 (6.14) で与えられる．

$$p_{ij}(t) = \begin{cases} \dfrac{1}{c} + \dfrac{c-1}{c} e^{-\frac{c}{c-1}t} & (i = j \text{ の場合}) \\ \dfrac{1}{c} - \dfrac{1}{c} e^{-\frac{c}{c-1}t} & (i \neq j \text{ の場合}) \end{cases} \quad (6.14)$$

t を 0 から ∞ に変化させるとき，$p_{ii}(t)$ は 1 から $1/c$ に単調減少し，一方，$p_{ij}(t)$ ($i \neq j$) は 0 から $1/c$ に増加することに注意しよう (第 1 章の図 1.3 参照)．もし，$c = 4$ であれば，このモデルは JC69 (Jukes and Cantor, 1969) になる．ここでは，説明のため JC69 と図 **6.9**(a) の 4 生物種の系統樹を用いる．以下の議論では，c を 4 に置き換えて考えるとよい．**x** をデータ，すなわち系統樹の外部節で観察される状態とし，**y** を祖先節の未知の状態，すなわち復元とする．

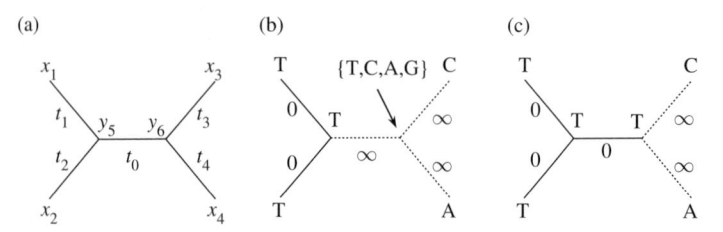

図 6.9 4 生物種の系統樹における形質状態（塩基）の数が $c = 4$ の場合の Tuffley and Steel (1997) の単一形質についての最尤法の説明．(a) データ $\mathbf{x} = x_1 x_2 x_3 x_4$ は，系統樹の外部節で観察された塩基であり，一方，$\mathbf{y} = y_5 y_6$ は未知の祖先の状態である．パラメータは $\mathbf{t} = (t_1, t_2, t_0, t_3, t_4)$ であり，各枝長 t はサイトあたりの変化数の期待値である．最適な枝長は 0 か ∞ であり，(b) と (c) において，それぞれ実線と点線で表されている．(b) 枝長が $\mathbf{t} = (0, 0, \infty, \infty, \infty)$ と与えられたときの，データセット $\mathbf{x} = \text{TTCA}$ についての尤度の計算．系統樹中の形質長（変化の最小数）は $l = 2$ である．与えられた $\mathbf{t}$ によってデータが生成できる，すなわち少なくとも 1 つの復元が $\mathbf{t}$ と整合性があるのであれば，枝長の集合 $\mathbf{t}$ は実現可能である．ここで示されているのは，そのような集合の 1 つであり，$k = 3$ 個の無限大の枝長と，$m = 4$ 個の整合性がある復元 $y_5 y_6 = $ TT, TC, TA, TG をもつ．(c) もし，$\mathbf{t}$ が実現可能であり，$k = l$ 個だけ無限大の長さの枝を含んでいれば，$\mathbf{t}$ と整合性がある復元は 1 つだけであり，それは最節約復元（あるいは非常に節約的な復元）となる．ここでは，$\mathbf{t} = (0, 0, 0, \infty, \infty)$ は 2 つの無限大の枝長を含んでおり，最節約復元 $y_5 y_6 = $ TT のみがそれと整合性がある．

図 6.9(a) において，$\mathbf{x} = x_1 x_2 x_3 x_4$，また $\mathbf{y} = y_5 y_6$ とする．$\mathbf{t}$ をこの無根系統樹の枝長の集合とする．$\mathbf{t}$ を調整することで尤度 $f(\mathbf{x}|\mathbf{t})$ を最大化するのがここでの目的である．Tuffley and Steel の主要な結果は，最大尤度が式 (6.15) で与えられるということである．

$$\max_{\mathbf{t}} f(\mathbf{x}|\mathbf{t}) = (1/c)^{1+l} \tag{6.15}$$

ここで，l は形質長すなわち変化の最小数である．系統樹 1 が系統樹 2 よりも高い尤度を示すならば，その場合にかぎり，系統樹 1 は系統樹 2 よりも短い；すなわち，最節約法と最尤法は同じ系統樹を生成する．

式 (6.15) の証明は段階的に行われる．最初に，枝長の MLE は 0 か ∞ か不定となることを立証する．そのような粗い推定値に不安を覚えた読者は，サイズ 1 のデータセットについて最尤法が正しくはたらくことはほとんどないということに気がつくであろう；たとえば，コインを 1 回投げたときの表の確率の MLE は，（コインが落ちたときに，裏が出るか表が出るかに依存して）0 か 1 になる．尤度は，すべての可能な復元についての和として与えられる．

$$f(\mathbf{x}|\mathbf{t}) = \sum_{\mathbf{y}} f(\mathbf{x}, \mathbf{y}|\mathbf{t}) \tag{6.16}$$

図 6.9(a) の系統樹の例では，16 個の可能な祖先の復元について和がとられ，和の各項は式 (6.17) のように与えられる．

$$f(\mathbf{x}, \mathbf{y}|\mathbf{t}) = \frac{1}{c} p_{y_5 x_1}(t_1) p_{y_5 x_2}(t_2) p_{y_5 y_6}(t_0) p_{y_6 x_3}(t_3) p_{y_6 x_4}(t_4) \tag{6.17}$$

ここで，'根' は節 5 におかれているので，$f(\mathbf{x}, \mathbf{y}|\mathbf{t})$ は，節 5 で y_5 を観察する確率 $1/c$ を，5 つの枝に対応する 5 個の遷移確率の積にかけたものに等しくなる．系統樹上での尤度の計算の詳細については，第 4.2.1 項と式 (4.2) を参照せよ．

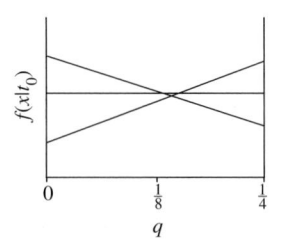

図 6.10 尤度 $f(\mathbf{x}|\mathbf{t})$ は，図 6.9(a) の系統樹の内部枝に対応する遷移確率の線形関数である：$q = p_{ij}(t_0)$．q の変化に伴って尤度が線形に増加するか減少するかによって，尤度は $q = 0$（$t_0 = 0$ に対応）あるいは $q = 1/c$（$t_0 = \infty$ に対応）のときに最大化する．もし，尤度の直線が水平であるときには，q あるいは t_0 がどのような値をとっても，同じ尤度が得られる．

尤度 $f(\mathbf{x}|\mathbf{t})$ を，任意の 1 枝長 t の関数であると考えよう．具体的には，図 6.9(a) の t_0 を考えることにする．ただし，いうまでもないことだが，どの系統樹のどの枝長についてもこの議論は適用できる．式 (6.17) の $f(\mathbf{x}, \mathbf{y}|\mathbf{t})$ は，t_0 の関数である項を 1 つだけ含んでいることに注意しよう；この項は，$p_{ij}(t_0)$ となるか，あるいは $p_{ii}(t_0) = 1 - (c-1) \cdot p_{ij}(t_0)$ である．（長さ t_1, t_2, t_3, t_4 の）他の枝に対応する遷移確率は t_0 とは独立であるので，t_0 を変えたときの尤度 $f(\mathbf{x}|\mathbf{t})$ の変化を調べるときには，それらは定数と見なす．$q = p_{ij}(t_0)$ とすると，$p_{ii}(t_0) = 1 - (c-1)q$ である．t_0 と q が，$0 \leq t_0 \leq \infty, 0 \leq q \leq 1/c$ の領域で，1 対 1 の写像となっていることに注意しよう．この記法を用いると，$f(\mathbf{x}, \mathbf{y}|\mathbf{t})$ が q の線形関数であり，したがって $f(\mathbf{x}|\mathbf{t})$ も q の線形関数であることが容易にわかる．よって，$f(\mathbf{x}|\mathbf{t})$ の最大値は，q の境界，すなわち 0 か $1/c$ で得られる．言い換えると，t_0 の MLE は，0 か ∞ となる（**図 6.10**）．3 番目の可能性として，尤度 $f(\mathbf{x}|\mathbf{t})$ が q にも t_0 にも依存せず，t_0 の MLE はどのような値でもとりうる場合がある（図 6.10）．以下では，t_0 の MLE として，0 か ∞ を仮定するが，あとで 3 番目の可能性についても議論する．

いま，最適の枝長は 0 か ∞ であるので，0 か ∞ のみから構成された $\mathbf{t}$ を考えることにする．このとき，遷移確率は 3 つの値のみをとりうる；$t = 0$ ならば 0 か 1，$t = \infty$ ならば $1/c$（式 (6.14) を参照）．枝長が 0 ならば，その枝では変化が起こらない．$\mathbf{t}$ 中の長さ 0 の枝には変化を割り当てない復元 $\mathbf{y}$ は $\mathbf{t}$ と整合性がある（compatible）といわれる．たとえば，図 6.9(b) の $\mathbf{t} = (t_1, t_2, t_0, t_3, t_4) = (0, 0, \infty, \infty, \infty)$ の場合，復元 $\mathbf{y} = y_5 y_6 = \mathrm{AC}$ は整合性をもたないが，$\mathbf{y} = \mathrm{TT}$ は整合性をもつ．さらに，$\mathbf{t}$ と整合性のある復元が少なくとも 1 つ存在するならば，$\mathbf{t}$ は実現可能（viable）といわれる．たとえば，$\mathbf{t} = (0, 0, 0, 0, 0)$ は，図 6.9(b) のデータについては，整合性のある復元を見つけることができないので，実現可能ではない；言い換えると，$f(\mathbf{x}|\mathbf{t}) = 0$ であり，与えられた $\mathbf{t}$ について，そのデータの生成は不可能である．k を $\mathbf{t}$ 中の無限大の枝長の数とする．$\mathbf{t}$ が実現可能であるためには，$k \geq l$ となっていなければならない．実現可能でない枝長は無視することができる．どのような実現可能な $\mathbf{t}$ に関しても，整合性のない復元はどれも尤度には寄与しないことに注意しよう．一方，すべての適合する復元 $\mathbf{y}$ は，それがどのように変化を枝に割り当てるかにかかわらず尤度への寄与は等しい；この寄与の大きさは $f(\mathbf{x}, \mathbf{y}|\mathbf{t}) = (1/c)^{1+k}$ であり，これは根における状態の事前確率 $1/c$ に，k 個の無限大の長さの枝に対応する遷移確率をかけたものに等しい．この遷移確率はいずれも $1/c$ である．これにより尤度は式 (6.18) で求まる．

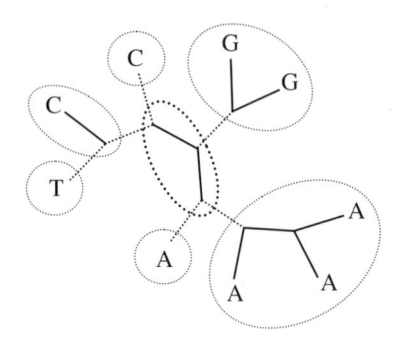

図 6.11 枝長 **t** の実現可能な集合と整合する復元の数を数え上げるために使用される，内部連結要素の概念の説明図；s 個の内部要素をもつとき，c^s 個の整合性のある復元が存在する．0 の長さの枝と無限大の長さの枝が，それぞれ実線と点線で示されている．連結要素（円で囲まれているもの）は，長さ 0 の実線で示される枝で連結されている節の集合である；その集合中のすべての節は同じ状態をとらなければならない．もしその集合の中に外部節が含まれていれば，その集合中のすべての節は外部節と同じ状態をとる．内部節のみで構成されている連結要素は内部連結要素とよばれ，c 個の状態のいずれかをとる．この例では，ただ 1 個の内部連結要素が含まれており，点線の円で示されている．したがって，$s=1$ である．$k=6$ 個の無限大の長さの枝があること，形質長は $l=3$ であることに注意しよう．

$$f(\mathbf{x}|\mathbf{t}) = m(1/c)^{1+k} \tag{6.18}$$

ここで m は **t** と整合性のある復元の数である．

k 個の無限大の長さの枝をもつ実現可能などのような **t** においても，整合性のある復元の個数は $m \leq c^{k-l}$ となるので，式 (6.18) により尤度は式 (6.15) で主張されているように $(1/c)^{1+l}$ 以下となることを立証しよう．**t** と整合性のある復元が生成されるように，形質状態を祖先節に割り当てる場合，長さ 0 の枝では変化がないようにしなければならない．0 の長さの枝を実線で，無限大の長さの枝を点線で描くとする（**図6.11**）．このとき，実線（長さ 0）の枝で結ばれた節は同じ状態をとらなければならない．そのような節の集合を，系統樹の連結要素（connected components）とよぶことにする；それらは図 6.11 中では，円で囲まれている．もし，そのような集合中の節の 1 つが系統樹の外部節であれば，その集合は外部連結要素（external connected component）とよばれる；集団のすべての節が外部節と同じ状態をとらなくてはならない．一方，そのような集合が内部節のみで構成されている場合，それは内部連結要素（internal connected component）とよばれる．内部要素は c 個の状態のどれでもとれる；得られる復元はすべて **t** と整合性がある．このため，**t** が系統樹中 s 個の内部連結要素を含むならば，**t** と整合性のある復元が $m=c^s$ 個存在する．図 6.9(b) の例では，1 個の内部節のみが，外部節と実線で連結されていない（$s=1$）．このとき，$m=c^s=4^1=4$ 個の整合性のある復元，TT, TC, TA, TG が存在する．図 6.11 の枝長からも同様に 1 個の内部連結要素が生成され，$c^s=4$ 個の整合性のある復元をもつ．

$m=c^s \leq c^{k-l}$ の証明を完成させるには，$s \leq k-l$ を示す必要がある．Tuffley and Steel は，**t** と整合性のある復元のうち，最大 $k-s$ 個の変化をもつものがあることを指摘している．変化の数は，（すべての可能な **t** についての大域的最小値である）形質長 l よりも小さくなってはいけないので，$k-s \geq l$，あるいは要求されているように $s \leq k-l$ が得られる）．論拠は以下のとおりである．もしすべての点線（無限大の長さの枝）が 2 つの異なる状態を連結しているならば，k

個の変化が存在するであろう（なぜなら，k 個の無限大の長さの枝が存在しているからである）．ここで，変化数を減らすように，形質状態を内部連結要素に割り付け直すことができる；たとえば，内部連結要素に，それに隣接する外部連結要素の状態をとらせたり，あるいは他の内部要素の割り当てられた状態と同じ状態にすればよい．この手順を，すべての内部要素に状態が割り当てられるまでくり返す．こうすることで，s 個の内部要素の各々に対し変化数は少なくとも 1 つ減少する．したがって，$\mathbf{t}$ と整合する復元についての最小変化数は，最大 $k-s$ となる．上で述べたように，この数は，l より小さくなることはありえないので，$k-s \geq l$ あるいは，$s \leq k-l$ を得る．図 6.11 の例では，$k=6$ 個の無限大の長さの枝と，$s=1$ 個の内部要素がある．内部要素に隣接する外部要素は，状態 A, C, あるいは G をとっている．A, C あるいは G を内部要素（すなわち，その要素中の 3 つの内部節）に割り当てると，最大 $k-s=5$ 個の変化が得られる．実際に，A, C, あるいは G を割り当てたときの変化数は，それぞれ 4, 4, 5 となる．それらは，いずれも形質長 $l=3$ より大きい．

要約すると，k 個の無限大の枝長をもつ実現可能な $\mathbf{t}$ は，最大 $k-l$ 個の内部連結要素，すなわち最大 $m=c^{k-l}$ の整合性のある復元を含んでいるので，式 (6.18) から尤度は $(1/c)^{1+l}$ を超えることはない．

この尤度が達成されることは容易に確かめられる．$\mathbf{y}$ を非常に節約的な（あるいは最節約的な）復元であるとしよう．$\mathbf{y}$ を用いて $\mathbf{t}$ を以下のように構築できる；もし，$\mathbf{y}$ が 1 つの変化をある枝に割り当てていれば，その枝長を ∞ とする；さもなければ，枝長を 0 とする．図 6.9(c) の場合，TT は最節約的な復元であり，$\mathbf{t}=(0,0,0,\infty,\infty)$ はそれに対応する枝長の集合である．このようにして構成された $\mathbf{t}$ が実現可能であることは明らかである．さらに，$\mathbf{y}$ は $\mathbf{t}$ と整合性のある唯一の復元である．なぜなら，上で述べたことから内部連結要素の数は $s \leq k-l=0$ であるので，すべての内部節は長さ 0 の枝で外部節と連結されるからである．したがって，$m=1$ である．このとき，式 (6.18) により，$\mathbf{t}$ の尤度は $(1/c)^{1+l}=(1/4)^3$ となる．

もし，2 つの復元 $\mathbf{y}_1$ と $\mathbf{y}_2$ が最節約的な意味において等価であれば，それらを用いて，同じ最大尤度を示す 2 種類の枝長の集合 $\mathbf{t}_1$ と $\mathbf{t}_2$ を構築できる．これは Steel (1994a) が述べている，尤度曲面上で 2 つの局所的最適解が得られる状況である．さらにいうと，少なくとも最節約的な意味で等価な復元の数と同数の局所的最適解が存在する．

4 生物種についての詳細な事例が**表 6.2** に示されている．ここで，尤度 $f(\mathbf{x}|\mathbf{t})$ が枝長 $\mathbf{t}$ とは独立であるとすることも可能であることに注意しよう．これは，図 6.10 に示された水平な尤度直線の場合である．図 6.9(b) の系統樹中のデータ TTCA について考えよう．3 つの破線で示された枝のうち 2 つが ∞ の長さであるとき，残る破線で示される枝は 0 と ∞ の間の任意の長さをとるが，尤度は同じ最大値を保っている．もしデータが TCAG（あるいは，表 6.2 では $xyzw$）であれば，各外部節のペアをつなぐ枝の中に少なくとも 1 つ無限大の長さの枝が含まれているかぎり尤度は最大となる．このように，最節約法と最尤法は，系統樹の樹形については一致するけれども，祖先の状態の復元については一致しないかもしれない．Tuffley and Steel は，$c \geq 3$ についてはそうならないかもしれないが，2 値形質（$c=2$）については，この 2 つの方法による祖先の復元が実際に一致することを示した．

表 6.2 4 生物種の系統樹についての JC69 モデルのもとでの 1 形質データセットに関する尤度

データ ($\mathbf{x}$)	$\hat{t}_1$	$\hat{t}_2$	$\hat{t}_0$	$\hat{t}_3$	$\hat{t}_4$	$f(\mathbf{x}\|\hat{\mathbf{t}})$	$y_5 y_6$
$xxxx$	0	0	0	0	0	$1/4$	xx
$xxxy$	0	0	0	0	∞	$(1/4)^2$	xx
$xxyx$	0	0	0	∞	0	$(1/4)^2$	xx
$xyxx$	0	∞	0	0	0	$(1/4)^2$	xx
$yxxx$	∞	0	0	0	0	$(1/4)^2$	xx
$xxyy$	0	0	∞	0	0	$(1/4)^2$	xy
$xyyx$	0	∞	0	∞	0	$(1/4)^3$	xx
	∞	0	0	0	∞		yy
$xyxy$	0	∞	0	0	∞	$(1/4)^3$	xx
	∞	0	0	∞	0		yy
$xxyz$	0	0	0	∞	∞	$(1/4)^3$	xx
	0	0	∞	0	∞		xy
	0	0	∞	∞	0		xz
	0	0	∞	∞	∞		xw
			$\cdots$				$\cdots$
$xyzw$	0	∞	0	∞	∞	$(1/4)^4$	xx
	∞	0	0	∞	∞		yy
	0	∞	∞	∞	0		xz
			$\cdots$				$\cdots$

$\mathbf{x} = x_1 x_2 x_3 x_4$ と表されている各データセットは，図 6.9(a) の 4 生物種における 1 サイトで観察される塩基の状態で構成されている．表中，x, y, z, w は任意の異なる塩基を表す．枝長 t_1, t_2, t_0, t_3, t_4 は図 6.9(a) で定義されている．表には，各データに関する枝長の MLE と最大尤度 $f(\mathbf{x}|\hat{\mathbf{t}})$ が示されている．最適な祖先の状態（$y_5 y_6$）も同様に示されている．$xyyx, xyxy, xxyz$，または $xyzw$ のように，複数の局所的なピークをもつデータがある．

Part III
先端的なトピックス

Chapter 7

分子時計と種の分岐年代の推定

7.1 概要

　分子時計 (molecular clock) の仮説は，DNA あるいはタンパク質の配列の進化速度が時間によらず，あるいは系統間でも一定であることを主張している．1960 年代の初頭に，タンパク質のアミノ酸配列が使えるようになり，ヘモグロビン (Zuckerkandl and Pauling, 1962)，シトクロム c (Margoliash, 1963)，フィブリノペプチド (Doolittle and Blomback, 1964) などの異なる生物種に由来するタンパク質の相違度が，その生物種の分岐時間にほぼ比例することが見いだされた．これらの観察から，Zuckerkandl and Pauling (1965) は分子進化時計 (molecular evolutionary clock) を提案した．

　分子時計についていくつかのことを順番に説明しておこう．第 1 に，アミノ酸置換あるいは塩基置換のランダム性のため，分子時計は確率的な時計として考えられた．通常の腕時計が規則的に時を刻むのとは異なり，分子時計が時を刻む時間間隔はランダムである．塩基置換やアミノ酸置換のマルコフ・モデルのもとで，指数分布に従う時間間隔で置換事象（時の刻み）が生じる．第 2 に，当初から認識されていたことであるが，異なるタンパク質，あるいは 1 つのタンパク質の中でも異なる領域は，非常に異なる速度で進化しているので，時計仮説はそのようなタンパク質間の速度の違いも考慮に入れなければならない；このため，異なるタンパク質はそれぞれ固有の時計をもつといわれ，それらは異なる速度で時を刻む．第 3 に，速度の一定性は，生物種全体では成立していないかもしれず，通常は一群の生物種に適用される．たとえば，時計性が霊長類の特定の遺伝子について成立するなどという言い方をする．

　分子時計仮説が提案されるやいなや，この仮説は，分子進化という新興分野に直接的で重要な衝撃をもたらし，その歴史の中で 40 年間にわたり論争の焦点となった．第 1 に，分子時計の有用性は十分に認識された．もし，タンパク質がほぼ一定の速度で進化するならば，タンパク質を使って，分子系統樹を再構築したり，種の分岐年代を推定することができる (Zuckerkandl and Pauling, 1965)．第 2 に，分子時計の信頼性や，分子進化の機構に関して時計性の示唆することが，直接の論争の焦点となり，中立論者と選択論者の議論に巻き込まれていった．この論争につ

いては第 8.2 節に簡単にまとめてある．当時，ネオ・ダーウィニズム説が進化生物学者に一般的に認められるようになってきていた．その説によると進化の過程は自然選択に支配されている．生息地，生活史，世代時間などが異なる生物種では，その選択の機構はまったく異なるはずなので，ゾウとネズミのような異なる生物種の間で進化速度が一定であることは，ネオ・ダーウィニズム説と矛盾する．分子進化の中立説（neutral theory of molecular evolution）が提案されたとき（Kimura, 1968; King and Jukes, 1969），観察された分子進化の時計的な挙動は'おそらく中立説の最も強力な証拠'とされた（Kimura and Ohta, 1971）．中立説は，中立な突然変異あるいは相対的な適応度が 0 に近いほぼ中立な突然変異が，ランダムに固定することを強く主張している．このとき，分子進化速度は，環境の変化や集団のサイズのような要因には依存せず，中立突然変異率に等しくなる．もし，生物種のグループ内部で突然変異率が等しく，またタンパク質の機能も同じであれば，突然変異の中で中立なものが占める割合が等しくなるので，理論から進化速度の一定性が期待される（Ohta and Kimura, 1971）．タンパク質間の速度の違いは，異なるタンパク質ではそれらが受けている機能的制約が異なるので，中立突然変異の割合も異なるという仮定から説明される．しかしながら，中立説は時計的な進化に矛盾のない唯一の説というわけではないし，中立説が常に分子時計の存在を予測するわけでもない．中立説が予測する速度の一定性は，世代時間に関するものなのか，絶対年代に関するものなのか，あるいは分子時計は同義的な DNA の変化にのみ適用すべきものか，タンパク質の進化にも適用できるのかということなどについても論争がある（Kimura, 1983; Li and Tanimura, 1987; Gillespie, 1991; Li, 1997）．

1980 年代以来，DNA の塩基配列は急激に蓄積されてきており，広範囲にわたる時計性の検定の実施や，異なる生物グループにおける進化速度の推定に用いられてきた．Wu and Li (1985) や Britten (1986) は，霊長類の進化速度はげっ歯類よりも遅いこと，ヒトの進化速度はサルや類人猿よりも遅いことに言及しており，ことのことは霊長類速度低下（primate slowdown）やヒト上科速度低下（hominoid slowdown）として知られている（Li and Tanimura, 1987）．種間の速度の違いを説明するものとして提案されている 2 つの主要な因子は，世代時間と DNA 修復能である．世代時間が短ければ，絶対時間あたりの生殖系列における細胞分裂数が増え，突然変異率あるいは置換速度はより高くなる（Laird *et al.*, 1969; Wilson *et al.*, 1977; Wu and Li, 1985; Li *et al.*, 1987）．また，DNA 修復機構の信頼性が低ければ，突然変異率あるいは置換速度はより高くなる（Britten, 1986）．Martin and Palumbi (1993) は，核遺伝子でもミトコンドリア遺伝子でも，置換速度が体長に負の相関を示すことを見いだしており，置換速度はげっ歯類で速く，霊長類では中間で，クジラでは遅い．体長が置換速度に直接影響しているとは考えられないが，多くの生理的な生活史に関わる変数，とくに世代時間や代謝率に高い相関を示す．体長の小さな生物種は，世代時間が短く，代謝率が高い傾向がある．置換速度と体長の間の負の相関は，いくつかの研究によって支持されている（たとえば，Bromham *et al.*, 1996; Bromham, 2002）が，疑問視する研究もある（たとえば，Slowinski and Arbogast, 1999）．この意見の相違はまだ解決されていないようである．

分子時計の分岐年代推定への応用は，Zuckerkandl and Pauling (1962) によって始められた．彼らは近似的な時計を用いて，ヘモグロビン・ファミリーの α, β, γ，そして δ グロビンが遺伝子重複した年代を推定した．それ以来，分子時計は種の分岐年代の推定に広く用いられてきたが，

常に論争の種にもなってきた．その主要な原因は，分子時計により推定された分岐年代が化石記録としばしばかけはなれているためであった．この分子時計と化石記録のくい違いは，進化的に重要な出来事についてとくに顕著である．第1の論争は，主要な動物の形態の起源に関するものである．後生動物門の形態をもつ化石は，今から約5億〜6億年前のカンブリア初期に'爆発'的に出現する（Knoll and Carroll, 1999）が，たいていの分子データからの推定値はずっと古く，ときには2倍以上古く見積もられることもある（たとえば，Wray et al., 1996）．第2の論争は，Cretaceous-Tertiary 境界（K-T 境界）にあたる約 6500 万年前に，恐竜の滅亡に続いて起きた現代の哺乳類や鳥類の起源と分岐についてである．この場合も，分子データは化石からの推測よりも古い時代を示唆する（たとえば，Hedges et al., 1996）．くい違いの一因は，化石データが不十分であることによる；化石は，種がその識別に役に立つ形態的特徴を獲得して，化石化した年代を示すのに対して，分子データは，その種が遺伝的に隔離された年代を示す．そのため，化石データによる推定年代は，分子データによるものよりも新しくなってしまう（Foote et al., 1999; Tavaré et al., 2002）．くい違いの別の要因は，分子データからの年代推定の不正確さや欠陥によるものと思われる．ときには激しい論争になることもあるが，分子データと化石データは相互に影響しあい，化石の再解釈，分子による年代推定技術の批判的な評価，より進んだ解析技術の発展などを促進し，この研究分野の駆動力としてはたらいてきた．

　分子時計や分岐年代推定へのその使用に関しては，多くの優れた最近の総説がある．たとえば，以下の総説を参照せよ；分子時計の歴史に関しては，Morgan (1998) と Kumar (2005)；分子進化の理論に関する時計性の議論については，Bromham and Penny (2003)；K-T 境界における哺乳類の分岐や，カンブリア期近辺における主要な動物門の起源に関する分子と化石の間の論争の評価については，Cooper and Penny (1997), Cooper and Fortey (1998), Smith and Peterson (2002), Hasegawa et al. (2003) がある．この章では，時計仮説の検定の統計的な方法や，大域的また局所的な時計のモデルのもとでの種の分岐年代推定に関する最尤法およびベイズ法に焦点を絞る．そのような解析では，化石データは分子時計を較正するために，すなわち配列間距離を絶対的な地質年代や置換速度に換算するために用いられる．ウイルス遺伝子についても同様の較正が行われる．ウイルス遺伝子は非常に速く進化するため，その変化は年のオーダーで観察される．このとき，そのウイルスが単離された年代を用いて，分子時計の較正や分岐年代の推定が行われるが，その技術は本質的にはここで議論されるものと同じである．そのような解析については，Rambaut (2000) と Drummond et al. (2002) を参照せよ．

7.2 分子時計の検定

7.2.1 相対速度検定

　分子時計仮説の最も簡単な検定では，2つの生物種 A と B が同じ速度で進化しているかは，外群となる第3の生物種 C を用いて調べられる（図 7.1）．ほとんどすべての時計性の検定では，絶対速度ではなく相対速度が比較されているのだが，この方法は相対速度検定（relative-rate test）として知られている．相対速度検定は，Sarich and Wilson (1973; Sarich and Wilson, 1967 も参照せよ）に始まり，多くの文献で議論されてきた．分子時計仮説が正しければ，祖先節 O から

(a) 時計モデル　　　　(b) 非時計モデル

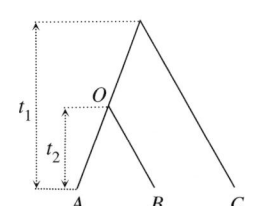

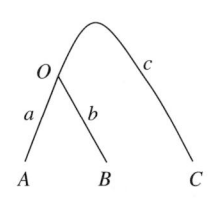

図 7.1 相対速度検定の説明のための有根および無根系統樹．(a) 時計性が仮定されている場合，パラメータは，サイトあたりの置換数の期待値によって計測される 2 つの祖先節の年代 t_1 と t_2 である．(b) 時計性が仮定されない場合，パラメータは，3 つの枝の長さ a, b, c であり，これらの尺度もサイトあたりの置換数の期待値である．時計モデルとは，$a = b$ という制約を課した非時計モデルの特殊なケースである；すなわち，非時計モデルは，$a = b = t_2$ で $(a+c)/2 = t_1$ のとき，時計モデルになる．

種 A までの距離と，O から種 B までの距離は等しくなければならない；すなわち $d_{OA} = d_{OB}$ あるいは $a = b$ となる（図 7.1）．またこれと等価なことであるが，分子時計仮説は，$d_{AC} = d_{BC}$ と定式化することもできる．Sarich and Wilson (1973) は，その違いの有意性をどのように判定するかを述べていない．Fitch (1976) は，差異数を用いて種間距離を計測し，枝 OA と OB における変化の数を，$a = d_{AB} + d_{AC} - d_{BC}$ および $b = d_{AB} + d_{BC} - d_{AC}$ と計算した．次に，χ_1^2 を用いて，$X^2 = (a-b)^2/(a+b)$ を評価することで，時計性が検定された．この方法は，2 項分布 $B(a+b, 1/2)$ により導かれる $\left(\dfrac{a}{a+b} - \dfrac{1}{2}\right) \Big/ \sqrt{\left(\dfrac{1}{2} \times \dfrac{1}{2}\right) \Big/ (a+b)} = (a-b)/\sqrt{a+b}$ を標準正規分布を用いて評価することにより，観察された割合 $a/(a+b)$ が $1/2$ から有意に逸脱しているかを検定することに等しい．この方法では，多重置換の補正ができないし，$a+b$ が小さいときには，χ^2 による近似や 2 項分布による近似の信頼性はない．Wu and Li (1985) は K80 モデル（Kimura, 1980）を用いて多重置換を補正し，$d = d_{AC} - d_{BC}$ とその標準偏差を計算した．次に，$d/\mathrm{SE}(d)$ を標準正規分布を用いて評価した．もちろん，距離や標準偏差の計算は置換モデルに依存する．置換モデルにそれほど影響されない検定手法の 1 つが，Tajima (1993) によって提案されている．この方法では，2 つのサイト・パターン xyy と xyx の個数（m_1 と m_2 としよう）が比較される．ここで，x や y は任意の異なる塩基を意味する．Tajima は，上で述べた Fitch の検定と同様に，$(m_1 - m_2)^2/(m_1 + m_2)$ を χ_1^2 を用いて評価することを提案している．相対速度検定は，尤度の枠組みの中でも行うことができる（Muse and Weir, 1992；また Felsenstein, 1981 も参照せよ）．まず，$a = b$ という制限のもとでの対数尤度 ℓ_0 と，そのような制限を導入しないときの対数尤度 ℓ_1 をそれぞれ計算する（図 7.1(b)）．次に，$2\Delta\ell = 2(\ell_1 - \ell_0)$ を χ_1^2 分布によって評価する．

7.2.2 尤度比検定

時計性の尤度比検定（Felsenstein, 1981）はどのようなサイズの系統樹にも適用できる．時計性の仮定（H_0）のもとでは，s 個の生物種の有根系統樹の $s-1$ 個の内部節の年代に対応する $s-1$ 個のパラメータがある．それらのパラメータの尺度は，サイトあたりの変化数の期待値である．より一般的なモデルである非時計モデル（H_1）は，すべての枝が固有の進化速度をもつこ

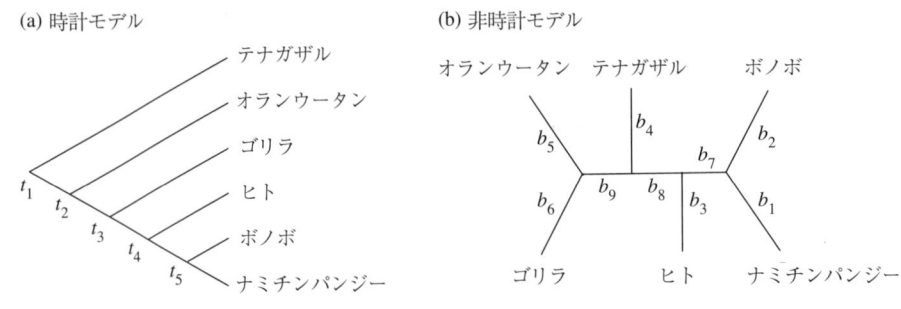

図 7.2 分子時計の尤度比検定のために用いられた 6 種の霊長類についての Horai *et al.* (1995) のデータによる有根系統樹と無根系統樹．(a) 時計モデルのもとでは，パラメータは祖先節の年代 $t_1 \sim t_5$ であり，尺度はサイトあたりの置換数の期待値である．(b) 時計性を仮定しない場合，パラメータは 9 つの枝長 $b_1 \sim b_9$ であり，尺度はサイトあたりの置換数の期待値である．この 2 つのモデルを尤度比検定を用いて比較することで，時計性が成立しているか否かを決定できる．

とを許す．この場合，年代と速度は区別できないので，このモデルは無根系統樹の枝長に相当する $2s - 3$ 個の自由パラメータを含んでいる．図 7.2 の $s = 6$ の生物種についての例では，時計モデルは $s - 1 = 5$ 個のパラメータ（$t_1 \sim t_5$）をもち，非時計モデルは $2s - 3 = 9$ 個のパラメータ（$b_1 \sim b_9$）をもつ．時計モデルは，$s - 2$ 個の等式制約を適用した非時計モデルに等しい．例では，$b_1 = b_2$，$b_3 = b_7 + b_1$，$b_4 = b_8 + b_3$，$b_5 = b_9 + b_4$ が 4 つの制約となる．不等式制約 $b_6 > b_5$ がパラメータの数を減らすことはない．ℓ_0 と ℓ_1 を，時計モデルと非時計モデルのもとでの対数尤度の値であるとしよう．このとき，$2\Delta\ell = 2(\ell_1 - \ell_0)$ が自由度 d.f. $= s - 2$ の χ^2 分布によって評価され，時計性が棄却できるかを決定する．

[例] ヒト，チンパンジー，ボノボ，ゴリラ，オランウータン，テナガザルのミトコンドリア 12S rRNA 遺伝子に関する分子時計の検定．有根系統樹と無根系統樹が図 7.2 に示されている．配列の GenBank でのアクセション番号については，Horai *et al.* (1995) を参照せよ．アラインメントは 957 個のサイトよりなり，平均塩基組成は 0.216(T), 0.263(C), 0.330(A), 0.192(G) である．検定には K80 モデルを用いた．時計性を仮定した場合の対数尤度は $\ell_0 = -2345.10$ であり，時計性を仮定しない場合の対数尤度は $\ell_1 = -2335.80$ であった．$2\Delta\ell = 2(\ell_1 - \ell_0) = 18.60$ を χ_4^2 分布を用いて評価すると $P < 0.001$ となり，この差は有意であることが示唆された．このとき，このデータについては時計性は棄却された． □

7.2.3 時計性の検定の限界

ここで，時計性の検定の限界について，いくつか述べておこう．第 1 に，ここまでに議論してきた検定のいずれも，時間の経過を通して速度が一定であるか否かは評価していない．その代わりに，それらは，置換数で計測された距離を用いて，すべての外部節は樹根から等距離にあるという弱い仮説を検定している．たとえば，すべての系統において，時間の経過を通して進化速度が加速している（または減速している）場合には，速度は一定ではないにもかかわらず，系統樹は時計性に従っているように見える．同様に，3 種の生物を用いた相対速度検定では，内群 (ingroup) に属している種 A と B の間で速度の差は検出できるかもしれないが，外群 (outgroup) の種 C

と内群の生物種との進化速度の差を検出することはできない．第2に，時計性が棄却され系統にわたり速度が変動している場合，変動する速度のほうが一定速度よりも理にかなった説明であるように思われるのだが，分子時計の検定は一定速度と系統内で平均化された変動速度を区別することができない．最後に，時計性を棄却できなかったとしても，それは単にデータ中の情報が不十分であったか，検定力が劣っているだけかもしれない．とくに，3種の生物種のみに適用される相対速度検定の検定力は低いことが多い（Bromham et al., 2000）．これらの観察は，時計性を棄却できないことが，速度の一定性が成立していることの強い証拠とはならないかもしれないことを示唆している．

7.2.4 分散指数

多くの初期の研究において，系統間での置換数の分散の平均に対する比として定義される分散指数 R（index of dispersion）を用いた分子時計の検定が行われた（Ohta and Kimura, 1971; Langley and Fitch, 1974; Kimura, 1983; Gillespie, 1984, 1986b, 1991）．速度が一定で生物種の関係が星状系統樹で表されるとき，各系統における置換数はポアソン分布に従うので，置換数の平均値は分散と等しくならねばならない（Ohta and Kimura, 1971）．R の値が1より有意に大きいことは，過分散時計性（over-dispersed clock）として知られている現象であるが，時計仮説から期待される中立性が成立していないことを意味する．分散指数は，時間の経過にわたっての速度の一定性の検定としてよりも，突然変異と自然選択の相対的な重要性の判断や，中立性の検定として使用されている．1よりも大きな分散指数は，自然選択の証拠としても捉えることができるが，世代時間，突然変異率，DNA修復効率，代謝速度の効果などの非選択的要素を示唆するものでもある．Kimura（1983, 1987）と Gillespie（1986a, 1991）は，哺乳類のいろいろな目（order）に由来する遺伝子の配列を用いた場合，R がしばしば1よりも大きくなるということを見いだした．しかし，これらの研究においては，哺乳類に対して星状系統樹を使用したため，R を過大評価してしまっているように見える（Goldman, 1994）．Ohta（1995）は3系統（霊長類，偶蹄類，げっ歯類）のみを用いることでこの系統樹の問題を回避したが，この解析では分散の計算に3系統しか用いていないので，標本誤差の影響を受けやすいかもしれない．より現実的なモデルが進化速度の推定に用いられているが，そのようなモデルに基づく尤度比検定を行えば，分子時計仮説をより厳密に検定できる場合が多く（たとえば，Yang and Nielsen, 1998），その意味において，分散指数はいくぶん古い方法といえるだろう（しかし，この点に関しては Cutler, 2000 を参照せよ）．

7.3 分岐時間の最尤推定

7.3.1 大域的時計モデル（Global-clock model）

分子時計の仮定は，進化的な出来事の年代を推定する上で単純ではあるが強力な方法を与えてくれる．時計性のもとでは，配列間距離の期待値は分岐時間に対して線形に増大する．系統樹中の1個以上の節の地質学的な年代について外的な情報が利用できる場合（通常は化石記録に基づくものだが）は，配列間距離あるいは枝長は絶対的な地質学的時間に変換できる．このことは，分

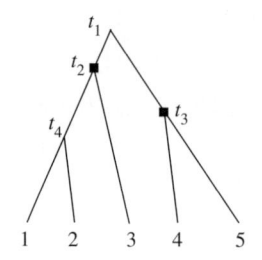

図 7.3 分岐年代推定の最尤法とベイズ法の説明に使用される 5 生物種の系統樹．化石による較正は，節 2 と 3 で行うことができる．

子時計の較正（calibration of the molecular clock）として知られている．距離行列法も最尤法も両方とも，内部節から現在までの距離を推定するのに使用できる．単純な置換モデルを用いると，多重置換は補正できず，距離は過小に推定されるだろうから，置換モデルとしてどれを仮定するかは重要であるだろう．この過小評価の問題は，小さい距離よりも大きな距離に関してのほうがより深刻な問題となることが多く，このような比例的ではない過小評価は分岐時間の推定への体系的な偏りをもたらすであろう．しかし，第 1 章，第 2 章，第 4 章で議論されたどの置換モデルも年代推定に問題なく使用できるので，置換モデルの効果は容易に評価できる．そこでこの章では，置換モデルの効果の代わりに，速度についての仮定，化石年代の不確実性の導入，時間の推定値の誤差の評価などに焦点を絞る．

同様に，分子時計による年代の推定では，有根系統樹の樹形が既知であると仮定される．系統樹の不確実性は分岐年代の推定に大きく影響するが，短い内部枝の周辺にくい違いがあるかどうかや，年代推定する節が較正に使用される節や多分岐の節に対してどのような位置にあるかに依存して，不確実性の影響は複雑になるであろう．系統樹の樹形に不確実性がある場合，多分岐（polytomy）の形で表される支持度の弱い節をもつようなコンセンサス系統樹を用いることは適切ではないだろう．コンセンサス系統樹中の多分岐は，真の関係の最良の推定というよりは，まだ関係が解明されていないことを示唆している．最も正確であると思われる 2 分岐系統樹を用いたほうがよいであろう．複数の 2 分岐系統樹を使用することにより，系統樹の樹形の不確実性に対する年代推定の頑健性についての示唆が得られるかもしれない．

s 生物種に関する有根系統樹中には $(s-1)$ 個の祖先節がある．c 個の祖先節の年代は化石データから決定されており，誤差なく既知であるとする．このとき，モデルは $(s-c)$ 個のパラメータを含んでいる：これは，置換速度 μ と較正に使用されない $(s-1-c)$ 個の節の年代である．たとえば，図 **7.3** の系統樹は，$s=5$ の生物種を含んでおり，その内部節の年代は t_1, t_2, t_3, t_4 の 4 つである．節の年代 t_2 と t_3 は，化石記録によって固定されているとしよう．このとき，このモデルのもとで 3 個のパラメータ，μ, t_1, t_4 が推定される．速度 μ と時間が与えられれば，各枝長は，速度とその枝における経過時間の積となるので，標準的なアルゴリズムでその尤度を計算できる（第 4 章参照）．すると，時間と速度は，尤度を最大化することで推定される．時間パラメータは，どの節もその母節より古くてはいけないという制約を満たさなければならない；図 7.3 の系統樹では，$t_1 > \max(t_2, t_3)$ で，$0 < t_4 < t_2$ がその制約である．尤度関数の数値的な最適化はこの制約のもとで実行されなければならないが，これは制約付き最適化や変数変換によって行

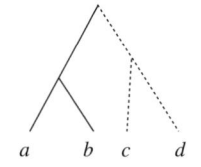

図 7.4 Rambaut and Bromham (1998) のカルテット年代推定法で使用された 4 生物種の系統樹．系統樹の左側の枝と右側の枝に対し，それぞれ異なる置換速度が仮定される．

うことができる (Yang and Yoder, 2003)．

7.3.2 局所的時計モデル (Local-clock models)

　分子時計は，ヒト上科の内部あるいは霊長類内部などのような近縁種の間では成立している場合が多いが，哺乳類の異なる目の間のような遠い関係の比較ではほとんどの場合成立していない (Yoder and Yang, 2000; Hasegawa *et al.*, 2003; Springer *et al.*, 2003)．配列は，距離に関する情報を与えてくれるが，時間と速度に関する情報を分離して与えてはくれないので，分岐時間の推定は速度に関する仮定に大きく影響されると思われる．実際にそうであることが多くの研究で見いだされている（たとえば，Takezaki *et al.*, 1995; Rambaut and Bromham, 1998; Yoder and Yang, 2000; Aris-Brosou and Yang, 2002)．

　時計性の破綻を処理する 1 つの方法は，いくつかの種を除くことで，残りの生物種については時計性が近似的に成立するようにすることである．この方法は，速度が大きく異なる 1 つか 2 つの系統が同定され，それを除くことができる場合には有用であるかもしれない (Takezaki *et al.*, 1995) が，速度の変動がより複雑な場合には適用は困難である．さらに，データを選別するこのようなアプローチは，検定力を失ってしまうことになる．別のアプローチとして，分岐年代を推定する際に，系統間の速度の変動を明示的に考慮するという方法がある．この方法は，用いられるのが最尤法であってもベイズ法であっても，近年の研究の焦点となっている．この節では，発見的速度平滑化アルゴリズムを含む最尤法によるアプローチについて述べる．ベイズ法によるアプローチについては，第 7.4 節で述べる．

　最尤法では，系統樹の枝に異なる速度を割り当て，分岐年代と枝ごとの速度の両方が ML で推定される．そのような局所的時計モデル (local-clock model) を最初に応用したのは，Kishino and Hasegawa (1990) であると思われる．彼らは，ヒト上科内の分岐年代を，系統間で異なるトランジションとトランスバージョンの速度をもつモデルを用いて推定した．配列間で観察されるトランジションとトランスバージョンの差異数に多変数正規近似を用いて尤度を計算した．Rambaut and Bromham (1998) は，尤度カルテット年代推定 (likelihood quartet-dating) の手続きについて議論した．この方法が適用されるのは，図 **7.4** に示される 4 生物種の系統樹 $((a, b), (c, d))$ であり，系統樹の左側はある速度をもち，右側は別の速度をもっているとする．この方法は，Yoder and Yang (2000) によって，任意のサイズの系統樹に拡張され，任意の数の速度を任意の枝に割り当てて使用できるようになった．この実装は，先に議論した大域的時計モデルの実装によく似ている．唯一の違いは，k 個の枝についての異なる速度を有する局所的時計モデルのもとでは，$(k-1)$ 個のパラメータを余分に推定しなければならないことである．

このような局所的時計モデルの重大な欠点は，仮定される速度の数や，速度が割り当てられる枝についての恣意性にある．割り当てによっては，モデルを同定不能にしてしまうため，実行できなくなることに注意しよう．もし，枝に速度を割り当てる外的な理由付けがある場合には，この方法は簡単に使用できるであろう；たとえば，生物種の2つのグループが異なる速度で進化することが期待される場合には，異なる速度を割り当てるとよい．しかし，一般的にはあまりにも多くの恣意性が含まれるだろう．Yang (2004) は，速度平滑化アルゴリズムを使用して，自動的な枝への速度の割り当てを支援する方法を提案したが，その手続きはやや複雑なものとなった．

7.3.3 発見的速度平滑化法

Sanderson (1997) は，先験的に枝に速度を割り当てることなしに，局所的時計モデルのもとで分岐年代を推定するための，発見的な速度平滑化アプローチについて述べている．この方法は，進化速度はそれ自身が進化するもので，そのため速度は系統樹中の系統間で自己相関があり，近縁な系統では進化速度が類似しているという Gillespie (1991) のアイデアに従ったものである．この方法は，枝間の速度の変化を最小化し，それによって速度を平滑化し，速度と時間の同時推定を可能にするというものである．ここで，節 k にいたる枝を枝 k とよぶことにする．また枝 k は速度 r_k をもつものとする．$\mathbf{t}$ を時間の集合，$\mathbf{r}$ を進化速度の集合とする．Sanderson (1997) は，最節約法あるいは最尤法を使って系統樹中の枝長（b_k）を推定し，式 (7.2) の制約のもとで式 (7.1) を最小化することで，系統樹中の枝長に対して時間と速度を適合させた．

$$W(\mathbf{t}, \mathbf{r}) = \sum_k (r_k - r_{\mathrm{anc}(k)})^2 \tag{7.1}$$

$$r_k T_k = b_k \tag{7.2}$$

式 (7.1) で $\mathrm{anc}(k)$ は節 k の祖先節である．式 (7.2) で T_k は枝 k に対応する経過時間を意味し，もし k が外部節であれば $t_{\mathrm{anc}(k)}$ となり，k が内部節であれば $t_{\mathrm{anc}(k)} - t_k$ となる．樹根を除くすべての節で，式 (7.1) 内の和がとられる．樹根の2つの娘節（それらを1と2としよう）は祖先の枝をもたず，速度の差の2乗の和は，$(r_1 - \bar{r})^2 + (r_2 - \bar{r})^2$ で置き換えられる．ここで $\bar{r} = (r_1 + r_2)/2$ である．このアプローチは，推定された枝長への完全な適合を要求する一方，祖先と子孫の枝の間の速度の変化の最小化も要求している．このとき，推定された枝長の標本誤差は無視される．

改良されたバージョンが Sanderson (2002) によって提案されている．その方法では，次の'対数尤度関数'が最大化されている．

$$\ell(\mathbf{t}, \mathbf{r}, \lambda | X) = \log\{f(X|\mathbf{t}, \mathbf{r})\} - \lambda \sum_k (r_k - r_{\mathrm{anc}(k)})^2 \tag{7.3}$$

この式の第2項は式 (7.1) と同じもので，枝間での速度の変化に対するペナルティとなっている．第1項は，$\mathbf{t}$ と $\mathbf{r}$ が与えられたときのデータの対数尤度である．これは，Felsenstein (1981) の枝刈りアルゴリズムを用いて計算することができる．計算量を減らすため Sanderson (2002) は，最節約法あるいは最尤法によって推定された各枝に沿った配列全体の変化数に対してポアソン近似を用いた．このとき，データの確率は各枝のポアソン確率の積として得られる．この近似では，

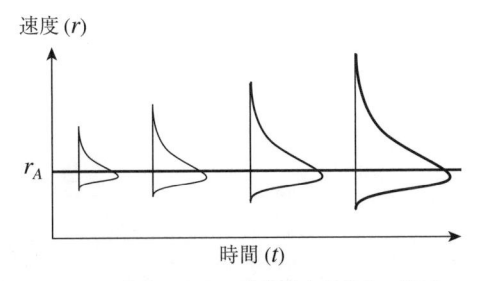

図 7.5 速度の浮動に関する幾何ブラウン運動モデル．平均速度は祖先の速度 r_A と同じ値にとどまっているが，分散のパラメータ $t\sigma^2$ は時間の経過に伴って線形に増大する．

推定される枝長間の相関は無視される．さらに，置換の過程は，JC69 あるいは K80 のような簡単なモデルの場合のみポアソンとなる．HKY85 あるいは GTR のようなより複雑なモデルのもとでは，異なる塩基は異なる速度を有し，置換の過程はポアソンにはならない．

平滑化パラメータ λ は，式 (7.3) の 2 つの項の相対的な重要性，すなわちどの程度速度の変動が許容されるかを決定している．もし，$\lambda \to 0$ とすると，速度は完全に自由に変化することができ，枝長に完全に適合する．もし，$\lambda \to \infty$ とすると，速度は変化できなくなり，時計モデルになってしまう．λ を選択するための厳密な基準はない．Sanderson (2002) は，交差検定法 (cross-validation) を使ってデータから λ を推定した．任意の λ の値について，小さなサイズの部分データを抜き取り，残りのデータからパラメータ $\mathbf{r}$ と $\mathbf{t}$ を推定する．次に，その推定値を用いて，抜き取られた部分データの予測を行う．全体的に最良の予測を与える λ が推定値として用いられる．Sanderson は，いわゆる '1 つ抜き（leave-one-out）' 交差検定法 (cross-validation) を用いて，すべての外部枝について順番にその枝長（置換数）を除いた．もし，データが複数の遺伝子より構成されており，遺伝子によって速度や λ が異なることが期待される場合，このアプローチによる計算のコストは莫大なものになる．

Yang (2004) は，この方法にいくつかの変更を行い，式 (7.4) に示す '対数尤度関数' を最大化することを提案した．

$$\ell(\mathbf{t}, \mathbf{r}, \sigma^2; X) = \log\{f(X|\mathbf{t}, \mathbf{r})\} + \log\{f(\mathbf{r}|\mathbf{t}, \sigma^2)\} + \log\{f(\sigma^2)\} \tag{7.4}$$

第 1 項は対数尤度である．Yang (2004) は，Thorne *et al.* (1998) に従い，時計性を仮定しないで推定された枝長の MLE に対して正規近似を行った（以下を参照せよ）．第 2 項において，$f(\mathbf{r}|\mathbf{t})$ は，速度の事前密度関数である．この関数は，Thorne *et al.* (1998) による速度の浮動に関する幾何ブラウン運動モデル (geometric Brownian motion model) によって決定される．このモデルは，図 **7.5** で説明されているが，第 7.4 節でさらに詳しく議論される．ここでは，祖先の速度 $r_{\text{anc}(k)}$ が与えられたときに，現在の速度 r は式 (7.5) に示す密度をもつ対数正規分布に従うということだけで十分である．

$$f(r_k|r_{\text{anc}(k)}) = \frac{\exp\left\{-\frac{1}{2t\sigma^2}\left(\log\left(r_k/r_{\text{anc}(k)}\right) + \frac{1}{2}t\sigma^2\right)^2\right\}}{r_k\sqrt{2\pi t\sigma^2}} \quad (0 < r_k < \infty) \tag{7.5}$$

ここでは，パラメータ σ^2 は，系統樹がどの程度時計性をもっているかを決定しており，大きな

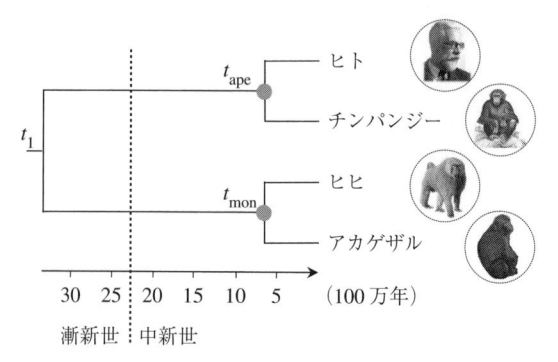

図 7.6 Steiper et al.（2004）のデータによる 4 種の霊長類の系統樹．枝長は，ベイズ法による局所的時計モデルを用いて推定された分岐年代の事後平均に比例するように描かれている（表 7.2 における clock3）．

σ^2 は速度の変異が激しく，時計性がまったく成立しないことを意味している．すべての速度についての密度 $f(\mathbf{r}|\mathbf{t})$ は，各枝の対数正規密度関数の積をとることで得られる．式 (7.5) の密度は，r_k が $r_{\mathrm{anc}(k)}$ に近いときには高く，r_k と $r_{\mathrm{anc}(k)}$ が大きく異なるときには低いので，$f(\mathbf{r}|\mathbf{t})$ を最大化することは，枝間の速度の変動を最小化する効果があり，これは式 (7.3) において速度の差の 2 乗の総和を最小化することに類似している．Sanderson のアプローチと比較すると，この方法は速度や枝長のスケールのちがいを自動的に考慮できるという利点があり，そのため交差検定を行う必要がない．データが複数の遺伝子に由来する配列を含む場合には，各遺伝子座の $f(X|\mathbf{t},\mathbf{r})$ や速度の事前密度関数 $f(\mathbf{r}|\mathbf{t})$ の積をとるだけでよい．最後に，式 (7.4) の第 3 項では，小さな平均（0.001）をもつ指数事前分布が用いられ，σ^2 の大きな値に対するペナルティとしてはたらく．

この速度平滑化アルゴリズム（Sanderson, 1997, 2002; Yang, 2004）は，アドホックなものであり，いくつかの問題点がある．第 1 の問題は，式 (7.3) や (7.4) の '対数尤度関数' は，通常の言葉の意味においては対数尤度ではないことである．なぜなら，速度 $\mathbf{r}$ はモデル中の観測されない確率変数であり，理想的には尤度の計算において積分によって消去されるべきものであるからだ．このような '罰則付き尤度' は，たとえば経験的頻度の密度を平滑化する場合（Silverman, 1986, pp.110–119）などに統計学者によって使用されているが，その統計的性質ははっきりわかっていない．第 2 の問題は，尤度のポアソン近似や正規近似の信頼性は未知であることである．速度の数が非常に多くなり，また高次元の最適化問題となることから，配列アラインメントに関しての正確な計算は，計算上実行可能とは思われない．Yang (2004) の方法では，速度の平滑化を用いて，まず枝に速度クラスのみが割り当てられる；次に，分岐時間が，各枝の速度とともに ML 法によってオリジナルのアラインメントから推定される．

7.3.4 霊長類の分岐年代推定

最尤法による大域的時計モデルと局所的時計モデルを Steiper et al. (2004) のデータセットに適用し，ヒト上科（類人猿とヒト）とオナガザル上科（旧世界ザル）の分岐年代を推定する（図 **7.6**）．データは，4 種：ヒト（*Homo sapiens*），チンパンジー（*Pan troglodytes*），ヒヒ（*Papio anubis*），アカゲザル（*Macaca mulatta*）に由来する 5 つのゲノムのコンティグ（それぞれ 12〜64 kbp）からなる．配列データの GenBank のアクセション番号については，Steiper et al. (2004) を参照

せよ．5個のコンティグは連結して1つのデータセットにする；Yang and Rannala (2006) の解析においては，置換速度の違い，塩基組成の違い，サイト間の速度の変動の大きさの違いなどのようなコンティグ間の違いを考慮しても，非常によく似た結果が得られる．比較のため，JC69モデルとHKY85+Γ_5モデルを用いた．HKY85+Γ_5モデルのもとでは，パラメータのMLEは $\hat{\kappa} = 4.4$, $\hat{\alpha} = 0.68$ となるが，塩基組成は観測値を推定値として用いた：0.327(T), 0.177(C), 0.312(A), 0.184(G). HKY85+Γ_5モデルのパラメータ数はJC69よりも4つ多く，2つのモデルの対数尤度の差は7,700より大きい；すなわち，JC69はデータによって容易に棄却される．

2点で化石による較正を行う．ヒト–チンパンジーの分岐年代は，600万〜800万年の間 (Brunet et al., 2002) にあると仮定し，ヒヒとアカゲザルの分岐年代は500万〜700万年の間 (Delson et al., 2000) にあると仮定する．関連する化石データの総説については，Steiper et al. (2004) や Raaum et al. (2005) を参照せよ．ここでの尤度解析では，2つの較正点を $t_{\text{ape}} = 700$ 万年，$t_{\text{mon}} = 600$ 万年に固定する．尤度比検定では時計性は棄却されない (Yang and Rannala, 2006). 時計モデルには2つのパラメータ t_1 と r が含まれる．その推定値は，JC69を用いてもHKY85+Γ_5 を用いても，樹根の年代は $\hat{t}_1 = 3300$ 万〜3400万年となり，$\hat{r} = 6.6 \times 10^{-10}$（単位は，年あたりサイトあたりの置換数）となる．局所的時計モデルでは，類人猿と旧世界ザルでは，速度が異なることを仮定している．これは，Rambaut and Bromham (1998) のカルテット年代推定の方法である．t_1 の推定値は，時計性の仮定のもとでの推定値とほぼ同じであるが，速度は旧世界ザルより類人猿のほうで遅くなっている：$\hat{r}_{\text{ape}} = 5.4$, $\hat{r}_{\text{mon}} = 8.0$. 最尤法では，化石による較正の不確実性が無視され，点推定の信頼性が大きく過大評価されることに注意しておこう．Steiper et al. (2004) は，$t_{\text{ape}} = 600$万年あるいは800万年，$t_{\text{mon}} = 500$万年あるいは700万年として，その化石による較正の4つの組合せを用い，得られた t_1 の推定値の範囲を化石の不確実性の影響を評価するのに利用した．いずれにせよ，ヒト上科とオナガザル上科の分岐年代 t_1 の推定値は Steiper et al. の推定値に近い．

*7.3.5 化石の不確実性
7.3.5.1 化石による較正の情報を特定することの複雑性

分子時計による年代推定に使用するために，化石からの較正に用いる節の年代を確率分布で表すのは理にかなっているように思える．このとき，この確率分布は，化石記録についてのわれわれの最善の判断を表現している．しかし，較正の情報を明確に記述するために化石を使用することは込み入った処理である (Hedges and Kumar, 2004; Yang and Rannala, 2006). 第1に，化石による年代推定では，放射線年代測定の実験誤差や，化石を間違った地層に割り当てることなどによる間違いをおかしがちである．第2に，化石を系統樹上の正しい位置に配置することは非常に複雑になる場合がある．ある化石がある分岐群の祖先であることは明らかであっても，どの程度その化石種が分岐群の共通祖先からさかのぼるのかを決定することは困難であるだろう．また，形質状態の変化を誤って解釈すると，化石は誤った系統に割り当てられるかもしれない．祖先であると仮定された化石は，実際には絶滅した傍系の枝の上にあり，対象としている分岐群の年代の問題には直接的には関係ないかもしれない．そのような困難な仕事は古生物学者に喜んでお任せすることにし (Benton et al., 2000), ここでは，化石の年代に関する情報が既知である場

合に，それをどのように分子時計による年代推定に取り入れるかという問題のみに焦点を絞ろう．

7.3.5.2 単純な最尤法の実装に関する問題

大域的また局所的時計の尤度モデルや速度平滑化アルゴリズムなど，ここまで議論してきた方法では，1個以上の節を化石による較正に用いることができるが，較正に用いられた節の年代は誤差のない既知の定数であると仮定されている．化石の較正における不確実性を無視することの問題は十分に認識されている (Graur and Martin, 2004; Hedges and Kumar, 2004)．もし，化石による較正が1点のみで行われ，その化石の年代が，それに対応する分岐群の共通祖先の最も新しい年代を表していれば，他のすべての節の推定年代もまた最小年代であると解釈されるであろう．しかし，この解釈によれば，同時に多数の較正を行うことは適切ではない．なぜなら，節の最小年代は互いにも，また配列データとも整合性がないかもしれないからだ．2つの節の真の年代が1億年と2億年であり，化石によるそれらの最小年代が5000万年と1億3000万年であるとしよう．較正としてそれらを用いるとき，現在の年代推定法では，それら最小年代は，節の真の年代として解釈され，時計性の仮定のもとでは，それら2つの節から現在までの距離の比は，真の比 1:2 ではなく，1:2.6 となる．その結果，時間の推定値には体系的な偏りが生じる．

Sanderson (1997) は，彼の罰則付き最尤法 (式 (7.3)) の中で年代と速度の推定値を得るために用いられた制約付き最適化アルゴリズムを使って，化石データの不確実性を導入する方法として節の年代の上限と下限を使用することを議論した．このアプローチではモデルが同定不能になってしまうので，有効であるようには見えない．節の年代 t_C が区間 (t_L, t_U) に制限されている化石による1点での較正を考えよう．区間内部のある t_C に対して，他の節の年代と速度の推定値を $\hat{t}$ と $\hat{r}$，平滑化パラメータを $\hat{\lambda}$ としよう．$t'_C = 2t_C$ もまた区間内に含まれるならば，$\hat{t}' = 2\hat{t}$，$\hat{r}' = \hat{r}/2$，$\hat{\lambda}' = 4\hat{\lambda}$ も，尤度 (式 (7.3)) あるいは交差検定法の基準に同等に適合する；言い換えると，すべての分岐時間を2倍にし，すべての速度を半分にすることで，まったく同様に適合してしまい，パラメータ値に関して，その2セットばかりでなく，他の多くのセットとも区別することができない．もし，複数点で化石による較正が同時に行われ，それらが互いに，あるいは分子データと矛盾しているようであれば，最適化アルゴリズムは区間の境界で停止するであろうが，化石による節の年代の不確実性は適切には取り込まれない．さらに，Thorne and Kishino (2005) は，Sanderson のアプローチから推定された分岐時間の信頼区間を構築するためにノンパラメトリック・ブートストラップ法の標準的な使用に伴う問題点を指摘している．アラインメントからサイトを再抽出して，ブートストラップのデータセットを生成し，同じ化石による較正を用いて各ブートストラップ標本を解析する場合，その方法では化石の不確実性を考慮できず，誤って狭い信頼区間を構築してしまう．極端に長い配列よりなるデータセットを考えると，この問題は明らかになる．データの量が無限大に近づくと，ブートストラップ標本からの年代の推定値には差がなくなり，信頼区間の幅は0になるであろう．しかし，正確な区間は，化石の不確実性を反映した正の幅をもたなければならない．

7.3.5.3 最尤法に化石の不確実性を導入するためのアプローチ

ベイズ法では，化石の不確実性は分岐年代の事前分布に自然に取り込まれており，自動的に事

後分布に含められるが（次節参照），それに対し，化石の不確実性を処理しうる最尤法はまだ開発されていない．この推定問題は従来のものとは異なり，モデルは完全に同定可能ではなく，推定値の誤差は配列データが増加しても0にならない．ここでは，概念的な問題に焦点を絞り，直観的に解の判断ができるような単純なケースのみを取り扱うことで，いくつかの可能なアプローチについて議論しよう．それらのアイデアは，一般的な問題に適用できるように見えるけれども，計算上実行可能なアルゴリズムはまだ開発されていない．

たとえ配列データの量が無限大であっても，年代の推定値に常に不確実性が含まれている場合，そのような不確実性を表す $f(\mathbf{t}|x)$ の形の確率密度関数を用いることは理にかなっているようにみえる．しかし，（ベイズ推定におけるように）$\mathbf{t}$ に関する事前分布がなければ，データ x が与えられたときの年代 $\mathbf{t}$ の条件付き密度というのは意味のある考えではない（第5.1.3項参照）．Fisher (1930b) の確信確率（fiducial probability）は，有用な枠組みを与えてくれるように思われる．この枠組みでは，パラメータ $\mathbf{t}$ の分布は $\mathbf{t}$ に関する知識についてのわれわれの状態を表現するために使用される．この考え方を説明するために，θ が未知の正規分布 $N(\theta, 1)$ から抽出されたサイズ n の無作為標本を考えよう．標本平均 $\bar{x}$ は，密度 $f(\bar{x}|\theta) = \frac{1}{\sqrt{2\pi/n}} \exp\left\{-\frac{n}{2}(\bar{x} - \theta)^2\right\}$ をもつ．これは θ の尤度でもある．Fisher は，これをデータ x が与えられたときの θ の密度と見なせることを示唆し，これを確信分布とよんだ．

$$f(\theta|x) = \frac{1}{\sqrt{2\pi/n}} \exp\left\{-\frac{n}{2}(\theta - \bar{x})^2\right\} \tag{7.6}$$

$f(\theta|x)$ は，通常の意味においては確率密度ではないことに注意しよう．むしろ，それはパラメータの可能な値におかれる信頼性の表現であり，ベイズ統計における信念の程度（degree of belief）に類似している．ベイズの事後密度との違いは，何の事前分布も仮定されていないことである．Savage (1962) は，確信推測を，'ベイズの卵を割らないで，ベイズのオムレツを作るような試み'と評した．確信推測は論争のまとになっている考えであり，しばしばFisherの重大な失敗といわれている．Wallace (1980) は，'R.A. Fisherの生み出したものすべての中で，確信推測はおそらく最も野心的であるが，最も受け入れられていない研究でもある'と述べている．しかし，この考えは，最近になって一般化信頼区間（generalized confidence intervals）(Weerahandi, 1993, 2004) の名前で甦ってきているように思われる．

以下に，最尤法の枠組みの中での分岐年代推定に対する確信推測の試験的な応用を示す．また，化石の不確実性を導入する他の有望な方法のいくつかについて議論しよう．

この章を書き終えたあとに，ここで述べたFisherの確信統計の試験的な使用が，正確にはFisherのオリジナルの定義（Fisher, 1930b）と対応しないことに気がついた．観測 x と1パラメータ θ の簡単な場合について，Fisherは θ の確信密度を，$f(\theta|x) = -\frac{\partial F(x|\theta)}{\partial \theta}$ と定義した．ここで，$F(\theta|x)$ は累積密度関数である．この定義は，分岐年代を推定する現在の問題においては取り扱いがむずかしいようにみえる．また，以下で確信密度として考えたものは，実際には再スケール化した尤度であり，枝長について変則一様事前分布を用いたときの事後分布に等価である．ここでの議論は，さらなる研究を鼓舞するものとして覚えておくべきであろう．

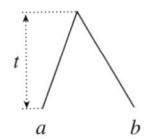

図 7.7 時計性のもとで置換速度 r を推定するための，時間 t だけ前に分岐した 2 生物種の系統樹．時間 t は完全にはわかっておらず，その不確実性はおそらく化石記録に基づくものだが，それは確率密度 $g(t)$ によって表される．配列データは，枝長 $b = tr$ についての情報を与える．

7.3.5.4 時計性のもとでの 2 生物種，無限サイズのデータの場合

単純なケースの 1 つに，2 生物種の分岐年代が不確実である場合の速度 r の推定がある．$g(t)$ を t についての確率密度としよう；この密度は，樹根の年代に関する化石記録のわれわれの最良の解釈を表現している（図 **7.7**）．x をデータとする．最初に，配列は無限に長く，枝長 $b \, (= tr)$ は完全に決定できると仮定する．r について先験的に何もわかっていなければ，r の確信分布は単純な変数変換，$r = b/t$ によって式 (7.7) のように与えられる（補遺 A の定理 1 参照）．

$$f(r|x) = g(b/r) \times b/r^2 \tag{7.7}$$

ここで，データ x は枝長 b であり，定数である．$b = 0.5$ で，t が平均 1 の一様分布あるいはガンマ分布に従う場合，すなわち，図 **7.8**(a) に示すように，$t \sim U(0.5, 1.5)$，あるいは $t \sim G(10, 10)$ であるときの密度 $f(r|x)$ が図 7.8(b) に示されている．r はパラメータなので，$f(r|x)$ は頻度論的な解釈をもたない；すなわち，$r \, \mathrm{d}r$ は母集団から抽出された r が区間 $(r, r+\mathrm{d}r)$ に入る期待頻度とは解釈できない．

7.3.5.5 時計性のもとでの 2 生物種，有限のサイズのデータの場合

次に，n 個のサイトよりなる 2 本の配列間で x 個の差異を含む，有限個のデータセットについて考えよう．JC69 モデルを仮定する．枝長 $b = tr$ が与えられたときの尤度は，式 (7.8) で与えられる．

$$\phi(x|b) = \left(\frac{3}{4} - \frac{3}{4} e^{-8b/3} \right)^x \left(\frac{1}{4} + \frac{3}{4} e^{-8b/3} \right)^{n-x} \tag{7.8}$$

データセットが大きいときには，これは正規密度に近づく．r は，無限大のサイズのデータのときよりも，有限サイズのデータのときにより多くの不確実性を含むと考えられる．そこで，b の確信分布を式 (7.9) のように定義するのは合理的であろう．

$$f(b|x) = C_x \phi(x|b) \tag{7.9}$$

ここで，$C_x = 1/\int_0^\infty \phi(x|b) \, \mathrm{d}b$ は正規化定数である．b に関する不確実性は，t に関する不確実性とは独立であるので，b と t の同時分布は式 (7.10) のようになる．

$$f(b, t|x) = C_x \phi(x|b) g(t) \tag{7.10}$$

r の分布を導くために，変数を (b, t) から (t, r) に変えると，式 (7.11) が得られる．

$$f(t, r|x) = C_x \phi(x|tr) g(t) t \tag{7.11}$$

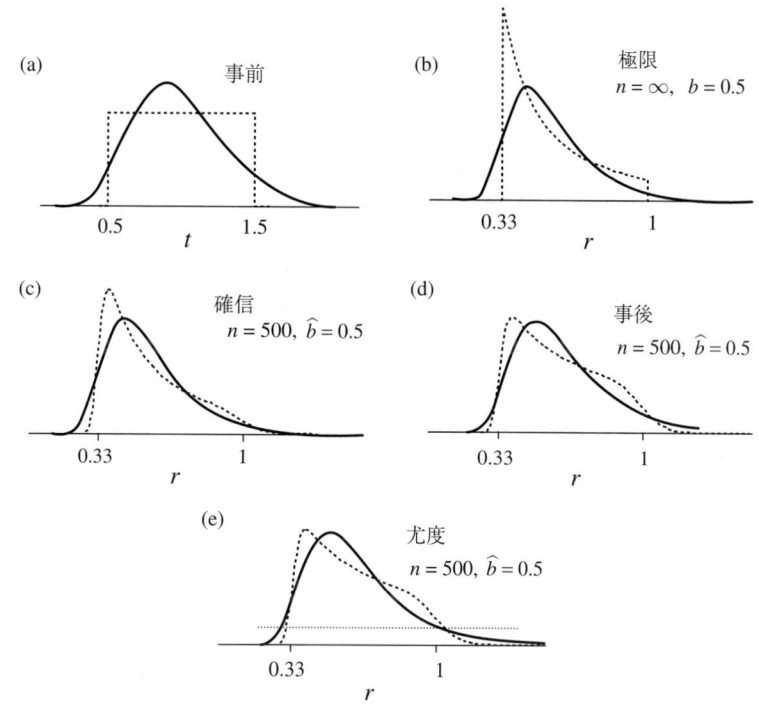

(a) 事前	(b) 極限 $n=\infty$, $b=0.5$
(c) 確信 $n=500$, $\widehat{b}=0.5$	(d) 事後 $n=500$, $\widehat{b}=0.5$
(e) 尤度 $n=500$, $\widehat{b}=0.5$	

図 7.8 分岐年代 t が分布 $g(t)$ で表される不確実性をもつ場合（図 7.7）の，2 本の配列の比較から置換速度 r を推定するための異なるアプローチ．(a) 化石記録に基づく t の知識についてのわれわれの状態を表す 2 つの t についての分布が示されている．第 1 の分布（破線）は $t \sim U(0.5, 1.5)$ である；すなわち，$0.5 < t < 1.5$ では $g(t) = 1$ で，それ以外の領域では $g(t) = 0$ である．第 2 の分布（実線）は $t \sim G(10, 10)$，すなわち平均 1 をもつガンマ分布である．時間の単位を 1 億年とすると，どちらの分布でも年代の平均は 1 億年である．(b) 配列が無限大の長さをもち，枝長 $b = tr = 0.5$（単位はサイトあたりの置換数，2 本の配列の間でサイトあたり 1 個の置換が生じていることに対応）が誤差なしに既知であるときの r の分布．分岐時間が 1 億年の場合，この距離は速度 0.5×10^{-8}（単位は，年あたりサイトあたりの置換数）に対応する．これらの密度は，式 (7.7) から計算される．(c) データが，$n = 500$ サイト中，$x = 276$ サイトで差異がある場合の，式 (7.12) で与えられる r の確信分布．(d) r について変則一様事前分布，すなわち，$0 < r < \infty$ で $f(r) = 1$ が与えられたときの事後密度（式 (7.13)）．(e) 式 (7.15) により与えられる（積分）尤度関数．水平線は，最大値に $1/e^{1.92}$ をかけた値に等しい尤度を表している；それは，近似的に 95%尤度（信頼）区間を表している．積分は，Mathematica を用いて数値的に計算された．結果の要約は表 7.1 を参照せよ．

このとき，r の確信分布は，t について積分して t を消去することで，式 (7.12) のように求められる．

$$f(r|x) = \int_0^\infty f(t, r|x)\,dt = \frac{\int_0^\infty \left(\frac{3}{4} - \frac{3}{4}e^{-8tr/3}\right)^x \left(\frac{1}{4} + \frac{3}{4}e^{-8tr/3}\right)^{n-x} g(t) t\,dt}{\int_0^\infty \left(\frac{3}{4} - \frac{3}{4}e^{-8b/3}\right)^x \left(\frac{1}{4} + \frac{3}{4}e^{-8b/3}\right)^{n-x} db} \tag{7.12}$$

$n \to \infty$ のとき，この式は式 (7.7) で表される極限密度に収束することが期待されるが，まだ確認されていない．

$n = 500$ サイトのうち $x = 276$ 個の差異をもつ仮想的なデータセットを考えよう．b の MLE は $\widehat{b} = 0.5$ であり，正規化定数は $C_x = 5.3482 \times 10^{-141}$ となる．式 (7.12) の密度は図 7.8(c) に示されている．予想されるように，この分布の裾は，無限大のサイズについて図 7.8(b) に示された密度よりも長い．t が一様分布に従っている場合，b の不確実性のため r は正の半直線全体に

わたって正の支持をもつが，$n = \infty$ のときには，r は $(1/3, 1)$ の区間の中にしか存在できないことに注意しておこう．

第2のアプローチは，ベイズ法によるものである．この方法の大きな系統樹に関する一般的な場合への応用については，次節で議論する．ここでは，比較のためにベイズ法を用いておこう．r に変則事前分布 $f(r) = 1 \ (0 < r < \infty)$ を割り当てよう．すると，事後分布は，式 (7.13) で与えられる．

$$f(r|x) = \frac{\int_0^\infty \left(\frac{3}{4} - \frac{3}{4}e^{-8tr/3}\right)^x \left(\frac{1}{4} + \frac{3}{4}e^{-8tr/3}\right)^{n-x} g(t)\,dt}{\int_0^\infty \int_0^\infty \left(\frac{3}{4} - \frac{3}{4}e^{-8tr/3}\right)^x \left(\frac{1}{4} + \frac{3}{4}e^{-8tr/3}\right)^{n-x} g(t)\,dt\,dr} \quad (7.13)$$

t が一様事前分布に従う場合とガンマ事前分布に従う場合の事後分布が，図 7.8(d) に示されている．$n \to \infty$ のときの極限事後密度は，変数を (r, t) から (r, b) に変換し，b について条件付けることで，式 (7.14) として得られる．

$$f(r|x) = g\left(\frac{b}{r}\right) \frac{1}{r} \bigg/ \int_0^\infty g\left(\frac{b}{r}\right) \frac{1}{r} \,dr \quad (7.14)$$

図 7.8 の例では，式 (7.14)（プロットは示されていない）は，式 (7.7) に類似しているが同じではない．

第3のアプローチでは，t に関する不確実性について積分した次の尤度から r が推定される：

$$\begin{aligned} L(r|x) = f(x|r) &= \int_0^\infty \phi(x|tr) g(t)\,dt \\ &= \int_0^\infty \left(\frac{3}{4} - \frac{3}{4}e^{-8tr/3}\right)^x \left(\frac{1}{4} + \frac{3}{4}e^{-8tr/3}\right)^{n-x} g(t)\,dt \end{aligned} \quad (7.15)$$

この定式化は，データが次に示す複合的な標本抽出法によって得られた1標本点から構成されることを仮定している．任意のパラメータ値 r に対して，

1) $g(t)$ からの抽出により時間 t を発生させる．
2) JC69 のもとで，$b = tr$ の枝長を用いて，n サイトの長さの2本の配列を発生させる．

この方法から得られる n サイトよりなる配列アラインメントが，1標本点を構成する．別の標本点を発生させたければ，別の t を抽出し，$b = tr$ を用いて別の配列アラインメントを生成する．この定式化は，明らかにここでの問題を記述するのに適していない．実際，$g(t)$ は t に関する不完全な知識についてのわれわれの状態を表すもので，そこから標本を抽出できるような時間の頻度分布ではない；われわれは，固定された枝長 b を使ってデータを発生させ，t についての不確実な情報に基づき r を推定する．式 (7.15) の尤度は，このように論理的に正当化することは困難であるが，t に関する不確実性を表しており，実用的には有用であるだろう．$g(t)$ が一様密度あるいはガンマ密度である場合の尤度が，図 7.8(e) にプロットされている．95%尤度（信頼）区間は，対数尤度の最大値との差が 1.92 以下の領域として構築できる（**表 7.1**）．同様に，対数尤度曲面の曲率も，MLE に対する正規近似に基づき信頼区間を構築するのに用いることができるだろう．しかし，そのような漸近近似の信頼性ははっきりしない．積分尤度（式 (7.15)）とベイズの事後密度（式 (7.13)）は，その解釈は異なるものの比例関係にあることに注意しておこう．

式 (7.15) の尤度に関して，いくつかコメントしておこう．第1に，$\phi(x|tr)$ を尤度と見なし，

表 7.1 異なる方法による速度 r の推定

方法	t についての一様事前分布		t についてのガンマ事前分布	
	平均	(95%区間) と幅	平均	(95%区間) と幅
極限分布 ($n=\infty$)（図 7.8(b)）	0.5493	(0.3390, 0.9524) 0.6134	0.5556	(0.2927, 1.0427) 0.75
確信分布（図 7.8(c)）	0.5563	(0.3231, 0.9854) 0.6623	0.5626	(0.2880, 1.0722) 0.7842
事後分布（図 7.8(d)）	0.6145	(0.3317, 1.0233) 0.6916	0.6329	(0.3125, 1.2479) 0.9354
尤度（図 7.8(e)）	0.3913	(0.3030, 1.0363) 0.7333	0.5025	(0.3027, 1.0379) 0.7352

極限分布, 確信分布, 事後分布についての平均, 2.5 パーセント分位点と 97.5 パーセント分位点が示されている. 尤度に関しては, MLE と 95%尤度区間が示されている.

Sanderson（1997）の制約付き最適化のアプローチと同様に, $t_L < t < t_U$ の制約のもとで r と t の両方を推定するために $\phi(x|tr)$ を最大化することは, 実行できないということに注意しておこう. 式 (7.15) の積分尤度は, $t \sim U(t_L, t_U)$ を仮定している. この分布に関する仮定は, 単に t が区間 (t_L, t_U) の中にあるということよりも強く, 分岐年代の統計的推測のために化石の不確実性を取り込むためには必要であるように思われる. 第 2 に, 式 (7.15) の積分尤度に伴う標本抽出法は, 推定された分岐年代の信頼区間構築のための発見的なノンパラメトリック・ブートストラップの手続きを示唆している. サイトの再サンプリングによってブートストラップ・データセットを生成し, $g(t)$ から化石年代 t を抽出して, 各ブートストラップ・サンプルの尤度解析において, それを固定された較正点として用いる；すなわち, 固定された t についての $\phi(x|tr)$ から r が推定される. 次に, ブートストラップ・データセットからのこの r の MLE が, 信頼区間の構築に使用される（たとえば, 2.5%分位点と 97.5%分位点を用いて構築する）. これは, Kumar et al. （2005b）によって提案された多因子ブートストラップ（multifactor bootstrap）のアプローチに類似している. t の抽出を行うことなしに, サイトのみの再抽出を行い, 式 (7.15) を用いて r の MLE を得ることは不正確であると思われることに注意しよう；そのような手続きは, 化石年代 t の不確実性を無視しているからである. 信頼区間の構築にパラメトリック・ブートストラップによるアプローチをとることも, また可能であるように思われる. 式 (7.15) からの t の MLE と, $g(r)$ から抽出されたランダムな速度 r を用いて, 全ブートストラップ・データセットをシミュレーションによって生成し, それぞれを式 (7.15) の尤度を用いて解析し, その MLE を収集して信頼区間を構築できる. これらの手続きすべては, 式 (7.15) の尤度に関する概念的な問題を抱えており, それらの手続きが分岐時間の最尤推定値中の不確実性の評価に実際に有用かどうかは調べられていない.

ここまで議論してきた 3 つのアプローチによる r の点推定と区間推定の結果が, 表 7.1 にまとめられている. 真の速度は 0.5 である. 全体的に, これらのアプローチからは類似した妥当な結果が得られている. しかし, それらのアプローチの間や, t に関する一様事前分布とガンマ事前分布の間には, いくつかの興味深いちがいがある. とくに t の事前分布が一様分布である場合がそうなのだが, 確信分布, 事後分布, また尤度の曲線は対称ではないので, 速度の（確信分布と事後分布についての）平均と（尤度についての）モードはかなり異なっている. その結果, 一様事前分布のもとでの MLE は 0.39 となるが, 他のすべての点推定値は約 0.5 か 0.6 となっている. すべての区間は, 真の値 (0.5) を含んでいる. まず t の一様事前分布を考えよう. この場合, 有

限データ ($n = 500$) の95%確信区間，95%信用区間，95%信頼区間は，すべて無限大のサイズのデータ ($n = \infty$) についての極限の場合の区間よりも広い．ベイズ（信用）区間は，確信区間に対して右側にシフトしている；これは，ベイズ推定に使用された r の変則事前分布によるものと思われる．それは，変則事前分布が r の非常に大きな値にも密度を割り当ててしまうからである．尤度区間は確信区間やベイズ区間よりも広い．

t に関するガンマ事前分布のもとでは，期待されるように，確信区間は，極限の場合の区間よりも広い．そのベイズ区間は，t の一様事前分布の場合のように，確信区間に比べて広くまた右にシフトしている．しかし，尤度区間は無限データの区間よりも狭くなっており，これはいくぶん意外な結果であった．図 7.8(b) の極限密度は，ベイズ解析や積分尤度解析のように r に関する事前分布を仮定していないことに注意しよう；ベイズ解析の極限分布は，式 (7.14) に与えられているが，図 7.8 にはプロットされていない．ベイズ事後密度（図 7.8(d)）と積分尤度（図 7.8(e)）は比例関係にある；もし，等裾区間の代わりにベイズの HPD 区間が用いられたならば，これら2つのアプローチによって生成される区間はもっと類似していたであろう．

7.3.5.6　時計性のもとでの3生物種，無限のサイズのデータの場合

3生物種を用いた場合には，2つの分岐年代 t_1 と t_2 がある（図 7.1）．時計性が成立しており，速度は r であるとしよう．すると，モデルは3つのパラメータを含む．$g(t_1)$ を，化石データから特定される t_1 についての密度であるとする．具体例として，真の節の年代が $t_1 = 1$ また $t_2 = 0.5$，真の速度が $r = 0.1$ であるとする．平均1をもつ t_1 に関する2つの事前分布，$t_1 \sim U(0.5, 1.5)$ と $t_1 \sim G(10, 10)$ が図 **7.9**(a) に示されている．ここでは，t_2 と r を推定することが目的であるが，とくに t_2 に興味がある．JC69 モデルのもとでは，データはサイト・パターン xxx, xxy, xyx, yxx, xyz の数，n_0, n_1, n_2, n_3, n_4 に要約される．ここで，x, y, z は任意の異なる塩基である．データを $x = (n_0, n_1, n_2, n_3, n_4)$ と表そう．

最初に，配列データのサイズが無限になる場合 ($n \to \infty$) を考えよう．ここでは，2つの枝長 $b_1 = t_1 r$ と $b_2 = t_2 r$ は誤差なしに既知であるとする．$r = b_1/t_1$ と $t_2 = t_1 b_2/b_1$ の極限分布は変数変換によって容易に次のように導出できる：$f(r|x) = g(b_1/r) \times b_1/r^2$ と $f(t_2|x) = g(t_2 b_1/b_2) \times b_1/b_2$. t_1 が一様事前分布に従う場合とガンマ事前分布に従う場合の t_2 の密度が図 7.9(b) に示されている．一様事前分布とガンマ事前分布の95%等裾区間はそれぞれ (0.2625, 0.7375) と (0.2398, 0.8542) となる．

7.3.5.7　時計性のもとでの3生物種，有限のサイズのデータの場合

枝長 $b_1 = t_1 r$ と $b_2 = t_2 r$ が与えられたときの尤度は式 (7.16) で与えられる．

$$\phi(x|b_1, b_2) = p_0^{n_0} p_1^{n_1} p_2^{n_2+n_3} p_4^{n_4} \tag{7.16}$$

ここで，p_i ($i = 0, 1, \cdots, 4$) は式 (7.17) で与えられる4つのサイト・パターンの確率である (Saitou, 1988; Yang, 1994c)．

7.3 分岐時間の最尤推定　*233*

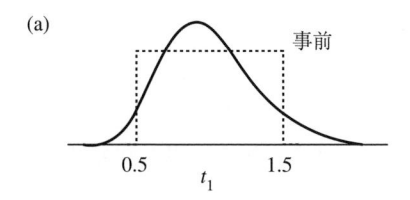

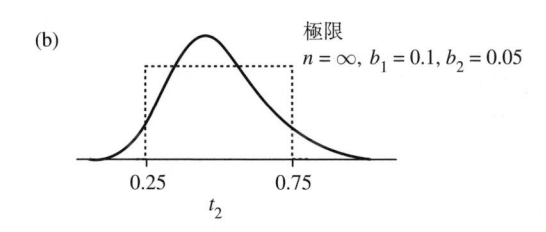

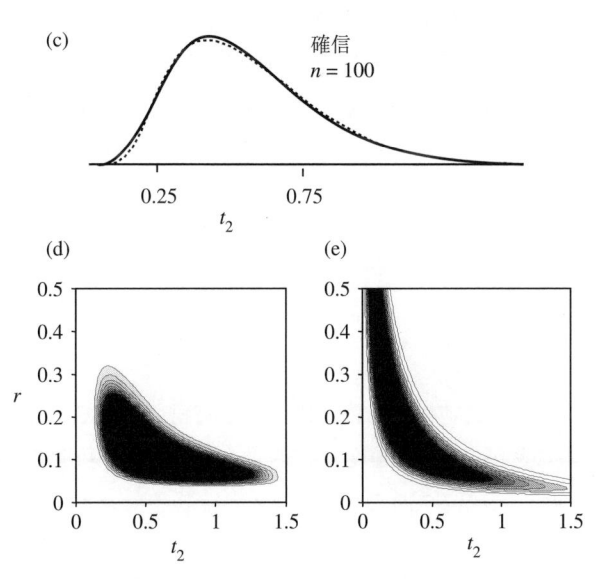

図 7.9 図 7.1 の系統樹において化石による較正 t_1 を用いた分岐年代 t_2 の推定．分子時計が仮定され，すべての枝は速度 r をもつ．真のパラメータの値は $t_1 = 1$, $t_2 = 0.5$, $r = 0.1$ である．(a) t_1 に関する2つの分布．第1の分布（破線）は $t_1 \sim U(0.5, 1.5)$ であり，第2の分布は $t_1 \sim G(10, 10)$ である．どちらも平均は1である．(b) 配列が無限の長さをもち，枝長が $b_1 = t_1 r = 0.1$ と $b_2 = t_2 r = 0.05$ に固定された場合の t_2 の極限分布．(c) 100 サイトのデータセットについて，式 (7.18) を用いて計算された t_2 の確信分布．(d) t_1 が (a) の一様分布に従う場合に，式 (7.19) を用いて計算された t_2 と r の対数尤度の等高線プロット．(e) t_1 が (a) のガンマ分布に従う場合に，式 (7.19) を用いて計算された t_2 と r の対数尤度の等高線プロット．

$$\begin{aligned}
p_0(b_1, b_2) &= \frac{1}{16}(1 + 3\mathrm{e}^{-8b_2/3} + 6\mathrm{e}^{-8b_1/3} + 6\mathrm{e}^{-4(2b_1+b_2)/3}) \\
p_1(b_1, b_2) &= \frac{1}{16}(3 + 9\mathrm{e}^{-8b_2/3} - 6\mathrm{e}^{-8b_1/3} + 6\mathrm{e}^{-4(2b_1+b_2)/3}) \\
p_2(b_1, b_2) &= \frac{1}{16}(3 - 3\mathrm{e}^{-8b_2/3} + 6\mathrm{e}^{-8b_1/3} - 6\mathrm{e}^{-4(2b_1+b_2)/3}) \\
p_3(b_1, b_2) &= p_2 \\
p_4(b_1, b_2) &= \frac{1}{16}(6 - 6\mathrm{e}^{-8b_2/3} - 12\mathrm{e}^{-8b_1/3} + 12\mathrm{e}^{-4(2b_1+b_2)/3})
\end{aligned} \qquad (7.17)$$

枝長の確信分布は，$f(b_1,b_2|x) = C_x \phi(x|b_1,b_2)$ と構築できる．ここで，$C_x = 1/\int_0^\infty \int_0^{b_1} \phi(x|b_1,b_2)\,\mathrm{d}b_2\mathrm{d}b_1$ は正規化定数である．すると，b_1, b_2, t_1 の密度は，$f(b_1,b_2,t_1|x) = C_x\phi(x|b_1,b_2)g(t_1)$ となる．変数を (b_1,b_2,t_1) から (t_1,t_2,r) に変換し，t_1 と r について積分して，その2つの変数を消去すると，t_2 の確信分布が式 (7.18) のように得られる．

$$f(t_2|x) = C_x \int_{t_2}^\infty \int_0^\infty \phi(x|t_1 r, t_2 r) g(t_1) \times r t_1 \, \mathrm{d}r \mathrm{d}t_1 \tag{7.18}$$

たとえば，100サイト中，観察されたサイト・パターンの個数が，$n_0 = 78$, $n_1 = 12$, $n_2+n_3 = 9$, $n_4 = 1$ であったとする．JC69 モデルのもとでの枝長の MLE は，$\hat{b}_1 = 0.1$, $\hat{b}_2 = 0.05$ となる．式 (7.18) の確信密度から計算される t_2 の平均は 0.5534 である．95％等裾区間は，一様事前分布に関しては $(0.2070, 1.0848)$，ガンマ事前分布に関しては $(0.1989, 1.1337)$ である．予想されるように，ガンマ事前分布を用いた区間のほうが広い．

ベイズ的アプローチを用いるためには，t_1 に関する事前分布に加え，t_2 と r に関する事前分布を決めておく必要がある．事前分布が与えられれば，ベイズ法の計算は簡単である．次の節では，効率的な計算を実現するために用いられる MCMC アルゴリズムによるベイズ法のアプローチについて議論する．

2生物種の場合と同様に，t_1 に関する不確実性について積分をとることで，尤度関数を式 (7.19) のように定義することができる．

$$L(t_2, r) = \int_{t_2}^\infty \phi(x|t_1 r, t_2 r) g(t_1) \, \mathrm{d}t_1 \tag{7.19}$$

この式は，2生物種についての式 (7.15) と同じ概念的な問題を抱えているものの，化石による較正の不確実性を導入することができる．速度 r に関する事前情報が利用できれば，同様に r に関しても積分して，t_2 についてのみの尤度を定義できる．一様事前分布とガンマ事前分布を用いて式 (7.19) によって計算された尤度の等高線が，図 7.9 の (d) と (e) にそれぞれ示されている．理論的には，プロファイル尤度や相対尤度を用いて t_2 の MLE を計算したり，近似的な尤度区間を構築できる．積分の数値計算が困難であるため，ここではそのような計算は行わない．等高線プロットから，真の値 $t_2 = 0.5$, $r = 0.1$ の近くに MLE が存在していることがわかるが，それらの推定値は明らかに大きな標本誤差を含んでいる．

7.3.5.8 進化速度が一定ではない任意の系統樹についての一般的な場合

ここまで議論してきたことは一般的に応用できるようにみえる．まず，系統樹中の節を，化石による較正情報をもつものともたないものに分ける．$\mathbf{t}_\mathrm{C}$ を較正情報をもつ節の分岐年代の集合とし，$g(\mathbf{t}_\mathrm{C})$ をその分布とする．$\mathbf{t}_{-\mathrm{C}}$ をその他の節の分岐年代の集合とする．これらが推定されるものである．$h(\mathbf{r})$ が速度に関する事前情報を表しているものとする．これは，速度–浮動モデルを用いて特定できるであろう．すると，確信分布は，$f(\mathbf{b}, \mathbf{t}_\mathrm{C}, \mathbf{r}|x) = C_x \phi(x|\mathbf{b}) g(\mathbf{t}_\mathrm{C}) h(\mathbf{r})$ と構築できる．ここで，$C_x = 1/\int \phi(x|\mathbf{b})\,\mathrm{d}\mathbf{b}$ は正規化定数である．このとき，$\mathbf{t}_{-\mathrm{C}}$ の確信分布は，変数変換によって，$\mathbf{b}, \mathbf{r}, \mathbf{t}_\mathrm{C}$ の関数として導くことができる．速度 r が1つであるように分子時計が仮定されていると，速度は $\mathbf{t}_{-\mathrm{C}}$ とともにパラメータとして推定される．積分尤度によるアプ

ローチも，尤度関数中の事前分布 $g(\mathbf{t}_C)$ と $h(\mathbf{r})$ について積分を行うことで同様に適用できるであろう．どちらのアプローチにも高次元積分が含まれており計算が困難である．

7.4 分岐年代のベイズ推定

7.4.1 一般的な枠組み

　種の分岐年代の推定のためのベイズ法による MCMC アルゴリズムは，Thorne らによって開発され，そこでは時間経過の中での速度の浮動について幾何ブラウン運動モデルが用いられている（Thorne et al., 1998; Kishino et al., 2001）．速度の浮動について，複合ポアソン過程を用いたやや異なるモデルが，Huelsenbeck et al.（2000a）によって報告されている．Yang and Rannala (2006) や Rannala and Yang (2007) においても，化石データの不確実性を記述するために，任意の分布が利用できる類似したアルゴリズムの開発が報告されている．ここでは，まずそれらのモデルの一般的な構造について述べたあとに，異なるモデルの実装の詳細について述べる．

　x を配列データ，$\mathbf{t}$ を $s-1$ 個の分岐年代の集合，$\mathbf{r}$ を速度の集合とする．速度は，Thorne et al.（1998）や Yang and Rannala (2006) で述べられているように $(2s-2)$ 個の枝に割り当てられるか，Kishino et al.（2001）におけるように $(2s-1)$ 個の節に割り当てられる．前者の場合，枝の中点の速度がその枝全体の近似的な平均速度として用いられる．後者の場合，枝の両方の端点の速度の平均がその枝の近似的な平均速度として用いられる．$f(\mathbf{t})$ と $f(\mathbf{r}|\mathbf{t})$ を事前分布としよう．θ を，置換モデル中のパラメータや，$\mathbf{t}$ や $\mathbf{r}$ に関する事前分布のパラメータの集合とし，その事前分布を $f(\theta)$ とする．このとき，同時条件付き（事後）分布は式 (7.20) のように与えられる．

$$f(\mathbf{t},\mathbf{r},\theta|X) = \frac{f(X|\mathbf{t},\mathbf{r},\theta)f(\mathbf{r}|\mathbf{t},\theta)f(\mathbf{t}|\theta)f(\theta)}{f(X)} \tag{7.20}$$

データの周辺確率 $f(X)$ は $\mathbf{t}, \mathbf{r}, \theta$ についての高次元積分から得られる．MCMC アルゴリズムは，同時事後分布からの標本を生成する．$\mathbf{t}$ の周辺事後分布は，MCMC の過程で得られた標本から構築できる．

$$f(\mathbf{t}|X) = \iint f(\mathbf{t},r,\theta|X)\,\mathrm{d}\mathbf{r}\,\mathrm{d}\theta \tag{7.21}$$

　以下は，PAML 中の MCMC-TREE パッケージに実装されている MCMC アルゴリズムの概要である（Yang, 1997a）．MCMC アルゴリズムの議論については，第 5 章，とくに第 5.6 節と第 5.7 節を参照せよ．以後で，式 (7.20) の各項について議論する．

- 分岐年代 $\mathbf{t}$，置換速度 $\mathbf{r}$，パラメータ θ のランダムな集合から始める．
- 個々のくり返しで，以下の処理を行う．
  - 分岐年代 $\mathbf{t}$ に対する変更を提案する．
  - 異なる遺伝子座の置換速度に対する変更を提案する．
  - 置換パラメータ θ に対する変更を提案する．
  - 1 に近い確率変数 c をすべての年代にかけ，またすべての速度を c で割ることにより，すべての年代と速度に対する変更を提案する．
- くり返し計算の k 回ごとに，連鎖の標本抽出を行う：$\mathbf{t}, \mathbf{r}, \theta$ をディスクに保存する．

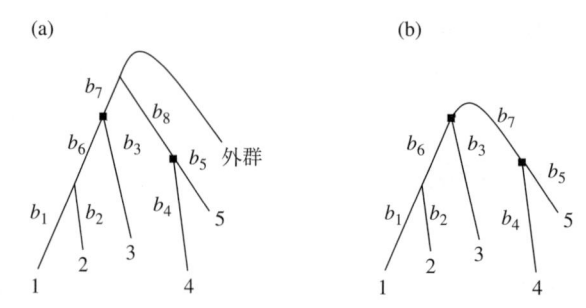

図 7.10 分子時計を仮定せずに推定された枝長に対する正規近似による，s 本の配列（s 生物種）のデータについての尤度関数の計算．(a) Thorne et al.（1998）は外群となる生物種を用いて，内群の系統樹の樹根の位置を決定し，内群の s 個の生物種の有根系統樹の $2s-2$ 本の枝長を推定した．この内群の系統樹は図 7.3 に示されたものである．このとき尤度は，$2s-2$ 本の枝長（例中では $b_1, b_2, \cdots, b_8$）の MLE の正規密度で近似される．(b) 別の方法では外群を必要とせず，s 個の内群の生物種の無根系統樹中の $2s-3$ 本の枝長が推定される．このときの尤度は，$2s-3$ 本の枝長（例中の $b_1, b_2, \cdots, b_7$）の MLE の正規密度によって近似される．

- 計算終了時に，結果を要約する．

7.4.2 尤度の計算

7.4.2.1 年代と速度が与えられたときの尤度

第 4 章で議論したように，配列アラインメントに対して，任意の置換モデルのもとで尤度 $f(X|\mathbf{t}, \mathbf{r}, \theta)$ を計算することができる．このアプローチは計算のコストが大きいが簡単であり，Yang and Rannala（2006）で採用されている．計算の効率化をはかるため Thorne et al.（1998）や Kishino et al.（2001）では，時計性を仮定せずに推測された内群の生物種の有根系統樹中の枝長の MLE に対して，対数尤度曲面の局所的曲率から計算された分散共分散行列を用いて，正規近似を適用した（第 1.4.1 項参照）．彼らは外群の生物種を用いて，図 7.10(a) の枝長 b_7 と b_8 のように，樹根の近傍の枝を 2 つに分割した．もし，外群が利用できない場合，あるいは外群が内群の生物種から遠すぎて解析に有用ではない場合は，別の方法として，外群を使用せずに s 個の生物種のみについての無根系統樹の $(2s-3)$ 個の枝長が推定される（図 7.10(b)）．このときの尤度の計算においては，予測される枝長は 2 つの部分の和となる（すなわち，図 7.10(a) における b_7 と b_8 の代わりに図 7.10(b) では b_7 となる）．正規近似を用いると，枝長の MLE とそれらの分散共分散行列が計算されたあとでは，MCMC アルゴリズムにおいては配列アラインメントは必要ではなくなる．

7.4.2.2 複数遺伝子の場合

複数の遺伝子に由来する配列を組み合わせた解析においては，速度の違い，トランジション/トランスバージョンの速度比の違い，あるいはサイト間の速度の変動のレベルの違いのような，遺伝子による進化の動的挙動に関する違いを，尤度の計算のために考慮しなければならない．Thorne and Kishino（2002）の実装においては，無根系統樹の枝長と置換パラメータは遺伝子座ごとに別々に推定されるので，異なるパラメータの推定値は自然に遺伝子間の違いを取り込んでいる．

Yang and Rannala (2006) の実装においては，異なる遺伝子あるいは異なるサイトの区画が異なるパラメータをとりうるようなモデル (Yong, 1996b) のもとで，配列アラインメントを用いて尤度が計算されている．

7.4.3 速度に関する事前分布

Thorne et al. (1998) と Kishino et al. (2001) は再帰的な方法を用いて，系統樹の樹根から外部節に向けて，速度の事前分布を設定した．樹根における速度はガンマ事前分布に従うと仮定した．次に，各節における速度は，祖先節における速度に条件付けられる形で設定された．具体的には，祖先節における速度の対数 $\log(r_A)$ が与えられると，その子となる節における速度の対数 $\log(r)$ は，平均 $\log(r_A) - (1/2)\sigma^2 t$ と分散 $\sigma^2 t$ をもつ正規分布に従う．ここで，t は2つの節間で経過した時間を表す．もし，対数速度 y が $N(\mu, \sigma^2)$ に従うならば，$E(e^y) = \exp\{\mu + \sigma^2/2\}$ となり，補正項 $-(1/2)\sigma^2 t$ は，速度の正の浮動（positive drift）を除去して，$E(r) = r_A$ とするために使用されることに注意しよう (Kishino et al., 2001)．言い換えると，祖先節で速度 r_A が与えられると，その子に対応する節の速度 r は式 (7.22) で示される対数正規分布に従うということである．

$$f(r|r_A) = \frac{1}{r\sqrt{2\pi t \sigma^2}} \exp\left\{-\frac{1}{2t\sigma^2}\left[\log(r/r_A) + \frac{1}{2}t\sigma^2\right]^2\right\} \quad (0 < r < \infty) \quad (7.22)$$

パラメータ σ^2 は，どれほど速く速度が浮動するか，あるいは系統樹がどれほど時計性を有しているかを先験的に制御している．σ^2 が大きいと，速度は時間の経過とともに，あるいは枝間で変化し，時計性はまったく成立しなくなる．一方，σ^2 が小さい場合には時計性はだいたい成立している．系統樹上の速度の事前密度 $f(\mathbf{r})$ は，各節の事前密度の積として計算される．

このモデルは，速度の対数が時間経過につれて，ブラウン運動過程（Brownian motion process）に従い浮動することから，幾何ブラウン運動（geometric Brownian motion）とよばれる（図 7.5）．幾何ブラウン運動は，正の値をとる変数の確率的な浮動の最も簡単なモデルであり，経済のモデリングや資源管理において，たとえば，市場株価の変動を記述するためなどに広く用いられている．

Rannala and Yang (2007) の実装では，系統樹の枝の中点における速度の分布が，同じ幾何ブラウン運動モデルによって与えられている．加えて，Rannala and Yang (2007) は独立速度モデル（independent-rates model）も実装した．このモデルでは，任意の枝の速度は，式 (7.22) で示される密度をもつ同じ対数正規分布から確率的に抽出される．

$$f(r|\mu, \sigma^2) = \frac{1}{r\sqrt{2\pi\sigma^2}} \exp\left\{-\frac{1}{2\sigma^2}\left(\log(r/\mu) + \frac{1}{2}\sigma^2\right)^2\right\} \quad (0 < r < \infty) \quad (7.23)$$

ここで，μ は遺伝子座の平均速度であり，σ^2 は時計モデルからの乖離の尺度となっている．すべての速度についての事前密度 $f(\mathbf{r})$ は系統樹上のすべての枝にわたって，単純に式 (7.23) の積をとったものとなる．

7.4.4 化石年代の不確実性と分岐年代に関する事前分布

Kishino et al. (2001) は，系統樹の樹根から外部節に向けて，分岐年代の事前分布を設定して

いく再帰的手続きを開発した．樹根の分岐年代（図7.3の例の系統樹中の t_1）にはガンマ密度を用い，祖先節から外部節までの経路を，経路上の枝に対応する時間区分に分割するためにディリクレ密度が使用された．たとえば，図7.3の樹根から外部節1までの経路に沿っての，3つの時間区分の比率，$(t_1-t_2)/t_1, (t_2-t_4)/t_1, t_4/t_1$ は，等しい平均を有するディリクレ分布に従うとする．次に，$(t_1-t_3)/t_1$ と t_3/t_1 も，等しい平均を有するディリクレ分布に従うとする．ディリクレ分布は，一様分布あるいはベータ分布を多次元に一般化したものである．もし，$x \sim U(0,1)$ であれば，x も $1-x$ も，等しい平均を有するディリクレ分布に従う比率である．

化石による較正の不確実性は，分岐年代に関する事前分布 $f(\mathbf{t}|\theta)$ の中に取り込むことができる．Thorne et al. (1998) は，節の年代の上限（最小年代）と下限（最大年代）を導入し，それらを MCMC アルゴリズムの中で実装して，それらの境界と矛盾する分岐年代の提案を棄却するようにした．この方法は，実質的に化石による較正の年代に一様事前分布を与えることに相当する：$t \sim U(t_\mathrm{L}, t_\mathrm{U})$．この分布についての仮定は，Sanderson (1997) による最尤法の枠組みの中での制約付き最適化における上限と下限，$t_\mathrm{L} < t < t_\mathrm{U}$ の使用とは概念的に異なることに注意しておこう．

ディリクレ分布のパラメータを変えることにより，異なる形状を有する系統樹を発生させることができる．たとえば，過去の枝は長く，近年の枝は短い系統樹を生成できる．この手続きの欠点は，事前密度 $f(\mathbf{t})$ の解析的な取り扱いが困難であることから，化石の較正に関する統計分布の導入が，一様分布の場合よりも複雑になることである．一様分布で特定される境界は'固い（hard）'境界とよんでもよいだろう．その区間の外部の分岐年代には確率0を割り当てている．そのような事前分布は，研究者のその部分に関する強い信念を表しているが，必ずしも適切なものではないだろう．とくに，化石からは良好な下限が得られることが多いが，良好な上限が得られることはめったにない．その結果，研究者は，（不可能ではないが）ありそうもないほど古い節の年代が排除されることを避けるため，非現実的なほどに高い上限を使用せざるをえなくなるだろう．事前分布によって課せられる境界は事後分布による年代推定に影響を与えるであろうから，そのような'保守的'なアプローチには問題があるだろう．

Yang and Rannala (2006) は，化石による較正の不確実性を記述するための任意の分布を取り入れる方法を開発した．それらの分布は'柔らかい（soft）'境界とよばれ，正の半直線の領域全体 ($t>0$) に，非0の確率を割り当てる．いくつかの例が図 **7.11** に示されている．使用される基本的なモデルは，出生死滅過程（birth-death process）であり（Kendall, 1948），種の標本抽出を考慮するために一般化されている（Rannala and Yang, 1996; Yang and Rannala, 1997）．このモデルはランダムな系統樹や枝長を発生させるのにも有用であるので，ここでこのモデルの主要な特徴について述べておこう．λ を系統あたりの出生（種分化）率 (per-lineage birth (speciation) rate)，μ を系統あたりの死滅（絶滅）率 (per-lineage death (extinction) rate)，ρ を標本抽出される割合とする．すると，樹根の年代 t_1 に条件づけられ，系統樹の $(s-2)$ 個の節の年代は，式 (7.24) のカーネル密度からの順序統計量に従う．

$$g(t) = \frac{\lambda p_1(t)}{v_{t_1}} \qquad (7.24)$$

ここで $p_1(t)$ は，過去の年代 t において生じたある系統が，ちょうど1つだけ子孫を標本中に残

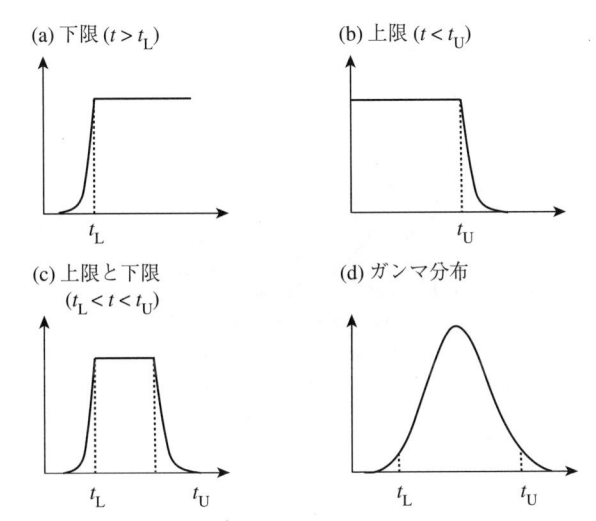

図 7.11 化石の不確実性を記述するために Yang and Rannala (2006) によって実装された節の年代の確率密度. 境界が'柔らかく (soft)', 節の年代は正の半直線にわたって非ゼロの確率をもつ：すなわち, $0 < t < \infty$ において $g(t) > 0$. (a) $t > t_L$, $P(t < t_L) = 2.5\%$ として実装された下限. これは変則事前密度であり, これだけで用いることはできない. (b) $t < t_U$, $P(t > t_U) = 2.5\%$ として実装された上限. (c) $t_L < t < t_U$, $P(t < t_L) = P(t > t_U) = 2.5\%$ として実装された上限と下限. (d) 95%等裾事前区間が (t_L, t_U) となるガンマ分布.

している確率である.

$$p_1(t) = \frac{1}{\rho} P(0, t)^2 e^{(\mu - \lambda)t} \tag{7.25}$$

また, v_{t_1} は式 (7.26) で表される.

$$v_{t_1} = 1 - \frac{1}{\rho} P(0, t_1) e^{(\mu - \lambda)t_1} \tag{7.26}$$

ここで $P(0, t)$ は, 過去の年代 t において生じたある系統が, 1 つ以上の子孫を現代の標本中に残している確率である.

$$P(0, t) = \frac{\rho(\lambda - \mu)}{\rho\lambda + [\lambda(1 - \rho) - \mu]e^{(\mu - \lambda)t}} \tag{7.27}$$

$\lambda = \mu$ のとき, 式 (7.24) は式 (7.28) となる.

$$g(t) = \frac{1 + \rho\lambda t_1}{t_1(1 + \rho\lambda t)^2} \tag{7.28}$$

言い換えると, このモデルのもとで $s - 2$ 個のランダムな節の年代を発生させるには, 樹根の年代 t_1 を発生させて, 次に t_1 で条件付けて, カーネル密度 (式 (7.24)) から $s - 2$ 個の独立な確率変数を発生させ, 次にそれらを順序付ければよい. カーネル密度からの標本抽出は, Yang and Rannala (1997) で与えられている累積分布関数を用いて行うことができる.

年代 t の事前密度は, このように順序統計の理論に基づいて解析的に計算することができる. このモデルが, 種分化, 絶滅という生物学的な過程や生物学者による種の標本抽出を正確に表していると考えるのはあまりにも楽観的であるだろう. しかし, モデル中のパラメータ λ, μ, ρ を変えることで, 系統樹の形状を容易に変化させることができ, 系統樹の形状についての事前の仮定に対する事後の年代推定の影響を調べることができる. 樹根の年代を $t_1 = 1$ と固定したとき

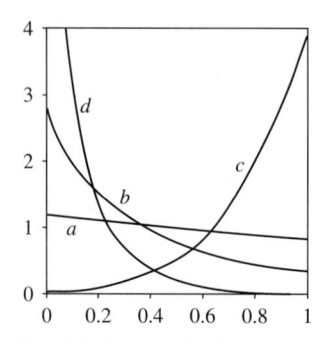

図 7.12 種の標本抽出を伴い，系統あたりの出生率が λ，系統あたりの死滅率が μ，標本抽出される割合が ρ である出生死滅過程のカーネル密度（式 (7.24)）．使用されているパラメータは以下のとおりである．(a) $\lambda = 2$, $\mu = 2$, $\rho = 0.1$, (b) $\lambda = 2$, $\mu = 2$, $\rho = 0.9$, (c) $\lambda = 10$, $\mu = 5$, $\rho = 0.001$, (d) $\lambda = 10$, $\mu = 5$, $\rho = 0.999$.

の密度関数の例がいくつか図 **7.12** に示してある．a では，密度は 0 と 1 の間でほぼ一様である．これは，等しい平均をもつディリクレ密度を用いた Thorne et al.（1998）の事前密度に近いように見える．b と d では，密度は 0 のほうに偏っており，系統樹は長い内部枝と短い外部枝をもつ傾向がある．これは，標準合祖事前密度（standard coalescent prior）あるいは種の標本抽出なしのユール過程によって生成される系統樹の形状である．c では密度は 1 の方向に偏っているので，系統樹は短い内部枝と長い外部枝をもった星状になる．

化石による較正の情報は，年代に関する事前分布 $f(\mathbf{t})$ の中に取り込まれる．$\mathbf{t}_C$ を化石による較正の情報が利用できる節の年代の集合とし，$\mathbf{t}_{-C}$ をその他の節の年代の集合とし，2 つを合わせて $\mathbf{t} = (\mathbf{t}_C, \mathbf{t}_{-C})$ と表す．事前分布 $f(\mathbf{t})$ は，式 (7.29) のように構築できる．

$$f(\mathbf{t}) = f(\mathbf{t}_C, \mathbf{t}_{-C}) = f_{\mathrm{BD}}(\mathbf{t}_{-C}|\mathbf{t}_C) f(\mathbf{t}_C) \tag{7.29}$$

ここで $f(\mathbf{t}_C)$ は，化石により較正される節の年代の密度であり，化石情報を要約することで求められる．$f_{\mathrm{BD}}(\mathbf{t}_{-C}|\mathbf{t}_C)$ は，$\mathbf{t}_C$ が与えられたときの，$\mathbf{t}_{-C}$ の条件付き分布であり，種の標本抽出がある出生死滅過程に従って求められる．

化石による較正の不確実性が年代に関する事前分布 $f(\mathbf{t})$ に取り込まれてさえいれば，その不確実性は事後密度に自動的に取り込まれることに注意しておこう．Kumar et al.（2005b）が行ったように，ベイズ年代推定に化石の不確実性を取り込むために，ブートストラップによる再サンプリングを行う必要はない．その代わりに，化石記録を最もうまく要約して，較正のための節の年代に関する知識の状態を表現できるように，客観的事前分布を構築することに工夫をこらさなければならない．化石化，化石の保存，および化石の年代決定における誤差などについての研究は，すべてこのゴールに寄与するであろう（Tavaré et al., 2002）．

7.4.5 霊長類の分岐および哺乳類の分岐への応用

ベイズ法を 2 つのデータセットに適用しよう．第 1 のデータセットは，Steiper et al.（2004）のもので，第 7.3.4 項で議論された最尤法による解析と比較する．第 2 のデータセットは，Springer et al.（2003）のものであり，彼らは哺乳類の分岐年代の推定のために Thorne et al.（1998）や

Kishino et al. (2001) の方法を用いて，哺乳類の間の分岐年代を推定した．ここでは，比較のためにYang and Rannala (2006) および Rannala and Yang (2007) の方法を用いる．

7.4.5.1 Steiper らのデータの解析

PAML パッケージ中のMCMCTREE プログラムを用いて，JC69 と HKY85+Γ_5 モデルのもとで Steiper et al. のデータの解析を行った．3 つの速度モデル：系統樹全体で1つの速度を仮定する大域的時計モデル，独立速度モデル，および自己相関速度モデルを仮定した．全体の速度には，平均1，分散1/2 のガンマ事前分布 $G(2,2)$ を割り当てた．ここでは，時間の単位は1億年としているので，速度が1とは，年あたりサイトあたりの置換数が 10^{-8} 個であることを意味している．式 (7.22) と (7.23) のパラメータ σ^2 には，ガンマ事前分布 $G(0.01,1)$ を割り当てた．HKY85+Γ_5 を用いる場合は，トランジション/トランスバージョンの速度比 κ に，ガンマ事前分布 $G(6,2)$ を割り当て，サイト間の速度の変動についての形状パラメータ α には事前分布 $G(1,1)$ を割り当てた．これら2つのパラメータはデータから信頼性をもって推定できるので，事前分布はあまり重要ではない．

分岐年代の事前分布は，出生率と死滅率を $\lambda = \mu = 2$ とし，標本抽出の割合を $\rho = 0.1$ とした，種の標本抽出を伴う出生死滅過程を用いて求められる．2つの化石による較正は，t_{ape} についての 600 万年から 800 万年，また t_{mon} についての 500 万年から 700 万年を用いて行われるが，それら下限と上限を，その密度の 2.5%分位点と 97.5%分位点に一致させたガンマ分布を用いて求められる（図 7.11）．言い換えると，t_{ape} は，事前平均 0.07 で 95%事前区間が (0.06, 0.08) である $G(186.2, 2972.6)$ に従い，t_{mon} は，事前平均 0.06 で 95%事前区間 (0.05, 0.07) である $G(136.2, 2286.9)$ に従う．さらに，樹根の年代は 6000 万年よりも小さくなるよう ($t_1 < 0.6$) に制限される．MCMCTREE プログラムでの記法を用いると，有根系統樹と化石の較正は，較正の情報を節のラベルとして用いて，"((human, chimpanzee) '> 0.06 = 0.0693 < 0.08', (baboon, macaque) '> 0.05 = 0.0591 < 0.07') '< 0.6'" と表される．

いろいろな解析法による事後平均と 95%信用区間（credibility interval；CI）が**表 7.2** に示されている．これから以下のことが観察できる．第1に，3つの速度モデルのもとでの樹根の年代 t_1 の事後推定値は，互いにも ML 推定値にも類似している．これらのデータでは，分子時計は成立しているように思われるので，異なるモデルからでも類似する結果が得られることが期待される．第2に，ベイズ解析には化石の不確実性を考慮した信用区間を与えてくれるという利点がある．実際に，ベイズ法の CI はすべて最尤法の信頼区間よりもずっと広い．2つの化石による較正の節（t_{ape} と t_{mon}）について，事後 CI は事前区間よりも狭くなることはない．信用区間は自己相関速度モデルを用いた場合，とくに広い．第3に，t_1 の事後平均が，JC69 モデルでは約 3300 万年，HKY85+Γ_5 モデルでは約 3400 万年と，2つの置換モデルはほぼ同じ推定値を与える．第4に，化石と分子の間にはくい違いがあるように思われる：t_{ape} の事後平均は，t_{mon} の事後平均よりも小さくなることが多いが，事前分布での平均ではその反対になる．2つの節の事後区間は重なり合っているので，どちらの節がより古いのかは確かではない．すべての解析において，樹根の事後年代は 2500 万年よりも古く，Steiper et al. (2004) の解析に一致する．

表 7.2 Steiper et al. (2004) のデータからの分岐年代の最尤推定値とベイズ法による推定値

	ML			ベイズ法		
	大域的時計モデル	局所的時計モデル	事前平均と事前区間	大域的時計モデル (clock1)	独立速度モデル (clock2)	自己相関速度モデル (clock3)
JC69						
t_0 (樹根)	32.8 (31.5, 34.1)	32.3 (31.0, 33.5)	760 (86, 3074)	32.9 (29.2, 36.9)	33.1 (24.1, 44.5)	33.6 (25.4, 46.4)
t_{ape} (類人猿)	**7**	**7**	**7 (6, 8)**	**5.9 (5.2, 6.6)**	**6.3 (5.4, 7.5)**	**6.5 (5.5, 7.6)**
t_{mon} (サル)	**6**	**6**	**6 (5, 7)**	**7.2 (6.4, 8.0)**	**6.7 (5.4, 7.8)**	**6.5 (5.3, 7.7)**
r	6.6 (6.3, 6.9)	r_{ape}: 5.4 (5.1, 5.7) r_{mon}: 8.0 (7.6, 8.4)	100 (12, 278)	6.6 (5.9, 7.4)		
HKY85+Γ_5						
t_0 (樹根)	33.8 (32.4, 35.2)	33.3 (31.9, 34.7)	760 (86, 3074)	34.0 (30.1, 38.0)	34.1 (25.3, 44.1)	34.8 (26.2, 47.8)
t_{ape} (類人猿)	**7**	**7**	**7 (6, 8)**	**5.9 (5.2, 6.6)**	**6.2 (5.3, 7.5)**	**6.6 (5.6, 7.7)**
t_{mon} (サル)	**6**	**6**	**6 (5, 7)**	**7.2 (6.3, 8.0)**	**6.8 (5.5, 7.9)**	**6.4 (5.3, 7.6)**
r	6.6 (6.4, 6.9)	r_{ape}: 5.4 (5.1, 5.8) r_{mon}: 8.0 (7.6, 8.5)	100 (12, 278)	6.6 (5.9, 7.4)		

分岐年代 (単位は 100 万年) は図 7.6 で定義されている. 速度の単位は年あたりサイトあたりの置換数で, 表中の数字に 10^{-10} をかけたものが速度を表す. ML に関しては, MLE と 95%信頼区間が示されている. ベイズ推定に関しては, 事後平均と 95%信用区間が示されている. ML 解析では, 化石年代の不確実性が無視されているので CI が非常に狭い. 大域的時計モデルとベイズ法の解析結果は Yang and Rannala (2006) から採られたもので, 局所的時計モデルのもとでの最尤法の結果は, PAML パッケージ (Yang, 1997a) のプログラム BASEML と MCMCTREE を用いて得られた.

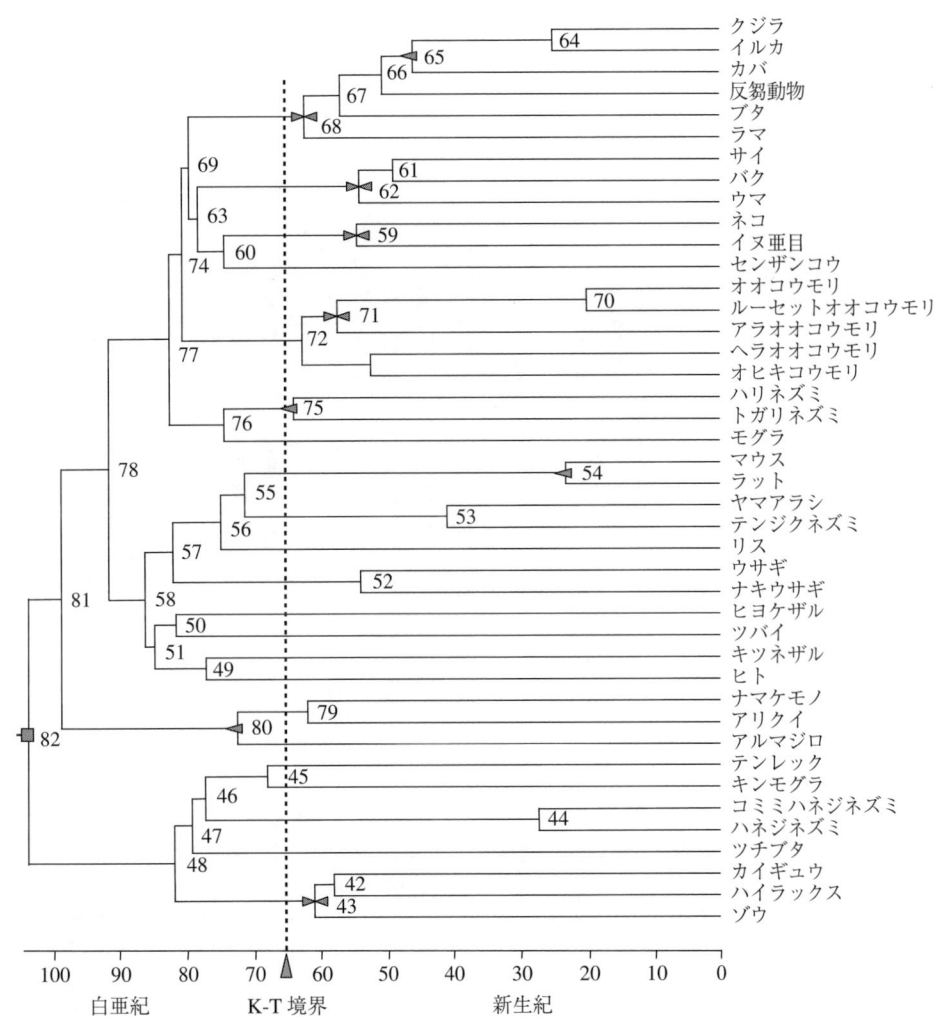

図 7.13 Springer et al. (2003) のデータによる 42 種の哺乳類の系統樹．表 7.3 で述べられている化石による較正を行った節が系統樹中で示されている．枝は，ベイズ法による局所的時計モデル（表 7.3 の clock3）で推定された分岐年代の事後平均に比例する長さで描かれている．

7.4.5.2 哺乳類の分岐年代

Springer et al. (2003) は，19 個の核遺伝子と 3 個のミトコンドリア遺伝子についての総数 16,397 サイトよりなるアラインメントを用いて，42 種の哺乳類の分岐年代を推定した．種の系統樹を図 **7.13** に示す．彼らは，Thorne et al. (1998) のベイズ法による MCMC プログラム，MULTIDIVTIME を用いた．この方法では速度の浮動について幾何ブラウン運動モデルを用いて，分子時計の時計性を緩めている．解析の結果は**表 7.3** に示されている．ここでは，ベイズ法によるプログラム MCMCTREE を適用する．またここでは，方法の説明と比較に焦点を絞るが，分子データからの哺乳類の分岐年代の推定についてのより詳細な議論については，Hasegawa et al. (2003) や Douzery et al. (2003) を参照せよ．

表 7.3 に示されている 9 つの節を，化石による較正に用いた；化石データの詳細な議論については Springer et al. (2003) を参照せよ．較正は，'柔らかな (soft) 境界' を仮定し，図 7.11 に示

表 7.3 Springer et al. (2004) の哺乳類のデータについての分岐年代（単位は 100 万年）の事後平均と 95%CI

節		化石	MULTIDIVTIME	MCMCTREE		
				clock1	clock2	clock3
82	有胎盤類の起源		107 (98, 117)	126 (122, 129)	121 (100, 146)	107 (95, 140)
81	異節上目-ボレオユーテリア類		102 (94, 111)	124 (120, 128)	116 (97, 140)	102 (94, 110)
80	異節上目の起源	>60	71 (63, 79)	72 (69, 76)	91 (63, 113)	74 (64, 87)
78	ボレオユーテリア類の起源		94 (88, 101)	118 (115, 122)	106 (89, 127)	94 (87, 101)
77	ローラシア獣上目の起源		85 (80, 90)	107 (103, 110)	95 (81, 111)	84 (79, 90)
76	真無盲腸目の起源		76 (71, 81)	100 (97, 104)	85 (71, 102)	76 (71, 82)
75		>63		94 (90, 98)	76 (61, 93)	65 (59, 72)
73	翼手目の起源		65 (62, 68)	73 (70, 76)	63 (54, 75)	64 (60, 69)
71		43-60		62 (60, 65)	55 (47, 60)	59 (55, 61)
68	鯨偶蹄目の起源	55-65	64 (62, 65)	67 (64, 69)	71 (62, 83)	64 (59, 69)
65		>52		44 (42, 47)	51 (44, 59)	47 (42, 52)
62	奇蹄目の起源	54-58	56 (54, 58)	54 (53, 54)	56 (54, 58)	55 (53, 57)
59	食肉目の起源	50-63	55 (51, 60)	54 (51, 57)	56 (49, 62)	56 (50, 62)
58	真主齧上目の起源		87 (81, 94)	114 (110, 118)	98 (82, 118)	88 (81, 95)
56	げっ歯目の起源		74 (68, 81)	107 (103, 110)	85 (69, 102)	77 (68, 83)
54	ハツカネズミ属-クマネズミ属	>12	16 (13, 21)	34 (32, 36)	32 (19, 50)	23 (13, 36)
53	ヤマアラシ科-テンジクネズミ上科		38 (31, 46)	64 (62, 67)	51 (34, 64)	42 (24, 55)
52	ウサギ目の起源		51 (43, 59)	76 (72, 80)	59 (45, 80)	55 (39, 65)
49	霊長目の起源		77 (71, 84)	85 (81, 90)	84 (63, 103)	79 (68, 86)
45	アフリカトガリネズミ目の起源		66 (60, 73)	87 (84, 91)	73 (54, 95)	70 (57, 116)
43	近蹄類の起源	54-65	62 (57, 65)	65 (63, 66)	60 (54, 65)	62 (57, 65)

節の番号は図 7.13 で使用されているものである．'化石' とあるのは，化石による較正が行われていることを示しており，系統樹中にも示されている．MULTIDIVTIME では '固い' (hard) 境界が，MCMCTREE では '柔らかい' (soft) 境界が用いられた．MCMCTREE/clock1 では大域的時計モデルが，clock2 では独立速度モデルが，また clock3 では幾何ブラウン運動モデルが用いられた．

されているタイプの密度を用いて行われた．較正の情報に加え，区間 (2500 万年, 1 億 8500 万年) の中にある樹根の年代に対して拡散事前分布（diffuse prior）が与えられた．種の標本抽出を伴う出生死滅過程のパラメータは，$\lambda = \mu = 2$, $\rho = 0.1$ と設定した．これらのパラメータの値に対応するカーネル密度（式 (7.24)）は，図 7.12(a) に示されている．この密度はほぼ平坦で，年代に関するこの事前密度は，MULTIDIVTIME で仮定されているものに類似している．系統樹全体の置換速度には，平均 1，分散 1/2 のガンマ事前分布 $G(2,2)$ が割り当てられた．パラメータ σ^2 には，平均 0.1，分散 0.01 の事前分布 $G(1,10)$ が割り当てられた．

置換モデル HKY85+Γ_5 が仮定され，κ にはガンマ事前分布 $G(6,2)$, α にはガンマ事前分布 $G(1,1)$ が割り当てられた．塩基組成の推定には，観測頻度を用いた．データセットは，これらのパラメータについて十分に情報をもっており，事前分布は事後分布にほとんど影響を与えない．

MCMC の計算では，10,000 回のくり返しによるバーンインのあとに，200,000 回のくり返しが実行された．それぞれの解析のために，MCMC アルゴリズムを異なる初期値を用いて 2 度実行し，同じ事後分布への収束を確認した．

表 7.3 には，分岐年代の事後平均と 95%信用区間が示されている．MCMCTREE/clock3 は，MULTIDIVTIME と同様に，幾何ブラウン運動モデルが実装されている．これら 2 つの解析の結果は，一般的に類似している．たとえば，MULTIDIVTIME では，有胎盤類の起源は 1 億 700 万年前と推定され，その 95%CI は (9800 万年, 1 億 1700 万年) となった．一方，MCMCTREE/clock3 では同じ節が 1 億 700 万年前と推定され，CI は (9400 万年, 1 億 4000 万年) となった．いくつかの節については，MCMCTREE/clock3 は MULTIDIVTIME よりも広い信用区間を与えた．たとえば，ハツカネズミ属とクマネズミ属の分岐年代は，MULTIDIVTIME では 1600 万年前，CI (1300 万年, 2100 万年) と推定されたが，clock3 では 2300 万年前，CI (1300 万年, 3600 万年) と推定された．この違いは，MULTIDIVTIME では固い境界（hard bound）が用いられていることを反映していると思われる．固い境界は，化石による較正どうしや，化石による較正と分子データの間にくい違いがある場合には，年代推定の信頼性を過大評価する傾向がある．

MCMCTREE/clock2 では，速度は同じ分布に従う独立な確率変数であると仮定されている．このモデルでは，大部分の節において，clock3 よりも年代が古く推定される．CI の下限は，clock3 のもとでの値と類似しているが，上限はより古く推定され，その結果，より広い CI が生成される．

MCMCTREE/clock1 は，大域的時計モデルを実装している．時計性がまったく成立していないことを考慮すると，大部分の推定値は，他のモデルのもとでの推定値と比べてもそれほど悪くないように見える．しかし，ハツカネズミ属とクマネズミ属の分岐年代は，3200 万〜3600 万年前と推定され，他のモデルによる推定値よりもかなり古い．推定値が古くなる原因は，げっ歯類における高い置換速度によるものと思われる．より重要なこととして，大域的時計モデルによる信用区間は，clock2 や clock3 による信用区間よりもずっと狭くなっており，この方法では信頼性が過大評価されている．

7.5 展望

信頼できる分岐年代推定に対する最大の障害は，おそらく時間と速度が区別できないことであ

ろう；配列は距離についての情報は与えてくれるが，時間の情報と速度の情報を別々に与えてはくれない．進化量が固定されている場合，その進化量に対して矛盾しない非常に多くの進化速度についての仮説をたてることができる．なぜなら，時間のほうを適切に調整することで，それらの仮説のいずれも同程度にデータに対して適合させることができるからである（Thorne and Kishino, 2005）．このように時計性を緩和すると，年代推定が行いにくくなる．この問題は，複数の遺伝子座を同時に解析し，複数の較正点を用いることによって，ある程度軽減できるかもしれない．もし，異なる遺伝子が，それぞれ進化速度の変化のパターンは異なっているが，同じ分岐年代をもっているならば，複数の遺伝子座を同時に解析することにより，ある遺伝子座は，他の遺伝子座から'情報を借り'て年代推定することができるだろう．ある遺伝子座における1本の長い枝は，時間経過が長いせいかもしれないし，進化速度が速いせいかもしれない．しかし，他の遺伝子座で同じ枝が短ければ，その遺伝子座では進化速度が速いということのほうが，より可能性の高い説明であろう．同様に，複数の化石による較正を同時に適用することは，系統樹中の局所的な進化速度を知る上で重要であろう．

無限のサイズの配列データという極限の場合を考えるとき，信頼性の高い正確な化石による較正の重要性が最も明らかになる．配列の長さが無限に近づくときの分岐年代や速度の極限分布を求めるために，ベイズ法の枠組みの中で'無限サイト理論（infinite-sites theory）'が発展してきた（Yang and Rannala, 2006; Rannala and Yang, 2007）．この理論的な解析から得られた重要だが憂うつな結論は，配列中のサイト数が数千以上の一般的なデータセットの場合，年代推定の不確実性は，有限の配列データを用いることによる枝長の不確実性よりはむしろ，化石の較正の不確実性をおもに反映しているということである．事後区間と事前区間が等しかったり，あるいはほぼ同じ幅をもつことが多いということは，先の霊長類や哺乳類のデータセットの解析において観察されているが，非常に一般的である．

近年の最尤法とベイズ法の両方の枠組みにおける方法論の発展により，大域的な分子時計に頼らずに分岐年代を推定することが可能になった．現在，これらの方法が実装されたことにより，複数の遺伝子座に由来する異質なデータセットを統合した解析や複数の化石による較正を同時に採り入れることが可能になった．ベイズ法は，化石からの節の年代の不確実性を自然に採り入れることができるが，化石の不確実性を統計分布を用いて記述するための客観的なアプローチの開発も重要であろう．統計学的な正当性をもち，計算による実行が可能な化石の不確実性を取り扱うための最尤法はまだ開発されていない．最も強力な方法を用いたとしても，時計性を仮定しない分岐年代推定はきわめて困難であることを心に留めておくべきである．

以下に，ベイズ法のプログラム MULTIDIVTIME や MCMCTREE を使用するにあたって注意すべきことをいくつか述べておこう．第1は，化石による較正なしに，絶対分岐年代を推定することはまったく期待できないということである．実際に系統樹には，少なくとも1個の上限と，少なくとも1個の下限が必要である．上限と下限は異なる節上にあってもよいが，同じ節に上限と下限があれば，より情報を与えてくれる．ガンマ分布のような単一のモードを有する分布は，1対の上限と下限と同様の役割を果たすことができる．第2に，MULTIDIVTIME は樹根の年代に対するガンマ事前分布を与える必要があるということである．MCMCTREE ではそれは要求されないが，樹根の年代の上限を定めることは非常に有用であることが知られている．第3に，

どちらのプログラムにも多くの事前の仮定がおかれており，多くの場合，使用者はそれらを変更することはできない．現時点では，どの要素が年代の事後推定に最も重要であるかは十分理解されていない．実際のデータやシミュレーションによって生成されたデータの解析は，それらのプログラムの長所や短所を，またより一般的には，このむずかしい推定問題において何ができて，何ができないのかを理解する助けになるであろう．

Chapter 8

タンパク質の中立進化と適応進化

8.1 イントロダクション

　遺伝子やゲノムの適応進化は，最終的には形態，行動，生理のレベルでの適応や，種の多様化，進化的な革新を引き起こす．このため，分子レベルの適応は，分子進化研究における魅力あるテーマである．自然選択は形態的・行動的な進化の過程においていたるところで生じているように見えるが，遺伝子やゲノムの進化におけるその役割については多くの論争がある．実際，観察される種内や種間の多様性の多くは自然選択によるものではなく，ほとんど適応的な意味のない突然変異のランダムな固定によるものであると，分子進化の中立説は主張している（Kimura, 1968; King and Jukes, 1969）．この40年間に，多くの中立性の検定法が開発されてきた．この章では，負の選択と正の選択の基本的な概念と分子進化の主要な理論について紹介する．また，集団遺伝学から発展してきた中立説の検定法についても概説する（第8.2節）．それ以降の大部分は，コドン置換のマルコフ・モデルと，タンパク質をコードする2つの配列間の同義距離と非同義距離（d_S と d_N）の推定へのそのモデルの応用について述べた第2章の内容の拡張である．ここでは，有利な突然変異を固定させる正の選択を検出するための系統解析におけるコドン・モデルの使用について議論する．

　自然選択の役割を理解する上で，同義置換と非同義置換を区別できることから，タンパク質をコードする配列は，イントロンや非コード配列と比べて大きな利点をもつ（Miyata and Yasunaga, 1980; Li et al., 1985; Nei and Gojobori, 1986）．同義置換率を基準として用いることにより，非同義突然変異の固定が自然選択によって促進されているか妨げられているかを推測できる．非同義置換/同義置換の速度比 $\omega = d_N/d_S$ はタンパク質レベルでの選択圧の尺度である．もし，選択が適応度に影響しない場合，非同義突然変異は同義突然変異と同じ速度で固定されるので，$d_N = d_S$, $\omega = 1$ となる．非同義突然変異が有害である場合は，純化選択（purifying selection）がその固定速度を減少させるため，$d_N < d_S$, $\omega < 1$ となるだろう．非同義突然変異がダーウィン的選択（Darwinian selection）に，より好まれるときは，同義突然変異よりも早く固定され，$d_N > d_S$, $\omega > 1$ となるだろう．このため，同義置換速度よりも有意に非同義置換速度が速いこと

は，タンパク質の適応進化の証拠となる．

この基準を使った初期の研究では，2本の配列比較によるアプローチがとられ，遺伝子配列中の全コドンにわたって，また2つの配列の分岐後の全時間について，d_S と d_N が平均化された．しかし，機能的なタンパク質のほとんどのサイト（site）は，進化的な時間のほとんどで制約を受けていると考えられる．正の選択は，もしそれが作用しているとしても，わずかなサイトに影響を与え，またときおり起こるだけであろう（Gillespie, 1991）．このため，2本の配列を用いた平均化によるアプローチでは，ほとんど正の選択を検出することはできない（たとえば，Sharp, 1997）．最近の研究は，系統樹上の特定の系統や，タンパク質の各サイトに影響を与える正の選択を検出することに焦点が絞られてきた．これらの方法が，第8.3節と第8.4節で議論される．第8.5節では，特定の系統に沿った少数のサイトにのみ影響する正の選択の検出のための方法が議論される．第8.6節では，中立性の検定法と比較しながら，ω比に基づいた方法の仮定と限界について議論する．第8.7節では，適応進化を受けていることが検出された遺伝子の例を紹介する．

8.2 中立説と中立性の検定

8.2.1 中立説とほぼ中立説

ここでは，分子進化の主要な理論に加え，正の選択と負の選択の基本的な概念について紹介しよう．また，集団遺伝学の分野で開発された，一般的に使われている中立性の検定のいくつかについても簡単に述べる．ここでの議論では，集団遺伝学が分子進化の研究に果たす基本的な役割を十分には取り扱わないので，集団遺伝学についてはいくつかの教科書を参考にされたい（たとえば Hartl and Clark, 1997; Gillespie, 1991; Gillespie, 1998; Li, 1997）．Ohta and Gillespie (1996) では，中立説の発展を歴史的な視点から解説している．

集団遺伝学では，優性の野生型対立遺伝子 A に対する新しい突然変異対立遺伝子 a の相対適応度（relative fitness）は，選択係数（selective coefficient，あるいはマルサス・パラメータ；Malthusian parameter）s で測定される．遺伝子型 AA, Aa, aa の相対適応度をそれぞれ $1, 1+s, 1+2s$ とする．すると，$s < 0, = 0, > 0$ は，負の（純化）選択，中立進化，正の選択にそれぞれ対応する．新しい突然変異対立遺伝子の頻度は，遺伝的浮動（random genetic drift）によっても自然選択によっても影響を受けて，世代間で増減する．遺伝的浮動と選択のどちらが突然変異遺伝子の運命を支配しているかは，Ns に依存する．ここで N は有効集団サイズである．もし $|Ns| \gg 1$ であると自然選択が対立遺伝子の運命を決定し，$|Ns|$ が0に近いと遺伝的浮動が重要になり，突然変異は事実上中立（neutral）かほぼ中立（nearly neutral）になる．

対立遺伝子頻度の変化の動的挙動に関する理論的な研究の多くは，1930年代初頭までに，Fisher (1930a), Haldane (1932), Wright (1931) によって完成された．1960年代までに一般的に受け入れられていた共通の認識は，自然選択が進化の駆動力であるということであった．自然集団は遺伝的な多様性がほとんど見られないほぼ最適の状態にあると信じられていた．新しい突然変異の大部分は有害であり，集団からただちに排除される．有利な突然変異はめったに起こらず，また集団全体にも広がらない．ところが1966年に，ハエの電気泳動実験から高いレベルの遺伝子多様性がアロザイムで検出された（Lewontin and Hubby, 1966; Harris, 1966）．おもに，この

驚くべき発見を説明するために，Kimura（1968）や King and Jukes（1969）によって，中立説（neutral theory），あるいは中立突然変異の遺伝的浮動仮説（the neutral-mutation random-drift hypothesis）が提案された．

中立説によると，今日観察できる遺伝的多様性は——種内の多型も種間の分化も——有利な突然変異が自然選択によって固定されることによるのではなく，実質的に何の適応的効果もない突然変異，すなわち中立突然変異が偶然固定することによる．以下で，中立説が主張することや予測することのいくつかに触れておく（Kimura, 1983）．

- 大部分の突然変異は有害であり，純化選択によって排除される．
- 塩基置換速度は中立突然変異率，すなわち，全突然変異率に中立突然変異の割合をかけたものに等しい．もし中立突然変異率が種間で（絶対時間であろうが世代時間であろうが）一定だとすると，置換速度は一定となる．この予測は分子時計仮説の説明を与える．
- 機能的により重要な遺伝子や遺伝子の領域はよりゆっくりと進化している．より重要な役割をもっている，すなわちより強い機能的制約のもとにある遺伝子では，中立突然変異の割合が小さくなるため，塩基置換速度はより遅くなるだろう．機能的重要性と置換速度の間の負の相関は，いまや分子進化では一般的に観察される．たとえば，非同義置換速度はほぼいつも同義置換速度よりも小さい；コドンの第3コドン・ポジションは第1，第2ポジションよりも速く変化する；また類似する化学的性質をもつアミノ酸どうしは，類似していないアミノ酸に比べて互いに置換しやすい傾向にある．もし自然選択が分子レベルでの進化を駆動しているとしたら，機能的に重要な遺伝子はそうでないものに比べて進化速度が速いと期待されるだろう．
- 種内の多型と種間の分化は，中立進化の同じ過程の2つの異なる側面である．
- （生理的，行動的なレベルのものも含む）形態的形質の進化は，実際に自然選択によって駆動されている．中立説は分子レベルでの進化に関するものである．

中立説をめぐる論争が，集団遺伝学の理論や解析ツールの充実を促した．中立説から，単純で検定可能な予測が得られた．このことと，過去20年におけるDNA配列データの急速な蓄積が，この理論の多くの検定法の開発を促してきた．これらについての総説としては，Kreitman and Akashi（1995），Kreitman（2000），Nielsen（2001b），Fay and Wu（2001, 2003），Ohta（2002），Hein et al.（2005）を参照せよ．

厳密な中立モデルでは，2種類の突然変異のみが考えられる．それらは，$s = 0$ の厳密に中立な突然変異と，生じるやいなや純化選択により一掃される非常に有害な突然変異である（$Ns \ll -1$）．この厳密な中立モデルは実データに対して検定したとき棄却されることが多い．Tomoko Ohta（1973）は弱有害突然変異仮説（slightly deleterious mutation hypothesis）を提案した．この仮説は，小さな負の選択係数をもつ突然変異も許容することから，そのような突然変異の運命は遺伝的浮動と自然選択の両方の影響を受けることになる．そのような変異の固定確率は正の値をとるが，中立突然変異の固定確率より小さい．このモデルはのちにほぼ中立説（nearly neutral hypothesis）へと発展した（Ohta and Tachida, 1990; Ohta, 1992）．このモデルでは，弱有害突然変異と弱有利突然変異（slightly advantageous mutation）をともに考慮している．厳密な中立モデルでは動的挙動が中立突然変異率だけに依存し，集団サイズや選択圧といった他のパラメー

タには依存しないのに対し，弱有害突然変異，あるいはほぼ中立な突然変異の動的挙動はこれらすべてのパラメータに依存している．その結果，この修正された理論の検定や論駁はきわめて困難なものになった．このことは，さまざまな選択モデルの場合にも当てはまる（Gillespie, 1991）．図 8.1 に，これらのいろいろな理論が説明されている．

8.2.2 Tajima の D 統計量

ランダム交配する集団内で維持されている中立な遺伝子座における遺伝的変化の量は，$\theta = 4N\mu$ と表される．ここで N は（有効な）集団サイズで，μ は世代あたりの突然変異率である．サイトあたりで定義されているので，θ は集団から無作為に抽出された任意の 2 本の配列間のサイトのヘテロ接合度の期待値でもある．たとえば，ヒトの非コード領域の DNA では，$\widehat{\theta}$ はおよそ 0.0005 で，これは無作為に抽出された 2 本の配列間で 0.05%のサイトが異なっていることを意味する（Yu et al., 2001; Rannala and Yang, 2003）．通常の集団のデータは変異を少ししか含まないので，無限サイト・モデル（infinite-site model）がよく使われる．このモデルでは，すべての変化は DNA 配列中の異なるサイトに生じ，多重置換の補正は必要がないと仮定する．大きな集団サイズと高い突然変異率はともに，より大きな遺伝的多様性が集団中で維持される原因となることに注意しよう．

2 つの単純なアプローチが，集団からの DNA 配列の無作為抽出から θ を予測するのに使われている．第 1 のアプローチでは，n 本の配列よりなる標本中の多型的なサイト（segregating site, polymorphic site）の数 S の期待値は $E(S) = L\theta a_n$ となるこ とを用いる．ここで，L は配列中のサイト数であり，$a_n = \sum_{i=1}^{n-1} 1/i$ である（Watterson, 1975）．したがって，θ は $\widehat{\theta}_S = S/(La_n)$ と推定できる．第 2 のアプローチでは，n 配列中のすべてのペアの比較における塩基の異なる比率の平均の期待値が θ となるので，これを推定値として用いる．この推定値を $\widehat{\theta}_\pi$ としよう（Tajima, 1983）．選択，組換え，集団の細分化あるいは集団サイズの変化のいずれもなく，突然変異と遺伝的浮動は平衡にあると仮定した中立突然変異モデルでは，どちらの推定値も不偏である．しかし，このモデルの仮定が成立しない場合，それら異なる因子が $\widehat{\theta}_S$ や $\widehat{\theta}_\pi$ に及ぼす影響は異なる．たとえば，弱有害突然変異は低い頻度で集団内に維持され，S や $\widehat{\theta}_S$ をつりあげるが，$\widehat{\theta}_\pi$ にはほとんど影響しない．2 つの θ の推定値の違いの方向性や大きさは，厳密な中立モデルからの乖離を引き起こす因子や機構について洞察を与えてくれる．こうして，Tajima (1989) は次のような検定統計量を考案した．

$$D = \frac{\widehat{\theta}_\pi - \widehat{\theta}_S}{\text{SE}(\widehat{\theta}_\pi - \widehat{\theta}_S)} \tag{8.1}$$

ここで SE は標準誤差を意味する．帰無仮説としての中立モデルのもとで，D は平均 0，分散 1 をもつ．Tajima は標準正規分布とベータ分布を用いて，D が有意に 0 でないかどうかを決定する方法を提案した．

Tajima の D 検定の統計的有意性は，いくつかの異なる説明が可能であるため，それらを区別するのはむずかしい．先に述べたように，負の D は，純化選択あるいは集団中で分離している弱有害突然変異の存在を示している．しかし，負の D は集団の拡大によっても生じる．集団サイズ（個体数）が増大している集団では，多くの新しい突然変異が分離し，シングルトン（singleton）

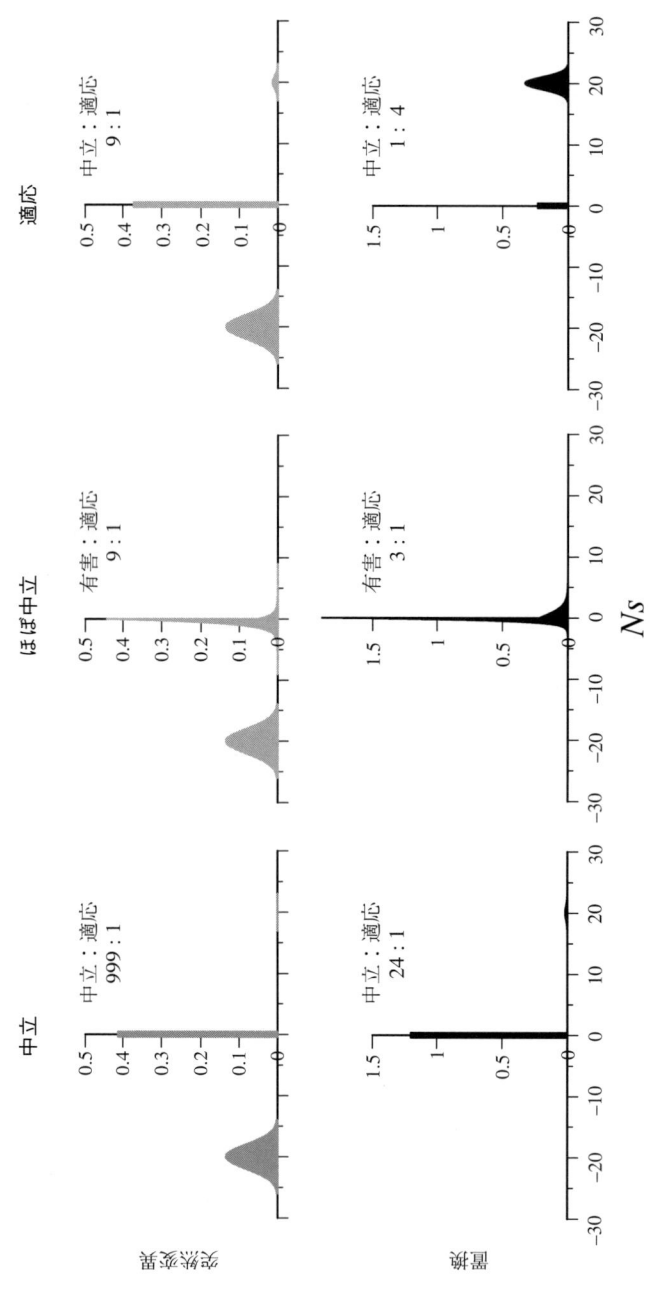

図 8.1 分子進化の中立モデル，ほぼ中立モデル，適応的モデルのもとでの，突然変異と置換の間の適応度の効果 (Ns) の分布．各モデルについて可能な分布が1つ示されており，その曲線の下の面積は1となるようにとらえている．中立突然変異の場合の $Ns=0$ における縦線は視覚的にわかりやすいように広げて描かれている．突然変異の適応度の効果の密度は，Sawyer and Hartl (1992) のポアソン確率場モデルによる標本化公式を用いて，固定（置換）の密度に変形された．Akashi (1999b) に基づき描き直された；データは Hiroshi Akashi の厚意により送られたものを使用．

としてデータ中で観察される．シングルトンとは，ある1本の配列のみが異なる塩基をもち，他のすべての配列ではそれとは異なる同じ塩基をもつサイトのことである．シングルトンは多型的なサイトの数をふやし，その結果，D を負にする．同様に，正の D は，突然変異を中程度の頻度で維持する平衡選択で説明できる．しかし，集団サイズが縮小している場合も，D は正となる．

8.2.3 Fu and Li の D 統計量と Fay and Wu の H 統計量

n 本の配列よりなる標本において，多型的なサイトでの対立遺伝子の頻度は $r = 1, 2, \cdots$, あるいは $n-1$ という値をとりうる．標本中のそのような突然変異の頻度の観測された分布は，サイト頻度スペクトル（site-frequency spectrum）とよばれる．祖先およびそれから派生した塩基の状態を推測するために，近縁な外群となる種が使われることが多い．たとえば，$n=5$ の標本で観察された塩基が AACCC であり，外群は A をもち，それを祖先型と仮定した場合，$r=3$ となる．Fu (1994) は r を突然変異サイズ（size of mutation）とよんでいる．祖先の状態がわからないと，突然変異サイズが r の場合と $n-r$ の場合を区別できないので，これらの突然変異は同じクラスにまとめられる．このとき，サイト頻度スペクトルは，たたみ込まれている（fold）という（Akashi, 1999a）．いうまでもなく，たたみ込まれたものは，たたみ込まれていないものと比べて情報量が少ない．このように祖先状態を推定するのに外群を使うことは検定力を改善するが，祖先の復元における誤りの影響を受けるかもしれないという欠点がある（Baudry and Depaulis, 2003; Akashi et al., 2007）．いろいろなタイプの自然選択は，サイト頻度スペクトルを，中立の仮定から期待されるものから，互いに異なる形で逸脱させる．そこで，サイト頻度スペクトルあるいはそれらの要約統計量が中立性の統計検定を構築するために使われる．たとえば，田島の D は，そのような検定の1つである；この検定では，シングルトン（おもに S に寄与する）と中間頻度の変異（おもに π に寄与する）を対比させる．より一般に使用されている2つの検定も同様の考えに基づいている．

Fu and Li (1993) は内部突然変異（internal mutation）と外部突然変異（external mutation）を区別している．前者は遺伝子系図（genealogical tree）の内部枝で，後者は外部枝で生じる突然変異である．そのような突然変異の数をそれぞれ η_I, η_E とする．ここで η_E はシングルトンの数になることに注意しよう．Fu and Li は次のような統計量を構築した．

$$D = \frac{\eta_I - (a_n - 1)\eta_E}{\text{SE}(\eta_I - (a_n - 1)\eta_E)} \tag{8.2}$$

ここで $a_n = \sum_{i=1}^{n-1} 1/i$ であり，SE は標準偏差である．Tajima の D と同様に，この統計量は，中立モデルのもとでの θ の2種類の推定量の差を，その差の標準偏差で割ったものとして構築されている．Fu and Li (1993) は，集団中で多型的になっている有害突然変異は最近のもので，系統樹の外部枝で生じる傾向があり η_E に寄与しているが，内部枝での突然変異は中立的である場合がほとんどで η_I に寄与していると主張している（Williamson and Orive, 2002）．式 (8.2) の D 以外にも，Fu and Li はこの種の検定法をいくつか構築した．それらの検定力は，自然選択が起きた場合に，検定に使われる2つの推定量 θ がどのくらい異なるかに依存する．Braverman et al. (1995), Simonsen et al. (1995), Fu (1997), Akashi (1999a, b), McVean and Charlesworth (2000) は，シミュレーションによってそれらの検定力を調べた．

Fay and Wu（2000）は同様の考えに基づき，θ の推定量を次のように構築した．

$$\widehat{\theta}_H = \sum_{i=1}^{n} \frac{2S_i i^2}{n(n-1)} \tag{8.3}$$

ここで S_i はサイズ i の突然変異の数である．このとき，彼らは統計量 H を $H = \widehat{\theta}_\pi - \widehat{\theta}_H$ と定義した．厳密に中立なモデルのもとでは，この統計量の期待値は 0 となる．帰無モデルのもとでの分布は，コンピュータ・シミュレーションのもとで生成される．この表記法に従うと，$\widehat{\theta}_\pi = \sum_{i=1}^{n} \frac{2S_i i(n-i)}{n(n-1)}$ となるので，中程度の頻度の突然変異（i が $n/2$ に近い場合）は $\widehat{\theta}_\pi$ に大きく寄与し，一方，高い頻度の突然変異（i が n に近い場合）は $\widehat{\theta}_H$ に最も大きく寄与することに注意しよう．このように Fay and Wu の H 統計量は高頻度と中程度の頻度の突然変異を比較している．選択的に中立の場合，サイト頻度スペクトルは L 字型になり，低頻度の突然変異が一般的で，高頻度の突然変異はわずかになる．ある中立突然変異が，正の選択が作用している遺伝子座に強くリンクしている場合，選択されている遺伝子座の有利な対立遺伝子を固定させるようにはたらく選択によって，その中立突然変異も高い頻度に跳ね上がるであろう．このような中立突然変異は遺伝的ヒッチハイキング（genetic hitchhiking）のもとにあるといわれる（Maynard Smith and Haigh, 1974; Braverman et al., 1995）．Fay and Wu（2000）は，有意に負である H によって示唆される高頻度の突然変異の過剰は，ヒッチハイキングの顕著な特徴であることを指摘した．この検定には，多型的なサイトにおける祖先の状態と派生状態の推定に使用される外群の種の配列が必要である．

8.2.4 McDonald-Kreitman の検定と選択強度の推定

中立説は，種内の多様性（多型）も種間の分化も，同じ進化の過程の 2 つの側面であると主張している．すなわち，どちらも選択的に中立な突然変異のランダムな浮動によるものと考える．したがって，もし同義突然変異も非同義突然変異もともに中立である場合，種内での同義多型と非同義多型の割合は，種間の同義差異と非同義差異の割合と同じになるはずである．McDonald-Kreitman の検定（1991）はこの予測を検定するものである．

近縁種に由来するタンパク質をコードする遺伝子の変異をもつサイトは，それらが多型であるのか固定されている差異なのか，またその差異は同義か非同義かによって，2×2 の分割表の 4 つのクラスに分類される（表 8.1）．生物種 1 からの 5 配列，生物種 2 からの 4 配列を標本として抽出したとしよう．あるサイトが生物種 1 では AAAAA で，生物種 2 では GGGG であるとき，固定された差異とよばれる．また，あるサイトが，生物種 1 では AGAGA で，生物種 2 では AAAA の場合，多型的なサイトとよばれる．無限サイト・モデルでは，隠れている変化を補正する必要はない．中立帰無仮説は分割表の行と列が独立であることと等価であり，χ^2 分布を用いるか，変異をもつサイトの数が少ない場合は Fisher の正確検定（Fisher's exact test）によって検定できる．McDonald and Kreitman（1991）は，*Drosophila melanogaster* のサブグループ 3 種に由来するアルコールデヒドロゲナーゼ（*Adh*）遺伝子の配列を決め，表 8.1 にあるようなカウントを得た．この P 値は 0.006 より小さく，中立性の期待から有意にはずれていることを示唆する．種内よりも種間のほうが非同義差異が多い．McDonald and Kreitman は，このパ

表 8.1 *Drosophila* の *Adh* 遺伝子座における
同義，非同義の差異および多型の数

変化のタイプ	固定	多型
非同義	7	2
同義	17	42

McDonald and Kreitman, 1991 より．

ターンを，種の違いを生み出す正の選択の証拠として解釈した．

この解釈の根拠を理解するために，同義突然変異は中立であると仮定し，種分岐後に生じた非同義置換にはたらく選択の効果を考えよう．有利な非同義突然変異はただちに固定し，種間の固定された差異を作り出すと期待される．したがって，*Adh* 遺伝子座にみられるような，固定された非同義な差異の過剰は正の選択を示唆している．McDonald and Kreitman が指摘したように，このパターンのもうひとつの解釈は，現在よりも過去において集団サイズが小さく，弱有害な非同義突然変異が存在していたというものである．そのような突然変異が，過去においてランダムな浮動によって固定してしまい，固定された種間の差異を生み出したかもしれない．しかし，それらは現在の大きな集団中では純化選択によって除去される．McDonald and Kreitman は，このようなシナリオは彼らが解析した *Adh* 遺伝子についてはありそうもないと述べている．

哺乳類のミトコンドリア遺伝子では，非同義多型が過剰に観察される（たとえば，Rand *et al.*, 1994; Nachman *et al.*, 1996）．これは純化選択のもとでの弱有害非同義突然変異を示唆するものである．有害な突然変異は純化選択によって除去され，種間の比較では見られなくなるが，種内ではいまだに多型的な状態にあるのかもしれない．

McDonald and Kreitman の検定で仮定された無限サイト・モデルは，異なる種があまり近縁でない場合には成り立たない．種内での ω_W と種間の ω_B が等しいことを検定するための尤度比検定が Hasegawa *et al.*（1998）によって実装されたが，そこではコドン・モデルを用いて多重置換を補正している．しかし，この検定は遺伝子系図を使用しており，推定された樹形の誤りに対してこの検定がどの程度頑健であるかは不明である．

Akashi（1999b）は，McDonald and Kreitman の検定に非常に類似したアイデアを用いて，同義コドンの使用頻度を形成するために同義サイトにはたらく自然選択の検定を行った．Akashi は，同義，非同義というカテゴリの代わりに，そのコドンへの変化が好まれる（よく使われる）か，好まれない（あまり使われない）かによって，変異のある同義サイトを分類した．もしどちらのタイプの突然変異も中立である場合，その割合は種内でも種間でも同じであるに違いない．Akashi は中立性の期待から有意に逸脱していることを検出し，同義サイトの進化は自然選択によって生じることを示した．この自然選択は，おそらく翻訳の効率と精度を上げるためのものと考えられる．

McDonald and Kreitman の検定の背後にあるアイデアは，ポアソン確率場（Poisson random field）とよばれる理論を用いた自然選択の強度の尺度となるパラメータの推定に拡張された（Sawyer and Hartl, 1992; Hartl *et al.*, 1994; Akashi, 1999a）．このモデルは同じ遺伝子内のサイト間での自由な組換えを仮定している．このとき，2×2 の分割表（表 8.1）の中のカウントは独立なポアソン確率変数となり，その平均は，現存種の集団サイズ，種間の分岐時間，新しい非同義突然

変異の選択係数などを含むモデルのパラメータの関数である．複数の遺伝子座を同時に解析する場合，遺伝子座の間で種の分岐時間や集団サイズが共有されるので，このモデルを使った選択の検定はより強力になる．2×2 の分割表の代わりに，全多型サイトの頻度スペクトルを使うことによっても，検定力が改善される．最尤法やベイズ法も，適応的なアミノ酸の変化の検定や選択の強度の推定に使用できる（Bustamante et al., 2002, 2003）．Bustamante et al. (2002) は，Drosophila には有利な置換があり，Arabidopsis には有害な置換があることの証拠を示した．彼らは，Arabidopsis は部分的に自家受精するため，有害な突然変異を種から取り除くことが困難になり，このような違いが生じたと考えた．

ポアソン確率場モデルは，明示的に選択を取り入れ，分子配列データに適用可能なものとしては，現時点では唯一の扱いやすい枠組みである．これに対し，中立性の検定は帰無中立モデルが成立しないことを検出するだけで，モデル中で明示的に選択を考慮していない．ポアソン確率場の理論は，さまざまな集団遺伝学の設定において，突然変異や選択についてのパラメータを推定する強力な枠組みとなるが，遺伝子座内における自由な組換えの仮定はきわめて非現実的であり，全多型サイトの頻度スペクトルが解析される場合は，とくに検定に大きく影響する（Bustamante et al., 2001）．組換えを導入した近似的な最尤法が近年実装され，その性能が有望であることが示された（Zhu and Bustamante, 2005）．

8.2.5　Hudson-Kreitman-Aquade 検定

Hudson-Kreitman-Aquade 検定あるいは HKA 検定（Hudson et al., 1987）は，種内の多型と種間の分化が同じ過程の2つの側面であるという中立説の予測を調べる方法である．この検定は，少なくとも2つの近縁な生物種に由来する複数の連鎖していない遺伝子座（通常，非コード領域）の配列データを使い，それらのサイトにおける多型と分化の程度が整合しているかを検定する．この理論的根拠は，高い突然変異率をもつサイトでは，多型も分化もともに多く，低い突然変異率をもつサイトでは多型も分化もともに低いというものである．

L 個の遺伝子座を考えてみよう．遺伝子座 i において A と B の2種における分離サイトの数を S_i^A と S_i^B，その遺伝子座における2種間の差異の数を D_i としよう．S_i^A と S_i^B は種内の多型の尺度であり，D_i は種間の分化の尺度である．Hudson (1987) は，S_i^A, S_i^B, D_i を独立な正規変量であると仮定し，中立説に従ってその期待値や分散を導き，適合度検定統計量を構築した．

$$X^2 = \sum_{i=1}^{L}(S_i^A - E(S_i^A))^2/V(S_i^A) + \sum_{i=1}^{L}(S_i^B - E(S_i^B))^2/V(S_i^B) + \sum_{i=1}^{L}(D_i - E(D_i))^2/V(D_i)$$
(8.4)

帰無中立モデルは $L+2$ 個のパラメータを含んでいる．すなわち，種 A について定義される各遺伝子座についての L 個の θ_i，2つの集団サイズの比，種の分岐時間 T である．すべての遺伝子座 i について，S_i^A, S_i^B, D_i という $3L$ 個の観測値がある．このとき，検定統計量を自由度 $2L-2 = 3L - (L+2)$ の χ^2 分布を用いて評価することで，データが中立説から期待されるものに適合しているかを検定する．

8.3 適応進化を受けている系統

8.3.1 発見的方法

この節では，系統樹上で，種分化以前の系統において正の選択を検出する系統学的な方法について議論するが，それは $d_N > d_S$ によって示唆される．古典的な例として，Messier and Stewart (1997) による霊長類におけるリゾチームの進化の解析がある．彼らは絶滅した祖先種の遺伝子配列を推定し，それらを用いて，系統樹のすべての枝について d_N, d_S を計算した（節約基準と尤度基準による祖先配列の復元については第 3.4 節，第 4.4 節を参照せよ）．ある枝における正の選択は，統計量 $d_N - d_S$ に正規近似を適用することで，d_N が d_S より有意に大きいかを検定することで同定される．彼らは，この方法で葉食性のオナガザル類の祖先の枝に正の選択を検出できた．このことは，オナガザル科における新しい機能の獲得（たとえば，これらの動物の前腸におけるバクテリアの消化）が，酵素中のアミノ酸置換の加速を引き起こしたという仮説を支持している（ヒト科の祖先に相当する他の枝でも高い d_N/d_S 比が見いだされているが，それに対する生物学的な説明はまだ与えられておらず，多重比較による偶然誤差であるように思われる）．Messier and Stewart は，2つの配列を隔てている全時間にわたって平均化する代わりに，1つの枝に注目することで，ときおり起こる適応進化の検出力を改善した．

リゾチーム遺伝子が130コドンしかないことから，Zhang et al. (1997) は，小さなデータセットに対する正規近似の信頼性を疑った．彼らは，代わりに，各枝において，同義サイト数と非同義サイト数，また同義差異数と非同義差異数にFisherの正確検定を使用することを提案した．この方法の欠点は，推定された差異が置換ではないので，多重置換を補正できていないことにある．Messier and Stewart (1997) と Zhang et al. (1997) のどちらのアプローチにおいても，誤差を考慮せずに復元した祖先配列が使われている（第 4.4 節参照）．

Zhang et al. (1998) により示唆された他の単純なアプローチとして，現存種のすべてのペアで d_N と d_S を計算し，最小2乗法を用いて同義置換率と非同義置換率について別々に枝長を求める方法がある．同義置換と非同義置換についての枝長は，それぞれ b_S, b_N とよばれ，統計量 $b_N - b_S$ に正規近似を適用して，興味ある枝について $b_N > b_S$ であるかどうかを検定するために比較される．この方法は，復元祖先配列の使用を避けることができるという利点がある．この方法では，ペアの比較において d_N と d_S を推定するために現実的なモデルを用いることが重要となるであろう．

8.3.2 最尤法

上記の単純な方法は，直観的にわかりやすく，探索的解析に有用である．それらの解析は，コドン置換のモデルを用いた尤度によるアプローチ（Yang, 1998a）により，系統樹上ですべての配列を一緒に解析することで，より厳密に行うことができる．尤度の計算では，祖先節における可能な状態すべてについて，それらの生起確率に従って重み付けして平均がとられる．このとき，仮定された置換モデルが適切であれば，祖先配列の復元における偶然誤差と系統誤差を避けることができる．尤度モデルにおいて，トランジション速度とトランスバージョン速度の違いや，コドン使用頻度の不均一性を考慮することは容易である．その結果，尤度解析は，配列のペアの比

```
        (a) モデル0                    (b) モデル1
                ω    ヒト                      ωH    ヒト
            ω                              ωC
                ω    チンパンジー                     チンパンジー
            ω    オランウータン          ωO    オランウータン
```

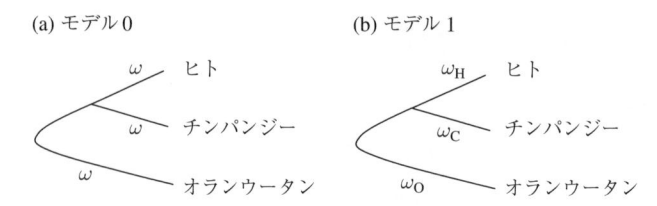

図 8.2 2つの進化モデルを示す．ヒト (H)，チンパンジー (C)，オランウータン (O) の無根系統樹．(a) モデル 0 においては，系統樹中のすべての枝に対して同じ ω 比が仮定されている．(b) モデル 1 においては，3つの枝に対して，3つの異なる ω 比 ($\omega_H, \omega_C, \omega_O$) が仮定されている．2つのモデルの対数尤度の差の2倍が，d.f. = 2 の χ^2 分布を用いて評価される．Zhang (2003) に基づく．

較に基づいた発見的解析よりもっと現実的なモデルのもとで実施できる．

コドン置換のモデル（第 2.4 節参照）を系統樹に適用すると，ω 比を系統間で変えることができる．Yang (1998a) は，系統間の ω 比の不均一性のレベルが異なるいくつかのモデルを実装した．もっとも単純なモデル（単一比；one-ratio）では，すべての枝に同じ ω 比が仮定される．最も一般的なモデル（自由比；free-ratio）では，系統樹の各枝が独立した ω 比をとると仮定されている．少数の系統からなる小さな系統樹を除けば，このモデルのパラメータは多くなりすぎる．2個か3個の ω 比をとりうる中間的なモデルも同様に実装されている．これらのモデルを尤度比検定で比較することにより，興味のある仮説を検討することができる．たとえば，単一比モデルと自由比モデルを比較することで，ω 比が系統間で異なるかどうかを検定することができる．また，興味のある枝（前景枝（foreground branch）とよぶ）と，他のすべての枝（背景枝（background branch）とよぶ）では ω 比が異なっている 2 比モデル（two-ratio model）をあてはめることもできる．この 2 比モデルを単一比モデルと比較することで，2つの比が同じかどうかを検定できる．同様に，興味ある系統における ω 比が 1 であるという帰無仮説を検定することもできる．この検定では，特定の系統に正の選択が作用している可能性が直接的に検討される．

このような枝モデル（branch model）による尤度の計算は，第 4.2 節で議論した標準コドン・モデル（単一比）を用いた尤度の計算に非常に類似している；唯一の違いは，異なる枝での遷移確率は，異なる ω を使って生成した異なる速度行列（Q）から計算する必要がある点である．例として，図 8.2 にあるような 2 つのモデルを考えてみよう．これは，ヒトの脳の大きさを決定する主要因子である ASPM 遺伝子を Zhang (2003) が解析した際に使用したものである．モデル 0 では，系統樹中のすべての枝で同じ ω 比が仮定されているが，モデル 1 では 3 つの枝に対して異なる ω 比 ($\omega_H, \omega_C, \omega_O$) が仮定されている．$x_H, x_C, x_O$ を 3 配列のある特定のサイトで観察されるコドンとし，t_H, t_C, t_O を系統樹中の枝の長さとする．このサイトが観察される確率は，モデル 0 の場合は，

$$f(x_H, x_C, x_O) = \sum_i \pi_i p_{ix_H}(t_H; \omega) p_{ix_C}(t_C; \omega) p_{ix_O}(t_O; \omega) \tag{8.5}$$

となり，モデル 1 の場合は，

$$f(x_H, x_C, x_O) = \sum_i \pi_i p_{ix_H}(t_H; \omega_H) p_{ix_C}(t_C; \omega_C) p_{ix_O}(t_O; \omega_O) \tag{8.6}$$

となる．ここで，時間経過 t の場合のコドン i から j への遷移確率を，速度比 ω を用いて計算していることを強調するため，$p_{ij}(t;\omega)$ という記法を用いる．尤度，すなわち配列アラインメント全体が観測される確率は，配列中のすべてのサイトについて，この確率の積を計算することで得られる．

Zhang (2003) がモデル1を用いて $ASPM$ 遺伝子について得た推定値は，$\widehat{\omega}_H = 1.03$，$\widehat{\omega}_C = 0.66$，$\widehat{\omega}_O = 0.43$ である．Zhang は，$\widehat{\omega}_H$ 推定値が大きいのは，ヒトの脳の増大を駆動する正の選択によるものであって，ヒトの系統で選択圧が緩んだためではないという証拠を示した．枝に基づく検定の他の応用例については，第 8.5 節で議論する．そこでは被子植物のフィトクロム遺伝子ファミリーの進化が解析される．

枝に基づく検定に関する意見を2つ述べておこう．第1に，興味ある系統はあらかじめ同定しておかねばならない．たとえば，データを解析して高い ω 比をもつ系統を同定し，次に枝に基づく検定を適用してそれらの ω 比が有意に1よりも大きいかどうかを調べるのは，適切ではない．多重比較の問題により，帰無分布は正しくないだろう．なぜなら，その仮説はデータから導かれているからである．この点について，Kosakovsky Pond and Frost (2005a) が，遺伝的アルゴリズムを用いて系統樹中の各系統に異なる ω 比を割り当てていることについて述べておこう．その方法では，モデルのデータへの適合を最大化することで，検定されるモデルを効率的に'進化'させる．この方法は，検定される系統をあらかじめ特定する必要はないが，多重比較を考慮しておらず，統計検定として有効であるとは思えない．

第2に，系統間で ω 比が変動すると，厳密な中立モデルは成立しなくなるが，そのこと自体は適応進化の証拠として十分ではない．同様に，前景枝の ω 比が背景枝よりも大きいが，1よりも大きくはないならば，この結果は正の選択の確実な証拠とは見なされない．正の選択以外に，タンパク質機能の低下あるいは消失により純化選択が緩和される，あるいは集団サイズの縮小のため純化選択による有害突然変異を除去する効果が減少するという，2つの他の解釈がある (Ohta, 1973)．配列中のすべてのサイトにわたって平均した ω 比が1よりも大きくなければならないという基準は厳しすぎる；そのため，枝に基づく検定による正の選択の検出力は弱いことが多い．

8.4 適応進化を受けているアミノ酸サイト

8.4.1 3つの方法

タンパク質中のすべてのアミノ酸サイトは同じ選択圧下にあり，同じ同義/非同義置換の速度比 (ω) をもつという仮定は，まったく非現実的である．大部分のタンパク質には，ω 比がゼロに近い値をもつ，アミノ酸が保存された場所がある．このため，タンパク質のすべてのサイトについて平均をとった ω 比が1よりも大きくなければならないという要請は，適応進化を検出するのには非常に厳しい基準である．ω 比のサイト間での変動を許すことはきわめて妥当であると思われる．この場合，正の選択は，すべてのサイトについて平均した ω 比が1よりも大きいことではなく，$\omega > 1$ のサイトが存在することで示唆される．

個々のアミノ酸サイトに作用している正の選択を検出するのに，3つの異なる方法がありうる．第1の方法では，タンパク質の結晶構造のような外的な情報によって示唆される，正の選択を受け

ていると思われるアミノ酸サイトに着目する．この方法は，そのような情報が利用可能な場合にのみ実行できる．古典的な例として，Hughes and Nei (1988) や Hughes et al. (1990) によるヒトの主要組織適合遺伝子複合体（MHC）遺伝子座の解析がある．この遺伝子全領域での d_N/d_S 比は，他のタンパク質をコードする遺伝子の大部分よりも高いけれども，1 よりも小さく，正の選択の証拠を与えない．しかし，分子の 3 次構造の研究（Bjorkman et al., 1987a, b）から，抗原認識サイト（antigen recognition site, 以下 ARS と略），すなわち外部抗原の結合に関与する立体構造中のくぼみを形成する 57 個のアミノ酸残基が同定された．Hughes and Nei (1988) はこの 57 コドンのみに注目し，それらの d_N/d_S 比が有意に 1 よりも大きいことを見いだした．Hughes and Nei (1988) は，2 本の配列の比較によるアプローチをとっていた．Yang and Swanson (2002) は，系統樹の上で複数の配列を同時に解析するための尤度によるアプローチを実装した．このアプローチでは，異なる分割群に属しているコドンには，データから推定された異なる ω 比が割り当てられる．MHC の場合は，2 つの独立した ω 比を，ARS 領域のコドンとそれ以外の領域のコドンに割り当て，その値を推定し，尤度比検定によって，ω_{ARS} が有意に 1 よりも大きいか否かが検定される．そのようなモデルは，Yang and Swanson (2002) によって固定サイト・モデル（fixed-sites model）とよばれている．これらのモデルは，第 4.3.2 項で議論された，異なるコドン・ポジションや異なる遺伝子座に異なる置換速度を割り当てるモデルに類似している．これらのモデルでの尤度の計算は，全サイトが単一の ω 比をもつモデルの場合に似ている．唯一の違いは，各分割群における遷移確率の計算に正しい ω 比が使用されることである．そのようなモデルは，ω 比で示唆される複数の遺伝子間での選択的制約の差の検定にも使われる．Muse and Gaut (1997) はそのような検定を相対比検定（relative-ratio test）とよんでいる．

　第 2 の方法では，それぞれのサイトで ω 比を 1 つ推定する．この場合には，サイトをあらかじめいくつかの群に分割しておく必要はなくなる．Fitch et al. (1997) と Suzuki and Gojobori (1999) は，最節約法で系統樹上の祖先配列を復元し，その復元配列を用いて，系統樹の枝における各サイトでの同義変化と非同義変化の数を計算した．Fitch et al. (1997) はヒト A 型インフルエンザウイルスのヘマグルチニン（HA）遺伝子を解析し，計算されたサイトの ω 比が配列全体での平均よりも大きい場合，そのサイトは正の選択を受けていると考えた．Suzuki and Gojobori (1999) は，より厳密な基準を使い，推定された ω 比が 1 よりも有意に大きい場合のみ，そのサイトは正の選択を受けていると考えた．この検定は，サイト数や各サイトでの違いの数の計算に，Nei and Gojobori (1986) の方法を適用することで実行された．Suzuki and Gojobori は，HLA 遺伝子，HIV-1 env 遺伝子の V3 領域，ヒト A 型インフルエンザウイルスのヘマグルチニン遺伝子の 3 つの大きなデータセットを解析し，各データセットから正の選択を受けているサイトを検出した．コンピュータ・シミュレーション（Suzuki and Gojobori, 1999; Wong et al., 2004）は，この検定が何らかの検出力をもつためには非常に多くの配列が必要であるこを示した．この単純な手法は，直観的には理解しやすく，大きなデータセットの探索的解析に有用である．

　Fitch et al. (1997) や Suzuki and Gojobori (1999) のアプローチにおいて，復元された祖先配列を使用していることは問題を生じるだろう．なぜなら，そのような配列は実際に観察されたデータではないからである．とくに，正の選択を受けているサイトは，アライメント中で最も変化しやすいサイトであることが多く，そのような場所での祖先の復元は信頼できない．この問

題は，尤度によるアプローチにより，可能な祖先状態すべてについて平均をとることで回避できる．実際，Suzuki (2004), Massingham amd Goldman (2005), Kosakovsky Pond and Frost (2005b) は，ML を使ってサイトごとに ω パラメータを1つ推定する方法を実装した．通常，枝長などのモデルの他のパラメータは，全サイトを使って推定され，各サイトの ω 比を推定するときには固定される．コドン置換のモデルを用いると，トランジション/トランスバージョンの速度の違いや不均一なコドン使用頻度を導入することができる．各サイトでは，χ_1^2 分布か，コンピュータ・シミュレーションによって生成された帰無分布を使って，帰無仮説 $\omega = 1$ が検定される．Massingham and Goldman (2005) は，これをサイトに対する尤度比（site-wise likelihood ratio；SLR）検定とよんだ．このモデルでは ω 比がサイト間で自由に変化することが許されるが，配列長の増加に伴って，パラメータ数は限界なしに増加する．このため，このモデルは MLE のよく知られている漸近的な性質（Stein, 1956, 1962; Kalbfleisch, 1985, pp.92–95）を示さない．際限なく多いパラメータという陥穽から抜け出す標準的な方法は，ω に事前分布を割り当て，データが与えられたときの ω の条件付き（事後）分布を導くことである．これはベイズ法（Lindley, 1962）あるいは経験的ベイズ法（Maritz and Lwin, 1989; Carlin and Louis, 2000）であり，以下で議論される第3の方法である．このような理論的な批判にもかかわらず，Massingham and Goldman (2005) のコンピュータ・シミュレーションは，SLR 検定ではサイトの ω 比の推定には信頼性はないものの，妥当な高さの検定力と良好な擬陽性率が達成されていることを示した．

第2の方法として議論されているすべての方法（Fitch *et al.*, 1997; Suzuki and Gojobori, 1999; Suzuki, 2004; Massingham and Goldman, 2005; Kosakovsky Pond and Frost, 2005b) は，1つのサイトに関して正の選択を検定するように構築されている．配列が正の選択を受けているサイトを含んでいるか（つまり，そのタンパク質が正の選択を受けているか）を検定するためには，多重比較の補正を適用するべきである．たとえば，Wong *et al.* (2004) は，Suzuki and Gojobori (1999) の検定に，Simes (1986) の修正された Bonferroni の手続きを適用して，タンパク質にはたらく正の選択を検出している．

第3の方法では，先に述べたように，サイト間での ω のランダムな変動を表すために統計分布（事前分布）が用いられる（Nielsen and Yang, 1998; Yang *et al.*, 2000）．このモデルでは，異なるサイトは異なる ω 比をもつが，どのサイトの ω が高く，どのサイトの ω が低いかは未知であると仮定する．正の選択はないという帰無仮説は，尤度比検定を用いて2つの統計分布を比較することで検定される．その統計分布の一方は，$\omega > 1$ となるサイトはないと仮定しており，他方の分布では，そのようなサイトの存在が仮定されている．尤度比検定が $\omega > 1$ をもつサイトの存在を示唆した場合，経験ベイズ法を用いて，サイトのデータが与えられたときの各サイトの ω 条件付き（事後）確率が計算される．Yang and Swanson (2002) は，そのようなモデルを，ランダムサイト・モデル（random-site model）とよんでいる．これについては，次の2つの項で議論する．

8.4.2 ランダムサイト・モデルのもとでの正の選択の尤度比検定

ここでは，ランダムサイト・モデルのもとでの尤度計算について議論する．任意のサイトの ω 比は分布 $f(\omega)$ に従う確率変数である．ω に関する推測は，データ X が与えられたときの条件付

表 8.2　サイト間で変動する ω 比のモデル中のパラメータ

モデル	p	パラメータ
M0（単一比）	1	ω
M1a（中立）	2	p_0 $(p_1 = 1 - p_0)$, $\omega_0 < 1, \omega_1 = 1$
M2a（選択）	4	p_0, p_1 $(p_2 = 1 - p_0 - p_1)$, $\omega_0 < 1, \omega_1 = 1, \omega_2 > 1$
M3（離散）	5	p_0, p_1 $(p_2 = 1 - p_0 - p_1)$, $\omega_0, \omega_1, \omega_2$
M7（beta）	2	p, q
M8（beta & ω）	4	p_0 $(p_1 = 1 - p_0)$, $p, q, \omega_s > 1$

p は ω の分布中のパラメータの数．

き（事後）分布 $f(\omega|X)$ に基づき行われる．単純な統計的問題においては，事前分布 $f(\omega)$ は，分布型を仮定することなしにデータから推定でき，それを用いていわゆるノンパラメトリック経験ベイズ法（Robbins, 1955, 1983; Maritz and Lwin, 1989, pp.71–78; Carlin and Louis, 2000, pp.57–88）が行われる．しかし，このアプローチでは，ここでのケースは扱いにくいように思われる．代わりに，Nielsen and Yang（1998）と Yang *et al.*（2000）は，パラメトリック・モデルで $f(\omega)$ を実装し，その密度関数のパラメータを推定した．同義置換速度はサイト間で均一であると仮定し，非同義置換速度のみが変わりうるとする．枝長 t は，コドンあたりの塩基置換数の期待値として定義され，全サイトで平均をとることで得られる．

このモデルは，サイト間で変動する速度についてのガンマモデルや離散ガンマモデル（Yang, 1993, 1994a）と同じ構造をもつ（第 4.3.1 項参照）．尤度は，枝長やトランジション/トランスバージョンの速度比 κ のようなモデル中の他のパラメータと同様に，ω の分布のパラメータの関数である（ω そのものの関数ではない）．あるサイトのデータを観察する確率，たとえばサイト h のデータ $\mathbf{x}_h$ は，ω の分布についての平均となる．

$$f(\mathbf{x}_h) = \int_0^\infty f(\omega) f(\mathbf{x}_h|\omega)\, d\omega \cong \sum_{k=1}^K p_k f(\mathbf{x}_h|\omega_k) \tag{8.7}$$

もし $f(\omega)$ が離散分布であれば，積分は和になる．連続的な $f(\omega)$ についての積分は，解析的な取り扱いが困難である．そこで，離散近似を適用し，式 (8.7) の p_k も ω_k も，連続密度関数 $f(\omega)$ 中のパラメータの関数として計算できるように，等確率となる $K = 10$ 個のカテゴリを用いて連続密度を近似する．

正の選択は，尤度比検定によって，$\omega > 1$ のサイトを許さない帰無モデルと，そのようなサイトを許す対立モデルを比較することで検定される．コンピュータ・シミュレーションでは，2 つのモデルのペアがとりわけ有効であることが見いだされている（Anisimova *et al.*, 2001, 2002; Wong *et al.*, 2004）．それらは**表 8.2** にまとめられている．第 1 のペアは，帰無モデル M1a（中立）と対立モデル M2a（選択）よりなる．M1a は 2 つのサイト・クラスを仮定しており，$0 < \omega_0 < 1$ であるサイトは比率 p_0 で，$\omega_1 = 1$ のサイトが $p_1 = 1 - p_0$ の比率で含まれている．対立モデル M2a（選択）では，上記のサイト・クラスに加えて $\omega_2 > 1$ のサイトを考え，その比率は p_2

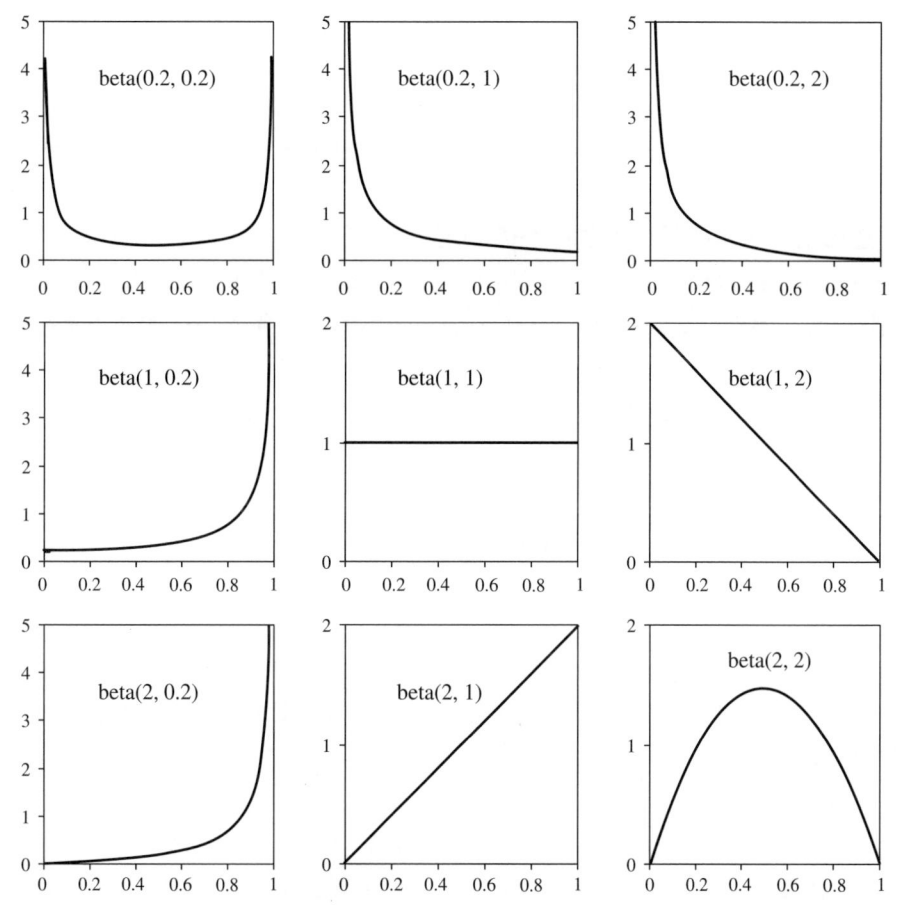

図 8.3 ベータ分布の密度：beta(p, q). x 軸は ω 比を表し，y 軸は ω 比に対応するサイト数の比率を表す．

とする．M2a は M1a よりもパラメータが 2 つ多いので，χ_2^2 分布が検定に用いられる．しかし，漸近的な χ^2 近似のための正則条件は満たされておらず，正確な帰無分布は未知である．第 1 に，$p_2 = 0$ はパラメータ空間の境界にあたるが，p_2 をそこに固定すると M1a は M2a に等しくなる．第 2 に，$p_2 = 0$ のとき，ω_2 は同定可能ではなくなる．このように，M1a と M2a の差は 2 つの自由パラメータほど大きくなく，χ_2^2 の使用は保守的である．

モデルの第 2 のペアは，帰無モデル M7 (beta) と対立モデル M8 (beta & ω) よりなる．M7 では，ω がベータ分布に従うことが仮定されており，M8 では，それに加えて，$\omega_s > 1$ である正の選択を受けているサイトのクラスをもつ．ベータ分布は，ω がとりうる範囲を $(0, 1)$ の区間に制限するが，分布の 2 つのパラメータ，p と q に依存してさまざまな形状をとることができる（図 8.3）．このように帰無モデルの適応性は高い．M8 は M7 よりもパラメータを 2 つ多くもつので，χ_2^2 を用いて LRT を実行できる．M1a と M2a の比較で述べたことと同様に，χ_2^2 を使用すると検定は保守的になると考えられる．

M3（離散）とよばれる他のモデルについてもここで述べておこう．ここで仮定されているのは一般離散モデルであり，K 個のサイト・クラスからなる．各サイト・クラスの頻度と ω 比（式 (8.7) の p_k と ω_k）は自由パラメータとして推定される．ここで議論しているすべてのモデルは，

一般混合モデルの特別なケースと考えることができる．そのような混合モデルでは通常そうであるように，少数のクラスだけが現実のデータセットに適合できることが多い．モデル M3 とモデル M0（単一比）を比較することで，LRT を構築できる．しかし，これはむしろサイト間の選択圧の多様性の検定と見なされるもので，正の選択に関する信頼できる検定と考えるべきではない．

8.4.3　正の選択を受けているサイトの同定

LRT が正の選択を受けているサイトの存在を示唆した場合，そのサイトはどこにあるのかというのは，当然の問いであろう．経験的ベイズ法（EB）を用いると，各サイトが特定のサイト・クラスに属する事後確率を計算することができる．このとき，$\omega > 1$ のクラスに属している事後確率が高いサイト（たとえば，$P > 95\%$）は，正の選択を受けている可能性が非常に高い．このアプローチをとれば，全サイトの平均の ω 比が 1 よりもかなり小さくても，正の選択を検出し，正の選択を受けているサイトを同定できる．

$$f(\omega_k|\mathbf{x}_h) = \frac{p_k f(\mathbf{x}_h|\omega_k)}{f(\mathbf{x}_h)} = \frac{p_k f(\mathbf{x}_h|\omega_k)}{\sum_j p_j f(\mathbf{x}_h|\omega_j)} \tag{8.8}$$

これは，サイトの速度のガンマモデルや離散ガンマモデルのもとで，置換速度を推定するのに使われているものと同じ方法である（式 (4.13) 参照）．式 (8.8) は，系統樹の枝長に加え，サイト・クラスの比率や ω 比といったモデルのパラメータが既知であることを要求する．Nielsen and Yang (1998) と Yang et al. (2000) はこれらのパラメータをその MLE で置き換えた．このアプローチは，単純経験的ベイズ法（naïve empirical Bayes；NEB）として知られているが，パラメータ中の標本誤差を無視している．このため，パラメータを高い信頼性をもって推定できるほど十分な情報をもたない小さなデータセットを使用する場合は信頼できない．この欠点については，いくつかのコンピュータ・シミュレーションによる研究が行われている（たとえば，Anisimova et al., 2002; Wong et al., 2004; Massingham and Goldman, 2005; Scheffler and Seoighe, 2005）．より信頼性の高いアプローチが Yang et al. (2005) により実装されているが，それはベイズ経験的ベイズ法（BEB；Deely and Lindley, 1981）として知られているものである．BEB では，パラメータの事前確率について数値的に積分を行うことで，ω の分布の中にあるパラメータの MLE の不確実性を考慮している．ω の推定に与える枝長のような他のパラメータの影響は非常に小さいと思われるので，パラメータはそれらの MLE の値に固定される．階層的ベイズ法によるアプローチが，Huelsenbeck and Dyer (2004) によって実装され，そこでは他の置換パラメータに加え，系統樹の樹形や枝長についての平均をとるために MCMC が用いられている．このアプローチは，より強力な計算を必要とするが，枝長の MLE が大きな標本誤差を含むような，小さくて情報の少ないデータセットであっても，より信頼性の高い推定を行えるだろう（Scheffler and Seoighe, 2005）．

8.4.4　ヒト主要組織適合遺伝子複合体（MHC）の遺伝子座における正の選択

ここでは，ランダムサイト・モデルを用いて，Yang and Swanson (2002) によって収集されたヒト由来のクラス I 主要組織適合遺伝子複合体の遺伝子座（MHC または HLA）の対立遺伝子

8.4 適応進化を受けているアミノ酸サイト

表 8.3 192 個の MHC の対立遺伝子について，サイト間で変動する ω 比のモデルで計算された対数尤度値とパラメータの推定値

モデル	p	ℓ	パラメータの推定値	正の選択を受けているサイト
M0（単一比）	1	−8,225.15	$\widehat{\omega} = 0.612$	なし
M1a（中立）	2	−7,490.99	$\widehat{p}_0 = 0.830\ (\widehat{p}_1 = 0.170),$ $\widehat{\omega}_0 = 0.041\ (\omega_1 = 1)$	正の選択は許されない
M2a（選択）	4	−7,231.15	$\widehat{p}_0 = 0.776,\ \widehat{p}_1 = 0.140\ (\widehat{p}_2 = 0.084)$ $\widehat{\omega}_0 = 0.058\ (\omega_1 = 1),\ \widehat{\omega}_2 = 5.389$	**9F 24A 45M 62G 63E 67V 70H 71S 77D 80T 81L** 82R 94T **95V 97R** 99Y 113Y **114H 116Y 151H 152V 156L 163T 167W**
M7（ベータ）	2	−7,498.97	$p = 0.103,\ q = 0.354$	正の選択は許されない
M8（ベータ&ω）	4	−7,238.01	$\widehat{p}_0 = 0.915\ (\widehat{p}_1 = 0.085),$ $\widehat{p} = 0.167,\ \widehat{q} = 0.717,\ \widehat{\omega}_s = 5.079$	**9F 24A 45M 63E 67V** 69A **70H 71S 77D 80T 81L 82R 94T 95V 97R** 99Y **113Y 114H 116Y 151H 152V 156L 163T 167W**

［注］ p は ω の分布中のパラメータの数である．枝長は，M0（単一比）のもとでの MLE に固定された．トランジション/トランスバージョンの速度比 κ の推定値は，モデルによって 1.5 から 1.8 までの値をとった．正の選択を受けているサイトは，カットオフ事後確率を $P \geq 95\%$ として推定され，それらの中で事後確率が 99%以上のサイトは太字で示されている．アミノ酸残基は，PDB の構造ファイル 1AKJ の配列を参照している．Yang and Swanson, 2002; Yang *et al.*, 2005 から改変．

のデータを解析する．データセットは，A, B, C 遺伝子座からの 192 個の対立遺伝子よりなり，各配列は，アラインメント・ギャップを除いて，270 コドンより構成されている．クラス I MHC に作用していると思われる選択的な力は，多数の外来ペプチドの認識と結合である．ARS は外来抗原が結合するくぼみである（Bjorkman *et al.*, 1987a, b）．ARS の同定によって，研究者たちは，データを ARS と非 ARS サイトに分割して，ARS における正の選択を証明することができるようになった（Hughes and Nei, 1988; Hughes *et al.*, 1990）．データを分割しなければ，配列全長にわたって比率を平均化する 2 本の配列の比較では，正の選択は検出できなかった．

ランダムサイト・モデルは，構造的な情報を利用しない．系統樹の樹形は，2 本の配列の間の距離の MLE に基づく近隣結合法（Saitou and Nei, 1987）によって推定される（Goldman and Yang, 1994）．計算を減らすために，枝長はモデル M0（単一比）にしたがって推定され，他のモデルをデータに適合させる際には，その値に固定される．データ中で観察される頻度を 3 つのコドン・ポジションでの塩基頻度の推定値とし，それらを用いて平衡コドン頻度が計算される（F3 × 4 モデル）．いくつかのランダムサイト・モデルについてのパラメータの MLE と対数尤度の値が**表 8.3** に示されている．たとえば，M2a のもとでの MLE は，サイトの約 8.4% は正の選択を受けていることを示唆しており，それらのサイトでは $\omega = 5.4$ である．モデル M1a と M2a を比べた尤度比検定統計量は $2\Delta\ell = 518.68$ であり，χ_2^2 による棄却限界値よりも非常に大きい．モデル M7 と M8 を使った検定でも同じ結論が導かれる．各サイトが異なるサイト・クラスに属している事後確率を NEB の手続き（式 (8.8)）によって計算するのに，表 8.3 のパラメータの推定値を使うことができる．M2a のもとで得られた結果が**図 8.4** に示されており，正の選択のサイト・

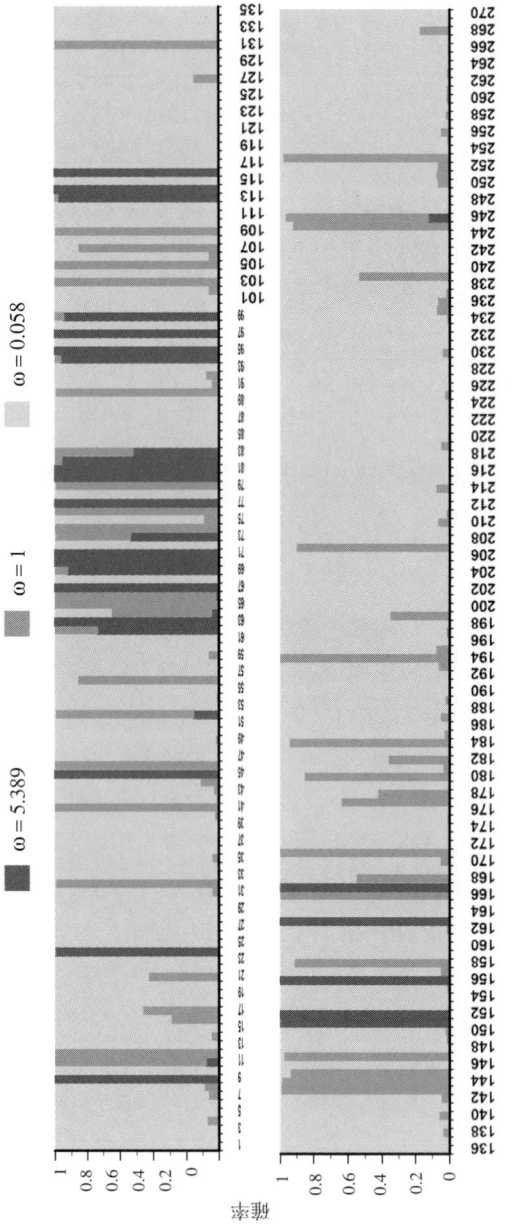

図 8.4 M2a（選択）モデルのもとで，単純経験ベイズ（NEB）法で計算された，各サイトが 3 つのサイト・クラスに属す事後確率．このモデルでのパラメータの MLE は，3 つのサイト・クラスがそれぞれ $\omega_0 = 0.058$, $\omega_1 = 1$, $\omega_2 = 5.389$ の ω 比をもち，各クラスに属すサイトの比率が $p_0 = 0.776$, $p_1 = 0.140$, $p_2 = 0.084$ であることを示唆している（表 8.3）．これらの比率は，任意のサイトが 3 つのクラスのいずれかに属す事前確率である．あるサイトにおけるデータ（異なる配列のコドンの全容）は，事前確率を劇的に変化させるので，事後確率は事前確率とは大きく異なることがある．たとえば，サイト 4 では，事後確率は 0.925, 0.075, 0.000 であり，このサイトは強い純化選択を受けている可能性が高い．サイト 9 では，事後確率は 0.000, 0.000, 1.000 であり，このサイトはほぼ確実に正の選択を受けている．サイト・クラス 2 に属しているサイトの中で事後確率が $P > 0.95$ であるものが表 8.3 にあげられており，また図 8.5 のタンパク質の構造の上にも示されている．BEB の手続きでも，ほぼ同等の事後確率が得られる．

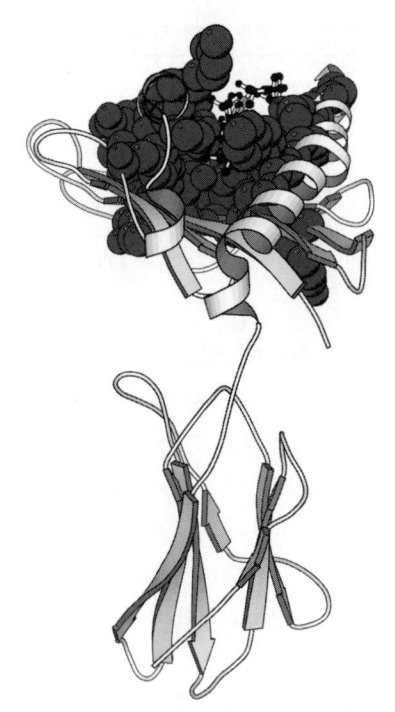

図 8.5 クラス I MHC 対立遺伝子 H-2Db (Protein Data Bank ID：1AKJ の A 鎖) の構造が, 結合している抗原とともに, 球棒 (ball-and-stick) モデルで示されている. ランダムサイト・モデル M2a のもとで, 正の選択を受けているアミノ酸として同定されたものが, 空間充填 (space filling) モデルで示されているが, それらはすべて ARS ドメイン中に存在している. 表 8.3 と図 8.4 も参照せよ. 図は Yang and Swanson (2002) よりとった.

クラスに属している事後確率が $P > 95\%$ となるアミノ酸残基が図 8.5 の 3 次構造の上に示されている. これらのサイトのほとんどが, ARS を形成する 57 個のアミノ酸のリストに含まれている (Bjorkman *et al.*, 1987a, b). これらのうちの 3 個のサイトはリストに含まれていないが, 構造上同じ領域に位置する. 推定されたサイトは, 1 次構造上は散在している (図 8.4) が, 3 次構造上では密集している (図 8.5) ことは特筆しておいてもよいだろう. このデータセットは大きいので, パラメータは信頼性をもって推定されている. NEB の手続きでも BEB の手続きでも, ほぼ同じ事後確率と正の選択を受けているサイトのリストが得られた (Yang *et al.*, 2005 参照). さらに, モデル M2a の結果と M8 の結果は非常に類似していた (表 8.3).

8.5 特定のサイトや系統に影響を及ぼす適応進化

8.5.1 正の選択の枝–サイト検定

多くの遺伝子にとって, 枝あるいはサイトに基づく正の選択の検定は保守的であると期待される. 枝に基づく検定では, 全サイトにわたって平均した ω 比が有意に 1 より大きい場合にのみ, 正の選択がその枝に対して検出される. もしタンパク質のほとんどのサイトが 0 に近い ω をもち純化選択のもとにあるならば, たとえ少数のサイトが正の選択圧によって速く進化していたとしても, 全サイトにわたって平均した ω 比は 1 を超えることはないだろう. 同様に, サイトに基

表 8.4 枝–サイト・モデル A で仮定される ω 比

サイト・クラス	割合	背景的 ω	前景的 ω
0	p_0	$0 < \omega_0 < 1$	$0 < \omega_0 < 1$
1	p_1	$\omega_1 = 1$	$\omega_1 = 1$
2a	$(1-p_0-p_1)p_0/(p_0+p_1)$	$0 < \omega_0 < 1$	$\omega_2 > 1$
2b	$(1-p_0-p_1)p_1/(p_0+p_1)$	$\omega_1 = 1$	$\omega_2 > 1$

[注] このモデルは 4 つのパラメータをもつ：$p_0, p_1, \omega_0, \omega_2$.

づく検定は，すべての枝にわたって平均した ω 比が 1 より大きい場合にのみ，正の選択を検出する．この仮定は，宿主–病原体間の拮抗のような遺伝的な軍拡競争に関わっている遺伝子に対しては妥当であろう．そのような場合，遺伝子は常に多様化選択の圧力下にある．このことは，サイトに基づく検定のほうが枝に基づく検定よりも，正の選択を受けている遺伝子を同定しやすいという事実（たとえば第 8.7 節参照）を説明しているのかもしれない．大部分の他の遺伝子については，正の選択は特定の系統の少数のアミノ酸にのみ影響を与えると期待される．枝–サイト・モデル（branch-site model, Yang and Nielsen, 2002）は，そのような局所的にときおり起こる自然選択（local episodic natural selection）のシグナルを検出しようという試みである．

Yang and Nielsen（2002）のモデルでは，系統樹の枝はあらかじめ前景的カテゴリと背景的カテゴリに分割され，尤度比検定は，前景的な枝においていくつかのサイトが正の選択を受けていることを許容する対立モデルを，そのようなサイトを許容しない帰無モデルと比較する形で構築される．しかし，シミュレーション研究において，Zhang（2004）は，この検定はその根底となるモデルによって影響され，モデルの仮定が成り立たない場合は，多くの擬陽性を生じることを見いだした．この方法にちょっとした改変を導入したところ，性能が大きく改善された（Yang et al., 2005; Zhang et al., 2005）．ここでは，この改変された検定について述べる．

表 8.4 に，枝–サイト・モデル A とよばれるモデルの要約が示されている．背景的な系統には，2 つのサイトのクラスがある；$0 < \omega_0 < 1$ である保存的サイトと $\omega_1 = 1$ の中立サイトである．前景的な系統においては，全サイト中 $(1-p_0-p_1)$ の割合のサイトが，$\omega_2 \geq 1$ をもち，正の選択を受けている．このモデルのもとでの尤度計算は，サイト・モデルの尤度計算から簡単に改変できる．どのサイトがどのサイト・クラスに属しているかはあらかじめわからないので，あるサイトにおけるデータの確率は，4 つのサイト・クラスについて平均をとることで得られる．サイト h が属すサイト・クラスを，$I_h = 0, 1, 2a, 2b$ とする．すると，確率は以下の式になる．

$$f(\mathbf{x}_h) = \sum_{I_h} p_{I_h} f(\mathbf{x}_h | I_h) \tag{8.9}$$

サイトは，$I_h = 0$ あるいは 1 ならば単一比モデルで進化し，$I_h = 2a$ あるいは 2b ならば枝に基づくモデルで進化するよう構成されているので，サイト h がサイト・クラス I_h に属している場合に，そのサイトでデータ $\mathbf{x}_h$ が観察される条件付き確率 $f(\mathbf{x}_h | I_h)$ は簡単に計算できる．

正の選択の枝–サイト検定では，モデル A は対立仮説であり，帰無仮説は同じモデル A であるが，$\omega_2 = 1$ と固定したものである（表 8.4）．帰無モデルではパラメータが 1 つ少ないが，対立モデルのパラメータ空間での境界で $\omega_2 = 1$ と固定されているので，帰無分布は点密度 0 と χ^2_1

表 8.5　分岐群モデル C で仮定される ω 比

サイト・クラス	割合	分岐群 1	分岐群 2
0	p_0	$0 < \omega_0 < 1$	$0 < \omega_0 < 1$
1	p_1	$\omega_1 = 1$	$\omega_1 = 1$
2	$p_2 = 1 - p_0 - p_1$	ω_2	ω_3

［注］　モデルは 5 個のパラメータを含む：$p_0, p_1, \omega_0, \omega_2, \omega_3$.

分布の 50：50 の混合分布としなければならない（Self and Liang, 1987）．棄却限界値は，5％レベルで 2.71，1％レベルで 5.41 である．モデルの仮定が成立していない場合には，χ_1^2 分布（棄却限界値が 5％レベルで 3.84，1％レベルでは 5.99）を使ってもよいだろう．コンピュータ・シミュレーションから，枝−サイト検定の擬陰性率は許容できる程度であり，枝に基づく検定よりも検定力が高いことが見いだされた（Zhang et al., 2005）．しかし，モデルには 2 種類の枝，前景枝と背景枝のみが許されているので，これはデータセットの多くについては，現実的ではないだろう．

NEB の手続きと BEB の手続きが，枝−サイト・モデルについても実装され，サイトに基づく解析の場合と同様に，前景的系統において正の選択を受けているアミノ酸サイトの同定が可能になった．しかし，事後確率は 95％といった高い値に達しないことが多く，そのような解析には検定力が欠けていることが示唆される．

枝に基づく検定と同様に，枝−サイト検定においても，あらかじめ前景枝を特定しておく必要がある．もしうまく定式化されている生物学的な仮説がある場合，具体的には遺伝子重複後の機能分化を駆動する適応進化を検定したいといった場合だが，前景枝をあらかじめ特定しておくことは容易であるだろう．もし先験的な仮説が何もなければ，この検定を適用することは困難である．この検定を系統樹上の複数の枝あるいはすべての枝に適用するためには，多重比較の補正を行う必要がある（Anisimova and Yang, 2007）．

8.5.2　その他の同様なモデル

ω 比によって示唆される選択圧が系統間とサイト間の両方で変動できるような他のコドン置換モデルがいくつか実装されている．Forsberg and Christiansen（2003）や Bielawski and Yang（2004）は分岐群モデル（clade model）を実装した．系統樹中の枝はあらかじめ 2 つの分岐群に分けられており，尤度比検定を用いて，異なる ω 比によって示唆される 2 つの分岐群間の選択圧の分化が検定される．Bielawski and Yang（2004）に実装された分岐群モデル C を，**表 8.5** に要約してある．このモデルでは，3 つのサイト・クラスが仮定されている．クラス 0 は $0 < \omega_0 < 1$ をもつ保存的サイトを含み，クラス 1 は $\omega_1 = 1$ の中立的サイトを含んでいる．どちらもすべての系統に適用される．クラス 2 は，2 つの分岐群間で異なる選択圧を受けているサイトを含んでおり，分岐群 1 では ω_2，分岐群 2 では ω_3 をもつ．$\omega > 1$ をもつ正の選択を受けているサイトはまったく含まれてないかもしれない．このモデルは，ω の分布の中に 5 つのパラメータ $p_0, p_1, \omega_0, \omega_2, \omega_3$ を含んでいる．尤度比検定は，モデル C を，サイトに基づくモデル M1a（中立）と比較することによって構成できる．M1a は，2 つの自由パラメータをもち，2 つのサイト・クラスを仮定する．χ_3^2 分布が検定に使用できるだろう．Gu（2001）や Knudsen and Miyamoto（2001）

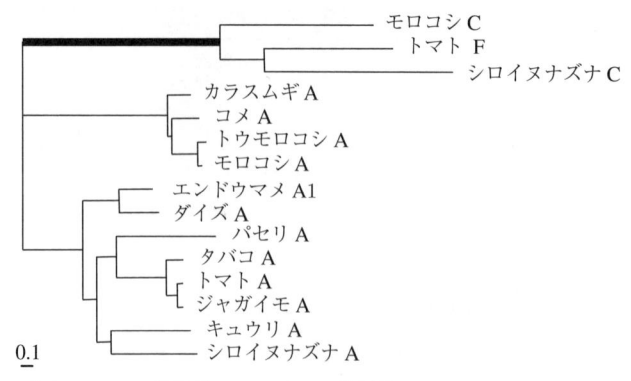

図 8.6 被子植物のフィトクロム *phy* 遺伝子ファミリーの系統樹．A サブファミリーと C/F サブファミリーを分離する枝は，遺伝子重複後，正の選択を受けていると仮定されている．これは，枝に基づく検定や枝–サイト検定における前景枝であり，一方，他のすべての枝は背景枝である（表 8.6）．

の機能分化のモデルでは，アミノ酸置換速度が機能的制約の指標として使われているが，分岐群モデルはそれらと類似している．

コドン置換の切替えモデル（switching model of codon substitution）は，Guindon *et al.* (2004) により実装されている．このモデルでは，どのサイトの ω 比も，3 つの異なる値 $\omega_1 < \omega_2 < \omega_3$ に切り替わることができる．コドン置換のマルコフ過程モデルの他に，隠れマルコフモデルの連鎖を時間に対して実行し，任意のサイトにおける異なる選択の体制（すなわち 3 つの ω の値）間の切替えが表現される．このモデルは，変動する置換速度についてのコバリオン・モデルに構造的に類似している（第 4.3.1.7 項を参照）．コバリオン・モデルでは，すべてのサイトが高い速度と低い速度の間で切り替わっている（Tuffley and Steel, 1998; Galtier, 2001; Huelsenbeck, 2002）．切替えモデルは，各サイトが固定された ω をもつサイト・モデル（Nielsen and Yang, 1998; Yang *et al.*, 2000）の拡張である．このとき，尤度比検定が，切替えモデルとサイト・モデルを比較するために使える．Guindon *et al.* (2004) は，切替えモデルは，サイト・モデルよりも，HIV-1 の *env* 遺伝子のデータセットによく適合することを見いだした．経験ベイズ法の手続きを用いて，高い ω 比をもつ系統やサイトを同定できる．

8.5.3 被子植物フィトクロムにおける適応進化

ここでは，フィトクロム遺伝子の *phy* サブファミリーの進化における正の選択を検出するために，枝に基づく検定と枝–サイト検定を応用してみよう．フィトクロムは最もよく特徴が調べられている植物の光センサーである．これらは多数の光応答遺伝子の発現や，出芽，開花，果実の成熟，茎の伸長，葉緑体の発達などの植物の発達におけるさまざまな事象を制御する色素タンパク質である（Alba *et al.*, 2000）．これまでに調べられているすべての被子植物は，*phy* 遺伝子ファミリーにコードされている少数の PHY アポタンパク質をもつ．ここで解析するデータは，Alba *et al.* (2000) から取得されたものである．A サブファミリーと C/F サブファミリーに属する 16 配列のアラインメントを用いる．Alba *et al.* (2000) の系統樹を図 8.6 に示す．A サブファミリーと C/F サブファミリーを分離している枝は遺伝子重複を表しているが，その枝においてこの遺伝子が正の選択を受けているかを検定する．

表 8.6 フィトクロム遺伝子 phy AC&F サブファミリーについてのさまざまなモデルのもとでの対数尤度値とパラメータの推定値

モデル	p	ℓ	パラメータの推定値
(a) 単一比（M0）	1	$-29,984.12$	$\widehat{\omega} = 0.089$
(b) 枝に基づくモデル（2 比率）	2	$-29,983.48$	$\widehat{\omega}_0 = 0.090, \widehat{\omega}_1 = 0.016$
(c) 枝–サイト・モデル A $\omega_2 = 1$ と固定	3	$-29,704.74$	$\widehat{p}_0 = 0.774, \widehat{p}_1 = 0.073\ (\widehat{p}_2 + \widehat{p}_3 = 0.153)$, $\widehat{\omega}_0 = 0.078, \omega_1 = \omega_2 = 1$
(d) 枝–サイト・モデル A $\omega_2 > 1$ をもつ	4	$-29,694.80$	$\widehat{p}_0 = 0.813, \widehat{p}_1 = 0.075\ (\widehat{p}_2 + \widehat{p}_3 = 0.111)$, $\widehat{\omega}_0 = 0.080, \widehat{\omega}_2 = 131.1$

［注］ p は ω の分布の自由パラメータの数である．κ の推定値は約 2.1 である．枝長の推定値は示されていない（図 8.6 参照）．コドン頻度は，F3×4 モデルのもとで，3 つの塩基頻度を用いて計算される．

単一比モデル（M0）からは，推定値は $\widehat{\omega} = 0.089$ が得られる（表 8.6(a)）．これは，すべての枝とサイトにわたっての平均であり，この小さな値は，phy 遺伝子ファミリーの進化において純化選択がおもにはたらいていることを反映している．枝に基づくモデル（表 8.6(b)）では，2 つの ω 比が背景枝（ω_0）と前景枝（ω_1）に割り当てられる．$\widehat{\omega}_1 > \widehat{\omega}_0$ であるが，$\widehat{\omega}_1$ は 1 よりも大きくはない．さらに，帰無仮説 $\omega_0 = \omega_1$ はデータからは棄却されない．単一比モデルと 2 比モデルの比較の尤度比検定統計量は $2\Delta\ell = 2 \times 0.64 = 1.28$ であり，これは d.f. = 1 で $p = 0.26$ に対応する．このように枝に基づく検定は正の選択の証拠を与えない．

次に，正の選択について枝–サイト検定を行った．検定統計量は $2\Delta\ell = 2 \times 9.94 = 19.88$ と計算され，χ_1^2 を使うと $p = 8.2 \times 10^{-6}$ となり，0 と χ_1^2 の 50：50 の混合分布を用いると $p = 8.2 \times 10^{-6}/2 = 4.1 \times 10^{-6}$ となる．このように，この検定は正の選択の強い証拠を与える．枝–サイト・モデル A のもとでのパラメータの推定値は，約 11% のサイトが，非常に高い ω_2 をもつ前景的系統において正の選択を受けていることを示唆する．このモデルのもとで BEB の手続きを適用すると，カットオフ事後確率 95% で，27 アミノ酸サイトが前景的系統において潜在的に正の選択を受けているものとして同定された．これらは，55R, 102T, 105S, 117P, 130T, 147S, 171T, 216E, 227F, 252I, 304I, 305D, 321L, 440L, 517A, 552T, 560Y, 650T, 655S, 700A, 736K, 787N, 802V, 940T, 986M, 988Q, 1087D である（アミノ酸はトウモロコシ（$Zea\ mays$）の配列を参照している）．これらは祖先配列の復元からその枝において変化したと予測されたサイトの部分集合を形成している．

8.6 仮定，限界，比較

この節では，正の選択の検出に使われているコドン置換に基づく方法の限界のいくつかについて議論する．また，それらの方法を，第 8.2 節で概観した集団遺伝学の分野で開発された中立性の検定と比較する．

8.6.1 現在の方法の限界

タンパク質をコードする遺伝子における自然選択のシグナルを検出するために開発されたコド

ン置換モデルは多くの仮定を含んでいるが，それらの効果は十分には理解されていない．第1に，多くの塩基置換モデルと同様に（第2章参照），コドン・モデルは置換を記述するものであり，集団遺伝学モデルにあるような突然変異や選択は明示的にはモデル化されていない．この定式化には，短所も長所もある．短所としては，コドン・モデルは同義サイトにおける自然選択の検出には有用ではないだろうということである（Akashi, 1995）．もし同義置換速度が高い場合，このモデルは，それが突然変異率が高いためなのか，選択的制約が緩和されたことによるのか，あるいは自然選択が同義サイトにおける進化を駆動したためなのかを区別できない．長所としては，このモデルがタンパク質にはたらいている選択を検出するのに使われる場合，突然変異の偏りあるいは自然選択が同義サイトの進化を駆動しているか否かにそれほど影響されないということである．この点については，多くの研究者は，タンパク質をコードしている遺伝子における選択を検出するために ω 比を使う場合，同義サイトでの進化は中立であることを仮定している（たとえば，Kreitman and Akashi, 1995; Fay et al., 2001; Bierne and Eyre-Walker, 2003）．著者はこの仮定が不必要と考えている．Benner（2001）によれば，ω 比とは，"どのようにタンパク質が過去において分岐進化してきたかということと，もしそれらのタンパク質が構造も機能も失った分子であった場合にどのように進化してきたかということの間の差"の尺度である．同義サイトの進化を突然変異や選択が駆動していようがいまいが，この ω 比の解釈にもタンパク質レベルでの正の選択の検出への ω 比の使用にも影響を及ぼさなくて当然である．

第2に，たとえコドン・モデルを，突然変異と選択のモデルではなく，置換のモデルと考えたとしても，コドン・モデルはかなり非現実的であるだろう．たとえば，異なるアミノ酸間の置換に同じ ω 比が仮定されているが，アミノ酸間の相対置換速度は化学的性質に強く影響されることが知られている（たとえば Zuckerkandl and Pauling, 1962; Dayhoff et al., 1978）．化学的性質をコドン・モデルに導入すると，モデルのデータへの適合は有意に改善される（Goldman and Yang, 1994; Yang et al., 1998）が，それほど顕著に改善されるわけではない．この原因の一部は，化学的性質がどのようにアミノ酸置換速度に影響を及ぼしているかが十分理解されていないことによる．また，化学的性質を考慮したモデルにおいて，どのように正の選択を定義すべきかも不明である．革新的（radical）なアミノ酸の置換と保守的（conservative）なアミノ酸の置換（すなわち，化学的性質が大きく異なっている場合と非常に類似している場合）を区別し，保守的な置換率より革新的な置換率が高いことを正の選択の証拠とみなす研究者もいる（Hughes et al., 1990; Rand et al., 2000; Zhang, 2000）．しかし，この判断基準は，ω 比ほど説得力のあるものではなく，またトランジションやトランスバージョンの速度の不均一性またアミノ酸組成の不均一性のようなモデルの仮定に，より強く影響を受ける（Dagan et al., 2002）．

第3に，ω 比に基づく検定は，非常に保守的である．枝に基づくモデルではすべてのサイトにわたっての ω 比の平均がとられ，サイトに基づくモデルではすべての系統にわたっての ω 比の平均がとられるので，どちらの方法も保守的であると期待される．これらのモデルは，非同義突然変異の固定を駆動する多様化選択がくり返し生じていることを検出するのに有効であるが，新しい有利な突然変異の急速な固定を促す一度かぎりの方向性選択（directional selection）を検出する力を欠いている．この点において，これらの検定が，かつては正の選択がはたらいていると思われていなかった多くの遺伝子や生物から適応進化をうまく検出できたことは驚くべきことで

ある．次の節で，そのような検出例を示す．選択圧がサイト間でも系統間でも変動することを許すことにより，枝-サイト・モデルや切替えモデル（Yang and Nielsen, 2002; Guindon *et al.*, 2004; Yang *et al.*, 2005; Zhang *et al.*, 2005）はより強力な検定力をもつように見える．しかし，これらの手法の有用性は，実際のデータの解析についてはまだ検討中である．直観的には，随所に起きている純化選択に適応進化のシグナルがのみこまれないように，短い時間間隔や少数のアミノ酸サイトに焦点を絞るのは理にかなっているように見える．しかし，短い時間期間や少数のアミノ酸サイトからは，統計検定によって検出されるようなシグナルを生成するのに十分な進化的変化の機会は得られないだろう．

第4に，もう1つの非現実的かもしれない仮定は，サイト間の同義置換速度の一定性である．いくつかの遺伝子では，この仮定は成り立っていないだろう．すると，起こりうる同義置換速度の変動を無視することにより，非同義置換速度が上昇しているからではなく，同義置換速度が減少したため，サイト・モデルは，正の選択を受けているとしてサイトを誤って同定してしまうかもしれないという問題が生じる．この仮定を緩和したモデルは，Kosakovsky Pond and Muse（2005）によって実装された．彼らはサイト間での同義置換速度の変動を考慮することには価値があることを示した．しかし，この結果は，シミュレーションでは性能はよくないことが見いだされているサイト・モデルM3（離散）との比較に基づいている．M2（選択）やM8（beta & ω）などのサイト・モデルは，より頑健である．とくに，M2における$\omega_1 = 1$をもつサイト・クラスの使用は，正の選択を受けているサイトの検出における擬陽性を減少させるのに効果があった．

最後に，現在のコドン・モデルは，同じ系統樹が配列中のすべてのサイトに適用されることを仮定している．もし，いくつかのウイルスのデータセットの場合のように，遺伝子内組換えがひんぱんに生じていると，尤度比検定は，正の選択があると誤って主張してしまうだろう（Anisimova *et al.*, 2003; Shriner *et al.*, 2003）．残念ながら，多くの組換えの検出方法（たとえば，Hudson, 2001; McVean *et al.*, 2002）は厳密な中立性を仮定しており，選択を組換えの証拠として見誤るであろう．選択と組換えの両方を取り扱える方法はまだ開発の途上にある（Wilson and McVean, 2006）．

実際のデータ解析，とくに大規模かつゲノムワイドな解析において，正の選択のコドン・モデルを適用するにあたっての最も一般的な問題は，配列の分化のレベルを間違っていることにあると思われる．コドンに基づいた解析は同義置換率と非同義置換率を対比することから，両方のタイプの変化に依存している．もし比較される生物種が非常に近縁であったり，配列が非常に類似している場合，配列データはほとんど変化がなく情報も少ない．そのため，この方法は集団データには無力で，種のデータや進化速度の速いウイルス配列にのみに有効であると期待される（Anisimove *et al.*, 2001, 2002）．一方，配列があまりにも分化していると，同義変化は飽和に達してしまい，データは非常に多くのノイズを含むことになるだろう．コンピュータ・シミュレーションでは，この方法は分化の程度が高くても耐性がある．しかし，実際のデータでは分化の程度が高いと，アラインメントがむずかしくなったり，配列によってコドンの使用頻度が違うなどの多くの他の問題と関わってくることが多い．

8.6.2　中立性検定と d_N, d_S に基づいた検定の比較

ω 比に基づく正の選択の系統学的検定と中立性の集団遺伝学的検定の比較は，それぞれの方法がどのような選択を検出することができるか，また検定がどれくらい強力かを理解する上で，興味深い（Nielsen, 2001b; Fay and Wu, 2003）．第 1 に，正の選択を検出するには，系統学的検定は非常に多くのアミノ酸置換が生じていることに依存しており，配列が非常に分化していることが必要である．このため，集団データへの応用にあたっては，これらの方法はほとんど役に立たない（Anisimova et al., 2002）．一方，中立性の検定は，集団あるいは近縁な生物種から得られた DNA サンプルに対して設計されている．大部分の検定では，無限に多くのサイトからなるモデルが仮定されているが，そのようなモデルはいろいろな生物種に由来する配列を比較する場合には破綻するだろう．第 2 に，ω 比に基づく検定は，中立性の検定よりも，正の選択に対してより説得力のある証拠を与えるだろう．中立性の検定の背後にある厳密な中立モデルは，一般的に，中立進化，集団サイズの一定性，集団の細分化がないこと，選択を受けている遺伝子座に対する連鎖がないことといった多くの仮定をもつ複合モデルである．このような複合モデルは，遺伝子座への選択がある場合ばかりでなく，仮定のいずれかが成立していない場合にも棄却されるかもしれない．厳密な中立モデルを成立させない複数の因子を区別することはむずかしいことが多い．たとえば，遺伝的ヒッチハイキングを受けている中立的な遺伝子座における配列変化のパターンは，拡大する集団における配列変化のパターンに類似している（Simonsen et al., 1995; Fay and Wu, 2000）．同様に，平衡選択を受けている遺伝子座と連鎖している遺伝子座における配列変化のパターンは，細分化された分集団から抽出された配列の変化と類似しうる（Hudson, 1990）．

8.7　適応的に進化している遺伝子

同義・非同義置換率の比較に基づき，適応進化を受けていると推測される遺伝子の例を表 8.7 に示す．このリストは，決して網羅されているわけではないが，潜在的に正の選択を受けている遺伝子の種類の傾向を示してくれる．Hughes（1999）は，いくつかの事例について詳細に議論している．Yokoyama（2002）は脊椎動物の視覚色素の進化の研究について総説をまとめている．Vallender and Lahn（2004）は，ヒトを中心にしたものではあるが，適応進化を受けている遺伝子について包括的にまとめている．Roth et al.（2005）によって収集された適応進化データベース（Adaptive Evolution Database）も参照せよ．

ω 比に基づいて適応進化を受けていると判断された遺伝子の大部分は，次の 3 つのカテゴリに分類される．第 1 のカテゴリは，ウイルス，バクテリア，菌類，寄生生物などからの攻撃に対する防御や免疫に関連する宿主側の遺伝子や，宿主の防御から逃れるためのウイルスや病原体側の遺伝子からなる．前者には，たとえば，主要組織適合抗原（Hughes and Nei, 1988, 第 8.4.4 項も参照），リンパ球タンパク質 CD45（Filip and Mundy, 2004），病原体認識に関わる植物の R 遺伝子（Lehmann, 2002），霊長類のレトロウイルス阻害タンパク質 TRIM5α（Sawyer et al., 2005）が含まれる．後者として，ウイルスの表面タンパク質あるいはキャプシド・タンパク質（Haydon et al., 2001; Shackelton et al., 2005），マラリア原虫の膜抗原（Polley and Conway, 2001），バクテリア，菌類，卵菌，線虫，昆虫のような植物の外敵が産生するポリガラクツロナーゼ（Götesson

表 8.7　同義置換率と非同義置換率の比較から正の選択を受けていると推測されたタンパク質の例

タンパク質	生物種	引用文献
生体防御システムあるいは免疫に関連するタンパク質		
抗ウイルス酵素 APOBEC3G	霊長類	Sawyer et al. (2004), Zhang and Webb (2004)
クラス I キチナーゼ	シロイヌナズナ	Bishop et al. (2000)
ディフェンシン様ペプチド	シロアリ	Bulmer and Crozier (2004)
グリコフォリン A	哺乳類	Baum et al. (2002)
免疫グロブリン V_H	哺乳類	Tanaka and Nei (1989), Su et al. (2002)
MHC	哺乳類, 魚類	Hughes and Nei (1988), Yang and Swanson (2002), Consuegra et al. (2005)
α_1 プロテアーゼ阻害タンパク質	げっ歯類	Goodwin et al. (1996)
植物の耐病性タンパク質	シロイヌナズナ	Mondragon-Palomino et al. (2002)
植物のエンド-β-1,3-グルカナーゼ（EGases）	ダイズ	Bishop et al. (2005)
ポリガラクツロナーゼ阻害タンパク質	マメ科と双子葉植物	Stotz et al. (2000)
RH 血液型と RH50 糖タンパク質	霊長類とげっ歯類	Kitano et al. (1998)
レトロウイルス抑制因子 TRIM5α	アカゲザル	Sawyer et al. (2005)
トランスフェリン	サケ科魚類	Ford et al. (1999)
防御システムや免疫の回避に関与するタンパク質		
抗原 HDAg	D 型肝炎ウイルス	Anisimova and Yang (2004)
キャプシドタンパク質	口蹄疫ウイルス	Haydon et al. (2001)
キャプシドタンパク質 VP2	イヌパルボウイルス	Shackelton et al. (2005)
env, gag, pol, vif, vpr 遺伝子産物	ヒト免疫不全ウイルス HIV-1	Bonhoeffer et al. (1995), Mindell (1996), Zanotto et al. (1999), Yamaguchi-Kabata and Gojobori (2000), Yang et al. (2003), Choisy et al. (2004)
外被糖タンパク質	デングウイルス	Twiddy et al. (2002)
ヘマグルチニン	ヒト A 型インフルエンザウイルス	Fitch et al. (1997), Bush et al. (1999), Suzuki and Gojobori (1999), Pechirra et al. (2005)
リンパ球由来タンパク質 CD45	霊長類	Filip and Mundy (2004)
外膜タンパク質 wsp	ウォルバキア	Jiggins et al. (2002)
プロリン・リッチ抗原（PRA）	ヒト病原体コクシジオイデス	Johannesson et al. (2004)
ポリガラクツロナーゼ	病原性真菌	Stotz et al. (2000)
トリコテセン-マイコトキシン	真菌類	Ward et al. (2002)
毒素		
コノトキシン	イモガイ	Duda and Palumbi (1999)
ナトリウムチャネルトキシン α および β	サソリ	Zhu et al. (2004)
生殖に関連するタンパク質		
Acp26Aa	ショウジョウバエ	Tsaur and Wu (1997)
抗原結合タンパク質 Abp	げっ歯類	Karn and Nachman (1999), Emes et al. (2004)
バインディン	ウニ	Metz an Palumbi (1996)
オス特異的発現タンパク質 Dntf-2r	ショウジョウバエ	Betran and Long (2003)
開花制御タンパク質	ハワイ銀剣草	Barrier et al. (2001)
花香関連酵素 IEMT	アカバナ科	Barkman (2003)
ホメオボックス Ods	ショウジョウバエ	Ting et al. (1998)

表 8.7 （続き）

タンパク質	生物種	引用文献
ホメオボックス Pem	げっ歯類	Sutton and Wilkinson (1997)
フェロモン結合タンパク質	ハマキガ科	Willett (2000)
求愛フェロモン（PRF）	アメリカサンショウウオ科	Palmer et al. (2005)
プロタミン P1	霊長類	Rooney and Zhang (1999)
精子タンパク質リシン	アワビ	Lee et al. (1995), Vacquier et al. (1997)
性決定タンパク質 Sry	霊長類	Pamilo and O'neill (1997)
精巣特異的 α4 プロテアソームサブユニット	ショウジョウバエ	Torgerson and Singh (2004)
フェロモン受容体 V1RL	霊長類	Mundy and Cook (2003)
フェロモン受容体 V1r	硬骨魚類	Pfister and Rodriguez (2005)
Y染色体特異的タンパク質 USP9Y と UTY	霊長類	Gerrard and Filatov (2005)

消化に関連するタンパク質

κ–カゼイン	ウシ科	Ward et al. (1997)
リゾチーム	霊長類	Messier and Stewart (1997), Yang (1998a)
膵臓リボヌクレアーゼ	葉食性サル類	Zhang et al. (1998), Zhang et al. (2002)
アラニン–グリオキシル酸アミノ基転移酵素	霊長類と食肉類	Holbrook et al. (2000), Birdsey et al. (2004)

重複しているタンパク質

DAZ	霊長類	Bielawski and Yang (2001)
モルフェウス遺伝子ファミリー	ヒト上科	Johnson et al. (2001)
絨毛性ゴナドトロピン	霊長類	Maston and Ruvolo (2002)
神経細胞膜タンパク質 Pcdh	霊長類	Wu (2005)
キサンチン脱水素酵素	脊椎動物	Rodriguez-Trelles et al. (2003)
シャペロニンサブユニット CCT	真核生物	Fares and Wolfe (2003)

その他

脳サイズ関連タンパク質 ASPM	ヒト	Zhang (2003)
肺癌遺伝子産物 BRCA1	ヒトとチンパンジー	Huttley et al. (2000)
会話や言語能力に関わるタンパク質 FOXP2	ヒト	Enard et al. (2002)
熱ショックタンパク質 GroEL	真正細菌	Fares et al. (2002)
ヘモグロビン β 鎖	南極由来硬骨魚類	Bargelloni et al. (1998)
ヘモグロビン	ハオリムシ	Bailly et al. (2003)
インターロイキン	哺乳類	Shields et al. (1996), Zhang and Nei (2000)
鉄結合タンパク質トランスフェリン	サケ科魚類	Ford (2001)
インスリン	げっ歯類	Opazo et al. (2005)
脳サイズ関連タンパク質マイクロセファリン	霊長類	Evans et al. (2004), Wang and Su (2004)
Myc 様アントシアニン制御タンパク質	ハナミズキ	Fan et al. (2004)
オプシン	カワスズメ科	Terai et al. (2002), Spady et al. (2005)
プロテオロドプシン	海洋性真正細菌	Bielawski et al. (2004)
ナトリウムチャネル（Nav1.4a）	電気魚	Zakon et al. (2006)
srz ファミリー	線虫	Thomas et al. (2005)
精巣発現ホメオボックス	霊長類	Wang and Zhang (2004)

et al., 2002）がある．病原体の遺伝子は，宿主の防御機構に認識されない形へと進化するような選択圧のもとにあると考えられる．一方，宿主は，病原体に順応して認識しなければならない．その結果，進化的な軍拡競争が継続され，宿主と病原体双方において新しい非同義突然変異の固定が駆動される（Dawkins and Krebs, 1979）．ヘビ毒やサソリ毒は獲物を仕留めるのに使われ，しばしば類似した選択圧のもとで速い速度で進化している（Duda and Palumbi, 2000; Zhu *et al.*, 2004）．

第2のカテゴリには，生殖に関連するタンパク質あるいはフェロモンが含まれている．大部分の生物種では，オスはきわめて少量の資源から大量の精子を産生する．一方，卵子のほうには大きな投資がなされている．この2つの性の間の利害関係は，遺伝的な闘争を生む：精子にとっては，卵子をできるだけ早く認識し，受精することが最善であるが，卵子にとっては，卵子の損失につながる複数の精子による受精（多精子受精（polyspermy））を避けるために，精子による卵子認識にかかる時間を遅らせることが最善である．多くの研究によって，精子-卵子間の認識に関わるタンパク質の速い進化（Palumbi, 1994）や，メスあるいはオスの生殖の他の側面に関連するタンパク質の速い進化（Tsaur and Wu, 1997; Hellberg and Vacquier, 2000; Wyckoff *et al.*, 2000; Swanson *et al.*, 2001a, b）が見いだされてきている．これらの遺伝子のいくつかにおける自然選択が，新種形成を推進したり，あるいはそれに寄与しているということもありうる．Swanson and Vacquier（2002a, b）や Clark *et al.*（2006）の優れた総説も参照せよ．

第3のカテゴリは，先に述べた2つのカテゴリと重なる部分もあるが，遺伝子重複後に新しい機能を獲得したタンパク質を含む．遺伝子重複は，遺伝子，ゲノム，また遺伝的システムの進化の主要な駆動力の1つであり，新規の遺伝子機能の進化に重要な役割を果たしていると考えられている（Ohno, 1970; Kimura, 1983）．重複した遺伝子の運命は，それらが生物にとって選択的に有利であるかどうかに依存する．大部分の重複遺伝子は，有害突然変異によって機能を失い，欠失するか，偽遺伝子へと退化する．ときには，新しいコピー遺伝子が，元来の遺伝子の機能とは異なる機能の必要性から，適応進化に駆動されて，新しい機能を獲得することがある（Walsh, 1995; Lynch and Conery, 2000; Zhang *et al.*, 2001; Prince and Pickett, 2002）．霊長類の *DAZ* 遺伝子ファミリー（Bielawski and Yang, 2001）や絨毛膜のゴナドトロピン（Maston and Ruvolo, 2002），葉食性サル類の膵臓のリボヌクレアーゼ（Zhang *et al.*, 1998, 2002），キサンチン・デヒドロゲナーゼ遺伝子（Rodriguez-Trelles *et al.*, 2003）など多くの遺伝子では，遺伝子重複後に引き続いてタンパク質の進化が加速されたことが見いだされている．集団遺伝学的な検定からも，重複した核遺伝子の進化のごく初期における進化の動態における正の選択の顕著な役割が示唆されている（Moore and Purugganan, 2003, 2005）．

他にも多くのタンパク質が正の選択を受けていることが見いだされてきているが，宿主と病原体の拮抗あるいは生殖のような進化的な軍拡競争に関わるタンパク質ほど多くはない（表8.7）．この傾向のいくぶんかは，ω 比に基づく検出方法の限界によるものと思われる．この検出方法は，有利な突然変異が生じて，集団中に素早く広がり，そののちには純化選択がはたらくような，1回限りの適応進化は見逃してしまうであろう．特定の系統の少数のサイトに影響を及ぼすような，ときおり生じる局所的な適応を検出できるように改良された手法（Guindon *et al.*, 2004; Yang *et al.*, 2005; Zhang *et al.*, 2005）によって，より多くの正の選択の事例の検出が期待される．

いうまでもなく，統計学的な検定は，遺伝子が適応進化していることを証明はできない．実験的な検証や機能解析によって，観察されたアミノ酸の変化の中で，タンパク質のフォールディングの変化を伴うようなものと，化学反応の触媒における効率の差といった表現型の違いを伴うようなものの間の直接の関係を立証することで，説得力のある事例を構築できるだろう．この点において，この章で議論してきた統計手法は，実験室で検証しうる生物学的な仮説を構築するのに有用であり，また実験室で検討すべき可能性を著しく絞り込むことができる．最近のいくつかの研究は，綿密にデザインされた実験と比較解析を組み合わせたそのようなアプローチの効力を示している．たとえば，Ivarsson et al. (2002) は，毒性のある求電子化合物に対する細胞の防御に関与する多機能タンパク質であるグルタチオン・トランスフェラーゼの中で，正の選択を受けているアミノ酸を推測した．次に，部位特異的な変異の導入によって，それらのアミノ酸の突然変異が，基質特異性に関する機能的多様化を引き起こすことを確認した．進化的な比較は，新しいタンパク質を設計するための新しいアプローチであり，膨大な変異体の作製や構造に関する知識などの必要性を軽減してくれる．Bielawski et al. (2004) は，光駆動プロトンポンプとしてはたらく海洋バクテリアのレチナール結合膜タンパク質であるプロテオロドプシンの中で正の選択を受けているアミノ酸を検出した．部位特異的な変異導入と機能解析から，これらのサイトが，海洋における光の強度に対するタンパク質の光の吸収感度を微調整するのに関与していることが示された．Sawyer et al. (2005) は，霊長類の細胞性の抗ウイルス防御システムではたらくタンパク質で，種特異的に HIV-1 や SIV といったレトロウイルスを制限することができる $TRIM5\alpha$ 遺伝子において，正の選択を受けているアミノ酸を推測した．とくに13アミノ酸からなる区画には正の選択を受けているサイトが集中しており，そこが抗ウイルス・インターフェースであることが示唆された．$TRIM5\alpha$ 遺伝子のキメラを作製することによって，Sawyer et al. は，この区画が大部分の種特異的抗ウイルス活性の要因であることを示した．Bishop (2005) は，植物のポリガラクツロナーゼ阻害タンパク質 (PGIPs) の中から，系統解析によって正の選択を受けているものとして同定されたアミノ酸が，新しい防御の能力をもたらすような自然突然変異をもつサイトでもあることを見いだした．

どの遺伝子が適応進化しているかという議論に関連した興味深い問題は，分子レベルの適応は調節遺伝子における変化と構造遺伝子における変化のどちらによっておもに引き起こされるかということである．発生生物学者は調節遺伝子の重要性を強調する傾向があり，構造遺伝子の進化における重要性を無視することがある．この見解は，重要な調節遺伝子座における突然変異が生物の形態に劇的な変化をもたらしうるという観察に支持されている．たとえば，ホメオティック (hox) 遺伝子クラスターにおける突然変異は，主要な動物門における体制の設計の多様化に関与している (Akam, 1995; Caroll, 1995)．それに対して，本節で議論してきた例は，構造遺伝子におけるアミノ酸変化の適応的重要性を示している．調節遺伝子あるいは構造遺伝子のどちらが分子レベルでの適応により重要であろうが，一般に観察されているのは，重要な遺伝子座における少数の変化が形態や行動に大きな変化をもたらしうるが，置換の多くはほとんど影響を与えないということである（たとえば Stewart et al., 1987）．その結果，形態進化の速度は一般的に分子進化速度にそれほど相関していない．この傾向は，東アフリカの湖に住む魚類シクリッド（カワスズメ）(Meyer et al., 1990) やハワイのシルバーソードという植物 (Barrier et al., 2001) の

ように，近年，適応放散した種においてとくに顕著である．これらの種間の分岐時間は非常に短いので，大部分の遺伝子座にはほとんど遺伝的な差異がないが，形態や行動に見られる劇的な適応は分子レベルでの少数の重要な変化によるものであるはずである．これらの重要な変化の同定は，種分化と適応を理解する上で興味深いきっかけとなるに違いない（Kocher, 2004）．

Chapter 9
分子進化のシミュレーション

9.1 イントロダクション

　コンピュータ・シミュレーション (computer simulation) は，確率的シミュレーション (stochastic simulation)，あるいはモンテカルロ・シミュレーション（Monte Carlo simulation）としても知られているが，コンピュータ上で生物学的な過程を模倣することで，その過程の性質を研究するための仮想的な実験である．これは，複雑なシステムや解析的な取り扱いの困難な問題を研究するのにとりわけ有効である．乱数の使用はこの方法の主要な特徴である．研究者によってはモンテカルロ・シミュレーションという用語を，モンテカルロ積分法による積分の計算のように解答が決定性を有する場合に使い，推測法の分散や偏差の研究におけるように解答が確率的変動を含む場合には，確率的シミュレーションやコンピュータ・シミュレーションのほうを使うというように，使い分けていることがある．ここではそのような区別はしない．

　解析の方法が複雑な場合，シミュレーションは理論あるいはプログラムの実装を評価する方法として有用である．モデルを解析的に取り扱うことが困難な場合，シミュレーションはそのようなモデルを研究するための強力な方法を与える．実際，複雑なモデルのもとでもシミュレーションは容易であるので，単純化しすぎた仮定をおく必要がなくなる．根幹となる仮定が成立していない場合，理論的な結果は用いることができないことが多い．そのような場合に，シミュレーションは，いろいろな解析的な方法の比較，とくにその頑健性の比較のために一般的に用いられている．シミュレーションはまた，教育においても有用である．あるモデルのもとでシミュレーションを行い，その動向を観察することにより，そのシステムについての直観が得られる．最後に，モンテカルロ・シミュレーションは，ブートストラップ法 (bootstrapping)，重点サンプリング法 (importance sampling)，マルコフ連鎖モンテカルロ法 (Markov-chain Monte Carlo) のような多くの現代的な計算に基づく統計的方法の基礎を形成している（第5章参照）．

　シミュレーションの容易さと，安価で高速なコンピュータが利用できるようになったことの結果，シミュレーションは広く利用されるようになったが，同時に誤って利用されることも多くなっている．多くのシミュレーション研究は，その計画も解析も不十分であり，ほとんど解釈できな

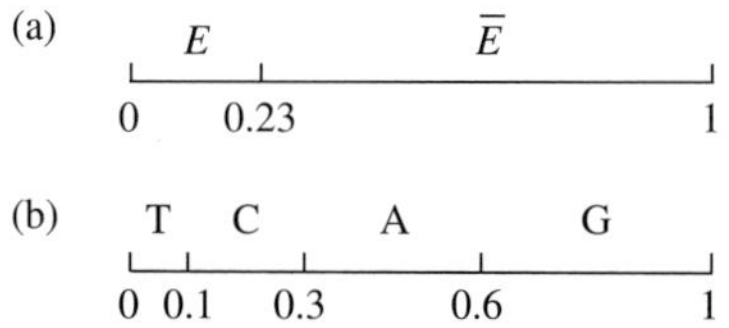

(a)
```
  E           Ē
├────┼─────────────┤
0   0.23          1
```

(b)
```
  T   C     A      G
├─┼───┼─────┼──────┤
0 0.1 0.3   0.6    1
```

図 9.1 離散分布からの標本抽出. (a) 確率 0.23 で生じる事象をシミュレートするため,乱数 $u \sim U(0,1)$ を抽出する.もし,u が区間 $(0, 0.23)$ に落ちれば,その事象が生じたとする (E).そうでなければ,事象は生じなかったとする ($\bar{E}$). (b) 同様に,T, C, A, G のそれぞれが 0.1, 0.2, 0.3, 0.4 の確率をもつときに,塩基を 1 つ抽出するには,乱数 $u \sim U(0,1)$ を抽出し,u が,長さ 0.1, 02, 0.3, 0.4 の 4 つの区間のいずれに落ちるかによって,対応する塩基を選択すればよい.

いような結果を生み出している.シミュレーションは実験であり,通常の実験と同様に,シミュレーション実験においても計画や解析は注意深く行われねばならないことを心に留めておくべきであろう.シミュレーションは,おそらくモデルを用いて行うことができる最も簡単なことであるが,一方で初心者が間違いをおかす機会も多い.シミュレーションの主要な問題点のひとつに,パラメータ空間のほんの一部分でしか探索できず,パラメータ空間の他の探索されていない部分ではシステムの挙動が異なっているかもしれないということがある.このため,過度に一般化しすぎないように気をつけなければならない.これに対し,解析的な結果はすべてのパラメータ値に適用されるので,一般的に優れている.

この章では,シミュレーション技術について概要を述べる.読者には,ここで議論されるアイデアを実装してみることを勧める.C/C++, Fortran, BASIC, Java, Perl, また Python など,どのようなプログラム言語でも,実装に使用できる.Ripley (1987) や Ross (1997) などの多くのシミュレーションの教科書が参考になるだろう.

9.2 乱数生成

一様分布 $U(0,1)$ に従う確率変数は,乱数(random number)とよばれ,コンピュータ・シミュレーションにおいて基本的に重要なものである.たとえば,確率 0.23 で生じる事象 (E) をシミュレートする場合,乱数 $u \sim U(0,1)$ を 1 回抽出する.もし,$u < 0.23$ の場合,この事象が起きたとする;それ以外の場合は,起こらなかったとする(図 9.1).$u < 0.23$ となる確率が 0.23 であることは自明である.$U(0,1)$ から得られる乱数は,他の分布に従う確率変数を生成する基礎となる.

0 と 1 の間の値をとるランダムに見える数列を生成するのに,ある数学的なアルゴリズムが使われる.このアルゴリズムは決定論的で,実行するたびに同じ固定された数列を発生させる.このため,生成された数字は決してランダムではなく,むしろ擬似乱数(pseudo-random number)とよぶべきであるが,単に乱数といわれることが多い.この数学的アルゴリズムは,乱数生成法(random number generator)とよばれている.一般のシミュレーションによる研究には数百万から数十億もの乱数が必要なので,信頼性があり効率的な乱数生成法が重要になる.

一般的に使われるアルゴリズムは,乗法合同法(multiplication-congruent method)であり,次の式で示される.

$$A_i = cA_{i-1} \bmod M, \tag{9.1}$$
$$u_i = A_i/M \tag{9.2}$$

ここで A_i, c, M はすべて正の整数である．c は乗数（mutiplier），M は法（modulus）とよばれ，$(a \bmod M)$ は a を M で割ったときの剰余である．cA_{i-1} と A_i は，M で割ったときに同じ剰余をもち，合同（congruent）といわれる．A_0 は初期値で，シード（seed）とよばれる．$A_1, A_2, \cdots$ は 0 から $M-1$ の間の整数の列で，$u_1, u_2, \cdots$ は（擬似）乱数の列である．

例として，一般になじんでいる十進法で動作し，記憶容量がたった 4 桁のコンピュータを考えてみよう．つまり，このコンピュータは $(0000, 9999)$ の範囲の任意の整数を表すことができる．ここで，$M = 10^4$, $c = 13$, $A_0 = 123$ としよう．このとき，式 (9.1) から A_i の列，1599, 6677, 1271, 6333, 8959, $\cdots$ が生成されるが，これに対応する u_i の列は，0.1599, 0.6677, 0.1271, 0.6333, 0.8959, $\cdots$ になる．もし cA_{i-1} が 9999 よりも大きくなった場合，剰余 A_i を得るために，単に高次の桁が無視されることに注意しよう：大部分のコンピュータ・システムは，警告なしにそのようなオーバーフローを許してしまう．u_i の数列には明確な傾向は見えず，ランダムであるように見える．しかし，このコンピュータはたった10,000個の整数を表現できるだけで，そのうちの多くは数列中には決して出現しないので，ある数字 A_i が非常に早く再出現し，数列は自分と同じ列をくり返すであろう．しかし，実際のコンピュータでは桁数はもっと多く，また M と c（また，ある程度は A_0 もまた同様に）をうまく選択することによって，数列の周期を非常に長くすることができる．

実際のコンピュータは二進法を使っている．このため，M は通常 2^d ととられ，d は整数におけるビット数（たとえば 31, 32, 64）である．このように M をとっておくと，剰余計算において式 (9.1) での割り算の必要がなくなり，式 (9.2) の割り算も簡単な計算となる．

発生した乱数が十分にランダムかどうかを，どのように確認したらいいのだろうか？ それには，このアルゴリズムによって生成された数が，一様分布 $U(0,1)$ からランダムに抽出されたものと区別できないことが必要である．このことは，統計検定を使い，期待値からの逸脱度の違いを調べることで検討できる．たとえば，乱数は正確に平均 $(1/2)$ と分散 $(1/12)$ をもち，自己相関があってはならない．一般的に，われわれ生物学者が乱数生成法を考案することは推奨できない．その代わりに，十分に検討されているアルゴリズムを使うべきである (Knuth, 1997; Ripley, 1987)．Ripley (1987) はさまざまな検討を行い，コンピュータ・メーカーやコンパイラ作成者が作った乱数生成法は信用できないと述べている．この状況が，この 20 年間で改善されたかは定かではない．この章の練習問題のためであれば，プログラム言語中に与えられている乱数生成法で十分である．

9.3 連続的確率変数の生成

コンピュータ・シミュレーションで使用されるすべての確率変数は，$U(0,1)$ から生成される乱数を用いて生成される．非常に有用な方法に変数変換法（transformation method）があるが，これは確率変数の関数はそれ自体が確率変数であるという事実に基づくものである（補遺 A 参照）．

したがって，ほしい分布に従う確率変数 x を生成するためには，乱数 $u \sim U(0,1)$ を生成し，それに適切な変数変換，$x = g(u)$ をほどこしてやればよい．

重要な変換法として，逆関数法（inversion method）がある．確率変数 x が累積密度関数（cumulative density function；CDF）$F(x)$ をもつとする．$u = F(x)$ を x の関数をとすると，u それ自身も確率変数になる．u の分布が一様であることが知られている：$u = F(x) \sim U(0,1)$．したがって，もしに逆変換 $x = F^{-1}(u)$ を解析的に得られるならば，その逆変換を用いて，一様乱数 u から x を生成できる．

1) 一様分布

   一様分布 $U(a,b)$ に従う確率変数 x を生成するためには，$u \sim U(0,1)$ を生成し，変換 $x = a + u(b - a)$ を適用する．

2) 指数分布

   平均 θ をもつ指数分布は，密度関数が $f(x) = \frac{1}{\theta} \mathrm{e}^{-x/\theta}$，CDF は $F(x) = \int_0^x \frac{1}{\theta} \mathrm{e}^{-y/\theta} \, \mathrm{d}y = 1 - \mathrm{e}^{-x/\theta}$ となる．ここで $u = F(x)$ とする．この関数は容易に逆変換でき，$x = F^{-1}(u) = -\theta \log(1 - u)$ となる．したがって，$u \sim U(0,1)$ を生成すると，$x = -\theta \log(1 - u)$ は平均 θ をもつ指数分布に従う．$1 - u$ もまた $U(0,1)$ に従うので，代わりに $x = -\theta \log(u)$ を使ってもよい．

3) 正規分布

   容易には CDF の逆関数が得られない場合が多い．正規分布の CDF がまさにそのような場合であり，数値的にしか計算することができない．しかし，Box and Muller (1958) は，変数変換によって標準正規変数を生成するための洗練された方法について述べている．u_1 と u_2 を $U(0,1)$ に従う 2 つの独立した乱数としよう．すると，2 つの独立した標準正規変数 x_1, x_2 は式 (9.3) のように表すことができる（このことは，補遺 A の定理 1 を使って確認できる．）．

$$\begin{aligned} x_1 &= \sqrt{-2\log(u_1)} \sin(2\pi u_2), \\ x_2 &= \sqrt{-2\log(u_1)} \cos(2\pi u_2) \end{aligned} \quad (9.3)$$

このアルゴリズムの欠点は，この式が計算コストの高い関数 log, sin, cos の計算を含む点にある．また，一方だけが必要なときであっても，2 つの確率変数が生成されている．標準正規変数が得られれば，正規分布 $N(\mu, \sigma^2)$ からの変数を容易に得ることができる：もし $z \sim N(0,1)$ とすると，$x = \mu + z\sigma$ が求めたい変数である．

ガンマ分布やベータ分布などの他の分布からの確率変数は，それぞれ固有のアルゴリズムで生成できる．それらについてはここでは触れない；これについては, Ripley (1987) や Ross (1997) を参照せよ．

9.4 離散的確率変数の生成

9.4.1 離散一様分布

n 個の値をとることができる確率変数（たとえば，n 個の可能な実験結果に対応するようなもの）

のそれぞれが同じ確率を有する場合，その分布は離散一様分布（discrete uniform distribution）とよばれる．ここでは，とりうる値が，$1, 2, \cdots, n$ の場合を考えよう．この分布からの抽出のために，$u \sim U(0,1)$ を生成し，$x = 1 + [nu]$ とおく．ここで $[a]$ は a の整数部分を表す．$[nu]$ は，$0, 1, \cdots, n-1$ の値をとることができ，それぞれの確率は $1/n$ であることに注意しよう．たとえば，JC69 モデルや K80 モデルは，4 塩基の割合が等しいことを予測する．1, 2, 3, 4 は，それぞれ T, C, A, G を表すものとする．このとき，塩基を 1 つ抽出するためには，$u \sim U(0,1)$ を生成し，$x = 1 + [4u]$ とおけばよい．離散一様分布の他の使用法としてノンパラメトリック・ブートスラップがあり，この方法では配列中のサイトがランダムに抽出される．

9.4.2 二項分布

ある試行における"成功"の確率を p としよう．n 回の独立した試行の中の成功の回数は，二項分布：$x \sim Bi(n,p)$ に従う．二項分布からの標本抽出のためには，n 回の試行のシミュレーションを行い，成功の回数をカウントすればよい．各試行において，$u \sim U(0,1)$ を生成し，$u < p$ であれば，成功としてカウントし，それ以外は失敗としてカウントする．

別のアプローチとして，x 回成功する確率の計算がある．

$$p_x = \binom{n}{x} p^x (1-p)^{n-x} \tag{9.4}$$

ここで，$x = 0, 1, \cdots, n$ である．このとき，$n+1$ 個のカテゴリからなる離散分布 $(p_0, p_1, \cdots, p_n)$ から標本抽出する．この方法は，p_x を計算するためのオーバーヘッドを含んでいるが，多くの標本が同じ二項分布から抽出される場合には，より効率的であろう；一般の離散分布からの標本抽出については以下で説明する

9.4.3 一般の離散分布

塩基 T, C, A, G をそれぞれ 0.1, 0.2, 0.3, 0.4 の確率でランダムに抽出したいとしよう．$(0,1)$ の線分は，確率に対応する 4 つの区間に分割できる：$(0, 0.1), [0.1, 0.3), [0.3, 0.6), [0.6, 1)$（図 9.1(b)）．次に乱数 $u \sim U(0,1)$ を発生させ，u が落ちた区間に対応する塩基を選ぶ．たとえば，u を 0.1 と比較し，$u < 0.1$ であれば，T を選ぶ．そうでなかった場合，u を 0.3 と比較し，$u < 0.3$ であれば C を選ぶ．そうでなかった場合は，u を 0.6 と比較し，$u < 0.6$ であれば A を選ぶ．そうでなければ G を選ぶ．一般にこの比較は，u が区間の上限よりも小さくなるまでくり返される．4 塩基が正確な確率で抽出されるのは自明である．0.1, 0.3, 0.6, 1.0 は累積確率であり，このアルゴリズムは逆関数法の離散版であることに注目しよう．

カテゴリ	1 (T)	2 (C)	3 (A)	4 (G)
確率	0.1	0.2	0.3	0.4
累積確率 (CDF)	0.1	0.3	0.6	1.0

このように，任意の離散分布から標本抽出することができる．しかし，多くのカテゴリがあり，また多くの標本が必要な場合，このアルゴリズムの効率は非常に悪い．比較する回数を減らすた

めには，低い確率のカテゴリの前に高い確率のカテゴリを配置し直したほうがよい．上記の例では，T, C, A, G を抽出するのに，それぞれ 1 回，2 回，3 回，3 回の比較が必要であり，塩基 1 個を抽出するための平均の比較回数は $0.1 \times 1 + 0.2 \times 2 + 0.3 \times 3 + 0.4 \times 3 = 2.6$ 回となる．もし塩基の順序を G, A, C, T に変更すると，比較の平均回数は 1.9 回となる．多くのカテゴリがある場合には，精密な比較をする前に，より粗い分類を用いて抽出されるカテゴリの位置を大ざっぱにつかんでおくとよいであろう．

一般的に，この逆関数法は効率的ではない．有限のカテゴリ数よりなる一般的な離散分布から標本抽出するためのより賢明なアルゴリズムは，エイリアス法（alias method）である．この方法は，カテゴリ数 n がいくつであっても，1 個の乱数の生成には 1 回の比較しか必要としない．この方法は，のちに第 9.4.6 項で説明される．

9.4.4 多項分布

二項分布では，各試行の結果は，成功，失敗の 2 種類である．各試行において，k 個の可能な結果がある場合は，この分布は多項分布（multinomial distribution）とよばれ，$MN(n, p_1, p_2, \cdots, p_k)$ と表される．ここで n は試行の数である．多項変数は k 個の異なる結果のカウント $n_1, n_2, \cdots, n_k$ であり，$n_1 + n_2 + \cdots + n_k = n$ となる．離散分布 $(p_1, p_2, \cdots, p_k)$ から n 回標本抽出し，k 個の結果のそれぞれが観察される数を数え上げることで多項変数を生成することができる．もし n も k も大きいときには，後述するエイリアス法のような，効率的に離散分布からの標本抽出ができるアルゴリズムを使う必要があるだろう．

本書で解説している多くの置換モデルでは，配列データは多項分布に従っている．配列の長さは試行回数 n であり，可能なサイト・パターンがカテゴリに相当する．塩基データの場合，s 生物種あるいは s 本の配列では $k = 4^s$ のカテゴリがあることになる．このようにして，配列データセットを多項分布からの標本抽出により生成することができる．詳細はのちに第 9.5.1 項で述べる．

9.4.5 混合分布のための混成法

確率変数が混合分布に従う場合を考えよう．

$$f = \sum_{i=1}^{r} p_i f_i \tag{9.5}$$

ここで f_i は離散，あるいは連続分布を表し，$p_1, p_2, \cdots, p_r$ は分布の混合の割合で，その合計は 1 となる．このとき f は混合分布（mixture distribution），あるいは複合分布（compound distribution）とよばれる．分布 f をもつ確率変数を生成するために，はじめに離散分布 $(p_1, p_2, \cdots, p_r)$ から整数を 1 つ抽出し（この整数を I としよう），次に f_I から標本抽出する．この方法は，混成法（composition method）として知られている．

たとえば，第 4.3.1 項で述べたサイトの速度についての，いわゆる "Γ + I" モデルは，配列中のサイトのうち割合 p_0 が速度 0 で不変であり，他のすべてのサイトはガンマ分布から抽出された速度をもつと仮定している．サイトの速度の生成には，まず速度が 0 かガンマ分布から抽出さ

れるかを決めるために，分布 $(p_0, 1-p_0)$ からの抽出を行う．そのため，乱数 $u \sim U(0,1)$ を発生させる．$u < p_0$ の場合，速度は 0 とする．そうでなければ，ガンマ分布から速度を抽出する．Mayrose *et al.* (2005) は異なるパラメータをもついくつかのガンマ分布の混合分布について議論している．速度は，そのモデルからも同様の方法で抽出できる．また，第 8.4 節で述べたコドン置換モデル M8 (beta & ω) も混合モデルである．このモデルでは，配列中のコドン・サイトのうち，割合 p_0 がベータ分布から抽出された ω 比をもち，他のすべてのサイト（割合は $1-p_0$）は，$\omega_s > 1$ である一定の ω 比をもつと仮定している．

*9.4.6 離散分布からの標本抽出のためのエイリアス法

エイリアス法 (Walker, 1974; Kronmal and Peterson, 1979) は，有限数の区分（カテゴリ）をもつ任意の離散分布から確率変数をシミュレーションにより得るための優れた方法である．エイリアス法は，先に議論した混成法の一例である．この方法は，n 個の区分をもつ任意の離散分布が，n 個の 2 点分布 (two-point distribution) の同じ割合での混合分布として表現されるという事実に基づいている．言い換えると，n 個の分布 $q^{(m)}$ $(m = 1, 2, \cdots, n)$ を常に見つけることができる．ここで，$q_i^{(m)}$ は最大 2 つの i の値について非ゼロであり，次の式を満たす．

$$p_i = \frac{1}{n} \sum_{m=1}^{n} q_i^{(m)} \quad (\text{すべての } i \text{ に対して}) \tag{9.6}$$

以下で，どのようにこれらの 2 点分布 $q^{(m)}$ を構成するかについて述べながら，この命題を構成的に証明する．**表 9.1** に $n = 10$ 区分の例を示している．目的分布 p_i は，それぞれ重み 1/10 をもつ 10 個の分布 $q^{(m)}$ $(m = 1, 2, \cdots, 10)$ の混合分布として表現される．要素分布 $q^{(i)}$ は 2 つの区分で非ゼロの確率をとる；この要素分布を，区分 i（確率 F_i をもつ）と，もう 1 つの区分 L_i（確率 $1-F_i$ をもつ）で表す．F_i はカットオフ，L_i はエイリアスとよばれる．ここで考えている分布 $q^{(i)}$ の特徴は，2 点のうち 1 つが区分 i であることである．したがって，分布 $q^{(i)}$ は F_i と L_i で完全に特定できる．たとえば，$F_1 = 0.9$, $L_1 = 3$ は，分布 $q^{(1)}$ が，区分 $i = 1$ に確率 0.9 をもち，区分 $i = 3$ に確率 $1 - 0.9 = 0.1$ をもつことを表している．

どのように要素分布 $q^{(m)}$ を設定するか，すなわちどのように F ベクトルと L ベクトルを設定するかについて述べよう．ここでは，それらが既知であるとしよう．すると，p_i からの標本抽出は容易である：$(1, 2, \cdots, n)$ から 1 つのランダムな整数 k を発生させ，$q^{(k)}$ から標本抽出する．このアルゴリズムは Box 9.1 に示されている（かっこ内に注釈がある）．

Box 9.1

エイリアス・アルゴリズム（カットオフ・ベクトル F とエイリアス・ベクトル L を用いて特定された離散分布 p_i $(i = 1, 2, \cdots, n)$ から確率変数 i を生成する）

1) $(1, 2, \ldots, n)$ からランダムな整数 k，および乱数 $r \sim U(0,1)$ をシミュレーションで発生させる．）
   乱数 $u \sim U(0,1)$ を発生させる．$k \leftarrow [nu] + 1$, $r \leftarrow nu + 1 - k$ とおく．
2) ($q^{(k)}$ からの標本抽出)
   $r \leq F_k$ の場合，$i \leftarrow k$ とおく；そうでない場合は，$i \leftarrow L_k$ とおく．

表 9.1　$n=10$ 個の区分をもつ離散分布 p_i をシミュレーションで生成するためのエイリアス法

i	1	2	3	4	5	6	7	8	9	10	和
p_i	0.17	0.02	0.15	0.01	0.04	0.25	0.05	0.03	0.20	0.08	1
np_i	1.7	0.2	1.5	0.1	0.4	2.5	0.5	0.3	2	0.8	10
$q^{(2)}$	0.8	**0.2**									1
$q^{(1)}$	**0.9**		0.1								1
$q^{(4)}$			0.9	**0.1**							1
$q^{(3)}$			**0.5**			0.5					1
$q^{(5)}$					**0.4**	0.6					1
$q^{(7)}$						0.5	**0.5**				1
$q^{(6)}$						**0.9**			0.1		1
$q^{(8)}$								**0.3**	0.7		1
$q^{(10)}$									0.2	**0.8**	1
$q^{(9)}$									**1**		1
F_i	0.9	0.2	0.5	0.1	0.4	0.9	0.5	0.3	1	0.8	
L_i	3	1	6	3	6	9	6	9		9	

目的分布 $(p_1,p_2,\cdots,p_{10})$ は，10 個の 2 点分布 $q^{(1)},q^{(2)},\cdots,q^{(10)}$ の，等しい重みでの混合分布として表現される．その要素である 2 点分布 $q^{(i)}$ が行に示されており，2 つの区分で非ゼロの確率をもつ：区分 i（確率 F_i をもつ）と区分 L_i（確率 $1-F_i$ をもつ）が，その 2 つの区分である．確率ゼロの区分は空白にしてある．たとえば，$q^{(1)}$ は，区分 1 と 3 に，それぞれ確率 0.9 と 0.1 が割り当てられているので，$F_1=0.9$ と $L_1=3$ となるが，これは表の最後の 2 行に示されている．10 個の要素分布についてのすべての情報は，表下段の F ベクトルと L ベクトルに含まれている．F_i と L_i はそれぞれカットオフ確率とエイリアスとよばれる．F_i と L_i を生成するアルゴリズムは本文中に述べられているが，このアルゴリズムは，要素分布を表に示されている順番 $q^{(2)},q^{(1)},q^{(4)},\cdots,q^{(9)}$ で生成する．

　ステップ 1 では，2 つの乱数を必要としないように，ちょっとした工夫をしている：$nu+1$ は $U(1,n+1)$ に従う確率変数であるので，k と r の独立性を保ちつつ，その整数部分を k に，また小数部分を r に使用できる．$n=10$ の例で $u=0.421563$ を得たとしよう．すると，$k=4+1=5$, $r=0.21563$ となる．次に，ステップ 2 では，r を使って要素分布 $q^{(k)}$ から標本抽出が行われる；$r<F_5$ なので $i=L_5=6$ を得る．このように，エイリアス・アルゴリズムでは，1 つの乱数を使い，1 回の比較を行うだけで，離散分布 p_i からの確率変数を 1 つ生成できる．

　ここで，要素分布 $q^{(m)}$ ($m=1,2,\cdots,10$)，すなわち F ベクトルと L ベクトルをどのように設定するかについて述べよう．解は一意ではなく，条件を満たすさまざまな解がある．n 個の要素分布の区分 i についての確率の総和は np_i であることに注意しよう（式 (9.6)）．たとえば，最初の区分 $i=1$ の場合，この合計は $10p_1=1.7$ となる．全区分についての総和は n である．ここで行いたいことは，n 個の 2 点分布に，この確率の合計を分割して割り振ることである．ここで F_i を区分 i にある確率（より正確を期すならば，確率の合計）としよう．最初は，$F_i=np_i$ とおく．アルゴリズムの終了時には，先に定義したように，F_i は区分 i についてカットオフ確率をもつことになる．

　$F_j<1$ となっている区分 j と，$F_k\geq 1$ となっている区分 k を，1 つずつ同定する（$\sum_{i=1}^n F_i=n$ であるので，すべての i について $F_i=1$ である場合を除き，そのような j と k が存在する．すべての i について $F_i=1$ である場合は，作業は終了している）．次に，区分 j の確率 (F_j) をそ

のまま使い,残りの確率 $1-F_j$ は区分 k に寄与するものとして用いることで,分布 $q^{(j)}$ を生成する.例では,$F_2 = 0.2 < 1$,また $F_1 = 1.7 > 1$ なので,$j = 2, k = 1$ とする.分布 $q^{(2)}$ は,区分 $j = 2$ に確率 0.2 を,また区分 $k = 1$ に確率 $1 - 0.2 = 0.8$ を割り当てる.このようにして,$F_2 = 0.2$ および $L_2 = 1$ となり,区分 $j = 2$ はこのアルゴリズム中ではこれ以降は考慮されない.区分 $k = 1$ についての残りの確率は $F_1 = 1.7 - 0.8 = 0.9$ になる.このアルゴリズムの第1ラウンドの終わりには,残るすべての確率の総和は $n - 1$ になり,これがこれ以降のラウンドにおいて,$n - 1$ 個の2点分布に分割されていく.

第2ラウンドでも,$F_j < 1$ となっている区分 j と,$F_k \geq 1$ となっている区分 k を,1つずつ同定する.先の操作により $F_1 = 0.9 < 1$,また $F_3 = 1.5 > 1$ なので,$j = 1$,また $k = 3$ とする.ここで $q^{(1)}$ を,区分 j についての全確率(すなわち $F_1 = 0.9$)をそのまま用い,残りの確率 (0.1) は区分 $k = 3$ に寄与するように生成する.このようにして,区分 $j = 1$ について,$F_1 = 0.9, L_1 = 3$ を得る.F_3 は,$F_3 = 1.5 - 0.1 = 1.4$ と再設定される.

このアルゴリズムでは,この過程がくり返される.各ラウンドでは,1つの2点分布 $q^{(j)}$ を生成し,区分 j についての F_j と L_j が得られ,確率の総数が1だけ減少する.この過程は,最大 n ステップ後に終了する.Box 9.2 に,このアルゴリズムが要約されている.ここでは,区分 j の状態を記録するために指標 I_j を用いている:$F_j < 1$ であれば $I_j = -1$,$F_j \geq 1$ であれば $I_j = 1$,F_j と L_j が決定され区分 j についてそれ以降の過程で考慮されなくなった場合には $I_j = 0$ となる.

Box 9.2

アルゴリズム:エイリアス法のために,カットオフ・ベクトル F とエイリアス・ベクトル L を生成する(Kronmal and Peterson, 1979).
(要約:この方法は2つのベクトル $F = \{F_i\}$ と $L = \{L_i\}$ $(i = 1, 2, \cdots, n)$ を生成する.)

1) (初期化)$i = 1, 2, \cdots, n$ について,$F_i \leftarrow np_i$ とおく
2) (指標 I_i $(i = 1, 2, \cdots, n)$ の初期化)$F_i < 1$ ならば $I_i = -1$,$F_i \geq 1$ ならば $I_i = 1$ とおく.
3) (メインループ)以下のステップを,どの I_i も -1 になるまでくり返す.
   ($I_j = -1$ である区分 j と $I_k = 1$ である区分 k を1つずつ取り出す.分布 $q^{(j)}$ を生成し,区分 j についての F_j と L_j を決定する.)
   3a) ベクトル I の要素を走査して,$I_j = -1$ である区分 j と $I_k = 1$ となる区分 k を1つずつ見つける.
   3b) $L_j \leftarrow k$ とおく.$F_k \leftarrow F_k - (1 - F_j)$ とおく.($1 - F_j$ は分布 $q^{(j)}$ で使用される区分 k 上の確率である.)
   3c) (I_j と I_k を更新する.)$I_j \leftarrow 0$ とおく.$F_k < 1$ の場合は,$I_k \leftarrow -1$ とおく.

エイリアス法は,F ベクトルと L ベクトルが設定されていれば,同じ離散分布から多数の確率変数を効率的に生成できる.この方法では n に関わりなく,1つの変数を生成するのにたった1回の比較しか必要としない.これは,n の増加につれて比較の回数が増えていく逆関数法と異なる点である.F ベクトルと L ベクトルを設定するのに必要な(F, L, I のための)記憶容量も

計算もいずれも n に比例する．このアルゴリズムを離散分布から少数の確率変数を生成するのに使うのは意味がないかもしれない．しかし，多項分布からの標本抽出には非常に有用である．

9.5 分子進化のシミュレーション

9.5.1 固定された系統樹上での配列のシミュレーション

ここでは，系統樹の樹形や枝長が既知であるときに，塩基配列アラインメントを生成することを考えよう．基本的なモデルは，全サイトにおいて，また全枝にわたって同じ置換過程を仮定しているが，サイトや枝によって進化過程が変化してもよい，より複雑なモデルについても考えよう．ここでは塩基モデルを取り上げる：アミノ酸配列やコドン配列も同じ原理を用いて生成できる．いくつかのアプローチが使用できるが，等価な結果が得られる．

9.5.1.1 方法1：サイト・パターンの多項分布からのサイトの標本抽出

もし，置換モデルが，配列中の異なるサイトは独立に進化しており，またすべてのサイトは同じモデルに従って進化していると仮定しているならば，異なるサイトのデータは独立な同じ分布 (independent and identical distributions) に従うだろう；これを $i.i.d.$ という．このとき，配列のデータセットは多項分布に従う．すべてのサイトは標本点であり，すべてのサイト・パターンが多項分布のカテゴリ（区分）である．s 生物種の系統樹では，塩基配列，アミノ酸配列，コドン配列に対してそれぞれ $4^s, 20^s, 64^s$ のサイト・パターンがありうる．全サイト・パターンの確率計算については第4.2節で説明しており，そこではモデルに基づく尤度関数の計算について述べた．配列のアラインメントは，この多項分布からの標本抽出によって生成される．結果は，あるサイト・パターンをもつサイト数の形で表されるが，配列が短い場合，それらの多くはゼロになる．あるパターン，たとえばTTTC（4生物種の場合）が50回観察されるならば，それらのサイトをアラインメント中でランダムに配置しようがしまいが，同一データTTTCをもつ50サイトを出力すればよい．多くの系統解析のプログラム，とくに最尤法とベイズ法の計算では，同じデータをもつサイトを観察する確率は同一であるので，計算時間を削減するためにサイトをパターンにまとめている．このシミュレーション法はサイト・パターンの個数を生成するので，これらの個数は理論的に系統解析のプログラムで直接使用可能であるべきである．

多項分布からの標本抽出によるアプローチは，カテゴリ数が大きくなりすぎるので，大きな系統樹では実行できない．しかし，4～5生物種のみからなる小さな系統樹の場合，とくにエイリアス法のような多項分布からの標本抽出にすぐれたアルゴリズムと組み合わせると，非常に効率的である．

9.5.1.2 方法2：系統樹に沿っての配列の進化

このアプローチは，与えられた系統樹に従って配列を"進化"させるもので，Seq-Gen (Rambaut and Grassly, 1977) や EVOLVER (Yang, 1997a) といったプログラムに使用されているアルゴリズムである．はじめに，モデルのもとでの平衡分布 $\pi_T, \pi_C, \pi_A, \pi_G$ に従って塩基を抽出し，系統樹の樹根に相当する配列を生成する．すべての塩基は離散分布 $(\pi_T, \pi_C, \pi_A, \pi_G)$ から独立に

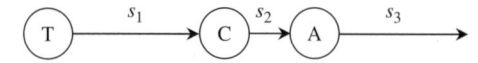

$$\boxed{T} \xrightarrow{s_1} \boxed{C} \xrightarrow{s_2} \boxed{A} \xrightarrow{s_3}$$

図 9.2 指数待ち時間をもつものやジャンプ連鎖としてのマルコフ過程の特性．次の置換が生じるまでの待ち時間 s_1, s_2, s_3 は，それぞれ平均 $1/q_T, 1/q_C, 1/q_A$ の指数分布に従う独立な確率変数である．q_T, q_C, q_A は，塩基 T, C, A の置換速度である．

抽出される．塩基の頻度がすべて同じであれば，より効率的な離散一様分布についてのアルゴリズムを使うことができる．次に，樹根の配列を進化させて，樹根の子節に相当する配列が生成される．この手続きが系統樹のすべての枝でくり返し行われ，各節の配列はその親節の配列が生成されたあとでのみ生成される．系統樹の外部節に相当する配列がデータを形成するが，祖先節の配列は廃棄される．

長さ t の1本の枝において1つの配列の進化のシミュレーションを行うためには，遷移確率行列 $P(t) = \{p_{ij}(t)\}$（第 1.2 節および第 1.5 節を参照）を計算し，次にすべてのサイトで独立に塩基置換のシミュレーションを行う．たとえば，元の配列のあるサイトが C であった場合，生成される配列の塩基は，T, C, A, G についての離散分布 $(p_{CT}(t), p_{CC}(t), p_{CA}(t), p_{CG}(t))$ からランダムに抽出される．この手続きが目標配列の全サイトを作成するのにくり返し行われる．遷移確率は，1つの枝については配列中の全サイトに適用できるので，その枝のすべてのサイトについては1回だけ計算しておけばよい．

9.5.1.3 方法3：マルコフ連鎖の待ち時間のシミュレーション

これは，方法2のバリエーションである．樹根の配列を生成し，以下のように任意の枝において任意のサイトの進化のシミュレーションを行う．枝長を t，マルコフ連鎖の速度行列を $Q = \{q_{ij}\}$ とする．$q_i = -q_{ii} = \sum_{j \neq i} q_{ij}$ は塩基 i の置換速度とする．サイトは現在，塩基 i であるとする．すると，次の置換が起こるまでの待ち時間は，平均が $1/q_i$ の指数分布に従う．ランダムな待ち時間 s を，この指数分布から抽出する．もし $s > t$ であると，枝の端にいたるまでに置換は生じないので，ターゲット配列の塩基は i のままである．そうでない場合には置換が生じるものとし，そのサイトがどの塩基に変化するかを決定する．塩基 i をもつサイトに1回変化が生じるとすると，塩基 j に変化する確率は q_{ij}/q_i で，この離散分布から j を抽出する．枝の残り時間は $t - s$ となる．再び，ランダムな待ち時間を平均 $1/q_j$ である指数分布から抽出する．この手続きが枝についての時間が尽きるまでくり返される．

このシミュレーションの手続きは，連続時間マルコフ連鎖の次のような特性に基づいている（図 9.2）．次の状態遷移（変化）までの待ち時間は平均が $1/q_i$ である指数分布に従う．状態遷移間の待ち時間を無視すると，その過程が訪れる状態の系列は，ジャンプ連鎖（jump chain）とよばれる離散時間マルコフ連鎖を構成する．ジャンプ連鎖の遷移行列は次のようになる．

$$M = \begin{bmatrix} 0 & \dfrac{q_{TC}}{q_T} & \dfrac{q_{TA}}{q_T} & \dfrac{q_{TG}}{q_T} \\ \dfrac{q_{CT}}{q_C} & 0 & \dfrac{q_{CA}}{q_C} & \dfrac{q_{CG}}{q_C} \\ \dfrac{q_{AT}}{q_A} & \dfrac{q_{AC}}{q_A} & 0 & \dfrac{q_{AG}}{q_A} \\ \dfrac{q_{GT}}{q_G} & \dfrac{q_{GC}}{q_G} & \dfrac{q_{GA}}{q_G} & 0 \end{bmatrix} \qquad (9.7)$$

ここで，各行の和が1になることに注意しよう．

指数待ち時間やジャンプ連鎖のシミュレーションのアルゴリズムは，1サイトだけでなく全配列にも適用できる．総置換速度はサイト速度の総和であり，全配列の任意のサイトで1つ置換が生じるまでの待ち時間は，平均が速度の総和の逆数に等しい指数分布に従う．置換が1つ生じると，その置換は各サイトの速度に比例した確率でサイトに割り当てられる．

このシミュレーションの手続きの利点は，待ち時間もジャンプ連鎖の遷移行列も瞬間速度によって完全に特定されるので，枝長 t についての遷移確率行列 $P(t)$ の計算を必要としないことである．その結果として，この手法は挿入・欠失のようなより複雑な配列の変化についてのシミュレーションにも適用できる．全配列について，すべての事象（置換，挿入，欠失を含む）の総速度を計算し，次の事象が起こるまでの指数待ち時間のシミュレーションを行えばよい．もし，1つの事象が枝の端にいたる前に生じたとしたら，その事象をサイトの1つに割り当て，また事象のタイプ（置換，挿入，欠失）の1つを割り当てる．この割り当ては，各サイトにおいて各事象が生じる速度に比例した確率で行う．

9.5.1.4　より複雑なモデルのもとでのシミュレーション

ここまで議論してきた方法を変更して，たとえば枝ごとに置換パラメータが異なることを許容する（トランジション/トラスバージョン速度の比 κ が異なる，塩基組成が異なる，ω 比が異なるなど），より複雑なモデルのシミュレーションを行える．多項分布からの標本抽出によるアプローチ（方法1）は，サイト・パターンの確率がモデルのもとで正確に計算されていれば適用できる．系統樹の枝に沿って配列を進化させる方法は，遷移確率を計算（方法2）するか，待ち時間やジャンプ連鎖のシミュレーション（方法3）を行えば，簡単に実行できる；枝に沿った進化過程のシミュレーションの際に，各枝について適切なモデルとパラメータを用いればよいだけである．

サイト間の不均一性を許すモデルのもとでもシミュレーションを行うことができる．ここでは，置換速度がサイト間で変動する場合を例として考えるが，この方法は他の種類のサイト間の不均一性にも適用できる．サイト間の速度の変動を導入するためには2種類のモデルがある（第4.3.1項および第4.3.2項を参照）．第1の方法は，いわゆる"固定サイトモデル（fixed-sites model）"とよばれるもので，配列の全サイトは事前に決められたサイト分画（site partition）の1つに属している．たとえば，同じ系統樹上で進化する，ただし進化速度の異なる $(r_1, r_2, \cdots, r_5)$ 5つの遺伝子についてシミュレーションを行うとしよう．遺伝子 k の遷移確率行列は $p_{ij}(tr_k)$ で表す．異なる遺伝子中のサイトは同じ分布をもたないが，各遺伝子内のサイトは i.i.d である．したがって，ここまで議論してきた3つの手法のいずれかを用いて，各遺伝子のデータについて個別にシ

ミュレーションを行い，次にそれらを1つのデータセットに統合することができる．

2番目の不均一サイト・モデルは，いわゆる"ランダムサイト・モデル（random-sites model）"である．サイト間での速度の変動のガンマモデル（Yang, 1993, 1994a），サイト間で変動する ω 比をもつコドン・モデル（Nielsen and Yang, 1998; Yang et al., 2000），コバリオン様モデル（Galtier, 2001; Huelsenbeck, 2002; Guindon et al., 2004）がこのモデルの例に含まれる．速度（あるいは置換過程における他の特徴）は，共通の統計分布から抽出された確率変数であると仮定し，どのサイトが速くどのサイトが遅いかということは先験的にはわからないものとする．異なるサイトのデータは i.i.d. である．サイト・パターンの確率を不均一サイト・モデルから計算しておかなければならないが，多項分布からの標本抽出のアプローチを直接的に用いることができる．また，各サイトの速度を標本抽出し，枝に沿った進化のシミュレーションを行う方法を適用することもできる．もし，連続分布を用いるならば，理論的には各サイト，各枝について遷移確率行列 $P(t)$ を計算しなければならない．もし少数のサイト・クラスを（離散ガンマモデルにおけるように）仮定できるならば，はじめにサイトの速度を抽出し，次に異なる速度クラスのデータを別々にシミュレーションで発生させる．場合によってはそれらのサイトをランダムに配置する．ランダムサイト・モデルのもとでは，任意のサイト・クラスに属すサイト数はシミュレーションにより生成された複製ごとに異なるが，固定サイト・モデルではサイト・クラスに属すサイト数は固定されていることに注意しよう．

9.5.2 ランダム系統樹生成

いくつかのモデルは，枝長をもったランダムな系統樹を生成するのに使うことができる：標準合祖モデル，Yule 分枝モデル，種の標本抽出を伴う，あるいは伴わない出生死滅過程モデルなどである．これらのモデルはどれも，"ラベル付き歴史"（labeled history；対応する年代によってランク付けされた内部節をもつ有根系統樹のこと）のすべてに対して等しい確率を割り当てる．木の外部節から出発して，最後に1系統が残るまでランダムに節を結合することで，ランダムな系図や系統樹を生成できる．

節の年代は，ラベル付き歴史とは独立しており，あとで系統樹に割り当てられる．合祖モデルのもとでは，次の合祖が生じるまでの時間は指数分布に従う（式 (5.41) 参照）．出生死滅過程モデルでは，ラベル付き歴史上の節の年代は，カーネル密度（式 (7.24) を参照）からの順序統計に従っており，簡単にシミュレーションを行うことができる（Yang and Rannala, 1997）．このようにして生成された系統樹は，分子時計に従う枝長をもっている．時計性が成立していない系統樹を生成するには，置換速度を変更してやればよい．

また，可能なすべての系統樹からランダムに抽出することによって，いかなる生物学的なモデルも仮定しない，ランダムな有根，あるいは無根系統樹を生成できるだろう．枝長も，指数分布やガンマ分布のような適当な分布から抽出できるだろう．

9.6 練習問題

9.1 誕生日問題（birthday problem）を解く小さなシミュレーション・プログラムを作成せよ．

1年は365日で，誕生日はランダムにどの日になってもよいとする．$k = 30$ 人よりなるグループのうち，少なくとも2人の誕生日が同じである確率（同じ月日に生まれたが，必ずしも同じ年でなくともよい）を計算せよ．次のアルゴリズムを使用せよ．（正解は0.706である．）

1) $1, 2, \cdots, 365$ からランダムに30回抽出し，$k = 30$ 個の誕生日を作成する．
2) 2つの誕生日で同じものがないか調べる．
3) この手続きを 10^6 回くり返し，30人のうち少なくとも2人が同じ誕生日であった回数の割合を計算する．

9.2 モンテカルロ積分（第5.3.1項）．第5.1.2項で議論されたJC69モデルのもとでの配列間距離のベイズ推定における積分 $f(x)$ を計算する小さなプログラムを作成せよ．データは，$n = 948$ サイトよりなり，そのうち $x = 90$ サイトに差異がある．配列間距離 θ に対して平均が0.2の指数事前分布を使用せよ．この指数事前分布から，$N = 10^6$ あるいは 10^8 個の確率変数 $\theta_1, \theta_2, \cdots, \theta_N$ を生成し，次のように積分を計算せよ．

$$f(x) = \int_0^\infty f(\theta) f(x|\theta) \mathrm{d}\theta \simeq \frac{1}{N} \sum_{i=1}^N f(x|\theta_i) \quad (9.8)$$

尤度 $f(x|\theta_i)$ は小さすぎてコンピュータ上では表現できないため，スケーリングが必要かもしれない．1つの方法を次にあげる．最大対数尤度 $\ell_m = \log\{f(x|\hat{\theta})\}$ を計算する．ここで $\hat{\theta} = 0.1015$ がMLEである．次に，大きな数 e^{ℓ_m} を式(9.8)中の $f(x|\theta_i)$ にかけ，総和をとる前にそのすべてが小さすぎることのないようにする．すなわち，以下のようになる．

$$\sum_{i=1}^N f(x|\theta_i) = \mathrm{e}^{\ell_m} \cdot \sum_{i=1}^N \exp\left(\log\{f(x|\theta_i)\} - \ell_m\right) \quad (9.9)$$

9.3 2本の配列を比較して，K80モデルのもとでトランジション/トランスバージョンの速度比 κ を推定する場合における，最適な配列の分化の程度を調べる小さなシミュレーション・プログラムを作成せよ．$\kappa = 2$ と仮定し，500サイトの長さの配列を用いる．いくつかの配列間距離，たとえば $d = 0.01, 0.02, \cdots, 2$ を考える．各 d について，K80モデルのもとで1,000個の複製データセットをシミュレーションで生成し，それを同じモデルのもとで解析し，式(1.11)を使って d と κ を推定する．1,000個のデータセットのそれぞれから得られる推定値 $\hat{\kappa}$ の平均と分散を計算せよ．各データセットは2本の配列よりなり，第9.5.1項で述べた3つの方法のうちのいずれかを用いて生成することができる．

9.4 最節約法による長鎖誘引．JC69モデルを使って，2つの異なる枝長，$a = 0.1$ と $b = 0.5$ をもつ4生物種の系統樹（図 **9.3**(a)）についてデータセットをシミュレーションで生成せよ．1,000個の複製データセットをシミュレーションで生成する．個々のデータセットで，3つのサイト・パターン，$xxyy, xyxy, xyyx$ をもつサイトの数を求め，最節約系統樹をもとめよ．データセットをシミュレーションで発生させるために，たとえば図9.3(b)に示すよ

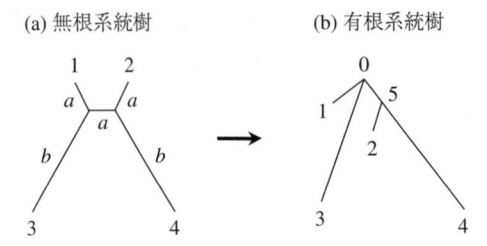

図 9.3 (a) 4生物種についての系統樹．長枝誘引を示すようなデータをシミュレーションで生成するため，3本の短い枝（長さ a）と2本の長い枝（長さ b）をもっている．(b) 同じ系統樹だが，シミュレーションのために，祖先節の1つを樹根にしたもの．

うに，1つの内部節を樹根とせよ．4塩基からの無作為抽出により樹根（節 0）に対応する配列を1つ生成し，次に系統樹の5つの枝に沿って配列を進化させる．多項分布からの標本抽出の方法を用いてもよい．複数の配列長，たとえば 100, 1,000, 10,000 サイトの場合について試みよ．

9.5 新規の複雑な最尤法のプログラムの有用なテストとして，モデルのもとで非常に長い配列よりなるデータセットをいくつか生成し，それらを同じモデルのもとで解析し，MLE が，シミュレーションに用いられた真の値に近いかをチェックするという方法がある．MLE は一致性をもっているので，標本のサイズ（配列の長さ）が大きくなればなるほど真の値に近づいていく．練習問題 9.4 で作ったプログラムを使って，サイト数が $10^6, 10^7$，あるいは 10^8 のデータセットを生成し，それらを，同じ JC69 モデルのもとで最尤法プログラム（たとえば，PHYLIP, PAUP, あるいは PAML）を使って解析し，枝長の MLE が真の値に近いかを調べよう．いくつかのプログラムでは，大きなデータセットを処理するのに莫大な計算資源を必要とすることに注意しよう；コンピュータのクラッシュの場合に備えて，この計算の前に大事なデータは保存しておくこと．

Chapter 10

展　望

　遺伝子配列データの急激な蓄積によって，分子系統解析はここ10年間にめざましい発展を遂げた．この流れはしばらくの間続くことだろう．この章では，ここ数年の間に重要かつ活発となるであろう理論的な分子系統解析のいくつかの研究分野について考えよう．

10.1　系統樹再構築における理論的な問題

　第6章では，系統樹の再構築は，パラメータ推定というよりもむしろモデル選択に関する統計的な問題であるという議論を提示した．シミュレーションの結果により，従来のパラメータのML推定における漸近的有効性は，系統樹の再構築にはあてはまらないことが示された．そこでの議論の目的は，あるパラメータの組合せでは最節約法などの他の手法が最尤法よりもよくなる可能性よりも，パラメータ推定とモデル選択を区別することの重要性を強調することにあった．系統樹再構築における統計的な困難さも計算上の困難さも，その問題がパラメータ推定の問題ではないことにまさに起因する．パラメータ推定問題においては，1つの尤度関数が与えられ，1つの多変数最適化問題が解かれるが，これは1つの樹形の上で枝長を最適化することに類似している．現在であれば，計算に関してはこの問題は，数千種のデータセットであってもパーソナルコンピュータで実行できる．MLEの漸近理論が適用されるだろうし，第6.2.3項で述べた最尤法による系統樹再構築における性能の問題点はなくなるであろう．

　系統樹再構築はモデル選択の問題であり，尤度関数はモデルすなわち系統樹間で異なるので，多くの最適化問題を解かねばならない（理論上は系統樹の数と同じだけ解かねばならない）．さらに，モデル選択は統計学において論争の的となっており，急速に変化している分野である．従来の尤度比検定を拡張して，2つ以上の入れ子になっていないモデルを比較する試み（たとえば，Cox, 1961, 1962）がいくつかあるが，これらのアイデアは一般的に適用可能な方法にはなっていない．AIC（Akaike, 1974）やBIC（Schwarz, 1978）のような基準は，単に尤度値に従って系統樹を順位付けるだけで，ML系統樹の信頼性の尺度を与えるものではないので，系統樹推定に対して実際には有用ではない．同様に，ブートストラップ法から得られた分岐群の支持度は，現在，明快な解釈をもたない．ベイズ統計でも，モデル選択は同様に困難な問題である．モデル中

の未知パラメータについての漠然事前分布のベイズモデルの確率への影響は，深刻な問題を引き起こし，客観的なベイズ解析を実質的に不可能にしている．分子データの系統解析では，分岐群の事後確率が極端に大きくなることが多い．

系統樹の推定とモデル選択の間には，興味深い違いがある．第1に，非常に小さな系統樹の再構築問題を除けば，一般的に数多くの系統樹があるにもかかわらず，モデル選択には通常わずかな候補モデルしか考慮されない（White, 1982; Vuong, 1989）．樹形の変化が尤度関数の値だけでなく尤度関数自体（また枝長の定義も）を変えることを除けば，さまざまな系統樹は1つのパラメータの異なる値のようである．第2に，系統樹の推定においては，可能な系統樹のうちの1つが真であると仮定され，真の系統樹を推定することが目的であるが，モデル選択の場合においては，目的はモデルのパラメータを推定することにあることが多く，単に推定が仮定されたモデルに影響されるので，いろいろなモデルが考慮されている．第3に，いくつかの系統樹は他のものより互いが類似しているので，系統樹間には複雑な関係がある．一群のモデル間で共有される特徴をまとめることは，統計学者によって行われていることのようにはみえないが，それはブートストラップ法やベイズ解析で最も一般に行われている手続きである．第5.6.3項で議論したように，このことが困難な問題の原因となっているように思われる．

その重要性に鑑みて，これらの概念的な問題は，今後の分子系統解析における研究の対象となる可能性が高い．しかし，これらの問題が統計学における根本的で哲学的な論争に関わっていることを考えると，簡単に解決するとは思われない．

10.2 巨大で異質なデータセットの解析に関する計算上の問題

最尤法もベイズ法も膨大な計算を必要とするが，この問題は，配列データの蓄積に伴って，ほぼ確実により深刻になっていくであろう．たとえソフトウェアのアルゴリズムの洗練やコンピュータの処理能力の向上が，生物学者が解析したいデータセットには決して追いつくことはないにしても，計算アルゴリズムの改善は，どのようなものでも実用上の違いを生じるだろう．これは進展がかなり見込める分野である．尤度関数は異質なデータセットの情報を自然に融合できるので（Yang, 1996b; Pupko et al., 2002b; Nylander et al., 2004, 4.3.2項参照），最尤法やベイズ法で複数の異質なデータセットを同時に解析することには概念的なむずかしさはない．最尤法では，異なる遺伝子座に異なるパラメータを割り当てることができるが，数多くの遺伝子を解析する場合にはあまりにも多くのパラメータを扱うことになる．ベイズ法では，パラメータに事前分布を割り当て，MCMCアルゴリズムの中でそれらの不確実性を積分によって消去するので，複数のパラメータの問題に対してより耐性がある．

10.3 ゲノムの再編成データ

複数のゲノムの比較においては，重複，逆位，転座といったゲノムの再編成の事象についての推定が重要である．ゲノム再編成は，系統樹の再構築のための特有の事象に関する形質（unique-event character）を与えてくれるが（Belda et al., 2005），おそらくより重要なことは，その情報を用

いて，ゲノム進化の過程を理解できることである．現在の解析は，最節約法のスタイルの議論に基づき，最小数の再編成事象で1つのゲノムから別のゲノムへ変換する経路を推定することを目的としている（たとえば，Murphy et al., 2005）．そのような最短経路によるアプローチさえも深刻な計算上の困難さをもたらす．進化生物学者にとって，塩基の置換に対してゲノム再編成の事象が生じる相対的な速度を推定することは興味深いであろう．そのような統計的な推測のためには，ゲノム進化の確率的モデルの開発が必要になる．さまざまなゲノム・プロジェクトから得られたデータは，そのような推定に十分な情報を含んでいるように思われる．これは活発に研究が行われている分野であり，今後数年の間に著しい発展が期待される（York et al., 2002; Larget et al., 2005）．

10.4 比較ゲノム

　系統学的方法はゲノムデータを解釈するためにますます重要になってきている．今日観察することのできる遺伝子やゲノムは複雑な進化の過程の産物であり，突然変異，遺伝的浮動，自然選択の影響を受けている．比較によるアプローチは，機能的重要性の指標としての選択のシグナルを検出することを目的としている．今日までゲノムワイドな比較の大部分では，負の純化選択に基づいて，ゲノム中で機能的に保存されている領域を推定してきたが，これは遠い関係にある種間での配列の保存は機能的な重要性を示唆するという原理に基づいている．BLAST（Altschul et al., 1990）やCLUSTAL（Higgins and Sharp, 1988; Chenna et al., 2003）のようなプログラムを用いたデータベース検索やアラインメントは，遠い関係の類縁配列を検出するのに有用である．タンパク質をコードする遺伝子やRNAをコードする遺伝子，また調節領域では，配列の保存のレベルが異なっており，いろいろな進化距離にある複数のゲノム比較をすることにより同定することができる（たとえば，Thomas et al., 2003）．ところが，自然選択によって進化が引き起こされることが示されている場合には，高い変異度もまた機能的重要性を示唆している．近縁な種のゲノムがより多く解読されるにつれて，正のダーウィン選択を用いて機能的重要性を推定することはこれまで以上に重要になるだろう．たとえばClark et al.（2003）やNielsen et al.（2005）は，ヒトの系統において正の選択を受けている一群の遺伝子を検出した．これらは，もしかするとヒトと類人猿の違いに関与しているのかもしれない．正の選択は種分化や進化的な革新に大きく関わってくるので，進化生物学者にとってはとりわけ刺激的である．このような研究は，遺伝子やゲノムの進化の過程の駆動における突然変異と選択の相対的役割についての定量的な評価も与えてくれるかもしれない．

補　遺

補遺A：確率変数の関数

この節では確率変数の関数に関連する2つの定理について説明する．定理1は確率変数の関数の確率密度関数を与えている．定理2は，MCMCアルゴリズムにおける提案比を与えている．このとき，マルコフ連鎖は変数 **x** を用いて定式化されているが，提案は **x** の関数である変数 **y** を変化させることによって行われる．

定理1は，確率変数の関数の分布を与える．証明に関しては，どのような統計学の教科書（たとえば Grimmett and Stirzaker, 1992, pp.107–112）にもあるので，ここでは示さない．その代わりに，いくつかの例を示して，その使用法を説明する．

定理1

(a) x を密度関数 $f(x)$ をもつ確率変数とし，$y = y(x)$ と $x = x(y)$ は，x と y の間に1対1写像を構成するとする．このとき，確率変数 y は次のような密度をもつ．

$$f(y) = f(x(y)) \times \left| \frac{dx}{dy} \right| \tag{A.1}$$

(b) 多変数の場合も同様である．確率変数ベクトル $\mathbf{x} = \{x_1, x_2, \cdots, x_m\}$ と $\mathbf{y} = \{y_1, y_2, \cdots, y_m\}$ は，$y_i = y_i(\mathbf{x})$ と $x_i = x_i(\mathbf{y})$ $(i = 1, 2, \cdots, m)$ によって，1対1写像を構成し，$\mathbf{x}$ は密度関数 $f(\mathbf{x})$ をもつものとする．すると，$\mathbf{y}$ は次のような密度関数をもつ．

$$f(\mathbf{y}) = f(\mathbf{x}(\mathbf{y})) \times |J(\mathbf{y})| \tag{A.2}$$

このとき，$|J(\mathbf{y})|$ は変換のヤコビ行列式の絶対値である．

$$J(\mathbf{y}) = \begin{vmatrix} \dfrac{\partial x_1}{\partial y_1} & \dfrac{\partial x_1}{\partial y_2} & \cdots & \dfrac{\partial x_1}{\partial y_m} \\ \dfrac{\partial x_2}{\partial y_1} & \dfrac{\partial x_2}{\partial y_2} & \cdots & \dfrac{\partial x_2}{\partial y_m} \\ \vdots & \vdots & \ddots & \vdots \\ \dfrac{\partial x_m}{\partial y_1} & \dfrac{\partial x_m}{\partial y_2} & \cdots & \dfrac{\partial x_m}{\partial y_m} \end{vmatrix} \tag{A.3}$$

[例 1] JC69 モデルのもとでの配列間距離の事前分布

2つの配列間でサイトに差異のある確率 p に，一様事前分布 $f(p) = 4/3\ (0 \le p < 3/4)$ を割り当てるとしよう．これに対応する配列間距離 θ の事前分布はどのようになるだろうか？ 式 (5.12)（式 (1.5) も参照）から，θ と p には次のような関係がある．

$$p = \frac{3}{4}(1 - e^{-\frac{4}{3}\theta}) \tag{A.4}$$

このとき，$dp/d\theta = e^{-\frac{4}{3}\theta}$ となるので，θ の密度関数は $f(\theta) = \frac{4}{3}e^{-\frac{4}{3}\theta}\ (0 \le \theta < \infty)$ となる．すなわち θ は平均が 3/4 の指数分布に従う．逆に，θ に一様事前分布，$f(\theta) = 1/A\ (0 \le \theta \le A)$ を割り当てよう．ここで A の上限は大きな数字（たとえば，サイトあたりの変化数が 10 など）であるとする．すると，$d\theta/dp = 1/(dp/d\theta) = 1/(1 - 4p/3)$ であるので，式 (A.5) が得られる．

$$f(p) = \frac{1}{A} / \left(1 - \frac{4}{3}p\right) \quad \left(0 \le p \le \frac{3}{4}(1 - e^{-\frac{4}{3}A})\right) \tag{A.5}$$

p と θ の関係は線形ではないので，両方が同時に一様分布をもつことはできない．このことは，事前分布は再パラメータ化（reparametrization）に対して不変ではないと表現される． □

[例 2] 正規分布

z が次の密度関数をもつ標準正規分布に従うとする．

$$\phi(z) = \frac{1}{\sqrt{2\pi}} e^{-\frac{1}{2}z^2} \tag{A.6}$$

$x = \mu + \sigma z$ とすると，$z = (x - \mu)/\sigma$，また $dz/dx = 1/\sigma$ となる．すると，x は次の密度関数をもつ．

$$f(x) = \phi\left(\frac{x - \mu}{\sigma}\right) / \sigma = \frac{1}{\sqrt{2\pi\sigma^2}} \exp\left\{-\frac{1}{2\sigma^2}(x - \mu)^2\right\} \tag{A.7}$$

すなわち，x は平均 μ，分散 σ^2 の正規分布に従う． □

[例 3] 多変量正規分布

$z_1, z_2, \cdots, z_p$ は，それぞれ独立で，標準正規分布に従う確率変数であるとする．すると，列ベクトル $\mathbf{z} = (z_1, z_2, \cdots, z_p)^T$ は標準 p 変量正規密度をもつ．

$$\phi_p(\mathbf{z}) = \frac{1}{(2\pi)^{p/2}} \exp\left\{-\frac{1}{2}(z_1^2 + z_2^2 + \cdots + z_p^2)\right\} = \frac{1}{(2\pi)^{p/2}} \exp\left\{-\frac{1}{2}\mathbf{z}^T\mathbf{z}\right\} \tag{A.8}$$

$\mathbf{x} = \boldsymbol{\mu} + A\mathbf{z}$ とおく．ここで，A はサイズ $p \times p$ の正則行列（non-singular matrix）である．すると，$\mathbf{z} = A^{-1}(\mathbf{x} - \boldsymbol{\mu})$，また $\partial \mathbf{z}/\partial \mathbf{x} = A^{-1}$ となる．$\Sigma = AA^T$ とおく．すると，$\mathbf{x}$ は次の密度関数をもつ．

$$f_p(\mathbf{x}) = \phi_p(\mathbf{z}) \cdot \left|\frac{\partial \mathbf{z}}{\partial \mathbf{x}}\right| = \frac{1}{(2\pi)^{p/2}|\Sigma|^{1/2}} \exp\left\{-\frac{1}{2}(\mathbf{x} - \boldsymbol{\mu})^T \Sigma^{-1}(\mathbf{x} - \boldsymbol{\mu})\right\} \tag{A.9}$$

$(A^{-1})^T A^{-1} = (AA^T)^{-1} = \Sigma^{-1}$ となり，また $|AA^T| = |A| \cdot |A^T| = |A|^2$ となることに注意しよう．式 (A.9) は，平均ベクトルが $\boldsymbol{\mu}$，分散-共分散行列 Σ の多変量正規分布の密度関数である． □

次に定理 2 について述べる．MCMC アルゴリズムでは，本来の変数の代わりに，それらに何らかの変換を施した変数を使って，マルコフ連鎖の状態の変化を提案するほうがより便利な場合がある．定理 2 は，そのような提案のための提案比を与える．

定理 2

本来の変数のセットは $\mathbf{x} = \{x_1, x_2, \cdots, x_m\}$ であるが，提案比の計算は，それらを変換した変数のセット $\mathbf{y} = \{y_1, y_2, \cdots, y_m\}$ を用いたほうが容易である場合を考えよう．ここで，$\mathbf{x}$ と $\mathbf{y}$ は，$y_i = y_i(\mathbf{x})$ と $x_i = x_i(\mathbf{y})$ $(i = 1, 2, \cdots, m)$ によって，1 対 1 写像を構成している．$\mathbf{x}$（あるいは $\mathbf{y}$）をマルコフ連鎖の現時点の状態とし，$\mathbf{x}^*$（あるいは $\mathbf{y}^*$）を提案された状態とする．このとき，次の式が成り立つ．

$$\frac{q(\mathbf{x}|\mathbf{x}^*)}{q(\mathbf{x}^*|\mathbf{x})} = \frac{q(\mathbf{y}|\mathbf{y}^*)}{q(\mathbf{y}^*|\mathbf{y})} \times \frac{|J(\mathbf{y}^*)|}{|J(\mathbf{y})|} \tag{A.10}$$

本来の変数 $\mathbf{x}$ に関する提案比は，変換された変数 $\mathbf{y}$ についての提案比とヤコビ行列式の比との積である．このことを確認するため，次の式が成り立つことに注意しよう．

$$q(\mathbf{y}^*|\mathbf{y}) = q(\mathbf{y}^*|\mathbf{x}) = q(\mathbf{x}^*|\mathbf{x}) \times |J(\mathbf{y}^*)| \tag{A.11}$$

第 1 の等号は，$\mathbf{x}$ と $\mathbf{y}$ には 1 対 1 写像の関係があるため，$\mathbf{y}$ についての条件付けが $\mathbf{x}$ についての条件付けと等価になるために成立する．第 2 の等号では，定理 1 を適用して，$\mathbf{y}^*$ の密度関数を $\mathbf{x}^*$ の関数として導いている．同様にして，

$$q(\mathbf{y}|\mathbf{y}^*) = q(\mathbf{x}|\mathbf{x}^*) \times |J(\mathbf{y})|$$

も得られる．

この定理の適用例は第 5.4 節にある．

補遺 B：デルタ法

デルタ法（delta technique）は確率変数の関数の平均，分散，共分散を導出するための一般的な方法である．いま，平均が μ，分散が σ^2 をもつ確率変数 x の関数 $g(x)$ の平均と分散を求める場合を考える．もし g が x の線形関数でなければ，関数の平均値は平均値の関数と等しくはならないことに注意しよう：$E(g(x)) \neq g(E(x))$．平均 μ のまわりでの g のテイラー展開は以下のようになる．

$$g = g(x) = g(\mu) + \frac{\mathrm{d}g(\mu)}{\mathrm{d}x}(x - \mu) + \frac{1}{2!}\frac{\mathrm{d}^2 g(\mu)}{\mathrm{d}x^2}(x - \mu)^2 + \cdots \tag{B.1}$$

ここで関数 $g(\cdot)$ とその導関数にはすべて $x = \mu$ のときの値が用いられる．たとえば，

$$\frac{\mathrm{d}g(\mu)}{\mathrm{d}x} \equiv \left.\frac{\mathrm{d}g(x)}{\mathrm{d}x}\right|_{x=\mu}$$

である．

両辺の期待値をとり，次数 3 以上の項を無視すると次式を得る．

$$E(g) \approx g(\mu) + \frac{1}{2}\frac{\mathrm{d}^2 g(\mu)}{\mathrm{d}x^2}\sigma^2 \tag{B.2}$$

この導出には，$E(x-\mu)=0$ と $E(x-\mu)^2=\sigma^2$ を用いている．導関数は，$x=\mu$ のときの値を用いているので，x について期待値をとる際には定数として扱われる．同様に g の分散は以下のように近似される．

$$\mathrm{var}(g) \approx E(g - E(g))^2 \approx \sigma^2 \cdot \left[\frac{\mathrm{d}g(\mu)}{\mathrm{d}x}\right]^2 \tag{B.3}$$

統計的データ解析の場合には，x はパラメータの推定値であり，g はその関数であるだろう．このとき，μ と σ^2 は，データセットからのそれらの推定値で置き換えられる．

この方法の多変数への拡張も，多変数テイラー展開を使って同様に導くことができる．$\mathbf{x}$ を n 変数よりなる確率ベクトル，$\mathbf{y} = \mathbf{y}(\mathbf{x})$ を m 個の要素からなる $\mathbf{x}$ の関数としよう．すると，$\mathbf{y}$ の分散–共分散行列は次のように近似される．

$$\mathrm{var}(\mathbf{y}) \approx J \cdot \mathrm{var}(\mathbf{x}) \cdot J^\mathrm{T} \tag{B.4}$$

ここで $\mathrm{var}(\cdot)$ は分散–共分散行列であり，J は次に示す $m \times n$ のサイズをもつ，変換のヤコビ行列であり，J^T はその転置行列である．

$$J = \begin{pmatrix} \frac{\partial y_1}{\partial x_1} & \frac{\partial y_1}{\partial x_2} & \cdots & \frac{\partial y_1}{\partial x_n} \\ \frac{\partial y_2}{\partial x_1} & \frac{\partial y_2}{\partial x_2} & \cdots & \frac{\partial y_2}{\partial x_n} \\ \vdots & \vdots & \ddots & \vdots \\ \frac{\partial y_m}{\partial x_1} & \frac{\partial y_m}{\partial x_2} & \cdots & \frac{\partial y_m}{\partial x_n} \end{pmatrix} \tag{B.5}$$

とくに，$g(\mathbf{x})$ が，$\mathbf{x}$ の1価関数（single valued function）である場合は，その分散は次のように近似される．

$$\mathrm{var}(g) \approx \sum_{i=1}^{n}\sum_{j=1}^{n} \mathrm{cov}(x_i, x_j)\left(\frac{\partial g}{\partial x_i}\right)\left(\frac{\partial g}{\partial x_j}\right) \tag{B.6}$$

ここで $\mathrm{cov}(x_i, x_j)$ は，$i \neq j$ のときには x_i と x_j の共分散，$i=j$ のときの x_i の分散を表す．$g(\mathbf{x})$ の平均は次のように近似される．

$$E(g) \approx g(\mu_1, \mu_2, \cdots, \mu_n) + \frac{1}{2}\sum_{i=1}^{n}\sum_{j=1}^{n}\mathrm{cov}(x_i, x_j)\frac{\partial^2 g}{\partial x_i \partial x_j} \tag{B.7}$$

ここで，$\mu_i = E(x_i)$ である．

[例1] JC69 距離の分散

2本の配列間で n サイト中 x サイトに差異があるとする．式 (1.6) は，JC69 モデルのもとでの配列間距離を $\widehat{d} = -\frac{3}{4}\log(1 - \frac{4}{3}\widehat{p})$ と与えている．ここで $\widehat{p} = x/n$ は差異のあるサイトの割合であるが，これは分散 $\mathrm{var}(\widehat{p}) = \widehat{p}(1-\widehat{p})/n$ をもつ2項比率である．ここで $\widehat{d}$ を $\widehat{p}$ の関数と考え，$\mathrm{d}\widehat{d}/\mathrm{d}\widehat{p} = 1/(1-4\widehat{p}/3)$ となることに注意しよう．すると，$\widehat{d}$ の分散の近似式は，式 (1.7) にある

ように，$[\widehat{p}(1-\widehat{p})]/[n(1-4\widehat{p}/3)^2]$ となる． □

[例2] 2つの確率変数の比の期待値と分散

x と y を2つの確率変数とする．$\mu_x = E(x)$, $\mu_y = E(y)$, $\sigma_x^2 = \text{var}(x)$, $\sigma_y^2 = \text{var}(y)$, また $\sigma_{xy} = \text{cov}(x,y)$ とする．すると，式 (B.7) と (B.6) を用いて，比 x/y の平均や分散の近似式を次のように求めることができる．

$$E\left(\frac{x}{y}\right) \approx \frac{\mu_x}{\mu_y} - \frac{\sigma_{xy}}{\mu_y^2} + \frac{\mu_x \sigma_y^2}{\mu_y^3} \tag{B.8}$$

$$\text{var}\left(\frac{x}{y}\right) \approx \frac{\sigma_x^2}{\mu_y^2} - \frac{2\mu_x \sigma_{xy}}{\mu_y^3} + \frac{\mu_x^2 \sigma_y^2}{\mu_y^4} \tag{B.9}$$

これらの式はトランジション/トランスバージョン比（S/V）の平均や分散を導くのに用いられる．ここで S と V は，2つの配列間でトランジションで差異のあるサイトの割合と，トランスバージョンで差異のあるサイトの割合である．（第 1.2.2 項を参照） □

[例3] K80 モデルのもとでの配列間距離の分散

配列間距離 d やトランジション/トランスバージョンの速度比 κ の最尤推定値が，式 (1.11) に，S と V の関数として与えられている．S と V は，式 (B.10) で示される分散–共分散行列をもつ多項比率であることに注意しよう．

$$\text{var}\begin{pmatrix} S \\ V \end{pmatrix} = \begin{pmatrix} S(1-S)/n & -SV/n \\ -SV/n & V(1-V)/n \end{pmatrix} \tag{B.10}$$

ここで，n は配列中のサイト数である．推定値 $\widehat{d}$ と $\widehat{\kappa}$ を，S と V の関数と考えると，次式が得られる．

$$\text{var}\begin{pmatrix} \widehat{d} \\ \widehat{\kappa} \end{pmatrix} = J \cdot \text{var}\begin{pmatrix} S \\ V \end{pmatrix} \cdot J^{\text{T}} \tag{B.11}$$

ここで，J は変換のヤコビ行列である．

$$J = \begin{pmatrix} \dfrac{\partial \widehat{d}}{\partial S} & \dfrac{\partial \widehat{d}}{\partial V} \\ \dfrac{\partial \widehat{\kappa}}{\partial S} & \dfrac{\partial \widehat{\kappa}}{\partial V} \end{pmatrix}$$

$$= \begin{pmatrix} \dfrac{1}{1-2S-V} & \dfrac{1}{2(1-2V)} + \dfrac{1}{2(1-2S-V)} \\ -\dfrac{4}{(1-2S-V)\log(1-2V)} & -\dfrac{2}{(1-2S-V)\log(1-2V)} + \dfrac{4\log(1-2S-V)}{(1-2V)(\log(1-2V))^2} \end{pmatrix} \tag{B.12}$$

とくに，距離 $\widehat{d}$ の分散については，式 (B.6) から次式のように導くことができるが，これは式 (1.13) で与えられているものと同じである．

$$\mathrm{var}(\widehat{d}) = \left(\frac{\partial \widehat{d}}{\partial S}\right)^2 \mathrm{var}(S) + 2\cdot\frac{\partial \widehat{d}}{\partial S}\cdot\frac{\partial \widehat{d}}{\partial V}\cdot\mathrm{cov}(S,V) + \left(\frac{\partial \widehat{d}}{\partial V}\right)^2 \mathrm{var}(V)$$
$$= [a^2 S + b^2 V - (aS + bV)^2]/n \tag{B.13}$$

□

補遺C：系統解析関連のソフトウェア

ここでは，分子系統解析で広く一般的に用いられているプログラムやソフトウェアのパッケージについて解説する．ほぼ網羅的なリストが下記の Joseph Felsenstein のホームページに示されている． http://evolution.gs.washington.edu/phylip/software.html

CLUSTAL（Thompson et al., 1994; Higgins and Sharp, 1998）は，配列の自動マルチプル・アラインメントのプログラムである．このプログラムは，まず Needleman と Wunsch (1970) のアルゴリズムを用いて粗いペアワイズ・アラインメントを行い，2本の配列間距離を計算する．この距離を用いて NJ 系統樹が構築される．次にこの NJ 系統樹をガイドツリーとして，複数の配列のアラインメントを順次構築する．CLUSTAL には，コマンドラインによる入力インターフェースをもつ CLUSTALW と，グラフィカル・インターフェースをもつ CLUSTALX の2つの主要なバリエーションがある．このプログラムは，ほとんどの一般的なプラットフォームで実行できる．このプログラムは，たとえば，ftp://ftp.ebi.ac.uk のディレクトリ pub/software からダウンロードできる．

PHYLIP（Phylogeny Inference Package）は，Joseph Felsenstein によって配布されている．これは，系統樹構築のための最節約法，距離行列法，最尤法のプログラム約30個よりなるパッケージである．プログラムはC言語で書かれており，実質的にどのプラットフォームでも実行できる．DNA やタンパク質の配列を含むさまざまなタイプのデータを扱うことができる．PHYLIP は次のウェブサイトから得ることができる． http://evolution.gs.washington.edu/phylip.html

PAUP*4 (Phylogenetic Analysis Using Parsimony *and other methods) は，David Swofford によって作成され，Sinauer Associates から配布されている．これは距離行列法，最節約法，最尤法を使った，分子データや形態データの系統解析に広く用いられている．PAUP*は効率的な発見的系統樹探索のアルゴリズムを実装している．Mac 版はグラフィカル・ユーザ・インターフェースをもつが，Windows と UNIX ではコマンドラインによる移植版が利用可能である．このプログラムのウェブサイトは http://paup.csit.fsu.edu/ であり，ここから Sinauer のサイトにリンクが張られており，購入に関する情報を得ることができる．

MacClade は，Wayne Maddison と David Maddison によって作成され，Sinauer Associates から提供されている．これは祖先状態を復元するための Macintosh（OSX を含む）で実行できるプログ

ラムである．このプログラムは,離散的な形態的形質と同様に分子データを解析して,系統樹の枝に沿った変化を追跡することができる．このプログラムのウェブページは http://www.macclade.org/ であり，Sinauer のサイトにリンクが張られている．

MEGA3（Molecular Evolutionary Genetic Analysis）は，S. Kumar, K. Tamura, M. Nei (2005a) によって作成された Windows 用のプログラムである．距離の計算や，距離行列法や最節約法を使った系統樹再構築に用いることができる．またこのプログラムは，CLUSTAL を呼び出してマルチプル・アラインメントを作成できる．このプログラムは以下のサイトから配布されている．　http://www.megasoftware.net/

MrBayes は，John Huelsenbeck と Fredrik Ronquist によって作成された．これは，DNA, タンパク質，あるいはコドン配列を用いて系統関係のベイズ推定を行うプログラムである．このプログラムはマルコフ連鎖モンテカルロ（MCMC）を用いて，系統樹空間を探索し，樹形，枝長，その他の置換パラメータの事後分布を生成する．また複数の異質なデータセットに対して，その違いを考慮して解析することができる．次のプログラムのウェブページから，Windows の実行ファイルと C 言語で書かれたソースコードを得ることができる．　http://mrbayes.csit.fsu.edu/

PAML（Phylogenetic Analysis by Maximum Likelihood）は本書の著者である Ziheng Yang が開発した，塩基配列，アミノ酸配列，コドン配列の尤度解析のパッケージである．このプログラムは系統樹作成には向いていないが，多くの精巧な置換モデルを実装しており，祖先配列の復元，正の選択の検出，緩和された分子時計モデルのもとでの種の分岐年代の推定に用いることができる．C 言語で書かれたソースコードと Windows や Mac 用の実行ファイルを，次のサイトから得ることができる．　http://abacus.gene.ucl.ac.uk/software/paml.html

PHYML は，Stéphane Guindon と Olivier Gascuel（2003）によって開発されたプログラムで，Guindon and Gascuel (2003) に報告されている高速な ML 探索アルゴリズムが実装されている．さまざまなプラットフォーム用の実行ファイルを，下記のサイトから得ることができる．http://atgc.lirmm.fr/phyml/

TreeView は，Rod Page が作成した系統樹の表示，編集，印刷のためのプログラムである．その出力であるグラフィックファイルは，他のソフトウェアで読み込んで，さらに編集することができる．さまざまなプラットフォーム用の実行ファイルを下記のサイトから得ることができる．http://taxonomy.zoology.gla.ac.uk/rod/treeview.html

引用文献

Adachi, J. and Hasegawa, M. 1996a. Model of amino acid substitution in proteins encoded by mitochondrial DNA. *J. Mol. Evol.* **42**:459–468.

Adachi, J. and Hasegawa, M. 1996b. MOLPHY Version 2.3: Programs for molecular phylogenetics based on maximum likelihood. *Computer Science Monographs*, **28**:1–150. Institute of Statistical Mathematics, Tokyo.

Adachi, J., Waddell, P. J., Martin, W., and Hasegawa, M. 2000. Plastid genome phylogeny and a model of amino acid substitution for proteins encoded by chloroplast DNA. *J. Mol. Evol.* **50**:348–358.

Akaike, H. 1974. A new look at the statistical model identification. *IEEE Trans. Autom. Contr. ACM* **19**:716–723.

Akam, M. 1995. Hox genes and the evolution of diverse body plans. *Philos. Trans. R Soc. Lond. B Biol. Sci.* **349**:313–319.

Akashi, H. 1995. Inferring weak selection from patterns of polymorphism and divergence at "silent" sites in Drosophila DNA. *Genetics* **139**:1067–1076.

Akashi, H. 1999a. Inferring the fitness effects of DNA mutations from polymorphism and divergence data: statistical power to detect directional selection under stationarity and free recombination. *Genetics* **151**:221–238.

Akashi, H. 1999b. Within- and between-species DNA sequence variation and the 'footprint' of natural selection. *Gene* **238**:39–51.

Akashi, H., Goel, P., and John, A. 2007. Ancestral inference and the study of codon bias evolution: Implications for molecular evolutionary analyses of the *Drosophila melanogaster* subgroup. *PLoS ONE* **2**:e1065.

Alba, R., Kelmenson, P. M., Cordonnier-Pratt, M. -M., and Pratt, L. H. 2000. The phytochrome gene family in tomato and the rapid differential evolution of this family in angiosperms. *Mol. Biol. Evol.* **17**:362–373.

Albert, V. A. 2005. *Parsimony, Phylogeny, and Genomics*. Oxford University Press, Oxford.

Alfaro, M. E., Zoller, S., and Lutzoni, F. 2003. Bayes or bootstrap? A simulation study comparing the performance of Bayesian Markov chain Monte Carlo sampling and bootstrapping in assessing phylogenetic confidence. *Mol. Biol. Evol.* **20**:255–266.

Altekar, G., Dwarkadas, S., Huelsenbeck, J. P., and Ronquist, F. 2004. Parallel Metropolis coupled Markov chain Monte Carlo for Bayesian phylogenetic inference. *Bioinformatics* **20**:407–415.

Altschul, S. F., Gish, W., Miller, W. *et al.* 1990. Basic local alignment search tool. *J. Mol. Biol.* **215**:403–410.

Anisimova, A. and Yang, Z. 2004. Molecular evolution of hepatitis delta virus antigen gene: recombination or positive selection? *J. Mol. Evol.* **59**:815–826.

Anisimova, A. and Yang, Z. 2007. Multiple hypothesis testing to detect adaptive protein evolution affecting individual branches and sites. *Mol. Biol. Evol.* **24**:1219–1228.

Anisimova, M., Bielawski, J. P., and Yang, Z. 2001. The accuracy and power of likelihood ratio tests to detect positive selection at amino acid sites. *Mol. Biol. Evol.* **18**:1585–1592.

Anisimova, M., Bielawski, J. P., and Yang, Z. 2002. Accuracy and power of Bayes prediction of amino acid sites under positive selection. *Mol. Biol. Evol.* **19**:950–958.

Anisimova, M., Nielsen, R., and Yang, Z. 2003. Effect of recombination on the accuracy of the likelihood method for detecting positive selection at amino acid sites. *Genetics* **164**:1229–1236.

Aris-Brosou, S. and Yang, Z. 2002. The effects of models of rate evolution on estimation of divergence dates with a special reference to the metazoan 18S rRNA phylogeny. *Syst. Biol.* **51**:703–714.

Atkinson, A. C. 1970. A method of discriminating between models. *J. R. Statist. Soc. B* **32**:323–353.

Bailly, X., Leroy, R., Carney, S. *et al.* 2003. The loss of the hemoglobin H2S-binding function in annelids from sulfide-free habitats reveals molecular adaptation driven by Darwinian positive selection. *Proc. Natl. Acad. Sci. U.S.A.* **100**:5885–5890.

Bargelloni, L., Marcato, S., and Patarnello, T. 1998. Antarctic fish hemoglobins: evidence for adaptive evolution at subzero temperatures. *Proc. Natl. Acad. Sci. U.S.A* **95**:8670–8675.

Barker, D. 2004. LVB: parsimony and simulated annealing in the search for phylogenetic trees. *Bioinformatics* **20**:274–275.

Barkman, T. J. 2003. Evidence for positive selection on the floral scent gene isoeugenol-O-methyltransferase. *Mol. Biol. Evol.* **20**:168–172.

Barrier, M., Robichaux, R. H., and Purugganan, M. D. 2001. Accelerated regulatory gene evolution in an adaptive radiation. *Proc. Natl. Acad. Sci. U.S.A.* **98**:10208–10213.

Barry, D. and Hartigan, J. A. 1987a. Asynchronous distance between homologous DNA sequences. *Biometrics* **43**:261–276.

Barry, D. and Hartigan, J. A. 1987b. Statistical analysis of hominoid molecular evolution. *Statist. Sci.* **2**:191–210.

Baudry, E. and Depaulis, F. 2003. Effect of misoriented sites on neutrality tests with outgroup. *Genetics* **165**:1619–1622.

Baum, J., Ward, R., and Conway, D. 2002. Natural selection on the erythrocyte surface. *Mol. Biol. Evol.* **19**:223–229.

Beerli, P. and Felsenstein, J. 2001. Maximum likelihood estimation of a migration matrix and effective population sizes in *n* subpopulations by using a coalescent approach. *Proc. Natl. Acad. Sci. U.S.A.* **98**:4563–4568.

Belda, E., Moya, A., and Silva, F. J. 2005. Genome rearrangement distances and gene order phylogeny in γ-proteobacteria. *Mol. Biol. Evol.* **22**:1456–1467.

Benner, S. A. 2001. Natural progression. *Nature* **409**:459.

Benner, S. A. 2002. The past as the key to the present: resurrection of ancient proteins from eosinophils. *Proc. Natl. Acad. Sci. U.S.A.* **99**:4760–4761.

Benton, M. J., Wills, M., and Hitchin, R. 2000. Quality of the fossil record through time. *Nature* **403**:534–538.

Berry, V. and Gascuel, O. 1996. On the interpretation of bootstrap trees: appropriate threshold of clade selection and induced gain. *Mol. Biol. Evol.* **13**:999–1011.

Betran, E. and Long, M. 2003. Dntf-2r, a young Drosophila retroposed gene with specific male expression under positive Darwinian selection. *Genetics* **164**:977–988.

Bielawski, J. P. and Yang, Z. 2001. Positive and negative selection in the DAZ gene family. *Mol. Biol. Evol.* **18**:523–529.

Bielawski, J. P. and Yang, Z. 2004. A maximum likelihood method for detecting functional divergence at individual codon sites, with application to gene family evolution. *J. Mol. Evol.* **59**:121–132.

Bielawski, J. P., Dunn, K., and Yang, Z. 2000. Rates of nucleotide substitution and mammalian nuclear gene evolution: approximate and maximum-likelihood methods lead to different conclusions. *Genetics* **156**:1299–1308.

Bielawski, J. P., Dunn, K. A., Sabehi, G., and Beja, O. 2004. Darwinian adaptation of proteorhodopsin to different light intensities in the marine environment. *Proc. Natl. Acad. Sci. U.S.A.* **101**:14824–14829.

Bierne, N. and Eyre-Walker, A. 2003. The problem of counting sites in the estimation of the synonymous and nonsynonymous substitution rates: implications for the correlation between the synonymous substitution rate and codon usage bias. *Genetics* **165**:1587–1597.

Bininda-Emonds, O. R. P. 2004. *Phylogenetic Supertrees: Combining Information to Reveal the Tree of Life*. Kluwer Academic, Dordrecht.

Birdsey, G. M., Lewin, J., Cunningham, A. A. *et al.* 2004. Differential enzyme targeting as an evolutionary adaptation to herbivory in carnivora. *Mol. Biol. Evol.* **21**:632–646.

Bishop, J. G. 2005. Directed mutagenesis confirms the functional importance of positively selected sites in polygalacturonase inhibitor protein (PGIP). *Mol. Biol. Evol.* **22**:1531–1534.

Bishop, J. G., Dean, A. M., and Mitchell-Olds, T. 2000. Rapid evolution in plant chitinases: molecular targets of selection in plant-pathogen coevolution. *Proc. Natl. Acad. Sci. U.S.A.* **97**:5322–5327.

Bishop, J. G., Ripoll, D. R., Bashir, S. *et al.* 2005. Selection on glycine β-1, 3-endoglucanase genes differentially inhibited by a phytophthora glucanase inhibitor protein. *Genetics* **169**:1009–1019.

Bishop, M. J. and Friday, A. E. 1985. Evolutionary trees from nucleic acid and protein sequences. *Proc. R. Soc. Lond. B Biol. Sci.* **226**:271–302.

Bishop, M. J. and Friday, A. E. 1987. Tetropad relationships: the molecular evidence. *Molecules and Morphology in Evolution: Conflict or Compromise?* in (ed. C. Patterson) Cambridge University Press, Cambridge, pp. 123–139.

Bishop, M. J. and Thompson, E. A. 1986. Maximum likelihood alignment of DNA sequences. *J. Mol. Biol.* **190**:159–165.

Bjorklund, M. 1999. Are third positions really that bad? A test using vertebrate cytochrome *b*. *Cladistics* **15**:191–197.

Bjorkman, P. J., Saper, S. A., Samraoui, B. *et al.* 1987a. Structure of the class I histocompatibility antigen, HLA-A2. *Nature* **329**:506–512.

Bjorkman, P. J., Saper, S. A., Samraoui, B. *et al.* 1987b. The foreign antigen binding site and T cell recognition regions of class I histocompatibility antigens. *Nature* **329**:512–518.

Bonhoeffer, S., Holmes, E. C., and Nowak, M. A. 1995. Causes of HIV diversity. *Nature* **376**:125.

Box, G. E. P. 1979. Robustness in the strategy of scientific model building. In *Robustness in Statistics* (ed. R. L. Launer, and G. N. Wilkinson), p. 202. Academic Press, New York.

Box, G. E. P. and Muller, M. E. 1958. A note on the generation of random normal deviates. *Ann. Math. Statist.* **29**:610-611.

Braverman, J. M., Hudson, R. R., Kaplan, N. L. *et al.* 1995. The hitchhiking effect on the site frequency spectrum of DNA polymorphisms. *Genetics* **140**:783–796.

Bremer, K. 1988. The limits of amino acid sequence data in angiosperm phylogenetic reconstruction. *Evolution* **42**:795–803.

Brent, R. P. 1973. *Algorithms for Minimization Without Derivatives*. Prentice-Hall Inc., Englewood Cliffs, NJ.

Brinkmann, H., van der Giezen, M., Zhou, Y. *et al.* 2005. An empirical assessment of long-branch attraction artefacts in deep eukaryotic phylogenomics. *Syst. Biol.* **54**:743–757.

Britten, R. J. 1986. Rates of DNA sequence evolution differ between taxonomic groups. *Science* **231**:1393–1398.

Bromham, L. 2002. Molecular clocks in reptiles: life history influences rate of molecular evolution. *Mol. Biol. Evol.* **19**:302–309.

Bromham, L. and Penny, D. 2003. The modern molecular clock. *Nat. Rev. Genet.* **4**:216–224.

Bromham, L., Rambaut, A., and Harvey, P. H. 1996. Determinants of rate variation in mammalian DNA sequence evolution. *J. Mol. Evol.* **43**:610–621.

Bromham, L., Penny, D., Rambaut, A., and Hendy, M. D. 2000. The power of relative rates tests depends on the data. *J. Mol. Evol.* **50**:296–301.

Brown, W. M., Prager, E. M., Wang, A., and Wilson, A. C. 1982. Mitochondrial DNA sequences of primates: tempo and mode of evolution. *J. Mol. Evol.* **18**:225–239.

Brunet, M., Guy, F., Pilbeam, D. *et al.* 2002. A new hominid from the upper Miocene of Chad, central Africa. *Nature* **418**:145–151.

Bruno, W. J. 1996. Modeling residue usage in aligned protein sequences via maximum likelihood. *Mol. Biol. Evol.* **13**:1368–1374.

Bruno, W. J. and Halpern, A. L. 1999. Topological bias and inconsistency of maximum likelihood using wrong models. *Mol. Biol. Evol.* **16**:564–566.

Bruno, W. J., Socci, N. D., and Halpern, A. L. 2000. Weighted neighbor joining: a likelihood-based approach to distance-based phylogeny reconstruction. *Mol. Biol. Evol.* **17**:189–197.

Bryant, D. 2003. A classication of consensus methods for phylogenetics. In *BioConsensus, DIMACS Series in Discrete Mathematics and Theoretical Computer Science.* (ed. M. Janowitz, F. -J. Lapointe, F. R. McMorris, B. Mirkin, and F. S. Roberts), pp. 163–184. American Mathematical Society, Providence, RI.

Bryant, D. and Waddell, P. J. 1998. Rapid evaluation of least-squares and minimum-evolution criteria on phylogenetic trees. *Mol. Biol. Evol.* **15**:1346–1359.

Buckley, T. R. 2002. Model misspecification and probabilistic tests of topology: evidence from empirical data sets. *Syst. Biol.* **51**:509–523.

Bulmer, M. G. 1990. Estimating the variability of substitution rates. *Genetics* **123**:615–619.

Bulmer, M. S. and Crozier, R. H. 2004. Duplication and diversifying selection among termite antifungal peptides. *Mol. Biol. Evol.* **21**:2256–2264.

Bush, R. M., Fitch, W. M., Bender, C. A., and Cox, N. J. 1999. Positive selection on the H3 hemagglutinin gene of human influenza virus A. *Mol. Biol. Evol.* **16**:1457–1465.

Bustamante, C. D., Wakeley, J., Sawyer, S., and Hartl, D. L. 2001. Directional selection and the site-frequency spectrum. *Genetics* **159**:1779–1788.

Bustamante, C. D., Nielsen, R., Sawyer, S. A. *et al.* 2002. The cost of inbreeding in Arabidopsis. *Nature* **416**:531–534.

Bustamante, C. D., Nielsen, R., and Hartl, D. L. 2003. Maximum likelihood and Bayesian methods for estimating the distribution of selective effects among classes of mutations using DNA polymorphism data. *Theor. Popul. Biol.* **63**:91–103.

Camin, J. H. and Sokal, R. R. 1965. A method for deducing branching sequences in phylogeny. *Evolution* **19**:311–326.

Cao, Y., Adachi, J., Janke, A. *et al.* 1994. Phylogenetic relationships among eutherian orders estimated from inferred sequences of mitochondrial proteins: instability of a tree based on a single gene. *J. Mol. Evol.* **39**:519–527.

Cao, Y., Janke, A., Waddell, P. J. *et al.* 1998. Conflict among individual mitochondrial proteins in resolving the phylogeny of eutherian orders. *J. Mol. Evol.* **47**:307–322.

Cao, Y., Kim, K. S., Ha, J. H., and Hasegawa, M. 1999. Model dependence of the phylogenetic inference: relationship among Carnivores, Perissodactyls and Cetartiodactyls as inferred from mitochondrial genome sequences. *Genes Genet. Syst.* **74**:211–217.

Carlin, B. P. and Louis, T. A. 2000. *Bayes and Empirical Bayes Methods for Data Analysis.* Chapman and Hall, London.

Carroll, S. B. 1995. Homeotic genes and the evolution of the arthropods and chordates. *Nature* **376**:479–485.

Cavalli-Sforza, L. L. and Edwards, A. W. F. 1967. Phylogenetic analysis: models and estimation procedures. *Evolution* **21**:550–570.

Cavender, J. A. 1978. Taxonomy with confidence. *Math. Biosci.* **40**:271–280.

Chang, B. S. and Donoghue, M. J. 2000. Recreating ancestral proteins. *Trends Ecol. Evol.* **15**:109–114.

Chang, J. T. 1996a. Full reconstruction of Markov models on evolutionary trees: identifiability and consistency. *Math. Biosci.* **137**:51–73.

Chang, J. T. 1996b. Inconsistency of evolutionary tree topology reconstruction methods when substitution rates vary across characters. *Math. Biosci.* **134**:189–215.

Charleston, M. A. 1995. Toward a characterization of landscapes of combinatorial optimization problems, with special attention to the phylogeny problem. *J. Comput. Biol.* **2**:439–450.

Chenna, R., Sugawara, H., Koike, T. *et al.* 2003. Multiple sequence alignment with the Clustal series of programs. *Nucleic Acids Res.* **31**:3497–3500.

Chernoff, H. 1954. On the distribution of the likelihood ratio. *Ann. Math. Stat.* **25**:573–578.

Choisy, M., Woelk, C. H., Guegan, J. F., and Robertson, D. L. 2004. Comparative study of adaptive molecular evolution in different human immunodeficiency virus groups and subtypes. *J. Virol.* **78**:1962–1970. [Erratum in *J. Virol.* 2004 **78**:4381–2].

Chor, B. and Snir, S. 2004. Molecular clock fork phylogenies: closed form analytic maximum likelihood solutions. *Syst. Biol.* **53**:963–967.

Chor, B., Holland, B. R., Penny, D., and Hendy, M. D. 2000. Multiple maxima of likelihood in phylogenetic trees: an analytic approach. *Mol. Biol. Evol.* **17**:1529–1541.

Clark, A. G., Glanowski, S., Nielsen, R. *et al.* 2003. Inferring nonneutral evolution from human-chimp-mouse orthologous gene trios. *Science* **302**:1960–1963.

Clark, B. 1970. Selective constraints on amino-acid substitutions during the evolution of proteins. *Nature* **228**:159–160.

Clark, N. L., Aagaard, J. E., and Swanson, W. J. 2006. Evolution of reproductive proteins from animals and plants. *Reproduction* **131**:11–22.

Collins, T. M., Wimberger, P. H., and Naylor, G. J. P. 1994. Compositional bias, character-state bias, and character-state reconstruction using parsimony. *Syst. Biol.* **43**:482–496.

Comeron, J. M. 1995. A method for estimating the numbers of synonymous and nonsynonymous substitutions per site. *J. Mol. Evol.* **41**:1152–1159.

Consuegra, S., Megens, H.-J., Schaschl, H. *et al.* 2005. Rapid evolution of the MHC Class I locus results in different allelic compositions in recently diverged populations of Atlantic salmon. *Mol. Biol. Evol.* **22**:1095–1106.

Cooper, A. and Fortey, R. 1998. Evolutionary explosions and the phylogenetic fuse. *Trends Ecol. Evol.* **13**:151–156.

Cooper, A. and Penny, D. 1997. Mass survival of birds across the Cretaceous-Tertiary boundary: molecular evidence. *Science* **275**:1109–1113.

Cox, D. R. 1961. Tests of separate families of hypotheses. *Proc. 4th Berkeley Symp. Math. Stat. Prob.* **1**:105–123.

Cox, D. R. 1962. Further results on tests of separate families of hypotheses. *J. R. Statist. Soc. B* **24**:406–424.

Cox, D. R. and Hinkley, D. V. 1974. *Theoretical Statistics*. Chapman and Hall, London.

Cummings, M. P., Otto, S. P., and Wakeley, J. 1995. Sampling properties of DNA sequence data in phylogenetic analysis. *Mol. Biol. Evol.* **12**:814–822.

Cutler, D. J. 2000. Understanding the overdispersed molecular clock. *Genetics* **154**:1403–1417.

Dagan, T., Talmor, Y., and Graur, D. 2002. Ratios of radical to conservative amino acid replacement are affected by mutational and compositional factors and may not be indicative of positive Darwinian selection. *Mol. Biol. Evol.* **19**:1022–1025.

Davison, A. C. 2003. *Statistical Models*. Cambridge University Press, Cambridge.

Dawkins, R. and Krebs, J. R. 1979. Arms races between and within species. *Proc. R. Soc. Lond. B. Biol. Sci.* **205**:489–511.

Dayhoff, M. O., Eck, R. V., and Park, C. M. 1972. Evolution of a complex system: the immunoglobulins. Pp. 31–40. *Atlas of protein sequence and structure*, pp. 31–40. National Biomedical Research Foundation, Silver Spring, MD.

Dayhoff, M. O., Schwartz, R. M., and Orcutt, B. C. 1978. A model of evolutionary change in proteins. *Atlas of protein sequence and structure*, Vol 5, Suppl. 3, pp. 345–352. National Biomedical Research Foundation, Washington DC.

DeBry, R. W. 1992. The consistency of several phylogeny-inference methods under varying evolutionary rates. *Mol. Biol. Evol.* **9**:537–551.

DeBry, R. 2001. Improving interpretation of the decay index for DNA sequences. *Syst. Biol.* **50**:742–752.

Deely, J. J. and Lindley, D. V. 1981. Bayes empirical Bayes. *J. Amer. Statist. Assoc.* **76**:833–841.

DeGroot, M. H. and Schervish, M. J. 2002. *Probability and Statistics*. Addison-Wesley, Boston, MA.

Delson, E., Tattersall, I., Van Couvering, J. A., and Brooks, A. S. 2000. In *Encyclopedia of Human Evolution and Prehistory* (ed. E. Delson, I. Tattersall, J. A. Van Couvering, and A. S. Brooks), pp. 166–171. Garland, New York.

Desper, R. and Gascuel, O. 2005. The minimum-evolution distance-based approach to phylogenetic inference. In *Mathematics of Evolution and Phylogeny* (ed. O. Gascuel), pp. 1–32. Oxford University Press, Oxford.

Diggle, P. J. 1990. *Time Series: a Biostatistical Introduction*. Oxford University Press, Oxford.

Doolittle, F. W. 1998. You are what you eat: a gene transfer ratchet could account for bacterial genes in eukaryotic nuclear genomes. *Trends in Genetics* **14**:307–311.

Doolittle, R. F. and Blomback, B. 1964. Amino-acid sequence investigations of fibrinopeptides from various mammals: evolutionary implications. *Nature* **202**:147–152.

Douzery, E. J., Delsuc, F., Stanhope, M. J., and Huchon, D. 2003. Local molecular clocks in three nuclear genes: divergence times for rodents and other mammals and incompatibility among fossil calibrations. *J. Mol. Evol.* **57**:S201–S213.

Drummond, A. J., Nicholls, G. K., Rodrigo, A. G., and Solomon, W. 2002. Estimating mutation parameters, population history and genealogy simultaneously from temporally spaced sequence data. *Genetics* **161**:1307–1320.

Duda, T. F. and Palumbi, S. R. 2000. Evolutionary diversification of multigene families: allelic selection of toxins in predatory cone snails. *Mol. Biol. Evol.* **17**:1286–1293.

Duda, T. F., Jr and Palumbi, S. R. 1999. Molecular genetics of ecological diversification: duplication and rapid evolution of toxin genes of the venomous gastropod *Conus*. *Proc. Natl. Acad. Sci. U.S.A.* **96**:6820–6823.

Duret, L. 2002. Evolution of synonymous codon usage in metazoans. *Curr. Opin. Genet. Dev.* **12**:640–649.

Duret, L., Semon, M., Piganeau, G. *et al.* 2002. Vanishing GC-rich isochores in mammalian genomes. *Genetics* **162**:1837–1847.

Dutheil, J., Pupko, T., Jean-Marie, A., and Galtier, N. 2005. A model-based approach for detecting coevolving positions in a molecule. *Mol. Biol. Evol.* **22**:1919–1928.

Eck, R. V. and Dayhoff, M. O. 1966. Inference from protein sequence comparisons. In *Atlas of protein sequence and structure* (ed. M. O. Dayhoff). National Biomedical Research Foundation, Silver Spring, MD.

Edwards, A. W. F. 1970. Estimation of the branch points of a branching diffusion process (with discussion). *J. R. Statist. Soc. B.* **32**:155–174.

Edwards, A. W. F. 1992. *Likelihood, expanded edition.* Johns Hopkins University Press, London.

Edwards, A. W. F. and Cavalli-Sforza, L. L. 1963. The reconstruction of evolution (abstract). *Ann. Hum. Genet.* **27**:105.

Efron, B. 1979. Bootstrap methods: another look at the jackknife. *Ann. Stat.* **7**:1–26.

Efron, B. 1986. Why isn't everyone a Bayesian? (with discussion). *Am. J. Statist. Assoc.* **40**:1–11.

Efron, B. and Hinkley, D. V. 1978. Assessing the accuracy of the maximum likelihood estimator: observed and expected information. *Biometrika* **65**:457–487.

Efron, B. and Tibshirani, R. J. 1993. *An Introduction to the Bootstrap.* Chapman and Hall, London.

Efron, B., Halloran, E., and Holmes, S. 1996. Bootstrap confidence levels for phylogenetic trees [corrected and republished article originally printed in *Proc. Natl. Acad. Sci. U.S.A.* 1996 **93**:7085–7090]. *Proc. Natl. Acad. Sci. U.S.A.* **93**:13429–13434.

Emes, R. D., Riley, M. C., Laukaitis, C. M. *et al.* 2004. Comparative evolutionary genomics of androgen-binding protein genes. *Genome Res.* **14**:1516–1529.

Enard, W., Przeworski, M., Fisher, S. E. *et al.* 2002. Molecular evolution of FOXP2, a gene involved in speech and language. *Nature* **418**:869–872.

Erixon, P., Svennblad, B., Britton, T., and Oxelman, B. 2003. Reliability of Bayesian posterior probabilities and bootstrap frequencies in phylogenetics. *Syst. Biol.* **52**:665–673.

Evans, P. D., Anderson, J. R., Vallender, E. J. *et al.* 2004. Reconstructing the evolutionary history of microcephalin, a gene controlling human brain size. *Hum. Mol. Genet.* **13**:1139–1145.

Everitt, B. S., Landau, S., and Leese, M. 2001. *Cluster Analysis.* Arnold, London.

Excoffier, L. and Yang, Z. 1999. Substitution rate variation among sites in the mitochondrial hypervariable region I of humans and chimpanzees. *Mol. Biol. Evol.* **16**: 1357–1368.

Eyre-Walker, A. 1998. Problems with parsimony in sequences of biased base composition. *J. Mol. Evol.* **47**:686–690.

Fan, C., Purugganan, M. D., Thomas, D. T. *et al.* 2004. Heterogeneous evolution of the Myc-like anthocyanin regulatory gene and its phylogenetic utility in Cornus L. (Cornaceae). *Mol. Phylogenet. Evol.* **33**:580–594.

Fares, M. A. and Wolfe, K. H. 2003. Positive selection and subfunctionalization of duplicated CCT chaperonin subunits. *Mol. Biol. Evol.* **20**:1588–1597.

Fares, M. A., Barrio, E., Sabater-Munoz, B., and Moya, A. 2002. The evolution of the heat-shock protein GroEL from Buchnera, the primary endosymbiont of aphids, is governed by positive selection. *Mol. Biol. Evol.* **19**:1162–1170.

Farris, J. S. 1973. A probability model for inferring evolutionary trees. *Syst. Zool.* **22**: 250–256.

Farris, J. S. 1977. Phylogenetic analysis under Dollo's law. *Syst. Zool.* **26**:77–88.

Farris, J. S. 1983. The logical basis of phylogenetic analysis. *Advances in Cladistics*. (ed. N. Platnick, and V. Funk), pp. 7–26. Columbia University Press, New York.

Farris, J. S. 1969. A successive approximation approach to character weighting. *Syst. Zool.* **18**:374–385.

Farris, J. S. 1989. The retention index and the rescaled consistency index. *Cladistics* **5**: 417–419.

Fay, J. C. and Wu, C. I. 2000. Hitchhiking under positive Darwinian selection. *Genetics* **155**:1405–1413.

Fay, J. C. and Wu, C. -I. 2001. The neutral theory in the genomic era. *Curr. Opinion Genet. Dev.* **11**:642–646.

Fay, J. C. and Wu, C. I. 2003. Sequence divergence, functional constraint, and selection in protein evolution. *Annu. Rev. Genomics Hum. Genet.* **4**:213–235.

Fay, J. C., Wyckoff, G. J., and Wu, C. -I. 2001. Positive and negative selection on the human genome. *Genetics* **158**:1227–1234.

Felsenstein, J. 1973a. Maximum-likelihood estimation of evolutionary trees from continuous characters. *Am. J. Hum. Genet.* **25**:471–492.

Felsenstein, J. 1973b. Maximum likelihood and minimum-steps methods for estimating evolutionary trees from data on discrete characters. *Syst. Zool.* **22**:240–249.

Felsenstein, J. 1978a. The number of evolutionary trees. *Syst. Zool.* **27**:27–33.

Felsenstein, J. 1978b. Cases in which parsimony and compatibility methods will be positively misleading. *Syst. Zool.* **27**:401–410.

Felsenstein, J. 1981. Evolutionary trees from DNA sequences: a maximum likelihood approach. *J. Mol. Evol.* **17**:368–376.

Felsenstein, J. 1983. Statistical inference of phylogenies. *J. R. Statist. Soc. A* **146**:246–272.

Felsenstein, J. 1985a. Confidence limits on phylogenies: an approach using the bootstrap. *Evolution* **39**:783–791.

Felsenstein, J. 1985b. Phylogenies and the comparative method. *Amer. Nat.* **125**:1–15.

Felsenstein, J. 1985c. Confidence limits on phylogenies with a molecular clock. *Evolution* **34**:152–161.

Felsenstein, J. 1988. Phylogenies from molecular sequences: inference and reliability. *Annu. Rev. Genet.* **22**:521–565.

Felsenstein, J. 2001a. Taking variation of evolutionary rates between sites into account in inferring phylogenies. *J. Mol. Evol.* **53**:447–455.

Felsenstein, J. 2001b. The troubled growth of statistical phylogenetics. *Syst. Biol.* **50**: 465–467.

Felsenstein, J. 2004. *Inferring Phylogenies*. Sinauer Associates, Sunderland, MA.

Felsenstein, J. and Churchill, G. A. 1996. A hidden Markov model approach to variation among sites in rate of evolution. *Mol. Biol. Evol.* **13**:93–104.

Felsenstein, J. and Kishino, H. 1993. Is there something wrong with the bootstrap on phylogenies? A reply to Hillis and Bull. *Syst. Biol.* **42**:193–200.

Felsenstein, J. and Sober, E. 1986. Parsimony and likelihood: an exchange. *Syst. Zool.* **35**: 617–626.

Filip, L. C. and Mundy, N. I. 2004. Rapid evolution by positive Darwinian selection in the extracellular domain of the abundant lymphocyte protein CD45 in primates. *Mol. Biol. Evol.* **21**:1504–1511.

Fisher, R. 1930a. *The Genetic Theory of Natural Selection*. Clarendon Press, Oxford.

Fisher, R. 1930b. Inverse probability. *Proc. Camb. Phil. Soc.* **26**:528–535.

Fisher, R. 1970. *Statistical Methods for Research Workers*. Oliver and Boyd, Edinburgh.

Fitch, W. M. 1971a. Rate of change of concomitantly variable codons. *J. Mol. Evol.* **1**:84–96.

Fitch, W. M. 1971b. Toward defining the course of evolution: minimum change for a specific tree topology. *Syst. Zool.* **20**:406–416.

Fitch, W. M. 1976. Molecular evolutionary clocks. In *Molecular Evolution*. (ed. F. J. Ayala), pp. 160–178. Sinauer Associates, Sunderland, MA.

Fitch, W. M. and Margoliash, E. 1967. Construction of phylogenetic trees. *Science* **155**: 279–284.

Fitch, W. M., Bush, R. M., Bender, C. A., and Cox, N. J. 1997. Long term trends in the evolution of H(3) HA1 human influenza type A. *Proc. Natl. Acad. Sci. U.S.A.* **94**:7712–7718.

Fleissner, R., Metzler, D., and von Haeseler, A. 2005. Simultaneous statistical multiple alignment and phylogeny reconstruction. *Syst. Biol.* **54**:548–561.

Fletcher, R. 1987. *Practical Methods of Optimization*. Wiley, New York.

Foote, M., Hunter, J. P., Janis, C. M., and Sepkoski, J. J. 1999. Evolutionary and preservational constraints on origins of biologic groups: divergence times of eutherian mammals. *Science* **283**:1310–1314.

Ford, M. J. 2001. Molecular evolution of transferrin: evidence for positive selection in salmonids. *Mol. Biol. Evol.* **18**:639–647.

Ford, M. J., Thornton, P. J., and Park, L. K. 1999. Natural selection promotes divergence of transferrin among salmonid species. *Mol. Ecol.* **8**:1055–1061.

Forsberg, R. and Christiansen, F. B. 2003. A codon-based model of host-specific selection in parasites, with an application to the influenza A virus. *Mol. Biol. Evol.* **20**:1252–1259.

Freeland, S. J. and Hurst, L. D. 1998. The genetic code is one in a million. *J. Mol. Evol.* **47**:238–248.

Fu, Y. 1994. Estimating effective population size or mutation rate using the frequencies of mutations of various classes in a sample of DNA sequences. *Genetics* **138**:1375–1386.

Fu, Y. X. and Li, W. H. 1993. Statistical tests of neutrality of mutations. *Genetics* **133**: 693–709.

Fu, Y. -X. 1997. Statistical tests of neutrality of mutations against population growth, hitchhiking and backgroud selection. *Genetics* **147**:915–925.

Fukami, K. and Tateno, Y. 1989. On the maximum likelihood method for estimating molecular trees: uniqueness of the likelihood point. *J. Mol. Evol.* **28**:460–464.

Fukami-Kobayashi, K. and Tateno, Y. 1991. Robustness of maximum likelihood tree estimation against different patterns of base substitutions. *J. Mol. Evol.* **32**:79–91.

Gadagkar, S. R. and Kumar, S. 2005. Maximum likelihood outperforms maximum parsimony even when evolutionary rates are heterotachous. *Mol. Biol. Evol.* **22**:2139–2141.

Galtier, N. 2001. Maximum-likelihood phylogenetic analysis under a covarion-like model. *Mol. Biol. Evol.* **18**:866–873.

Galtier, N. and Gouy, M. 1998. Inferring pattern and process: maximum-likelihood implementation of a nonhomogeneous model of DNA sequence evolution for phylogenetic analysis. *Mol. Biol. Evol.* **15**:871–879.

Galtier, N., Tourasse, N., and Gouy, M. 1999. A nonhyperthermophilic common ancestor to extant life forms. *Science* **283**:220–221.

Gascuel, O. 1994. A note on Sattath and Tversky's, Saitou and Nei's, and Studier and Keppler's algorithms for inferring phylogenies from evolutionary distances. *Mol. Biol. Evol.* **11**: 961–963.

Gascuel, O. 1997. BIONJ: an improved version of the NJ algorithm based on a simple model of sequence data. *Mol. Biol. Evol.* **14**:685–695.

Gascuel, O. 2000. On the optimization principle in phylogenetic analysis and the minimum-evolution criterion. *Mol. Biol. Evol.* **17**:401–405.

Gaucher, E. A. and Miyamoto, M. M. 2005. A call for likelihood phylogenetics even when the process of sequence evolution is heterogeneous. *Mol. Phylogenet. Evol.* **37**:928–931.

Gaut, B. S. and Lewis, P. O. 1995. Success of maximum likelihood phylogeny inference in the four-taxon case. *Mol. Biol. Evol.* **12**:152–162.

Gelfand, A. E. and Smith, A. F. M. 1990. Sampling-based approaches to calculating marginal densities. *J. Amer. Stat. Assoc.* **85**:398–409.

Gelman, A. and Rubin, D. B. 1992. Inference from iterative simulation using multiple sequences (with discussion). *Statist. Sci.* **7**:457–511.

Gelman, A., Roberts, G. O., and Gilks, W. R. 1996. Efficient Metropolis jumping rules. in *Bayesian Statistics 5* (ed. J. M. Bernardo, J. O. Berger, A. P. Dawid, and A. F. M. Smith), pp. 599–607. Oxford University Press, Oxford.

Gelman, S. and Gelman, G. D. 1984. Stochastic relaxation, Gibbs distributions and the Bayes restoration of images. *IEEE Trans. Pattern Anal. Mach. Intel.* **6**:721–741.

Gerrard, D. T. and Filatov, D. A. 2005. Positive and negative selection on mammalian Y chromosomes. *Mol. Biol. Evol.* **22**:1423–1432.

Geyer, C. J. 1991. Markov chain Monte Carlo maximum likelihood. In *Computing Science and Statistics: Proc. 23rd Symp. Interface* (ed. E. M. Keramidas), pp. 156–163. Interface Foundation, Fairfax Station, VA.

Gilks, W. R., Richardson, S., and Spielgelhalter, D. J. 1996. *Markov Chain Monte Carlo in Practice*. Chapman and Hall, London.

Gill, P. E., Murray, W., and Wright, M. H. 1981. *Practical Optimization*. Academic Press, London.

Gillespie, J. H. 1984. The molecular clock may be an episodic clock. *Proc. Natl. Acad. Sci. U.S.A.* **81**:8009–8013.

Gillespie, J. H. 1986a. Rates of molecular evolution. *Ann. Rev. Ecol. Systemat.* **17**:637–665.

Gillespie, J. H. 1986b. Natural selection and the molecular clock. *Mol. Biol. Evol.* **3**:138–155.

Gillespie, J. H. 1991. *The Causes of Molecular Evolution*. Oxford University Press, Oxford.

Gillespie, J. H. 1998. *Population Genetics: a Concise Guide*. Johns Hopkins University Press, Baltimore, MD.

Gogarten, J. P., Kibak, H., Dittrich, P. et al. 1989. Evolution of the vacuolar H^+-ATPase: implications for the origin of eukaryotes. *Proc. Natl. Acad. Sci. U.S.A.* **86**:6661–6665.

Gojobori, T. 1983. Codon substitution in evolution and the "saturation" of synonymous changes. *Genetics* **105**:1011–1027.

Gojobori, T., Li, W. H., and Graur, D. 1982. Patterns of nucleotide substitution in pseudogenes and functional genes. *J. Mol. Evol.* **18**:360–369.

Golding, G. B. 1983. Estimates of DNA and protein sequence divergence: an examination of some assumptions. *Mol. Biol. Evol.* **1**:125–142.

Golding, G. B. and Dean, A. M. 1998. The structural basis of molecular adaptation. *Mol. Biol. Evol.* **15**:355–369.

Goldman, N. 1990. Maximum likelihood inference of phylogenetic trees, with special reference to a Poisson process model of DNA substitution and to parsimony analysis. *Syst. Zool.* **39**:345–361.

Goldman, N. 1993. Statistical tests of models of DNA substitution. *J. Mol. Evol.* **36**:182–198.

Goldman, N. 1994. Variance to mean ratio, $R(t)$, for Poisson processes on phylogenetic trees. *Mol. Phylogenet. Evol.* **3**:230–239.

Goldman, N. 1998. Phylogenetic information and experimental design in molecular systematics. *Proc. R. Soc. Lond. B Biol. Sci.* **265**:1779–1786.

Goldman, N. and Yang, Z. 1994. A codon-based model of nucleotide substitution for protein-coding DNA sequences. *Mol. Biol. Evol.* **11**:725–736.

Goldman, N., Thorne, J. L., and Jones, D. T. 1998. Assessing the impact of secondary structure and solvent accessibility on protein evolution. *Genetics* **149**:445–458.

Goldman, N., Anderson, J. P., and Rodrigo, A. G. 2000. Likelihood-based tests of topologies in phylogenetics. *Syst. Biol.* **49**:652–670.

Goldstein, D. B. and Pollock, D. D. 1994. Least squares estimation of molecular distance—noise abatement in phylogenetic reconstruction. *Theor. Popul. Biol.* **45**:219–226.

Goloboff, P. A. 1999. Analyzing large data sets in reasonable times: solutions for composite optima. *Cladistics* **15**:415–428.

Goloboff, P. A. and Pol, D. 2005. Parsimony and Bayesian phylogenetics. In *Parsimony, Phylogeny, and Genomics* (ed. V. A. Albert), pp. 148–159. Oxford University Press, Oxford.

Golub, G. H. and Van Loan, C. F. 1996. *Matrix Computations*. Johns Hopkins University Press, Baltimore, MD.

Gonnet, G. H., Cohen, M. A., and Benner, S. A. 1992. Exhaustive matching of the entire protein sequence database. *Science* **256**:1443–1445.

Goodwin, R. L., Baumann, H., and Berger, F. G. 1996. Patterns of divergence during evolution of α_1-Proteinase inhibitors in mammals. *Mol. Biol. Evol.* **13**:346–358.

Götesson, A., Marshall, J. S., Jones, D. A., and Hardham, A. R. 2002. Characterization and evolutionary analysis of a large polygalacturonase gene family in the oomycete pathogen *Phytophthora cinnamomi*. *Mol. Plant Microbe Interact.* **15**:907–921.

Grantham, R. 1974. Amino acid difference formula to help explain protein evolution. *Science* **185**:862–864.

Graur, D. and Li, W. -H. 2000. *Fundamentals of Molecular Evolution*. Sinauer Associates, Sunderland, MA.

Graur, D. and Martin, W. 2004. Reading the entrails of chickens: molecular timescales of evolution and the illusion of precision. *Trends Genet.* **20**:80–86.

Griffiths, R. C. and Tavaré, S. 1997. Computational methods for the coalescent. In *Progress in Population Genetics and Human Evolution: IMA Volumes in Mathematics and its Applications* (ed. P. Donnelly and S. Tavaré), pp. 165–182. Springer-Verlag, Berlin.

Grimmett, G. R. and Stirzaker, D. R. 1992. *Probability and Random Processes*. Clarendon Press, Oxford.

Gu, X. 2001. Maximum-likelihood approach for gene family evolution under functional divergence. *Mol. Biol. Evol.* **18**:453–464.

Gu, X. and Li, W. -H. 1996. A general additive distance with time-reversibility and rate variation among nucleotide sites. *Proc. Natl. Acad. Sci. U.S.A.* **93**:4671–4676.

Gu, X., Fu, Y. X., and Li, W. H. 1995. Maximum likelihood estimation of the heterogeneity of substitution rate among nucleotide sites. *Mol. Biol. Evol.* **12**:546–557.

Guindon, S. and Gascuel, O. 2003. A simple, fast, and accurate algorithm to estimate large phylogenies by maximum likelihood. *Syst. Biol.* **52**:696–704.

Guindon, S., Rodrigo, A. G., Dyer, K. A., and Huelsenbeck, J. P. 2004. Modeling the site-specific variation of selection patterns along lineages. *Proc. Natl. Acad. Sci. U.S.A.* **101**:12957–12962.

Haldane, J. B. S. 1932. *The Causes of Evolution*. Longmans Green & Co., London.

Harris, H. 1966. Enzyme polymorphism in man. *Proc. R. Soc. Lond. B Biol. Sci.* **164**:298–310.

Hartigan, J. A. 1973. Minimum evolution fits to a given tree. *Biometrics* **29**:53–65.

Hartl, D. L. and Clark, A. G. 1997. *Principles of Population Genetics*. Sinauer Associates, Sunderland, MA.

Hartl, D. L., Moriyama, E. N., and Sawyer, S. A. 1994. Selection intensity for codon bias. *Genetics* **138**:227–234.

Harvey, P. H. and Pagel, M. 1991. *The Comparative Method in Evlutionary Biology*. Oxford University Press, Oxford.

Harvey, P. H. and Purvis, A. 1991. Comparative methods for explaining adaptations. *Nature* **351**:619–624.

Hasegawa, M. and Fujiwara, M. 1993. Relative efficiencies of the maximum likelihood, maximum parsimony, and neihbor joining methods for estimating protein phylogeny. *Mol. Phyl. Evol.* **2**:1–5.

Hasegawa, M. and Kishino, H. 1989. Confidence limits on the maximum-likelihood estimate of the Hominoid tree from mitochondrial DNA sequences. *Evolution* **43**:672–677.

Hasegawa, M. and Kishino, H. 1994. Accuracies of the simple methods for estimating the bootstrap probability of a maximum likelihood tree. *Mol. Biol. Evol.* **11**:142–145.

Hasegawa, M., Yano, T., and Kishino, H. 1984. A new molecular clock of mitochondrial DNA and the evolution of Hominoids. *Proc. Japan Acad. B.* **60**:95–98.

Hasegawa, M., Kishino, H., and Yano, T. 1985. Dating the human–ape splitting by a molecular clock of mitochondrial DNA. *J. Mol. Evol.* **22**:160–174.

Hasegawa, M., Kishino, H., and Saitou, N. 1991. On the maximum likelihood method in molecular phylogenetics. *J. Mol. Evol.* **32**:443–445.

Hasegawa, M., Cao, Y., and Yang, Z. 1998. Preponderance of slightly deleterious polymorphism in mitochondrial DNA: replacement/synonymous rate ratio is much higher within species than between species. *Mol. Biol. Evol.* **15**:1499–1505.

Hasegawa, M., Thorne, J. L., and Kishino, H. 2003. Time scale of eutherian evolution estimated without assuming a constant rate of molecular evolution. *Genes Genet. Syst.* **78**:267–283.

Hastings, W. K. 1970. Monte Carlo sampling methods using Markov chains and their application. *Biometrika* **57**:97–109.

Haydon, D. T., Bastos, A. D., Knowles, N. J., and Samuel, A. R. 2001. Evidence for positive selection in foot-and-mouth-disease virus capsid genes from field isolates. *Genetics* **157**:7–15.

Hedges, S. B. and Kumar, S. 2004. Precision of molecular time estimates. *Trends Genet.* **20**:242–247.

Hedges, S. B., Parker, P. H., Sibley, C. G., and Kumar, S. 1996. Continental breakup and the ordinal diversification of birds and mammals. *Nature* **381**:226–229.

Hein, J., Wiuf, C., Knudsen, B. et al. 2000. Statistical alignment: computational properties, homology testing and goodness-of-fit. *J. Mol. Biol.* **302**:265–279.

Hein, J., Jensen, J. L., and Pedersen, C. N. 2003. Recursions for statistical multiple alignment. *Proc. Natl. Acad. Sci. U.S.A.* **100**:14960–14965.

Hein, J., Schieriup, M. H., and Wiuf, C. 2005. *Gene Genealogies, Variation and Evolution: a Primer in Coalescent Theory*. Oxford University Press, Oxford.

Hellberg, M. E. and Vacquier, V. D. 2000. Positive selection and propeptide repeats promote rapid interspecific divergence of a gastropod sperm protein. *Mol. Biol. Evol.* **17**: 458–466.

Hendy, M. D. 2005. Hadamard conjugation: an analytical tool for phylogenetics. In *Mathematics of Evolution and Phylogeny* (ed. O. Gascuel), pp. 143–177. Oxford University Press, Oxford.

Hendy, M. D. and Penny, D. 1982. Branch and bound algorithms ro determine minimum-evolution trees. *Math. Biosci.* **60**:133–142.

Hendy, M. D. and Penny, D. 1989. A framework for the quantitative study of evolutionary trees. *Syst. Zool.* **38**:297–309.

Henikoff, S. and Henikoff, J. 1992. Amino acid substitution matrices from protein blocks. *Proc. Natl. Acad. Sci. U.S.A.* **89**:10915–10919.

Hey, J. and Nielsen, R. 2004. Multilocus methods for estimating population sizes, migration rates and divergence time, with applications to the divergence of *Drosophila pseudoobscura* and *D. persimilis*. *Genetics* **167**:747–760.

Higgins, D. G. and Sharp, P. M. 1988. CLUSTAL: a package for performing multiple sequence alignment on a microcomputer. *Gene* **73**:237–244.

Hillis, D. M. and Bull, J. J. 1993. An empirical test of bootstrapping as a method for assessing confidence in phylogenetic analysis. *Syst. Biol.* **42**:182–192.

Hillis, D. M., Bull, J. J., White, M. E. *et al.* 1992. Experimental phylogenetics: generation of a known phylogeny. *Science* **255**:589–592.

Holbrook, J. D., Birdsey, G. M., Yang, Z. *et al.* 2000. Molecular adaptation of alanine:glyoxylate aminotransferase targeting in primates. *Mol. Biol. Evol.* **17**:387–400.

Holder, M. and Lewis, P. O. 2003. Phylogeny estimation: traditional and Bayesian approaches. *Nat. Rev. Genet.* **4**:275–284.

Holmes, I. 2005. Using evolutionary expectation maximization to estimate indel rates. *Bioinformatics* **21**:2294–2300.

Holmes, S. 2003. Bootstrapping phylogenetic trees: theory and methods. *Stat. Sci.* **18**:241–255.

Horai, S., Hayasaka, K., Kondo, R. *et al.* 1995. Recent African origin of modern humans revealed by complete sequences of hominoid mitochondrial DNAs. *Proc. Natl. Acad. Sci. U.S.A.* **92**:532–536.

Hudson, R. R. 1990. Gene genealogies and the coalescent process. In *Oxford Surveys in Evolutionary Biology* (ed. D. J. Futuyma, and J. D. Antonovics), pp. 1–44. Oxford University Press, New York.

Hudson, R. R. 2001. Two-locus sampling distributions and their application. *Genetics* **159**:1805–1817.

Hudson, R. R., Kreitman, M., and Aguade, M. 1987. A test of neutral molecular evolution based on nucleotide data. *Genetics* **116**:153–159.

Huelsenbeck, J. P. 1995a. The robustness of two phylogenetic methods: four-taxon simulations reveal a slight superiority of maximum likelihood over neighbor joining. *Mol. Biol. Evol.* **12**:843–849.

Huelsenbeck, J. P. 1995b. The performance of phylogenetic methods in simulation. *Syst. Biol.* **44**:17–48.

Huelsenbeck, J. P. 1998. Systematic bias in phylogenetic analysis: is the Strepsiptera problem solved? *Syst. Biol.* **47**:519–537.

Huelsenbeck, J. P. 2002. Testing a covariotide model of DNA substitution. *Mol. Biol. Evol.* **19**:698–707.

Huelsenbeck, J. P. and Bollback, J. P. 2001. Empirical and hierarchical Bayesian estimation of ancestral states. *Syst. Biol.* **50**:351–366.

Huelsenbeck, J. P. and Dyer, K. A. 2004. Bayesian estimation of positively selected sites. *J. Mol. Evol.* **58**:661–672.

Huelsenbeck, J. P. and Lander, K. M. 2003. Frequent inconsistency of parsimony under a simple model of cladogenesis. *Syst Biol* **52**:641–648.

Huelsenbeck, J.P. and Rannala, B. 2004. Frequentist properties of Bayesian posterior probabilities of phylogenetic trees under simple and complex substitution models. *Syst. Biol.* **53**:904–913.

Huelsenbeck, J. P. and Ronquist, F. 2001. MRBAYES: Bayesian inference of phylogenetic trees. *Bioinformatics* **17**:754–755.

Huelsenbeck, J. P., Larget, B., and Swofford, D. 2000a. A compound Poisson process for relaxing the molecular clock. *Genetics* **154**:1879–1892.

Huelsenbeck, J. P., Rannala, B., and Larget, B. 2000b. A Bayesian framework for the analysis of cospeciation. *Evolution* **54**:352–364.

Huelsenbeck, J. P., Rannala, B., and Masly, J. P. 2000c. Accommodating phylogenetic uncertainty in evolutionary studies. *Science* **288**:2349–2350.

Huelsenbeck, J. P., Ronquist, F., Nielsen, R., and Bollback, J. P. 2001. Bayesian inference of phylogeny and its impact on evolutionary biology. *Science* **294**:2310–2314.

Huelsenbeck, J. P., Larget, B., and Alfaro, M. E. 2004. Bayesian phylogenetic model selection using reversible jump Markov chain Monte Carlo. *Mol. Biol. Evol.* **21**:1123–1133.

Hughes, A. L. 1999. *Adaptive Evolution of Genes and Genomes*. Oxford University Press, Oxford.

Hughes, A. L. and Nei, M. 1988. Pattern of nucleotide substitution at major histocompatibility complex class I loci reveals overdominant selection. *Nature* **335**:167–170.

Hughes, A. L., Ota, T., and Nei, M. 1990. Positive Darwinian selection promotes charge profile diversity in the antigen-binding cleft of class I major-histocompatibility-complex molecules. *Mol. Biol. Evol.* **7**:515–524.

Huttley, G. A., Easteal, S., Southey, M. C. *et al.* 2000. Adaptive evolution of the tumour suppressor BRCA1 in humans and chimpanzees. *Nature Genet.* **25**:410–413.

Ina, Y. 1995. New methods for estimating the numbers of synonymous and nonsynonymous substitutions. *J. Mol. Evol.* **40**:190–226.

Ivarsson, Y., Mackey, A. J., Edalat, M. *et al.* 2002. Identification of residues in glutathione transferase capable of driving functional diversification in evolution: a novel approach to protein design. *J. Biol. Chem.* **278**:8733–8738.

Iwabe, N., Kuma, K., Hasegawa, M. *et al.* 1989. Evolutionary relationship of archaebacteria, eubacteria, and eukaryotes inferred from phylogenetic trees of duplicated genes. *Proc. Natl. Acad. Sci. U.S.A.* **86**:9355–9359.

Jeffreys, H. 1939. *Theory of Probability*. Clarendon Press, Oxford.

Jeffreys, H. 1961. *Theory of Probability*. Oxford University Press, Oxford.

Jermann, T. M., Opitz, J. G., Stackhouse, J., and Benner, S. A. 1995. Reconstructing the evolutionary history of the artiodactyl ribonuclease superfamily. *Nature* **374**: 57–59.

Jiggins, F. M., Hurst, G. D. D., and Yang, Z. 2002. Host–symbiont conflicts: positive selection on the outer membrane protein of parasite but not mutualistic Rickettsiaceae. *Mol. Biol. Evol.* **19**:1341–1349.

Jin, L. and Nei, M. 1990. Limitations of the evolutionary parsimony method of phylogenetic analysis [erratum in *Mol. Biol. Evol.* 1990 **7**:201]. *Mol. Biol. Evol.* **7**:82–102.

Johannesson, H., Vidal, P., Guarro, J. *et al.* 2004. Positive directional selection in the proline-rich antigen (PRA) gene among the human pathogenic fungi *Coccidioides immitis*, *C. posadasii* and their closest relatives. *Mol. Biol. Evol.* **21**:1134–1145.

Johnson, M. E., Viggiano, L., Bailey, J. A. *et al.* 2001. Positive selection of a gene family during the emergence of humans and African apes. *Nature* **413**:514–519.

Jones, D. T., Taylor, W. R., and Thornton, J. M. 1992. The rapid generation of mutation data matrices from protein sequences. *CABIOS* **8**:275–282.

Jordan, I. K., Kondrashov, F. A., Adzhubei, I. A. *et al.* 2005. A universal trend of amino acid gain and loss in protein evolution. *Nature* **433**:633–638.

Jukes, T. H. 1987. Transitions, transversions, and the molecular evolutionary clock. *J. Mol. Evol.* **26**:87–98.

Jukes, T. H. and Cantor, C. R. 1969. Evolution of protein molecules. In *Mammalian protein metabolism* (ed. H. N. Munro), pp. 21–123. Academic Press, New York.

Jukes, T. H. and King, J. L. 1979. Evolutionary nucleotide replacements in DNA. *Nature* **281**:605–606.

Kafatos, F. C., Efstratiadis, A., Forget, B. G., and Weissman, S. M. 1977. Molecular evolution of human and rabbit ß-globin mRNAs. *Proc. Natl. Acad. Sci. U.S.A.* **74**:5618–5622.

Kalbfleisch, J. G. 1985. *Probability and Statistical Inference, Vol. 2: Statistical Inference*. Springer-Verlag, New York.

Kalbfleisch, J. G. and Sprott, D. A. 1970. Application of likelihood methods to models involving large numbers of parameters (with discussions). *J. R. Statist. Soc. B* **32**:175–208.

Kao, E. P. C. 1997. *An Introduction to Stochastic Processes*. ITP, Belmont, CA.

Karlin, S. and Taylor, H. M. 1975. *A First Course in Stochastic Processes*. Academic Press, San Diego, CA.

Karn, R. C. and Nachman, M. W. 1999. Reduced nucleotide variability at an androgen-binding protein locus (*Abpa*) in house mice: evidence for positive natural selection. *Mol. Biol. Evol.* **16**:1192–1197.

Katoh, K., Kuma, K., and Miyata, T. 2001. Genetic algorithm-based maximum-likelihood analysis for molecular phylogeny. *J. Mol. Evol.* **53**:477–484.

Keilson, J. 1979. *Markov Chain Models: Rarity and Exponentiality*. Springer-Verlag, New York.

Kelly, C. and Rice, J. 1996. Modeling nucleotide evolution: a heterogeneous rate analysis. *Math. Biosci.* **133**:85–109.

Kelly, F. 1979. *Reversibility and Stochastic Networks*. Springer-Verlag, Berlin.

Kendall, D. G. 1948. On the generalized birth-and-death process. *Ann. Math. Stat.* **19**:1–15.

Kidd, K. K. and Sgaramella-Zonta, L. A. 1971. Phylogenetic analysis: concepts and methods. *Am. J. Hum. Genet.* **23**:235–252.

Kim, J. 1996. General inconsistency conditions for maximum parsimony: effects of branch lengths and increasing numbers of taxa. *Syst. Biol.* **45**:363–374.

Kimura, M. 1968. Evolutionary rate at the molecular level. *Nature* **217**:624–626.

Kimura, M. 1977. Prepondence of synonymous changes as evidence for the neutral theory of molecular evolution. *Nature* **267**:275–276.

Kimura, M. 1980. A simple method for estimating evolutionary rate of base substitution through comparative studies of nucleotide sequences. *J. Mol. Evol.* **16**:111–120.

Kimura, M. 1981. Estimation of evolutionary distances between homologous nucleotide sequences. *Proc. Natl. Acad. Sci. USA* **78**:454–458.

Kimura, M. 1983. *The Neutral Theory of Molecular Evolution*. Cambridge University Press, Cambridge.

Kimura, M. 1987. Molecular evolutionary clock and the neutral theory. *J. Mol. Evol.* **26**:24–33.

Kimura, M. and Ohta, T. 1971. Protein polymorphism as a phase of molecular evolution. *Nature* **229**:467–469.

Kimura, M. and Ohta, T. 1972. On the stochastic model for estimation of mutational distance between homologous proteins. *J. Mol. Evol.* **2**:87–90.

King, C. E. and Jukes, T. H. 1969. Non-Darwinian evolution. *Science* **164**:788–798.

Kirkpatrick, S., Gelatt, C. D., and Vecchi, M. P. 1983. Optimization by simulated annealing. *Science* **220**:671–680.

Kishino, H. and Hasegawa, M. 1989. Evaluation of the maximum likelihood estimate of the evolutionary tree topologies from DNA sequence data, and the branching order in hominoidea. *J. Mol. Evol.* **29**:170–179.

Kishino, H. and Hasegawa, M. 1990. Converting distance to time: application to human evolution. *Methods Enzymol.* **183**:550–570.

Kishino, H., Miyata, T., and Hasegawa, M. 1990. Maximum likelihood inference of protein phylogeny and the origin of chloroplasts. *J. Mol. Evol.* **31**:151–160.

Kishino, H., Thorne, J. L., and Bruno, W. J. 2001. Performance of a divergence time estimation method under a probabilistic model of rate evolution. *Mol. Biol. Evol.* **18**:352–361.

Kitano, T., Sumiyama, K., Shiroishi, T., and Saitou, N. 1998. Conserved evolution of the *Rh50* gene compared to its homologous Rh blood group gene. *Biochem. Biophys. Res. Commun.* **249**:78–85.

Kluge, A. G. and Farris, J. S. 1969. Quantitateive phyletics and the evolution of anurans. *Syst. Zool.* **18**:1–32.

Knoll, A. H. and Carroll, S. B. 1999. Early animal evolution: emerging views from comparative biology and geology. *Science* **284**:2129–2137.

Knudsen, B. and Miyamoto, M. M. 2001. A likelihood ratio test for evolutionary rate shifts and functional divergence among proteins. *Proc. Natl. Acad. Sci. U.S.A.* **98**:14512–14517.

Knuth, D. E. 1997. *The Art of Computer Programming: Fundamental Algorithms*. Addison-Wesley, Reading, MA.

Kocher, T. D. 2004. Adaptive evolution and explosive speciation: the cichlid fish model. *Nature Rev. Genet.* **5**:288–298.

Kolaczkowski, B. and Thornton, J. W. 2004. Performance of maximum parsimony and likelihood phylogenetics when evolution is heterogeneous. *Nature* **431**:980–984.

Kosakovsky Pond, S. L. and Frost, S. D. W. 2005a. A genetic algorithm approach to detecting lineage-specific variation in selection pressure. *Mol. Biol. Evol.* **22**:478–485.

Kosakovsky Pond, S. L. and Frost, S. D. W. 2005b. Not so different after all: a comparison of methods for detecting amino acid sites under selection. *Mol. Biol. Evol.* **22**:1208–1222.

Kosakovsky Pond, S. L. and Muse, S. V. 2004. Column sorting: rapid calculation of the phylogenetic likelihood function. *Syst. Biol.* **53**:685–692.

Kosakovsky Pond, S. L. and Muse, S. V. 2005. Site-to-site variation of synonymous substitution rates. *Mol. Biol. Evol.* **22**:2375–2385.

Koshi, J. M. and Goldstein, R. A. 1996a. Probabilistic reconstruction of ancestral protein sequences. *J. Mol. Evol.* **42**:313–320.

Koshi, J. M. and Goldstein, R. A. 1996b. Correlating structure-dependent mutation matrices with physical-chemical properties. In *Pacific Symposium on Biocomputing '96* (ed. L. Hunter and J. E. Klein), pp. 488–499. World Scientific, Singapore.

Koshi, J. M. Mindell, D. P., and Goldstein, R. A. 1999. Using physical-chemistry-based substitution models in phylogenetic analyses of HIV-1 subtypes. *Mol. Biol. Evol.* **16**:173–179.

Kosiol, C. and Goldman, N. 2005. Different versions of the Dayhoff rate matrix. *Mol. Biol. Evol.* **22**:193–199.

Kreitman, M. 2000. Methods to detect selection in populations with applications to the human. *Annu. Rev. Genomics Hum. Genet.* **1**:539–559.

Kreitman, M. and Akashi, H. 1995. Molecular evidence for natural selection. *Annu. Rev. Ecol. Syst.* **26**:403–422.

Kronmal, R. A. and Peterson, A. V. 1979. On the alias method for generating random variables from a discrete distribution. *Amer. Statist.* **33**:214–218.

Kuhner, M. K. and Felsenstein, J. 1994. A simulation comparison of phylogeny algorithms under equal and unequal evolutionary rates [erratum in *Mol. Biol. Evol.* 1995 **12**:525]. *Mol. Biol. Evol.* **11**:459–468.

Kuhner, M. K., Yamato, J., and Felsenstein, J. 1995. Estimating effective population size and mutation rate from sequence data using Metropolis–Hastings sampling. *Genetics* **140**:1421–1430.

Kumar, S. 2005. Molecular clocks: four decades of evolution. *Nat. Rev. Genet.* **6**:654–662.

Kumar, S. and Hedges, S. B. 1998. A molecular timescale for vertebrate evolution. *Nature* **392**:917–920.

Kumar, S. and Subramanian, S. 2002. Mutation rate in mammalian genomes. *Proc. Natl. Acad. Sci. U.S.A.* **99**:803–808.

Kumar, S., Tamura, K., and Nei, M. 2005a. MEGA3: Integrated software for molecular evolutionary genetics analysis and sequence alignment. *Brief Bioinform.* **5**:150–163.

Kumar, S., Filipski, A., Swarna, V. et al. 2005b. Placing confidence limits on the molecular age of the human–chimpanzee divergence. *Proc. Natl. Acad. Sci. U.S.A.* **102**:18842–18847.

Laird, C. D., McConaughy, B. L., and McCarthy, B. J. 1969. Rate of fixation of nucleotide substitutions in evolution. *Nature* **224**:149–154.

Lake, J. A. 1994. Reconstructing evolutionary trees from DNA and protein sequences: paralinear distances. *Proc. Natl. Acad. Sci. U.S.A.* **91**:1455–1459.

Lang, S. 1987. *Linear Algebra*. Springer-Verlag, New York.

Langley, C. H. and Fitch, W. M. 1974. An examination of the constancy of the rate of molecular evolution. *J. Mol. Evol.* **3**:161–177.

Larget, B. and Simon, D. L. 1999. Markov chain Monte Carlo algorithms for the Bayesian analysis of phylogenetic trees. *Mol. Biol. Evol.* **16**:750–759.

Larget, B., Simon, D. L., Kadane, J. B., and Sweet, D. 2005. A Bayesian analysis of metazoan mitochondrial genome arrangements. *Mol. Biol. Evol.* **22**:486–495.

Lee, M. S. Y. 2000. Tree robustness and clade significance. *Syst. Biol.* **49**:829–836.

Lee, Y. and Nelder, J. A. 1996. Hierarchical generalized linear models. *J. R. Statist. Soc. B.* **58**:619–678.

Lee, Y. -H., Ota, T., and Vacquier, V. D. 1995. Positive selection is a general phenomenon in the evolution of abalone sperm lysin. *Mol. Biol. Evol.* **12**:231–238.

Lehmann, P. 2002. Structure and evolution of plant disease resistance genes. *J. Appl. Genet.* **43**:403–414.

Lemmon, A. R. and Milinkovitch, M. C. 2002. The metapopulation genetic algorithm: an efficient solution for the problem of large phylogeny estimation. *Proc. Natl. Acad. Sci. U.S.A.* **99**:10516–10521.

Lemmon, A. R. and Moriarty, E. C. 2004. The importance of proper model assumption in Bayesian phylogenetics. *Syst. Biol.* **53**:265–277.

Leonard, T. and Hsu, J. S. J. 1999. *Bayesian Methods*. Cambridge University Press, Cambridge.

Lewis, P. O. 1998. A genetic algorithm for maximum-likelihood phylogeny inference using nucleotide sequence data. *Mol. Biol. Evol.* **15**:277–283.

Lewis, P. O. 2001. A likelihood approach to estimating phylogeny from discrete morphological character data. *Syst. Biol.* **50**:913–925.

Lewis, P. O., Holder, M. T., and Holsinger, K. E. 2005. Polytomies and Bayesian phylogenetic inference. *Syst. Biol.* **54**:241–253.

Lewontin, R. 1989. Inferring the number of evolutionary events from DNA coding sequence differences. *Mol. Biol. Evol.* **6**:15–32.

Lewontin, R. C. and Hubby, J. L. 1966. A molecular approach to the study of genic heterozygosity in natural populations. II. Amount of variation and degree of heterozygosity in natural populations of *Drosophila pseudoobscura*. *Genetics* **54**:595–609.

Li, S., Pearl, D., and Doss, H. 2000. Phylogenetic tree reconstruction using Markov chain Monte Carlo. *J. Amer. Statist. Assoc.* **95**:493–508.

Li, W. H. and Tanimura, M. 1987. The molecular clock runs more slowly in man than in apes and monkeys. *Nature* **326**:93–96.

Li, W. -H. 1986. Evolutionary change of restriction cleavage sites and phylogenetic inference. *Genetics* **113**:187–213.

Li, W. H. 1989. A statistical test of phylogenies estimated from sequence data. *Mol. Biol. Evol.* **6**:424–435.

Li, W. -H. 1993. Unbiased estimation of the rates of synonymous and nonsynonymous substitution. *J. Mol. Evol.* **36**:96–99.

Li, W. -H. 1997. *Molecular Evolution*. Sinauer Associates, Sunderland, MA.

Li, W. -H. and Gouy, M. 1991. Statistical methods for testing molecular phylogenies. In *Phylogenetic Analysis of DNA Sequences* (ed. M. Miyamoto, and J. Cracraft), pp. 249–277. Oxford University Press, Oxford.

Li, W. H., Tanimura, M., and Sharp, P. M. 1987. An evaluation of the molecular clock hypothesis using mammalian DNA sequences. *J. Mol. Evol.* **25**:330–342.

Li, W. -H., Wu, C. -I., and Luo, C. -C. 1985. A new method for estimating synonymous and nonsynonymous rates of nucleotide substitutions considering the relative likelihood of nucleotide and codon changes. *Mol. Biol. Evol.* **2**:150–174.

Libertini, G. and Di Donato, A. 1994. Reconstruction of ancestral sequences by the inferential method, a tool for protein engineering studies. *J. Mol. Evol.* **39**:219–229.

Lindley, D. V. 1957. A statistical paradox. *Biometrika* **44**:187–192.

Lindley, D. V. 1962. Discussion on "Confidence sets for the mean of a multivariate normal distribution" by C. Stein. *J. R. Statist. Soc. B* **24**:265–296.

Lindley, D. V. and Phillips, L. D. 1976. Inference for a Bernoulli process (a Bayesian view). *Amer. Statist.* **30**:112–119.

Lindsey, J. K. 1974a. Comparison of probability distributions. *J. R. Statist. Soc. B* **36**:38–47.

Lindsey, J. K. 1974b. Construction and comparison of statistical models. *J. R. Statist. Soc. B* **36**:418–425.

Linhart, H. 1988. A test whether two AIC's differ significantly. *S. Afr. Stat. J.* **22**: 153–161.

Lockhart, P., Novis, P., Milligan, B. G. *et al.* 2006. Heterotachy and tree building: a case study with plastids and Eubacteria. *Mol. Biol. Evol.* **23**:40–45.

Lockhart, P. J., Steel, M. A., Hendy, M. D., and Penny, D. 1994. Recovering evolutionary trees under a more realistic model of sequence evolution. *Mol. Biol. Evol.* **11**:605–612.

Lunter, G. A., Miklos, I., Song, Y. S., and Hein, J. 2003. An efficient algorithm for statistical multiple alignment on arbitrary phylogenetic trees. *J Comput Biol* **10**:869–889.

Lunter, G., Miklos, I., Drummond, A. *et al.* 2005. Bayesian coestimation of phylogeny and sequence alignment. *BMC Bioinformatics* **6**:83.

Lynch, M. and Conery, J. S. 2000. The evolutionary fate and consequences of duplicate genes. *Science* **290**:1151–1155.

Maddison, D. 1991. The discovery and importance of multiple islands of most-parsimonious trees. *Syst. Zool.* **33**:83–103.

Maddison, D. R. and Maddison, W. P. 2000. *MacClade 4: Analysis of Phylogeny and Character Evolution*. Sinauer Associates, Sunderland, MA.

Maddison, W. P. and Maddison, D. R. 1982. *MacClade: Analysis of Phylogeny and Character Evolution*. Sinauer Associates, Sunderland, MA.

Makova, K. D., Ramsay, M., Jenkins, T., and Li, W. H. 2001. Human DNA sequence variation in a 6.6-kb region containing the melanocortin 1 receptor promoter. *Genetics* **158**: 1253–1268.

Malcolm, B. A., Wilson, K. P., Matthews, B. W. *et al.* 1990. Ancestral lysozymes reconstructed, neutrality tested, and thermostability linked to hydrocarbon packing. *Nature* **345**:86–89.

Margoliash, E. 1963. Primary structure and evolution of cytochrome c. *Proc. Natl. Acad. Sci. U.S.A.* **50**:672–679.

Maritz, J. S. and Lwin, T. 1989. *Empirical Bayes Methods*. Chapman and Hall, London.

Martin, A. P. and Palumbi, S. R. 1993. Body size, metabolic rate, generation time, and the molecular clock. *Proc Natl Acad Sci U.S.A.* **90**:4087–4091.

Massingham, T. and Goldman, N. 2005. Detecting amino acid sites under positive selection and purifying selection. *Genetics* **169**:1753–1762.

Maston, G. A. and Ruvolo, M. 2002. Chorionic gonadotropin has a recent origin within primates and an evolutionary history of selection. *Mol. Biol. Evol.* **19**:320–335.

Mateiu, L. M. and Rannala, B. 2006. Inferring complex DNA substitution processes on phylogenies using uniformization and data augmentation. *Syst. Biol.* **55**: 259–269.

Mau, B. and Newton, M. A. 1997. Phylogenetic inference for binary data on dendrograms using Markov chain Monte Carlo. *J. Computat. Graph. Stat.* **6**:122–131.

Mau, B., Newton, M. A., and Larget, B. 1999. Bayesian phylogenetic inference via Markov chain Monte Carlo Methods. *Biometrics* **55**:1–12.

Maynard Smith, J. and Haigh, J. 1974. The hitch-hiking effect of a favorable gene. *Genet. Res.* **23**:23–35.

Mayrose, I., Friedman, N., and Pupko, T. 2005. A gamma mixture model better accounts for among site rate heterogeneity. *Bioinformatics* **21**:151–158.

McDonald, J. H. and Kreitman, M. 1991. Adaptive protein evolution at the *Adh* locus in Drosophila. *Nature* **351**:652–654.

McGuire, G., Denham, M. C., and Balding, D. J. 2001. Models of sequence evolution for DNA sequences containing gaps. *Mol. Biol. Evol.* **18**:481–490.

McVean, G. A. and Charlesworth, D. J. 2000. The effects of Hill–Robertson interference between weakly selected mutations on patterns of molecular evolution and variation. *Genetics* **155**:929–944.

McVean, M., Awadalla, P., and Fearnhead, P. 2002. A coalescent-based method for detecting and estimating recombination from gene sequences. *Genetics* **160**:1231–1241.

Messier, W. and Stewart, C. -B. 1997. Episodic adaptive evolution of primate lysozymes. *Nature* **385**:151–154.

Metropolis, N., Rosenbluth, A. W., Rosenbluth, M. N. *et al.* 1953. Equations of state calculations by fast computing machines. *J. Chem. Physi.* **21**:1087–1092.

Metz, E. C. and Palumbi, S. R. 1996. Positive selection and sequence arrangements generate extensive polymorphism in the gamete recognition protein bindin. *Mol. Biol. Evol.* **13**:397–406.

Metzler, D. 2003. Statistical alignment based on fragment insertion and deletion models. *Bioinformatics* **19**:490–499.

Meyer, A., Kocher, T. D., Basasibwaki, P., and Wilson, A. C. 1990. Monophyletic origin of Lake Victoria cichlid fishes suggested by mitochondrial DNA sequences. *Nature* **347**:550–553.

Mindell, D. P. 1996. Positive selection and rates of evolution in immunodeficiency viruses from humans and chimpanzees. *Proc. Natl. Acad. Sci. U.S.A.* **93**:3284–3288.

Miyata, T. and Yasunaga, T. 1980. Molecular evolution of mRNA: a method for estimating evolutionary rates of synonymous and amino acid substitutions from homologous nucleotide sequences and its applications. *J. Mol. Evol.* **16**:23–36.

Miyata, T., Miyazawa, S., and Yasunaga, T. 1979. Two types of amino acid substitutions in protein evolution. *J. Mol. Evol.* **12**:219–236.

Moler, C. and Van Loan, C. F. 1978. Nineteen dubious ways to compute the exponential of a matrix. *SIAM Review* **20**:801–836.

Mondragon-Palomino, M., Meyers, B. C., Michelmore, R. W., and Gaut, B. S. 2002. Patterns of positive selection in the complete NBS-LRR gene family of *Arabidopsis thaliana*. *Genome Res.* **12**:1305–1315.

Mooers, A. Ø. and Schluter, D. 1999. Reconstructing ancestor states with maximum likelihood: support for one- and two-rate models. *Syst. Biol.* **48**:623–633.

Moore, R. C. and Purugganan, M. D. 2003. The early stages of duplicate gene evolution. *Proc. Natl. Acad. Sci. U.S.A.* **100**:15682–15687.

Moore, R. C. and Purugganan, M. D. 2005. The evolutionary dynamics of plant duplicate genes. *Curr. Opin. Plant Biol.* **8**:122–128.

Morgan, G. J. 1998. Emile Zuckerkandl, Linus Pauling, and the molecular evolutionary clock. *J. Hist. Biol.* **31**:155–178.

Moriyama, E. N. and Powell, J. R. 1997. Synonymous substitution rates in *Drosophila*: mitochondrial versus nuclear genes. *J. Mol. Evol.* **45**:378–391.

Mossel, E. and Vigoda, E. 2005. Phylogenetic MCMC algorithms are misleading on mixtures of trees. *Science* **309**:2207–2209.

Mundy, N. I. and Cook, S. 2003. Positive selection during the diversification of class I vomeronasal receptor-like (V1RL) genes, putative pheromone receptor genes, in human and primate evolution. *Mol. Biol. Evol.* **20**:1805–1810.

Murphy, W. J., Larkin, D. M., der Wind, A. E. -v. *et al.* 2005. Dynamics of mammalian chromosome evolution inferred from multispecies comparative maps. *Science* **309**:613–617.

Muse, S. V. 1996. Estimating synonymous and nonsynonymous substitution rates. *Mol. Biol. Evol.* **13**:105–114.

Muse, S. V. and Gaut, B. S. 1994. A likelihood approach for comparing synonymous and nonsynonymous nucleotide substitution rates, with application to the chloroplast genome. *Mol. Biol. Evol.* **11**:715–724.

Muse, S. V. and Gaut, B. S. 1997. Comparing patterns of nucleotide substitution rates among chloroplast loci using the relative ratio test. *Genetics* **146**:393–399.

Muse, S. V. and Weir, B. S. 1992. Testing for equality of evolutionary rates. *Genetics* **132**: 269–276.

Nachman, M. W., Boyer, S., and Aquadro, C. F. 1996. Non-neutral evolution at the mitochondrial NADH dehydrogenase subunit 3 gene in mice. *Proc. Natl. Acad. Sci. U.S.A.* **91**:6364–6368.

Needleman, S. G. and Wunsch, C. D. 1970. A general method applicable to the search for similarities in the amino acid sequence of two proteins. *J. Mol. Biol.* **48**:443–453.

Nei, M. 1987. *Molecular Evolutionary Genetics*. Columbia University Press, New York.

Nei, M. 1996. Phylogenetic analysis in molecular evolutionary genetics. *Annu. Rev. Genet.* **30**:371–403.

Nei, M. and Gojobori, T. 1986. Simple methods for estimating the numbers of synonymous and nonsynonymous nucleotide substitutions. *Mol. Biol. Evol.* **3**:418–426.

Nei, M., Stephens, J. C., and Saitou, N. 1985. Methods for computing the standard errors of branching points in an evolutionary tree and their application to molecular data from humans and apes. *Mol. Biol. Evol.* **2**:66–85.

Nielsen, R. 1997. Site-by-site estimation of the rate of substitution and the correlation of rates in mitochondrial DNA. *Syst. Biol.* **46**:346–353.

Nielsen, R. 2001a. Mutations as missing data: inferences on the ages and distributions of nonsynonymous and synonymous mutations. *Genetics* **159**:401–411.

Nielsen, R. 2001b. Statistical tests of selective neutrality in the age of genomics. *Heredity* **86**:641–647.

Nielsen, R. and Wakeley, J. 2001. Distinguishing migration from isolation: a Markov chain Monte Carlo approach. *Genetics* **158**:885–896.

Nielsen, R. and Yang, Z. 1998. Likelihood models for detecting positively selected amino acid sites and applications to the HIV-1 envelope gene. *Genetics* **148**:929–936.

Nielsen, R., Bustamante, C., Clark, A. G. *et al.* 2005. A scan for positively selected genes in the genomes of humans and chimpanzees. *PLoS Biol.* **3**:e170.

Nixon, K. C. 1999. The parsimony ratchet, a new method for rapid parsimony analysis. *Cladistics* **15**:407–414.

Norris, J. R. 1997. *Markov Chains*. Cambridge University Press, Cambridge.

Nylander, J. A. A., Ronquist, F., Huelsenbeck, J. P., and Nieves-Aldrey, J. L. 2004. Bayesian phylogenetic analysis of combined data. *Syst. Biol.* **53**:47–67.

O'Hagan, A. and Forster, J. 2004. *Kendall's Advanced Theory of Statistics: Bayesian Inference*. Arnold, London.

Ohno, S. 1970. *Evolution by Gene Duplication*. Springer-Verlag, New York.

Ohta, T. 1973. Slightly deleterious mutant substitutions in evolution. *Nature* **246**:96–98.

Ohta, T. 1992. Theoretical study of near neutrality. II. Effect of subdivided population structure with local extinction and recolonization. *Genetics* **130**:917–923.

Ohta, T. 1995. Synonymous and nonsynonymous substitutions in mammalian genes and the nearly neutral theory. *J. Mol. Evol.* **40**:56–63.

Ohta, T. 2002. Near-neutrality in evolution of genes and gene regulation. *Proc. Natl. Acad. Sci. U.S.A.* **99**:16134–16137.

Ohta, T. and Gillespie, J. H. 1996. Development of neutral and nearly neutral theories. *Theor. Popul. Biol.* **49**:128–142.

Ohta, T. and Kimura, M. 1971. On the constancy of the evolutionary rate of cistrons. *J. Mol. Evol.* **1**:18–25.

Ohta, T. and Tachida, H. 1990. Theoretical study of near neutrality. I. Heterozygosity and rate of mutant substitution. *Genetics* **126**:219–229.

Olsen, G. J., Matsuda, H., Hagstrom, R., and Overbeek, R. 1994. fastDNAML: a tool for construction of phylogenetic trees of DNA sequences using maximum likelihood. *Comput. Appl. Biosci.* **10**:41–48.

Opazo, J. C., Palma, R. E., Melo, F., and Lessa, E. P. 2005. Adaptive evolution of the insulin gene in caviomorph rodents. *Mol. Biol. Evol.* **22**:1290–1298.

Osawa, S. and Jukes, T. H. 1989. Codon reassignment (codon capture) in evolution. *J. Mol. Evol.* **28**:271–278.

Ota, S. and Li, W. H. 2000. NJML: a hybrid algorithm for the neighbor-joining and maximum-likelihood methods. *Mol. Biol. Evol.* **17**:1401–1409.

Pagel, M. 1994. Detecting correlated evolution on phylogenies: a general method for the comparative analysis of discrete characters. *Proc. R. Soc. Lond. B Biol. Sci.* **255**:37–45.

Pagel, M. 1999. The maximum likelihood approach to reconstructing ancestral character states of discrete characters on phylogenies. *Syst. Biol.* **48**:612–622.

Pagel, M. and Meade, A. 2004. A phylogenetic mixture model for detecting pattern-heterogeneity in gene sequence or character-state data. *Syst. Biol.* **53**:571–581.

Pagel, M., Meade, A., and Barker, D. 2004. Bayesian estimation of ancestral character states on phylogenies. *Syst. Biol.* **53**:673–684.

Palmer, C. A., Watts, R. A., Gregg, R. G. *et al.* 2005. Lineage-specific differences in evolutionary mode in a salamander courtship pheromone. *Mol. Biol. Evol.* **22**:2243–2256.

Palumbi, S. R. 1994. Genetic divergence, reproductive isolation and marine speciation. *Annu. Rev. Ecol. Syst.* **25**:547–572.

Pamilo, P. and Bianchi, N. O. 1993. Evolution of the *Zfx* and *Zfy* genes—rates and interdependence between the genes. *Mol. Biol. Evol.* **10**:271–281.

Pamilo, P. and O'Neill, R. W. 1997. Evolution of *Sry* genes. *Mol. Biol. Evol.* **14**:49–55.

Pauling, L. and Zuckerkandl, E. 1963. Chemical paleogenetics: molecular "restoration studies" of extinct forms of life. *Acta Chem. Scand.* **17**:S9–S16.

Pechirra, P., Nunes, B., Coelho, A. *et al.* 2005. Molecular characterization of the HA gene of influenza type B viruses. *J. Med. Virol.* **77**:541–549.

Penny, D. and Hendy, M. D. 1985. The use of tree comparison metrics. *Syst. Zool.* **34**:75–82.

Perler, F., Efstratiadis, A., Lomedica, P. *et al.* 1980. The evolution of genes: the chicken preproinsulin gene. *Cell* **20**:555–566.

Perna, N. T. and Kocher, T. D. 1995. Unequal base frequencies and the estimation of substitution rates. *Mol. Biol. Evol.* **12**:359–361.

Pfister, P. and Rodriguez, I. 2005. Olfactory expression of a single and highly variable V1r pheromone receptor-like gene in fish species. *Proc. Natl. Acad. Sci. U.S.A.* **102**:5489–5494.

Philippe, H., Zhou, Y., Brinkmann, H. *et al.* 2005. Heterotachy and long-branch attraction in phylogenetics. *BMC Evol. Biol.* **5**:50.

Pickett, K. M. and Randle, C. P. 2005. Strange Bayes indeed: uniform topological priors imply non-uniform clade priors. *Mol. Phylogenet. Evol.* **34**:203–211.

Polley, S. D. and Conway, D. J. 2001. Strong diversifying selection on domains of the *Plasmodium falciparum* apical membrane antigen 1 gene. *Genetics* **158**:1505–1512.

Posada, D. and Buckley, T. R. 2004. Model selection and model averaging in phylogenetics: advantages of Akaike Informtaion Criterion and Bayesian approaches over likelihood ratio tests. *Syst. Biol.* **53**:793–808.

Posada, D. and Crandall, K. A. 1998. MODELTEST: testing the model of DNA substitution. *Bioinformatics* **14**:817–818.

Posada, D. and Crandall, K. 2001. Simple (wrong) models for complex trees: a case from retroviridae. *Mol. Biol. Evol.* **18**:271–275.

Prince, V. E. and Pickett, F. B. 2002. Splitting pairs: the diverging fates of duplicated genes. *Nat. Rev. Genet.* **3**:827–837.

Pupko, T., Pe'er, I., Shamir, R., and Graur, D. 2000. A fast algorithm for joint reconstruction of ancestral amino acid sequences. *Mol. Biol. Evol.* **17**:890–896.

Pupko, T., Pe'er, I., Hasegawa, M. *et al.* 2002a. A branch-and-bound algorithm for the inference of ancestral amino-acid sequences when the replacement rate varies among sites: application to the evolution of five gene families. *Bioinformatics* **18**:1116–1123.

Pupko, T., Huchon, D., Cao, Y. *et al.* 2002b. Combining multiple data sets in a likelihood analysis: which models are the best? *Mol. Biol. Evol.* **19**:2294–2307.

Raaum, R. L., Sterner, K. N., Noviello, C. M. *et al.* 2005. Catarrhine primate divergence dates estimated from complete mitochondrial genomes: concordance with fossil and nuclear DNA evidence. *J. Human Evol.* **48**:237–257.

Rambaut, A. 2000. Estimating the rate of molecular evolution: incorporating non-comptemporaneous sequences into maximum likelihood phylogenetics. *Bioinformatics* **16**:395–399.

Rambaut, A. and Bromham, L. 1998. Estimating divergence dates from molecular sequences. *Mol. Biol. Evol.* **15**:442–448.

Rambaut, A. and Grassly, N. C. 1997. Seq-Gen: an application for the Monte Carlo simulation of DNA sequence evolution along phylogenetic trees. *Comput. Appl. Biosci.* **13**:235–238.

Rand, D., Dorfsman, M., and Kann, L. 1994. Neutral and nonneutral evolution of *Drosophila* mitochondrial DNA. *Genetics* **138**:741–756.

Rand, D. M., Weinreich, D. M., and Cezairliyan, B. O. 2000. Neutrality tests of conservative-radical amino acid changes in nuclear- and mitochondrially-encoded proteins. *Gene* **261**:115–125.

Rannala, B. 2002. Identifiability of parameters in MCMC Bayesian inference of phylogeny. *Syst. Biol.* **51**:754–760.

Rannala, B. and Yang, Z. 1996. Probability distribution of molecular evolutionary trees: a new method of phylogenetic inference. *J. Mol. Evol.* **43**:304–311.

Rannala, B. and Yang, Z. 2003. Bayes estimation of species divergence times and ancestral population sizes using DNA sequences from multiple loci. *Genetics* **164**:1645–1656.

Rannala, B. and Yang, Z. 2007. Inferring speciation times under an episodic molecular clock. *Syst. Biol.* **56**:453–466.

Ranwez, V. and Gascuel, O. 2002. Improvement of distance-based phylogenetic methods by a local maximum likelihood approach using triplets. *Mol. Biol. Evol.* **19**:1952–1963.

Redelings, B. D. and Suchard, M. A. 2005. Joint Bayesian estimation of alignment and phylogeny. *Syst. Biol.* **54**:401–418.

Ren, F., Tanaka, T. and Yang, Z. 2005. An empirical examination of the utility of codon-substitution models in phylogeny reconstruction. *Syst. Biol.* **54**:808–818.

Ripley, B. 1987. *Stochastic Simulation*. Wiley, New York.
Robbins, H. 1955. An empirical Bayes approach to statistics. *Proc. 3rd Berkeley Symp. Math. Stat. Prob.* **1**:157–164.
Robbins, H. 1983. Some thoughts on empirical Bayes estimation. *Ann. Statist.* **1**:713–723.
Robert, C. P. and Casella, G. 2004. *Monte Carlo Statistical Methods*. Springer-Verlag, New York.
Robinson, D. F. and Foulds, L. R. 1981. Comparison of phylogenetic trees. *Math. Biosci.* **53**:131–147.
Rodriguez, F., Oliver, J. F., Marin, A., and Medina, J. R. 1990. The general stochastic model of nucleotide substitutions. *J. Theor. Biol.* **142**:485–501.
Rodriguez-Trelles, F., Tarrio, R., and Ayala, F. J. 2003. Convergent neofunctionalization by positive Darwinian selection after ancient recurrent duplications of the xanthine dehydrogenase gene. *Proc. Natl. Acad. Sci. U.S.A.* **100**:13413–13417.
Rogers, J. S. 1997. On the consistency of maximum likelihood estimation of phylogenetic trees from nucleotide sequences. *Syst. Biol.* **46**:354–357.
Rogers, J. S. and Swofford, D. L. 1998. A fast method for approximating maximum likelihoods of phylogenetic trees from nucleotide sequences. *Syst. Biol.* **47**:77–89.
Rogers, J. S. and Swofford, D. L. 1999. Multiple local maxima for likelihoods of phylogenetic trees: a simulation study. *Mol. Biol. Evol.* **16**:1079–1085.
Rokas, A., Kruger, D., and Carroll, S. B. 2005. Animal evolution and the molecular signature of radiations compressed in time. *Science* **310**:1933–1938.
Ronquist, F. 1998. Fast Fitch-parsimony algorithms for large data sets. *Cladistics* **14**:387–400.
Ronquist, F. and Huelsenbeck, J. P. 2003. MrBayes 3: Bayesian phylogenetic inference under mixed models. *Bioinformatics* **19**:1572–1574.
Rooney, A. P. and Zhang, J. 1999. Rapid evolution of a primate sperm protein: relaxation of functional constraint or positive Darwinian selection? *Mol. Biol. Evol.* **16**:706–710.
Ross, R. 1997. *Simulation*. Academic Press, London.
Ross, S. 1996. *Stochastic Processes*. Springer-Verlag, New York.
Roth, C., Betts, M. J., Steffansson, P. *et al.* 2005. The Adaptive Evolution Database (TAED): a phylogeny based tool for comparative genomics. *Nucl. Acids Res.* **33**:D495–D497.
Rubin, D. B. and Schenker, N. 1986. Efficiently simulating the coverage properties of interval estimates. *Appl. Statist.* **35**:159–167.
Russo, C. A., Takezaki, N., and Nei, M. 1996. Efficiencies of different genes and different tree-building methods in recovering a known vertebrate phylogeny. *Mol. Biol. Evol.* **13**:525–536.
Rzhetsky, A. and Nei, M. 1992. A simple method for estimating and testing minimum-evolution trees. *Mol. Biol. Evol.* **9**:945–967.
Rzhetsky, A. and Nei, M. 1993. Theoretical foundation of the minimum-evolution method of phylogenetic inference. *Mol. Biol. Evol.* **10**:1073–1095.
Rzhetsky, A. and Nei, M. 1994. Unbiased estimates of the number of nucleotide substitutions when substitution rate varies among different sites. *J. Mol. Evol.* **38**:295–299.
Rzhetsky, A. and Sitnikova, T. 1996. When is it safe to use an oversimplified substitution model in tree-making? *Mol. Biol. Evol.* **13**:1255–1265.
Saitou, N. 1988. Property and efficiency of the maximum likelihood method for molecular phylogeny. *J. Mol. Evol.* **27**:261–273.
Saitou, N. and Imanishi, T. 1989. Relative efficiencies of the Fitch-Margoliash, maximum parsimony, maximum likelihood, minimum evolution, and neighbor joining methods of phylogenetic tree construction in obtaining the correct tree. *Mol. Biol. Evol.* **6**:514–525.

Saitou, N. and Nei, M. 1986. The number of nucleotides required to determine the branching order of three species, with special reference to the human-chimpanzee-gorilla divergence. *J. Mol. Evol.* **24**:189–204.

Saitou, N. and Nei, M. 1987. The neighbor-joining method: a new method for reconstructing phylogenetic trees. *Mol. Biol. Evol.* **4**:406–425.

Salter, L. A. 2001. Complexity of the likelihood surface for a large DNA dataset. *Syst. Biol.* **50**:970–978.

Salter, L. A. and Pearl, D. K. 2001. Stochastic search strategy for estimation of maximum likelihood phylogenetic trees. *Syst. Biol.* **50**:7–17.

Sanderson, M. J. 1997. A nonparametric approach to estimating divergence times in the absence of rate constancy. *Mol. Biol. Evol.* **14**:1218–1232.

Sanderson, M. J. 2002. Estimating absolute rates of molecular evolution and divergence times: a penalized likelihood approach. *Mol. Biol. Evol.* **19**:101–109.

Sanderson, M. J. and Kim, J. 2000. Parametric phylogenetics? *Syst. Biol.* **49**:817–829.

Sankoff, D. 1975. Minimal mutation trees of sequences. *SIAM J. Appl. Math.* **28**:35–42.

Sarich, V. M. and Wilson, A. C. 1967. Rates of albumin evolution in primates. *Proc. Natl. Acad. Sci. U.S.A.* **58**:142–148.

Sarich, V. M. and Wilson, A. C. 1973. Generation time and genomic evolution in primates. *Science* **179**:1144–1147.

Savage, L. J. 1962. *The Foundations of Statistical Inference*. Metheun & Co., London.

Sawyer, K. R. 1984. Multiple hypothesis testing. *J. R. Statist. Soc. B* **46**:419–424.

Sawyer, S. A. and Hartl, D. L. 1992. Population genetics of polymorphism and divergence. *Genetics* **132**:1161–1176.

Sawyer, S. L. Emerman, M., and Malik, H. S. 2004. Ancient adaptive evolution of the primate antiviral DNA-editing enzyme APOBEC3G. *PLoS Biol.* **2**:E275.

Sawyer, S. L., Wu, L. I., Emerman, M., and Malik, H. S. 2005. Positive selection of primate TRIM5α identifies a critical species-specific retroviral restriction domain. *Proc. Natl. Acad. Sci. U.S.A.* **102**:2832–2837.

Scheffler, K. and Seoighe, C. 2005. A Bayesian model comparison approach to inferring positive selection. *Mol. Biol. Evol.* **22**:2531–2540.

Schluter, D. 1995. Uncertainty in ancient phylogenies. *Nature* **377**:108–110.

Schluter, D. 2000. *The Ecology of Adaptive Radiation*. Oxford University Press, Oxford.

Schmidt, H. A., Strimmer, K., Vingron, M., and von Haeseler, A. 2002. TREE-PUZZLE: maximum likelihood phylogenetic analysis using quartets and parallel computing. *Bioinformatics* **18**:502–504.

Schoeniger, M. and von Haeseler, A. 1993. A simple method to improve the reliability of tree reconstructions. *Mol. Biol. Evol.* **10**:471–483.

Schott, J. R. 1997. *Matrix Analysis for Statistics*. Wiley, New York.

Schultz, T. R. and Churchill, G. A. 1999. The role of subjectivity in reconstructing ancestral character states: a Bayesian approach to unknown rates, states, and transformation asymmetries. *Syst. Biol.* **48**:651–664.

Schwarz, G. 1978. Estimating the dimension of a model. *Ann. Statist.* **6**:461–464.

Self, S. G. and Liang, K. -Y. 1987. Asymptotic properties of maximum likelihood estimators and likelihood ratio tests under nonstandard conditions. *J. Am. Stat. Assoc.* **82**:605–610.

Shackelton, L. A., Parrish, C. R., Truyen, U., and Holmes, E. C. 2005. High rate of viral evolution associated with the emergence of carnivore parvovirus. *Proc. Natl. Acad. Sci. U.S.A.* **102**:379–384.

Shapiro, B., Rambaut, A., and Drummond, A. J. 2006. Choosing appropriate substitution models for the phylogenetic analysis of protein-coding sequences. *Mol. Biol. Evol.* **23**:7–9.

Sharp, P. M. 1997. In search of molecular Darwinism. *Nature* **385**:111–112.

Shields, D. C., Harmon, D. L., and Whitehead, A. S. 1996. Evolution of hemopoietic ligands and their receptors: influence of positive selection on correlated replacements throughout ligand and receptor proteins. *J. Immunol.* **156**:1062–1070.

Shimodaira, H. 2002. An approximately unbiased test of phylogenetic tree selection. *Syst. Biol.* **51**:492–508.

Shimodaira, H. and Hasegawa, M. 1999. Multiple comparisons of log-likelihoods with applications to phylogenetic inference. *Mol. Biol. Evol.* **16**:1114–1116.

Shimodaira, H. and Hasegawa, M. 2001. CONSEL: for assessing the confidence of phylogenetic tree selection. *Bioinformatics* **17**:1246–1247.

Shindyalov, I. N., Kolchanov, N. A., and Sander, C. 1994. Can three-dimensional contacts in protein structures be predicted by analysis of correlated mutations? *Protein Eng.* **7**: 349–358.

Shriner, D., Nickle, D. C., Jensen, M. A., and Mullins, J. I. 2003. Potential impact of recombination on sitewise approaches for detecting positive natural selection. *Genet. Res.* **81**:115–121.

Siddall, M. E. 1998. Success of parsimony in the four-taxon case: long branch repulsion by likelihood in the Farris zone. *Cladistics* **14**:209–220.

Silverman, B. W. 1986. *Density Estimation for Statistics and Data Analysis.* Chapman and Hall, London.

Simes, R. J. 1986. An improved Bonferroni procedure for multiple tests of significance. *Biometrika* **73**:751–754.

Simonsen, K. L., Churchill, G. A., and Aquadro, C. F. 1995. Properties of statistical tests of neutrality for DNA polymorphism data. *Genetics* **141**:413–429.

Sitnikova, T., Rzhetsky, A., and Nei, M. 1995. Interior-branch and bootstrap tests of phylogenetic trees. *Mol. Biol. Evol.* **12**:319–333.

Slowinski, J. B. and Arbogast, B. S. 1999. Is the rate of molecular evolution inversely related to body size? *Syst. Biol.* **48**:396–399.

Smith, A. B. and Peterson, K. J. 2002. Dating the time of origin of major clades: molecular clocks and the fossil record. *Ann. Rev. Earth Planet. Sci.* **30**:65–88.

Sober, E. 1988. *Reconstructing the Past: Parsimony, Evolution, and Inference.* MIT Press, Cambridge, MA.

Sober, E. 2004. The contest between parsimony and likelihood. *Syst. Biol.* **53**:644–653.

Sokal, R. R. and Sneath, P. H. A. 1963. *Numerical Taxonomy.* W.H. Freeman and Co., San Francisco, CA.

Sourdis, J. and Nei, M. 1988. Relative efficiencies of the maximum parsimony and distance-matrix methods in obtaining the correct phylogenetic tree. *Mol. Biol. Evol.* **5**:298–311.

Spady, T. C., Seehausen, O., Loew, E. R. *et al.* 2005. Adaptive molecular evolution in the opsin genes of rapidly speciating cichlid species. *Mol. Biol. Evol.* **22**:1412–1422.

Spencer, M., Susko, E., and Roger, A. J. 2005. Likelihood, parsimony, and heterogeneous evolution. *Mol. Biol. Evol.* **22**:1161–1164.

Springer, M. S., Murphy, W. J., Eizirik, E., and O'Brien, S. J. 2003. Placental mammal diversification and the Cretaceous–Tertiary boundary. *Proc. Natl. Acad. Sci. U.S.A.* **100**:1056–1061.

Stackhouse, J., Presnell, S. R., McGeehan, G. M. *et al.* 1990. The ribonuclease from an ancient bovid ruminant. *FEBS Lett.* **262**:104–106.

Steel, M. A. 1994a. The maximum likelihood point for a phylogenetic tree is not unique. *Syst. Biol.* **43**:560–564.

Steel, M. A. 1994b. Recovering a tree from the leaf colourations it generates under a Markov model. *Appl. Math. Lett.* **7**:19–24.

Steel, M. A. and Penny, D. 2000. Parsimony, likelihood, and the role of models in molecular phylogenetics. *Mol. Biol. Evol.* **17**:839–850.

Stein, C. 1956. Inadmissibility of the usual estimator for the mean of a multivariate normal distribution. *Proc. Third Berkeley Symp. Math. Stat. Prob.* **1**:197–206.

Stein, C. 1962. Confidence sets for the mean of a multivariate normal distribution. *J. R. Statist. Soc. B.* **24**:265–296.

Steiper, M. E., Young, N. M., and Sukarna, T. Y. 2004. Genomic data support the hominoid slowdown and an Early Oligocene estimate for the hominoid-cercopithecoid divergence. *Proc. Natl. Acad. Sci. U.S.A.* **101**:17021–17026.

Stephens, M. and Donnelly, P. 2000. Inference in molecular population genetics (with discussions). *J. R. Statist. Soc. B* **62**:605–655.

Stewart, C. -B., Schilling, J. W., and Wilson, A. C. 1987. Adaptive evolution in the stomach lysozymes of foregut fermenters. *Nature* **330**:401–404.

Stotz, H. U., Bishop, J. G., Bergmann, C. W. *et al.* 2000. Identification of target amino acids that affect interactions of fungal polygalacturonases and their plant inhibitors. *Mol. Physiol. Plant Pathol.* **56**:117–130.

Strimmer, K. and von Haeseler, A. 1996. Quartet puzzling: a quartet maximum-likelihood method for reconstructing tree topologies. *Mol. Biol. Evol.* **13**:964–969.

Stuart, A., Ord, K., and Arnold, S. 1999. *Kendall's Advanced Theory of Statistics*. Arnold, London.

Studier, J. A. and Keppler, K. J. 1988. A note on the neighbor-joining algorithm of Saitou and Nei. *Mol. Biol. Evol.* **5**:729–731.

Su, C., Nguyen, V. K., and Nei, M. 2002. Adaptive evolution of variable region genes encoding an unusual type of immunoglobulin in Camelids. *Mol. Biol. Evol.* **19**:205–215.

Suchard, M. A., Weiss, R. E., and Sinsheimer, J. S. 2001. Bayesian selection of continuous-time Markov chain evolutionary models. *Mol. Biol. Evol.* **18**:1001–1013.

Suchard, M. A., Kitchen, C. M., Sinsheimer, J. S., and Weiss, R. E. 2003. Hierarchical phylogenetic models for analyzing multipartite sequence data. *Syst. Biol.* **52**:649–664.

Sullivan, J. and Swofford, D. L. 2001. Should we use model-based methods for phylogenetic inference when we know that assumptions about among-site rate variation and nucleotide substitution pattern are violated? *Syst. Biol.* **50**:723–729.

Sullivan, J., Holsinger, K. E., and Simon, C. 1995. Among-site rate variation and phylogenetic analysis of 12S rRNA in sigmodontine rodents. *Mol. Biol. Evol.* **12**:988–1001.

Sullivan, J., Swofford, D. L., and Naylor, G. J. P. 1999. The effect of taxon-sampling on estimating rate heterogeneity parameters on maximum-likelihood models. *Mol. Biol. Evol.* **16**:1347–1356.

Sutton, K. A. and Wilkinson, M. F. 1997. Rapid evolution of a homeodomain: evidence for positive selection. *J. Mol. Evol.* **45**:579–588.

Suzuki, Y. 2004. New methods for detecting positive selection at single amino acid sites. *J. Mol. Evol.* **59**:11–19.

Suzuki, Y. and Gojobori, T. 1999. A method for detecting positive selection at single amino acid sites. *Mol. Biol. Evol.* **16**:1315–1328.

Suzuki, Y., Glazko, G. V., and Nei, M. 2002. Overcredibility of molecular phylogenies obtained by Bayesian phylogenetics. *Proc. Natl. Acad. Sci. U.S.A.* **99**:16138–16143.

Swanson, W. J. and Vacquier, V. D. 2002a. The rapid evolution of reproductive proteins. *Nature Rev. Genet.* **3**:137–144.

Swanson, W. J. and Vacquier, V. D. 2002b. Reproductive protein evolution. *Ann. Rev. Ecol. Systemat.* **33**:161–179.

Swanson, W. J., Yang, Z., Wolfner, M. F., and Aquadro, C. F. 2001a. Positive Darwinian selection in the evolution of mammalian female reproductive proteins. *Proc. Natl. Acad. Sci. U.S.A.* **98**:2509–2514.

Swanson, W. J., Clark, A. G., Waldrip-Dail, H. M. *et al.* 2001b. Evolutionary EST analysis identifies rapidly evolving male reproductive proteins in Drosophila. *Proc. Natl. Acad. Sci. U.S.A.* **98**:7375–7379.

Swofford, D. L. 2000. *PAUP*: Phylogenetic Analysis by Parsimony*, Version 4. Sinauer Associates, Sunderland, MA.

Swofford, D. L., Waddell, P. J., Huelsenbeck, J. P. *et al.* 2001. Bias in phylogenetic estimation and its relevance to the choice between parsimony and likelihood methods. *Syst. Biol.* **50**: 525–539.

Tajima, F. 1983. Evolutionary relationship of DNA sequences in finite populations. *Genetics* **105**:437–460.

Tajima, F. 1989. Statistical method for testing the neutral mutation hypothesis by DNA polymorphism. *Genetics* **123**:585–595.

Tajima, F. 1993. Simple methods for testing the molecular evolutionary clock hypothesis. *Genetics* **135**:599–607.

Tajima, F. and Takezaki N. 1994. Estimation of evolutionary distance for reconstructing molecular phylogenetic trees. *Mol. Biol. Evol.* **11**:278–286.

Tajima, F. and Nei, M. 1982. Biases of the estimates of DNA divergence obtained by the restriction enzyme technique. *J. Mol. Evol.* **18**:115–120.

Takahata, N. 1986. An attempt to estimate the effective size of the ancestral species common to two extant species from which homologous genes are sequenced. *Genet. Res.* **48**: 187–190.

Takahata, N., Satta, Y., and Klein, J. 1995. Divergence time and population size in the lineage leading to modern humans. *Theor. Popul. Biol.* **48**:198–221.

Takezaki, N. and Gojobori, T. 1999. Correct and incorrect vertebrate phylogenies obtained by the entire mitochondrial DNA sequences. *Mol. Biol. Evol.* **16**:590–601.

Takezaki, N. and Nei, M. 1994. Inconsistency of the maximum parsimony method when the rate of nucleotide substitution is constant. *J. Mol. Evol.* **39**:210–218.

Takezaki, N., Rzhetsky, A., and Nei, M. 1995. Phylogenetic test of the molecular clock and linearized trees. *Mol. Biol. Evol.* **12**:823–833.

Tamura, K. 1992. Estimation of the number of nucleotide substitutions when there are strong transition/transversion and G+C content biases. *Mol. Biol. Evol.* **9**:678–687.

Tamura, K. and Nei, M. 1993. Estimation of the number of nucleotide substitutions in the control region of mitochondrial DNA in humans and chimpanzees. *Mol Biol Evol* **10**: 512–526.

Tanaka, T. and Nei, M. 1989. Positive darwinian selection observed at the variable-region genes of immunoglobulins. *Mol. Biol. Evol.* **6**:447–459.

Tateno, Y., Takezaki, N., and Nei, M. 1994. Relative efficiencies of the maximum-likelihood, neighbor-joining, and maximum-parsimony methods when substitution rate varies with site. *Mol. Biol. Evol.* **11**:261–277.

Tavaré, S. 1986. Some probabilistic and statistical problems on the analysis of DNA sequences. *Lect. Math. Life Sci.* **17**:57–86.

Tavaré, S., Marshall, C. R., Will, O. *et al.* 2002. Using the fossil record to estimate the age of the last common ancestor of extant primates. *Nature* **416**:726–729.

Templeton, A. R. 1983. Phylogenetic inference from restriction endonuclease cleavage site maps with particular reference to the evolution of man and the apes. *Evolution* **37**:221–224.

Terai, Y., Mayer, W. E., Klein, J. *et al.* 2002. The effect of selection on a long wavelength-sensitive (LWS) opsin gene of Lake Victoria cichlid fishes. *Proc. Natl. Acad. Sci. U.S.A.* **99**:15501–15506.

Thomas, J. H., Kelley, J. L., Robertson, H. M. *et al.* 2005. Adaptive evolution in the SRZ chemoreceptor families of *Caenorhabditis elegans* and *Caenorhabditis briggsae*. *Proc. Natl. Acad. Sci. U.S.A.* **102**:4476–4481.

Thomas, J. W., Touchman, J. W., Blakesley, R. W. *et al.* 2003. Comparative analyses of multi-species sequences from targeted genomic regions. *Nature* **424**:788–793.

Thompson, E. A. 1975. *Human Evolutionary Trees*. Cambridge University Press, Cambridge.

Thompson, J. D., Higgins, D. G., and Gibson, T. J. 1994. CLUSTAL W: improving the sensitivity of progressive multiple sequence alignment through sequence weighting, position-specific gap penalties and weight matrix choice. *Nucleic Acids Res.* **22**:4673–4680.

Thorne, J. L. and Kishino, H. 1992. Freeing phylogenies from artifacts of alignment. *Mol. Biol. Evol.* **9**:1148–1162.

Thorne, J. L. and Kishino, H. 2002. Divergence time and evolutionary rate estimation with multilocus data. *Syst. Biol.* **51**:689–702.

Thorne, J. L. and Kishino, H. 2005. Estimation of divergence times from molecular sequence data. In *Statistical Methods in Molecular Evolution*. (ed. R. Nielsen), pp. 233–256. Springer-Verlag, New York.

Thorne, J. L., Kishino, H., and Felsenstein, J. 1991. An evolutionary model for maximum likelihood alignment of DNA sequences [erratum in *J. Mol. Evol.* 1992 **34**:91]. *J. Mol. Evol.* **33**:114–124.

Thorne, J. L., Kishino, H., and Felsenstein, J. 1992. Inching toward reality: an improved likelihood model of sequence evolution. *J. Mol. Evol.* **34**:3–16.

Thorne, J. L., Goldman, N., and Jones, D. T. 1996. Combining protein evolution and secondary structure. *Mol. Biol. Evol.* **13**:666–673.

Thorne, J. L., Kishino, H., and Painter, I. S. 1998. Estimating the rate of evolution of the rate of molecular evolution. *Mol. Biol. Evol.* **15**:1647–1657.

Thornton, J. 2004. Resurrecting ancient genes: experimental analysis of extinct molecules. *Nat. Rev. Genet.* **5**:366–375.

Thornton, J. W., Need, E., and Crews, D. 2003. Resurrecting the ancestral steroid receptor: ancient origin of estrogen signaling. *Science* **301**:1714–1717.

Tillier, E. R. M. 1994. Maximum likelihood with multiparameter models of substitution. *J. Mol. Evol.* **39**:409–417.

Ting, C. T., Tsaur, S. C., Wu, M. L., and Wu, C. I. 1998. A rapidly evolving homeobox at the site of a hybrid sterility gene. *Science* **282**:1501–1504.

Torgerson, D. G. and Singh, R. S. 2004. Rapid evolution through gene duplication and sub-functionalization of the testes-specific a4 proteasome subunits in Drosophila. *Genetics* **168**:1421–1432.

Tsaur, S. C. and Wu, C. -I. 1997. Positive selection and the molecular evolution of a gene of male reproduction, *Acp26Aa* of *Drosophila*. *Mol. Biol. Evol.* **14**:544–549.

Tucker, A. 1995. *Applied Combinatorics*. Wiley, New York.

Tuff, P. and Darlu, P. 2000. Exploring a phylogenetic approach for the detection of correlated substitutions in proteins. *Mol. Biol. Evol.* **17**:1753–1759.

Tuffley, C. and Steel, M. 1997. Links between maximum likelihood and maximum parsimony under a simple model of site substitution. *Bull. Math. Biol.* **59**:581–607.

Tuffley, C. and Steel, M. 1998. Modeling the covarion hypothesis of nucleotide substitution. *Math. Biosci.* **147**:63–91.

Twiddy, S. S., Woelk, C. H., and Holmes, E. C. 2002. Phylogenetic evidence for adaptive evolution of dengue viruses in nature. *J. Gen. Virol.* **83**:1679–1689.

Tzeng, Y. H., Pan, R., and Li, W. H. 2004. Comparison of three methods for estimating rates of synonymous and nonsynonymous nucleotide substitutions. *Mol. Biol. Evol.* **21**:2290–2298.

Ugalde, J. A., Chang, B. S. W., and Matz, M. V. 2004. Evolution of coral pigments recreated. *Science* **305**:1433.

Vacquier, V. D., Swanson, W. J., and Lee, Y. -H. 1997. Positive Darwinian selection on two homologous fertilization proteins: what is the selective pressure driving their divergence? *J. Mol. Evol.* **44**:S15–S22.

Vallender, E. J. and Lahn, B. T. 2004. Positive selection on the human genome. *Hum. Mol. Genet.* **13**:R245–R254.

Vinh, Y. and von Haeseler, A. 2004. IQPNNI: Moving fast through tree space and stopping in time. *Mol. Biol. Evol.* **21**:1565–1571.

Vuong, Q. H. 1989. Likelihood ratio tests for model selection and non-nested hypotheses. *Econometrica* **57**:307–333.

Waddell, P. J. and Steel, M. A. 1997. General time-reversible distances with unequal rates across sites: mixing gamma and inverse Gaussian distributions with invariant sites. *Mol. Phylogenet. Evol.* **8**:398–414.

Waddell, P. J., Penny, D., and Moore, T. 1997. Hadamard conjugations and modeling sequence evolution with unequal rates across sites [erratum in *Mol. Phylogenet. Evol.* 1997 **8**:446]. *Mol. Phylogenet. Evol.* **8**:33–50.

Wakeley, J. 1994. Substitution-rate variation among sites and the estimation of transition bias. *Mol. Biol. Evol* **11**:436–442.

Wald, A. 1949. Note on the consistency of the maximum likelihood estimate. *Ann. Math. Statist.* **20**:595–601.

Walker, A. J. 1974. New fast method for generating discrete random numbers with arbitrary frequency distributions. *Electron. Lett.* **10**:127–128.

Wallace, D. L. 1980. The Behrens-Fisher and Fieller-Creasy problems. In *R.A. Fisher: An Appreciation* (ed. S. Fienberg, J. Gani, J. Kiefer, and K. Krickeberg) pp. 119–147. Springer-Verlag, New York.

Walsh, J. B. 1995. How often do duplicated genes evolve new functions? *Genetics* **139**:421–428.

Wang, X. and Zhang, J. 2004. Rapid evolution of mammalian X-linked testis-expressed homeobox genes. *Genetics* **167**:879–888.

Wang, Y. -Q. and Su, B. 2004. Molecular evolution of microcephalin, a gene determining human brain size. *Hum. Mol. Genet.* **13**:1131–1137.

Ward, T. J., Honeycutt, R. L., and Derr, J. N. 1997. Nucleotide sequence evolution at the κ-casein locus: evidence for positive selection within the family Bovidae. *Genetics* **147**:1863–1872.

Ward, T. J., Bielawski, J. P., Kistler, H. C. *et al.* 2002. Ancestral polymorphism and adaptive evolution in the trichothecene mycotoxin gene cluster of phytopathogenic Fusarium. *Proc. Natl. Acad. Sci. U.S.A.* **99**:9278–9283.

Waterston, R. H., Lindblad-Toh, K., Birney, E. *et al.* 2002. Initial sequencing and comparative analysis of the mouse genome. *Nature* **420**:520–562.

Watterson, G. A. 1975. On the number of segregating sites in genetical models without recombination. *Theor. Popul. Biol.* **7**:256–276.

Weerahandi, S. 1993. Generalized confidence intervals. *J. Amer. Statist. Assoc.* **88**: 899–905.

Weerahandi, S. 2004. *Generalized Inference in Repeated Measures: Exact Methods in MANOVA and Mixed Models.* Wiley, New York.

Whelan, S. and Goldman, N. 2001. A general empirical model of protein evolution derived from multiple protein families using a maximum likelihood approach. *Mol. Biol. Evol.* **18**:691–699.

Whelan, S., Liò, P., and Goldman, N. 2001. Molecular phylogenetics: state of the art methods for looking into the past. *Trends Genet.* **17**:262–272.

White, H. 1982. Maximum likelihood estimation of misspecified models. *Econometrica* **50**: 1–25.

Wiley, E. O. 1981. *Phylogenetics. The Theory and Practice of Phylogenetic Systematics.* John Wiley & Sons, New York.

Wilkinson, M., Lapointe, F. -J., and Gower, D. J. 2003. Branch lengths and support. *Syst. Biol.* **52**:127–130.

Willett, C. S. 2000. Evidence for directional selection acting on pheromone-binding proteins in the genus Choristoneura. *Mol. Biol. Evol.* **17**:553–562.

Williamson, S. and Orive, M. E. 2002. The genealogy of a sequence subject to purifying selection at multiple sites. *Mol. Biol. Evol.* **19**:1376–1384.

Wilson, A. C., Carlson, S. S., and White, T. J. 1977. Biochemical evolution. *Ann. Rev. Biochem.* **46**:573–639.

Wilson, D. J. and McVean, G. 2006. Estimating diversifying selection and functional constraint in the presence of recombination. *Genetics* **172**:1411–1425.

Wilson, I. J., Weal, M. E., and Balding, D. J. 2003. Inference from DNA data: population histories, evolutionary processes and forensic match probabilities. *J. R. Statist. Soc. A* **166**:155–201.

Wong, W. S. W., Yang, Z., Goldman, N., and Nielsen, R. 2004. Accuracy and power of statistical methods for detecting adaptive evolution in protein coding sequences and for identifying positively selected sites. *Genetics* **168**:1041–1051.

Wray, G. A., Levinton, J. S., and Shapiro, L. H. 1996. Molecular evidence for deep Precambrian divergences. *Science* **274**:568–573.

Wright, F. 1990. The 'effective number of codons' used in a gene. *Gene* **87**:23–29.

Wright, S. 1931. Evolution in Mendelian populations. *Genetics* **16**:97–159.

Wu, C. -I. and Li, W. -H. 1985. Evidence for higher rates of nucleotide substitution in rodents than in man. *Proc. Natl. Acad. Sci. U.S.A.* **82**:1741–1745.

Wu, Q. 2005. Comparative genomics and diversifying selection of the clustered vertebrate protocadherin genes. *Genetics* **169**:2179–2188.

Wyckoff, G. J., Wang, W., and Wu, C. -I. 2000. Rapid evolution of male reproductive genes in the descent of man. *Nature* **403**:304–309.

Xia, X. and Xie, Z. 2001. DAMBE: Data analysis in molecular biology and evolution. *J. Hered.* **92**:371–373.

Yamaguchi-Kabata, Y. and Gojobori, T. 2000. Reevaluation of amino acid variability of the human immunodeficiency virus type 1 gp120 envelope glycoprotein and prediction of new discontinuous epitopes. *J. Virol.* **74**:4335–4350.

Yang, W., Bielawski, J. P., and Yang, Z. 2003. Widespread adaptive evolution in the human immunodeficiency virus type 1 genome. *J. Mol. Evol.* **57**:57:212–221.

Yang, Z. 1993. Maximum-likelihood estimation of phylogeny from DNA sequences when substitution rates differ over sites. *Mol. Biol. Evol.* **10**:1396–1401.

Yang, Z. 1994a. Maximum likelihood phylogenetic estimation from DNA sequences with variable rates over sites: approximate methods. *J. Mol. Evol.* **39**:306–314.

Yang, Z. 1994b. Estimating the pattern of nucleotide substitution. *J. Mol. Evol.* **39**:105–111.

Yang, Z. 1994c. Statistical properties of the maximum likelihood method of phylogenetic estimation and comparison with distance matrix methods. *Syst. Biol.* **43**:329–342.

Yang, Z. 1995a. A space-time process model for the evolution of DNA sequences. *Genetics* **139**:993–1005.

Yang, Z. 1995b. Evaluation of several methods for estimating phylogenetic trees when substitution rates differ over nucleotide sites. *J. Mol. Evol.* **40**:689–697.

Yang, Z. 1996a. Phylogenetic analysis using parsimony and likelihood methods. *J. Mol. Evol.* **42**:294–307.

Yang, Z. 1996b. Maximum-likelihood models for combined analyses of multiple sequence data. *J. Mol. Evol.* **42**:587–596.

Yang, Z. 1996c. Among-site rate variation and its impact on phylogenetic analyses. *Trends Ecol. Evol.* **11**:367–372.

Yang, Z. 1997a. PAML: a program package for phylogenetic analysis by maximum likelihood. *Comput. Appl. Biosci.* **13**:555–556 (http://abacus.gene.ucl.ac.uk/software/paml.html).

Yang, Z. 1997b. How often do wrong models produce better phylogenies? *Mol. Biol. Evol.* **14**:105–108.

Yang, Z. 1998a. Likelihood ratio tests for detecting positive selection and application to primate lysozyme evolution. *Mol. Biol. Evol.* **15**:568–573.

Yang, Z. 1998b. On the best evolutionary rate for phylogenetic analysis. *Syst. Biol.* **47**:125–133.

Yang, Z. 2000a. Complexity of the simplest phylogenetic estimation problem. *Proc. R. Soc. B Biol. Sci.* **267**:109–116.

Yang, Z. 2000b. Maximum likelihood estimation on large phylogenies and analysis of adaptive evolution in human influenza virus A. *J. Mol. Evol.* **51**:423–432.

Yang, Z. 2002. Likelihood and Bayes estimation of ancestral population sizes in Hominoids using data from multiple loci. *Genetics* **162**:1811–1823.

Yang, Z. 2004. A heuristic rate smoothing procedure for maximum likelihood estimation of species divergence times. *Acta Zoologica Sinica* **50**:645–656.

Yang, Z. and Kumar, S. 1996. Approximate methods for estimating the pattern of nucleotide substitution and the variation of substitution rates among sites. *Mol. Biol. Evol.* **13**:650–659.

Yang, Z. and Nielsen, R. 1998. Synonymous and nonsynonymous rate variation in nuclear genes of mammals. *J. Mol. Evol.* **46**:409–418.

Yang, Z. and Nielsen, R. 2000. Estimating synonymous and nonsynonymous substitution rates under realistic evolutionary models. *Mol. Biol. Evol.* **17**:32–43.

Yang, Z. and Nielsen, R. 2002. Codon-substitution models for detecting molecular adaptation at individual sites along specific lineages. *Mol. Biol. Evol.* **19**:908–917.

Yang, Z. and Rannala, B. 1997. Bayesian phylogenetic inference using DNA sequences: a Markov chain Monte Carlo Method. *Mol. Biol. Evol.* **14**:717–724.

Yang, Z. and Rannala, B. 2005. Branch-length prior influences Bayesian posterior probability of phylogeny. *Syst. Biol.* **54**:455–470.

Yang, Z. and Rannala, B. 2006. Bayesian estimation of species divergence times under a molecular clock using multiple fossil calibrations with soft bounds. *Mol. Biol. Evol.* **23**: 212–226.

Yang, Z. and Roberts, D. 1995. On the use of nucleic acid sequences to infer early branchings in the tree of life. *Mol. Biol. Evol.* **12**:451–458.

Yang, Z. and Swanson, W. J. 2002. Codon-substitution models to detect adaptive evolution that account for heterogeneous selective pressures among site classes. *Mol. Biol. Evol.* **19**:49–57.

Yang, Z. and Wang, T. 1995. Mixed model analysis of DNA sequence evolution. *Biometrics* **51**:552–561.

Yang, Z. and Yoder, A. D. 2003. Comparison of likelihood and Bayesian methods for estimating divergence times using multiple gene loci and calibration points, with application to a radiation of cute-looking mouse lemur species. *Syst. Biol.* **52**:705–716.

Yang, Z., Kumar, S., and Nei, M. 1995a. A new method of inference of ancestral nucleotide and amino acid sequences. *Genetics* **141**:1641–1650.

Yang, Z., Lauder, I. J., and Lin, H. J. 1995b. Molecular evolution of the hepatitis B virus genome. *J. Mol. Evol.* **41**:587–596.

Yang, Z., Goldman, N., and Friday, A. E. 1995c. Maximum likelihood trees from DNA sequences: a peculiar statistical estimation problem. *Syst. Biol.* **44**:384–399.

Yang, Z., Nielsen, R., and Hasegawa, M. 1998. Models of amino acid substitution and applications to mitochondrial protein evolution. *Mol. Biol. Evol.* **15**:1600–1611.

Yang, Z., Nielsen, R., Goldman, N., and Pedersen, A. -M. K. 2000. Codon-substitution models for heterogeneous selection pressure at amino acid sites. *Genetics* **155**:431–449.

Yang, Z., Wong, W. S. W., and Nielsen, R. 2005. Bayes empirical Bayes inference of amino acid sites under positive selection. *Mol. Biol. Evol.* **22**:1107–1118.

Yoder, A. D. and Yang, Z. 2000. Estimation of primate speciation dates using local molecular clocks. *Mol. Biol. Evol.* **17**:1081–1090.

Yokoyama, S. 2002. Molecular evolution of color vision in vertebrates. *Gene* **300**:69–78.

York, T. L., Durrett, R., and Nielsen, R. 2002. Bayesian estimation of the number of inversions in the history of two chromosomes. *J. Comp. Biol.* **9**:805–818.

Yu, N., Zhao, Z., Fu, Y. X. *et al.* 2001. Global patterns of human DNA sequence variation in a 10-kb region on chromosome 1. *Mol. Biol. Evol.* **18**:214–222.

Zakon, H. H., Lu, Y., Zwickl, D. J., and Hillis, D. M. 2006. Sodium channel genes and the evolution of diversity in communication signals of electric fishes: convergent molecular evolution. *Proc. Natl. Acad. Sci. U.S.A.* **103**:3675–3680.

Zanotto, P. M., Kallas, E. G., Souza, R. F., and Holmes, E. C. 1999. Genealogical evidence for positive selection in the *nef* gene of HIV-1. *Genetics* **153**:1077–1089.

Zardoya, R. and Meyer, A. 1996. Phylogenetic performance of mitochondrial protein-coding genes in resolving relationships among vertebrates. *Mol. Biol. Evol.* **13**:933–942.

Zhang, J. 2000. Rates of conservative and radical nonsynonymous nucleotide substitutions in mammalian nuclear genes. *J. Mol. Evol.* **50**:56–68.

Zhang, J. 2003. Evolution of the human ASPM gene, a major determinant of brain size. *Genetics* **165**:2063–2070.

Zhang, J. 2004. Frequent false detection of positive selection by the likelihood method with branch-site models. *Mol. Biol. Evol.* **21**:1332–1339.

Zhang, J. and Nei, M. 1997. Accuracies of ancestral amino acid sequences inferred by the parsimony, likelihood, and distance methods. *J. Mol. Evol.* **44**:S139–146.

Zhang, J. and Nei, M. 2000. Positive selection in the evolution of mammalian interleukin-2 genes. *Mol. Biol. Evol.* **17**:1413–1416.

Zhang, J. and Webb, D. M. 2004. Rapid evolution of primate antiviral enzyme APOBEC3G. *Hum. Mol. Genet.* **13**:1785–1791.

Zhang, J., Kumar, S., and Nei, M. 1997. Small-sample tests of episodic adaptive evolution: a case study of primate lysozymes. *Mol. Biol. Evol.* **14**:1335–1338.

Zhang, J., Nielsen, R., and Yang, Z. 2005. Evaluation of an improved branch-site likelihood method for detecting positive selection at the molecular level. *Mol. Biol. Evol.* **22**:2472–2479.

Zhang, J., Rosenberg, H. F., and Nei, M. 1998. Positive Darwinian selection after gene duplication in primate ribonuclease genes. *Proc. Natl. Acad. Sci. U.S.A.* **95**:3708–3713.

Zhang, J., Zhang, Y. P., and Rosenberg, H. F. 2002. Adaptive evolution of a duplicated pancreatic ribonuclease gene in a leaf-eating monkey. *Nat. Genet.* **30**:411–415.

Zhang, L., Gaut, B. S., and Vision, T. J. 2001. Gene duplication and evolution. *Science* **293**:1551.

Zhao, Z., Jin, L., Fu, Y. X. *et al.* 2000. Worldwide DNA sequence variation in a 10-kilobase noncoding region on human chromosome 22. *Proc. Natl. Acad. Sci. U.S.A.* **97**:11354–11358.

Zharkikh, A. 1994. Estimation of evolutionary distances between nucleotide sequences. *J. Mol. Evol.* **39** :315–329.

Zharkikh, A. and Li, W. -H. 1993. Inconsistency of the maximum parsimony method: the case of five taxa with a molecular clock. *Syst. Biol.* **42**:113–125.

Zharkikh, A. and Li, W. -H. 1995. Estimation of confidence in phylogeny: the complete-and-partial bootstrap technique. *Mol. Phylogenet. Evol.* **4**:44–63.

Zhu, L. and Bustamante, C. D. 2005. A composite likelihood approach for detecting directional selection from DNA sequence data. *Genetics* **170**:1411–1421.

Zhu, S., Bosmans, F., and Tytgat, J. 2004. Adaptive evolution of scorpion sodium channel toxins. *J. Mol. Evol.* **58**:145–153.

Zuckerkandl, E. 1964. Further principles of chemical paleogenetics as applied to the evolution of hemoglobin. In *Protides of the Biological Fluids* (ed. H. Peeters). pp. 102–109. Elsevier, Amsterdam.

Zuckerkandl, E. and Pauling, L. 1962. Molecular disease, evolution, and genetic heterogeneity. In *Horizons in Biochemistry* (ed. M. Kasha, and B. Pullman), pp. 189–225. Academic Press, New York.

Zuckerkandl, E. and Pauling, L. 1965. Evolutionary divergence and convergence in proteins. In *Evolving Genes and Proteins* (ed. V. Bryson, and H. J. Vogel), pp. 97–166. Academic Press, New York.

訳者あとがき

　訳者の一人（HT）は，2005年に*Streptococcus*属のクオラム・センシングに関わるComC-ComDのアミノ酸配列の多様性が，正の選択によって生じたのではないかと考え，それら遺伝子の塩基配列をMiyata-Yasunagaの同義置換率，非同義置換率を用いて解析していた．予想どおり正の選択を示唆する結果が得られたが，他の方法でもその結果を支持できないかと考えていたところ，共同研究者の市原寿子（当時，京都大学バイオインフォマティクスセンター特任助手，現在，九州大学生体防御医学研究所特任助教）がPAMLというプログラムを見つけてきた．それを利用して同じデータを解析したところ，やはり正の選択を示唆する結果が得られ，2つの結果を合わせて論文にまとめることができた．このPAMLの制作者が，本書の著者であるDr. Ziheng Yangである．2006年にComC-ComDに関する論文が出版された直後に，本書の翻訳の打診があった．分子系統学については，すでに多くの優れた著作や翻訳が出版されており，当初は本書を新たに訳出することに意味があるか疑問に思っていた．しかし，送付されてきた原書を見て，その考えは改まった．多くの計算例，統計学の基本から説き起こすスタイル，また日本語では詳細に書かれたものがないベイズ法についての説明，それらすべてが魅力的で，一読者として本書を読んでみたいと思った．翻訳の依頼の直前にPAMLを使用したのも何かの縁だと思い，本書の翻訳を引き受けた．本来であれば2007年9月に訳を終えている予定であったが，思うにまかせず1年以上翻訳が遅れてしまった．この遅れはひとえにHTの責任である．

　本書の翻訳にあたっては，多くの方々にお世話になった．第4章，第5章の統計学用語について，当時九州大学大学院数理学府の博士課程の学生だった茅野光範氏（現在，京都大学バイオインフォマティクスセンターのポスドク）にお世話になった．また，第8章については，九州大学生体防御医学研究所附属遺伝情報実験センターゲノム機能学分野准教授の柴田弘紀氏から多くのコメントをいただいた．最も多くのコメントをいただいたのは，著者のYang教授である．Yang教授には，各章の訳を終えるたびに質問のメールを出していたが，いつも詳細な返信をいただいた．Yang教授とのやりとりの中で見つかった原書のエラーは本書の中では修正してある．この修正部分の原書における対応については，著者の序文にあるサイトhttp://abacus.gene.ucl.ac.uk/CME/で確認できる．第4.2.4項については，Yang教授との相談の結果，かなり構成を変えた形で訳してある．また，Yang教授のラボでポスドクをしている井上　潤氏，東京医科歯科大学のDr. Fengrong RenにもYang教授を介して原稿のチェックをしていただいた．先にも述べたように，多くの分子進化に関する著作，翻訳がすでに出版されている．ここで，それらを一つひとつあげることは

しないが，今回の翻訳にあたってそれらを参考にさせていただいた．また，共立出版の信沢孝一，北 由美子の両氏には本書の出版にあたって多くのご苦労をおかけした．

　本書が出版される 2009 年は，チャールズ・ダーウィン生誕 200 周年，また『種の起源』出版 150 周年にあたる．現在，進化という概念は生命科学に広く浸透し，生命科学のさまざまな分野において進化的視点に基づく研究が行われている．一方，まだ解明されていない進化的な問題も多く残されている．本翻訳が，進化に興味をもつ研究者，学生の一助となれば幸いである．

　2009 年 1 月

翻訳者を代表して　藤　博幸

索 引

あ 行

曖昧多分岐　71
曖昧な形質　101
赤池情報量基準　133
アダマール共役　99
アダマール行列　99
アミノ酸交換度　38
アミノ酸置換のモデル　37–42
アラインメントのギャップ　101, 102
一様提案分布　159, 160
一様分布　281, 283
一致指数　205, 206
一致性　21, 178, 179, 183, 184, 195, 197
一般化最小2乗法　85
一般化信頼区間　227
一般時間可逆モデル　27, 30–33
一般非拘束モデル　27
遺伝子系図　172
遺伝子系統樹　75
遺伝子の水平伝達　75
遺伝的アルゴリズム　83, 259
遺伝的多型　75
遺伝的ヒッチハイキング　254, 274
遺伝的浮動　249
移動窓　159–162
入れ子の規則　96
ウィニング・サイト検定　205
後ろ向き不等式　198
エイリアス法　286
枝　68
　　——刈りアルゴリズム　95–99
　　——-サイト検定　267–269
　　——支持度　205
　　——モデル　258
塩基置換数　2
塩基置換のモデル　2
黄金分割探索法　122

オッカムの剃刀　196
重み付きNJ法　86
重み付き最小2乗法　85

か 行

カイ2乗分布　22
外群　69
　　——による根の導入　69
階層的ベイズ法　108, 114, 115, 117, 151, 264
階層的尤度　192
外部枝　72
外部節　68
外部突然変異　253
カウント法　46–54
拡散事前分布　150
確信確率　227
確率的シミュレーション　280
隠れマルコフモデル　109
加重節約法　89–92
化石の不確実性　225–235, 237–240
滑車の原理　100
カーネル密度平滑化アルゴリズム　157
過分散時計性　219
カルテット・パズリング　130
頑健性　130–136, 180, 188–190
ガンマ距離　16, 44
ガンマ混合モデル　107
ガンマ速度モデル　105, 106
ガンマモデル　19
木　68
幾何ブラウン運動　223, 237
機構的モデル　38, 40, 41
希薄化　166
既約　28, 155
逆確率の定理　140
逆関数法　283
強一致性　178
凝集法　77

共役事前分布　150
局外パラメータ　25
極限分布　6
局所的時計モデル　221, 222
局所的ピーク　128
距離行列法　83–87
近接系統樹　129
近隣結合法　76, 86, 87
偶然誤差　178
クラスタ解析法　76
グラフ　68
経験的ベイズ法　108, 114–117, 151, 261, 264
経験的モデル　37–40, 43, 44
形質状態　87
形質長　87, 192
形状パラメータ　17
形態的形質　117–119
系統誤差　178
系統樹空間　81, 82, 129
系統樹スコア　87
系統樹切断・再接続法　81
系統樹の数　71
系統樹の再編成　77, 79
系統図　69
系統選別　75
欠損データ　101
厳密コンセンサス系統樹　74
厳密多分岐　70
高温連鎖　158
抗原認識サイト　260
交差検定法　223
合祖時間　173
合祖モデル　172–175
コスト行列　89
固定効果モデル　110
固定速度モデル　110
古典的統計学　143–150
コドン使用頻度　47
コドン置換の切替えモデル　109, 270
コドン置換のモデル　44, 45
コドンの有効数　63
コバリオン・モデル　109, 110
個別解析　111
固有値　11, 64
固有ベクトル　11, 64
混合効果モデル　111
混合分布　132, 285
混成法　285

コンセンサス系統樹　74

さ 行

最急降下アルゴリズム　124
最急降下探索　124, 125
最急上昇　124
最近共通祖先　174
最近隣枝交換法　80
最高事後密度区間　141
最小 2 乗法　84, 85, 257
最小進化系統樹　86
最小進化法　87
最節約系統樹　76, 87
最節約原理　196
最節約復元　88
最節約法　76, 87–93, 190–198, 205, 206
　　　――で情報をもつサイト　88
最節約尤度　192
最大事後確率　76
最大積分尤度系統樹　195
採択比　154
採択率　161, 175
最適化　122–127
サイト間の不均質性　41, 42
サイト構成　12, 88
サイト長　87
サイトに対する尤度比（SLR）検定　261
サイト・パターン　12, 88
サイト頻度スペクトル　253
最尤系統樹　76
最尤推定　19–27, 121–129
最尤法　19, 54–56, 76, 94, 169–171, 190, 226, 227
時間的に一様　27
時間的に可逆　12
事後分布　138
自己離散ガンマモデル　108
次数　70
指数分布　283, 290
自然パラメータ　100
事前分布　138, 150, 151, 237–240
枝長　69
尺度パラメータ　17
弱有害突然変異仮説　250
ジャンプ連鎖　290
自由パラメータ　27
周辺化　142, 156
周辺復元　115
周辺尤度法　26

重要カルテット・パズリング　129
収斂進化　187
樹形　69
　　──距離　72
種系統樹　75
樹根　31, 68
樹長　86, 87
出生死滅過程　238
受容率　45
純化選択　248
瞬間置換速度　3
準ニュートン法　126
条件付き確率　138
条件付き尤度　96
詳細釣り合い条件　30, 38
状態　3
乗法合同法　281
シングルトン　88, 251
信用区間　141
信頼区間　21, 144
信頼集合　144
信頼水準　144
推移核　154
推移確率　161
ステップ行列　89
スペクトル分解　11
正規近似　22, 223
正規提案分布　160, 161
正規分布　21, 283
星状系統樹　70
星状分解法　78
生成行列　27
正の選択　249, 259, 267–269
積分尤度法　25–27
節　68
節約原理　134
節約樹長　81
節約スコア　87
遷移確率　5
　　──行列　5
全確率の法則　139
漸近的性質　21
潜在的スケール減少統計量　165, 166
選択係数　249
相加的系統樹法　84
相対速度検定　216, 217
相対適応度　249
相対的有効性　184

相対比検定　260
挿入と欠失　102
祖先節　95
祖先復元　88, 113, 119–121

た 行

大域的時計モデル　219–221
対数正規分布　223, 237
対数尤度関数　21
ダーウィン的選択　248
多項式補間　123, 124
多項分布　285
多重検定　204
多重置換　2, 48, 49
多重比較　204, 259, 261, 269
多重ヒット　2
多数決コンセンサス系統樹　74
多分岐　70
多変量正規提案分布　161, 162
単系統　168
単純経験的ベイズ法　264
誕生日問題　292
端点　68
置換速度行列　3
逐次付加アルゴリズム　71
逐次付加法　77
チャップマン–コルモゴロフの定理　6
中立性検定　274
中立説　249–251
超遺伝子　111
超行列　111
超系統樹　111
超事前分布　151
長枝誘引　92
頂点　68
直線探索　122
通常最小2乗法　85
提案比　155, 300
提案密度関数　154, 155
低温連鎖　158
定常状態分布　6
定常分布　6
ディリクレ分布　238
適応進化　257–267
デルタ法　7, 9, 13, 300
点推定　198
同義置換　37, 257
統合解析　111

同時復元　115
同定可能性　178
同定不能　178
動的計画法　89, 96, 116
独立速度モデル　237
突然変異距離　40
突然変異サイズ　253
トランジション　7
　　──/トランスバージョンの速度比　8, 14, 45
トランスバージョン　8
　　──節約法　89–92
貪欲アルゴリズム　82

な 行

内群　69
内部枝　72
　　──検定　202, 203
内部突然変異　253
二項分布　284
ニューウィック形式　69
ニュートンの方向　125
ニュートン法　123, 124
ニュートン-ラプソン法　123
ノンパラメトリック経験ベイズ法　262
ノンパラメトリック法　196, 197

は 行

葉　68
漠然事前分布　148, 150
発見的速度平滑化法　222–224
発見的探索アルゴリズム　77
罰則付き尤度　192
パラメータ推定　182
バーンイン　165
非一様モデル　112
比較法　113
非周期的　155
ビッグバン系統樹　70
非定常モデル　112, 113
非同義置換　37, 257
ヒト上科速度低下　215
被覆確率　144, 165
標本空間　146
標本誤差　178
ピリミジン　7, 8
比例縮小・拡大法　162, 163
頻度主義者　138
頻度主義統計学　143–147

ブートストラップ　170, 199–202, 231
　　完全-部分──　202
　　──支持度　199
　　──比　199
　　──標本　199
複合分布　285
復帰置換　2
負の 2 項分布　36, 146
部分木剪定・接木法　81
不偏　21
不変サイト・モデル　105
不偏性　175
プリン　7, 8
ブロック化　156
プロファイル尤度法　25–27
分割距離　72
分割法　77
分岐学　190
分岐群　69
　　──の事後確率　168
　　──モデル　269
分岐図　69
分散指数　219
分枝限定法　77, 116
分枝交換　77, 79, 129
分子進化の中立説　215, 248
分子時計　68, 214
分子時計の較正　219
平均トランジション/トランスバージョン比　15
平行置換　2
ベイズ経験的ベイズ法　264
ベイズ主義者　138
ベイズ情報量基準　134
ベイズ統計学　143–150
ベイズの定理　139–143
ベイズ法　76, 147, 148, 169–171, 230, 235
平坦事前分布　147, 150
ヘッセ行列　22, 125
ヘテロタキー　189
辺　68
変数変換法　282
変則事前分布　26
変動効果モデル　110
偏尤度　96
ポアソン確率場　255
ポアソン分布　42, 222–224
崩壊指数　205
飽和　34

保持指数　205, 206
ほぼ中立説　249–251
ホモプラシー　187, 205

ま 行

待ち時間　290
マルコフ性　3
マルコフ連鎖モンテカルロ法　83, 108, 139, 152–159
無共通機構モデル　192
無限サイト理論　246
無根系統樹　68
無差別性の原理　147
無情報事前分布　147, 150
網羅的探索　77
モデル選択　130–136, 182
モデル平均化アプローチ　170
モンテカルロ・シミュレーション　280
モンテカルロ積分　152

や 行

焼き鈍し法　83
山登り法　79, 128
有限混合モデル　105
有効集団サイズ　249
有効性　21, 179, 180, 184–188
有根系統樹　68
尤度カルテット年代推定　221
尤度関数　20
尤度曲面　128
尤度比検定　22, 130–133, 202, 217, 218, 261–264
尤度方程式　24, 121

ら 行

ラベル付き歴史　166, 173, 292
乱数　281
　　擬似 ———　281
　　———生成法　281
ランダムサイト・モデル　261
ランダム速度モデル　110
離散一様分布　283, 284
離散ガンマモデル　106, 107
理由不十分の原理　147
累積密度関数　149
霊長類速度低下　215
連続ガンマモデル　106
連続時間マルコフ連鎖　2

欧字・数字

AIC　130–135
ARS　260
AU 検定　204

BIC　130–135
BIONJ　86
Bremer 支持度　205
Broyden-Fletcher-Goldfard-Shanno（BFGS）　126, 129

cdf　149
χ^2 分布　22, 131, 202, 218, 263
Cramér-Rao の下限　179
Cretaceous-Tertiary 境界（K-T 境界）　216

Davidon-Fletcher-Powell（DFP）　126
Dayhoff　38
DAYHOFF 行列　38

F81　128
F84　13, 14
Farris 領域　187
Fay and Wu の H 統計量　253, 254
Felsenstein 領域　187
Fisher, Ronald A.　139
Fisher 情報量　21, 179
Fisher のスコア法　126
Fisher の正確検定　254, 257
Fu and Li の D 統計量　253, 254

Galton, Francis　138
Gibbs サンプラー（Gibbs sampler）　156, 158
GTR　127

Hastings 比　155
HKY85　13, 14, 127
Horner の規則　95–98
HPD 区間　141
Hudson-Kreitman-Aquade 検定　256

i.i.d.　107
Ina の方法　57
indel　102
IQP　129
IQPNNI アルゴリズム　129

JC69 3–7, 19–23, 142
JTT 行列 38

K-H 検定 204
K80 モデル 7–9, 17, 23–25
Kishino-Hasegawa 検定 203–205
Kullback-Leibler 情報量 183

Lindley のパラドクス 149
Log-Det 距離 33
LPB93 51, 57
LRT 130–135, 263
LWL85 51
LWL85m 51

MAP 系統樹 76
McDonald-Kreitman の検定 254–256
MCMC 139, 152, 167, 172–175, 235
　　可逆ジャンプ—— 171
Metropolis 共役 MCMC（MCMCMC, MC^3） 156, 158, 159
Metropolis-Hastings アルゴリズム 153–156
MTMAM モデル 39
mtREV モデル 39

Neyman, Jerzy 139
Neyman-Pearson の仮説検定 145
NG86 47
NNI 80, 129

ω 比 258, 259

p 距離 2
PAM 38
Pearson, Egon 139
Pearson, Karl 139
polymorphism 75

RELL 近似 199–201
REV 127

S-H 検定 204
SPR 81

Tajima の D 統計量 251–253
TBR 81
TN93 10–13

UNREST 28
UPGMA 76

WAG 行列 39
WEIGHBOR 86

YN00 60

1 要素 Metropolis-Hastings アルゴリズム 156, 157
2 項分布 36, 145
2 分木 100
2 分岐系統樹 70

■ 訳者プロフィール

藤　博幸（とう　ひろゆき）

[略歴] 1983 年 九州大学理学部卒業，1985 年 九州大学大学院理学研究科修士課程修了，1989 年 同研究科博士課程退学，同年 理学博士（九州大学），同年 蛋白工学研究所研究員，1993 年 九州工業大学情報工学部助教授，1996 年 生物分子工学研究所主席研究員（後に部門長），2002 年 生物分子工学研究所生命情報研究部部長，同年 京都大学化学研究所バイオインフォマティクスセンター科学技術振興研究員（客員教授），2005 年より現職，2007 年より産業技術総合研究所生命情報工学センター招聘研究員併任．
[現職] 独立行政法人産業技術総合研究所生命情報工学研究センター副研究センター長
[専攻] 計算分子生物学，分子進化学
[主著] 『タンパク質機能解析のためのバイオインフォマティクス』（2004 年）

加藤和貴（かとう　かずたか）

[略歴] 1996 年 京都大学法学部卒業，2001 年 京都大学大学院理学研究科博士課程修了・博士（理学），2001～2004 年 日本学術振興会特別研究員，2004～2005 年 京都大学化学研究所研究員，2005～2007 年 九州大学デジタルメディシンイニシアティブ・バイオインフォマティクス部門助教授，2007 年より現職．
[現職] 九州大学デジタルメディシンイニシアティブ・バイオインフォマティクス部門准教授
[専攻] バイオインフォマティクス，分子進化学

大安裕美（だいやす　ひろみ）

[略歴] 1985 年 大阪大学理学部卒業，2002 年 理学博士（東京理科大学），1990 年 蛋白工学研究所研究員，1995 年 生物分子工学研究所研究員，2002 年 京都大学化学研究所特任助手，2005 年より現職．
[現職] 大阪大学臨床医工学融合研究教育センター特任講師（常勤）
[専攻] バイオインフォマティクス，分子進化学
[主著] 『はじめてのバイオインフォマティクス』（共著，2006 年）

分子系統学への統計的アプローチ
―計算分子進化学―
Computational Molecular Evolution

2009 年 3 月 30 日　初版 1 刷発行
2017 年 9 月 10 日　初版 3 刷発行

著　者　Ziheng Yang
訳　者　藤　博幸・加藤和貴・大安裕美　©2009
発行者　南條光章
発行所　共立出版株式会社
　〒112–0006
　東京都文京区小日向 4-6-19
　電話　03-3947-2511（代表）
　振替口座　00110-2-57035
　http://www.kyoritsu-pub.co.jp/

印　刷　藤原印刷
製　本

検印廃止
NDC 467.5
ISBN 978-4-320-05677-0

社団法人
自然科学書協会
会員

Printed in Japan

日本生態学会 編／全11巻

シリーズ現代の生態学

次世代に残す11冊の教科書！　新進気鋭の生態学者が考える生態学の体系をシリーズ化‼

今日の生態学に求められる学術的・社会的ニーズはきわめて高く，かつ多様化している．これらのニーズに応えるべく，多様化する生態学の第一線で活躍している研究者を執筆陣に迎えた教科書シリーズとして企画した．時代を越えて変わらない普遍的な生態学原理から，近年めざましく発展した新しい分野までを大きくまとめ，さらなる生態学の普及と啓蒙を推進する．単に最新の知見を網羅するのではなく，研究の基盤となる原理から重要な研究が着想されるに至った経緯までをわかりやすく解説することを目指す．現在における生態学の中心的な動向をスナップショット的に切り取り，今後の方向性を探る道標としての役割を果たすシリーズである．

❶ 集団生物学
巖佐　庸・舘田英典
【目次】　序論／生物の人口論／適応戦略／進化のメカニズム／系統と進化／生態系と群集／生物多様性保全／参考文献の紹介／他‥‥‥‥404頁・本体3,600円

❷ 地球環境変動の生態学
原　登志彦
【目次】　地球環境変動と陸域生態系／陸域生態系研究における現地観測／地域スケールにおける大気と森林生態系の相互作用研究／他‥‥‥‥296頁・本体3,400円

❸ 人間活動と生態系
森田健太郎・池田浩明
【目次】　人間活動の歴史／生物多様性の危機／都市の自然環境／二次的な自然環境／生息地の分断化／農業の特性と生物の応答／他‥‥‥‥270頁・本体3,400円

❹ 生態学と社会科学の接点
佐竹暁子・巖佐　庸
【目次】　生物の適応戦略と協力（動物の社会他）／環境問題解決の考え方／人間と生態系のかかわり（人類と環境とのかかわり他）‥‥‥‥216頁・本体3,200円

❺ 行動生態学
沓掛展之・古賀庸憲
【目次】　行動生態学の基礎／採餌，捕食回避／移動・どこに住むか／メカニズム・至近要因／表現型進化の理論／性・性淘汰／他‥‥‥‥292頁・本体3,400円

❻ 感染症の生態学
川端善一郎・吉田丈人・古賀庸憲・鏡味麻衣子
【目次】　基礎知識／感染症の生態学的機能と進化（病原生物と宿主の種間相互作用他）／感染症事例／対策と管理（院内感染他）‥‥‥‥380頁・本体3,600円

❼ エコゲノミクス
――遺伝子からみた適応――
森長真一・工藤　洋
【目次】　遺伝変異と適応研究／適応遺伝子の探索／適応遺伝子の機能／適応遺伝子の進化／他‥‥‥‥322頁・本体3,400円

❽ 森林生態学
正木　隆・相場慎一郎
【目次】　森林の分布と環境／森林の分布と気候変動／森林の成立と撹乱体制／森林の遷移／森林の土壌環境／森林の水平構造／他‥‥‥‥316頁・本体3,400円

❾ 淡水生態学のフロンティア
吉田丈人・鏡味麻衣子・加藤元海
【目次】　淡水動物プランクトン種の地理的構造を形成した歴史的プロセス／環境の変化に対する柔軟な応答：表現型可塑性／他‥‥‥‥290頁・本体3,400円

❿ 海洋生態学
津田　敦・森田健太郎
【目次】　海洋生態学への招待／海洋生物の多様性／海中，海底生態系／基礎生産過程／海洋生態系の食物関係／海洋生物の生活史特性／他‥324頁・本体3,400円

⓫ 微生物の生態学
大園享司・鏡味麻衣子
【目次】　微生物生態学の基礎知識（微生物生態学における分子生物学的手法他）／微生物の多様性／生物間相互作用／微生物の機能／他‥‥‥276頁・本体3,000円

各巻：A5判
並製ソフトカバー
税別本体価格
（価格は変更される場合がございます）

http://www.kyoritsu-pub.co.jp/

共立出版

https://www.facebook.com/kyoritsu.pub